面向 21 世纪课程教材

分 离 过 程

刘家祺　主编

化学工业出版社
教材出版中心
·北　京·

图书在版编目(CIP)数据

分离过程/刘家祺主编. —1 版. —北京：化学工业
出版社，2002.4（2024.2重印）
面向 21 世纪课程教材
ISBN 978-7-5025-3347-2

Ⅰ. 分… Ⅱ. 刘… Ⅲ. 化工过程-分离-高等学校-
教材 Ⅳ. TQ028

中国版本图书馆 CIP 数据核字（2001）第 081488 号

责任编辑：何 丽 徐雅妮 骆文敏 装帧设计：蒋艳君
责任校对：陈 静

出版发行：化学工业出版社 教材出版中心
　　　　　（北京市东城区青年湖南街 13 号 邮政编码 100011）
印 　装：北京科印技术咨询服务有限公司数码印刷分部
710mm×1000mm 1/16 印张 32 字数 609 千字 2024 年 2 月北京第 1 版第 20 次印刷

购书咨询：010-64518888 售后服务：010-64518899
网 　　址：http://www.cip.com.cn
凡购买本书，如有缺损质量问题，本社销售中心负责调换。

定 　价：69.00 元 版权所有 违者必究

序

　　《化工类专业人才培养方案及教学内容体系改革的研究与实践》为教育部（原国家教委）《高等教育面向 21 世纪教学内容和课程体系改革计划》的 03-31 项目，于 1996 年 6 月立项进行。本项目牵头单位为天津大学，主持单位为华东理工大学、浙江大学、北京化工大学，参加单位为大连理工大学、四川大学、华南理工大学。

　　项目组以邓小平同志提出的"教育要面向现代化，面向世界，面向未来"为指针，认真学习国家关于教育工作的各项方针、政策，在广泛调查研究的基础上，分析了国内外化工高等教育的现状、存在问题和未来发展。四年多来项目组共召开了由 7 校化工学院、系领导亲自参加的 10 次全体会议进行交流，形成了一个化工专业教育改革的总体方案，主要包括：

　　——制定《高等教育面向 21 世纪"化学工程与工艺"专业人才培养方案》；

　　——组织编写高等教育面向 21 世纪化工专业课与选修课系列教材；

　　——建设化工专业实验、设计、实习样板基地；

　　——开发与使用现代化教学手段。

　　《高等教育面向 21 世纪"化学工程与工艺"专业人才培养方案》从转变传统教育思想出发，拓宽专业范围，包括了过去的各类化工专业，以培养学生的素质、知识与能力为目标，重组课程体系，在加强基础理论与实践环节的同时，增加人文社科课和选修课的比例，适当削减专业课份量，并强调采取启发性教学与使用现代化教学手段，因而可以较大幅度地减少授课时数，以增加学生自学与自由探讨的时间，这就有利于逐步树立学生勇于思考与走向创新的精神。项目组所在各校对培养方案进行了初步试行与教学试点，结果表明是可行的，并收到了良好效果。

　　化学工程与工艺专业教育改革总体方案的另一主要内容是组织编写高等教育面向 21 世纪课程教材。高质量的教材是培养高素质人才的重要基础。项目组要求教材作者以教改精神为指导，力求新教材从认识规律出发，阐述本门课程的基本理论与应用及其现代进展，并采用现代化教学手段，做到新体系、厚基础、重实践、易自学、引思考。每门教材采取自由申请及择优选定的原则。项目组拟定了比较严格的项目申请书，包括对本门课程目前国内外教材的评述、拟编写教材的特点、配套的现代化教学手段（例如提供教师在课堂上使用的多媒体教学软件，附于教材的辅助学生自学用的光盘等）、教材编写大纲以及交稿日期。申请书在项目组各校评审，经项目组会议择优选取立项，并适时对样章在各校同行中进行评议。全书编写完成后，经专家审定是否符合高等教育面向 21 世纪课程教材的要求。项目组、教学指导委员会、出版社签署意见后，报教育部审批批准方可正式出版。

项目组按此程序组织编写了一套化学工程与工艺专业高等教育面向 21 世纪课程教材，共计 25 种，将陆续推荐出版，其中包括专业课教材、选修课教材、实验课教材、设计课教材以及计算机仿真实验与仿真学习教材等。本教材是其中的一种。

按教育部要求，本套教材在内容和体系上体现创新精神、注重拓宽基础、强调能力培养，力求适应高等教育面向 21 世纪人才培养的需要，但由于受到我们目前对教学改革的研究深度和认识水平所限，仍然会有不妥之处，尚请广大读者予以指正。

化学工程与工艺专业的教学改革是一项长期的任务，本项目的全部工作仅仅是一个开端。作为项目组的总负责人，我衷心地对多年来给予本项目大力支持的各校和为本项目贡献力量的人们表示最诚挚的敬意！

中国科学院院士、天津大学教授

余国琮

2000 年 4 月于天津

前　　言

　　分离工程是研究化学工业和其他化学类型工业生产中混合物的分离与提纯的一门工程学科。在化工生产中，分离工程一方面为化学反应提供符合质量要求的原料，另一方面对反应产物进行分离提纯，得到合格的产品，并且使未反应的物料循环利用，对生成的三废进行末端治理。因此，分离工程在提高化工生产过程的经济效益和社会效益中起着举足轻重的作用。除此之外，分离工程也广泛应用于医药、材料、冶金、食品、生化、原子能和环境治理等领域。可见，分离工程对于化学类型工业和应用化工技术的部门的技术进步和持续发展，起着至关重要的作用。

　　《分离过程》是国家教育部面向二十一世纪化工类人才培养方案中的立项教材。适用于化学工程与工艺专业大学本科生分离工程课教学。本教材的编写原则是"加强基础、拓宽专业、理论扎实、联系实际，扩大信息、启发思维、引导创新、提高能力、便于自学"。分离工程课是以化工热力学、化工过程与设备、化工过程分析与合成、化学反应工程为先修课程。本教材注意与先修课的衔接，在内容上突出传质分离过程的基础理论，并注重培养学生理论联系实际的能力，拓宽在分离工程领域的知识面，以适应多种专业化方向的需要。

　　本教材是以陈洪钫、刘家祺合编的"化工分离过程"（1995年出版）为基础编写而成的。为适应新世纪教学要求，新教材保留了原书的部分章节，从章节编排到内容取舍上均做了大幅度的更新和扩充。主要改动如下：（1）本教材内容包含了绝大多数传质分离单元操作。例如增加了吸附、结晶、膜分离等各章；（2）传统分离技术的内容反映了近年来化学工程的新进展。例如，在有关章编入了液液平衡和多相平衡计算；反应精馏、加盐精馏；多组分多级分离的内-外法和非平衡级模型简介等新内容；（3）介绍了一些有重要应用前景的新型分离过程，如超临界流体萃取、反胶团萃取、双水相萃取、渗透蒸发等；（4）删除了属于化工过程系统工程的章节，例如分离过程的节能；（5）各章节列举了大量的例题，利于学生掌握和运用基本原理与计算方法。附录中介绍了 Aspen plus 化工软件的使用，具有实用性。

　　为读者使用方便，对于有关计算的源程序，包括：

1. UNIFAC 法计算液相活度系数；

2. 多组分闪蒸过程计算源程序；

3. 液液平衡分离计算源程序；

4. 多组分精馏的简捷计算源程序；

5. 多组分精馏的泡点法计算源程序；

6. 吸收和解吸计算的流率加和法源程序；

7. 多组分分离的同时校正法计算源程序，等。另备有资料，如有需要可向化工出版社购买。

　　本教材由刘家祺主编。其中第1、2、4、6、7、8、10及附录由刘家祺编写，第5、9章由姜忠义编写，第3章由王春艳编写。本教材经蒋维钧教授和郁浩然教授审阅，提出了宝贵的修改意见，在此作者表示衷心的感谢。由于作者的水平所限，书中难免有误，敬请读者批评指正。

作　者

2001 年 10 月

目　　录

1. 绪　　论

1.1　分离过程在工业生产中的地位和作用

1.1.1　分离过程在化工生产中的重要性[1]

分离过程是将混合物分成组成互不相同的两种或几种产品的操作。一个典型的化工生产装置通常是由一个反应器（有时多于一个）和具有提纯原料、中间产物和产品的多个分离设备以及机、泵、换热器等构成。分离操作一方面为化学反应提供符合质量要求的原料，清除对反应或催化剂有害的杂质，减少副反应和提高收率；另一方面对反应产物进行分离提纯以得到合格的产品，并使未反应的反应物得以循环利用。此外，分离操作在环境保护和充分利用资源方面起着特别重要的作用。因此，分离操作在化工生产中占有十分重要的地位，在提高生产过程的经济效益和产品质量中起举足轻重的作用。对大型的石油工业和以化学反应为中心的石油化工生产过程，分离装置的费用占总投资的 50%～90%。

图 1-1 为乙烯连续水合生产乙醇的工艺流程简图，其核心设备是固定床催化反应器，操作温度约为 300 ℃，压力为 6.5 MPa，反应器中进行的主反应为 $C_2H_4 + H_2O \longrightarrow C_2H_5OH$。此外，乙烯还会发生若干副反应，生成乙醚、异丙醇、乙醛等副产物。由于热力学平衡的限制，乙烯的单程转化率一

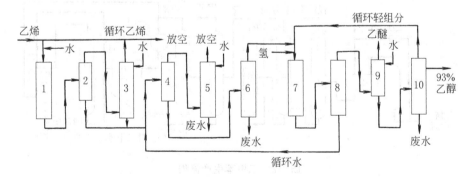

图 1-1　乙烯水合生产乙醇的工业过程

1—固定床催化反应器；2—分凝器；3、5、9—吸收塔；4—闪蒸塔；
6—粗馏塔；7—催化加氢反应器；8—脱轻组分塔；10—产品塔

般仅为 5%。因此必须有较大的循环比。通常，反应产物先经分凝器及水吸收塔与未反应的乙烯分离，后者返回反应系统。反应产物则需进一步处理以获得合格产品。反应产物由吸收塔出来先送入闪蒸塔，由该塔出来的闪蒸气体用水吸收，以防止乙醇损失。反应产物进入粗馏塔，由塔顶蒸出含有乙醚及乙醛的浓缩乙醇，再经气相催化加氢将其中的乙醛转化成乙醇。乙醚在脱轻组分塔蒸出，并送入水吸收塔回收其中夹带的乙醇。最终产品是在产品塔得到的；在距产品塔顶数块板处引出浓度为 93% 的含水乙醇产品，塔顶引出的轻组分送至催化加氢反应器，废水由塔釜排出。此外尚有一些设备，用来浓缩原料乙烯，除去对催化剂有害的杂质以及回收废水中有价值的组分等。由上述流程可以看出，这一生产中所涉及的分离操作很多，有分凝吸收、闪蒸和精馏等。

在某些化工生产中，分离操作就是整个过程的主体部分。例如，石油裂解气的深冷分离，碳四馏分分离生产丁二烯，芳烃分离等过程。图 1-2 所示为对二甲苯生产流程简图。对二甲苯是一种重要的石油化工产品，主要用于制造对苯二甲酸。将沸程在 120～230 K 之间的石脑油送入重整反应器，使烷烃转化为苯、甲苯、二甲苯和高级芳烃的混合物。该混合烃首先经脱丁烷塔以除去丁烷和轻组分。塔底出料进入液-液萃取塔。在此，烃类与不互溶的溶剂（如乙二醇）相接触。芳烃选择性地溶解于溶剂中，而烷烃和环烷烃则不溶。含芳烃的溶剂被送入再生塔中，在此将芳烃从溶剂中分离，溶剂则循环回萃取塔。在流程中，继萃取之后还有两个精馏塔。第一塔用以从二甲苯和重芳烃中脱除苯和甲苯，第二塔是将混合二甲苯中的重芳烃除去。

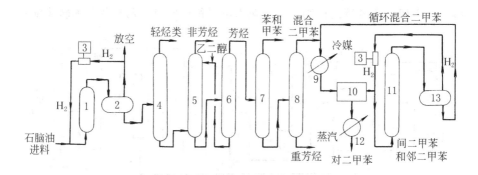

图 1-2 二甲苯生产流程

1—重整反应器；2、13—汽液分离器；3—压缩机；4—脱丁烷塔；5—萃取塔；6—再生塔；

7—甲苯塔；8—二甲苯回收塔；9—冷却器；10—结晶器；11—异构化反应器；12—熔融器

从二甲苯回收塔塔顶馏出的混合二甲苯经冷却后在结晶器中生成对二甲

苯的晶体。通过离心分离或过滤分出晶体，所得的对二甲苯晶体经融化后便是产品。滤液则被送至异构化反应器，在此得到三种二甲苯异构体的平衡混合物，可再循环送去结晶。用这种方法几乎可将二甲苯馏分全部转化为对二甲苯。

上述两例说明了分离过程在石油和化学工业中的重要性。事实上，在医药、材料、冶金、食品、生化、原子能和环保等领域也都广泛地应用到分离过程。例如，药物的精制和提纯；从矿产中提取和精选金属；食品的脱水、除去有毒或有害组分；抗菌素的净制和病毒的分离；同位素的分离和重水的制备等都离不开分离过程。并且这些领域对产品的纯度要求越来越高，对分离、净化、精制等分离技术提出了更多、更高的要求。

随着现代工业趋向大型化生产，所产生的大量废气、废水、废渣更需集中处理和排放。对各种形式的流出废物进行末端治理，使其达到有关的排放标准，不但涉及物料的综合利用，而且还关系到环境污染和生态平衡。如原子能废水中微量同位素物质，很多工业废气中的硫化氢、二氧化硫、氧化氮等都需妥善处理。

1.1.2　分离过程在清洁工艺中的地位和作用[2]

清洁工艺也称少废无废技术，它是面向 21 世纪社会和经济可持续发展的重大课题，也是当今世界科学技术进步的主要内容之一。所谓清洁工艺，即生产工艺和防治污染有机地结合起来，将污染物减少或消灭在工艺过程中，从根本上解决工业污染问题。开发和采用清洁工艺，既符合"预防优于治理的方针"，同时又降低了原材料和能源的消耗，提高企业的经济效益，是保护生态环境和经济建设协调发展的最佳途径。故清洁工艺是一种节能、低耗、高效、安全、无污染的工艺技术。就化学工业而言，清洁工艺的本质是合理利用资源，减少甚至消除废料的产生。化学工业是工业污染的大户。化工生产所造成的污染来源于：①未回收的原料；②未回收的产品；③有用和无用的副产品；④原料中的杂质；⑤工艺的物料损耗。

化工清洁工艺应综合考虑合理的原料选择，反应路径的洁净化，物料分离技术的选择以及确定合理的流程和工艺参数等。因为化学反应是化工生产过程的核心，所以，废物最小化问题必须首先考虑催化剂、反应工艺及设备，并与分离、再循环系统，换热器网络和公用工程等有机结合起来，作为整个系统予以解决。

化工清洁工艺包括的内容很多，其中，与化工分离过程密切相关的有：①降低原材料和能源的消耗，提高有效利用率、回收利用率和循环利用率；②开发和采用新技术、新工艺，改善生产操作条件，以控制和消除污染；

③采用生产工艺装置系统的闭路循环技术；④处理生产中的副产物和废物，使之减少或消除对环境的危害；⑤研究、开发和采用低物耗、低能耗、高效率的"三废"治理技术。因此，清洁工艺的开发和采用离不开传统分离技术的改进，新分离技术的研究、开发和工业应用，以及分离过程之间、反应和分离过程之间的集成化。

闭路循环系统是清洁工艺的重要方面，其核心是将过程所产生的废物最大限度地回收和循环使用，减少生产过程中排出废物的数量。生产工艺过程的闭路循环见图1-3。

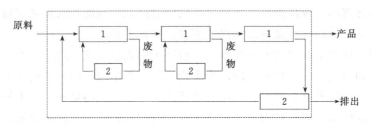

图1-3　生产工艺过程的闭路循环示意图
1—单元过程；2—处理

如果工艺中的分离系统能够有效地进行分离和再循环，那么该工艺产生的废物就最少。实现分离与再循环系统使废物最小化的方法有以下几种。

（1）废物直接再循环　在大多数情况下，能直接再循环的废物流常常是废水，虽然它已被污染，但仍然能代替部分新鲜水作为进料使用。

（2）进料提纯　如果进料中的杂质参加反应，那么就会使部分原料或产品转变为废物。避免这类废物产生的最直接方法是将进料净化或提纯。如果原料中有用成分浓度不高，则需提浓，例如许多氧化反应首选空气为氧气来源，而用富氧代替空气可提高反应转化率，减少再循环量，在这种情况下可选用气体膜分离制造富氧空气。

（3）除去分离过程中加入的附加物质　例如在共沸精馏和萃取精馏中需加入共沸剂和溶剂，如果这些附加物质能够有效地循环利用，则不会产生太多的废物，否则应采取措施降低废物的产生。

（4）附加分离与再循环系统　废物流股一旦被丢弃，它含有的任何有用物质也将变为废物。在这种情况下，需要认真确定废物流股中有用物质回收率的大小和对环境构成的污染程度，或许增加分离有用物质的设备，将有用物质再循环是比较经济的办法。

上述分析表明，清洁工艺除应避免在工艺过程中生成污染物即从源头减少三废之外，生成废物的分离、再循环利用和废物的后处理也是极其重要的，而这后一部分任务大多是由化工分离操作承担和完成的。

上述种种原因都促使传统分离过程，如蒸发、精馏、吸收、吸附、萃取、结晶等不断改进和发展；同时新的分离方法，如固膜与液膜分离、热扩散、色层分离等也不断出现和实现工业化应用。

1.2 传质分离过程的分类和特征

分离过程可分为机械分离和传质分离两大类。机械分离过程的分离对象是由两相以上所组成的混合物。其目的只是简单地将各相加以分离。例如，过滤、沉降、离心分离、旋风分离和静电除尘等。这类过程在工业上是重要的，但不是本课程要讨论的内容。传质分离过程用于各种均相混合物的分离，其特点是有质量传递现象发生，按所依据的物理化学原理不同，工业上常用的传质分离过程又可分为两大类，即平衡分离过程和速率分离过程。

1.2.1 平衡分离过程[1,3,4]

该过程是借助分离媒介（如热能、溶剂或吸附剂）使均相混合物系统变成两相系统，再以混合物中各组分在处于相平衡的两相中不等同的分配为依据而实现分离。分离媒介可以是能量媒介（ESA）或物质媒介（MSA），有时也可两种同时应用。ESA 是指传入或传出系统的热，还有输入或输出的功。MSA 可以只与混合物中的一个或几个组分部分互溶或吸附它们。此时，MSA 常是某一相中浓度最高的组分。例如，吸收过程中的吸收剂，萃取过程中的萃取剂等等。MSA 也可以和混合物完全互溶。当 MSA 与 ESA 共同使用时，还可有选择性地改变组分的相对挥发度，使某些组分彼此达到完全分离，例如萃取精馏。

当被分离混合物中各组分的相对挥发度相差较大时，闪蒸或部分冷凝即可充分满足所要求的分离程度。

如果组分之间的相对挥发度差别不够大，则通过闪蒸及部分冷凝不能达到所要求的分离程度，而应采用精馏才可能达到所要求的分离程度。

当被分离组分间相对挥发度很小，必须采用具有大量塔板数的精馏塔才能分离时，就要考虑采用萃取精馏。在萃取精馏中采用 MSA 有选择地增加原料中一些组分的相对挥发度，从而将所需要的塔板数降低到比较合理的程度。一般说来，MSA 应比原料中任一组分的挥发度都要低。MSA 在接近塔顶的塔板引入，塔顶需要有回流，以限制 MSA 在塔顶产品中的含量。

如果由精馏塔顶引出的气体不能完全冷凝，可从塔顶加入吸收剂作为回流，这种单元操作叫做吸收蒸出（或精馏吸收）。如果原料是气体，又不需要设蒸出段，便是吸收。通常，吸收是在室温和加压下进行的，无需往塔内加入 ESA。气体原料中的各组分按其不同溶解度溶于吸收剂中。

解吸是吸收的逆过程，它通常是在高于室温及常压下，通过气提气体（MSA）与液体原料接触，来达到分离的目的。由于塔釜不必加热至沸腾，因此当原料液的热稳定性较差时，这一特点显得很重要。如果在加料板以上仍需要有气液接触才能满足所要求的分离程度，则可采用带有回流的解吸过程。如果解吸塔的塔釜液体是热稳定的，可不用 MSA 而仅靠加热沸腾，则称为再沸解吸。

能形成最低共沸物系统的分离，采用一般精馏是不合适的，常常采用共沸精馏。例如，为使醋酸和水分离，选择共沸剂醋酸丁酯（MSA），它与水所形成的最低共沸物由塔顶蒸出，经分层后，酯再返回塔内，塔釜则得到纯醋酸。

液液萃取是工业上广泛采用的分离技术，有单溶剂和双溶剂之分，在工业实际应用中有多种不同形式。

干燥是利用热量除去固体物料中湿分（水分或其他液体）的单元操作。被除去的湿分从固相转移到气相中，固相为被干燥的物料，气相为干燥介质。

蒸发一般是指通过热量传递，引起汽化使液体转变为气体的过程。增湿和蒸发在概念上是相近的，但采用增湿或减湿的目的往往是向气体中加入或除去蒸汽。

结晶是多种有机产品以及很多无机产品的生产装置中常用的一种单元操作，用于生产小颗粒状固体产品。结晶实质上也是提纯过程。因此，结晶的条件是要使杂质留在溶液里，而所希望的产品则由溶液中分离出来。

升华就是物质由固体不经液体状态直接转变成气体的过程，一般是在高真空下进行。主要应用于由难挥发的物质中除去易挥发的组分。例如硫的提纯，苯甲酸的提纯，食品的熔融干燥。其逆过程就是凝聚，在实际中也被广泛采用，例如由反应的产品中回收邻苯二甲酸酐。

浸取广泛用于冶金及食品工业。操作方式分间歇、半间歇和连续。浸取的关键在于促进溶质由固相扩散到液相，对此最为有效的方法是把固体减小到可能的最小颗粒。固液和液液系统的主要区别在于前者存在级与级间输送固体或固体泥浆的困难。

吸附的应用一般仍限于分离低浓度的组分。近年来由于吸附剂及工程技术的发展，使吸附的应用扩大了，已经工业化的过程有多种气体和有机液体的脱水和净化分离。

离子交换也是一种重要的单元操作。它采用离子交换树脂有选择性地除去某组分，而树脂本身能够再生。一种典型的应用是水的软化，采用的树脂是钠盐形式的有机或无机聚合物，通过钙离子和钠离子的交换，可除去水中的钙离子。当聚合物的钙离子达饱和时，可与浓盐水接触而再生。

泡沫分离是基于物质有不同的表面性质，当惰性气体在溶液中鼓泡时，某组分可被选择性地吸附在从溶液上升的气泡表面上，直至带到溶液上方泡沫层内浓缩并加以分离。为了使溶液产生稳定的泡沫，往往加入表面活性剂。表面化学和鼓泡特征是泡沫分离的基础。该单元操作可用于吸附分离溶液中的痕量物质。

区域熔炼是根据液体混合物在冷凝结晶过程中组分重新分布的原理，通过多次熔融和凝固，制备高纯度的金属、半导体材料和有机化合物的一种提纯方法。目前已经用于制备铝、镓、锑、铜、铁、银等高纯金属材料。

上述基本的平衡分离过程经历了长时期的应用实践，随着科学技术的进步和高新产业的兴起，日趋完善不断发展，演变出多种各具特色的新型分离技术。

在传统分离过程中，精馏仍列为石油和化工分离过程的首位，因此，强化方法在不断地研究和开发。例如，从设备上广泛采用新型塔板和高效填料；从过程上开发与反应或其他分离方法的耦合。

随着生物化工学科的发展，适用于分离提纯含量微小的生物活性物质的新型萃取过程应运而生。双水相萃取即属此列，它是由于亲水高聚物溶液之间或高聚物与无机盐溶液之间的不相容性，形成了双水相体系，依据待分离物质在两个水相中分配的差异，而实现分离提纯。反胶团萃取为另一新型萃取过程，反胶团是油相中表面活性剂的浓度超过临界胶团浓度后形成的聚集体，它可使水相中的极性分子"溶解"在油相中。用于从水相中提取蛋白质和其他生物制品。

新型多级分步结晶技术是重复地运用部分凝固和部分熔融，利用原料中不同组分间凝固点的差异而实现分离。与精馏相比，能耗可大幅度下降，设备费也低于精馏。该技术已用于混合二氯苯、硝基氯苯的分离，精萘的生产，均四甲苯提取和蜡油分离等工业生产中。

变压吸附技术是近几十年来在工业上新崛起的气体分离技术。其基本原理是利用气体组分在固体吸附材料上吸附特性的差异，通过周期性的压力变化过程实现气体的分离。该技术在我国的工业应用有十多年的历史，已进入世界先进行列，由于其具有能耗低、流程简单、产品气体纯度高等优点，在工业上迅速得到推广。例如，从合成氨尾气、甲醇尾气等各种含氢混合气中制纯氢；从含 CO_2 或 CO 混合气中制纯 CO_2、CO；从空气中制富氧、纯氮等。

超临界流体萃取技术是利用超临界区溶剂的高溶解性和高选择性将溶质

萃取出来，再利用在临界温度和临界压力以下溶解度的急剧降低，使溶质和溶剂迅速分离。超临界萃取可用于天然产物中有效成分和生化产品的分离提取，食品原料的处理和化学产品的分离精制等。

膜萃取是以膜为基础的萃取过程，多孔膜的作用是为两液相之间的传递提供稳定的相接触面，膜本身对分离过程一般不具有选择性。该过程的特点是没有萃取过程的分散相，因此不存在液泛、返混等问题。类似的过程还有膜气体吸收或解吸，膜蒸馏。

1.2.2　速率分离过程[5,6]

速率分离过程是在某种推动力（浓度差、压力差、温度差、电位差等）的作用下，有时在选择性透过膜的配合下，利用各组分扩散速率的差异实现组分的分离。这类过程所处理的原料和产品通常属于同一相态，仅有组成上的差别。

膜分离是利用流体中各组分对膜的渗透速率的差别而实现组分分离的单元操作。膜可以是固态或液态，所处理的流体可以是液体或气体，过程的推动力可以是压力差、浓度差或电位差。已经在工业上应用的膜过程及其基本特性见表 1-1。

微滤、超滤、反渗透、渗析和电渗析为较成熟的膜分离技术，已有大规模的工业应用和市场。其中，前四种的共同点是用来分离含溶解的溶质或悬浮微粒的液体，溶剂或小分子溶质透过膜，溶质或大分子溶质被膜截留，不同膜过程所截留溶质粒子的大小不同。电渗析则采用荷电膜，在电场力的推动下，从水溶液中脱出或富集电解质。

气体分离和渗透蒸发是两种正在开发应用中的膜技术。气体分离更成熟些，工业规模的应用有空气中氧、氮的分离，从合成氨厂混合气中分离氢，以及天然气中二氧化碳与甲烷的分离等。渗透蒸发是有相变的膜分离过程，利用混合液体中不同组分在膜中溶解与扩散性能的差别而实现分离。由于它能用于脱除有机物中的微量水、水中的微量有机物，以及实现有机物之间的分离，应用前景广阔。20 世纪 80 年代初，有机物中脱水的渗透蒸发技术已有工业规模应用，如无水乙醇的制造。

乳化液膜是液膜分离技术的一个分支，是以液膜为分离介质，以浓度差为推动力的膜分离操作。液膜分离涉及三相液体：含有被分离组分的原料相；接受被分离组分的产品相；处于上述两相之间的膜相。液膜分离应用于烃类分离、废水处理和金属离子的提取和回收等。

正在开发中的液膜分离过程有如下几种。

(1) 支撑液膜　将膜相溶液牢固地吸附在多孔支撑体的微孔中，在膜的

9

表 1-1 已在工业上应用的膜过程的基本特性

过程	分离目的	透过组分	截留组分	透过组分在料液中含量	推动力	传递机理	膜类型	进料和透过物的物态	简图
微滤 MF	溶液脱大粒子、气体脱粒子	溶液、气体	0.02~10 μm 粒子	大量溶剂及少量小分子溶质和大分子溶质	压力差约 100 kPa	筛分	多孔膜	液体或气体	进料 → 滤液(水)
超滤 UF	溶液脱大分子,大分子溶液脱小分子,大分子分级	小分子溶液	1~20 nm 大分子溶质	大量溶剂,少量小分子溶质	压力差 100~1 000 kPa	筛分	非对称膜	液体	进料 → 浓缩液/滤液
反渗透 RO	溶剂脱溶质,含小分子溶质溶液浓缩	溶剂,可被电渗析截流组分	0.1~1 nm 小分子溶质	大量溶剂	压力差 1 000~10 000 kPa	优先吸附毛细管流动溶解-扩散	非对称膜或复合膜	液体	进料 → 溶质(盐)/溶剂(水)
渗析 D	大分子溶质溶液脱小分子,小分子溶质溶液脱大分子	小分子溶质或较小的溶质	>0.02 μm 截留血液透析中 >0.005 μm 截留	较少组分或溶剂	浓度差	筛分膜内的离子受阻扩散	非对称膜或离子交换膜	液体	进料 → 净化液/接受液 扩散液

续表

过程	分离目的	透过组分	截留组分	透过组分在料液中含量	推动力	传递机理	膜类型	进料和透过物的物态	简图
电渗析 ED	溶液脱小离子、小离子溶质的浓缩、小离子的分级	小离子组分	同名离子、大离子和水	少量离子组分少量水	电化学势 电渗透	反离子经离子交换膜的迁移	离子交换膜	液体	
气体分离 GS	气体混合物分离、富集或特殊组分脱除	气体、较小组分或易溶膜中溶组分	较大组分（除非膜中溶解度高）	二者都有	压力差 1 000～10 000 kPa 浓度差（分压差）	溶解-扩散	均质膜、复合膜、非对称膜	气体	
渗透蒸发 PVAP	挥发性液体混合物分离	膜内易溶解组分或易挥发组分	不易溶解组分或较难挥发物	少量组分	分压差，浓度差	溶解-扩散	均质膜、复合膜、非对称膜	料液透过为液，物为气态	
乳化液膜（促进传递）ELM (ET)	液体混合物或气体混合物分离、富集、特殊组分脱除	在液相中有高溶解度的或能反应组分	在液膜中难溶解组分	少量组分，在有机混合物中也可是分离出的大量的组分	浓度差，pH值差	促进传递和溶解扩散传递	液膜	通常都为液体，也可为气体	

两侧则是原料相和透过相，以浓度差为推动力，通过促进传递，分离气体或液体混合物。

（2）蒸汽渗透 与渗透蒸发过程相近，但原料和透过物均为汽相，过程的推动力是组分在原料侧和渗透侧之间的分压差，依据膜对原料中不同组分的化学亲和力的差别而实现分离。该过程能有效地分离共沸物或沸点相近的混合物。

（3）渗透蒸馏 也称等温膜蒸馏，以膜两侧的渗透压差为推动力，实现易挥发组分或溶剂的透过，达到混合物分离和浓缩的目的。该过程特别适用于药品、食品和饮料的浓缩或微量组分的脱除。

（4）气态膜 是由充于疏水多孔膜空隙中的气体构成的，膜只起载体作用。由于气体的扩散速度远远大于液体或固体，因而气态膜有很高的透过速率。该技术可从废水中除去 NH_3、H_2S 等，从水溶液中分离 HCN、CO_2、Cl_2 等气体，其工艺简单，节省能量。

热扩散属场分离的一种，以温度梯度为推动力，在均匀的气体或液体混合物中出现相对分子质量较小的分子（或离子）向热端漂移的现象，建立起浓度梯度，以达到组分分离的目的。该技术用于分离同位素、高粘度润滑油，并预计在精细化工和药物生产中可得到应用。

综上所述，传质分离过程中的精馏、吸收、萃取等一些具有较长历史的单元操作已经应用很广，膜分离和场分离等新型分离技术在产品分离、节约能耗和环保等方面已显示出它们的优越性。不同分离过程的技术成熟程度和应用成熟程度是有差异的。对此，F. J. Zuiderweg 用图1-4概括了各分离过程的现状[7]：精馏已有150年历史，它的位置在图的右上角附近，正在起步的过程在左下方。这S形曲线说明了为什么目前研究对象集中于曲线的中下段，因为曲线在该段的斜率是最大的。

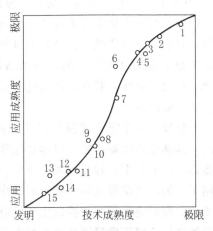

图 1-4　分离过程发展现状

1—精馏；2—吸收；3—结晶；4—萃取；
5—共沸（或萃取）精馏；6—离子交换；
7—吸附（气体进料）；8—吸附（液体进料）；
9—膜分离（液体进料）；10—膜分离（气体进料）；11—色层分离；12—超临界萃取；
13—液膜；14—场感应分离；15—亲和分离

1.3　分离过程的集成化

过程集成是20世纪80年代发展起来的过程综合领域中一个最活跃的分

支。化工领域中,过程集成的基本目标是实施清洁工艺,使物料及能源消耗最小,达到最大的经济效益和社会效益。

1.3.1 反应过程与分离过程的耦合

为改善不利的热力学和动力学因素,减少设备和操作费用,节约资源和能源,分离过程与反应过程多种形式的耦合已经开发和应用。

化学吸收是反应和分离过程耦合的单元操作,当被溶解的组分与吸收剂中的活性组分发生反应时,增加了传质推动力和液相传质系数,因而提高了过程的吸收率,降低了设备的投资和能耗。

化学萃取是伴有化学反应的萃取过程。溶质与萃取剂之间的反应类型很多,例如络合反应,水解、聚合、离解及离子积聚等。萃取机理也多种多样,例如中性溶剂络合、螯合、溶剂化、离子交换、离子缔合、协同效应及带同萃取作用等。

反应和精馏结合成一个过程形成了蒸馏技术中的一个特殊领域——反应(催化)精馏。它一方面成为提高分离效率而将反应和精馏相结合的一种分离操作;另一方面则成为提高反应收率而借助于精馏分离手段的一种反应过程。目前,已从单纯工艺开发向过程普遍性规律研究的方向发展。反应精馏在工业上应用是很广泛的,例如酯化、酯交换、皂化、胺化、水解、异构化、烃化、卤化、脱水、乙酰化和硝化等过程。催化精馏的典型应用是甲基叔丁基醚的生产。

膜反应器是将合成膜的优良分离性能与催化反应相结合,在反应的同时,选择性地脱除产物,以移动化学反应平衡,或控制反应物的加入速度,提高反应的收率、转化率和选择性。如多孔陶瓷膜催化反应器进行丁烯脱氢制丁二烯,丙烷脱氢制丙烯;对氧化反应,用膜控制氧的加入量,减少深度氧化。膜反应器还用于控制生化反应中产物对反应的抑制作用,用膜循环发酵器进行乙醇等发酵制品的连续生产和用膜反应器进行辅酶反应等都具有很好的开发前景。

控制释放是将药物或其他生物活性物质以一定形式与膜结构相结合,使这些活性物质只能以一定的速度通过扩散等方式释放到环境中。其优点是可将药物浓度控制在需要的浓度范围,延长药效作用时间,减少服用量和服用次数。这在医药、农药、化肥的使用上都极有价值。

膜生物传感器是模仿生物膜对化学物质的识别能力制成的,它由生物催化剂酶或微生物与合成膜及电极转换装置组成为酶膜传感器或微生物传感器。这些传感器具有很高的识别专一性,已用于发酵过程中葡萄糖、乙醇等成分的在线检测。目前膜生物传感器已作为商品进入市场。

1.3.2　分离过程与分离过程的耦合

不同的分离过程耦合在一起构成复合分离过程，能够集中原分离过程之所长，避其所短，适用于特殊物系的分离。

萃取结晶亦称加合结晶，是分离沸点、挥发度等物性相近组分的有效方法及无机盐生产的节能方法。对于无机盐结晶，某些有机溶剂的加入使待结晶的无机盐水溶液中的一部分水被萃取出来，促进了无机盐的结晶过程。例如，以正丁醇为溶剂萃取结晶生产碳酸钠。对于有机物结晶，溶剂的加入使原物系中某有机组分形成加合物，而使另一组分结晶出来。例如，以 2-甲基丙烷为加合剂能从邻甲酚和酚的混合物中分离出酚[8]。

吸附蒸馏是吸附和蒸馏在同一设备中进行的气-液-固三相分离过程。吸附分离具有分离因子高、产品纯度高和能耗低等优点，但吸附剂用量大，收率低。而传统的蒸馏过程处理能力大，设备比较简单，工艺成熟。由这两个分离过程耦合的复合蒸馏过程能充分发挥各自的优势，弥补了各自的不足。它特别适用于共沸物和沸点相近物系的分离及需要高纯度产品的情况[9]。

不同蛋白质在一定 pH 值的缓冲溶液中，其溶解度不同，在电场作用下，这些带电的溶胶粒子在介质中的泳动速度不同，利用这种性质可以实现不同蛋白质的分离，该法称之为电泳分离。而电泳萃取是电泳与萃取耦合形成的新分离技术。电泳萃取体系由两个（或多个）不相混溶的连续相组成，其中一相含有待分离组分，另一相是用于接受被分离组分的溶剂，两相中分别装有电极，由于电场的作用，消除了对流的不利影响，提高了收率和生产能力。该分离技术在生物化工和环境工程中有较大的应用潜力。

1.3.3　过程的集成

一、传统分离过程的集成

精馏、吸收和萃取是最成熟和应用最广的传统分离过程，大多数化工产品的生产都离不开这些分离过程。在流程中合理组合这些过程，扬长避短，才能达到高效、低耗和减少污染。

共沸精馏往往与萃取集成。例如从环己烷/苯二元共沸物生产纯环己烷和苯，选择丙酮为共沸剂，由于丙酮与环己烷形成二元最低共沸物，所以从共沸精馏塔底得到纯苯，丙酮/环己烷共沸物的分离则采用以水为萃取剂的萃取过程，环己烷产品为萃取塔的一股出料，另一股出料是丙酮水溶液，经精馏塔提纯后，丙酮返回共沸精馏塔进料，水返回萃取塔循环使用。由于此流程分别采用了丙酮和水两个循环系统，整个过程基本上没有废物产生，并且能耗较低，符合清洁工艺的基本要求。示意流程见图 1-5。

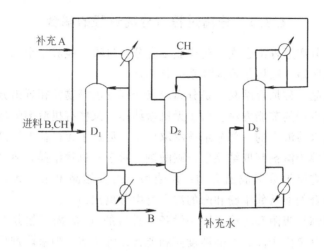

图 1-5　分离环己烷-苯混合物的共沸精馏流程

D₁—共沸精馏塔；D₂—萃取塔；D₃—丙酮精馏塔

A：丙酮；B：苯；CH：环己烷

共沸精馏与萃取精馏的集成也是常见的，例如使用极性和非极性溶剂从含丙酮、甲醇、四亚甲基氧和其他氧化物的混合物中分离丙酮和甲醇。

二、传统分离过程与膜分离的集成

传统分离过程工艺成熟，生产能力大，适应性强；膜分离过程不受平衡的限制，能耗低，适于特殊物系或特殊范围的分离。将膜技术应用到传统分离过程中，如吸收、精馏、萃取、结晶和吸附等过程，可以集各过程的优点于一体，具有广阔的应用前景。

渗透蒸发和蒸汽渗透可应用于有机溶剂脱水，水中少量有机物的脱除以及有机物之间的分离，特别适于恒沸、近沸点物系的分离。将它作为补充技术与精馏组合在一起，在化工生产中发挥了特殊的作用。例如发酵液脱水制无水乙醇。在乙醇高浓区，精馏的分离效率极低，在共沸组成处无法分离。而恰恰是在这一区域，渗透蒸发能达到很高的分离程度。所以渗透蒸发和精馏集成是降低设备费和操作费的最有效的方案。集成系统如图 1-6 所示[10]。

类似的过程还有：蒸汽渗透/精馏的集成流程进行异丙醇脱水；渗透蒸发/吸附集成用于吸附剂再生过程；渗透蒸发/吸收集成用于回收溶剂；渗透蒸发/催化精馏组合方案生产甲基叔丁基醚等。

三、膜过程的集成

如前所述，膜分离过程的类型很多，各有不同的特点和应用，它们的集成无疑能取长补短，提高总体效益。例如悬浮液原料的浓缩可采用一个膜过程的集成方案，将超滤、反渗透和渗透蒸馏组合在一起，能得到高固体含量

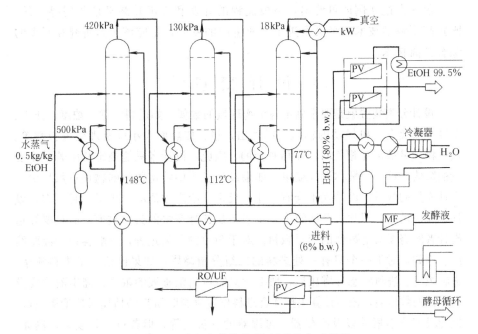

图 1-6　乙醇生产的精馏/渗透蒸发集成流程

的浓缩物产品，操作费用大大降低，如图 1-7 所示[11]。

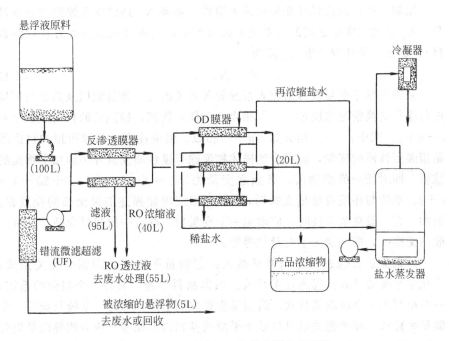

图 1-7　UF、RO 和 OD 的组合膜分离系统

仅从上述几例即可看出，集成流程的开发和应用其意义是非同寻常的，既提高了科学技术水平又促进了工业生产的发展，是应该大力研究和开发的综合分离技术。

1.4 设 计 变 量[1,12~14]

设计分离装置就是要求确定各个物理量的数值，如进料流率、浓度、压力、温度、热负荷、机械功的输入（或输出）量、传热面大小以及理论塔板数等。这些物理量都是互相关联、互相制约的，因此，设计者只能规定其中若干个变量的数值，这些变量称设计变量。如果设计过程中给定数值的物理量数目少于设计变量的数目，设计就不会有结果；反之，给定数值的物理量数目过多，设计也无法进行。因此，设计的第一步还不是选择变量的具体数值，而是要知道设计者所需要给定数值的变量数目。对于简单的分离过程，一般容易按经验给出。例如，对于一个只有一处进料的二组分精馏塔，如果已给定了进料流率、进料浓度、进料状态和塔压后，那么就只需再给定釜液的浓度、馏出液浓度及回流比的数值后，便可计算出按适宜进料位置进料时所需的精馏段理论塔板数、提馏段理论塔板数以及冷凝器、再沸器的热负荷等。但若过程较复杂，例如，对多组分精馏塔，又有侧线出料或多处进料，就较难确定，容易出错。所以在讨论具体的多组分分离过程之前，先讨论确定设计变量数的方法。

原则上说，确定设计变量数并不困难。如果 N_v 是描述系统的独立变量数，N_c 是这些变量之间的约束关系数（即描述约束关系的独立方程式的数目），那么，设计变量数 N_i 应为：

$$N_i = N_v - N_c \tag{1-1}$$

系统的独立变量数可由出入系统的各物流的独立变量数以及系统与环境进行能量交换情况来决定。根据相律，对任一物流，描述它的自由度数 $f = c - \pi + 2$。式中：c——组分数、π——相数。但应注意，相律所指的自由度是指强度性质的变量，而完全地描述物流除强度性质变量外必须加上物流的数量。即对任一单相物流，其独立变量为 $N_v = f + 1 = (c - 1 + 2) + 1 = c + 2$。系统与环境有能量交换时，$N_v$ 应相应增加描述能量交换的变量数。例如，有一股热量交换时，应增加一个变量数；既有一股热量交换，又有一股功交换时，则增加两个变量数等等。

约束关系式包括：①物料平衡式；②能量平衡式；③相平衡关系式；④化学平衡关系式；⑤内在关系式。根据物料平衡，对有 c 个组分的系统，一共可写出 c 个物料衡算式。但能量衡算式则不同，对每一系统只能写一个能量衡算式。相平衡关系是指处于平衡的各相温度相等、压力相等以及组分 i 在各相中的逸度相等。后者表达的是相平衡组成关系，可写出 $c(\pi - 1)$ 个方程式,其中 π 为平衡相的数目。由于我们仅讨论无化学反应的分离系统,故不考虑化学平衡约束数。内在关系通常是指约定的关系,例如物流间的温差、压力降的关系式等等。

下面讨论确定分离装置的设计变量数的方法。

1.4.1 单元的设计变量

一个化工流程由很多装置组成,装置又可分解为多个进行简单过程的单元。因此,首先分析在分离过程中碰到的主要单元,确定其设计变量数,进而确定装置的设计变量数。

分配器是一个简单的单元,用于将一股物料分成两股或多股组成相同的物流,见表 1-2。例如,将精馏塔顶全凝器的凝液分为回流和出料,即为分配器的应用实例。一个在绝热条件下操作的分配器,其独立变量数为:$N_v^e = 3(c+2) = 3c+6$

上式及以后各式中的上标 e 均指单元。分配器一共有三股物流,每股物流有 $c+2$ 个变量。没有热量的引进或移出,表示能量的变量数为零。

单元的约束关系数为:

物料平衡式	c
能量平衡式	1
内在关系式	
L_1 和 L_2 的压力、温度相等	2
L_1 和 L_2 的浓度相等	$c-1$
N_c^e	$2c+2$

因此,分配器单元的设计变量数为:

$$N_i^e = N_v^e - N_c^e = (3c+6) - (2c+2) = c+4$$

设计变量数 N_i 可进一步区分为固定设计变量数 N_x^e 和可调设计变量数 N_a^e。前者是指描述进料物流的那些变量(例如,进料的组成和流量等)以及系统的压力。这些变量常常是由单元在整个装置中的地位,或装置在整个流程中的地位所决定的;也就是说,是事实已被给定或最常被给定的变量。而可调设计变量则是由设计者来决定的。例如,对分配器来说,固定设计变量数和可调设计变量数分别为:

$N_x^e:$	
进料	$c+2$
压力	1
合计	$c+3$
$N_a^e = N_i^e - N_x^e$	1

这一可调设计变量可以定 L_1/F 或 L_2/F 的数值。

产物为两相的全凝器也是一个单元。一股汽相物流在全凝器中移出热量，全凝成两液相，其独立变量总数为：

$$N_v^e = 3(c+2) + 1 = 3c + 7$$

两液相处于液液平衡，故有 c 个相平衡组成关系式以及温度、压力相等两个等式，此外，有 c 个物料衡算式和一个热衡算式，故约束条件数为 $N_c^e = 2c+3$

$$N_i^e = N_v^e - N_c^e = (3c+7) - (2c+3) = c + 4$$

固定设计变量为进料变量 $(c+2)$ 个和单元压力变量 1 个，故可调设计变量 $N_a^e = 1$，通常可以是单元温度，例如，规定为泡点温度或过冷若干度等等。

绝热操作的简单平衡级（无进料和侧线采出）如表 1-2 所示。四股物流的独立变量总数为：$N_v^e = 4(c+2) + 0 = 4c + 8$。因为汽相物流 V_0 和液相物流 L_0 按定义互成平衡，因此该单元的约束总数为：c 个汽液平衡组成关系式，一个平衡压力等式，一个平衡温度等式，c 个物料衡算式，一个热量衡算式，故 $N_c^e = 2c+3$

$$N_i^e = N_v^e - N_c^e = (4c+8) - (2c+3) = 2c + 5$$

其中：$N_x^e = 2(c+2) + 1 = 2c + 5$；$N_a^e = 0$

在分离过程中经常遇到的各种单元的分析结果汇总于表 1-2。

表 1-2 各种单元的设计变量

简图	单元名称	N_v^e	N_c^e	N_i^e	N_x^e	N_a^e
$F \to \bigcirc \to L_1, L_2$	分配器	$3c+6$	$2c+2$	$c+4$	$c+3$	1
$F_1, F_2 \to \bigcirc \to F_3$	混合器	$3c+6$	$c+1$	$2c+5$	$2c+5$	0
$F \to \square \to V, L$	分相器	$3c+6$	$2c+3$	$c+3$	$c+3$	0
$F \to \bigcirc \to F, W$	泵	$2c+5$	$c+1$	$c+4$	$c+3$	$1^①$
$F \to \bigcirc \to F$ (Q)	加热器	$2c+5$	$c+1$	$c+4$	$c+3$	1
$F \to \bigcirc \to F$ (Q)	冷却器	$2c+5$	$c+1$	$c+4$	$c+3$	1

简图	单元名称	N_v^e	N_c^e	N_i^e	N_x^e	N_a^e
$V \rightarrow \bigcirc \rightarrow L$ Q	全凝器	$2c+5$	$c+1$	$c+4$	$c+3$	$1^{②}$
Q $L \rightarrow \bigcirc \rightarrow V$	全蒸发器	$2c+5$	$c+1$	$c+4$	$c+3$	$1^{②}$
$V \rightarrow \bigcirc \rightarrow L_1, L_2$ Q	(全凝器)(凝液为两相)	$3c+7$	$2c+3$	$c+4$	$c+3$	$1^{②}$
$V \rightarrow \bigcirc \rightarrow V_0, L_0$ Q	分凝器	$3c+7$	$2c+3$	$c+4$	$c+3$	1
Q $L \rightarrow \bigcirc \rightarrow V_0, L_0$	再沸器	$3c+7$	$2c+3$	$c+4$	$c+3$	1
$V_0, L_i / V_i, L_0$	简单平衡级	$4c+8$	$2c+3$	$2c+5$	$2c+5$	0
$V_0, L_i \rightarrow Q / V_i, L_0$	带有传热的平衡级	$4c+9$	$2c+3$	$2c+6$	$2c+5$	1
$F \rightarrow V_0, L_i / V_i, L_0$	进料级	$5c+10$	$2c+3$	$3c+7$	$3c+7$	0
$V_0, L_i \rightarrow S / V_i, L_0$	有侧线出料的平衡级	$5c+10$	$3c+4$	$2c+6$	$2c+5$	1

① 若取泵出口压力等于后继单元的压力。则 N_a^e 可视为零;

② 若规定全凝器和全蒸发器的单相流或两相物流的温度分别为泡点和露点,则 N_a^e 可视为零。

1.4.2 装置的设计变量

一个装置可以由若干个单元所组成,是各个单元依靠单元间的物流而联结成整体的。因此,装置的设计变量总数 N_i^u 应是各个单元的独立变量数之和 $\sum_i N_i^e$,但若在装置中某一种单元以串联的形式被重复使用时(例如精馏塔),则还应增加一个变量数以区别于一个这种单元与其他种单元相联结的情况。当然,若有两种单元以串联形式被重复使用,则需增加两个变量数。这一表示单元重复使用的变量数称为重复变量 N_r。此外,由于在装置中相互直接联结的单元之间必有一股或几股物流,是从这一单元流出而进入那一单元的，在联结的单元之间有了新的约束关系式，以"N_c^u"表示。显然，每一个联结两个单元之间的单相物流将产生$(c+2)$个等式，即$N_c^u=N(c+2)$，式中N为联结单元间的单相物流数，上标 u 表示装置。装置的设计变量数为：

$$N_i^u = \sum_i N_i^e + N_r - N_c^u \tag{1-2}$$

分析如图 1-8 所示的简单吸收塔的设计变量。该装置是由 N 个绝热操作的简单平衡级串联构成的，因此 $N_i^e=2c+5$，$N_r=1$。在串级内有中间物流 $2(N-1)$个，所以有$2(N-1)(c+2)$个新的约束条件，故该装置的设计变量数：

$$N_i^u = \sum_i N_i^e + N_r - N_c^u$$
$$= N(2c+5)+1-2(N-1)(c+2)=2c+N+5$$

这些设计变量可规定如下：

N_x^u：

两股进料	$2c+4$
每级压力	N
合计	$2c+N+4$

N_a^u：

理论级数   1

分析图 1-9 所示的精馏塔的设计变量。该塔有一个进料口，设全凝器和再沸器。图中虚线表示可将全塔划分为 6 个单元（包括两个串级单元），计算如下：

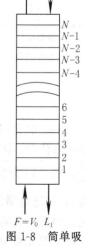

图 1-8 简单吸收塔

单元	$\sum_i N_i^e$
全凝器	$c+4$
回流分配器	$c+4$
$N-(M+1)$板的平衡串级	$2c+(N-M-1)+5$
进料级	$3c+7$
$(M-1)$板的平衡串级	$2c+(M-1)+5$
再沸器	$c+4$
	$10c+N+27$

由于单元间的物流数共有 9 股，故

$$N_c^u = 9(c+2) = 9c+18$$

装置的设计变量为：

$$N_i^u = (10c + N + 27) - (9c + 18)$$
$$= c + N + 9$$

其中固定设计变量：

$$N_x^u = (c + 2) + N + 2$$
$$= c + N + 4$$

可调设计变量 $N_a^u = N_i^u - N_x^u = 5$（若规定全凝器出口为泡点温度，尚剩 4 个可调设计变量）。对操作型精馏塔，设计变量常规定如下：

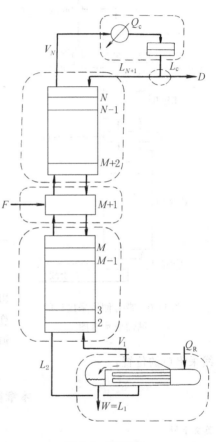

N_x^u：

进　　料	$c + 2$
每级压力（包括再沸器）	N
全凝器压力	1
回流分配器压力	1
合　　计	$c + N + 4$

N_a^u：

回流为泡点温度	1
总理论级数 N	1
进料位置 $M + 1$	1
馏出液流率（D/F）	1
回流比（I_{N+1}/D）	1
合　　计	5

图 1-9　精馏塔

　　通过上述举例可分析出，不同装置的设计变量数尽管不同，但其中固定设计变量的确定原则是共同的，即只与进料物流数目和系统内压力等级数有关。而可调设计变量数一般是不多的，它可由构成系统的单元的可调设计变量数简单加和而得到。这样，可归纳出一个简便、可靠的确定设计变量的方法：

　　（1）按每一单相物流有 （$c + 2$）个变量，计算由进料物流所确定的固定设计变量数。

（2）确定装置中具有不同压力的数目。

（3）上述两项之和即为固定设计变量数 N_x^u。

（4）将串级单元的数目、分配器的数目、侧线采出单元的数目以及传热单元的数目相加，便是整个装置的可调设计变量数 N_a^u。

用上述方法分析带有一个侧线采出口的精馏塔的设计变量数，见图 1-10。塔顶为全凝器，塔底有再沸器，塔内无压力降。

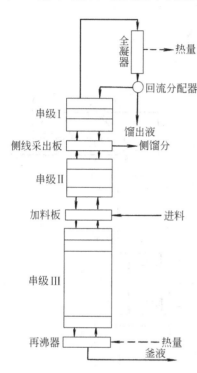

图 1-10 带有侧线采出口的
精馏塔示意图

N_x^u：

压力等级数	1
进料变量数	$c+2$
合　计	$c+3$

N_a^u：

串级单元数	3
回流分配器	1
侧线采出单元数	1
传热单元数	2
合　计	7

与图 1-9 设计变量计算结果相比较可以看出，带有侧线采出口时，可调设计变量将比无侧线时增加 2，一般这两个可调设计变量常被用来指定侧线流率及侧线采出口的位置。

本章符号说明

英文字母

c——组分数；

f——自由度数；

N——平衡级数；

N_i——设计变量数；

N_c——约束关系数或独立方程数；

N_v——独立变量数；

N_x——固定设计变量数；

N_a——可调设计变量数；

N_r——重复变量数。

希腊字母

π——相数。

上标

e——单元；

u——装置。

习　题

1. 列出 5 种使用 ESA 和 5 种使用 MSA 的分离操作。

2. 比较使用 ESA 与 MSA 分离方法的优缺点。

3. 气体分离与渗透蒸发这两种膜分离过程有何区别？

4. 在混合物分离中，固膜和固体吸附剂的作用有何区别？

5. 海水的渗透压由下式近似计算：

$$\pi = RTC/M$$

式中 C 为溶解盐的浓度，g/cm^3；M 为离子状态的各种溶质的平均分子量。若从含盐 0.035 g/cm^3 的海水中制取纯水，$M=31.5$，操作温度为 298 K。问反渗透膜两侧的最小压差应为多少 kPa？

6. 用精馏-膜分离集成流程分离乙醇/苯混合物。其中渗透蒸发单元的进料量为 8 000 kg/h，进料中含乙醇质量分数 23%（下同）。选用涂敷于多孔聚四氟乙烯支撑膜上的全氟磺酸聚合物无机薄膜为渗透蒸发膜。该膜对乙醇有优先透过性能，汽相透过物中含乙醇 60%，未渗透液体中含苯 90%。

(1) 画出该渗透蒸发单元的简图，标出进出物料量及组成。

(2) 选择什么分离操作进一步纯化渗透物？

7. 对乙苯和三种二甲苯混合物的分离方法进行选择。

(1) 列出间二甲苯和对二甲苯的有关性质：沸点、熔点、临界温度、临界压力、偏心因子、偶极矩……，利用哪些性质的差别进行该二元物系的分离是最好的？

(2) 为什么使用精馏方法分离间二甲苯和对二甲苯是不适宜的？

(3) 为什么工业上选择熔融结晶和吸附分离间二甲苯和对二甲苯？

8. 在常压下精馏乙醇和水的混合物，馏出液接近二元共沸组成，釜液几乎为纯水。解释下列哪些分离方法可用于从馏出液中进一步得到纯乙醇：(1) 萃取精馏；(2) 共沸精馏；(3) 液液萃取；(4) 结晶；(5) 渗透蒸发；(6) 吸附。

9. 假定有一绝热平衡闪蒸过程，所有变量表示在所附简图中。

求：(1) 总变量数 N_v；(2) 有关变量的独立方程数 N_e；

(3) 设计变量数 N_i；(4) 固定和可调设计变量数 N_x、N_a；

(5) 对典型的绝热闪蒸过程，你将推荐规定哪些变量？

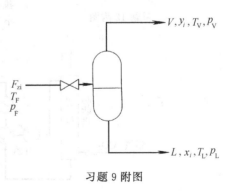

习题 9 附图

10. 具有单进料和采用全凝器的精馏塔，若以新鲜蒸汽直接进入塔底一级代替再沸器分离乙醇和水混合物。假设固定进料，绝热操作，全塔压力为常压，并规定塔顶乙醇含量，求：

（1）设计变量数是多少？

（2）若完成设计，你想推荐哪些变量？

11. 满足下列要求而设计再沸汽提塔见附图，求：

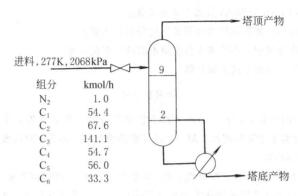

进料，277K，2068kPa

组分	kmol/h
N_2	1.0
C_1	54.4
C_2	67.6
C_3	141.1
C_4	54.7
C_5	56.0
C_6	33.3

习题 11 附图

（1）设计变量数是多少？

（2）如果有，请指出哪些附加变量需要规定？

12. 当进入精馏塔的原料含有少量杂质，此杂质比馏出物（产品）更易挥发时，可在塔顶下某块板处抽取侧线馏出液，使易挥发杂质得到分离。如附图所示。

求：（1）装置的设计变量数？

（2）确定合适的设计变量组。

13. 如附图中所示过程，以乙醇胺为吸收剂吸收惰气中的 CO_2，再用直接水蒸气蒸出 CO_2，吸收剂循环使用。用泵和三个热交换器维持恒定操作条件，塔压 $p_a > p_b$，温度 $T_a < T_b$。

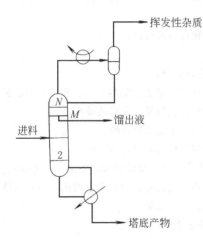

习题 12 附图

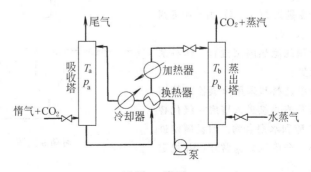

习题 13 附图

试确定：(1) 固定设计变量数和可调
设计变量数。

(2) 提出两种指定设计变量的方案。

14. 附图为热耦合精馏系统，进料为
三组分混合物，采出三个产品。试确定该
系统：(1) 设计变量数；(2) 指定一组合
理的设计变量。

15. 利用如附图所示的系统将某混合
物分离成三个产品。试确定：

(1) 固定设计变量数和可调设计变
量数；

(2) 指定一组合理的设计变量。

16. 采用单个精馏塔分离一个三组分
混合物为三个产品（见附图），试问图中
所注设计变量能否使问题有惟一解？如果
不，你认为还应规定哪个（些）设计变
量？

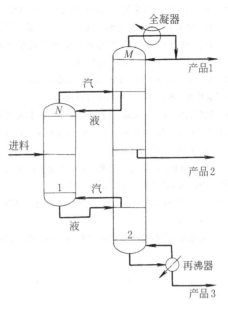

习题 14 附图

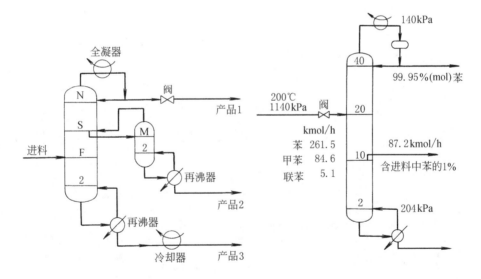

习题 15 附图　　　　　　　习题 16 附图

参 考 文 献

1　Henley E J, Seader J D. Equilibrium Stage Separation in Chemical Engineering. New York：John Wi-
　　ley & Sons,1981. 1～27

2　张淑群,廖培成. 化工进展. 1994,(3)：26～31

3　King C J. Seperation Processes. 2nd ed. New York：McGraw Hill,1980. 18～28

4　施亚钧,邓修.石油化工.1984,13(3):218~222

5　刘茉娥等编.膜分离技术.北京:化学工业出版社,1998.1~19

6　时钧,汪家鼎,余国琮,陈敏恒主编.化学过程手册・第二版下卷・第 19 篇膜过程.北京:化学工业出版社,1996.(19—4)~(19—8)

7　Keller G E. AIChE Monograph Series,1987,17:83

8　骆广生.化工进展.1994,(6):8~11

9　周明,许春建,余国琮.自然科学进展——国家重点实验室通讯.1995,5(2):147~152

10　Winston Ho W S,Sirkar K K,Overview,in Membrane handbook,New York:Van Nostrand Reinhold,1992.135~136

11　Hogan P A,Canning R P. Chem Eng Progress. 1998,(7):49~61

12　Kwauk M(郭慕孙). AIChE J. 1956,2:240

13　McCade W L,Smith J C. Unit Operation of Chemical Engineering. New York:McGraw Hill 1976.647~657

14　陈洪钫,刘家祺.化工分离过程.北京:化学工业出版社,1995.53~58

2. 单级平衡过程

　　精馏、吸收和萃取等传质单元操作在化工生产中占有重要的地位。研究和设计这些过程的基础是相平衡、物料平衡和传递速率。其中相平衡用于阐述混合物分离原理、传质推动力和进行设计计算，是设计上述分离过程和开发新平衡分离过程的关键。

　　本章在化工热力学课程中有关相平衡理论的基础上，较全面地讲述化工过程中经常遇到的多组分物系的单级平衡过程的计算问题。在化工传质分离中最简单的分离过程是使两相相互接触达到物理平衡，然后再将两相分开。如果两个组分在两相中的分离因子很大，则单级平衡就足以满足预期的分离要求；否则需要采取多级分离。例如，对于汽液平衡，分离因子具体为相对挥发度，若被分离物系中轻、重关键组分的相对挥发度 $\alpha_{\mathrm{LK,HK}} \approx 1\,000$，则单级平衡几乎达到其完全分离。若 α 仅为 1.1，则需上百个分离级。本章仅讨论单级平衡，包括汽-液、液-液和汽-液-液等分离过程。计算的基础是物料平衡和相平衡关系。当有相变化时或混合热效应很大时，需考虑能量平衡。

2.1　相　平　衡

2.1.1　相平衡关系

一、相平衡条件

　　所谓相平衡指的是混合物或溶液形成若干相，这些相保持着物理平衡而共存的状态。从热力学上看，整个物系的自由焓处于最小的状态。从动力学来看，相间表观传递速率为零。

　　相平衡热力学是建立在化学位概念基础上的。一个多组分系统达到相平衡的条件是所有相中的温度 T、压力 p 和每一组分 i 的化学位 μ_i 相等。从工程角度上，化学位没有直接的物理真实性，难以使用。Lewis 提出了等价于化学位的物理量——逸度。它由化学位简单变化而来，具有压力的单位。由于在理想气体混合物中，每一组分的逸度等于它的分压，故从物理意义讲，把逸度视为热力学压力是方便的。在真实混合物中，逸度可视为修正非理想性的分压。引入逸度概念后，相平衡条件演变为"各相的温度、压力相同，各相组分的逸度也相等"。即

$$T' = T'' = T''' = \cdots\cdots \tag{2-1}$$

$$p' = p'' = p''' = \cdots\cdots \tag{2-2}$$

$$\hat{f}_i' = \hat{f}_i'' = \hat{f}_i''' = \cdots\cdots \tag{2-3}$$

逸度 f 若不与通过实验直接测得的物理量 T、p 和组成相关联，那么，式（2-3）也没有任何实际用途。

1. 汽液平衡关系

根据式（2-3），得出汽液平衡关系

$$\hat{f}_i^{\mathrm{V}} = \hat{f}_i^{\mathrm{L}} \tag{2-4}$$

下标 i 表示组分，上标 V 和 L 分别表示汽相和液相。为简化逸度和实验上直接测得的压力、温度和组成等物理量之间的关系，引入两个辅助函数，即逸度系数和活度系数。汽相中组分 i 的逸度系数 $\hat{\Phi}_i^{\mathrm{V}}$ 定义为：

$$\hat{\Phi}_i^{\mathrm{V}} = \hat{f}_i^{\mathrm{V}} / y_i p \tag{2-5}$$

式中 p 为总压，y_i 为汽相中组分 i 的摩尔分率。同理，可写出液相中组分 i 的逸度系数：

$$\hat{\Phi}_i^{\mathrm{L}} = \hat{f}_i^{\mathrm{L}} / x_i p \tag{2-6}$$

液相中组分 i 的活度系数 γ_i 定义为：

$$\gamma_i = \hat{f}_i^{\mathrm{L}} / x_i f_i^{\mathrm{OL}} \tag{2-7}$$

式中 x_i——液相中组分 i 的摩尔分数；

f_i^{OL}——基准状态下组分 i 的逸度。

当然，对汽相中组分 i 的活度系数，可写出类似的公式。

由上述定义，汽液平衡关系常用两种形式表示。将式（2-5）和式（2-6）代入式（2-4），得：

$$\hat{\Phi}_i^{\mathrm{V}} y_i p = \hat{\Phi}_i^{\mathrm{L}} x_i p \tag{2-8}$$

将式（2-5）和式（2-7）代入式（2-4），得：

$$\hat{\Phi}_i^{\mathrm{V}} y_i p = \gamma_i x_i f_i^{\mathrm{OL}} \tag{2-9}$$

2. 液液平衡关系

由式（2-3）可写出液液平衡关系式：

$$\hat{f}_i^{\mathrm{I}} = \hat{f}_i^{\mathrm{II}} \tag{2-10}$$

式中 I 和 II 分别表示液相 I 和液相 II。用式（2-7）表示两液相中组分 i 的逸度，当两相中使用相同的基准态逸度时，液液平衡可表示为：

$$\gamma_i^{\mathrm{I}} x_i^{\mathrm{I}} = \gamma_i^{\mathrm{II}} x_i^{\mathrm{II}} \tag{2-11}$$

式中 γ_i^{I}、γ_i^{II}——分别为液相 I 和液相 II 中组分 i 的活度系数；

x_i^{I}、x_i^{II}——分别为液相 I 和液相 II 中组分 i 的摩尔分数。

二、相平衡常数和分离因子

工程计算中常用相平衡常数来表示相平衡关系，相平衡常数 K_i 定义为：

$$K_i = y_i / x_i \tag{2-12}$$

对精馏和吸收过程，K_i 称为气液平衡常数。对萃取过程，$x_i^{\mathrm{I}}(=y_i)$ 和 x_i^{II} $(=x_i)$ 分别表示萃取相和萃余相的浓度，K_i 为分配系数或液液平衡常数。

对于平衡分离过程，还采用分离因子来表示平衡关系，定义为：

$$\alpha_{ij} = \frac{y_i/y_j}{x_i/x_j} = \frac{K_i}{K_j} \tag{2-13}$$

分离因子在精馏过程又称为相对挥发度，它相对于汽液平衡常数而言，随温度和压力的变化不敏感，若近似当作常数，能使计算简化。对于液液平衡情况，常用 β_{ij} 代替 α_{ij}，称之为相对选择性。分离因子与 1 的偏离程度表示组分 i 和 j 之间分离的难易程度。

2.1.2 汽液平衡常数的计算

一、状态方程法[1]

对于汽液平衡，由式（2-8）和式（2-12）得：

$$K_i = \frac{y_i}{x_i} = \frac{\hat{\Phi}_i^{\mathrm{L}}}{\hat{\Phi}_i^{\mathrm{V}}} \tag{2-14}$$

若计算组分 i 的汽液平衡常数，必须求相应的 $\hat{\Phi}_i^{\mathrm{L}}$ 和 $\hat{\Phi}_i^{\mathrm{V}}$，它们均可通过状态方程来计算。众所周知，$p\text{-}V\text{-}T$ 关系既可用以 V、T 为独立变数的状态方程表达，也可用以 p、T 为独立变数的状态方程表达，但所得的计算 $\hat{\Phi}_i$ 的方程形式不同。从热力学原理可推导出，

$$\ln\hat{\Phi}_i = \frac{1}{RT}\int_V^\infty \left[\left(\frac{\partial p}{\partial n_i}\right)_{T,V,n_j} - \left(\frac{RT}{V_t}\right)\right]dV_t - \ln Z_m \tag{2-15}$$

$$\ln\hat{\Phi}_i = \frac{1}{RT}\int_0^p \left[\left(\frac{\partial V_t}{\partial n_i}\right)_{T,p,n_j} - \left(\frac{RT}{p}\right)\right]dp \tag{2-16}$$

式中 V_t——汽（液）相混合物的总体积；

Z_m——汽（液）相混合物的压缩因子；

n_i——组分 i 的物质的量（摩尔）。

式（2-15）适用于以 V、T 为独立变量的状态方程，而式（2-16）适用于以 p、T 为独立变量的状态方程。由于所开发的状态方程以前者为多，故式（2-15）应用更为普遍。还应指出，在推导式（2-15）和式（2-16）时，未作任何假设，因此该式适用于气相、液相和固相溶液，是计算逸度系数的普遍

化方法。

应用状态方程法计算汽液平衡常数时，首先要选择一个既适用于汽相、又适用于液相的状态方程。当计算 $\hat{\Phi}_i^V$ 时，V_t 和 Z_m 相应为汽相混合物的总体积和压缩因子，在混合规则中用汽相组成 y_i。当计算 $\hat{\Phi}_i^L$ 时，V_t 和 Z_m 则为液相混合物的总体积和压缩因子，而在混合规则中用液相组成 x_i。其次，逸度系数表达式不仅随状态方程形式不同而变化，而且同一状态方程由于采用不同的混合规则，其表达形式也有所不同，因此造成逸度系数表达式的复杂多样。

目前虽已有数百个状态方程，但在广阔的气体密度范围内，能用于非极性和极性化合物，又有较高的计算精度，且形式简单、计算方便的状态方程，尚不多见。广泛应用于烃类物系的有 RK 方程、SRK 方程、PR 方程和 BWRS 方程。SRK 和 PR 方程是对两个参数的 RK 方程的修正，引入第三参数偏心因子，使预测液相密度、饱和蒸汽压和相平衡常数等的精度显著改善，而计算仍较简单，在工程计算中得到广泛采用。不过，此两方程对含 H_2 和 H_2S 的物系，预测 K 值的精度差，当它们含量稍高时更甚。BWRS 方程计算复杂，交互作用参数 k_{ij} 较难得到。在大多数情况下，K 值的计算精度与 PR 和 SRK 方程相当，特点是适用于含 H_2、H_2S 的气体混合物。

以较简单的范德华方程为例，计算汽液平衡常数的步骤如下：

① 已知系统压力 p、温度 T 及平衡液相和汽相组成 x_i、y_i($i=1,2,\cdots$ c)；基础数据：临界温度 T_c 和临界压力 p_c。

② 用下列公式计算纯物质的参数 a_i 和 b_i；计算汽相混合物的参数 a、b：

$$a_i = \frac{27\,R^2 T_{c,i}^2}{64 p_{c,i}}$$

$$b_i = \frac{RT_{c,i}}{8 p_{c,i}}$$

$$a = \left(\sum y_i \sqrt{a_i}\right)^2$$

$$b = \sum y_i b_i$$

③ 由下列形式的范德华方程分别计算混合物的摩尔体积 $V_{m,t}$ 和压缩因子 Z_m：

$$V_{m,t}^3 - \left(b + \frac{RT}{p}\right)V_{m,t}^2 + \frac{a}{p}V_t - \frac{ab}{p} = 0$$

该方程有三个根。计算汽相摩尔体积时，取数值最大的根；计算液相摩尔体积时，取数值最小的根。

$$Z_\mathrm{m} = \frac{pV_\mathrm{m,t}}{RT} = \frac{V_\mathrm{m,t}}{(V_\mathrm{m,t}-b)} - \frac{a}{RTV_\mathrm{m,t}}$$

④ 将上述计算结果代入逸度系数表达式

$$\ln\hat{\varPhi}_i = \frac{b_i}{V_\mathrm{m,t}-b} - \ln\left[Z_\mathrm{m}\left(1-\frac{b}{V_\mathrm{m,t}}\right)\right] - \frac{2\sqrt{aa_i}}{RTV_\mathrm{m,t}}$$

即可求出各组分的汽相逸度系数。

⑤ 用 x_i 代替 y_i，按②～④步骤求出各组分的液相逸度系数。

⑥ 由式（2-14）求 K_i。

二、活度系数法

由式（2-9）和式（2-12）得：

$$K_i = \frac{y_i}{x_i} = \frac{\gamma_i f_i^\mathrm{OL}}{\hat{\varPhi}_i^\mathrm{V} p} \tag{2-17}$$

为求 K_i，必须解决 f_i^OL、γ_i 和 $\hat{\varPhi}_i^\mathrm{V}$ 的计算方法。

1. 基准态逸度 f_i^OL

由式（2-7）可见，只有当基准态逸度 f_i^OL 被具体规定后，活度系数才有确定数值，然而 f_i^OL 的规定不是惟一的。

（1）可凝性组分的基准态逸度　所谓活度系数的基准态是指活度系数等于 1 的状态，对于可凝性组分，通常以下式作为活度系数的基准态

当 $x_i \rightarrow 1$ 时，$\qquad\qquad\qquad \gamma_i \rightarrow 1 \tag{2-18}$

将该条件代入式（2-7）得出，f_i^OL 为在系统 T、p 下液相中纯组分 i 的逸度，即所取的基准态是与系统具有相同 T、相同 p 和同一相态的纯 i 组分，故式（2-7）可写为

$$\gamma_i = \hat{f}_i^\mathrm{L}/x_i f_i^\mathrm{L} \tag{2-19}$$

式中 f_i^L 为纯液体组分 i 在混合物 T、p 下的逸度。

将式（2-16）用于计算纯组分 i 的逸度时可写成

$$\ln\frac{f_i}{p} = \frac{1}{RT}\int_0^p \left(V_{\mathrm{m},i} - \frac{RT}{p}\right)\mathrm{d}p \tag{2-20}$$

式中 f_i 是纯组分 i 在 T、p 下的逸度，$V_{\mathrm{m},i}$ 是该组分在 T、p 下的摩尔体积，$\frac{f_i}{p} \equiv \varPhi_i$ 是纯组分在 T、p 下的逸度系数。若能提供纯组分 i 的 $p\text{-}V\text{-}T$ 数据或状态方程式，则式（2-20）将不拘泥气体、液体或固体，均能使用。

若以 $\varPhi_i^\mathrm{s}$ 表示纯组分 i 在一定温度的饱和蒸汽压下的逸度系数，则纯液体组分 i 在该温度和任意压力下的逸度可表示为

$$\ln\frac{f_i^\mathrm{L}}{p} = \frac{1}{RT}\left[\int_0^{p_i^\mathrm{s}} \left(V_{\mathrm{m},i} - \frac{RT}{p}\right)\mathrm{d}p + \int_{p_i^\mathrm{s}}^p \left(V_{\mathrm{m},i} - \frac{RT}{p}\right)\mathrm{d}p\right]$$

$$=\ln\Phi_i^s+\frac{V_{m,i}^L(p-p_i^s)}{RT}-\ln\frac{p}{p_i^s}$$

因此，
$$f_i^L=p_i^s\Phi_i^s\cdot\exp[V_{m,i}^L(p-p_i^s)/RT] \tag{2-21}$$

式中，$V_{m,i}^L$ 是纯液体 i 在系统温度下的摩尔体积，与压力无关；p_i^s 为相应的纯组分 i 的饱和蒸汽压。

由式（2-21）可见，纯液体 i 在 T、p 下的逸度等于饱和蒸汽压乘以两个校正系数。Φ_i^s 为校正处于饱和蒸汽压下的蒸汽对理想气体的偏离，指数校正项也称普瓦廷（Poynting）因子，是校正压力偏离饱和蒸汽压的影响。

（2）不凝性组分的基准态逸度　对于不凝性组分，采用不同于式（2-18）的基准态

当 $x_i\rightarrow0$ 时，
$$\gamma_i^*\rightarrow1 \tag{2-22}$$

上角"＊"是提醒注意采用了另一种基准态。

将式（2-22）代入式（2-7）得到，当组分 i 的摩尔分数变为无限小时，活度系数 $\gamma_i^*\approx1$，组分 i 的逸度等于基准态逸度乘以摩尔分数。因此，该基准态下组分 i 的逸度 f_i^{OL} 即为在系统温度和压力下估算出来的亨利常数：

$$f_i^{OL}=H\equiv\lim_{x_i\rightarrow0}\frac{\hat{f}_i^L}{x_i} \tag{2-23}$$

或
$$\hat{f}_i^L=Hx_i \quad (T,p\text{ 一定},x_i\rightarrow0) \tag{2-24}$$

上式也称为亨利定律，一般说来亨利常数 H 不仅决定于溶剂、溶质的性质和系统的温度，而且也和系统的总压有关。然而在低压下，溶质组分的逸度等于它在气相中的分压，亨利常数不随压力而改变。

对于由一个溶质（不凝性组分）和一个溶剂（可凝性组分）构成的二组分溶液，通常溶剂的活度系数按式（2-18）定义基准态，而溶质的活度系数按式（2-22）定义基准态，由于两组分的基准态不同，称为不对称型标准化方法。

不凝组分 i 的逸度表示为

$$\hat{f}_i^L=\gamma_i^*x_iH \tag{2-25}$$

由于有关不凝组分的溶解度实验数据很少，并且对浓溶液分子热力学的探讨也很不够，故有关 γ_i^* 的问题还知之不多。对稀溶液，可用式（2-23）计算。

2. 液相活度系数

化工热力学中推导出过剩自由焓 G^E 与活度系数 γ_i 的关系：

$$G^{E} = \sum_{i=1}^{c} (n_i RT \ln\gamma_i) \tag{2-26}$$

和 $$\left(\frac{\partial G^{E}}{\partial n_i}\right)_{T,p,n_j} = RT\ln\gamma_i \tag{2-27}$$

如有适当的过剩自由焓的数学模型，就可通过对组分 i 的物质的量（摩尔）n_i 求偏导数得到 γ_i 的表达式。

常用活度系数方程有[2,3]：对称型 Margules-Van Laar 方程、Margules 方程、Van Laar 方程、Wilson 方程、NRTL 方程、UNIQUAC 方程和 Scatchard-Hildebrand 方程。前三个方程有悠久的历史，且现在仍有实用价值，特别是用于定性分析方面。Wilson、NRTL 和 UNIQUAC 方程都是根据局部组成概念建立起来的模型。不同模型中局部组成的具体含义不同：Wilson 方程用局部体积分数的概念；而 NRTL 和 UNIQUAC 方程则用局部摩尔分数的概念。Scatchard-Hildebrand 方程属于从纯物质估算活度系数的方程。

这些方程在应用上各有特点。Margules 和 Van Laar 方程的优点是：数学表达式简单；容易从活度系数数据估计参数；即使是非理想性强的二元混合物，包括部分互溶物系，也经常能得到满意的结果。缺点是若没有三元或比较高级的相互作用参数，这些方程不能用于多元物系。

Wilson 方程仅用二元参数即可很好地表示二元和多元混合物的汽液平衡。由于方程式比较简单，与 NRTL 方程和 UNIQUAC 方程相比更为优越。虽然 Wilson 方程不能直接应用于液液平衡，但稍加修正的 Wilson 方程（例如 T-K-Wilson 方程）即可弥补这一缺欠。Wilson 方程是 ASOG 基团贡献法估算活度系数的基础。

NRTL 方程能很好地表示二元和多元物系的汽液平衡和液液平衡。对于含水系统，NRTL 方程通常比其他方程更好。其缺点是对每个二元物系都有三个参数。第三参数 α_{12} 可以从组分的化学性质估计，一般取值范围为 $0.2\sim0.47$。

UNIQUAC 方程对每个二元物系虽然仅含有两个参数，但其代数表达式是所有活度系数方程中最复杂的，它要用到纯组分的分子表面积和体积数据，这些数据可以从结构贡献法估算。正因为如此，该模型特别适用于分子大小相差悬殊的混合物。它仅需二元参数和纯组分数据就能计算多元混合物的汽液平衡和液液平衡。UNIQUAC 是 UNIFAC 基团贡献法的基础。

德国 DECHEMA 数据库[4] 考查了各种方程对汽液平衡数据获得最佳拟合的频率，如表 2-1 所示。从表中数据可见，Wilson 方程显示出最佳拟合的最高频率。

表 2-1　活度系数方程的最佳拟合频率[2]

物　系	数据组数	Margules	Van Laar	Wilson	NRTL	UNIQUAC
含水有机物	504	0.143	0.071	0.240	0.403[①]	0.143
醇	574	0.166	0.085	0.395[①]	0.223	0.131
醇和酚	480	0.213	0.119	0.342[①]	0.225	0.102
醇，酮，醚	490	0.280[①]	0.167	0.243	0.155	0.155
$C_4 \sim C_6$ 烃	587	0.172	0.133	0.365[①]	0.232	0.099
$C_7 \sim C_{13}$ 烃	435	0.225	0.170	0.260[①]	0.209	0.136
芳烃	493	0.260[①]	0.187	0.225	0.160	0.172
总计	3 563	0.206	0.131	0.300[①]	0.230	0.133

① 表示每类物系最佳拟合的频率最大者。

　　上述各活度系数方程的相同之处是需用实测的汽液平衡数据回归参数，当汽液平衡数据很少或根本没有时难以使用。1975 年 Fredlenslund 提出了预测非电解质活度系数的基团贡献法——UNIFAC 模型[5]，在解决这一问题上取得了突破性进展。对于大量的系统，UNIFAC 模型的预测值是令人满意的，目前该模型参数已经多次修订和扩充，广泛应用于工程设计。类似的模型还有 ASOG 法[6]。

　　3. 汽相逸度系数

　　用活度系数法计算汽液平衡常数时同样需要求组分 i 在汽相中的逸度系数。一般说来，只要具有合用的参数，并能准确估算组分的汽相逸度系数的状态方程均可采用。其中最简便的是维里方程。该方程可从统计力学推出，具有坚实的理论基础，能够赋予维里系数以明确的物理意义。截取到第二维里系数的维里方程形式简单，适用于中、低压物系，准确度高。

　　维里方程可表示成如下两种形式：

$$Z = \frac{pV}{RT} = 1 + \frac{B}{V} + \frac{C}{V^2} + \cdots \tag{2-28}$$

$$Z = \frac{pV}{RT} = 1 + B'p + C'p^2 + \cdots \tag{2-29}$$

　　将略去第二维里系数以后各项的维里方程分别代入式（2-15）和式（2-16），得到逸度系数表达式

$$\ln \hat{\Phi}_i = \left(2 \sum_{j=1}^{c} y_j B_{ij} - B \right) \frac{p}{RT} \tag{2-30}$$

$$\ln \hat{\Phi}_i = \frac{2}{V} \sum_{j=1}^{c} y_j B_{ij} - \ln Z \tag{2-31}$$

式中
$$B = \sum_{i=1}^{c} \sum_{j=1}^{c} y_i y_j B_{ij} \tag{2-32}$$

$$Z = \frac{pV}{RT} = 1 + \frac{B}{V} \tag{2-33}$$

由于式（2-30）和式（2-31）为舍去第二维里系数以后各项的维里方程推导的结果，公式能适用于密度大约为临界密度一半的物系。Prausnitz 提出了粗略的定量规则[7]：

$$p \leqslant \frac{T}{2} \frac{\displaystyle\sum_{i=1}^{c} y_i p_{ci}}{\displaystyle\sum_{i=1}^{c} y_i T_{ci}} \tag{2-34}$$

式中 p_{ci} 和 T_{ci} 分别为各组分的临界压力和临界温度。对直到中等压力下的精馏、吸收或闪蒸过程，采用式（2-30）和式（2-31）计算逸度系数都能得到满意的结果。

第二维里系数的推算方法有专著介绍[8]。

三、活度系数法计算汽液平衡常数的简化形式：

将式（2-21）代入式（2-17）得

$$K_i = \frac{y_i}{x_i} = \frac{\gamma_i p_i^s \Phi_i^s}{\hat{\Phi}_i^V p} \exp\left[\frac{V_{m,i}^L (p - p_i^s)}{RT}\right] \tag{2-35}$$

式中　γ_i——组分 i 在液相中的活度系数；

p_i^s——纯组分 i 在温度为 T 时的饱和蒸汽压；

Φ_i^s——组分 i 在温度为 T、压力为 p_i^s 时的逸度系数；

$\hat{\Phi}_i^V$——组分 i 在温度为 T、压力为 p 时的汽相逸度系数；

V_i^L——纯组分 i 的液态摩尔体积；

p、T——系统的压力和温度。

该式为活度系数法计算汽液平衡常数的通式。它适用于汽、液两相均为非理想溶液的情况。然而对于一个具体的分离过程，由于系统 p 和 T 的应用范围以及系统的性质不同，可采用各种简化形式。

1. 汽相为理想气体，液相为理想溶液

在该情况下，$\hat{\Phi}_i^V = 1$；$\Phi_i^s = 1$；$\gamma_i = 1$。因蒸汽压与系统的压力之间的差别很小 $RT \gg V_{m,i}^L (p - p_i^s)$，故 $\exp\left[\dfrac{V_{m,i}^L (p - p_i^s)}{RT}\right] \approx 1$。式（2-35）简化为

$$K_i = p_i^s / p \tag{2-36}$$

汽液平衡关系为：
$$y_i = \frac{p_i^s}{p} x_i \tag{2-37}$$

式（2-36）表明，汽液平衡常数仅与系统的温度和压力有关，与溶液组成无关。这类物系的特点是汽相服从道尔顿定律，液相服从拉乌尔定律。对于压力低于 200 kPa 和分子结构十分相似的组分所构成的溶液可按该类物系处理。例如苯、甲苯二元混合物。

2. 汽相为理想气体，液相为非理想溶液

在该情况下，$\hat{\Phi}_i^{\mathrm{V}}=1$；$\Phi_i^{\mathrm{s}}=1$；$\exp\left[\dfrac{V_{\mathrm{m},i}^{\mathrm{L}}(p-p_i^{\mathrm{s}})}{RT}\right]\approx1$。故式（2-35）简化为

$$K_i=\frac{\gamma_i p_i^{\mathrm{s}}}{p} \tag{2-38}$$

汽液平衡关系为：

$$y_i=\frac{\gamma_i p_i^{\mathrm{s}} x_i}{p} \tag{2-39}$$

低压下的大部分物系，如醇，醛、酮与水形成的溶液属于这类物系。K_i 值不仅与 T、p 有关，还与 x 有关（影响 γ_i）。$\gamma_i>1$ 为正偏差溶液；$\gamma_i<1$ 为负偏差溶液。

3. 汽相为理想溶液，液相为理想溶液

该物系的特点是，汽相中组分 i 的逸度系数等于纯组分 i 在相同 T、p 下的逸度系数，即 $\hat{\Phi}_i^{\mathrm{V}}=\Phi_i^{\mathrm{V}}$；液相中 $\gamma_i=1$。式（2-35）简化为

$$K_i=\frac{p_i^{\mathrm{s}}\Phi_i^{\mathrm{s}}}{\Phi_i^{\mathrm{V}}p}\exp\left[\frac{V_{\mathrm{m},i}^{\mathrm{L}}(p-p_i^{\mathrm{s}})}{RT}\right] \tag{2-40}$$

即

$$K_i=f_i^{\mathrm{L}}/f_i^{\mathrm{V}} \tag{2-41}$$

K_i 等于纯组分 i 在 T、p 下液相逸度和汽相逸度之比。可见 K_i 仅与 T、p 有关，而与组成无关。

将 $\gamma_i=1$ 代入式（2-19）得：

$$\hat{f}_i^{\mathrm{L}}=x_i f_i^{\mathrm{L}} \tag{2-42}$$

该式常称为路易士-兰德规则或逸度规则。在中压下的烃类混合物属于该类物系。

4. 汽相为理想溶液，液相为非理想溶液

此时　$\hat{\Phi}_i^{\mathrm{V}}=\Phi_i^{\mathrm{V}}$，但 $\gamma_i\neq1$，故

$$K_i=\frac{\gamma_i p_i^{\mathrm{s}}\Phi_i^{\mathrm{s}}}{\Phi_i^{\mathrm{V}}p}\exp\left[\frac{V_{\mathrm{m},i}^{\mathrm{L}}(p-p_i^{\mathrm{s}})}{RT}\right] \tag{2-43}$$

K_i 不仅与 T、p 有关，也是液相组成的函数，但与汽相组成无关。

【例 2-1】 计算乙烯在 311 K 和 3 444.2 kPa 下的汽液平衡常数（实测

值 $K_{C_2^=}=1.726$）

解：由手册查得乙烯的临界参数：

$$T_c=282.4\ \text{K}, p_c=5\ 034.6\ \text{kPa}$$

乙烯在 311 K 时的饱和蒸汽压 $p_{C_2^=}^s=9\ 117.0\ \text{kPa}$

① 汽相按理想气体，液相按理想溶液

$$K_{C_2^=}^s=\frac{p_{C_2^=}^s}{p}=\frac{9\ 117.0}{3\ 444.2}=2.647$$

② 汽液均按理想溶液

A. 逸度系数法

$$T_r=\frac{T}{T_c}=\frac{311}{282.4}=1.1 \qquad p_r=\frac{p}{p_c}=\frac{3\ 444.2}{5\ 034.6}=0.684$$

查逸度系数图得 $\Phi_{C_2^=}^V=0.948$

乙烯的汽相逸度为 $f_{C_2^=}^V=\Phi_{C_2^=}^V\cdot p=0.948\times3\ 444.2=3\ 265.1\ \text{kPa}$

乙烯在给定温度和压力下的液相逸度 $f_{C_2^=}^L$ 可近似按乙烯在同温度和其饱和蒸汽压下的气相逸度计算：

$$p_r=\frac{9\ 117.0}{5\ 034.6}=1.81 \qquad 查得逸度系数 \quad \Phi_{C_2^=}^s=0.624$$

则

$$f_{C_2^=}^L\approx\Phi_{C_2^=}^s\cdot p_{C_2^=}^s=0.624\times9\ 117.0=5\ 689.0\ \text{kPa}$$

所以

$$K_{C_2^=}=\frac{f_{C_2^=}^L}{f_{C_2^=}^V}=\frac{5\ 689.0}{3\ 265.1}=1.742$$

可见，②的计算结果接近实测值。

B. 列线图法

对于石油化工和炼油中重要的轻烃类组分，经过广泛的实验研究，得出了求平衡常数的一些近似图，称为 p-T-K 图，如图 2-1 所示。当已知压力和温度时，从列线图能迅速查得平衡常数。由于该图仅考虑了 p、T 对 K 的影响，而忽略了组成的影响，查得的 K 表示了不同组成的平均值。

由 $T=311$ K；$p=3\ 444.2$ kPa，从图 2-1 查得乙烯的 $K_{C_2^=}=1.95$

【例 2-2】 已知在 0.101 3 MPa 压力下甲醇（1）-水（2）二元系的汽液平衡数据，其中一组数据为：平衡温度 $T=71.29\ ℃$，液相组成 $x_1=0.6$，气相组成 $y_1=0.828\ 7$（摩尔分数）。试计算汽液平衡常数，并与实测值比较。

解：该平衡温度和组成下第二维里系数 $[\text{cm}^3/\text{mol}]$

纯甲醇	纯水	交互系数	混合物
B_{11}	B_{22}	B_{12}	B
$-1\ 098$	-595	-861	$-1\ 014$

在 71.29 ℃下，纯甲醇和水的饱和蒸汽压分别为：

$$p_1^s=0.131\ 4\text{MPa}；p_2^s=0.032\ 92\ \text{MPa}$$

液体摩尔体积 $V_{\text{m},i}^L[\text{cm}^3/\text{mol}]$ 的计算公式为：

甲醇：$V_{\text{m},1}^L=64.509-19.716\times10^{-2}T+3.873\ 5\times10^{-4}T^2$

水：　$V_{\text{m},2}^L=22.888-3.642\ 5\times10^{-2}T+0.685\ 71\times10^{-4}T^2$

计算液相活度系数的 NRTL 方程参数

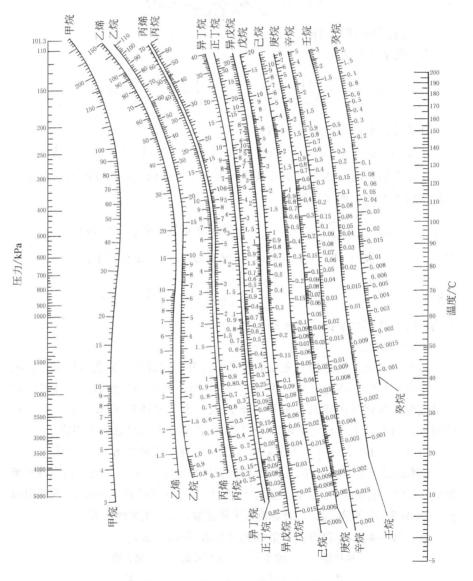

图 2-1(a)　轻烃的 K 图(高温段)[9]

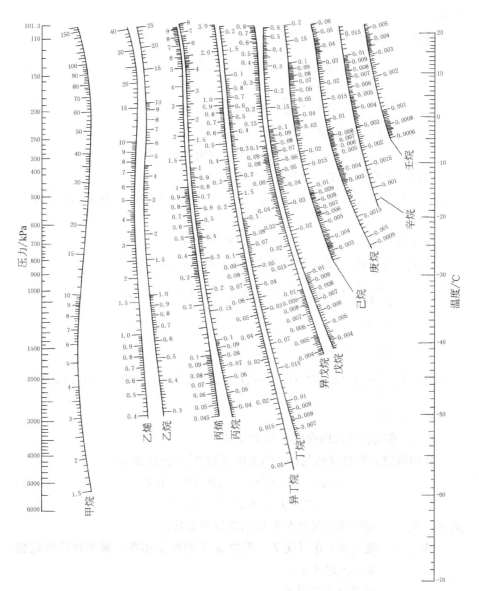

图 2-1(b)　轻烃的 K 图(低温段)[9]

$$g_{12}-g_{22}=-1\ 228.753\ 4\ \text{J/mol};\ g_{21}-g_{11}=4\ 039.539\ 3\ \text{J/mol}$$

$$\alpha_{12}=0.298\ 9$$

① 汽、液相均为非理想溶液

A. 计算汽相逸度系数 $\hat{\Phi}_1^V$、$\hat{\Phi}_2^V$

由于本例已知平衡条件下的第二维里系数，故采用维里方程计算逸度系数。

将式 (2-31) 用于二元物系，

$$\ln\hat{\Phi}_1^V = \frac{2}{V_m}(y_1 B_{11} + y_2 B_{12}) - \ln Z \qquad (1)$$

$$\ln\hat{\Phi}_2^V = \frac{2}{V_m}(y_2 B_{22} + y_1 B_{12}) - \ln Z \qquad (2)$$

将式 (2-33) 变换成

$$V_m^2 - (RT/p)V_m - BRT/p = 0$$

用该式求露点温度下混合蒸汽的摩尔体积

$$V_m^2 - [8.314 \times 344.44/0.101\,3]V_m - (-1\,014) \times 8.314 \times 344.44/0.101\,3 = 0$$

解得 $\qquad V_m = 27\,212\ cm^3/mol$

压缩因子 $\qquad Z = pV_m/RT = 0.963$

将 V_m、Z、B_{11}、B_{12} 值代入式（A）和（B），

$$\ln\hat{\Phi}_1^V = \left(\frac{2}{27\,212}\right)[(0.828\,7)(-1\,098) + (0.171\,3)(-861)] - \ln(0.963)$$

$$= -0.04$$

$$\hat{\Phi}_1^V = 0.961$$

$$\ln\hat{\Phi}_2^V = \left(\frac{2}{27\,212}\right)[(0.171\,3)(-595) + (0.828\,7)(-861)] - \ln(0.963)$$

$$\hat{\Phi}_2^V = 0.978$$

B. 计算饱和蒸汽的逸度系数 Φ_1^s、Φ_2^s

利用维里方程计算纯气体 i 的逸度系数 Φ_1^V，公式如下：

$$\ln\Phi_i^V \equiv \ln(f_i^V/p) = 2B_{ii}/V_i - \ln Z_i \qquad (3)$$

$$Z_i \equiv pV_i/RT = 1 + B_{ii}/V_i$$

式中 $\quad B_{ii}$——纯气体 i 在温度 T 的第二维里系数；

$\qquad V_{m,i}$——纯气体 i 在温度 T、压力 p 下的摩尔体积。对本计算特定情况，p 即为 p_i^s；

$\qquad Z_i$——相应的压缩因子。

对甲醇，将 T、p_1^s、B_{11} 等数据代入下式

$$V_{m,1}^2 - (RT/p_1^s)V_{m,1} - B_{11}RT/p_1^s = 0$$

得 $\qquad V_{m,1} = 20\,624\ cm^3/mol$

$$Z_1 = 0.947$$

由式（3） $\qquad \ln\Phi_1^s = 2(-1\,098)/20\,624 - \ln 0.947$

$$\Phi_1^s = 0.949$$

同理 $\qquad \Phi_2^s = 0.993$

C. 计算普瓦廷因子和基准态下的逸度 f_i^L

由已知条件求甲醇的液相摩尔体积：

$V_{m,1}^L = 64.509 - 19.716 \times 10^{-2} \times 344.44 + 3.873\,5 \times 10^{-4} \times (344.44)^2$

$\qquad = 42.554 \text{ cm}^3/\text{mol}$

$$\exp[V_{m,1}^L(p - p_1^s)/RT] = \exp\left[\frac{42.554(0.101\,3 - 0.131\,4)}{8.314 \times 344.44}\right]$$

$$= 0.999\,6$$

$$f_1^L = p_1^s \Phi_1^s \cdot \exp[V_{m,1}^L(p - p_1^s)/RT]$$

$$= 0.131\,4 \times 0.949 \times 0.999\,6 = 0.124\,6 \text{ MPa}$$

同理可求出

$$\exp[V_{m,2}^L(p - p_2^s)/RT] = 1.000\,4$$

$$f_2^L = 0.032\,7$$

D. 计算液相活度系数

应用 NRTL 方程计算 γ_1、γ_2

$$\tau_{12} = \frac{g_{12} - g_{22}}{RT} = \frac{-1\,228.753\,4}{8.314 \times 344.44}$$

$$= -0.429\,0$$

$$G_{12} = \exp(-\alpha_{12}\tau_{12}) = \exp[-0.298\,9 \times (-0.429\,0)]$$

$$= 1.136\,8$$

同理 $\quad \tau_{21} = 1.410\,4; G_{21} = 0.656\,0$

已知液相组成 $\quad x_1 = 0.6, x_2 = 0.4$

$$\ln\gamma_1 = x_2^2\left[\tau_{21}\left(\frac{G_{21}}{x_1 + x_2 G_{21}}\right)^2 + \frac{\tau_{12}G_{12}}{(x_2 + x_1 G_{12})^2}\right]$$

$$= (0.4)^2\left[1.410\,4\left(\frac{0.656\,0}{0.6 + 0.4 \times 0.656\,0}\right)^2 + \frac{-0.429\,0 \times 1.136\,8}{(0.4 + 0.6 \times 1.136\,8)^2}\right]$$

$$= 0.063\,93$$

$$\gamma_1 = 1.066$$

同理 $\qquad \gamma_2 = 1.320$

E. 计算 K_i

按式（2-35）计算各组分的汽液平衡常数

$$K_1 = \frac{1.066 \times 0.131\,4 \times 0.949 \times 0.999\,6}{0.961 \times 0.101\,3} = 1.365$$

$$K_2 = \frac{1.320 \times 0.032\,92 \times 0.993 \times 1.000\,4}{0.978 \times 0.101\,3} = 0.436$$

② 汽相为理想气体，液相为非理想溶液

按式（2-38）

$$K_1 = \frac{\gamma_1 p_1^s}{p} = \frac{1.066 \times 0.131\,4}{0.101\,3} = 1.383$$

$$K_2 = \frac{1.320 \times 0.032\,92}{0.101\,3} = 0.429$$

③ 汽、液均为理想溶液

应用 $\ln\Phi_i = B_{ii}p/RT$ 公式计算纯甲醇和水在 0.101 3MPa 和 344.44 K 时的汽相逸度系数

$$\ln\Phi_1^V = \frac{-1\,098 \times 0.101\,3}{8.314 \times 344.44} = -0.038\,8$$

$$\Phi_1^V = 0.962$$

同理
$$\Phi_2^V = 0.979$$

$$f_1^V = \Phi_1^V p = 0.097\,45\ \text{MPa}$$

$$f_2^V = \Phi_2^V p = 0.099\,17\ \text{MPa}$$

按式（2-41）
$$K_1 = f_1^L/f_1^V = 0.124\,6/0.097\,45 = 1.279$$

同理
$$K_2 = 0.329\,7$$

将各种方法计算的 K 值列表如下：

组分	实验值	按式(2-35)	按式(2-36)	按式(2-38)	按式(2-41)
甲醇	1.381	1.365	1.297 5	1.383	1.279
水	0.428	0.436	0.325 0	0.429 0	0.329 7

比较实验值和不同方法的计算值可以看出，对于常压下非理想性较强的物系，汽相按理想气体处理、液相按非理想溶液处理是合理的。由于在关联活度系数方程参数时也作了同样简化处理，故按式（2-38）的计算值更接近于实验值。

一个更具有普遍性的例子是采用活度系数法及其简化形式关联乙醇-水物系加压下的汽液平衡数据，旨在正确计算规定压力下的恒沸组成，并和 Otsuki 的实测数据比较。结果示于表 2-2[10]。所列出的 6 种情况代表了不同的近似程度，反映出计算平均误差也各不相同，说明汽液平衡方程的选用对预测精度颇具影响。在实践中宜慎选用，既要满足设计精度的总体要求，又要使计算不太复杂，以节省计算机的机时。

表 2-2　乙醇-水物系的汽液平衡数据关联结果汇总表

序　号	计算 K 的方程	$\overline{\Delta p}/p/\%$	$\overline{\Delta y}/\%(mol)$
1	式(2-36)	22.24	0.135 3
2	式(2-38)	1.62	0.014 8
3	$\gamma_i p_i^s/\hat{\Phi}_i^V p$	10.23	0.034 4
4	$\gamma_i p_i^s \Phi_i^s/\hat{\Phi}_i^V p$	1.50	0.008 1
5	式(2-35)，$V_{m,i}^L=$ 定值	1.50	0.007 7
6	式(2-35)，$V_{m,i}^L=F(T)$	1.48	0.007 6

表 2-2 列出的结果表明：拉乌尔定律不适于该类非理想性强的物系的汽液平衡计算（序号 1）。引入液相活度系数（用 UNIQUAC 方程计算，以下同），关联精度大幅度提高（序号 2）。当方程中又加了一个 $\hat{\Phi}_i^V$ 后（用 Chueh 等修改的 RK 方程计算），关联精度不仅没有提高，反而下降（序号 3）。究其原因，乃是在液相中未用基准态逸度而用饱和蒸汽压之故。由式 (2-21) 可知，f_i^L 不仅是温度而且是压力的函数，当汽相计入非理想性即压力的影响后，对液相也需作相应的考虑，否则 $\overline{\Delta p}/p$ 和 $\overline{y}$ 的误差增加。若 p_i^s 又乘以 Φ_i^s，则结果会大大改进（序号 4）。引入普瓦廷因子后，关联精度又略有提高（序号 5），但由于系统压力不高，效果不十分显著，后三种方程所得的关联精度大致相等，比前面三种有明显的优点。

四、两种计算方法的比较

状态方程法和活度系数法各有优缺点，可根据不同的实际情况加以选用。Prausnitz 对这两类方法作出比较，武内等人又作了某些补充，见表 2-3。

表 2-3　状态方程和活度系数法的比较

方法	优　点	缺　点
状态方程法	1. 不需要基准态 2. 只需要 p-V-T 数据，原则上不需有相平衡数据 3. 可以应用对比状态理论 4. 可以用在临界区	1. 没有一个状态方程能完全适用于所有的密度范围 2. 受混合规则的影响很大 3. 对于极性物质、大分子化合物和电解质系统很难应用
活度系数法	1. 简单的液体混合物的模型已能满足要求 2. 温度的影响主要表现在 f_i^L 上，而不在 γ_i 上 3. 对许多类型的混合物，包括聚合物、电解质系统都能应用	1. 需用其他的方法获得液体的偏摩尔体积（在计算高压汽液平衡时需要此数据） 2. 在含有超临界组分的系统应用不够方便，必须引入亨利定律 3. 难以在临界区内应用

2.1.3 液 液 平 衡

液液平衡是萃取过程的基础，也是三相精馏、非均相共沸精馏等精馏过程的理论基础之一。液液平衡在许多情况下要比汽液平衡复杂。主要原因在于任一平衡相不再是理想溶液。液液平衡中组分的活度系数对于组成微小变化的敏感度要比在汽液平衡中大得多。因此液液平衡更多地依赖于实测数据，数学处理也相对复杂。

按系统中的组分数分类，液液平衡可分为二元系、三元系和四元系等。三元以上的通称为多元系。

一、二元系

二元液液平衡数据可以表示成 $T\text{-}x$ 图，即相互溶解度随温度变化的曲

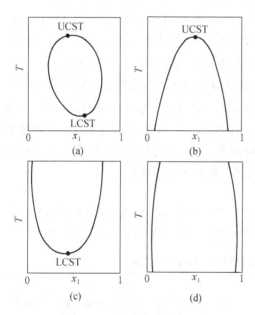

图 2-2　二元液液平衡类型

线。二元相图类型如图 2-2 所示。图中绘有溶解度曲线，某温度的水平线与溶解度曲线的两个交点表示该温度下两液相的平衡组成。从理论上讲，大多数 $T\text{-}x$ 图应表现为图 2-2（a）的形式，显示出有上临界混溶温度（UCST）和下临界混溶温度（LCST）。低于下临界混溶温度和高于上临界混溶温度仅有一个液相。如果两液相区与该混合物的冰点曲线相交则不出现下临界混溶温度，如图 2-2（b）所示。如果两液相区与汽液平衡曲线相交则不出现上临界混溶温度，如图 2-2（c）所示。目前所发现的二元液液平衡数据中有 41% 的物系属于图 2-2（b）类型，53% 的物系属于图 2-2（d）类型。水和 β-甲基吡啶二元系是类型（a）的例子。水-二乙胺物系属类型（c）。

Sorensen 和 Arlt 主编的 "Liquid-Liquid Equilibrium Data Collection" 汇编了迄今绝大部分文献中的二元液液平衡数据，并且关联了 NRTL 和 UNIQUAC 活度系数方程参数[11]。由于 Wilson 方程不适用于液液分层系统，所以在处理液液平衡问题时不能选用该方程。液液平衡中活度系数的计算与汽液平衡中液相活度系数的计算方法相同。

二、三元系

三元液液平衡数据通常是在恒温下测定的结线数据，即两个共存液相的全部浓度数据。相图类型如图 2-3 所示。第 I 类相图的特点是 1-3 二元系为部分互溶，而 1-2、2-3 两二元系为完全互溶系，如图 2-3（a）所示。该类物系占三元物系的 75%；第 II 类相图是另一类常见的三元相图，1-3、2-3 两二元系为部分互溶系，而 1-2 二元系为完全互溶系，如图 2-3（b）～（d）所示。图 2-3（b）为形成两个分开的两相区，图 2-3（c）和（d）中，两个两相区合二而一。随温度的降低三元相图性质有可能从图 2-3（b）向图 2-3（c）和（d）演变。该类相图占三元系的 20%。第 III 类相图含有三对部分互溶的二元系，出现三相区，如图 2-3（e）所示。该类相图出现的几率很小。

三元液液平衡数据及活度系数方程参数参见有关文献[11]。

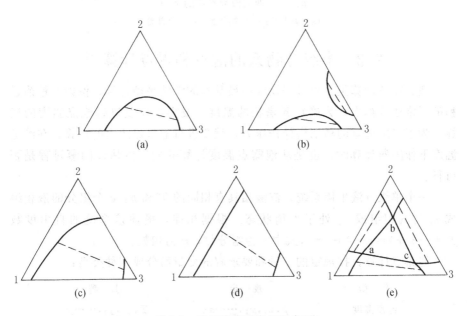

图 2-3　三元液液平衡相图类型
(a) 第 I 类；(b) ～ (d) 第 II 类；(e) 第 III 类

三、四元系（或多元系）

四元（或多元）液液平衡物系主要分成三种不同类型。

第 I 类：只有组分 1 与组分 2 至 4 分别部分互溶，而组分 2 至 4 彼此均完全互溶。

第 II 类：只有组分 1 和 2 部分互溶，该两组分与系统中所有其他组分（3、4）均完全互溶，组分 3 和 4 彼此也完全互溶。

第 III 类：只有组分 1 与组分 3 和 4 分别部分互溶，而组分 1 与组分 2 完全互溶，组分 2、3、4 彼此完全互溶。三种类型的相图见图 2-4。

多于四元的多元系液液平衡也分为三类，其构成可按四元系类推。

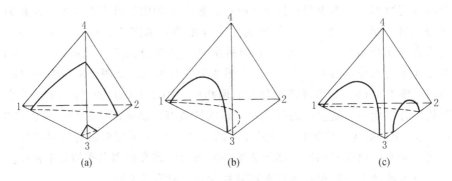

图 2-4　四元液液平衡的类型

(a) 第Ⅰ类；(b) 第Ⅱ类；(c) 第Ⅲ类

2.2　多组分物系的泡点和露点计算[3]

泡、露点计算是分离过程设计中最基本的汽液平衡计算。例如在精馏过程的严格法计算中，为确定各塔板的温度，要多次反复进行泡点温度的运算。为了确定适宜的精馏塔操作压力，就要进行泡露点压力的计算。在给定温度下作闪蒸计算时，也是从泡露点温度计算开始，以估计闪蒸过程是否可行。

一个单级汽液平衡系统，汽液相具有相同的 T 和 p，c 个组分的液相组成 x_i 与汽相组成 y_i 处于平衡状态。根据相律，描述该系统的自由度数 $f = c - \pi + 2 = c - 2 + 2 = c$，式中 c 为组分数，π 为相数。

泡露点计算，按规定的变量和要求解的变量而分成四种类型：

类　　型	规　　定	求　　解
泡点温度	$p, x_1, x_2, \cdots\cdots x_c$	$T, y_1, y_2, \cdots\cdots y_c$
泡点压力	$T, x_1, x_2, \cdots\cdots x_c$	$p, y_1, y_2, \cdots\cdots y_c$
露点温度	$p, y_1, y_2, \cdots\cdots y_c$	$T, x_1, x_2, \cdots\cdots x_c$
露点压力	$T, y_1, y_2, \cdots\cdots y_c$	$p, x_1, x_2, \cdots\cdots x_c$

在每一类型的计算中，规定了 c 个参数，并有 c 个未知数。温度或压力为一个未知数，$(c-1)$ 个组成为其余的未知数。

2.2.1　泡点温度和压力的计算

泡点温度和压力的计算指规定液相组成 x（用向量表示）和 p 或 T，分别计算汽相组成 y（用向量表示）和 T 或 p。计算方程有：

① 相平衡关系

$$y_i = K_i x_i \quad (i=1,2,\cdots,c) \tag{2-44}$$

② 浓度总和式

$$\sum_{i=1}^{c} y_i = 1 \tag{2-45}$$

$$\sum_{i=1}^{c} x_i = 1 \tag{2-46}$$

③ 汽液平衡常数关联式

$$K_i = f(p, T, \boldsymbol{x}, \boldsymbol{y}) \tag{2-47}$$

共有 $2c+2$ 个方程，包括变量 $3c+2$ 个。已规定 c 个变量，未知数尚有 $2c+2$ 个，故上述方程组有惟一解。由于变量之间的关系复杂，一般需试差求解。

一、泡点温度的计算

1. 平衡常数与组成无关的泡点温度计算

若汽液平衡常数关联式简化为 $K_i = f(p, T)$ 即与组成无关时，解法就变得简单。计算结果除直接应用外，还可作为进一步精确计算的初值。

p-T-K 图常用于查找烃类的 K_i 值。对特定情况，可采用两个或三个系数的方程表示 K_i。

$$\ln K_i = A_i - B_i/(T + C_i) \tag{2-48}$$

$$\ln K_i = A_i - B_i/(T + 18 - 0.19 T_b) \tag{2-49}$$

式中 T_b 为正常沸点（K），系数 A_i、B_i、C_i 可由已知数据回归得到。当汽相为理想气体，液相为理想溶液时，K_i 由式（2-37）计算。

将式（2-44）代入式（2-45）得泡点方程

$$\sum_{i=1}^{c} K_i x_i = 1 \tag{2-50}$$

或

$$f(T) = \sum_{i=1}^{c} K_i x_i - 1 = 0 \tag{2-51}$$

如果 K_i 值由 p-T-K 图查得，则求解该式需用试差法。

假如 K_i 用式（2-48）表示，它只是温度的函数，应用 Newton-Raphson 法很容易解泡点温度方程。为提高求根效率，可采用 Richmond 算法。

【例 2-3】 确定含正丁烷（1）0.15、正戊烷（2）0.4 和正己烷（3）0.45（均为摩尔分数）之烃类混合物在 0.2 MPa 压力下的泡点温度。

解：因各组分都是烷烃，所以汽、液相均可看成理想溶液，K_i 只取决于温度和压力。如计算要求不甚高，可使用烃类的 p-T-K 图（见图 2-1）。

假设 $T = 50\ ℃$，因 $p = 0.2$ MPa，查图求 K_i

组分	x_i	K_i	$y_i = K_i x_i$
正丁烷	0.15	2.5	0.375
正戊烷	0.40	0.76	0.304
正己烷	0.45	0.28	0.126

$\sum K_i x_i = 0.805 \neq 1.00$，$\sum K_i x_i < 1$，说明所设温度偏低。重设 $T = 58.7\ ℃$

组分	x_i	K_i	$y_i = K_i x_i$
正丁烷	0.15	3.0	0.45
正戊烷	0.40	0.96	0.384
正己烷	0.45	0.37	0.166 5

$\sum K_i x_i = 1.000\ 5 \approx 1$，故泡点温度为 $58.7\ ℃$。

【例 2-4】 某厂氯化法合成甘油车间，氯丙烯精馏二塔的釜液组成为：3-氯丙烯 0.014 5，1,2-二氯丙烷 0.309 0，1,3-二氯丙烯 0.676 5（均为摩尔分数）。塔釜压力为常压，试求塔釜温度。各组分的饱和蒸汽压关系为：（p^s:kPa;t:℃）：

3-氯丙烯　　　　　$\ln p_1^s = 13.943\ 1 - \dfrac{2\ 568.5}{t + 231}$

1,2-二氯丙烷　　　$\ln p_2^s = 14.023\ 6 - \dfrac{2\ 985.1}{t + 221}$

1,3-二氯丙烯　　　$\ln p_3^s = 16.084\ 2 - \dfrac{4\ 328.4}{t + 273.2}$

解：釜液中三个组分结构非常近似，可看成理想溶液。系统压力为常压，可将汽相看成是理想气体。因此，$K_i = p_i^s/p$

Newton-Raphson 数值法泡点温度公式推导如下：

因　　　　　$K_i = \dfrac{p_i^s}{p} = \dfrac{1}{p} \exp\left(A_i - \dfrac{B_i}{t + C_i}\right)$

故　　　　　$f(t) = \sum \dfrac{x_i}{p} \exp\left(A_i - \dfrac{B_i}{t + C_i}\right) - 1$

$$f'(t) = \sum \dfrac{x_i}{p} \exp\left[\left(A_i - \dfrac{B_i}{t + C_i}\right)\dfrac{B_i}{(t + C_i)^2}\right]$$

$$= \sum \left[K_i x_i \dfrac{B_i}{(t + C_i)^2}\right] \tag{2-52}$$

因此，温度迭代公式为：

$$t^{(k+1)} = t^{(k)} - \dfrac{f(t^{(k)})}{f'(t^{(k)})} = t^{(k)} - \dfrac{\sum K_i x_i - 1}{\sum\left[K_i x_i \dfrac{B_i}{(t^{(k)} + C_i)^2}\right]} \tag{2-53}$$

上述各式中，A_i，B_i，C_i 为组分 i 之安托尼常数；$t^{(k)}$，$t^{(k+1)}$ 分别为第 k 次

和第 $k+1$ 次迭代温度。若 $|t^{(k+1)}-t^{(k)}|\leqslant 0.001$，则认为已达到契合。

可选组分 1 或组分 3 的沸点为初值开始计算。在此，为与上述计算进行比较，也以 $t_1=70$ ℃ 作为初值。

组分	x_i	$K_i x_i$	$\dfrac{B_i}{(t+C_i)^2}$	$K_i x_i\left[\dfrac{B_i}{(t+C_i)^2}\right]$	
3-氯丙烯	0.014 5	0.032	0.028 4	0.000 907 4	
1,2-二氯丙烷	0.309 0	0.132	0.035 3	0.004 653 9	$t_1=70$ ℃
1,3-二氯丙烯	0.676 5	0.215	0.036 8	0.007 902 2	
Σ		0.379 0		0.013 463 5 $=f'(t_1)$	

故 $$t_2=t_1-\frac{f(t_1)}{f'(t_1)}=70-\frac{0.379\ 0-1}{0.013\ 463\ 5}=116.12\ ℃$$

如此进行下去，结果为：

$t_1=70$ ℃　　　$f(t_1)=-0.621\ 0$　　　$f'(t_1)=0.013\ 463\ 5$

$t_2=116.12$ ℃　$f(t_2)=0.593\ 487\ 5$　$f'(t_2)=0.043\ 565\ 3$

$t_3=102.5$ ℃　　$f(t_3)=0.082\ 946$　　$f'(t_3)=0.031\ 867\ 5$

$t_4=99.897$ ℃　$f(t_4)=0.002\ 556$　　$f'(t_4)=0.029\ 929\ 7$

$t_5=99.812$ ℃　$f(t_5)=0.000\ 003\ 1$　$f'(t_5)=0.029\ 867\ 7$

$t_6=99.812$ ℃

达到迭代精度要求，故泡点温度为 99.812 ℃。

若用 Richmond 算法，还需求二阶导数 $f''(t)$

$$f''(t)=\sum K_i x_i\left\{\frac{B_i[B_i-2(t+C_i)]}{(t+C_i)^4}\right\}$$

每次迭代温度为

$$t^{(k+1)}=t^{(k)}-\frac{2}{\dfrac{2f'(t^{(k)})}{f(t^{(k)})}-\dfrac{f''(t^{(k)})}{f'(t^{(k)})}} \tag{2-54}$$

计算结果为：

$t_1=70$ ℃　　$f(t_1)=-0.621\ 0$　$f'(t_1)=0.013\ 463\ 5$　$f''(t_1)=0.000\ 396\ 2$

$t_2=97.477$ ℃　$f(t_2)=-0.067\ 77$　$f'(t_2)=0.028\ 208\ 2$　$f''(t_2)=0.000\ 695\ 7$

$t_3=99.81$ ℃　$f(t_3)=0.000\ 049$

已达到 Newton-Raphson 法 t_5 的精度，故 t_3 即为所求。

2. 平衡常数与组成有关的泡点温度计算

当系统的非理想性较强时，K_i 必须按式（2-14）或式（2-35）计算，然后联立求解式（2-44）和式（2-45）。因已知值仅有 p 和 x，计算 K_i 值的其他各项：$\hat{\Phi}_i^V$、$\hat{\Phi}_i^L$、γ_i、p_i^s、Φ_i^s 及 V_i^L 均是温度的函数，而温度恰恰是未知数。此外，$\hat{\Phi}_i^V$ 还是汽相组成的函数。因此，手算难以完成，需要计算机计算。应用活度系数法作泡点温度计算的一般步骤如图 2-5 所示。

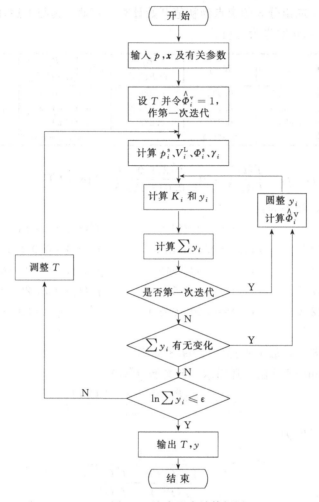

图 2-5 泡点温度计算框图

当系统压力不大时（2 MPa 以下），从式（2-35）可看出，K_i 主要受温度影响，其中关键项是饱和蒸汽压随温度变化显著，从安托尼方程可分析出，在这种情况下 $\ln K_i$ 与 $1/T$ 近似线性关系，故判别收敛的准则变换为：

$$G(1/T) = \ln \sum_{i=1}^{c} K_i x_i = 0 \qquad (2\text{-}55)$$

用 Newton-Raphson 法能较快地求得泡点温度。

对于汽相非理想性较强的系统，例如高压下的烃类，K_i 值用状态方程法计算，用上述准则收敛速度较慢，甚至不收敛，此时仍以式（2-51）为准则，改用 Muller 法迭代为宜。

【例 2-5】 丙酮(1)-丁酮-(2)-乙酸乙酯(3)三元混合物所处压力为 2 026.5 kPa，液相组成（摩尔分数）为 $x_1=x_2=0.3$，$x_3=0.4$。试用活度系数法计算泡点温度（逸度系数用维里方程计算；活度系数用 Wilson 方程计算）。

各组分的液相摩尔体积 cm^3/mol

$$V_{1,m}^L=73.52; \quad V_{2,m}^L=89.57; \quad V_{3,m}^L=97.79$$

Wilson 参数为 （J/mol）

$$\lambda_{12}-\lambda_{11}=5\ 741.401 \qquad \lambda_{21}-\lambda_{22}=-2\ 722.056$$

$$\lambda_{13}-\lambda_{11}=-1\ 226.628 \qquad \lambda_{31}-\lambda_{33}=2\ 698.313$$

$$\lambda_{23}-\lambda_{22}=-1\ 696.533 \qquad \lambda_{32}-\lambda_{33}=11\ 322.895$$

安托尼方程常数

	A	B	C
丙酮 (1)	14.636 3	2 940.46	−35.93
丁酮 (2)	14.583 6	3 150.42	−36.55
乙酸乙酯 (3)	14.136 6	2 790.5	−57.15

$$\ln p_i^s=A-\frac{B}{t+C} \quad (p^s: kPa; \ t: K)$$

组分的临界参数和偏心因子为

	T_c/K	p_c/kPa	ω
丙酮 (1)	508.1	4 701.50	0.309
丁酮 (2)	535.6	4 154.33	0.329
乙酸乙酯 (3)	523.25	3 830.09	0.363

解： 用 Abbott 公式计算第二维里系数，交叉临界性质用 Lorentz-Berthelot 规则求出[2]。逸度系数计算用式 (2-30)。

由于系统压力接近于各组分的饱和蒸汽压，普瓦廷因子近似等于 1，故平衡常数公式简化为

$$K_i=\frac{\gamma_i \Phi_i^s p_i^s}{\hat{\Phi}_i^V p}$$

计算步骤见图 2-5。

设泡点温度初值为 500 K。最终迭代泡点温度为 468.7 K，各变量数值如下表所示：

变量	丙酮	丁酮	乙酸乙酯
p_i^s	2 544.756	1 468.218	1 565.774
$\hat{\Phi}_i^V$	0.843 53	0.790 71	0.785 36
$\hat{\Phi}_i^s$	0.843 63	0.792 19	0.791 52
γ_i	1.003 19	1.355 67	1.049 95
K_i	1.259 92	0.984 04	0.817 62

二、泡点压力的计算

计算泡点压力所用的方程与计算泡点温度的方程相同，即式（2-44）、式（2-45）和式（2-47）。当 K_i 仅与 p 和 T 有关时，计算很简单，有时尚不需试差。泡点压力计算公式为：

$$f(p) = \sum_{i=1}^{c} K_i x_i - 1 = 0 \tag{2-56}$$

对于可用式（2-36）表示 K_i 的理想情况，由上式得到直接计算泡点压力的公式：

$$p_{泡} = \sum_{i=1}^{c} p_i^s x_i \tag{2-57}$$

对汽相为理想气体，液相为非理想溶液的情况，用类似的方法得到：

$$p_{泡} = \sum_{i=1}^{c} \gamma_i p_i^s x_i \tag{2-58}$$

若用 p-T-K 图求 K_i 值，则需假设泡点压力，通过试差求解。

一般说来，式（2-51）对于温度是高度非线性的，但式（2-56）对于压力仅有一定程度的非线性，所以，泡点压力的试差要容易些。

当平衡常数是压力、温度和组成的函数时，由式（2-35）可分析出，p_i^s、V_i^L 和 Φ_i^s 因只是温度的函数，均为定值。γ_i 一般认为与压力无关，当 T 和 x 已规定时也为定值。但式中 p 及作为 p 和 y 函数的 $\hat{\Phi}_i^V$ 是未知的（T 除外），因此必须用试差法求解。对于压力不太高的情况，由于压力对 $\hat{\Phi}_i^V$ 的影响不太大，故收敛较快。

用活度系数法计算泡点压力的框图见图 2-6。

【例 2-6】 已知氯仿(1)-乙醇(2)溶液的含量为 $x_1 = 0.344\,5$（摩尔分数），温度为 55 ℃。试求泡点压力及气相组成。该物系的 Margules 方程式常数为：$A_{12} = 0.59$，$A_{21} = 1.42$。55 ℃时，纯组分的饱和蒸汽压 $p_1^s = 82.37$ kPa，$p_2^s = 37.31$ kPa，第二维里系数：$B_{11} = -963$ cm³/mol，$B_{22} = -1\,523$，$B_{12} = -1\,217$。指数校正项可以忽略。

解： 将式（2-35）代入式（2-50）中，并忽略指数项，得：

$$p = \sum \frac{\gamma_i \Phi_i^s p_i^s x_i}{\hat{\Phi}_i^V} \tag{A}$$

令 $$\Phi_i = \hat{\Phi}_i^V / \Phi_i^s$$

对二元系，将其代入式（A）

$$p = \frac{\gamma_1 x_1 p_1^s}{\Phi_1} + \frac{\gamma_2 x_2 p_2^s}{\Phi_2} \tag{B}$$

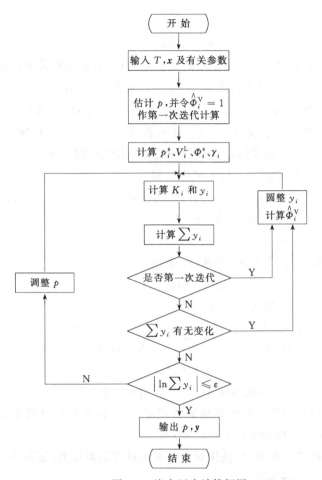

图 2-6　泡点压力计算框图

因

$$\ln\Phi_1^s = \frac{B_{11}p_1^s}{RT}$$

$$\ln\hat{\Phi}_1^V = \left[B_{11} + (2B_{12} - B_{11} - B_{22})y_2^2\right]\frac{p}{RT}$$

故　　$\Phi_1 = \exp\left[\dfrac{B_{11}(p - p_1^s) + py_2^2(2B_{12} - B_{11} - B_{22})}{RT}\right]$　　(C)

同理　$\Phi_2 = \exp\left[\dfrac{B_{22}(p - p_2^s) + py_1^2(2B_{12} - B_{11} - B_{22})}{RT}\right]$　　(D)

在 $x_1 = 0.344\ 5$ 时，由 Margules 方程式求得：

$$\ln\gamma_1 = x_2^2[A_{12} + 2(A_{21} - A_{12})x_1]$$

$$= (0.655\ 5)^2[0.59 + 2(1.42 - 0.59)(0.344\ 5)]$$

$$= 0.499\ 2$$

$$\gamma_1 = 1.647\ 5$$

同理

$$\gamma_2 = 1.040\ 2$$

因为 Φ_1 及 Φ_2 是 p 及 y 的函数,而 p 及 y 又未知,故需用数值方法求解。为了确定 p 及 y 之初值,可先假设 $\Phi_1 = \Phi_2 = 1$,由式(B)求出 p 及 py_1 和 py_2。因 $py_i/p = y_i$,故得 y_1 及 y_2。以这个 p 及 y_1、y_2 为初值,就可由式(C)和(D)算出 Φ_1 及 Φ_2。再由此 Φ_1 及 Φ_2 算出新的 p 及 y_1、y_2。这样反复进行,直至算得的 p 与 y 和假设值相等(或差数小于规定值)时为止。

以 $\Phi_1 = \Phi_2 = 1$ 和 p_1^s、p_2^s 代入式(B),得

$$p = 1.647\ 5 \times 0.344\ 5 \times 82.37 + 1.040\ 2 \times 0.655\ 5 \times 37.31$$
$$= 46.75 + 25.44 = 72.19$$

$$y_1 = 46.75/72.19 = 0.647\ 6; \quad y_2 = 0.352\ 4$$

将 p、y_1 和 y_2 值代入式(C)和(D)求出:

$$\Phi_1 = 1.003\ 8; \Phi_2 = 0.981\ 3$$

以上述 Φ_1 和 Φ_2 值代入式(B),得:

$$p = \frac{1.647\ 5 \times 0.344\ 5 \times 82.37}{1.003\ 8} + \frac{1.040\ 2 \times 0.655\ 5 \times 37.31}{0.981\ 3} = 72.50 \text{ kPa}$$

$$y_1 p = 46.57$$

故

$$y_1 = 0.642\ 4 \qquad y_2 = 0.357\ 6$$

由于此次计算结果与第一次试算结果已相差甚小,故不再继续算下去。因此 $p = 72.50$ kPa,$y_1 = 0.642\ 4$,$y_2 = 0.357\ 6$。

对于压力较高的情况,可使用状态方程法计算泡点压力,如图 2-7 所示。

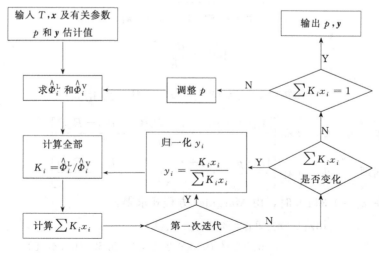

图 2-7　泡点压力计算框图

2.2.2 露点温度和压力的计算

该类计算规定汽相组成 y 和 p 或 T，分别计算液相组成 x 和 T 或 p。

一、平衡常数与组成无关的露点温度和压力的计算

露点方程为

$$\sum_{i=1}^{c}(y_i/K_i)=1.0 \tag{2-59}$$

或

$$f(T)=\sum_{i=1}^{c}(y_i/K_i)-1.0=0 \tag{2-60}$$

$$f(p)=\sum_{i=1}^{c}(y_i/K_i)-1.0=0 \tag{2-61}$$

露点的求解与泡点类似。

如果以式（2-48）表示 K_i，则牛顿法迭代公式为：

$$
\begin{aligned}
T^{(k+1)} &= T^{(k)} + \frac{-1+\sum(y_i/K_i)}{\sum\left(\dfrac{y_i}{K_i^2}\dfrac{\partial K_i}{\partial T}\right)} \\
&= T^{(k)} + \frac{-1+\sum(y_i/K_i)}{\sum\left(\dfrac{B_i y_i}{K_i(T^{(k)}+C_i)^2}\right)}
\end{aligned} \tag{2-62}
$$

二、平衡常数与组成有关的露点温度和压力的计算

对于露点温度计算，T 为未知数，因此 K_i 中作为 T 函数的诸项：p_i^s、V_i^L、Φ_i^s、$\hat{\Phi}_i^V$ 以及作为 T 和 x 函数的 γ_i 均需迭代计算。露点温度与泡点温度的计算步骤相近，只要将图 2-5 的框图略加改动即可。

对于露点压力计算，已知 T 和 y，因此 K_i 中作为 T 函数的 p_i^s、V_i^L、Φ_i^s 为定值，与压力有关的 $\hat{\Phi}_i^V$ 和与 x 有关的 γ_i 则需反复迭代。露点压力的计算步骤与泡点压力的计算相近。

【例 2-7】 乙酸甲酯(1)-丙酮(2)-甲醇(3)三组分蒸汽混合物的组成（摩尔分数）为 $y_1=0.33$，$y_2=0.34$，$y_3=0.33$。试求 50 ℃时该蒸汽混合物之露点压力。

解： 汽相假定为理想气体，液相活度系数用 Wilson 方程表示。由有关文献查得或回归的所需数据为：

50 ℃时各纯组分的饱和蒸汽压，kPa

$\quad\quad p_1^s=78.049 \quad\quad p_2^s=81.818 \quad\quad p_3^s=55.581$

50 ℃时各组分的液体摩尔体积，cm³/mol

$$V_1^L = 83.77 \qquad V_2^L = 76.81 \qquad V_3^L = 42.05$$

由 50 ℃时各两组分溶液的无限稀释活度系数回归得到的 Wilson 常数：

$$\Lambda_{11} = 1.0 \qquad \Lambda_{21} = 0.718\ 91 \qquad \Lambda_{31} = 0.579\ 39$$

$$\Lambda_{12} = 1.181\ 60 \qquad \Lambda_{22} = 1.0 \qquad \Lambda_{32} = 0.975\ 13$$

$$\Lambda_{13} = 0.522\ 97 \qquad \Lambda_{23} = 0.508\ 78 \qquad \Lambda_{33} = 1.0$$

① 假定 x 值，取 $x_1 = 0.33$，$x_2 = 0.34$，$x_3 = 0.33$。按理想溶液确定 p 初值

$$p = 78.049 \times 0.33 + 81.818 \times 0.34 + 55.581 \times 0.33 = 71.916 \text{ kPa}$$

② 由 x 和 Λ_{ij} 求 γ_i

从多组分 Wilson 方程

$$\ln\gamma_i = 1 - \ln\sum_{j=1}^{c}(x_j\Lambda_{ij}) - \sum_{k=1}^{c}\frac{x_k\Lambda_{kj}}{\sum\limits_{j=1}^{c}x_j\Lambda_{kj}}$$

得 $\ln\gamma_1 = 1 - \ln(x_1 + \Lambda_{12}x_2 + \Lambda_{13}x_3)$

$$-\left[\frac{x_1}{x_1 + \Lambda_{12}x_2 + \Lambda_{13}x_3} + \frac{\Lambda_{21}x_2}{\Lambda_{21}x_1 + x_2 + \Lambda_{23}x_3} + \frac{\Lambda_{31}x_3}{\Lambda_{31}x_1 + \Lambda_{32}x_2 + x_3}\right]$$

$$= 0.183\ 4$$

所以 $\qquad \gamma_1 = 1.201\ 3$

同理 $\qquad \gamma_2 = 1.029\ 8$

$\qquad\qquad \gamma_3 = 1.418\ 1$

③ 求 K_i

$$K_i = \frac{\gamma_i p_i^s}{p}\exp\left[\frac{V_i^L(p - p_i^s)}{RT}\right]$$

$$K_1 = \frac{1.201\ 3 \times 78.049}{71.916}\exp\left[\frac{83.77(71.916 - 78.049) \times 10^{-3}}{8.314 \times 323.16}\right] = 1.303\ 5$$

同理 $\qquad K_2 = 1.171\ 3$

$\qquad\qquad K_3 = 1.096\ 3$

④ 求 $\sum x_i$

$$\sum x_i = \frac{0.33}{1.303\ 5} + \frac{0.34}{1.171\ 3} + \frac{0.33}{1.096\ 3} = 0.844\ 5$$

圆整得 $\qquad x_1 = 0.299\ 8 \qquad x_2 = 0.343\ 7 \qquad x_3 = 0.356\ 5$

在 $p = 71.916$ kPa 内层经 7 次迭代得到：$x_1 = 0.289\ 64$，$x_2 = 0.338\ 91$，$x_3 = 0.371\ 45$

⑤ 调整 p

$$p = \sum \gamma_i p_i^s x_i \exp\left[\frac{V_i^L(p - p_i^s)}{RT}\right]$$

$$= p \sum K_i x_i$$

$$= 71.916(1.347\,9 \times 0.289\,64 + 1.186\,75$$

$$\times 0.338\,91 + 1.050\,82 \times 0.371\,45)$$

$$= 85.072 \text{ kPa}$$

在新的 p 下重复上述计算，迭代至 p 达到所需精度。

最终结果：露点压力 85.101 kPa

平衡液相组成：

$$x_1 = 0.289\,58 \qquad x_2 = 0.338\,89 \qquad x_3 = 0.371\,53$$

上述计算一般不能依靠手算，而必须利用计算机。若省略普瓦廷因子，则可节省机时。

比较第一次假定 p 下迭代至 $\sum x_i$ 不变并经圆整后的液相组成与最终结果的液相组成，可得出结论：K_i 对 x_i 的变化敏感，对压力的变化不敏感，因此，内层迭代 x，外层迭代 p 的计算方法是合理的。

2.3 闪蒸过程的计算

闪蒸是连续单级蒸馏过程。该过程使进料混合物部分汽化或冷凝得到含易挥发组分较多的蒸汽和含难挥发组分较多的液体。在图 2-8（a）中，液体进料在一定压力下被加热，通过阀门绝热闪蒸到较低压力，在闪蒸罐内分离出气体。如果省略阀门，低压液体在加热器中被加热部分汽化后，在闪蒸罐内分成两相。与之相反，如图 2-8（b）所示，气体进料在分凝器中部分冷凝，进闪蒸罐进行相分离，得到难挥发组分较多的液体。在两种情况下，如果设备设计合理，则离开闪蒸罐的汽、液两相处于平衡状态。

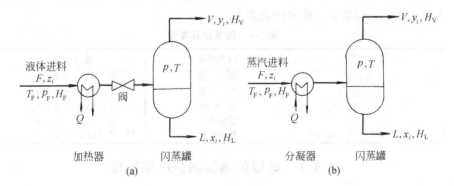

图 2-8 连续单级平衡分离

除非组分的相对挥发度相差很大，单级平衡分离所能达到的分离程度是很低的，所以，闪蒸和部分冷凝通常是作为进一步分离的辅助操作。但是，用于闪蒸过程的计算方法极为重要，普通精馏塔中的平衡级就是一简单绝热闪蒸级。可以把从单级闪蒸和部分冷凝导出的计算方法推广用于塔的设计。

在单级平衡分离中，由 C 个组分构成的原料，在给定流率 F、组成 z_i、压力 p_F 和温度 T_F 的条件下，通过闪蒸过程分离成相互平衡的汽相和液相物流。对每一组分列出物料衡算式：

$$Fz_i = Lx_i + Vy_i \qquad i = 1, 2, \cdots c \qquad (2\text{-}63)$$

式中，F、V、L 分别表示进料、气相出料和液相出料的流率，z_i、y_i 和 x_i 为相应的组成。

总物料衡算式为：

$$F = L + V \qquad (2\text{-}64)$$

焓平衡关系为：

$$FH_F + Q = VH_V + LH_L \qquad (2\text{-}65)$$
$$H_F = H_F(T, p, \boldsymbol{z})$$
$$H_V = H_V(T, p, \boldsymbol{y})$$
$$H_L = H_L(T, p, \boldsymbol{x})$$

式中 H_F、H_V 和 H_L 分别为进料、汽相出料和液相出料的平均摩尔焓，它是温度、压力和组成的函数。Q 为加入平衡级的热量。对于绝热闪蒸，$Q = 0$。而对于等温闪蒸，Q 应取达到规定分离或闪蒸温度所需要的热量。

汽液平衡关系为式（2-44），如果认为式（2-63）所表示的 c 个方程是独立的，还必须增加两个总和方程式（2-45）和式（2-46）。式（2-63）、式（2-65）、式（2-44）、式（2-45）和式（2-46）共 $2c+3$ 个方程，其中包括 $3c+8$ 个变量（F、V、L、z_i、y_i、x_i、T_F、T、p_F、p、Q），因此必须规定 $c+5$ 个变量。除规定 $c+3$ 个进料变量以外，其余 2 个变量有多种规定方法，表 2-4 列出了一些常用的类型。

表 2-4　闪蒸计算类型

规定变量	闪蒸形式	输出变量
p, T	等温	Q, V, y_i, L, x_i
p, $Q=0$	绝热	T, V, y_i, L, x_i
p, $Q \neq 0$	非绝热	T, V, y_i, L, x_i
p, L（或 Ψ）	部分冷凝	Q, T, V, y_i, x_i
p（或 T），V（或 Ψ）	部分汽化	Q, T（或 p），y_i, L, x_i

2.3.1　等温闪蒸和部分冷凝过程

一、汽液平衡常数与组成无关

对于理想溶液，$K_i = K_i(T, p)$，由于已知闪蒸温度和压力，K_i 值容易确定，故联立求解上述 $2c+3$ 个方程比较简单。

为简化求解步骤，首先用式（2-44）消去式（2-63）中的 y_i

$$Fz_i = Lx_i + VK_ix_i \qquad i=1,2,\cdots c$$

解得：
$$x_i = \frac{Fz_i}{L+VK_i} \qquad i=1,2,\cdots c$$

将 $L=F-V$ 代入该方程，得

$$x_i = \frac{Fz_i}{F-V+VK_i} \qquad i=1,2,\cdots c \qquad (2\text{-}66)$$

通常，用 F 除式（2-66）的分子和分母，并以 $\Psi = V/F$ 表示汽相分率则：

$$x_i = \frac{z_i}{1+\Psi(K_i-1)} \qquad i=1,2,\cdots c \qquad (2\text{-}67)$$

Ψ 的取值范围在 0 到 1.0 之间。将式（2-67）代入式（2-44），得到

$$y_i = \frac{K_iz_i}{1+\Psi(K_i-1)} \qquad i=1,2,\cdots c \qquad (2\text{-}68)$$

Ψ 一旦确定，即可从式（2-67）和式（2-68）求出 x_i 和 y_i。

推导至此，两个总和方程尚未应用。若将式（2-67）和式（2-68）分别代入式（2-46）和式（2-45），得：

$$\sum_{i=1}^{c} \frac{z_i}{1+\Psi(K_i-1)} = 1.0 \qquad (2\text{-}69)$$

$$\sum_{i=1}^{c} \frac{K_iz_i}{1+\Psi(K_i-1)} = 1.0 \qquad (2\text{-}70)$$

该两方程均能用于求解汽相分率，它们是 C 级多项式，当 $C>3$ 时可用试差法和数值法求根，但收敛性不佳。因此，用式（2-70）减去式（2-69）得更通用的闪蒸方程式：

$$f(\Psi) = \sum_{i=1}^{c} \frac{(K_i-1)z_i}{1+\Psi(K_i-1)} = 0 \qquad (2\text{-}71)$$

该式被称为 Rachford-Rice 方程，有很好的收敛特性，可选择多种算法，如弦位法和牛顿法求解，后者收敛较快，迭代方程为：

$$\Psi^{(k+1)} = \Psi^{(k)} - \frac{f(\Psi^{(k)})}{\mathrm{d}f(\Psi^{(k)})/\mathrm{d}\Psi} \qquad (2\text{-}72)$$

导数方程为
$$\frac{\mathrm{d}f(\Psi^{(k)})}{\mathrm{d}\Psi} = -\sum_{i=1}^{c} \frac{(K_i-1)^2z_i}{[1+\Psi^{(k)}(K_i-1)]^2} \qquad (2\text{-}73)$$

当 Ψ 值确定后，由式（2-67）和式（2-68）分别计算 x_i 和 y_i，并用式（2-64）求 L 和 V，然后计算焓值 H_L 和 H_V。对于理想溶液，H_L 和 H_V 由纯物质的焓加和求得。

$$H_V = \sum_{i=1}^{c} y_i H_{Vi} \tag{2-74}$$

$$H_L = \sum_{i=1}^{c} x_i H_{Li} \tag{2-75}$$

式中 H_{Vi} 和 H_{Li} 是纯物质的摩尔焓。如果溶液为非理想溶液，则还需要混合热数据。当确定各股物料的焓值后，用式（2-65）求过程所需热量。

此外，在给定温度下进行闪蒸计算时，还需核实闪蒸问题是否成立。可采用下面两种方法。

① 分别用泡点方程和露点方程计算在闪蒸压力下进料混合物的泡点温度和露点温度，然后核实闪蒸温度是否处于泡露点温度之间。若该条件成立，则闪蒸问题成立。

$$f(T_B) = \sum_{i=1}^{c} K_i z_i - 1 = 0$$

$$f(T_D) = \sum_{i=1}^{c} (z_i/K_i) - 1 = 0$$

式中 T_B 和 T_D 分别为泡、露点温度。还可用计算结果来确定汽相分数的初值

$$\Psi = \frac{T - T_B}{T_D - T_B} \tag{2-76}$$

② 假设闪蒸温度为进料组成的泡点温度，则 $\sum K_i z_i$ 应等于 1。若 $\sum K_i z_i > 1$，说明 $T_B < T$；再假设闪蒸温度为进料组成的露点温度，则 $\sum (z_i/K_i)$ 应等于 1。若 $\sum (z_i/K_i) > 1$，说明 $T_D > T$。综合两种试算结果，只有 $T_B < T < T_D$ 成立，才构成闪蒸问题。反之，若 $\sum K_i z_i < 1$ 或 $\sum (z_i/K_i) < 1$，说明进料在闪蒸条件下分别为过冷液体或过热蒸汽。

对于表 2-4 中第 4、5 两种情况（规定 Ψ 和 p，求 T），计算步骤为：假定 T 值，计算 K_i，再用 Rachford-Rice 方程核实假定值是否正确。$f(\Psi) \sim T$ 作图有助于确定下一次迭代的温度值。此外，也可用下式估计 T：

$$K_{ref}(T^{(k+1)}) = \frac{K_{ref}(T^{(k)})}{1 + df(T^{(k)})}$$

K_{ref} 为基准组分的平衡常数，d 为阻尼因子（$\leqslant 1.0$）。

【例 2-8】 进料流率为 1 000 kmol/h 的轻烃混合物，其组成为：丙烷（1）30%；正丁烷（2）10%；正戊烷（3）15%；正己烷（4）45%（摩尔）。求在 50 ℃ 和 200 kPa 条件下闪蒸的汽、液相组成及流率。

解： 该物系为轻烃混合物，可按理想溶
液处理。由给定的 T 和 p，从 p-T-K 图查
K_i，再采用上述顺序解法求解。

① 核实闪蒸温度

假设 50 ℃为进料的泡点温度，则

$$\sum_{i=1}^{4} K_i z_i = 7.0 \times 0.3 + 2.4 \times 0.1$$
$$+ 0.8 \times 0.15 + 0.3 \times 0.45$$
$$= 2.595 > 1$$

例 2-8 附图

假设 50 ℃为进料的露点温度，则

$$\sum_{i=1}^{4} (z_i/K_i) = \frac{0.3}{7.0} + \frac{0.1}{2.4} + \frac{0.15}{0.8} + \frac{0.45}{0.3} = 1.772 > 1$$

说明进料的实际泡点温度和露点温度分别低于和高于规定的闪蒸温度，闪蒸
问题成立。

② 求 Ψ，令 $\Psi_1 = 0.1$（最不利的初值）

$$f(0.1) = \frac{(7.0-1)(0.3)}{1+(0.10)(7.0-1)} + \frac{(2.4-1)(0.1)}{1+(0.1)(2.4-1)}$$
$$+ \frac{(0.8-1)(0.15)}{1+(0.1)(0.8-1)} + \frac{(0.3-1)(0.45)}{1+(0.1)(0.3-1)}$$
$$= 0.8785$$

因 $f(0.1) > 0$，应增大 Ψ 值。因为每一项的分母中仅有一项变化，所以可
以写出仅含未知数 Ψ 的一个方程

$$f(\Psi) = \frac{1.8}{1+6\Psi} + \frac{0.14}{1+1.4\Psi} + \frac{-0.03}{1-0.2\Psi} + \frac{-0.315}{1-0.7\Psi}$$

计算 R-R 方程导数的公式为

$$\frac{\mathrm{d}f(\Psi)}{\mathrm{d}\Psi} = -\left\{ \frac{(K_1-1)^2 z_1}{[1+\Psi(K_1-1)]^2} + \frac{(K_2-1)^2 z_2}{[1+\Psi(K_2-1)]^2} \right.$$
$$\left. + \frac{(K_3-1)^2 z_3}{[1+\Psi(K_3-1)]^2} + \frac{(K_4-1)^2 z_4}{[1+\Psi(K_4-1)]^2} \right\}$$
$$= -\left\{ \frac{10.8}{[1+6.0\Psi]^2} + \frac{0.196}{[1+1.4\Psi]^2} + \frac{0.006}{[1+0.2\Psi]^2} + \frac{0.2205}{[1+0.7\Psi]^2} \right\}$$

当 $\Psi_1 = 0.1$ 时 $\left(\dfrac{\mathrm{d}f(\Psi)}{\mathrm{d}\Psi}\right)_1 = 4.631$

由式（2-72） $\Psi_2 = 0.1 + \dfrac{0.8758}{4.631} = 0.29$

以下计算依此类推，迭代的中间结果列表如下：

迭代次数	Ψ	$f(\Psi)$	$\mathrm{d}f(\Psi)/\mathrm{d}(\Psi)$
1	0.1	0.878 5	4.631
2	0.29	0.329	1.891
3	0.46	0.066	1.32
4	0.51	0.001 73	—

$f(\Psi_4)$ 数值已达到 p-T-K 图的精确度。

③ 用式（2-67）计算 x_i，用式（2-68）计算 y_i

$$x_1 = \frac{z_1}{1+\Psi(K_1-1)} = \frac{0.3}{1+0.51(7.0-1)} = 0.073\,9$$

$$y_1 = \frac{K_1 z_1}{1+\Psi(K_1-1)} = \frac{7.0\times 0.3}{1+0.51(7.0-1)} = 0.517\,3$$

由类似计算得

$$x_2 = 0.058\,3,\quad y_2 = 0.140\,0$$
$$x_3 = 0.167\,0,\quad y_3 = 0.133\,6$$
$$x_4 = 0.699\,8,\quad y_4 = 0.209\,9$$

④ 求 V, L

$$V = \Psi F = 0.51\times 1\,000 = 510 \text{ kmol/h}$$
$$L = F - V = 490 \text{ kmol/h}$$

⑤ 核实 $\sum y_i$ 和 $\sum x_i$

$$\sum_{i=1}^{4} x_i = 0.999,\quad \sum_{i=1}^{4} y_i = 1.000\,8$$

因 Ψ 值不能再精确，故结果已满意。

由于 Rachford-Rice 方程几乎是线性的，故用牛顿法计算时收敛迅速，而且是单调的，不产生振荡。若初值选择适当，则收敛更快。一般说来，迭代由 $\Psi_1 = 0.5$ 开始，当 $|\Psi^{(k+1)} - \Psi^{(k)}|/\Psi^{(k)} < 0.000\,1$ 时终止迭代可达到足够的精度。

二、汽液平衡常数与组成有关的闪蒸计算

当 K_i 不仅是温度和压力的函数而且还是组成的函数时，解式（2-71）所包括的步骤就更多。图 2-9 提出两种普遍化算法。在图 2-9（a）的框图中，对每组 x 和 y 的估算值，迭代式（2-71）求 Ψ 至收敛。用收敛的 Ψ 值估算新的一组 x 和 y，并计算 K，重新迭代 Ψ，直至两次迭代的 x 和 y 没有明显变化为止。这种迭代方法需要机时较长，但一般是稳定的。在图 2-9（b），Ψ 和 x、y 同时迭代，在计算新的 K 值前，x 和 y 要归一化（$x_i = x_i/\sum x_i$，$y_i = y_i/\sum y_i$）。该法运算速度快，但有时会不收敛。

在两种算法中，x 和 y 采用直接迭代方式一般是满意的。有时也使用 Newton-Raphson 法加速收敛。

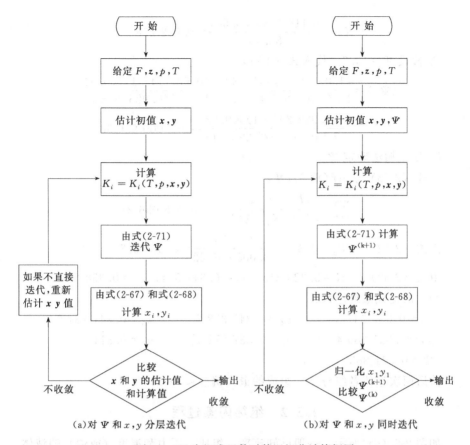

图 2-9 K 为组成函数时等温闪蒸计算框图

【例 2-9】 闪蒸罐压力为 85.46 kPa，温度为 50 ℃，进入闪蒸罐物料组成（摩尔分数）为乙酸甲酯（1）0.33，丙酮（2）0.34，甲醇（3）0.33。试求汽相分率及汽液相平衡组成。参数同例 2-7。

解： 假定汽相为理想气体

$$K_i = \gamma_i p_i^s / p$$

按图 2-9（b）框图编制程序计算

① 设 $x_1 = 0.33$，$x_2 = 0.34$，$x_3 = 0.33$。由例 2-7 的 Wilson 参数计算活度系数为：

$$\gamma_1 = 1.201\ 301，\gamma_2 = 1.029\ 786，\gamma_3 = 1.418\ 103$$

② 计算 K_i

$$K_1 = \frac{1.201\ 301 \times 78.049}{85.46} = 1.097\ 12$$

$$K_2 = \frac{1.029\ 786 \times 81.818}{85.46} = 0.985\ 90$$

$$K_3 = \frac{1.418\,103 \times 55.581}{85.46} = 0.922\,298$$

③ 假设 $\Psi_1 = 0.5$，代入式（2-71）

$$f(\Psi_1) = \frac{(1.097\,12-1) \times 0.33}{1+0.5(1.097\,12-1)} + \frac{(0.985\,90-1) \times 0.34}{1+0.5(0.985\,90-1)}$$
$$+ \frac{(0.922\,298-1) \times 0.33}{1+0.5(0.922\,298-1)} = -0.000\,936\,98$$

④ 用牛顿法确定 Ψ_2

由式（2-73）求 $\mathrm{d}f(\Psi_1)/\mathrm{d}\Psi_1$

$$-\sum_{i=1}^{3} \frac{(K_i-1)^2 z_i}{[1+\Psi(K_i-1)]^2} = -0.005\,056\,22$$

由式（2-72） $\quad \Psi_2 = 0.5 - \dfrac{-0.000\,936\,9}{-0.005\,056\,22} = 0.314\,687$

由式（2-67） $\quad x_1 = 0.320\,213,\ x_2 = 0.341\,514,\ x_3 = 0.338\,271$

经 7 次迭代最终结果：

$x_1 = 0.317\,337\,3 \qquad x_2 = 0.341\,378\,2 \qquad x_3 = 0.341\,284\,6$

$y_1 = 0.351\,389\,4 \qquad y_2 = 0.337\,672\,1 \qquad y_3 = 0.311$

$\Psi = 0.371\,863$

前后两次迭代各组分液相组成的最大偏差 $< 5 \times 10^{-6}$

2.3.2 绝热闪蒸过程

如图 2-8（a）所示，一般已知流率、组成、压力和温度（或焓）的液体进料节流膨胀到较低压力便产生部分汽化。绝热闪蒸计算的目的是确定闪蒸温度和汽液相组成和流率。原则上仍通过物料衡算、相平衡关系、热量衡算和总和方程联立求解。目前工程计算中广泛采用的算法均选择 T 和 Ψ 为迭代变量，根据物系性质不同又分三种具体算法。

一、宽沸程混合物闪蒸的序贯迭代法

所谓宽沸程混合物，是指构成混合物的各组分的挥发度相差悬殊，其中一些很易挥发，而另一些则很难挥发。该物系的特点是，离开闪蒸罐时各相的量几乎完全决定 K_i。

在很宽的温度范围内，易挥发组分主要在蒸汽相中，而难挥发组分主要留在液相中。进料焓值的增加将使平衡温度升高，但对汽液流率 V 和 L 几乎无影响。因此，宽沸程闪蒸的热衡算更主要地取决于温度、而不是 Ψ。根据序贯算法迭代变量的排列原则，最好是使内层循环中迭代变量的收敛值对于外层循环迭代变量的取值是不敏感的。这就是说，本次内层循环迭代变量的收敛值将是下次内层循环运算的最佳初值。对宽沸程闪蒸，因为 Ψ 对

T 的取值不敏感，所以 Ψ 作为内层迭代变量是合理的。

其次，将热衡算放在外层循环中，用归一化的 x 和 y 计算各股物料的焓值，物理意义是严谨的。

采用 Rachford-Rice 方程，用弦位法和牛顿法均可估计新的闪蒸温度，但后者既简单，收敛又快。

由式（2-65）重排，并令 $Q=0$，得温度迭代公式。

$$G(T)=VH_{\mathrm{V}}+LH_{\mathrm{L}}-FH_{\mathrm{F}}$$

或

$$G(T)=\Psi H_{\mathrm{V}}+(1-\Psi)H_{\mathrm{L}}-H_{\mathrm{F}} \tag{2-77}$$

$$T^{(k+1)}=T^{(k)}-\frac{G(T^{(k)})}{\mathrm{d}G(T^{(k)})/\mathrm{d}T^{(k)}} \tag{2-78}$$

$$\frac{\mathrm{d}G(T^{(k)})}{\mathrm{d}T^{(k)}}=V\frac{\mathrm{d}H_{\mathrm{V}}}{\mathrm{d}T}+L\frac{\mathrm{d}H_{\mathrm{L}}}{\mathrm{d}T}=VC_{\mathrm{PV}}+LC_{\mathrm{PL}} \tag{2-79}$$

由 $\mid T^{(k+1)}-T^{(k)}\mid \leqslant \varepsilon$ 判断 $G(T)$ 函数收敛。一般选择 $\varepsilon=0.01\ ℃$，函数难于收敛或计算要求不严格时取 $\varepsilon=0.2\ ℃$。

如果 ΔT 值即（$T^{(k+1)}-T^{(k)}$）太大，迭代的温度可能出现振荡而不收敛。在该情况下引入阻尼因子 d，使 $\Delta T=d\Delta T_{计算}$。

一般 d 取为 0.5。

宽沸程绝热闪蒸的收敛方案见图 2-10。

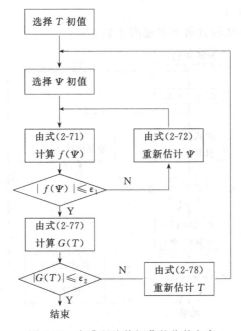

图 2-10　宽沸程绝热闪蒸的收敛方案

二、窄沸程混合物闪蒸的序贯迭代法

对于窄沸程闪蒸问题，由于各组分的沸点相近，因而热量衡算主要受汽化潜热的影响，反映在受气相分率的影响。改变进料焓值会使汽液相流率发生变化，而平衡温度没有太明显的变化。显然，应该通过热量衡算计算 Ψ（即 V 和 L），解闪蒸方程式确定闪蒸温度。并且，由于收敛的 T 值对 Ψ 的取值不敏感，故应在内层循环迭代 T，外层循环迭代 Ψ。

当采用 Rachford-Rice 方程计算时，迭代 T 的方程为：

$$f(T) = \sum_{i=1}^{c} \frac{(K_i - 1)z_i}{1 + \Psi(K_i - 1)} \tag{2-80}$$

热量衡算式由式（2-77）变换为：

$$G(\Psi) = \Psi H_V + (1 - \Psi)H_L - H_F \tag{2-81}$$

在 Ψ 的直接迭代法中，解式（2-81）得

$$\Psi^{(k+1)} = \left(\frac{H_F - H_L}{H_V - H_L}\right)^{(k)} \tag{2-82}$$

若 $\Psi^{(k+1)}$ 与 $\Psi^{(k)}$ 有差别，则以 $\Psi^{(k+1)}$ 代替 $\Psi^{(k)}$ 作下一次迭代。若偏差小于允许值，则说明收敛。

直接迭代法可能产生振荡，这时需引进阻尼因子加以控制。

$$\Psi^{(k+1)} = \Psi^{(k)} + d(\Psi_{\text{计}} - \Psi^{(k)}) \tag{2-83}$$

通常 d 取值约为 0.5。

窄沸程绝热闪蒸的收敛方案见图 2-11。

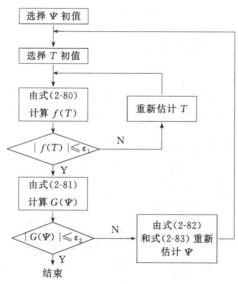

图 2-11　窄沸程绝热闪蒸的收敛方案

在上述两种迭代方案中，液相组成和汽相组成的迭代是采用在内层循环中与 Ψ（对宽沸程闪蒸）或与 T（对窄沸程闪蒸）同时收敛的方案。

【例 2-10】 闪蒸进料组成为：甲烷
(1) 20%，正戊烷（2）45%，正己烷
(3) 35%（摩尔）；进料流率 1 500
kmol/h，进料温度 42 ℃。已知闪蒸罐
操作压力是 206.84 kPa，求闪蒸温度、
汽相分率、汽液相组成和流率。

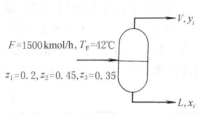

$F=1500\,\text{kmol/h},\ T_F=42℃$

$z_1=0.2,\ z_2=0.45,\ z_3=0.35$

$V,\ y_i$

$L,\ x_i$

例 2-10 附图

解：已知条件表示成示意图

该物系为理想溶液，K 值由查 p-T-K 图或用公式计算得到。作热量衡算需要的摩尔定压热容数据和汽化潜热数据如下：

组分	汽化潜热 ΔH/ (J/mol)	正常沸点/℃	液体摩尔定压热容 C_{pL}/ (J/mol·℃)
1. 甲 烷	8 185.2	−161.48	46.05
2. 正戊烷	25 790	36.08	166.05
3. 正己烷	28 872	68.75	190.83

气体摩尔定压热容公式：

$$C_{pV1}=34.33+0.054\,72T+3.663\,45\times10^{-6}T^2-1.101\,13\times10^{-8}T^3$$

$$C_{pV2}=114.93+0.341\,14T-1.899\,97\times10^{-4}T^2+4.228\,67\times10^{-8}T^3$$

$$C_{pV3}=137.54+0.408\,75T-2.393\,17\times10^{-4}T^2+5.769\,41\times10^{-8}T^3$$

式中 C_{pV} 的单位为 J/mol·℃；T 的单位为℃。

首先确定本例是宽沸程闪蒸还是窄沸程闪蒸问题？由上表正常沸点数据可看出，沸点差远远大于 80～100 ℃，属宽沸程闪蒸。若按本章 2.2 节所介绍的方法进行泡露点温度计算，则得进料混合物的露点温度 $T_D=68.1$ ℃，泡点温度 $T_B<-70$ ℃（因 p-T-K 图温度下限为 -70 ℃），进一步证实本例为宽沸程闪蒸问题。按图 2-10 收敛方案求解。

采用牛顿法迭代，规定收敛精度 $|\Psi^{(k+1)}-\Psi^{(k)}|\leqslant\varepsilon_1(\varepsilon_1=0.000\,5)$；$|\Delta T|\leqslant\varepsilon_2(\varepsilon_2=0.02)$。

假设迭代变量的初值 $T=15$ ℃和 $\Psi=0.25$，用式（2-71）、式（2-72）和式（2-73）迭代 Ψ。第一个完整的内层循环中间结果为：

$$\Psi=0.25,\ 0.248\,5,\ 0.247\,0,\ 0.245\,7,\ 0.244\,5,\ 0.243\,4,$$
$$0.242\,4,\ 0.241\,4,\ 0.240\,5,\ 0.239\,7,\ 0.239\,0,$$
$$0.238\,3,\ 0.237\,7,\ 0.237\,1,\ 0.236\,6,\ 0.236\,1$$

可见，Ψ 的收敛是单调的。由收敛的 Ψ 值和式（2-67）、式（2-68）分别计算 x_i 和 y_i。第一次计算结果为：

$$x_1=0.012\ 4 \qquad x_2=0.545\ 9 \qquad x_3=0.447\ 0$$
$$y_1=0.807\ 2 \qquad y_2=0.139\ 8 \qquad y_3=0.036\ 2$$

当确定各股物料的焓值后，通过式（2-78）和式（2-79）计算闪蒸温度 $T^{(2)}=27.9\ ℃$。并重新开始内层迭代。整个迭代过程汇总于附表中。值得注意的是：①由于内层 Ψ 的收敛值振荡，造成外层温度值的振荡。②随外层迭代次数的增加，内层收敛 Ψ 的迭代次数减少。

例 2-10 附表 1

迭代次数	估计温度/℃	Ψ 的迭代次数	Ψ	计算温度/℃
1	15.00	16	0.236 1	27.903
2	27.903	13	0.267 7	21.385
3	21.385	14	0.249 6	25.149
4	25.149	7	0.256 7	23.277
5	23.277	3	0.255 1	24.128
6	24.128	2	0.255 1	23.786
7	23.786	2	0.255 0	23.930
8	23.930	2	0.255 0	23.875
9	23.875	2	0.254 0	23.900
10	23.900	2	0.254 9	23.892

最终组成和流率

$$x_1=0.010\ 8 \qquad x_2=0.538\ 1 \qquad x_3=0.451\ 3$$
$$y_1=0.753\ 1 \qquad y_2=0.192\ 5 \qquad y_3=0.053\ 9$$
$$V=382.3\ kmol/h；L=1\ 117.7\ kmol/h$$

本例若按窄沸程闪蒸问题计算，则不会收敛，说明首先确定物系性质的重要性。

三、同时收敛法

对于固定闪蒸压力的绝热闪蒸过程，闪蒸方程和热衡算式可分别写成下面的函数关系：

$$G_1(T,\pmb{x},\pmb{y},\Psi)=\sum_{i=1}^{c}\frac{(K_i-1)z_i}{1+\Psi(K_i-1)}=0 \qquad (2\text{-}84)$$

$$G_2(T,\pmb{x},\pmb{y},\Psi)=\Psi H_V+(1-\Psi)H_L-H_F=0 \qquad (2\text{-}85)$$

$\pmb{x}$ 和 $\pmb{y}$ 分别由式（2-67）和式（2-68）关联；平衡常数 K_i 和焓是温度和组成的函数（压力已定）。

描述该闪蒸过程的方程组能表示成多变量非线性函数

$$\pmb{g}(\pmb{X})=0 \qquad (2\text{-}86)$$

向量函数 $\pmb{g}$ 由式（2-84）、式（2-85）以及对每个组分的组成表达式（2-67）和式（2-68）构成，$\pmb{X}$ 向量包括 T，Ψ，$\pmb{x}$ 和 $\pmb{y}$。

式（2-86）用限步长的 Newton-Raphson 迭代法求解。由于它有二阶收敛特性，计算速度快。

$$\boldsymbol{X}^{(k+1)} = \boldsymbol{X}^{(k)} - d\boldsymbol{J}^{-1} \cdot \boldsymbol{g}(\boldsymbol{X}^{(k)}) \tag{2-87}$$

式中上标 k 表示迭代次数；J 是 Jacobian 偏导数矩阵，其元素为

$$J_{ij} \equiv \left[\frac{\partial G_i}{\partial X_j} \right]_{x_{i \neq j}} \tag{2-88}$$

标量 d 在 0 到 1 的区间内取值，提供对步长的限制和阻尼，以便使迭代过程收敛。由于用 Newton-Raphson 法提供的修正方向，即 $\boldsymbol{J}^{-1}\boldsymbol{g}$ 向量元素的相对大小经常比修正值本身更有价值，故限制步长的方法是很有用的。具体应用时，d 的初值取 1，只要 Newton-Raphson 修正仍使 $\boldsymbol{g}$ 的模数减小，即 $\parallel \boldsymbol{g}(\boldsymbol{X}^{(k+1)}) \parallel < \parallel \boldsymbol{g}(\boldsymbol{X}^{(k)}) \parallel$，则 d 值就保持不变。如果某次迭代得到的 $\boldsymbol{X}^{(k+1)}$ 使 $\parallel \boldsymbol{g}(\boldsymbol{X}^{(k+1)}) \parallel > \parallel \boldsymbol{g}(\boldsymbol{X}^{(k)}) \parallel$，则应减小 d 值并重算 $\boldsymbol{X}^{(k+1)}$（注意：$\boldsymbol{J}$ 不需重新估计）。压缩方法之一是用 0.7 乘以 d，重复压缩 d 值到 $\parallel \boldsymbol{g} \parallel$ 降低，然后继续进行迭代。如果 d 变得太小（<0.2），放弃迭代。只要是 $\parallel \boldsymbol{g} \parallel$ 降低，d 值重新赋给 1。

Newton-Raphson 法的严格应用涉及到全向量 $\boldsymbol{X}$。它包括 x 和 y，由式（2-67）和式（2-68）来扩充 $\boldsymbol{g}$ 为下列形式：

$$G_{2+i}(T, \boldsymbol{x}, \boldsymbol{y}, \boldsymbol{\Psi}) \equiv x_i - \frac{z_i}{1 + \Psi(K_i - 1)} = 0$$

$$G_{2+C+i}(T, \boldsymbol{x}, \boldsymbol{y}, \boldsymbol{\Psi}) \equiv y_i - \frac{K_i z_i}{1 + \Psi(K_i - 1)} = 0$$

每次迭代需要计算 $(2C+2)^2$ 个偏导数和估计 $(2C+2)$ 个平衡常数 K_i。G_i 对温度和组成的偏导数的近似值由差分得到：

$$\left[\frac{\partial G_i}{\partial X_j} \right] = \frac{G_i(X_j + \Delta X_j, X_{i \neq j}) - G_i(X_j, X_{i \neq j})}{\Delta X_j} \tag{2-89}$$

计算差分值的基点是 $\boldsymbol{X}^{(k)}$。G_i 对 $\boldsymbol{\Psi}$ 的导数用解析法求得。由于计算量基本上正比于估计 K_i 的数量，这种迭代方法既使在收敛快的情况下也是很费机时的，故有简化计算过程的必要。

如果目标函数考虑成二维的，由式（2-84）和式（2-85）组成，$\boldsymbol{X}$ 向量仅包括 T 和 $\boldsymbol{\Psi}$，在通过 Newton-Raphson 法估计 T 和 $\boldsymbol{\Psi}$ 的修正值时，不考虑组成对 K_i 的偏导数。新的组成由式（2-67）和式（2-68）确定。这种简化的程序对汽液系统的收敛速度影响很小，因为组成导数对 T 和 $\boldsymbol{\Psi}$ 变化上的贡献是很小的。该法在每次迭代中仅需两次估计 K_i，而且由于收敛特性是二级的，避免了缓慢迭代的情况。

初值的确定方法除了从外部提供，尚可通过以下计算得到：

$$x_i = y_i = z_i \tag{2-90}$$

$$\Psi = \frac{H_F - H_L(z, T_B)}{H_V(z, T_D) - H_L(z, T_B)} \tag{2-91}$$

$$T = T_B + \Psi(T_D - T_B) \tag{2-92}$$

式（2-91）中全部焓值都用进料组成估计。

迭代的收敛指标是 $|g| \leqslant \varepsilon$，$\varepsilon$ 取 10^{-3} 较合适，进一步降低 ε 值对计算结果没有很大影响。收敛速度决定于问题的性质和所使用的初值。对于窄沸程混合物，经 3～4 次迭代即可收敛，即使对于液相非理想性相当强的物系也是如此。对宽沸程混合物的闪蒸计算，其收敛稍微困难一些，特别是对于缺乏中等挥发度组分，只有很轻组分（或不冷凝组分）与不易挥发组分构成的混合物。迭代需要 4～8 次，一般未出现过迭代 12 次以上的情况。

多组分非理想溶液的等温或绝热闪蒸计算可用 FLASH 程序。对于等温闪蒸，用限步长的 Newton-Raphson 法迭代气化分率；对绝热闪蒸，用二维 Newton-Raphson 法迭代闪蒸温度和汽相分率。

【例 2-11】 含轻质组分的芳烃馏分送入稳定塔脱除其中的氢和甲烷。原料液压力为 3 344 kPa，温度为 48.9 ℃，进料板压力为 1 138 kPa。采用节流阀使进料绝热降压到进料板压力。计算进料汽相分率。

解： 该问题使用稳态模拟程序 ASPEN PLUS 求解，K 值和焓值由 p-R 状态方程估算。计算结果如下：

组 分	进 料 kmol/h	汽 相 kmol/h	液 相 kmol/h
氢	1.0	0.7	0.3
甲烷	27.9	15.2	12.7
苯	345.1	0.4	344.7
甲苯	113.4	0.04	113.36
合计	487.4	16.34	471.06
焓，kJ/h	−1 089 000	362 000	−1 451 000

本题属宽沸程进料，选择图 2-10 宽沸程绝热闪蒸计算方案较合适。从计算结果可见，汽相量很小（$\Psi = 0.003\,5$），以 H_2 和 CH_4 为主。计算闪蒸温度为 44.4 ℃，仅仅降低 4.5 ℃。进料焓等于汽、液相焓值之和。

2.4 液液平衡过程的计算

多组分液液平衡计算在化学工程中是很重要的，它直接用于萃取过程；与汽液平衡相结合用于三相精馏和共沸精馏等。

液液平衡的基本关系式为式（2-11）。压力对液液平衡影响很小，故活度系数仅依赖于温度和组成。

已知活度系数模型，求解一定温度下互成平衡的液相中各组分的组成是单级液液平衡计算的目的。

2.4.1　二元液液系统[12]

为了计算二元系共存液相的 4 个组成，即 x_1^{I}、x_2^{I}、x_1^{II} 和 x_2^{II}，需列出 4 个方程才能求解。根据液液平衡关系和物料衡算，该组方程为：

$$\gamma_1^{I} x_1^{I} = \gamma_1^{II} x_1^{II} \tag{2-93}$$

$$\gamma_2^{I} x_2^{I} = \gamma_2^{II} x_2^{II} \tag{2-94}$$

$$x_1^{I} + x_2^{I} = 1 \tag{2-95}$$

$$x_1^{II} + x_2^{II} = 1 \tag{2-96}$$

若已知的不是活度系数的实验值，则 γ_1^{I}、γ_1^{II}、γ_2^{I} 和 γ_2^{II} 需用相应的活度系数模型计算。在液液平衡计算中常用的模型有 NRTL、UNIQUAC 和 UNIFAC 方程等。当已知活度系数方程时，可使用多种方法计算二元系的平衡组成。一般用数值方法求解，为此将式（2-93）至式（2-96）合并和重排，得出以下两联立方程：

$$p = \ln\gamma_1^{I} - \ln\gamma_1^{II} - \ln(x_1^{II}/x_1^{I}) \longrightarrow 0 \tag{2-97}$$

$$q = \ln\gamma_2^{I} - \ln\gamma_2^{II} - \ln[(1-x_1^{II})/(1-x_1^{I})] \longrightarrow 0 \tag{2-98}$$

由于该方程组为复杂的超越方程，直接求解组成（x_1^{I}，x_1^{II}）通常是不可能的。当采用 Newton-Raphson 数值解法求解时，首先确定组成初值，然后求出函数 p 和 q 及其对组成的四个一阶偏导数的数值，通过解线性方程组求出 x_1^{I} 和 x_1^{II} 的修正值 h 和 k：

$$h\frac{\partial p}{\partial x_1^{I}} + k\frac{\partial p}{\partial x_1^{II}} + p = 0 \tag{2-99}$$

$$h\frac{\partial q}{\partial x_1^{I}} + k\frac{\partial q}{\partial x_1^{II}} + q = 0 \tag{2-100}$$

下次迭代的组成值为：（$x_1^{I}+h$）和（$x_1^{II}+k$）

导数方程如下：

$$\frac{\partial p}{\partial x_1^{I}} = \frac{\partial \ln\gamma_1^{I}}{\partial x_1^{I}} + \frac{1}{x_1^{I}}$$

$$\frac{\partial p}{\partial x_1^{II}} = -\frac{\partial \ln\gamma_1^{II}}{\partial x_1^{II}} - \frac{1}{x_1^{II}}$$

$$\frac{\partial q}{\partial x_1^{I}} = \frac{\partial \ln\gamma_2^{I}}{\partial x_1^{I}} - \frac{1}{1-x_1^{I}}$$

$$\frac{\partial q}{\partial x_1^{\mathrm{II}}} = -\frac{\partial \ln\gamma_2^{\mathrm{II}}}{\partial x_1^{\mathrm{II}}} + \frac{1}{1-x_1^{\mathrm{II}}}$$

活度系数对组成（x_1^{I}，x_1^{II}）的偏导数因选用的活度系数方程不同而异。

通过搜索摩尔混合自由焓最小求解平衡组成的方法是普遍化的方法，对二元系的应用尚不太繁复。摩尔混合自由焓是理想的摩尔混合自由焓（$\Delta g^{\mathrm{理}}$）和摩尔过剩自由焓（g^{E}）的总和，无论对 I 相还是 II 相均如此。以 I 相为例：

$$\Delta g^{\mathrm{I}} = \Delta g^{\mathrm{理(I)}} + g^{\mathrm{E(I)}}$$
$$= RT\sum_i x_i^{\mathrm{I}}\ln x_i^{\mathrm{I}} + g^{\mathrm{E(I)}}$$

故系统中总的摩尔混合自由焓表达式为：

$$\Delta g = RT\sum_i x_i^{\mathrm{I}}\ln x_i^{\mathrm{I}} + g^{\mathrm{E(I)}} + RT\sum_i x_i^{\mathrm{II}}\ln x_i^{\mathrm{II}} + g^{\mathrm{E(I)}} \quad (2\text{-}101)$$
$$(i=1,2)$$

【例 2-12】 已知 20 ℃正丁醇(1)-水(2)二元液液平衡 NRTL 方程参数值 $g_{12}-g_{22}=-2\ 496.8\ \mathrm{J/mol}$，$g_{12}-g_{11}=12\ 333.5\ \mathrm{J/mol}$，第三参数 $\alpha_{12}=0.2$，计算该温度下的相互溶解度。

解：采用 Newton-Raphson 法，将式（2-97）至式（2-100）编制成二元液液平衡计算程序 BLLC。以有机相为 I 相，水相为 II 相，计算结果如下。

	有机相		水 相	
	x_1^{I}	x_2^{I}	x_1^{II}	x_2^{II}
溶解度摩尔分数	0.499 4	0.500 6	0.019 7	0.983 0

2.4.2 三元液液系统[13]

一、其中两组分不互溶的三元系统

两组分不互溶的三元混合物经平衡后形成两个液相，三个组分在两相中的组成决定于它们的相互溶解度。最简单的情况如图 2-12 所示。图中组分 B 是惟一的溶质，它在载液组分 A 和溶剂组分 C 中均有一定溶解度，然而 A 和 C 的相互溶解度可忽略不计。在该情况下可推导出单级平衡的方程。设 F、S、L^{I} 和 L^{II} 分别表示进料、溶剂、萃取相和萃余相的流率（或数量）。定义萃取相物流含溶剂和被萃取的溶质；萃余相物流含有来自原料中的组分 A 和未被萃取出的部分溶质。萃取相和萃余相按密度大小分别从平衡级顶部和底部流出。假设进口溶剂中不含有溶质 B，则很容易列出溶质 B 的物料平衡和相平衡方程。为得到最简单的结果，使用质量（或摩尔）比取代质量（或摩尔）分数表示溶质的组成更合适。溶质的物料平衡为

$$X_B^{(F)} F_A = X_B^{(E)} S + X_B^{(R)} F_A \tag{2-102}$$

式中　F_A——组分 A 的进料流率；

　　　S——溶剂 C 的流率；

　　　X_B——溶质 B 对进料（F）、萃余液（R）或萃取液（E）中其他组分的质量（或摩尔）比。

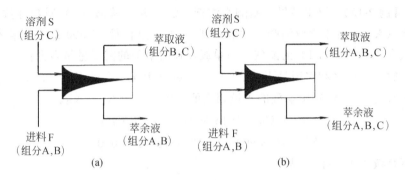

图 2-12　三元混合物的分相

（a）组分 A 和 C 不互溶；（b）组分 A 和 C 部分互溶

平衡状态下溶质的分配：

$$X_B^{(E)} = K_{D_B}' X_B^{(R)} \tag{2-103}$$

式中　K_{D_B}'——用质量比或摩尔比表示的分配系数。将式（2-103）代入式（2-102）中消去 $X_B^{(E)}$，得到

$$X_B^{(R)} = \frac{X_B^{(F)} F_A}{F_A + K_{D_B}' S} \tag{2-104}$$

定义 E_B 为溶质 B 的萃取因子

$$E_B = K_{D_B}' S / F_A \tag{2-105}$$

E 值越大，溶质的萃取程度越大。而 E 值取决于分配系数 K_{D_B}' 和溶剂与载液比。将式（2-105）代入式（2-104）中得到未被萃取的 B 的分数

$$X_B^{(R)} / X_B^{(F)} = \frac{1}{1 + E_B} \tag{2-106}$$

显然，萃取因子越大，未被萃取的 B 的分数越小。

质量（或摩尔）比与质量（或摩尔）分数的关系为：

$$X_i = x_i / (1 - x_i) \tag{2-107}$$

由式（2-107）可导出分配系数与质量（或摩尔）分数的关系

$$K_{D_i}' = \frac{x_i^{\mathrm{I}} / (1 - x_i^{\mathrm{I}})}{x_i^{\mathrm{II}} / (1 - x_i^{\mathrm{II}})} = K_{D_i} \left(\frac{1 - x_i^{\mathrm{II}}}{1 - x_i^{\mathrm{I}}} \right) \tag{2-108}$$

当 x_i 较小时 K_D' 接近于 K_D。分配系数 K_D 强烈地依赖于平衡相的组成和温度。当用摩尔分数表示组成时可由活度系数确定，即 $K_{D_B} = \gamma_B^{II}/\gamma_B^{I}$。然而，当萃余液和萃取液都是稀溶液时，溶质的活度系数接近于无限稀释条件下的活度系数值，故 K_{D_B} 在规定温度下是常数。从手册中可以查到很多三元系统的分配系数值。如果已知 F_B、$X_B^{(F)}$、S 和 K_{D_B}，则由式（2-106）可求解 $X_B^{(R)}$。

【例 2-13】 以甲基异丁基酮为溶剂（C），从含醋酸（B）质量分数 8% 的水（A）溶液中萃取醋酸。萃取温度 25 ℃，进料量 13 500 kg/h。若萃余液仅含质量分数为 1% 的醋酸，问单级操作时溶剂的需要量是多少？

解： 假设水和溶剂是不互溶的，从 Perry 手册中查得 $K_D = 0.657$（质量分数）。由于该例题中醋酸的含量相当低，可以认为 $K_D' = K_D$。

$$F_A = (0.92)(13\ 500) = 12\ 420\ \text{kg/h}$$
$$X_B^{(F)} = (13\ 500 - 12\ 420)/12\ 420 = 0.087$$

因萃余液含 1% 的 B，故

$$X_B^{(R)} = 0.01/(1-0.01) = 0.010\ 1$$

从式（2-106）解 E_B

$$E_B = \frac{X_B^{(F)}}{X_B^{(R)}} - 1 = (0.087/0.010\ 1) - 1 = 8.61$$

从式（2-105）

$$S = \frac{E_B F_A}{K_D'} = 8.61(12\ 420/0.657) = 163\ 000\ \text{kg/h}$$

与进料流率相比较，溶剂用量很大，已超过 10 倍。应选择分配系数更大的溶剂或采用多级操作以降低溶剂用量。

二、两相中均包含三个组分的系统

在图 2-12b 所示的三元液液系统，组分 A 和 C 彼此部分互溶，组分 B 分配于萃取相和萃余相中。萃取液和萃余液中均含有进料和溶剂中的全部组分。这种类型的物系是最常见的，已经提出了大量不同的相图和计算方法用于确定平衡组成。相图举例见图 2-13。该图为 25 ℃、101 kPa 下水（A）-乙二醇（B）-糠醛（C）三元系统的相图。由于系统压力高于泡点压力，不存在气相。水-乙二醇和糠醛-乙二醇两对二元系均完全互溶，只有糠醛-水是部分互溶二元系。从应用上，以糠醛为溶剂从水溶液中萃取出溶质乙二醇；富糠醛相为萃取液，富水相为萃余液。

当两相部分互溶时，确定平衡系统所必须的热力学变量是：温度、压力和每相中各组分的含量。按照相律，对于三组分、两相系统，有 3 个自由度。在恒定温度和压力条件下，规定任一相中一个组分的含量，则系统的状态就完全确定下来。

【例 2-14】 计算萃取相和萃余相的平衡组成。萃取原料为乙二醇水溶液，含乙二醇质量分数 45%。用相同质量的糠醛作为溶剂。操作条件：25 ℃、101 kPa。在该条件下乙二醇（B）-糠醛（C）-水（A）的三元相图如图 2-13 所示。

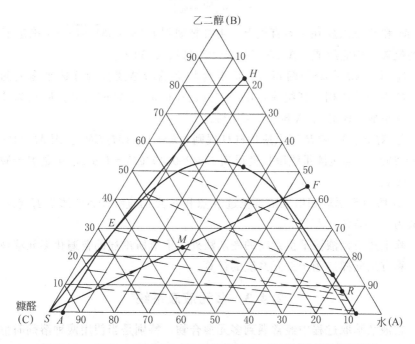

图 2-13　（例 2-14 附图 2）乙二醇-糠醛-水三元系统液液平衡相图
（条件：25 ℃、101 kPa）

解：计算基准：进料 100 g 质量分数为 45% 的乙二醇水溶液，从图 2-13 可知，进料（F）含 A 55 g、B 45 g。溶剂（S）是纯 C 100 g。令 $L^{\mathrm{I}}=\mathrm{E}$（萃取液），$L^{\mathrm{II}}=\mathrm{R}$（萃余液）。

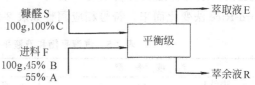

例 2-14 附图 1

计算步骤如下：

① 在相图上标注进料组成点 F 和溶剂点 S。

② 确定混合点 M，使 $M=F+S=E+R$。

③ 在相图上应用杠杆规则。设 w_i^{I} 表示组分 i 在萃取液中的质量分数，w_i^{II} 为组分 i 在萃余液中的质量分数，$w_i^{(\mathrm{M})}$ 为组 i 在进料和溶剂混合相中总

的质量分数。

对溶剂 C 作物料衡算：

$$(F+S)w_C^{(M)}=Fw_C^{(F)}+Sw_C^{(S)}$$

得到

$$\frac{F}{S}=\frac{w_C^{(S)}-w_C^{(M)}}{w_C^{(M)}-w_C^{(F)}}$$

S、M 和 F 三点应在一条直线上，由杠杆规则 $F/S=\overline{SM}/\overline{MF}=1$ 确定了 M 点的位置，相应组成：A 27.5%、B 22.5%、C 50%。

④ 由于 M 点处于两相区，该混合物必然沿结线分为互成平衡的两液相。E 点为萃取相，其组成：B 27.9%、A 6.5%、C 65.6%；R 点为萃余相，其组成：B 8%、A 84%、C 8%。

⑤ 对 E、M 和 R 三点应用杠杆规则，$E=M(\overline{RM}/\overline{ER})$。因 $M=100+100=200$ g，通过测量线段长度得到 $E=200(49/67)=146$ g，于是 $R=M-E=54$ g。

⑥ 脱溶剂萃取相组成由延长过 S 点和 E 点的直线交 AB 边于 H 点，其组成为：B 83%、A 17%。

除上述三元液液平衡系统的图解法外，下节所论述的普遍化多元液液平衡计算方法同样适用于三元系统的计算。

2.4.3 多元液液系统

在液液萃取过程中经常遇到多元混合物，特别是当使用两种溶剂时情况更是如此。多元液液平衡是很复杂的，无法用相图表示实验数据。因此，最好的方法是用程序计算平衡相的组成。从理论上，各种类型的平衡都能通过搜寻对应于给定总组成的混合自由焓最小来确定。但在实际应用上，对特定类型的问题有特定的计算程序。其中一个算法是从计算汽液平衡的 Rachford-Rice 法变化而来，符号相应调整如表 2-5 所示。

表 2-5　汽液平衡和液液平衡符号对照

汽 液 平 衡	液 液 平 衡
进料 F	进料 F＋溶剂 S
平衡汽相 V	萃取液 E (L^{I})
平衡液相 L	萃余液 R (L^{II})
进料摩尔分数 z_i	(F＋S) 中的摩尔分数
汽相摩尔分数 y_i	萃取相摩尔分数 x_i^{I}
液相摩尔分数 x_i	萃余相摩尔分数 x_i^{II}
平衡常数 K	分配系数 K_{D_i}
汽相分率 $\Psi=V/F$	$\Psi=E/F$

大多数液液平衡在绝热条件下进行，故需考虑能量平衡。然而，如果进料和溶剂以相同温度进入平衡级，则混合热是惟一的能量效应，但它一般是微弱的，仅能引起很小的温度变化。因此，通常按等温条件处理。

修改的 Rachford-Rice 方法的计算程序框图如图 2-9 所示。该程序适用于等温汽液或液液平衡计算，其 K 值强烈地依赖于相组成。对于液液平衡计算而言，规定平衡压力和温度，进料和溶剂的流率及组成。计算步骤如下。

① 估计各项组成的初值 x_i^I 和 x_i^{II}，由 NRTL、UNIQUAC 或 UNIFAC 等方程计算液相活度系数，然后估计相应的分配系数。

② 解式（2-71），迭代 Ψ 值，此时 $\Psi = E/(F+S)$。

③ 用计算得到的 Ψ 值，从式（2-67）和式（2-68）分别计算 x_i^{II} 和 x_i^I 值。由于每一相组成的计算值总和通常不等于 1，所以需归一化，即 $x_i' = x_i / \sum x_i$，用归一化后的组成取代原计算的组成。

④ 迭代持续到前后两次迭代的 x_i^I 和 x_i^{II} 不再变化，例如三位或四位有效数字相同，此时输出计算结果。

因为收敛的快慢强烈地依赖于组成的初值，所以即使对于两相三元系统的计算也并非轻而易举。液液平衡计算与汽液闪蒸计算的最大区别，在于不能从假设溶液是理想溶液开始计算，因为理想溶液不会分成两液相。当需要计算三元液液平衡结线数据时，总组成的规定是任意的。经验指出，当按 $\Psi = 0.5$ 规定总组成时收敛是迅速的。下列附加原则对液液平衡计算是有益的。

① 将物系中互溶度最低的一对组分规定为组分 1 和 3，称之为溶剂；组分 2 为溶质。

② 选择组成的初值：$x_1^I = 0.90$、$x_2^I = x_3^I = 0.05$ 和 $x_1^{II} = 0.1$。当然，为改进收敛也可改变这些数值。

③ 规定起始总组成为：$z_1 = z_2 = 0.5$，$z_3 = 0$，也可取由两溶剂相互溶解度的中间值规定 z_1 和 z_3。

④ 为改进 Newton-Raphson 方法的收敛性能，对下次迭代的增量进行压缩，即令 $h = \alpha h$，$0 < \alpha \leqslant 1$。

收敛速度与进料组成对褶点的偏离程度有很大关系。如果计算得到的共轭相远离褶点或没有褶点，一般需迭代 6～8 次。当进料组成接近褶点时，计算程序的收敛速度明显降低，需迭代 10～20 次。当十分接近褶点时，收敛非常慢，需 50 次迭代。在两相区之外的计算结果是在 II 相一侧 $\Psi = 0$；在 I 相一侧 $\Psi = 1$，收敛到这些值也需迭代 8 次或再少一些，在褶点附近收敛更慢些。

78

【例 2-15】 计算正庚烷(1)-苯(2)-二甲基亚砜(3)的液液平衡组成。已知总组成（摩尔分数）$z_1 = 0.364$，$z_2 = 0.223$，$z_3 = 0.413$；系统温度 0 ℃。

NRTL 参数，J/mol

IJ	A_{IJ}	A_{JI}
12	$-1\,453.3$	3 238.0
13	11 690.0	8 727.0
23	4 062.1	-165.08

$$\alpha_{12} = 0.2, \ \alpha_{13} = 0.3, \ \alpha_{23} = 0.2$$

解：使用附录中 LLEC 程序计算 N 个组分（$N \leqslant 10$）的部分互溶物系的液液平衡组成。计算方法为 Newton-Raphson 法。调用 LILIK 子程序计算分配系数，活度系数方程可选择 NRTL 或 UNIQUAC 模型。

计算结果

平衡温度 0 ℃，E/R＝0.49

组 分	进料摩尔分数	R 相摩尔分数	E 相摩尔分数	K_D
1	0.364 0	0.693 3	0.019 6	0.028 3
2	0.223 0	0.288 0	0.155 0	0.538 3
3	0.413 0	0.018 7	0.825 3	44.080 9

注：R—萃余相，E—萃取相；分配系数 $K_D = \gamma^R / \gamma^E$

【例 2-16】 异丙醇-丙酮-水三元共沸物的脱水。以前用苯作为脱水剂，由于苯是致癌物，后改用毒性很小的乙酸乙酯。该精馏系统由两个塔构成。第一塔的塔顶上升蒸汽各组分的流率如下：

组 分	kg/h	组 分	kg/h
异丙醇	4 250	水	2 300
丙酮	850	乙酸乙酯	43 700

该汽相混合物在 138 kPa 压力和 80 ℃下冷凝，进一步冷却至 35 ℃，忽略压降，产生的两液相成平衡状态。估计两相的流率（kg/h）和组成质量分数。

解：使用附录中多组分闪蒸过程计算程序 FLASH，并调用 UNIFAC 基团贡献法估算液相活度系数的子程序 UNFC 完成计算。结果如下：

组 分	质 量 分 数	
	富有机物相	富 水 相
异丙醇	0.084 3	0.061 5
丙 酮	0.016 9	0.011 5
水	0.001 9	0.888 8
乙酸乙酯	0.896 9	0.038 2
总 和	1.000 0	1.000 0
流率/(kg/h)	48 617	2 483

78

2.5 多相平衡过程

在本章的前几节中仅讨论了两相平衡的情况。在实际应用上会碰到多相系统，即三相或多相共存，处于多相平衡状态。一个饶有趣味的例子是在室温下7个相处于平衡状态，如图2-14所示。最上面的气相是空气，以下有6个液相按密度增加的顺序排列为：正己烷相、苯胺相、水相、磷、镓和汞相。每一相都含有系统中的全部组分，只是某些组分在一些相中的摩尔分数非常小。例如，苯胺相中含正己烷0.1，含水0.2，而所含被溶解的空气、磷、镓和汞远远低于0.01。值得注意的是，尽管正己烷相不与水相直接接触，正己烷相仍含有平衡量的水，大约是0.0006，因每一相都与所有其他相处于平衡状态。满足式（2-1）至式（2-3）的平衡条件。

空 气
富正己烷液相
富苯胺液相
富水相
磷液相
镓液相
汞液相

图 2-14 7 相平衡

在实际分离过程中，汽-液-固、汽-液-液三相系统屡见不鲜。例如环氧丙烷和水具有有限的相互溶解度，在环氧丙烷脱水精馏塔中的某些部位，就会出现汽相、富环氧丙烷相和富水相的汽-液-液三相共存的情况，所以该类精馏塔属于三相精馏过程。

尽管多相平衡计算在原理上与两相系统是相同的，基本关系仍为物料平衡、能量平衡和相平衡，但计算可能很复杂，也往往作些简化假设。计算方法分近似计算和严格计算两类，本节将分别予以介绍。

2.5.1 汽-液-液系统近似计算法

近似计算法适用于含水和烃类的系统，有一个汽相和两个液相，富烃相和富水相共存。通常，水在烃相和烃在水相中的溶解度（摩尔分数）都小于0.001，故可以忽略不计。在这种情况下，如果烃相服从拉乌尔定律，则系统的总压为两液相所显示压力的总和：

$$p = p^s_{H_2O} + \sum_{C \cdot H} p^s_i x^I_i \qquad (2\text{-}109)$$

对于更一般的情况，在低压下汽相是理想气体而烃液相是非理想溶液，则

$$p = p^s_{H_2O} + p \sum_{C \cdot H} K_i x^I_i \qquad (2\text{-}110)$$

重排为

$$p = \frac{p^s_{H_2O}}{1 - \sum\limits_{C \cdot H} K_i x^I_i} \qquad (2\text{-}111)$$

当规定系统温度时，式（2-109）和式（2-111）可直接用于估计压力和液相组成；相反，当规定压力时通过迭代估计系统温度。计算中的一个重要内容是判断属哪一类相平衡问题。共有 6 种可能的情况，即 V、$V\text{-}L^{\text{I}}$、$V\text{-}L^{\text{I}}\text{-}L^{\text{II}}$、$V\text{-}L^{\text{II}}$、$L^{\text{I}}\text{-}L^{\text{II}}$ 和 L。有多少相共存以及具体是哪些相不总是明显的。实际上如果 $V\text{-}L^{\text{I}}\text{-}L^{\text{II}}$ 三相平衡有解，则 $V\text{-}L^{\text{I}}$ 和 $V\text{-}L^{\text{II}}$ 两相平衡总会有解。该情况下，三相解是正确的。所以以首先寻找三相解是重要的。

【**例 2-17**】 含 n-辛烷摩尔分数（下同）25％，水 75％的混合物 1 000 kmol，在 133.3 kPa 恒定压力下，从 136 ℃最终冷却到 25 ℃。求：

① 混合物最初的相态

② 发生相变化时的温度，各相的量和组成。

（注：假设水和 n-辛烷液体不互溶。）

解：① 混合物系统的初始条件：$T=136$ ℃，$p=133.3$ kPa。查饱和蒸汽压图，得 $p_{\text{H}_2\text{O}}^{\text{S}}=322$ kPa、$p_{n\text{C}_8}^{\text{S}}=134.4$ kPa。由于初始压力小于每个组分的饱和蒸汽压，故混合物初始相态为汽相，两组分的分压为：

$$p_{\text{H}_2\text{O}}=y_{\text{H}_2\text{O}}\,p=0.75(133.3)=100 \text{ kPa}$$

$$p_{n\text{C}_8}=y_{n\text{C}_8}\,p=0.25(133.3)=33.3 \text{ kPa}$$

② 随温度降低，第一次相变发生于 $p_{\text{H}_2\text{O}}^{\text{S}}=p_{\text{H}_2\text{O}}=100$ kPa 或 $p_{n\text{C}_8}^{\text{S}}=p_{n\text{C}_8}=33.3$ kPa 相应的温度 99.4 ℃或 90 ℃。由于前者温度较高，故当系统温度降至 99.4 ℃时水首先冷凝。该温度为系统压力下原始混合物的露点温度。随温度的进一步降低，汽相中水蒸气的物质的量（摩尔）减少，使水的分压降低至 100 kPa 以下，n-辛烷的分压增加到大于 33.3 kPa，因此 n-辛烷开始冷凝，生成第二个液相。该温度被称为二次露点，它应处于 90 ℃和 99.4 ℃之间，需通过迭代确定。若首先计算混合物的泡点，则该计算可简化。从式（2-109）可得

$$p=133.3 \text{ kPa}=p_{\text{H}_2\text{O}}^{\text{S}}+p_{n\text{C}_8}^{\text{S}} \tag{1}$$

试差温度，使其满足式（1）：

$T/℃$	$p_{\text{H}_2\text{O}}^{\text{S}}/\text{kPa}$	$p_{n\text{-C}_8}^{\text{S}}/\text{kPa}$	p/kPa
90	70.12	33.1	103.22
94.4	82.81	38.6	121.41
96.7	89.84	42.1	131.94
97.2	91.7	42.7	134.40

由线性内插，当 $p=133.3$ kPa 时 $T=97$ ℃。低于该温度，汽相消失，仅有不混溶的两液相。

为确定一个液相消失的温度（注意在该情况下仅有纯水和纯烃），从泡点温度开始，维持恒温条件使两液相之一完全汽化。因此，二次露点温度与泡点温度（97 ℃）相同。在二次露点下，水的分压 $p_{H_2O}=91$ kPa，烃的分压 $p_{n-C_8}=42.3$ kPa，所以各组分的数量和组成如下：

组　分	气　　相		富水液相
	kmol	y	kmol
H_2O	53.9	0.683	21.1
$n\text{-}C_8$	25.0	0.317	0.0
总　计	78.9	1.000	21.1

如果需要的话，可在露点和二次露点之间的条件下附加闪蒸计算。闪蒸曲线如图 2-15（a）所示。如果系统中不只一个烃组分，则液相烃不可能在恒定组成下汽化。在该情况下二次露点温度比泡点温度高。闪蒸曲线见图 2-15（b）。

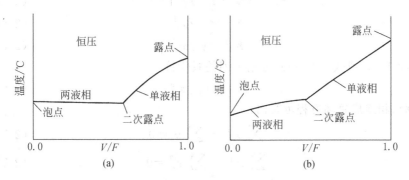

图 2-15　恒压下，烃/水不混溶液体的闪蒸曲线

（a）单一烃组分；（b）多于一种烃组分

2.5.2　汽-液-液平衡的严格计算[2,13]

在温度和压力恒定的条件下，所能形成的最大相数等于组分数，但该极端情况是少见的。汽-液-液平衡计算问题为在规定 T 或 p（或 H 或 S）的条件下求解对应于某总组成的全部相的各组分组成。可分为以下若干情况：

（1）规定 T 或 p 下的泡点计算；

（2）规定 T 或 p 下的露点计算；

（3）规定 T 或 p 下的闪蒸计算；

（4）规定 H 和 T（或 p）下的闪蒸计算；

（5）规定 S 和 T（或 p）下的闪蒸计算。

与液液平衡或汽液平衡计算相似，可以用两种截然不同的方法求解汽-液-液平衡问题：

（1）直接解物料平衡和相平衡方程；

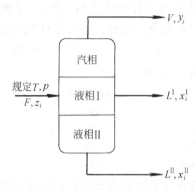

图 2-16　三相等温闪蒸

(2) 搜寻整个混合物的最小自由焓，变量为所有相的量和组成。

本节仅介绍用方法"（1）"计算上述情况"（3）"的闪蒸问题。

在规定温度和压力下单级汽-液-液系统的严格计算法称之为三相等温闪蒸计算。由 Henley 和 Rosen 首先提出的算法类似于本章 2.2 节的两相等温闪蒸计算方法。三相等温闪蒸示意图如图 2-16 所示。

对每个组分的物料衡算和相平衡关系如下：

$$Fz_i = Vy_i + L^{\mathrm{I}}x_i^{\mathrm{I}} + L^{\mathrm{II}}x_i^{\mathrm{II}} \tag{2-112}$$

$$K_i^{\mathrm{I}} = y_i / x_i^{\mathrm{I}} \tag{2-113}$$

$$K_i^{\mathrm{II}} = y_i / x_i^{\mathrm{II}} \tag{2-114}$$

式（2-113）或式（2-114）可用下列关系代替：

$$K_{\mathrm{D}_i} = x_i^{\mathrm{I}} / x_i^{\mathrm{II}} \tag{2-115}$$

根据每相组成总和方程可写出：

$$\sum x_i^{\mathrm{I}} - \sum y_i = 0 \tag{2-116}$$

$$\sum x_i^{\mathrm{I}} - \sum x_i^{\mathrm{II}} = 0 \tag{2-117}$$

采用修正的 Rachford-Rice 程序可求解上述方程组。设 $\Psi = V/F, \xi = L^{\mathrm{I}}/(L^{\mathrm{I}} + L^{\mathrm{II}})$，它们的取值范围分别为 $0 \leqslant \Psi \leqslant 1$ 和 $0 \leqslant \xi \leqslant 1$。结合式（2-112）、式（2-113）、式（2-114）、式（2-116）和式（2-117），消去 y_i、x_i^{I} 和 x_i^{II}，得到包含 Ψ 和 ξ 的两个联立方程：

$$\sum_i \frac{z_i(1 - K_i^{\mathrm{I}})}{\xi(1 - \Psi) + (1 - \Psi)(1 - \xi)K_i^{\mathrm{I}}/K_i^{\mathrm{II}} + \Psi K_i^{\mathrm{I}}} = 0 \tag{2-118}$$

和

$$\sum_i \frac{z_i(1 - K_i^{\mathrm{I}}/K_i^{\mathrm{II}})}{\xi(1 - \Psi) + (1 - \Psi)(1 - \xi)K_i^{\mathrm{I}}/K_i^{\mathrm{II}} + \Psi K_i^{\mathrm{I}}} = 0 \tag{2-119}$$

选用合适的数值方法，例如 Newton 法，联立求解非线性方程组式（2-118）和式（2-119），得到 Ψ 和 ξ 值，再由以下各式确定各相的数量和组成：

$$V = \Psi F \tag{2-120}$$

$$L^{\mathrm{I}} = \xi(F - V) \tag{2-121}$$

$$L^{\mathrm{II}} = F - V - L^{\mathrm{I}} \tag{2-122}$$

$$y_i = \frac{z_i}{\xi(1 - \Psi)/K_i^{\mathrm{I}} + (1 - \Psi)(1 - \xi)/K_i^{\mathrm{II}} + \Psi} \tag{2-123}$$

$$x_i^{\mathrm{I}} = \frac{z_i}{\xi(1-\Psi)+(1-\Psi)(1-\xi)(K_i^{\mathrm{I}}/K_i^{\mathrm{II}})+\Psi K_i^{\mathrm{I}}} \qquad (2\text{-}124)$$

$$x_i^{\mathrm{II}} = \frac{z_i}{\xi(1-\Psi)(K_i^{\mathrm{II}}/K_i^{\mathrm{I}})+(1-\Psi)(1-\xi)+\Psi K_i^{\mathrm{II}}} \qquad (2\text{-}125)$$

因两不互溶液相存在时，其液相组成强烈影响 K 值，故三相等温闪蒸计算是困难和繁琐的。此外，是否确实存在三相，往往并不明确，还需对其他相的组合情况进行计算。一个计算三相等温闪蒸的算法如图 2-17 所示。

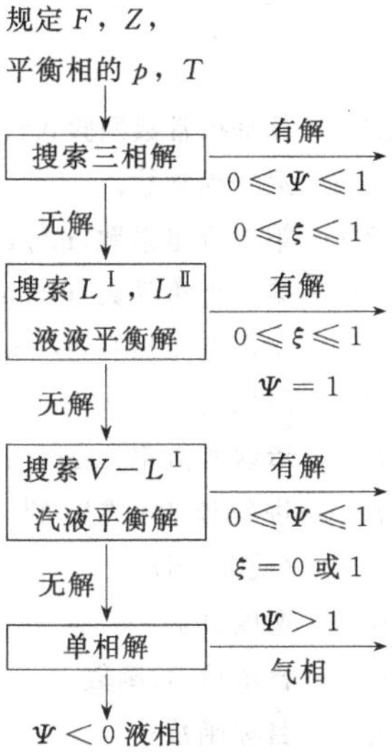

由于三相等温闪蒸计算法的复杂性，最好使用稳态过程模拟计算程序。这类程序同样适用于绝热的或非绝热的三相闪蒸计算，迭代平衡温度直至满足能量平衡，

$$h_{\mathrm{F}}F+Q=h_{\mathrm{V}}V+h_{L\mathrm{I}}L^{\mathrm{I}}+h_{L\mathrm{II}}L^{\mathrm{II}}=0 \qquad (2\text{-}126)$$

图 2-17　三相等温闪蒸计算框图

【例 2-18】　以甲苯和甲醇为原料合成苯乙烯。反应器出口气体混合物流率如下：

组　分	kmol/h	组　分	kmol/h
氢	350	甲苯	107
甲醇	107	乙苯	141
水	491	苯乙烯	350

如果该物料在 300 kPa 和 38 ℃下达到平衡，计算各平衡相的组成和数量。

解：因为该混合物中有水、烃和轻质气体，所以有汽-液-液三相共存的可能性，甲醇则分配于所有三相中。使用三相等温闪蒸程序进行计算。氢的平衡关系符合亨利定律，其他组分的液相活度系数用 UNIFAC 模型估算。计算结果如下：

组　　分	流率/（kmol/h）		
	V	L^{I}	L^{II}
氢	349.96	0.02	0.02
甲　醇	9.54	14.28	83.18
水	7.25	8.12	475.63
甲　苯	1.50	105.44	0.06
乙　苯	0.76	140.20	0.04
苯乙烯	1.22	348.64	0.14
合计	370.23	616.70	559.07

正像预计的那样，氢在两液相中溶解很少。其他组分都有少量仍留在平衡气相中。富水液相中仅含有微量烃类组分，而含比较大量的甲醇。

附加计算表明，有机相首先冷凝，露点为 143 ℃，二次露点 106 ℃。

本章符号说明

英文字母

A、B、C——相平衡常数经验式常数;安托尼方程常数;

B——第二维里系数,m^3/mol;

C——第三维里系数,m^6/mol^2;

$C_{p,m}$——摩尔定压热容,$J/(mol \cdot K)$;

d——阻尼因子;

E——萃取相流率,kmol/h;

F——进料流率(或数量),kmol/h(或 kmol);

f——逸度,Pa;

G——自由焓,J;函数;

g——目标函数;

H——亨利常数,Pa,

H_m——摩尔焓,J/mol;

J——Jacobian(偏导数)矩阵;

K——相平衡常数;

K'_{D_B}——用质量(或摩尔)比表示的溶质 B 的分配系数;

L——液相流率,kmol/h;

n——物质的量,mol;

p——压力,Pa;函数;

Q——向系统加入的热量,kJ/h;

q——函数;

R——气体常数,8.315 $J/(mol \cdot K)$;

S——溶剂的流率(或数量),kmol/h(或 kmol);

S_m——摩尔熵,$J/(mol \cdot K)$;

T——温度,K;

V——体积,m^3;气相流率,kmol/h;

V_m——摩尔体积,m^3/mol;

X——式(2-86)中变量;质量(或摩尔)比;

x——液相摩尔分数;

y——气相摩尔分数;

Z——压缩因子;

z——进料摩尔分数。

希腊字母

α——分离因子;相对挥发度;

β——相对选择性;

γ——液相活度系数;

ε——收敛标准;

μ——化学位;

Φ——逸度系数;

Ψ——汽相分率;

ω——偏心因子;

ξ——液相 I 占整个液相的分率。

上标

E——过剩性质;萃取相;

F——进料;

id——理想溶液;

(k)——迭代次数;

L——液相;

OL——基准状态;

s——饱和状态;

R——萃余相;

T——真实溶液;

V——气相;

$'$、$''$、$'''$——表示不同相;

$\wedge$——表示在混合物中;

I、II——液相;萃取相和萃余相;

※——另一种基准态;

——平均;

下标

A——组分;

B——泡点;溶质;	m——混合物;
b——正常沸点;	T——温度;
c——临界状态;组分;	t——总量;
D——露点;	V——体积;气相;
F——进料;	———向量或矩阵;
i、j、k——组分;	1,2——组分。
L——液相;	

习　题

1. 指出下列 K 值表达式中哪个是严格的,哪个是不严格的,并引证其假设。

(1) $K_i = \dfrac{\hat{\Phi}_i^L}{\hat{\Phi}_i^V}$ 　　　　(2) $K_i = \dfrac{\Phi_i^L}{\Phi_i^V}$

(3) $K_i = \Phi_i^L$ 　　　　(4) $K_i = \dfrac{\gamma_i^L \Phi_i^L}{\hat{\Phi}_i^V}$

(5) $K_i = p_i^s/p$ 　　　　(6) $K_i = \left(\dfrac{\gamma_i^L}{\gamma_i^V}\right)\left(\dfrac{\Phi_i^L}{\Phi_i^V}\right)$

(7) $K_i = \dfrac{\gamma_i^L p_i^s}{p}$

2. 计算在 0.101 3 MPa 和 378.47 K 下苯(1)-甲苯(2)-对二甲苯(3)三元系,当 $x_1 = 0.312\,5$,$x_2 = 0.297\,8$,$x_3 = 0.389\,7$ 时的 K 值。汽相为理想气体,液相为非理想溶液。并与完全理想系的 K 值比较。已知三个二元系的 Wilson 方程参数。

$$\lambda_{12} - \lambda_{11} = -1\,035.33; \qquad \lambda_{12} - \lambda_{22} = 977.83$$
$$\lambda_{23} - \lambda_{22} = 442.15; \qquad \lambda_{23} - \lambda_{33} = -460.05$$
$$\lambda_{13} - \lambda_{11} = 1\,510.14; \qquad \lambda_{13} - \lambda_{33} = -1\,642.81$$

（单位：J/mol）

在 $T = 378.47$ K 时液相摩尔体积 （m^3/kmol） 为：
$$V_{1,m}^L = 100.91 \times 10^{-3}; \quad V_{2,m}^L = 117.55 \times 10^{-3}$$
$$V_{3,m}^L = 136.69 \times 10^{-3}$$

安托尼公式为：
苯：$\ln p_1^s = 20.793\,6 - 2\,788.51/(T - 52.36)$；
甲苯：$\ln p_2^s = 20.906\,5 - 3\,096.52/(T - 53.67)$；
对二甲苯：$\ln p_3^s = 20.989\,1 - 3\,346.65/(T - 57.84)$；

（p^s：Pa；T：K）

3. 在 361 K 和 4 136.8 kPa 下,甲烷和正丁烷二元系呈汽液平衡,汽相含甲烷 0.603 7%（mol）,与其平衡的液相含甲烷 0.130 4%。用 R-K 方程计算 $\hat{\Phi}_i^V$、$\hat{\Phi}_i^L$ 和 K_i 值。并将计算结果与实验值进行比较。

4. 一液体混合物的组成为：苯 0.50；甲苯 0.25；对-二甲苯 0.25 （摩尔分数）。分别用平衡常数法和相对挥发度法计算该物系在 100 kPa 时的平衡温度和汽相组成。假设为完全理想物系。

5. 含 30％（mol）甲苯，40％乙苯和 30％水的液体混合物，在总压为 50.66 kPa 下进行连续闪蒸蒸馏。假设乙苯和甲苯混合物服从拉乌尔定律，烃和水完全不互溶。计算泡点温度和汽相组成。

6. 一烃类混合物含有甲烷 5％（mol），乙烷 10％，丙烷 30％及异丁烷 55％，试求混合物在 25 ℃时的泡点压力和露点压力。

7. 含有 80％（mol）醋酸乙酯（A）和 20％乙醇（E）的二元物系。液相活度系数用 Van Laar 方程计算，$A_{AE}=0.144$，$A_{EA}=0.170$。试计算在 101.3 kPa 压力下的泡点温度和露点温度。

安托尼方程为：

醋酸乙酯：$\ln p_A^s = 21.0444 - 2790.50/(T-57.15)$

乙醇：$\ln p_E^s = 23.8047 - 3803.98/(T-41.68)$

$$(p^s: \text{Pa}; \quad T: \text{K})$$

8. Serghides，T. K〔Chem. Eng.，89（18），107～110（Sept. 6，1982）〕推导出确定 Ψ 的直接迭代方程：

$$\Psi = 1 - \sum_{i=1}^{c} \frac{z_i}{1 + \dfrac{K_i \Psi}{1-\Psi}}$$

（1）从 $\sum_{i=1}^{c} x_i = 1$ 开始，推导这个方程

（2）从 $\sum_{i=1}^{c} y_i = 1$ 开始，推导类似的方程

（3）从 $\sum_{i=1}^{c} x_i = 1$ 和 $\sum_{i=1}^{c} y_i = 1$ 推导一个方程

（4）哪个方程收敛性能最好

9. 设有 7 个组分的混合物在规定温度和压力下进行闪蒸。用下面给定的 K 值和进料组成画出 Rachford-Rice 闪蒸函数曲线图。

$$f\{\Psi\} = \sum_{i=1}^{c} \frac{z_i(1-K_i)}{1+\Psi(K_i-1)}$$

Ψ 的间隔取 0.1，并由图中估计出 Ψ 的正确根值。

组 分	1	2	3	4	5	6	7
z_i	0.0079	0.1321	0.0849	0.2690	0.0589	0.1321	0.3151
K_i	16.2	5.2	2.0	1.98	0.91	0.72	0.28

10. 试用液相分率（L/F）为迭代变量推导 Rachford-Rice 闪蒸方程。

11. 组成为 60％（mol）苯，25％甲苯和 15％对二甲苯的 100 kmol 液体混合物，在 101.3 kPa 和 100 ℃下闪蒸。试计算液体和气体产物的量和组成。假设该物系为理想溶液。用安托尼方程计算蒸汽压。

12. 用图中所示系统冷却反应器出来的物料，并从较重烃中分离出轻质气体。计算离开闪蒸罐的蒸汽组成和流率。从反应器出来的物料温度 311 K，组成如下表。闪蒸罐操作条件下各组分的 K 值：氢——80；甲烷——10；苯——0.01；甲苯——0.004

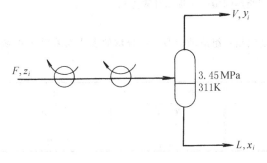

组分	流率/(mol/h)
氢	200
甲烷	200
苯	50
甲苯	10

习题 12 附图

13. 下图所示是一个精馏塔的塔顶部分。图中已表示出总馏出物的组成,其中10%(mol)作为汽相采出。若温度是311 K,求回流罐所用压力。给出该温度和1 379 kPa压力下的 K 值为:C_2——2.7;C_3——0.95;C_4——0.34,并假设 K 与压力成正比。

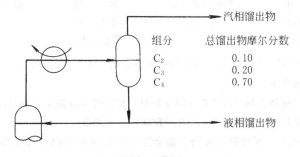

组分	总馏出物摩尔分数
C_2	0.10
C_3	0.20
C_4	0.70

习题 13 附图

14. 在101.3 kPa下,对组成为45%(摩尔分数,下同)正己烷,25%正庚烷及30%正辛烷的混合物。

(1) 求泡点和露点温度

(2) 将此混合物在101.3 kPa下进行闪蒸,使进料的50%汽化。求闪蒸温度,两相的组成。

15. 一蒸汽混合物在分凝器中部分冷凝,汽液混合物进闪蒸罐分离。进料组成为60%(摩尔分数,下同)甲醇;40%水。进料量50 kmol/h。闪蒸压力101.3 kPa。求:(1) 80%进料量液化的汽相和液相组成;(2) 甲醇汽相组成为0.64摩尔分数的汽、液流率。

甲醇-水的汽液平衡数据 ($p = 101.3$ kPa)

$x_{甲醇}$/% (摩尔分数)	$y_{甲醇}$/% (摩尔分数)	温度/℃	$x_{甲醇}$/% (摩尔分数)	$y_{甲醇}$/% (摩尔分数)	温度/℃
0	0	100	40.0	72.9	75.3
2.0	13.4	96.4	50.0	77.9	73.1
4.0	23.0	93.5	60.0	82.5	71.2
6.0	30.4	91.2	70.0	87.0	69.3
8.0	36.5	89.3	80.0	91.5	67.6
10.0	41.8	87.7	90.0	95.8	66.0
20.0	57.9	81.7	95.0	97.9	65.0
30.0	66.5	78.0	100.0	100.0	64.5

16. 假设已知 K 值关系，对下列绝热闪蒸问题提出计算方法。

(1) K 仅为 T 和 p 的函数

(2) K 为 T，p 和液体（但不是汽相）组成的函数。组分焓的表达式采用 T 的函数，忽略过量焓影响。

给 定[①]	求	给 定[①]	求
H_F，p	Ψ，T	Ψ，T	H_F，p
H_F，T	Ψ，p	Ψ，p	H_F，T
H_F，Ψ	T，p	T，p	Ψ，H_F

① 进料组成已知。

17. 含质量分数 8% 醋酸（B）的水溶液用单级液液萃取器分离醋酸。进料量 13 500 kg/h。选择下列 4 种溶剂作为萃取剂，其分配系数（以质量分数计）列于下表。假设水与每种溶剂（C）均不互溶，萃余相中仅含 1% 的醋酸。试估计每种溶剂的需要量（kg/h）。

溶 剂	分配系数 K_D	溶 剂	分配系数 K_D
醋酸甲酯	1.273	十七烷醇	0.312
异丙醚	0.429	氯 仿	0.178

18. 异丙醚（E）用于从醋酸水溶液中萃取醋酸（A）。25 ℃ 和 101.3 kPa 下的液液平衡数据如附表所示。

(1) 单级萃取器进料为含醋酸（质量分数）30% 的水溶液 100 kg 和异丙醚 120 kg。问萃取相和萃余相的组成和数量，萃取相醋酸的脱溶剂浓度。

(2) 已知含 52 kg 醋酸和 48 kg 水的混合物与 40 kg 异丙醚接触，求萃余相组成和数量。

习题 18 附表 醋酸(A)-水(W)-异丙醚(E)的

三元液液平衡数据（25 ℃，101.3 K）

富水层质量分数/%			富醚层质量分数/%		
A	W	E	A	W	E
1.41	97.1	1.49	0.37	0.73	98.9
2.89	95.5	1.61	0.79	0.81	98.4
6.42	91.7	1.88	1.93	0.97	97.1
13.30	84.4	2.3	4.82	1.88	93.3
25.50	71.1	3.4	11.4	3.9	84.7
36.70	58.9	4.4	21.6	6.9	71.5
45.30	45.1	9.6	31.1	10.8	58.1
46.40	37.1	16.5	36.2	15.1	48.7

19. 某有机酸水溶液中各组分的流率为：

	kmol/h		kmol/h
甲 酸	5	丙 酸	2
乙 酸	3	水	100

用乙酸乙酯（EA）为萃取剂进行单级萃取，计算出口两液相的流率及组成（提示：液相

活度系数用 UNIFAC 模型计算)。

20. 以摩尔分数 90% 的二乙二醇 (DEG) 水溶液作为萃取剂通过单级萃取操作分离芳烃和链烷烃。原料组成 (摩尔分数):正己烷 42.86%;正庚烷 28.57%;苯 17.86%;甲苯 10.71%。该原料 280 kmol/h 与萃取剂 1 000 kmol/h 相接触,操作温度 163 ℃,操作压力 2 068 kPa。计算萃取平衡时两液相流率和组成 (提示:液相活度系数的计算使用 UNIFAC 模型)。

21. 计算正庚烷(1)-苯(2)-二甲基亚砜(3)的液液平衡。已知总组成 (摩尔分数) $z_1 = 0.364$,$z_2 = 0.223$,$z_3 = 0.413$;平衡温度 0 ℃。选用 NRTL 方程计算液相活度系数。

NRTL 相互作用参数 A_{ij} (即 $g_{ij} - g_{jj}$) / (J/mol)

	(1)	(2)	(3)
1	0.0	-1 453.32	11 690.47
2	3 238.03	0.0	4 062.07
3	8 727.01	-165.08	0.0

第三参数 $\alpha_{12} = 0.2$,$\alpha_{13} = 0.3$,$\alpha_{23} = 0.2$

22. 含甲苯 30%、乙苯 40%、水 30% (均为摩尔分数%) 的液体在总压为 50.6 kPa 下进行连续闪蒸。假设甲苯和乙苯的混合物服从拉乌尔定律,烃与水完全不互溶。计算泡点温度和相应的汽相组成。

23. 水 (W) 和正丁醇 (B) 在 101 kPa 下形成汽-液-液三相系统。若混合物总组成为含 W (摩尔分数) 60%,估计:

(1) 混合物的露点温度和相应的液相组成。

(2) 混合物的泡点温度和相应的汽相组成。

(3) 气化 50% 时三相的相对量及组成。

24. 重复计算例 2-18,当平衡温度为 25 ℃时,问各相流率有何变化?

参 考 文 献

1 金克新,赵传钧,马沛生. 化工热力学. 天津:天津大学出版社,1990. 16~49

2 Walas S M. Phase Equilibria in Chemical Engineering. Boston:Butterworths,1985. 184~205,380~389

3 Henley E J,Seader J D. Equilibrium Stage Separation Operations in chemical Engineering. New York:John Wiley & Sons,1981. 183~230,270~297

4 Gmehling J,Onken U. Vapor-Liquid Equilibrium Data Colleetion. DECHEMA Chemistry Data Series,1~8,Frankfure:Deutsche Gesellschaft für chemisches Apparatewesen,1977~1979

5 Fredenslund A,Gmehling J,Rasmussen P. Vapor-Liquid Equilibria Using UNIFAC,A Group Contribution Method Amsterdam:Elsevier,1977. 14~30

6 Tochigi K,Kojima K. J. Chem. Japan,1976. 9:267

7 Prausnitz J M. Computer Calculations for Multicomponent Vapor-Liquid and Liquid-Liquid Equilibra. Englewood Ciffs:Prentice-Hall,INC. 1980. 29

8 Hayden J G. O'connell J P. Ind. Eng. Chem. Proc Des. Dev. 1975. 14:209

9 Dadyburjor D B. Chem. Eng. Progr. 1978. 74 (4):85

10 朱自强，姚善泾，金彰礼. 流体相平衡原理及其应用. 杭州：浙江大学出版社，1990

11 Sorensen J M，Arlt W. Liquid-Liquid Equilibrium Data Collection. Frankfure：DECHEMA chemistry Data Series，1979

12 小岛和夫著. 化工过程设计的相平衡. 傅良译. 北京：化学工业出版社，1985. 163~176

13 Seader J D，Henley E J. Separation Process Principles. New York：John Wiley & Sons, 1998. 186~195，218~220

3. 多组分精馏和特殊精馏

目前，多组分精馏过程的设计多采用严格解法，但是近似算法仍很广泛地应用着。它常用于初步设计、对多种操作参数进行评比以寻求适宜的操作条件以及在过程合成中寻找合理的分离顺序。近似算法还可用于控制系统的计算以及为严格计算提供合适的设计变量数值和迭代变量初值。此外，当相平衡数据不够充分和可靠时，采用近似算法不比严格算法逊色。近似算法虽然适于手算，但为了快速、准确，采用计算机进行数值求解也已广泛应用。

在欲分离组分的相对挥发度低于 1.1 时，采用一般精馏进行分离是不经济的，若有共沸物生成则分离是不可能的。为解决这类问题，多年来从多种途径研究和开发出被强化的精馏过程，称之为特殊精馏。本章将介绍萃取精馏、共沸精馏和加盐精馏。另外研究发现，化学反应和分离过程的耦合，分离过程之间的耦合，可同时发挥各耦合过程的优点，从而达到互相强化的目的。本章将介绍目前广泛应用的反应/精馏耦合过程称为反应精馏或催化精馏过程。

3.1 多组分精馏过程

在化工原理课程中对二组分精馏已经进行过比较详尽的讨论，但在生产实践中遇到的精馏过程，则大多是处理多组分溶液。因此，研究多组分精馏过程和设计方法更具有实际意义 。本章首先从多组分精馏与二组分精馏的对比上，分析多组分精馏的特点，并以典型例子讨论多组分精馏塔内温度、流率和浓度的分布，以深化对精馏过程实质的认识。

对二组分精馏来说，要使进料达到某一分离要求，存在着最小回流比和最少理论塔板数两个极限条件。若采用的条件小于最小回流比或最少理论塔板数，则不可能达到规定的分离要求。对多组分精馏的设计和操作来说，这两个极限条件同样也是很重要的。此外，这两个极限条件还常被用来关联操作回流比和所需理论塔板数，成为简捷法（FUG）计算的基础。

3.1.1 多组分精馏过程分析[1,2]

在本小节中将定性地研究二组分和多组分精馏过程的异同，分析在平衡级中逐级发生的流量、温度和组成的变化以及造成这些变化的影响因素。

一、关键组分

通过设计变量分析，对一般精馏塔，可调设计变量 $N_a=5$。因此，除全凝器规定饱和液体回流、指定回流比和适宜进料位置以外，尚有两个可调设计变量用来指定馏出液中某一个组分的浓度以及釜液中某一组分的浓度。对二组分精馏来说，指定馏出液中一个组分的浓度，就确定了馏出液的全部组成；指定釜液中一个组分的浓度，也就确定了釜液的全部组成。对多组分精馏来说，由于设计变量数仍是 2，而只能指定两个组分的浓度，其他组分的浓度不能再由设计者指定。由设计者指定浓度或提出要求（例如指定回收率）的那两个组分，实际上也就决定了其他组分的浓度。故通常把指定的这两个组分称为关键组分。并将这两个中相对易挥发的那一个称为轻关键组分（LK），不易挥发的那一个称为重关键组分（HK）。

一般来说，一个精馏塔的任务就是要使轻关键组分尽量多地进入馏出液，重关键组分尽量多地进入釜液。但由于系统中除轻重关键组分外，尚有其他组分，通常难以得到纯组分的产品。一般，相对挥发度比轻关键组分大的组分（简称轻非关键组分或轻组分）将全部或接近全部进入馏出液，而相对挥发度比重关键组分小的组分（简称重非关键组分或重组分）将全部或接近全部进入釜液。只有当关键组分是溶液中最易挥发的两个组分时，馏出液才有可能是近于纯轻关键组分；反之，若关键组分是溶液中最难挥发的两个组分，釜液就可能是近于纯的重关键组分。但若轻、重关键组分的挥发度相差很小，则也较难得到近于纯的产品。

若馏出液中除了重关键组分外没有其他重组分，而釜液中除了轻关键组分外没有其他轻组分，这种情况称为清晰分割。两个关键组分的相对挥发度相邻且分离要求较苛刻，或非关键组分的相对挥发度与关键组分相差较大时，一般可达到清晰分割。

通常，分离要求的提出可有不同表达方式。例如，可要求某个或几个产品的纯度；某个或几个产物中不纯物的允许量；某个或几个产物的回收率；某个或几个产物易测定的物性等。

二、多组分精馏过程特性

对二组分精馏，设计变量值被确定后，就很容易用物料衡算式，汽液平衡式和热量衡算式从塔的任何一端出发作逐板计算，无需进行试差。但在多组分精馏中，由于不能指定馏出液和釜液的全部组成，要进行逐板计算，必须先假设一端的组成，然后通过反复试差求解。

图 3-1 所示为苯-甲苯二元精馏塔内的流率、温度和组成与理论板的关系。除了在进料板处液体流量有突变外，各板的摩尔流率基本上为常数。液体组成的变化在塔顶部较为缓慢，随后较快，而在接近于进料板处又较缓

慢。进料板以下，也是同样的情况。显然，蒸汽组成分布图与液体组成分布图应相类似。对二组分精馏过程，若产品纯度要求较高，或操作回流比离最小回流比较近时则常是这种情况。对于平衡线有异常现象的二组分精馏，由于最小回流比时的夹点区是在精馏段（或提馏段）中部，因此，在实际操作中，在塔顶部和接近进料处浓度变化较快。

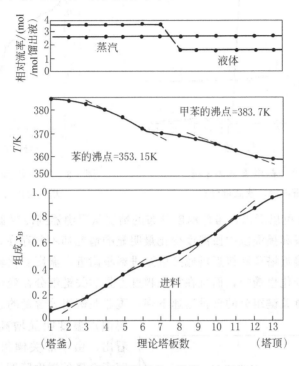

图 3-1 二组分精馏流率、温度、浓度分布

温度分布图的形状很接近于液体组成分布图的形状，因为泡点和组成是密切相关的。

为了与苯-甲苯二组分精馏对比，现选择了苯（1）-甲苯（2）-异丙苯（3）三组分精馏的模拟结果。该塔的平均操作压力为 101.3 kPa，进料量 $F=1.0$ mol/h，进料组成（摩尔分数）$z_1=0.233$；$z_2=0.333$；$z_3=0.434$，饱和液体进料。该塔设置一台再沸器和一台全凝器，塔的理论板数为 19 块，原料由第 10 块板引入。苯的回收率规定为 99%。相对挥发度数据：$\alpha_{12}=2.25$，$\alpha_{22}=1.0$，$\alpha_{32}=0.21$。

总流量和温度与理论板的关系如图 3-2 和图 3-3 所示。如果恒摩尔流的假设成立，那么汽液流量只在进料板处有变化。图 3-2 的虚线及实线分别表示按恒摩尔流假设和不按此假设时的模拟结果。值得注意的是，不按恒摩尔流假设进行模拟计算时，液、汽流量都有一定变化，但液汽比 L/V 却接近

94

于常数。

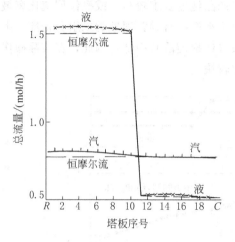

图 3-2　苯-甲苯-异丙苯精
馏塔内汽、液流量分布

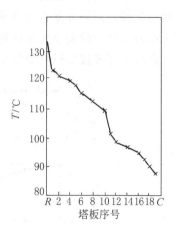

图 3-3　苯-甲苯-异丙苯精馏
塔内温度分布

从图 3-3 可以看出，虽然温度分布的情况从再沸器到冷凝器仍呈单调下降，但精馏段和提馏段中段温度变化最明显的情况却不复存在。图 3-3 所显示的是，在接近塔顶和接近塔底处以及进料板附近，温度变化较快。在这些区域中组成变化也最快，而且在很大程度上是非关键组分在变化。在本例中由于塔底的重关键组分的含量迅速下降，重非关键组分含量的急剧增加，使得泡点温度明显增高。同时可以看出，由于非关键组分的存在加宽了全塔的温度跨度。

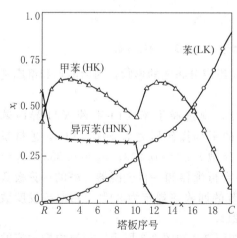

图 3-4　苯-甲苯-异丙苯精馏塔内液
相含量分布（条件同
图 3-2 和图 3-3）

含量分布图则要复杂得多（见图 3-4）。由于本例规定苯在馏出液中的回收率相当高，苯自然是轻关键组分，该塔的主要任务是实现苯和甲苯之间的分离，故甲苯是重关键组分。异丙苯的挥发度最低，是重非关键组分。该物系中没有轻非关键组分。

为全面分析不同类型组分在多组分精馏中的液相含量分布，补充两个计算实例。图 3-5 与图 3-4 的区别在于规定甲苯在馏出液中的回收率为99%，即甲苯为轻关键组分，异丙苯为重关键组分，而苯为轻组分。图 3-6 表示了苯（1)-甲苯（2)-二甲苯（3)-异丙苯（4）四组分精馏的液相含量分布。进料组成为：$z_1 = 0.125$，$z_2 = 0.225$，$z_3 = 0.375$，$z_4 = 0.275$（摩尔分数），甲苯在馏出液中的回收率为99%。各组分相对挥发度为：$\alpha_{12} = 2.25$，$\alpha_{22} = 1.0$，$\alpha_{32} = 0.33$，$\alpha_{42} = 0.21$。根据给定的要求，甲苯为轻关键组分，二甲苯为重关键组分，苯为轻组分，异丙苯为重组分。

由图 3-4，图 3-5 和图 3-6 可以看出，在进料板处各个组分都有显著的数量。这是因为在该板引入的原料中包含了全部组分。在进料板以上，重组分（图 3-4 和图 3-6 中的异丙苯）迅速消失，由于它们的相对挥发度比其他组分都低得多，不会有多少进入进料板以上各板的上升蒸汽中，因此，只需几块板就足以使它们的摩尔分数降到很低值。完全类似的道理也适用于进料板以下的轻组分（图 3-5 和图 3-6 中的苯）。由于苯的相对挥发度大的多，因此它在进料板以下仅几板就降到很低的含量。

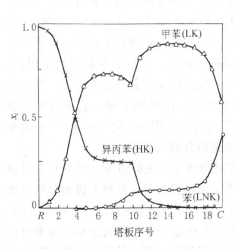

图 3-5　苯-甲苯-异丙苯精馏塔内
液相含量分布(甲苯在馏出液中回
收率为 99%,其他条件同图 3-2)

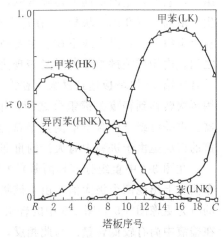

图 3-6　苯-甲苯-二甲苯-异丙苯四组分
精馏塔内液相含量分布

重组分在再沸器液相中含量最高，在向上为数不多的几块板中含量有较大的下降，逐渐拉平并延续到进料板。在进料板以上含量迅速下降（见图 3-4 和图 3-6 中的异丙苯）。这一行为是很容易理解的。塔的最下面几块板是专门用于分离重组分和两个关键组分的。由于两个关键组分比重组分有更大的挥发度，因此，从再沸器向上，重组分的含量下降。但由于进料中有一定的重组分而且它必须从釜液中排出，从而限制了它们的含量继续下降，造成了重组分在进料板以下相当长一塔段上基本恒浓的局面。根据物料衡算可知，该恒浓区中重组分的摩尔流率至少必须等于该组分在釜液中的流率。

同理适用于轻组分在进料板以上的行为（见图 3-5 和图 3-6 中的苯）。所有在进料中的轻组分必在塔顶馏出液中出现，因此也必在进料板以上离开每一板的上升蒸汽中出现。由于汽液平衡关系，一个较小的接近于常数的轻组分含量必会出现在进料以上各板的液体中。在顶部很少几块板上，轻组分和关键组分之间的分离是有效的，使得轻组分的含量急剧增加，以致在馏出液中达到最高。

重关键组分的含量分布曲线是最复杂的（见图 3-4 中甲苯）。可以通过分析在每一塔段主要分离的是哪个二元对来解释重关键组分的行为。在再沸器以及第 1、2 块板，苯的含量很低，精馏主要表现在重关键组分和重组分之间。在这一塔段上因为甲苯相对于异丙苯（HNK）是易挥发组分，故甲苯（HK）的含量向上是增加的。在第 3 块板到第 10 块板，异丙苯的含量已经恒定，精馏作用已转移到轻、重关键组分之间。此时甲苯已变为难挥发组分，它的含量沿塔向上是降低的，于是在重关键组分的含量分布曲线上产生了最高点（在第 3 块板）。在进料板以上的 3 块板，即第 11、12 和 13 块板上重组分的含量直线下跌。主要精馏作用再次体现到重关键组分和重组分之间。由于重关键组分暂时又表现为易挥发组分，它的含量沿塔向上增加，并且在第 12 块塔板达到最大。在第 12 块板之后重组分已基本消失，精馏作用再次转移到轻重关键组分之间，甲苯含量开始单调下降一直持续到冷凝器。重关键组分的含量最高点通常是不大的（见图 3-6 的二甲苯），造成本例的情况是由于进料中有大量的重非关键组分异丙苯所致。

在图 3-4 中重组分（异丙苯）的存在造成了重关键组分（甲苯）含量分布曲线上出现两个极大值。由于该物系中没有轻组分，故轻关键组分所表现的行为更像图 3-5 和图 3-6 中的轻组分。其区别在于前者没有恒浓区，并且在釜液中尚有较低含量。与此相反，图 3-5 中由于只有轻组分而没有重组分存在，轻关键组分（甲苯）的含量分布受轻组分（苯）的影响也产生两个极大值。这一情况的分析与对图 3-4 重关键组分的分析雷同。从图 3-5 中还可以发现，由于该物系中没有重组分存在，重关键组分异丙苯的行为更像图 3-4 和图 3-6 中的重组分。

由图 3-6 可明显地看出，甲苯（LK）和二甲苯（HK）含量分布曲线变化规律相同，方向相反。由于轻、重组分存在，两关键组分必须调整含量以便同时适应同非关键组分以及彼此之间的分离。因而，在塔中甲苯的含量有向上增大的趋势，而二甲苯则有向下增大的趋势，好像二组分精馏一样。但在塔底处两关键组分的含量降低，这是由于关键组分对重非关键组分分离的结果。同理，由于塔顶处轻组分对关键组分的分离结果，两关键组分的含量也降低。从图中还可看出由于非关键组分的影响，轻关键组分含量分布在进料板以下的极大值和重关键组分含量分布在进料板以上的极大值均被压低，甚至已无极大值的特征。

多组分精馏与二组分精馏在含量分布上的区别可归纳为：①在多组分精馏中，关键组分的含量分布有极大值；②非关键组分通常是非分配的，即重组分通常仅出现在釜液中，轻组分仅出现在馏出液中；③重、轻非关键组分分别在进料板下、上形成几乎恒浓的区域；④全部组分均存在于进料板上，但进料板含量不等于进料含量。塔内各组分的含量分布曲线在进料板处是不连续的。

精馏的基础是不同组分具有不同的挥发度，通过能量分离剂（热量）的引入使混合物多次部分汽化和部分冷凝，从而达到分离的目的。塔内流量的变化与热平衡紧密相关。在精馏过程中分子量通常是变化的，沿塔向上平均分子量一般是下降的，这是因为挥发度高的化合物通常是低分子量的。还因为低分子量物料一般具有较小的摩尔汽化潜热，所以上升蒸汽进入某级冷凝时将产生具有较多摩尔数的蒸汽而离开该级。由于这一因素，沿塔向上流量通常有增加的趋势。在有些情况中，若沸点较高的组分具有较低的汽化热，则潜热效应将使流量有向下增加的趋势。

其次，由于温度沿塔向上是逐渐降低的，所以蒸汽向上流动时被冷却。这种冷却不是依靠液体的显热就是依靠液体的汽化，如果液体被汽化，则导致向上流量增加。再者，液体沿塔向下流动时，液体必被加热，加热不是消耗蒸汽的显热就是由于蒸汽的冷凝，如果是蒸汽冷凝，则导致下降流量的增加。如果进料中有大量的，相对于被分离的组分是非常轻的或非常重的组分，或者更一般地说，如果从塔顶到塔底的温度变化幅度大，则这两个因素可能起主要作用。

显然，上述这三个因素的总效应是复杂的，难以归纳出一个通用的规律。然而也很明显，这些因素在很大程度上常常互相抵消，这就说明了恒摩尔流假设的实用性。

级间流量通过总物料衡算联系在一起，如果通过塔段的蒸汽流量在某一方向上增大，则在该方向上液体流量也将增大。此外，由于分离作用主要取决于液汽比 L/V，流量相当大的变化对液汽比的影响不大，因而对分离效果影响也小。级间的两流量越接近于相等，即操作越接近于全回流，则流量变化对分离的影响也越小。

通过上述分析得出重要结论：在精馏塔中，温度分布主要反映物流的组成，而总的级间流量分布则主要反映了热量衡算的限制。这一结论反映了精馏过程的内在规律，用于建立多组分精馏的计算机严格解法。

3.1.2 最小回流比[3,4]

在两组分混合物精馏中，当平衡线无异常情况时（即物系的非理想性大到操作线与平衡线相切的情况不予考虑），在最小回流比下，将在进料板上下出现恒浓区域或称夹点区，用图解法计算两组分精馏问题时，能准确地确定最小回流比。恒浓区的位置和特征在图中也表示得很清楚。在多组分精馏中，最小回流比下也应出现恒浓区，但由于有非关键组分存在，使塔中出现恒浓区的部位较两组分时来得复杂。

在多组分精馏中，只在塔顶或塔釜出现的组分为非分配组分；而在塔顶和塔釜均出现的组分则为分配组分。轻、重关键组分肯定同时在塔顶和塔釜出现，是当然的分配组分。若某组分的相对挥发度处于两关键组分之间，则该组分也必定是分配组分。相对挥发度稍大于轻关键组分的轻组分，以及稍小于重关键组分的重组分也可能是分配组分。其他轻组分一般将全部出现在塔顶，不出现在塔釜；相反，其他重组分则将全部进入釜液而不到塔顶，是非分配组分。按照这一定义，图 3-6 中的苯和异丙苯分别为轻、重非分配组分。它们分别在进料板下、上含量迅速下降至零，而在进料板上、下逐渐趋于基本恒浓。可以预测，随着回流比的减小，达到相同分离要求所需的理论板数增加，塔内含量分布也相应变化，即精馏段中苯的恒浓区域加宽，甲苯（LK）的含量最高点趋于平坦，二甲苯（HK）的下降变缓；提馏段异丙苯的恒浓区域加宽，二甲苯的含量最高点趋于平坦，甲苯的下降变缓。在分离要求不变的前提下继续减小回流比，上述趋势更加明显，在精馏段和提馏段分别出现接近恒浓的区域，即全部组分的含量均接近不变的区域，在该区域内板数需要很多，分离效果很小。回流比减小的极限是最小回流比。

在最小回流比条件下，若轻、重组分都是非分配组分，则因原料中所有组分都有，进料板以上必须紧接着有若干塔板使重组分的浓度降到零，这一段不可能是恒浓区，恒浓区向上推移而出现在精馏塔段的中部。同样理由，进料板以下必须紧接着有若干塔板使轻组分的含量降到零，恒浓区应向下推移而出现在提馏段的中部 [图 3-7 (a)]。

若重组分均为非分配组分而轻组分均为分配组分，则进料板以上的恒浓区在精馏段中部，进料板以下因无需一个区域使轻组分的含量降至零，恒浓区依然紧靠着进料板 [图 3-7 (b)]。又若混合物中并无轻组分，即轻关键组分是相对挥发度最大的组分，情况也是这样。若轻组分是非分配组分而重组分是分配组分，或原料中并无重组分，则进料板以上的恒浓区紧靠着进料板，而进料板以下的恒浓区在提馏段中部 [图 3-7 (c)]。若轻重组分均为分配组分，则进料板上、下两个恒浓区均紧靠着进料板，变成和二组分精馏时的情况一样［图 3-7（d）］，实际上这种情况是很少的。

在图 3-8 中表示了图 3-7（a）情况，是最小回流比下沿塔高的汽相含量分布图，它描绘出塔内汽相中各组分的含量随塔板序号而改变的情况。原料为四个组分的混合物：有一个重组分（HNK），一个轻组分（LNK），重关键组分和轻关键组分。全塔被分为五个区域，各个区域有其不同的作用。在区域 A（即冷凝器以下的第一段塔板），重关键组分的含量降至设

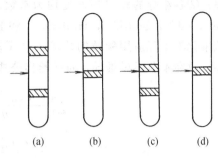

图 3-7　多组分精馏塔
中恒浓区的位置

计所规定的数值。轻关键组分的含量经历最高值后降至规定值。而轻组分的含量在该区域内略有提高。区域 B 是上恒浓区（精馏段恒浓区），三个组分的含量恒定不变。区域 C 的作用是使汽相中重组分的含量变为零。区域 D 是使下流液体中的轻组分消失。E 为下恒浓区。区域 F 对轻关键组分的作用和区域 A 对重关键组分的作用一样。众所周知，由于精馏塔的分离作用，使得轻、重关键组分的摩尔分数之比从再沸器中的较低值提高到冷凝器中的较高值。在区域 A 及 F 中确实是这种情况。但在区域 C 及 D 中，随着蒸汽的逐级上升，此比值反而下降，区域 A 及 F 中所得到的成果有一部分在此被抵消了。这种效应称为逆行分馏。从 C、D 区域内轻、重关键组分的含量变化中可看出这一现象。在实际操作的塔中若回流比接近最小回流比，逆行分馏的现象仍存在，但在一般的操作回流比范围内，这一现象是没有的。

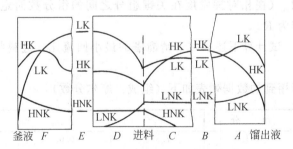

图 3-8　最小回流比下，沿塔
高的汽相含量分布图

由于实际上不能构成一个无穷多塔板数的精馏塔，故无法严格估计最小回流比，尽管很多研究者提出了预测最小回流比的各种近似估算方法，但都或多或少地做了某些假设，而且应用起来过于繁琐，其中恩特伍德法明显地好于其他算法，计算简便且准确度较高，是常用的计算方法。

推导恩特伍德公式时所用的假设是：①塔内汽相和液相均为恒摩尔流率；②各组分的相对挥发度均为常数。该公式的推导是很复杂的，在 Underwood[5]，Smith[6]，Holland[7] 和 King[4] 的专著中都有详细论述。对于从事化学工程应用领域的技术人员而言，使用该公式比推导该公式更重要些，故在本节不做推导，直接给出公式：

$$\sum \frac{\alpha_i (x_{i,D})_m}{\alpha_i - \theta} = R_m + 1 \qquad (3\text{-}1a)$$

$$\sum \frac{\alpha_i x_{i,F}}{\alpha_i - \theta} = 1 - q \qquad (3\text{-}1b)$$

式中 α_i——组分 i 的相对挥发度；

q——进料的液相分率；

R_m——最小回流比；

$x_{i,F}$——进料混合物中组分 i 的摩尔分数；

$(x_{i,D})_m$——最小回流比下馏出液中组分 i 的摩尔分数；

θ——方程式的根；对于有 c 个组分的系统有 c 个根，只取 $\alpha_{LK} > \theta > \alpha_{HK}$ 的那一个根。

由式（3-1a）可以看出，要计算 R_m 需要 $(x_{i,D})_m$ 值，但是最小回流比下馏出液的确切组成是难以知道的，虽有若干估算方法，但也比较麻烦，在实际计算中常按全回流条件下由关键组分的分配比估算馏出液的组成。也就是说，用全回流下的馏出液组成代替最小回流比下的组成进行计算。如果轻、重关键组分不是挥发度相邻的两个组分，则由式（3-1a）可得出两个或两个以上的 R_m（视相对挥发度在关键组分之间的组分数而定）。此时，可取其平均值作为 R_m。

【例 3-1】 试计算下述条件下精馏塔的最小回流比。进料状态为饱和液相 $q = 1.0$。

本计算所用到的数据列表如下（组成：摩尔分数）

编　号	组　　分	α_i	$x_{i,F}$	$x_{i,D}$
1	CH_4	7.356	0.05	0.129 8
2	$C_2H_6(LK)$	2.091	0.35	0.828 5
3	$C_3H_6(HK)$	1.000	0.15	0.025 0
4	C_3H_8	0.901	0.20	0.016 7
5	$i\text{-}C_4H_{10}$	0.507	0.10	——
6	$n\text{-}C_4H_{10}$	0.408	0.15	——

解： 由式（3-1b）得

$$\sum_i \frac{\alpha_i x_{i,\mathrm{F}}}{\alpha_i - \theta} = 0 = \frac{7.356 \times 0.05}{7.356 - \theta} + \frac{2.091 \times 0.35}{2.091 - \theta} + \frac{1.000 \times 0.15}{1.000 - \theta}$$

$$+ \frac{0.901 \times 0.20}{0.901 - \theta} + \frac{0.507 \times 0.10}{0.507 - \theta} + \frac{0.408 \times 0.15}{0.408 - \theta}$$

用试差法求出：$\theta = 1.325$，代入式（3-1a）

$$\sum_i \frac{\alpha_i x_{i,\mathrm{D}}}{\alpha_i - \theta} = R_\mathrm{m} + 1 = \frac{7.356 \times 0.129\ 8}{7.356 - 1.325} + \frac{2.091 \times 0.828\ 5}{2.091 - 1.325}$$

$$+ \frac{1.000 \times 0.025}{1.000 - 1.325} + \frac{0.901 \times 0.016\ 7}{0.901 - 1.325}$$

故 $\qquad\qquad\qquad\qquad R_\mathrm{m} = 1.306$

3.1.3　最少理论塔板数和组分分配

达到规定分离要求所需的最少理论塔板数对应于全回流操作的情况，精馏塔的全回流操作是有重要意义的：①一个塔在正常进料之前进行全回流操作达到稳态是正确的开车步骤；在实验室设备中，全回流操作是研究传质的简单和有效的手段；②全回流下理论塔板数在设计计算中也是很重要的，它表示达到规定分离要求所需的理论塔板数（以下简称理论板数）的下限，是简捷法估算理论板数必须用到的一个参数。

芬斯克推导了全回流时二组分和多组分精馏的严格的解。若塔顶采用全凝器，并假设所有板都是理论板，从塔顶第一块理论板往下计塔板序号。由相对挥发度的定义可写出：

$$\left(\frac{y_\mathrm{A}}{y_\mathrm{B}}\right)_1 = \alpha_1 \left(\frac{x_\mathrm{A}}{x_\mathrm{B}}\right)_1 = \left(\frac{x_\mathrm{A}}{x_\mathrm{B}}\right)_\mathrm{D} \qquad (3-2)$$

上式中 A、B 指任意两个组分，括号外的下标指理论板的序号，D 代表馏出液。为了简便起见，α 的下标中省略了 A 对 B 的符号，只注明塔板序号以表明其条件。因此 α_1 是指在第一块理论塔板条件下，组分 A 对于组分 B 的相对挥发度。

第二块理论板上的汽相含量 $y_{\mathrm{A},2}$ 和 $y_{\mathrm{B},2}$ 可用物料衡算式由 $x_{\mathrm{A},1}$ 和 $x_{\mathrm{B},1}$ 求出。因为

$$V_2 y_{\mathrm{A},2} = L_1 x_{\mathrm{A},1} - D x_{\mathrm{A,D}} \qquad (3-3)$$

在全回流时，$V_2 = L_1$；$D = 0$，故上式成为：

$$y_{\mathrm{A},2} = x_{\mathrm{A},1}$$

同理 $\qquad\qquad\qquad\qquad y_{\mathrm{B},2} = x_{\mathrm{B},1}$

故 $\qquad\qquad\qquad\qquad \left(\frac{y_\mathrm{A}}{y_\mathrm{B}}\right)_2 = \left(\frac{x_\mathrm{A}}{x_\mathrm{B}}\right)_1 \qquad (3-4)$

由式（3-2）及式（3-4）可得出：

$$\left(\frac{x_A}{x_B}\right)_D = \alpha_1 \left(\frac{y_A}{y_B}\right)_2$$

同样，由平衡关系可得：

$$\left(\frac{y_A}{y_B}\right)_2 = \alpha_2 \left(\frac{x_A}{x_B}\right)_2$$

由物料衡算可得：

$$\left(\frac{y_A}{y_B}\right)_3 = \left(\frac{x_A}{x_B}\right)_2$$

故

$$\left(\frac{x_A}{x_B}\right)_D = \alpha_1 \alpha_2 \left(\frac{x_A}{x_B}\right)_2 = \alpha_1 \alpha_2 \left(\frac{y_A}{y_B}\right)_3$$

依此类推直到塔釜，可得到：

$$\left(\frac{x_A}{x_B}\right)_D = \alpha_1 \cdot \alpha_2 \cdot \alpha_3 \cdots \alpha_{N-1} \cdot \alpha_N \left(\frac{x_A}{x_B}\right)_W \tag{3-5}$$

式中下标 W 代表釜液，N 为理论塔板数。再沸器为第 N 块理论板，塔顶最上一块塔板为第一块理论板。若使用分凝器，则分凝器为第一块理论板。如果我们定义 α_{AB} 为相对挥发度的几何平均值

$$\alpha_{AB} = [\alpha_1 \cdot \alpha_2 \cdot \alpha_3 \cdots \alpha_{N-1} \cdot \alpha_N]^{1/N}$$

将上式代入式（3-5）并解出 N_m

$$N_m = \frac{\lg\left[\left(\frac{x_A}{x_B}\right)_D \bigg/ \left(\frac{x_A}{x_B}\right)_W\right]}{\lg \alpha_{AB}} \tag{3-6}$$

全塔平均相对挥发度可简化为由塔顶、塔釜及进料板处的 α 值按下式求取，

$$\alpha_{平均} = \sqrt[3]{\alpha_D \cdot \alpha_W \cdot \alpha_F} \tag{3-7}$$

或也可用

$$\alpha_{平均} = \sqrt{\alpha_D \cdot \alpha_W} \tag{3-8}$$

式（3-6）中的摩尔分数之比也可用摩尔、体积或质量之比来代替，因为换算因子互相抵消。常用的形式是：

$$N_m = \frac{\lg\left[\left(\frac{d}{w}\right)_A \bigg/ \left(\frac{d}{w}\right)_B\right]}{\lg \alpha_{平均}} \tag{3-9}$$

式中 $\left(\frac{d}{w}\right)_i$ 为组分 i 的分配比，即组分 i 在馏出液中的摩尔量与在釜液中的摩尔量之比。

式（3-6）或式（3-9）称为芬斯克公式，它既可用于二组分精馏，也可用于多组分精馏，因为推导公式时，并没有对组分的数目有何限制。用于多组分精馏时，可由对关键组分确定的分离要求来算出最少理论板数，进而求

出任一非关键组分在全回流条件下的分配。

设 i 为非关键组分，r 为重关键组分或参考组分，则式（3-9）可变为：

$$\left(\frac{d_i}{w_i}\right)=\left(\frac{d_r}{w_r}\right)(\alpha_{i,r})^{N_m} \tag{3-10}$$

联立求解式（3-10）和 i 组分的物料衡算式 $f_i=d_i+w_i$，便可导出计算 d_i 和 w_i 的公式。

当轻重关键组分的分离要求以回收率的形式规定时，用芬斯克方程求最少理论板数和非关键组分在塔顶、塔釜的分配是最简单的。若以 $\varphi_{LK,D}$ 表示轻关键组分在馏出液中的回收率；$\varphi_{HK,w}$ 表示重关键组分在釜液中的回收率，则

$$d_{LK}=\varphi_{LK,D}\cdot f_{LK};\quad w_{LK}=(1-\varphi_{LK,D})f_{LK} \tag{3-11}$$

$$d_{HK}=(1-\varphi_{HK,w})f_{HK};\quad w_{HK}=\varphi_{HK,w}\cdot f_{HK} \tag{3-12}$$

代入式（3-9）得

$$N_m=\frac{\lg\left[\dfrac{\varphi_{LK,D}\cdot\varphi_{HK,w}}{(1-\varphi_{LK,D})(1-\varphi_{HK,w})}\right]}{\lg\alpha_{LK-HK}} \tag{3-13}$$

该式经变换可求非关键组分的回收率，进而完成全回流下的组分分配。

由式（3-6）看出，芬斯克方程的精确度明显取决于相对挥发度数据的可靠性。本书第二章中所介绍的泡点、露点和闪蒸的计算方法可提供准确的相对挥发度。

由芬斯克公式还可看出，最少理论板数与进料组成无关，只决定于分离要求。随着分离要求的提高（即轻关键组分的分配比加大，重关键组分的分配比减小），以及关键组分之间的相对挥发度向 1 接近，所需最少理论板数将增加。

【例 3-2】 设计一个脱乙烷塔，从含有 6 个轻烃的混合物中回收乙烷，进料组成、各组分的相对挥发度和对产物的分离要求见设计条件表。试求所需最少理论板数及在全回流条件下馏出液和釜液的组成。

脱乙烷塔设计条件

编号	进料组分	摩尔分数/%	α
1	CH_4	5.0	7.356
2	C_2H_6	35.0	2.091
3	C_3H_6	15.0	1.000
4	C_3H_8	20.0	0.901
5	$i\text{-}C_4H_{10}$	10.0	0.507
6	$n\text{-}C_4H_{10}$	15.0	0.408
	设计分离要求		
	馏出液中 C_3H_6 含量	≤2.5	
	釜液中 C_2H_6 含量	≤5.0	

解：根据题意，组分 2（乙烷）是轻关键组分，组分 3（丙烯）是重关键组分，而组分 1（甲烷）是轻组分，组分 4（丙烷）、组分 5（异丁烷）和组分 6（正丁烷）是重组分。要用芬斯克公式求解最少理论板数需要知道馏出液和釜液中轻、重关键组分的含量，即必须先由物料衡算求出 $x_{2,D}$ 及 $x_{3,w}$。

取 100 摩尔进料为基准。假定为清晰分割，即 $x_{4,D} \approx 0$，$x_{5,D} \approx 0$，$x_{6,D} \approx 0$，$x_{1,w} \approx 0$，则根据物料衡算关系列出下表：

编号	组分	进料 f_i	馏出液 d_i	釜液 w_i
1	CH_4	5.0	5.00	—
2	C_2H_6(LK)	35.0	$35.0 - 0.05W$	$0.05W$
3	C_3H_6(HK)	15.0	$0.025D$	$15 - 0.025D$
4	C_3H_8	20.0	—	20.00
5	i-C_4H_{10}	10.0	—	10.00
6	n-C_4H_{10}	15.0	—	15.00
Σ		100.0	D	W

解 D 和 W 完成物料衡算如下：

编号	组分	进料 f_i	馏出液 d_i	釜液 w_i
1	CH_4	5.0	5.00	—
2	C_2H_6(LK)	35.0	31.89	3.11
3	C_3H_6(HK)	15.0	0.95	14.05
4	C_3H_8	20.0	—	20.00
5	i-C_4H_{10}	10.0	—	10.00
6	n-C_4H_{10}	15.0	—	15.00
Σ		100.0	37.84	62.16

用式（3-9）计算最少理论板数：

$$N_m = \frac{\lg\left[\left(\frac{31.89}{3.11}\right)\bigg/\left(\frac{0.95}{14.05}\right)\right]}{\lg 2.091} = 6.79$$

为核实清晰分割的假设是否合理，计算塔釜液中 CH_4 的摩尔量和含量：

$$w_1 = \frac{5}{1 + \left(\frac{0.95}{14.05}\right)7.356^{6.79}} = 0.000\,096$$

$$x_{1,w} = w_1/W = 1.5 \times 10^{-6} \qquad \text{（摩尔分数）}$$

同理可计算出组分 4，5，6 在馏出液中的摩尔量和含量：

$$d_4 = 0.644\,8, d_5 = 0.006\,7, d_6 = 0.002\,2$$

$$x_{4,D} = 0.017, x_{5,D} = 1.77 \times 10^{-4}, x_{6,D} = 5.8 \times 10^{-5}$$

可见，CH_4、i-C_4H_{10} 和 n-C_4H_{10} 按清晰分割是合理的。C_3H_8 按清晰

分割略有误差应再行试差。其方法为将 d_4 的第一次计算值作为初值重新做物料衡算列表求解如下：

编号	组分	进料 f_i	馏出液 d_i	釜液 w_i
1	CH_4	5.0	5.00	—
2	$C_2H_6(LK)$	35.0	$35.0-0.05W$	$0.05W$
3	$C_3H_6(HK)$	15.0	$0.025D$	$15-0.025D$
4	C_3H_8	20.0	0.644 8	19.355 2
5	$i\text{-}C_4H_{10}$	10.0	—	10.000 0
6	$n\text{-}C_4H_{10}$	15.0	—	15.000 0
Σ		100.0	D	W

解 D 和 W 完成物料衡算如下：

编号	组分	进料 f_i	馏出液 d_i	釜液 w_i
1	CH_4	5.0	5.000 0	—
2	$C_2H_6(LK)$	35.0	31.926 7	3.073 3
3	$C_3H_6(HK)$	15.0	0.963 4	14.036 6
4	C_3H_8	20.0	0.644 8	19.355 2
5	$i\text{-}C_4H_{10}$	10.0	—	10.000 0
6	$n\text{-}C_4H_{10}$	15.0	—	15.000 0
Σ		100.0	38.534 9	61.465 1

再用式（3-9）求 N_m：

$$N_m = \frac{\lg\left[\left(\dfrac{31.926\ 7}{3.073\ 3}\right)\Big/\left(\dfrac{0.963\ 4}{14.036\ 6}\right)\right]}{\lg 2.091} = 6.805$$

校核 d_4：

$$d_4 = \frac{20\times\left(\dfrac{0.963\ 4}{14.036\ 6}\right)\times 0.901^{6.805}}{1+\left(\dfrac{0.963\ 4}{14.036\ 6}\right)\times 0.901^{6.805}} = 0.653$$

由于 d_4 的初值和校核值基本相同，故物料分配合理。

【例 3-3】 苯（B）-甲苯（T）-二甲苯（X）-异丙苯（C）的混合物送入精馏塔分离，进料组成（摩尔分数）为：$z_B=0.2$，$z_T=0.3$，$z_X=0.1$，$z_C=0.4$。相对挥发度数据：$\alpha_B=2.25$，$\alpha_T=1.00$，$\alpha_X=0.33$，$\alpha_C=0.21$。分离要求：馏出液中异丙苯不大于 0.15%；釜液中甲苯不大于 0.3%（摩尔）。计算最少理论板和全回流下的物料分配。

解： 以 100 摩尔进料为计算基准。根据题意定甲苯为轻关键组分，异丙苯为重关键组分。从相对挥发度的大小可以看出，二甲苯为中间组分。在作物料衡算时，要根据它的相对挥发度与轻、重关键组分相对挥发度的比例，初定在馏出液和釜液中的分配比，并通过计算再行修正。物料衡算表如下：

组分	进料 f_i	馏出液 d_i	釜液 w_i
B	20	20	—
T	30	$30-0.003W$	$0.003W$
X	10	1①	9①
C	40	$0.0015D$	$40-0.0015D$
Σ	100	D	W

① 为二甲苯的初定值。

解得　$D=50.929$，$W=49.071$

则　　$d_T=29.853$，$w_T=0.147$

　　　$d_C=0.0764$，$w_C=39.924$

代入式（3-9）

$$N_m=\frac{\lg\left[\left(\dfrac{29.853}{0.147}\right)\bigg/\left(\dfrac{0.0764}{39.924}\right)\right]}{\lg\left(\dfrac{1.0}{0.21}\right)}=7.42$$

由 N_m 值求出中间组分的馏出量和釜液量：

$$d_X=\frac{10\times\left(\dfrac{0.0764}{39.924}\right)\left(\dfrac{0.33}{0.21}\right)^{7.42}}{1+\left(\dfrac{0.0764}{39.924}\right)\left(\dfrac{0.33}{0.21}\right)^{7.42}}=0.519$$

$$w_X=10-0.519=9.481$$

由于与初定值偏差较大，故直接迭代重做物料衡算：

组分	进料 f_i	馏出液 d_i	釜液 w_i
B	20	20	—
T	30	$30-0.003W$	$0.003W$
X	10	0.519	9.481
C	40	$0.0015D$	$40-0.0015D$
Σ	100	D	W

二次解得　$D=50.446$，$W=49.554$

则　　$d_T=29.852$，$w_T=0.148$

　　　$d_C=0.0757$，$w_C=39.924$

再求 N_m：

$$N_m=\frac{\lg\left[\left(\dfrac{29.852}{0.148}\right)\bigg/\left(\dfrac{0.0757}{39.924}\right)\right]}{\lg\left(\dfrac{1.0}{0.21}\right)}=7.42$$

校核 d_X：

$$d_X = \frac{10 \times \left(\dfrac{0.075\,7}{39.924}\right)\left(\dfrac{0.33}{0.21}\right)^{7.42}}{1 + \left(\dfrac{0.075\,7}{39.924}\right)\left(\dfrac{0.33}{0.21}\right)^{7.42}} = 0.515$$

再迭代一次，得最终物料衡算表：

组分	进料 f_i	馏出液 d_i	釜液 w_i
苯	20	20.000 0	—
甲苯	30	29.851 3	0.148 7
二甲苯	10	0.515 0	9.485 0
异丙苯	40	0.075 7	39.924 3

3.1.4　实际回流比和理论板数

为了实现对两个关键组分之间规定的分离要求，回流比和理论板数必须大于它们的最小值。实际回流比的选择多出于经济方面的考虑，取最小回流比乘以某一系数，然后用分析法、图解法或经验关系确定所需理论板数。根据 Fair 和 Bolles[8] 的研究结果，R/R_m 的最优值约为 1.05，但是，在比该值稍大的一定范围内都接近最佳条件。在实际情况下，如果取 $R/R_m = 1.10$ 常需要很多理论板数；如果取为 1.50，则需要较少的理论板数。根据经验，一般取中间值 1.30。

Gilliland 提出了一个经验算法[9]，以最小回流比和最少理论板数的已知值为基础，适用于在分离过程中相对挥发度变化不大的情况，该经验关系表示成吉利兰图（图 3-9），图中 N 为包括再沸器在内的理论塔板数。若系统

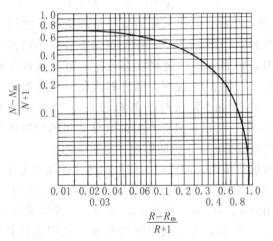

图 3-9　吉利兰图[17]

的非理想性很大，该图所得结果误差较大。Erbar 和 Maddox 提出了另一种关联图（图 3-10），该图对多组分精馏的适用性可能比吉利兰图好些，因为它所依据的数据更多些[10]。

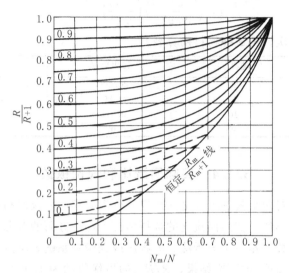

图 3-10   耳波和马多克思图[18]

吉利兰图还可拟合成关系式用于计算，较准确的公式为：

$$Y = 1 - \exp\left[\frac{(1 + 54.4X)(X - 1)}{(11 + 117.2X)\sqrt{X}}\right] \tag{3-14}$$

或

$$Y = 0.75 - 0.75X^{0.5668} \tag{3-15}$$

式中

$$X = \frac{R - R_m}{R + 1}, \quad Y = \frac{N - N_m}{N + 1}$$

Robinson 和 Gilliland 指出实际回流比与理论板数之间更准确的关联应包括进料状态参数 q。Guerreri[11] 用苯-甲苯混合物的精密分离数据说明了这种影响，如图 3-11 所示。该进料状态包括的范围从过冷液体到过热蒸汽（q 值 1.3～-0.7）。图 3-11 表明，随进料汽化分率的增加，所需理论板数有下降的趋势。Gilliland 关系对于具有较低 q 值的进料似乎偏于保守。Donnell 和 Cooper[12] 指出，只有当关键组分之间的相对挥发度较高时或进料中含挥发性组分较低时，q 值的影响才是重要的。

对于某些物系的精馏，如果提馏作用比精馏作用重要得多，则 Gilliland 关系会出现严重的问题。例如分析假二组分精馏的情况，规定进料组成 $z_F = 0.05$，馏出液 $x_D = 0.40$，釜液 $x_W = 0.001$，进料状态 $q = 1$，相对挥发度 $\alpha = 5$，$R/R_{min} = 1.20$，并且假设恒摩尔流。从严格计算得到 $N = 15.7$。然而 FUG 法的计算结果为：$N_{min} = 4.04$，$R_{min} = 1.21$，$N = 10.3$。可见，

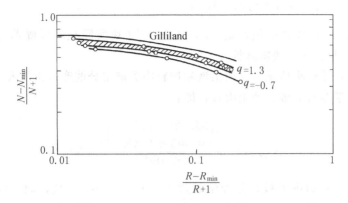

图 3-11　进料状态对理论板数的影响

比正确值低 34％。其原因是忽略了物料的蒸出。虽有人提出了更准确的计算方法，但计算过程繁复得多。

　　简捷法计算理论塔板数还包括确定适宜的进料位置。Brown 和 Martin 建议[13]，适宜进料位置的确定原则是：在操作回流比下精馏段与提馏段理论板数之比，等于在全回流条件下用芬斯克公式分别计算得到的精馏段与提馏段理论板数之比。

　　Kirkbride 提出了一个近似确定适宜进料位置的经验式[14]：

$$\frac{N_R}{N_S} = \left[\left(\frac{z_{HK,F}}{z_{LK,F}} \right) \left(\frac{x_{LK,W}}{x_{HK,D}} \right)^2 \left(\frac{W}{D} \right) \right]^{0.206} \tag{3-16}$$

上述两方法的计算结果均欠准确，而后者稍好一些。

【**例 3-4**】　试计算例 3-2 的塔板数和进料位置。
操作条件：

冷凝器压力	2.736 MPa（绝压）	进料状态	泡点液体
塔顶板压力	2.756 MPa（绝压）	回流状态	泡点液体
每板压力降	0.693 kPa	平均板效率	75％

　　解：最小回流比由例 3-1 求得，取操作回流比为最小回流比的 1.25 倍：

$$R = 1.25 \times 1.306 = 1.634$$

由图 3-10 求所需的理论板数：

$$\frac{R}{R+1} = \frac{1.634}{2.634} = 0.62$$

$$\frac{R_m}{R_m+1} = \frac{1.306}{2.306} = 0.566$$

查图得　$N_m/N = 0.47$

故　　　　　$N = 6.80/0.47 = 14.5$

该塔需要 13.5 块理论板，或 13.5/0.75＝18 块实际板。再沸器的效率按 100％计，相当于一块实际板。

为确定进料板位置，以馏出液和进料中关键组分的摩尔比代入芬斯克方程而求出精馏段的最少理论板数，即：

$$(N_R)_m = \frac{\lg\left[\left(\dfrac{31.926\ 7}{0.963\ 4}\right)\left(\dfrac{15.0}{35.0}\right)\right]}{\lg 2.091} = 3.6$$

故精馏段（包括进料板）的理论板数为 3.6/0.47＝7.7 块，而实际板数为 7.7/0.75＝10 块，即进料板在从下往上数 8 块板（不包括再沸器）。

在多组分精馏计算中，能独立地指定的塔顶和塔釜的组分的组成是有限的。但是，各组分在塔顶与塔釜的分配状况，却是计算一开始便需要的数据，因此要设法对其作初步估计。

将表示全回流下最少理论板数的式（3-6）等号两边取对数并移项，得：

$$\lg\frac{x_{A,D}}{x_{A,W}} - \lg\frac{x_{B,D}}{x_{B,W}} = N_m \lg\alpha_{AB} \tag{3-17}$$

该式表示，在全回流时组分的分配比与其相对挥发度在双对数坐标上呈直线关系，是估算馏出液和釜液浓度的简单易行的方法。

Stupin 和 Lockhart[15] 根据若干不同组分系统的精馏计算所得结果，分析了不同回流比时组分的分配比与组分的相对挥发度之间的关系，见图 3-12。全回流时是一条直线，这是芬斯克方程式的结果；最小回流比时是一条 S 形曲线。由此结果可以看出，当挥发度比轻关键组分的数值略大时，该轻组分的分配比就是无限大，也就是说它全部进入馏出液中；对重组分也是相似的情况；而挥发度处于轻、重关键组分之间的组分，在最小回流比下的分配与全回流下的分配有一定的差别，若按全回流下的分配来代替最小回流比下的分配，事实上是略微提高了要求。由图 3-12 还可以看出，把全回流下的分配比当作实际操作回

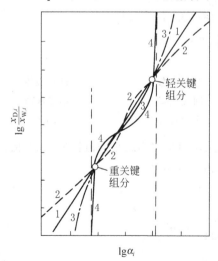

图 3-12　不同回流比下的分配比
1—全回流；2—高回流比（~$5R_m$）；
3—低回流比（~$1.1R_m$）；4—最小回流比

流比下的分配是比较接近的。因为一般的精馏塔实际上都在 $1.2\sim1.5$ 倍的 R_{m} 下操作。必须指出，上述情况均是对相对挥发度与组成的关系不大以及对不同组分塔板效率相同为假定条件的。

3.1.5 多组分精馏的简捷计算方法

对于一个多组分精馏过程，若指定两个关键组分并以任何一种方式规定它们在馏出液和釜液中的分配，则：①用芬斯克公式估算最少理论板数和组分分配；②用恩特伍德公式估算最小回流比；③用吉利兰图或耳波—马多克思图或相应的关系式估算实际回流比下的理论板数。以这三步为主体组合构成了多组分精馏的 FUG（Fenske-Underwood-Gilliland）简捷计算法。由于估计非关键组分的分配比较困难，故需要迭代计算。计算框图如图 3-13 所示。

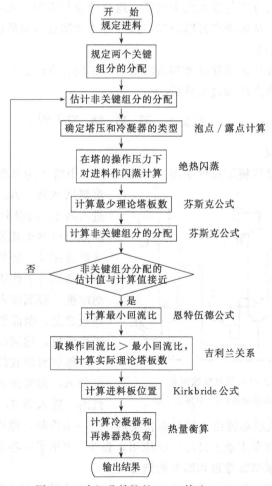

图 3-13 多组分精馏的 FUG 算法

附录中编入多组分精馏的简捷计算源程序，用于粗略确定达到预期分离要求所需的理论板数和相应的操作回流比。

3.2 萃取精馏和共沸精馏

在化工生产中常常会遇到欲分离组分之间的相对挥发度接近于 1 或形成共沸物的系统。应用一般的精馏方法分离这种系统，或在经济上是不合理的，或在技术上是不可能的。如向这种溶液中加入一个新的组分，通过它对原溶液中各组分的不同作用，改变它们之间的相对挥发度，系统变得易于分离，这类既加入能量分离剂又加入质量分离剂的特殊精馏也称为增强精馏。

如果所加入的新组分和被分离系统中的一个或几个组分形成最低共沸物从塔顶蒸出，这种特殊精馏被称为共沸精馏，加入的新组分叫做共沸剂。如果加入的新组分不与原系统中的任一组分形成共沸物，而其沸点又较原有的任一组分高，从釜液离开精馏塔，这类特殊精馏被称为萃取精馏，所加入的新组分称为溶剂。

本节主要讨论萃取精馏和共沸精馏的原理、流程、质量分离剂的选择原则、简捷计算方法和过程分析。

3.2.1 萃 取 精 馏[1,16]

一、流程

典型的萃取精馏流程如图 3-14 所示。图中塔 1 为萃取精馏塔，塔 2 为

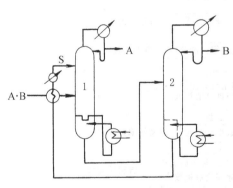

图 3-14　萃取精馏流程
1—萃取精馏塔；2—溶剂回收塔

溶剂回收塔。A、B 两组分混合物进入塔 1，同时向塔内加入溶剂 S，降低组分 B 的挥发度，而使组分 A 变得易挥发。溶剂的沸点比被分离组分高，为了使塔内维持较高的溶剂浓度，溶剂加入口一定要位于进料板之上，但需要与塔顶保持有若干块塔板，起回收溶剂的作用，这一段称溶剂回收段。在该塔顶得到组分 A，而组分 B 与溶剂 S 由塔釜流出，进入塔 2，从该塔顶蒸出组

分 B，溶剂从塔釜排出，经与原料换热和进一步冷却，循环至塔 1。

萃取精馏在工业上已经广泛应用，表 3-1 列举了一些工业应用实例。

二、萃取精馏原理和溶剂的选择

(1) 溶剂的作用　设组分 1 和组分 2 的混合物，加入溶剂 S 进行分离。

表 3-1 萃取精馏的工业应用

进料中的关键组分	溶剂	进料中的关键组分	溶剂
丙酮-甲醇	苯胺,乙二醇,水	异丁烷-1-丁烯	糠醛
苯-环己烷	苯胺	2-甲基-1,3-丁二烯-戊烯	乙腈,糠醛
丁二烯-丁烷	丙酮	异戊烯-戊烯	丙酮
丁二烯-1-丁烯	糠醛	甲醇-二溴甲烷	1,2-二溴乙烷
丁烷-丁烯	丙酮	硝酸-水	硫酸
丁烯-异戊烯	二甲基甲酰胺	正丁烷-顺 2-丁烯	糠醛
异丙苯-苯酚	磷酸酯	丙烷-丙烯	乙腈
环己烷-庚烷	苯胺,苯酚	吡啶-水	双酚
环己酮-苯酚	己二酸二酯	四氢呋喃-水	二甲基酰胺,丙二醇
乙醇-水	甘油,乙二醇	甲苯-庚烷	苯胺,苯酚
盐酸-水	硫酸		

由常压下的汽液平衡关系,得相对挥发度:

$$\alpha = \frac{K_1}{K_2} = \frac{p_1^s \gamma_1}{p_2^s \gamma_2} \tag{3-18}$$

若用三组分 Margules 方程求液相活度系数,则在溶剂存在下 γ_1 与 γ_2 之比为:

$$\ln\left(\frac{\gamma_1}{\gamma_2}\right)_s = A_{21}(x_2 - x_1) + x_2(x_2 - 2x_1)(A_{12} - A_{21})$$
$$+ x_s[A_{1S} - A_{S2} + 2x_1(A_{S1} - A_{1S})$$
$$- x_s(A_{2S} - A_{S2}) - C(x_2 - x_1)] \tag{3-19}$$

式中 A_{12}、A_{21} 为组分 1 和 2 所组成之二组分系统的端值常数,A_{2S}、A_{S2} 和 A_{S1}、A_{1S} 意义类似;C 为表征三组分系统性质的常数。若三对二组分溶液均简化为对称系统,则 $C=0$;以 $A'_{12}=\frac{1}{2}(A_{12}+A_{21})$ 代替 A_{12}、A_{21};$A'_{1S}=\frac{1}{2}(A_{1S}+A_{S1})$ 代替 A_{1S} 及 A_{S1};$A'_{2S}=\frac{1}{2}(A_{2S}+A_{S2})$ 代替 A_{2S} 及 A_{S2},则式 (3-19) 可简化为:

$$\ln\left(\frac{\gamma_1}{\gamma_2}\right)_s = A'_{12}(1-x_s)(1-2x'_1) + x_s(A'_{1S} - A'_{2S}) \tag{3-20}$$

式中 $x'_1 = \frac{x_1}{x_1+x_2}$ 为组分 1 的脱溶剂浓度,或简称相对浓度。将式 (3-20) 代入式 (3-18),得:

$$\ln\alpha_s = \ln\left(\frac{p_1^s}{p_2^s}\right)_{T_3} + A'_{12}(1-x_s)(1-2x'_1) + x_s(A'_{1S} - A'_{2S}) \tag{3-21}$$

式中 α_s——在溶剂存在下,组分 1 对组分 2 的相对挥发度;

T_3——三组分物系的泡点温度。

如果 $x_S=0$，即组分 1 和 2 构成二组分溶液，由式（3-20）可得出：

$$\ln\left(\frac{\gamma_1}{\gamma_2}\right)=A'_{12}(1-2x_1) \tag{3-22}$$

故

$$\ln\alpha=\ln\left(\frac{p_1^s}{p_2^s}\right)_{T_2}+A'_{12}(1-2x_1) \tag{3-23}$$

式中　α——二组分溶液中组分 1 对组分 2 的相对挥发度；

　　T_2——二组分物系的泡点温度。

若 $\left(\dfrac{p_1^s}{p_2^s}\right)$ 与温度的关系不大，则在 $x_1=x'_1$ 时，由式（3-21）和式（3-23）得出：

$$\ln\left(\frac{\alpha_S}{\alpha}\right)=x_S[A'_{1S}-A'_{2S}-A'_{12}(1-2x'_1)] \tag{3-24}$$

一般将 α_S/α 定义为溶剂的选择性。选择性是衡量溶剂效果的一个重要标志。

由式（3-24）可以看出，溶剂的选择性不仅决定于溶剂的性质和浓度，而且也和原溶液的性质及浓度有关。

当原有两组分的沸点相近，非理想性不大时，由式（3-23）可得出，组分 1 对组分 2 的相对挥发度接近于 1。加入溶剂后，溶剂与组分 1 形成具有较强正偏差的非理想溶液（$A'_{1S}>0$），与组分 2 形成负偏差溶液（$A'_{2S}<0$）或理想溶液（$A'_{2S}=0$），使 $A'_{1S}>A'_{2S}$，从而提高了组分 1 对组分 2 的相对挥发度，以实现原有两组分的分离。式（3-21）中的 x_S（$A'_{1S}-A'_{2S}$）一项表示了溶剂对组分相互作用不同这一因素的作用。

当被分离物系的非理想性较大，且在一定浓度范围难以分离时，加入溶剂后，原有组分的浓度均下降，而减弱了它们之间的相互作用。由式（3-21）可分析出，只要溶剂的浓度 x_S 足够大，$A'_{12}(1-x_S)(1-2x'_1)$ 一项就足够小，因而突出了组分 1 和组分 2 蒸汽压的差异对相对挥发度的贡献，以实现原物系的分离。在该情况下，溶剂主要起了稀释作用。

对于一个具体的萃取精馏过程，溶剂对原溶液关键组分的相互作用和稀释作用是同时存在的，均应对相对挥发度的提高有贡献，但到底哪个作用是主要的？随溶剂的选择和原溶液的性质不同而异。

由式（3-24）可看出，要使溶剂在任何 x'_1 值时，均能增大原溶液组分的相对挥发度，就必须使：

$$A'_{1S}-A'_{2S}-|A'_{12}|>0 \tag{3-25}$$

$A'_{1S}-A'_{2S}>0$ 虽是式（3-25）成立的必要条件，却并非充分条件。由式（3-24）很容易看出，若组分 1 与组分 2 所形成的溶液具有正偏差（$A'_{12}>0$），那么当 x'_1 的值较小时，有可能使 $\ln(\alpha_S/\alpha)$ 为负值，即加入溶剂后，在这一浓度区域，相对挥发度反而变小。对原为负偏差的系统，这种情况将发生在 x'_1 值较大的区域。然而，由于这些区域不是原溶液相对挥发度接近于 1 或形成共沸物的区域，因此在很多情况下，所选溶液仅满足 $A'_{1S}-A'_{2S}>0$，也是可行的。

从式（3-24）也可看出，在 x'_1 值一定时，溶剂的浓度越大，使相对挥发度改变的程度也越大。

必须指出，从式（3-20）至式（3-25），都是以对称的 Margules 方程为基础的，如果所讨论物系与该假设不符，则这些定量关系也就不准确，但上述定性分析是普遍适用的。

（2）溶剂的选择　在选择溶剂时，应使原有组分的相对挥发度按所希望的方向改变，并有尽可能大的选择性。

考虑被分离组分的极性有助于溶剂的选择。常见的有机化合物按极性增加的顺序排列为：烃→醚→醛→酮→酯→醇→二醇→（水）。选择在极性上更类似于重关键组分的化合物作溶剂，能有效地减小重关键组分的挥发度。例如，分离甲醇（沸点 64.7℃）和丙酮（沸点 65.5℃）的共沸物。若选烃为溶剂，则丙酮为难挥发组分；若选水为溶剂，则甲醇为难挥发组分。

Ewell 认为，选择溶剂时考虑组分间能否生成氢键比极性更重要。显然，若生成氢键，必须有一个活性氢原子（缺少电子）与一个供电子的原子相接触，氢键强度取决于与氢原子配位的供电子原子的性质。Ewell 根据液体中是否具有活性氢原子和供电子原子，将全部液体分成五类：

第Ⅰ类　能生成三维氢键网络的液体：水、乙二醇、甘油、氨基醇、羟胺、含氧酸、多酚和胺基化合物等。这些是"缔合"液体，具有高介电常数，并且是水溶性的。

第Ⅱ类　含有活性氢原子和其他供电子原子的其余液体：酸、酚、醇、伯胺、仲胺、肟、含氢原子的硝基化合物和腈化物，氨、联氨、氟化氢、氢氰酸等。该类液体的特征同Ⅰ类。

第Ⅲ类　分子中仅含供电子原子（O，N，F），而不含活性氢原子的液体：醚、酮、酚、酯、叔胺。这些液体也是水溶性的。

第Ⅳ类　由仅含有活性氢原子，不含有供电子原子的分子组成的液体：$CHCl_3$，CH_2Cl_2，$CH_2Cl—CHCl_2$ 等。该类液体微溶于水。

第Ⅴ类　其他液体，即不能生成氢键的化合物：烃类、二硫化碳、硫醇、非金属元素等。该类液体基本上不溶于水。

116

表 3-2　各类液体混合时对拉乌尔定律的偏差

类型	偏　　差	氢　　键
Ⅰ+Ⅴ	总是正偏差	仅有氢键断裂
Ⅱ+Ⅴ	Ⅱ+Ⅴ常为部分互溶	
Ⅲ+Ⅳ	总是负偏差	仅有氢键生成
Ⅰ+Ⅳ	总是正偏差	既有氢键生成
Ⅰ+Ⅳ	Ⅱ+Ⅳ为部分互溶	又有氢键断裂
Ⅰ+Ⅰ		
Ⅰ+Ⅱ	一般为正偏差	既有氢键生成
Ⅰ+Ⅲ	有时为负偏差	又有氢键断裂
Ⅱ+Ⅱ	形成最高共沸物	
Ⅱ+Ⅲ		
Ⅲ+Ⅲ		
Ⅲ+Ⅴ	接近理想溶液的正偏差	
Ⅳ+Ⅳ	或理想溶液	无氢键
Ⅳ+Ⅳ	最低共沸物	
Ⅳ+Ⅴ　Ⅴ+Ⅴ	最低共沸物（如果有共沸物）	

各类液体混合形成溶液时的偏差情况汇总于表 3-2。显然，当形成溶液时仅有氢键生成则呈现负偏差；若仅有氢键断裂，则呈现正偏差；若既有氢键生成又有断裂，则情况比较复杂。从氢键理论出发将溶液划分为五种类型，并预测不同类型溶液的混合特征，对选择溶剂是有指导意义的。例如，选择某溶剂来分离相对挥发度接近 1 的二元物系，若溶剂与组分 2 生成氢键，降低了组分 2 的挥发度，使组分 1 对组分 2 的相对挥发度有较大提高，那么该溶剂是符合基本要求的。

溶剂的沸点要足够高，以避免与系统中任何组分生成共沸物。沸点高的同系物作溶剂回收容易，但相应提高了溶剂回收塔的温度，增加了能耗。此外，尚需满足的工艺要求是：溶剂与被分离物系有较大的相互溶解度；溶剂在操作中是热稳定的；与混合物中任何组分不起化学反应；溶剂比（溶剂/进料）不得过大；无毒、不腐蚀、价格低廉、易得等。

用常规的汽液平衡测定方法筛选溶剂是昂贵的，因此，常用气相色谱法快速测定关键组分在溶剂中的无限稀释活度系数和选择性。UNIFAC 法也可作为筛选溶剂的近似方法。

三、萃取精馏过程分析

（1）塔内流量分布　萃取精馏塔内由于大量溶剂存在，影响塔内汽液流率。参阅图 3-15，对精馏段作物料衡算：

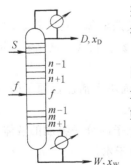

图 3-15　萃取精馏塔

$$V_{n+1}+S=L_n+D \tag{3-26}$$

式中　V、S、L、D——分别代表汽相、溶剂、液相及馏出液之流率；

　　　　　n——代表塔板序号（从上往下数）。

若溶剂中不含有原溶液的组分，除溶剂外的任一组分的物料衡算式为：

$$V_{n+1}y_{n+1}=L_n x_n+Dx_D \tag{3-27}$$

或

$$y_{n+1}=\frac{L_n}{V_{n+1}}x_n+\frac{D}{V_{n+1}}x_D \tag{3-28}$$

若将上式的含量改为脱溶剂的相对含量，则

$$y'_{n+1}[1-(y_S)_{n+1}]=\frac{L_n}{V_{n+1}}x'_n[1-(x_S)_n]+\frac{D}{V_{n+1}}x'_D[1-(x_S)_D] \tag{3-29}$$

式中　　　　$y'_{n+1}=\frac{y_{n+1}}{1-(y_S)_{n+1}};x'_n=\frac{x_n}{1-(x_S)_n};x'_D=\frac{x_D}{1-(x_S)_D}$

若以 l 代表液相中原溶液组分之流率，以 v 代表汽相中原溶液组分之流率，即

$$l_n=L_n[1-(x_S)_n];v_n=V_n[1-(y_S)_n] \tag{3-30}$$

那么式（3-29）可改写为：

$$y'_{n+1}=\frac{l_n}{v_{n+1}}x'_n+\frac{D}{v_{n+1}}x'_D[1-(x_S)_D] \tag{3-31}$$

因一般情况下 $(x_S)_D\approx0$，故上式可简化为：

$$y'_{n+1}=\frac{l_n}{v_{n+1}}x'_n+\frac{D}{v_{n+1}}x'_D \tag{3-32}$$

比较式（3-29）和式（3-32），可得出：

$$\frac{L_n}{V_{n+1}}:\frac{l_n}{v_{n+1}}=\frac{1-(y_S)_{n+1}}{1-(x_S)_n} \tag{3-33}$$

因为溶剂的挥发度小于原溶液组分的挥发度，且同一塔段的塔板，特别是相邻塔板上，溶剂的液相浓度基本恒定，故$(y_S)_{n+1}<(x_S)_n$。因此，

$$\frac{L_n}{V_{n+1}}:\frac{l_n}{v_{n+1}}>1$$

也就是说，溶剂存在下塔内的液汽比大于脱溶剂情况下的液汽比。

对溶剂作物料衡算，可得：

$$V_{n+1}(y_S)_{n+1}+S=L_n(x_S)_n+D(x_S)_D \tag{3-34}$$

若 $(x_S)_D\approx0$，则上式成为：

$$V_{n+1}(y_S)_{n+1}+S=L_n(x_S)_n \tag{3-35}$$

设 $S_n=L_n(x_S)_n$，即 n 板下流液体中溶剂的流率，则

$$S_n=S+V_{n+1}(y_S)_{n+1} \tag{3-36}$$

该式说明各板下流之溶剂流率均大于加入的溶剂流率,溶剂挥发性越大,则差值也越大。

在萃取精馏中,因溶剂的沸点高,溶剂量较大,在下流过程中溶剂温升会冷凝一定量的上升蒸汽,使塔内流率发生明显变化。考虑这一效应,精馏段上第 n 板的液相流率为:

$$L_n = l_n + S + S \cdot \frac{c_{p,\mathrm{S}}(T_n - T_\mathrm{S})}{\Delta H_\mathrm{v}} \tag{3-37}$$

相应的汽相流率为:

$$V_{n+1} = L_n + D - S \tag{3-38}$$

对于提馏段:

$$L'_m = l'_m + S + S \cdot \frac{c_{p,\mathrm{S}}(T_m - T_\mathrm{s})}{\Delta H_\mathrm{v}} \tag{3-39}$$

$$V'_{m+1} = L'_m - (W + S) \tag{3-40}$$

式中 $c_{p,\mathrm{S}}$——溶剂的比热容;

T_S, T_n, T_m——分别为溶剂的加入温度,第 n 板及第 m 板的温度;

ΔH_v——被分离组分在溶剂中的溶解热,当混合热可忽略时即等于汽化潜热。

由式(3-37)至式(3-40)可分析出,大量溶剂温升导致塔内汽相流率越往上走愈小,液相流率越往下流越大。通过焓平衡严格计算各板汽、液相流率是第 6 章将讨论的内容。

(2)塔内溶剂含量分布　在萃取精馏塔内,由于所用溶剂的挥发度比原溶液的挥发度低得多,且用量较大,故在塔内基本上维持一固定的含量值,它决定了原溶液中关键组分的相对挥发度和塔的经济合理操作。根据"恒定浓度"的概念,还可以简化萃取精馏过程的计算。

假设①塔内为恒摩尔流;②塔顶带出的溶剂量忽略不计。由溶剂的物料衡算可得到:

$$V y_\mathrm{S} + S = L x_\mathrm{S} \tag{3-41}$$

溶剂与原溶液之间汽液平衡关系可用下式表示:

$$y_\mathrm{S} = \frac{\beta x_\mathrm{S}}{1 + (\beta - 1) x_\mathrm{S}} \tag{3-42}$$

由精馏段物料衡算式消去式(3-41)中的 V,再与式(3-42)消去 y_S 得:

$$x_\mathrm{S} = \frac{S}{(1 - \beta)L - \left(\dfrac{\beta D}{1 - x_\mathrm{S}}\right)} \tag{3-43}$$

式中 β 为溶剂对非溶剂的相对挥发度,可用下式求之:

$$\beta = \frac{\dfrac{y_S}{1-y_S}}{\dfrac{x_S}{1-x_S}} = \frac{x_1 + x_2}{x_S} \cdot \frac{1}{\alpha_{1S}\dfrac{x_1}{x_S} + \alpha_{2S}\dfrac{x_2}{x_S}} = \frac{x_1 + x_2}{\alpha_{1S}x_1 + \alpha_{2S}x_2} \qquad (3\text{-}44)$$

式 (3-43) 表示了溶剂含量与溶剂的加入量、溶剂对非溶剂的相对挥发度以及塔板间液相流率的关系。由于溶剂对非溶剂的相对挥发度数值一般很小，所以在应用该式定性分析参数之间的相互关系时，可忽略分母中第二项。由式 (3-43) 可见，提高板上溶剂含量的主要手段是增加溶剂的进料流率。当 S 和 L 一定时，β 值越大，x_S 也越大，有利于原溶液组分的分离，但增加了溶剂回收段的负荷和回收溶剂的难度。

由式 (3-43) 还可看出，当 S 及 β 一定时，L 增大（即回流比增大）使 x_S 下降。因此，萃取精馏塔不同于一般精馏塔，增大回流比并不总是提高分离程度的，对于一定的溶剂/进料，通常有一个最佳回流比，它是权衡回流比和溶剂含量对分离度综合影响的结果。

在一般工程估算中，若在全塔范围内 β 的变化不大于 $10\% \sim 20\%$，则可认为是定值。如果溶剂有一定挥发度使 $\beta > 0.05$，则在确定精馏段平均温度下的 β 值后，必须由试差法计算 x_S（或 S）。

对于提馏段，可用类似的方法得到：

$$\overline{x}_S = \frac{S}{(1-\beta)L' + \left(\dfrac{\beta W}{1-\overline{x}_S}\right)} \qquad (3\text{-}45)$$

对于挥发度很小的溶剂，上式可简化为：

$$\overline{x}_S = \frac{S}{(1-\beta)L'} \quad 或 \quad \overline{x}_S \approx \frac{S}{L'}$$

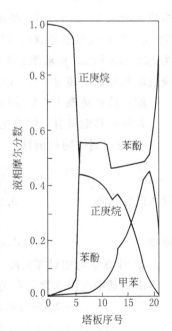

若 $\beta = 0$，当进料为饱和蒸汽时，则 $\overline{x}_S = x_S$；当进料为液相或汽液混合物时，则 $\overline{x}_S < x_S$。

由于进入塔内的溶剂基本上从塔釜出料，故釜液中溶剂的含量 $(x_S)_W = S/W$，与提馏段塔板上溶剂含量相比，因 $L' > W$，所以 $(x_S)_W > \overline{x}_S$，溶剂含量在再沸器中发生跃升。萃取精馏的这一特点表明，不能以塔釜液溶剂含量当作塔板上溶剂的含量。

图 3-16 是以苯酚作溶剂分离正庚烷-甲苯二元物系的萃取精馏塔内含量分布，塔板序号自上而下数。

1～6 板是溶剂回收段，从溶剂加入板至

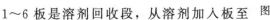

图 3-16　萃取精馏塔含量分布

塔顶，苯酚的液相含量迅速降至零。该段对正庚烷和甲苯没有明显的分离作用。6～12 板是精馏段，苯酚的含量近似恒定。由于在 13 板有液相进料，提馏段苯酚液相含量明显降低。21 板为再沸器，苯酚含量发生跃升。

四、萃取精馏过程的计算

萃取精馏过程的基本计算方法与普通精馏是相同的。选择适宜的溶剂流率、回流比和原料的进料状态，沿塔建立起溶剂的含量分布，使关键组分之间的相对挥发度有较大提高，达到分离的目的。要注意避免在塔板上形成两液相，同时要保持合理的溶剂热量平衡。最佳条件必须经多方案比较和经济评价后方可确定。

由于萃取精馏物系的非理想性强，塔内汽液相流率变化较大，相平衡及热量平衡的计算都比较复杂，最好的设计方法是利用电子计算机的严格解法，详见第 6 章。

在很多情况下，特别是原溶液组分的化学性质相近时，例如以萃取精馏分离烃类混合物时，溶剂的含量和液体的热焓沿塔高变化较小。此时只要考虑溶剂对原溶液组分之间相对挥发度的影响后，即可按二元精馏的办法，用图解法或解析法来处理，使计算得以简化。此法一般能满足工程计算的要求。

【例 3-5】 用萃取精馏法分离正庚烷（1）-甲苯（2）二元混合物。原料组成 $z_1 = 0.5$；$z_2 = 0.5$（摩尔分数）。采用苯酚为溶剂，要求塔板上溶剂含量 $x_S = 0.55$（摩尔分数）；操作回流比为 5；饱和蒸汽进料；平均操作压力为 124.123 kPa。要求馏出液中含甲苯摩尔分数不超过 0.8%，塔釜液含正庚烷摩尔分数不超过 1%（以脱溶剂计），试求溶剂与进料比和理论板数。

解：计算基准 100 kmol 进料，

设萃取精馏塔有足够高的溶剂回收段，馏出液中苯酚含量 $(x_S)_D \approx 0$。

① 脱溶剂的物料衡算：

$$D'x'_{1,D} + W'x'_{1,w} = F \cdot z_1; \qquad D' + W' = F$$

代入已知条件
$$0.992D' + 0.01W' = 50$$
$$D' + W' = 100$$

解得
$$D' = 49.898; \quad W' = 50.102$$

② 计算平均相对挥发度 $(\alpha_{12})_S$：

由文献中查得本物系有关二元 Wilson 方程参数（J/mol）：

$$\lambda_{12} - \lambda_{11} = 269.873\ 6 \qquad \lambda_{12} - \lambda_{22} = 784.294\ 4$$
$$\lambda_{1S} - \lambda_{11} = 1\ 528.813\ 4 \qquad \lambda_{1S} - \lambda_{SS} = 8\ 783.883\ 4$$
$$\lambda_{2S} - \lambda_{22} = 137.806\ 8 \qquad \lambda_{2S} - \lambda_{SS} = 3\ 285.691\ 8$$

各组分的安托尼方程常数：

组 分	A	B	C
正庚烷	6.018 76	1 264.37	216.640
甲 苯	6.075 77	1 342.31	219.187
苯 酚	6.055 41	1 382.65	159.493

$$\lg p^s = A - \frac{B}{t+C}, \quad t: ℃; \quad p^s: kPa$$

各组分的摩尔体积（cm^3/mol）：

$$V_1 = 147.47, \quad V_2 = 106.85, \quad V_s = 83.14$$

假设在溶剂进料板上正庚烷与甲苯的液相相对含量等于馏出液含量，则 $x_1 = 0.446\ 4$，$x_2 = 0.003\ 6$，$x_s = 0.55$。经泡点温度的试差得：

$$(\alpha_{12})_s = \left(\frac{\gamma_1 p_1^s}{\gamma_2 p_2^s}\right)_s = \frac{1.899 \times 138.309}{1.252 \times 97.880} = 2.14$$

泡点温度为 109.4 ℃。

同理，假设塔釜上一板液相中正庚烷与甲苯的相对含量为釜液脱溶剂含量，且溶剂含量不变，则 $x_1 = 0.004\ 5$，$x_2 = 0.445\ 5$，$x_s = 0.55$。作泡点温度计算得：

$$(\alpha_{12})_s = \frac{2.785\ 8 \times 251.043}{1.320\ 2 \times 182.588} = 2.90$$

泡点温度为 132.7 ℃。故平均相对挥发度为：

$$(\alpha_{12})_{平均} = \frac{2.14 + 2.90}{2} = 2.52$$

根据该数据，按 $y_1' = \dfrac{\alpha_{12} x_1'}{1 - (1 - \alpha_{12}) x_1'}$ 公式作 $y' - x'$ 图。

③ 核实回流比和确定理论塔板数：

由露点进料，$y' - x'$ 图上图解最小回流比：

$$R_m = \frac{x_D' - y_q'}{y_q' - x_q'} = \frac{0.992 - 0.5}{0.5 - 0.28} = 2.24$$

故　　　　　　　　　　　　　$R > R_m$

按操作回流比在图上作操作线，然后图解理论塔板数，得 $N = 14$（包括再沸器），进料板为第 7 块（从上往下数）。

④ 确定溶剂/进料：

粗略按溶剂进料板估计溶剂对非溶剂的相对挥发度：

$$\alpha_{1S} = \frac{\gamma_1 p_1^s}{\gamma_S p_S^s} = \frac{1.899\ 4 \times 138.309}{1.416\ 1 \times 8.197} = 22.64$$

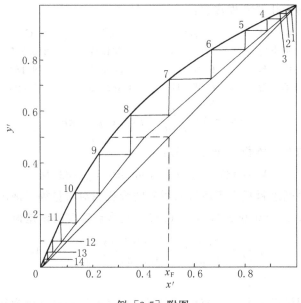

例〔3-5〕附图

$$\alpha_{2S}=\frac{\gamma_2 p_2^s}{\gamma_S p_S^s}=\frac{1.252\times97.880}{1.416\ 1\times8.197}=10.56$$

$$\beta=\frac{0.446\ 4+0.003\ 6}{0.446\ 4\times22.64+0.003\ 6\times10.56}=0.044\ 4$$

若按塔釜上一板估计 β，则由 $\alpha_{1S}=28.32$ 和 $\alpha_{2S}=9.76$ 得 $\beta=0.1$。从式 (3-43) 可看出，用较小的 β 值计算溶剂进料量较稳妥。

$$L=S+RD'=S+249.49$$

由式 (3-43) 经试差可解得 S：

$$0.55=\frac{S}{(1-0.044\ 4)(S+249.49)-\left(\dfrac{0.044\ 4\times49.898}{1-0.55}\right)}$$

$S=270$　　　所以 $S/F=2.7$

用简化的二元图解法计算液相进料的萃取精馏时，由于进料冲稀了塔板上溶剂的含量，使得提馏段的 $(\alpha_{12})_S$ 比精馏段的低。在 $y'-x'$ 图上平衡线分为独立的两段。若已知精馏段的溶剂含量 x_S，则必须试差确定提馏段的溶剂含量 $\bar{x}_S$，才能计算理论板数及溶剂与进料比，计算较繁琐。

溶剂回收段理论板数的确定与普通精馏原则上相同。可按二元溶液（1、2 组分视为一个组分，溶剂则为另一组分）图解理论板数。关键问题是确定回收段平均的非溶剂对溶剂的相对挥发度 α_{NS}。由于 α_{NS} 在回收段各板上不同，特别是在溶剂进料板及上一板之间有突变，故用溶剂进料板上的 α_{NS} 求理论板数是不适当的。例如，由上例的严格计算结果求出溶剂进料板、它的上一板和塔顶第一板的 α_{NS} 分别为 21.83，2.40 和 1.43，按第一个数值图解回收段理论板数为 1 块，按最后一个则为 6 块，而严格计算结果为 5 块。故若已知馏出液中微量溶剂的允许含量，那么用第一块板的组成计算 α_{NS}，图解回收段理论板数较准确。反之，用溶剂进料板的 α_{NS} 计算板数偏差较大。

3.2.2　共　沸　精　馏

共沸精馏与萃取精馏的基本原理是一样的，不同点仅在于共沸剂在影响原溶液组分的相对挥发度的同时，还与它们中的一个或数个形成共沸物。因此在上一节里所讨论过的溶剂作用原理，原则上都适用于共沸剂，在此不再重复，而只需在汽液平衡的基础上对共沸物的特征作进一步的了解。在此基础上，对共沸剂的选择、共沸精馏的工艺和计算上的特点加以讨论。

一、共沸物的特性和共沸组成的计算

共沸物的形成对于用精馏方法分离液体混合物的条件有很大的影响。因此，共沸现象一直是很多研究工作的对象。二元共沸物的性质已由科诺瓦洛夫（Коновалов）定律作了一般性的叙述。根据该定律，混合物的蒸汽压组成曲线上之极值点相当于汽、液平衡相的组成相等。这一定律不仅适用于二元系，而且也能应用于多元系，且温度的极大（或极小）值总是相当于压力的极小（或极大）值。但多元系不同于二元系，平衡汽、液相组成相等并不一定相当于温度或压力之极值点，这是因为在多元系中，相组成与蒸汽的分压及总压之间的关系要比二元系时复杂得多。

1. 二元系

（1）二元系均相共沸物　共沸物的形成是由于系统与理想性有偏差的结果。若系统压力不大，可假定汽相为理想气体，则二元均相共沸物的特征是：

$$\alpha_{12} = \frac{p_1^s \gamma_1}{p_2^s \gamma_2} = 1 \qquad (3-46)$$

根据二元系组分的活度系数与组成的关系可知，纯组分的蒸汽压相差越小，则越可能在较小的正（或负）偏差时形成共沸物，而且共沸组成也越接近等摩尔分数。随着纯组分蒸汽压差的增大，最低共沸物向含低沸点组分多的浓度区移动，而最高共沸物则向含高沸点组分多的浓度区转移。系统的非理想性程度越大，则蒸汽压-组成曲线就越偏离直线，极值点也就越明显。图 3-17 和图 3-18 分别表示了较小正偏差和较大正偏差时形成最低共沸物的 $\ln\gamma \sim x$ 图和 $p \sim x$ 图。

目前已有专著汇集了已知的共沸组成和共沸温度[17]。但在开发新过程

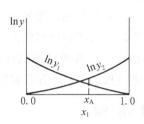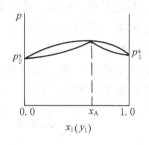

图 3-17 具有较小正偏差的共沸物系

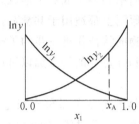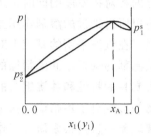

图 3-18 具有较大正偏差的共沸物系

或要了解共沸组成随压力（或温度）而变化等情况时，也可以利用热力学关系加以计算。

因在共沸组成时 $\alpha_{12}=1$，故式（3-46）可改写成：

$$\frac{\gamma_1}{\gamma_2}=\frac{p_2^{s}}{p_1^{s}} \tag{3-47}$$

上式便是计算二元均相共沸组成的基本公式。若已知 $p_1^{s}=f_1（T）$，$p_2^{s}=f_2（T）$，以及 γ_1 和 γ_2 与组成和温度的关系，则式（3-47）关联了共沸温度和共沸组成的关系。对 T、p 和 x 三个参数，无论是已知 T 求 p 和 x 或已知 p 求 T 和 x，尚需它们之间的另一个关系

$$p=\gamma_1 x_1 p_1^{s}+\gamma_2 x_2 p_2^{s} \tag{3-48}$$

用试差法便可确定在给定条件下是否形成共沸物以及共沸组成等具体数值。下面用一个例子说明之。

【例 3-6】 试求总压为 86.659 kPa 时，氯仿（1）-乙醇（2）之共沸组成与共沸温度。已知：

$$\ln\gamma_1=x_2^2(0.59+1.66x_1)；\ln\gamma_2=x_1^2(1.42-1.66x_2) \tag{1}$$

$$\lg p_1^{s}=6.028\,18-\frac{1\,163.0}{227+t}；\lg p_2^{s}=7.338\,27-\frac{1\,652.05}{231.48+t} \tag{2}$$

解：设 $t=55$ ℃，则由（2）式得：

$$p_1^{s}=82.372；\quad p_2^{s}=37.311$$

式 (3-47) 两边取对数后，

$$\ln \frac{\gamma_1}{\gamma_2}=\ln \frac{p_2^s}{p_1^s}$$

由 (1) 式得：$\ln \dfrac{\gamma_1}{\gamma_2}=0.59x_2^2-1.42x_1^2+1.66x_1x_2$

故 $\ln \dfrac{37.311}{82.372}=0.59x_2^2-1.42x_1^2+1.66x_1x_2$，$x_2=1-x_1$

由试差法求得：$x_1=0.8475$，$x_2=0.1525$

将此 x_1，x_2 代入 (1) 式得：

$$\gamma_1=1.0475，\gamma_2=2.3120$$

所以 $p=\gamma_1x_1p_1^s+\gamma_2x_2p_2^s$

$=1.0475\times0.8475\times82.372+2.3120\times0.1525\times37.311$

$=86.279$

与给定值基本一致，故共沸温度为 55 ℃，共沸组成为 $x_1=0.8475$。

在设计一个共沸精馏过程时，考虑共沸组成随压力变化的一般规律是很重要的。因为压力是一个很容易改变的操作参数，在某些情况下通过改变压力可实现共沸物系的分离。

Roozeboom 首先提出了压力影响的一般规律，二元正偏差共沸物组成向蒸汽压增加急剧的组分移动。应用 Clausius 方程可分析出：当压力增加时，最低共沸物的组成向摩尔潜热大的组分移动；最高共沸物的组成向摩尔潜热小的组分移动。

(2) 二元非均相共沸物　当系统与拉乌尔定律的正偏差很大时，则可能形成两个液相。二元系在三相共存时，只有一个自由度。因此在等温（或等压）时，系统是无自由度的，也就是说，压力（或温度）一经确定，则平衡的汽相和两个液相的组成就是一定的。这种物系中最有实用意义的是在恒温下，两液相共存区的溶液蒸汽压大于纯组分的蒸汽压，且蒸汽组成介于两液相组成之间，这种系统形成非均相共沸物。

若汽相为理想气体，则

$$p=p_1+p_2>p_1^s>p_2^s \tag{3-49}$$

式中　p——两液相共存区的溶液蒸汽压；

p_1，p_2——共存区饱和蒸汽中组分 1 及组分 2 的分压。

由式 (3-49) 可得出不等式：

$$p_1^s-p_1<p_2 \tag{3-50}$$

在两液相共存区，$p_1=p_1^s\gamma_1^I x_1^I$，$p_2=p_2^s\gamma_2^{II}x_2^{II}$

式中 "I"——表示组分 1 为主的液相；

"Ⅱ"——表示组分 2 为主的液相。

将其代入式（3-50）。可得出：

$$\frac{p_1^s(1-x_1^I\gamma_1^I)}{p_2^s x_2^{II}\gamma_2^{II}}<1 \tag{3-51}$$

若相互溶解度很小，则 $x_1^I\approx1$，$x_2^{II}\approx1$，即 $\gamma_1^I\approx\gamma_2^{II}\approx1$。

上式简化为：

$$E=\frac{p_1^s}{p_2^s}\cdot\frac{x_2^I}{x_2^{II}}<1 \tag{3-52}$$

故可用 E 作为定性估算能否形成共沸物的指标。由式（3-52）可见，组分蒸汽压相差越小，相互溶解度越小，则形成共沸物之可能性越大。

由于在二元非均相共沸点，一个汽相和两个液相互成平衡，故共沸组成的计算必须同时考虑汽液平衡和液液平衡：

$$\gamma_1^I x_1^I=\gamma_1^{II}x_1^{II} \tag{3-53}$$
$$\gamma_2^I(1-x_1^I)=\gamma_2^{II}(1-x_1^{II}) \tag{3-54}$$
$$p=p_1^s\gamma_1^I x_1^I+p_2^s\gamma_2^I(1-x_1^I) \tag{3-55}$$

若给定 p，则联立求解上述三方程可得 T，x_1^I，x_1^{II}。如已知 NRTL 或 UNIQUAC 参数，首先假设温度，由式（3-53）和式（3-54）试差求得互成平衡的两液相组成，再用式（3-55）核实假设的温度是否正确。

二元非均相共沸物都是正偏差共沸物。从二元系的临界混溶温度很容易预测在某温度下所形成的共沸物是均相的还是非均相的。

2. 三元系

三元系之相图常以立体图形表示。底面的正三角形表示组成、三个顶点分别表示纯组分。立轴表示压力（恒温系统）或温度（恒压系统），分别用压力面或温度面表示物系的汽液平衡性质。另一种三元相图是用底面的平行面切割上述压力面或温度面并投影到底面上形成等压线（恒温系统）或等温线（恒压系统）。

由于构成三元系的各对二元系的正负偏差及形成共沸物情况不同，三元系的汽液平衡性质有多种类型。在具有三个性质相同的二元共沸物时（即三个均为最高或最低共沸物），大多数情况是会有三元共沸物的（图 3-19）；当三元系有两个性质相同的二元共沸物时，压力面上联接两个共沸物之间出现一个"脊"或"谷"（图 3-20）；一个正（负）偏差共沸物与一个不参加此二元共沸物的低（高）沸点组分可使压力面产生脊（谷）；当三元系的压力面上既有脊又有谷时产生鞍形共沸物（图 3-21）。

在共沸精馏中，由有限互溶度的组分所形成的非均相共沸物特别受到注意。若共沸剂能形成这种共沸物，那么共沸剂的回收只需用分层的方法

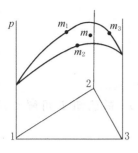

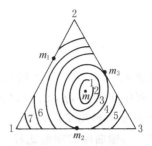

(a) 压力-组成立体图   (b) 恒温下的等压三角相图*

$p_m > p_{m_3} > p_{m_2} > p_{m_1}$ $p_m > p_{m_3} > p_{m_2} > p_{m_1}$

图 3-19   三个二元最低共沸物（m_1，m_2，m_3）

及一个三元最低共沸物（m）相图

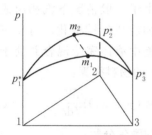

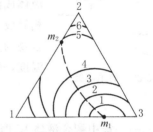

(a) 压力-组成立体图   (b) 恒压下的等温线三角相图**

$p_3^* > p_2^* > p_1^*$；$p_{m_1} > p_{m_2}$，沿 m_1-m_2 有脊 $T_1 > T_2 > T_3$；$T_{m_1} < T_{m_2}$，沿 m_1-m_2 有谷

图 3-20   具有两个二元正偏差共沸物的三元系相图

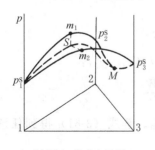

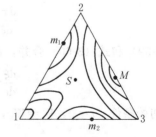

(a) 压力-组成立体图   (b) 恒压下的等温线三角相图**

图 3-21   形成鞍形共沸物的三元系相同

（注：* 三角相图中曲线为等压线；** 三角相图中的曲线为等温线）

就行。

三元均相共沸组成的计算也可按二元时一样进行，由共沸条件 $\alpha_{12} = \alpha_{13} = \alpha_{23} = 1$ 得出：

$$\frac{\gamma_3}{\gamma_1} = \frac{p_1^s}{p_3^s} \tag{3-56}$$

$$\frac{\gamma_3}{\gamma_2} = \frac{p_2^s}{p_3^s} \tag{3-57}$$

再加上 $\qquad p = p_1^s \gamma_1 x_1 + p_2^s \gamma_2 x_2 + p_3^s \gamma_3 x_3 \tag{3-58}$

三个方程中包括 T, p, x_1, x_2($x_3 = 1 - x_1 - x_2$),故已知 T 可解出 p,x_1,x_2;已知 p 可解出 T,x_1,x_2。

二、精馏曲线和精馏边界

1. 剩余曲线

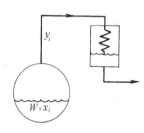

图 3-22 简单蒸馏

分析如图 3-22 所示的简单间歇蒸馏过程。液体混合物在蒸馏釜中慢慢沸腾,气体在逸出瞬间立即移出,每一微分量的生成气体与釜中的剩余液体成汽液平衡,由于一般情况下汽相组成与液相组成不同,故液相组成连续变化。对于三元混合物的蒸馏,假设釜中液体完全混合并处于泡点温度,作任意组分 i 的物料衡算:

$$\frac{\mathrm{d}x_i}{\mathrm{d}t} = (y_i - x_i)\frac{\mathrm{d}W}{W\,\mathrm{d}t} \tag{3-59}$$

式中 $\quad x_i$——釜中剩余液体 W 摩尔中组分 i 的摩尔分数;

$\quad\quad y_i$——与 x_i 成平衡的瞬时馏出蒸汽中组分 i 的摩尔分数。

由于 W 随时间 t 改变,故可以将 W 和 t 结合成一个变量,设该变量为 ξ,则

$$\frac{\mathrm{d}x_i}{\mathrm{d}\xi} = x_i - y_i \tag{3-60}$$

将式(3-59)和式(3-60)合并,消去 $\mathrm{d}x_i/(x_i - y_i)$:

$$\frac{\mathrm{d}\xi}{\mathrm{d}t} = -\frac{1}{W}\frac{\mathrm{d}W}{\mathrm{d}t} \tag{3-61}$$

蒸馏的初始条件:$t = 0$, $W = W_0$, $x_i = x_{i0}$。解式(3-61)得到任意时间 t 时的 ξ

$$\xi\{t\} = \ln[W_0/W\{t\}] \tag{3-62}$$

因为 $W\{t\}$ 随时间单调降低,$\xi\{t\}$ 必须随时间单调增加,称 ξ 为无因次时间。对于三元物系,其简单蒸馏过程可以用下列微分-代数方程组描述(假设没有第二液相形成):

$$\frac{\mathrm{d}x_i}{\mathrm{d}\xi} = x_i - y_i \qquad i = 1, 2 \tag{3-63}$$

$$\sum_{i=1}^{3} x_i = 1 \tag{3-64}$$

$$y_i = K_i x_i \qquad i = 1, 2, 3 \tag{3-65}$$

$$\sum_{i=1}^{3} K_i x_i = 1 \qquad \text{(泡点温度方程)} \tag{3-66}$$

式中 $K_i = K_i(T, p, \boldsymbol{x}, \boldsymbol{y})$。

这样，该系统由 7 个方程组成，其中有 9 个变量：p，T，x_1，x_2，x_3，y_1，y_2，y_3，和 ξ。如果固定操作压力，则后面 7 个变量可作为无因次时间 ξ 的函数。当规定蒸馏的初始条件情况下，沿 ξ 增加或减小的方向可计算出液相组成的连续变化。在三角相图上所绘制的液相组成随时间变化的曲线称为剩余曲线。同一条剩余曲线上不同点对应着不同的蒸馏时间，箭头指向时间增加的方向，也是温度升高的方向。对于复杂的三元相图，剩余曲线按簇分布，不同簇的剩余曲线具有不同的起点和（或）终点，构成了不同的蒸馏区域。下面用例题说明剩余曲线图的计算方法。

【例 3-7】 计算并绘制正丙醇（1）-异丙醇（2）-苯（3）三元物系的剩余曲线图。操作压力 101.3 kPa，起始组成：$x_1 = 0.2$，$x_2 = 0.2$，$x_3 = 0.6$（摩尔分数）。汽液平衡常数按下式计算：

$$K_i = \frac{\gamma_i p_i^s}{p} \tag{1}$$

式中液相活度系数 γ_i 按正规溶液计算。3 个组分的正常沸点分别为 97.3 ℃、82.3 ℃和 80.1 ℃。组分 1、3 和 2、3 均形成二元最低共沸物，共沸温度分别为 77.1 ℃和 71.7 ℃。

解： 由式（3-65）和式（3-66）作泡点计算，得到起始气相组成：$y_1 = 0.143\,7$，$y_2 = 0.215\,4$，$y_3 = 0.640\,9$ 和温度的起始值 79.07 ℃。

指定 ξ 的增量 $\Delta \xi$，用欧拉法解微分方程式（3-63），求得 x_1 和 x_2，再由式（3-64）得到 x_3，然后由式（3-65）和式（3-66）求解相应的 y 值和 T 值。当 ξ 增加 $\Delta \xi$ 后重复上述计算。这样，从式（3-63）：

$$x_1^{(1)} = x_1^{(0)} + (x_1^{(0)} - y_1^{(0)}) \Delta \xi = 0.200\,0 + (0.200\,0 - 0.143\,7) 0.1 = 0.205\,6$$

式中上标（0）表示起始值；上标（1）表示增加 $\Delta \xi$ 后的计算值。取 $\Delta \xi = 0.1$ 是合适的，因 x_1 的变化仅为 2.7%。以此类推：

$$x_2^{(1)} = 0.200\,0 + (0.200\,0 - 0.215\,4) 0.1 = 0.198\,5$$

由式（3-64）：

$$x_3^{(1)} = 1 - x_1^{(1)} - x_2^{(1)} = 1 - 0.205\,6 - 0.198\,5 = 0.595\,9$$

再经泡点计算得：

$$y^{(1)} = [0.147\,4, 0.213\,4, 0.639\,2]^T \text{ 和 } T^{(1)} = 79.14 \text{ ℃}$$

计算沿 ξ 增加的方向进行至 $\xi=1.0$，再沿相反方向计算至 $\xi=-1.0$。结果列于附表。

例 3-7 附表

ξ	x_1	x_2	y_1	y_2	$T/℃$
-1.0	0.151 5	0.217 3	0.111 2	0.236 7	78.67
-0.9	0.155 7	0.215 4	0.114 1	0.234 4	78.71
-0.8	0.160 0	0.213 5	0.117 1	0.232 2	78.75
-0.7	0.164 4	0.211 7	0.120 1	0.230 0	78.79
-0.6	0.169 0	0.209 9	0.123 2	0.227 8	78.83
-0.5	0.173 7	0.208 1	0.126 4	0.225 6	78.87
-0.4	0.178 6	0.206 4	0.129 7	0.223 5	78.91
-0.3	0.183 7	0.204 7	0.133 1	0.221 4	78.95
-0.2	0.188 9	0.203 1	0.136 5	0.219 4	79.00
-0.1	0.194 4	0.201 5	0.140 1	0.217 3	79.05
0.0	0.200 0	0.200 0	0.143 7	0.215 4	79.07
0.1	0.205 6	0.198 5	0.147 4	0.213 4	79.14
0.2	0.211 5	0.197 0	0.151 2	0.211 5	79.19
0.3	0.217 5	0.195 5	0.155 0	0.209 5	79.24
0.4	0.223 7	0.194 1	0.158 9	0.207 6	79.30
0.5	0.230 2	0.192 8	0.162 9	0.205 8	79.24
0.6	0.236 9	0.191 5	0.167 1	0.204 1	79.41
0.7	0.243 9	0.190 2	0.171 4	0.202 3	79.48
0.8	0.251 2	0.189 0	0.175 8	0.200 6	79.54
0.9	0.258 7	0.187 8	0.180 4	0.198 9	79.61
1.0	0.266 5	0.186 7	0.185 0	0.197 3	79.68

按照上述方法可以作出该物系完整的剩余曲线图，如图 3-23 所示。

图 3-23 中剩余曲线上标注的箭头，都从较低沸点的组分或共沸物指向较高沸点的组分或共沸物。这些曲线包括三角形的三个边。该三元物系的所有剩余曲线都起始于异丙醇-苯的共沸物 D（71.7 ℃）。其中特殊的一条剩余曲线 DE 终止于另一个共沸物 E，即正丙醇-苯二元共沸物（77.1 ℃）。因为该剩余曲线将三角相图分成两个蒸馏区域，故称它为简单蒸馏边界。所有处于蒸馏边界右上方的剩余曲线即 ADEC 区域终止于正丙醇顶点 C，它是该区域内的最高沸点（97.3 ℃）。所有处于蒸馏边界左下方的剩余曲线即

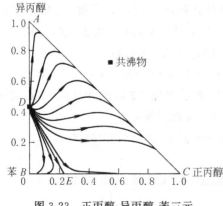

图 3-23 正丙醇-异丙醇-苯三元
物系的剩余曲线图

DBE 区域都终止在纯苯的顶点 B，它是第二蒸馏区域的最高沸点 80.1 ℃。若原料组成落在 $ADEC$ 区域内，蒸馏过程液相组成趋于 C 点，蒸馏釜中最后一滴液体是纯正丙醇。位于 DBE 区域的原料蒸馏结果为纯苯（B 点）。蒸馏区域边界（如 DE）均开始和终结于纯组分顶点或共沸物。图 3-23 中纯组分的顶点、二元共沸物是特殊点（若有三元共沸物存在，也是特殊点），按其附近剩余曲线的形状和特征不同可分为三类：凡剩余曲线汇聚于某特殊点，则称该点为稳定节点，如图中 B、C 两点；凡剩余曲线发散于某点，则称该点为不稳定节点，如 D 点；凡某特殊点附近的剩余曲线是双曲线的，则该点为鞍形点，如 A、E。在同一蒸馏区域中，剩余曲线簇仅有一个稳定节点和一个不稳定节点。

2. 精馏曲线图

如上所述，剩余曲线表示单级间歇蒸馏过程中剩余液体组成随时间的变化。曲线指向时间增长的方向，从较低沸点状态到较高沸点状态。与此相对应的是在三角相图上可以表示连续精馏塔内在全回流条件下的液体含量分布。该分布曲线称为精馏曲线。计算可以从任何组成开始，沿塔向上或向下计算均可。假设我们选择自下而上计算，从第一级开始，则塔中任意相邻的两平衡级（i 和 $i+1$）上组分的汽、液相组成在全回流条件下应符合下列操作关系：

$$x_{i,j+1}=y_{i,j} \tag{3-67}$$

离开同一级的组分的汽、液相组成符合平衡关系

$$y_{i,j}=K_{i,j}x_{i,j} \tag{3-68}$$

为计算固定操作压力条件下的精馏曲线，首先假设起始液相组成 $x_{i,1}$。按式（3-68）作泡点温度计算，得到第一级的平衡汽相组成 $y_{i,1}$。由式（3-67）可知 $x_{i,2}=y_{i,1}$。然后重复上述计算过程得到 $x_{i,3}$、$x_{i,4}$ 等等。将所得到的液相组成数据依次绘于三角相图上，得到一条全回流条件下的精馏曲线。

【例 3-8】 计算和画出精馏曲线，条件同例 3-7。

解：计算的起始值为 $x_{1,1}=0.200\,0$，$x_{2,1}=0.200\,0$，$x_{3,1}=0.600\,0$。从例 3-7，由泡点计算得到：$T_1=79.07$ ℃；平衡汽相组成 $y_{1,1}=0.143\,7$，$y_{2,1}=0.215\,4$，$y_{3,1}=0.604\,9$。由式（3-67），$x_{1,2}=0.143\,7$，$x_{2,2}=0.215\,4$，$x_{3,2}=0.640\,9$。再作该液相组成的泡点计算，得 $T_2=78.62$ ℃；$y_{1,2}=0.106\,3$，$y_{2,2}=0.236\,0$，$y_{3,2}=0.657\,7$。继续计算，结果汇总于下表：

平衡级	x_1	x_2	y_1	y_2	$T/℃$
1	0.200 0	0.200 0	0.143 7	0.215 4	79.07
2	0.143 7	0.215 4	0.106 3	0.236 0	78.62
3	0.106 3	0.236 0	0.079 4	0.259 7	78.29
4	0.079 4	0.259 7	0.059 2	0.284 6	78.02
5	0.059 2	0.284 6	0.043 7	0.309 1	77.80

将表中数据绘于附图上，每个点表示一个平衡级，各点之间用直线连接。

精馏曲线的计算比剩余曲线更快些，两者所得到的结果很相近。当使用数值法解例 3-7 时，可将式（3-63）写成差分形式：

$$(x_{i,j+1}-x_{i,j})/\Delta\xi=x_{i,j}-y_{i,j} \tag{3-69}$$

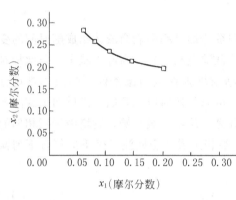

例 3-8 附图　正丙醇（1）-异
丙醇（2）-苯（3）物系的计算
精馏曲线（压力：101.3 kPa）

在解例 3-7 中，设 $\Delta\xi=+0.1$，则沿 T 增加的方向计算；设 $\Delta\xi=-0.1$，则沿 T 降低的方向计算。如果选择后者，则与例 3-8 使用的计算方法是一致的，而当设 $\Delta\xi=-0.1$ 时，式（3-69）即变成式（3-67）。这样，真正是连续曲线的剩余曲线就等于通过各离解点圆滑画出的精馏曲线。将一系列的精馏曲线，会同精馏边界画于三角相图上构成了精馏曲线图。图 3-24 为丙酮-氯仿-甲醇三元物系的精馏曲线图，系统压力 101.3 kPa。Wilson 方程用于计算该物系的液相活度系数。图中虚线表示精馏曲线；实线表示剩余曲线。可见，它们是相当接近的。该物系有两个二元最低共沸物，一个二元最高共沸物和一个三元鞍形共沸物。图 3-24 有 4 条精馏边界，A、B、C 和 D。这些计算的精馏边界全部都是曲线。

剩余曲线图近似描述连续精馏塔内在全回流条件下的液体含量分布，由于剩余曲线不能穿过蒸馏边界，而蒸馏边界与精馏曲线的边界通常是十分接近的，故全回流条件下的液体含量分布也不能穿越蒸馏边界。一些学者建议，作为近似处理，在一定回流比下操作的精馏塔的组成分布也不能穿越蒸馏边界。实际上虽有例外，但绝大多数情况，其操作线被限制在同一精馏区域内，连接馏出液、进料和釜液组成之间的总物料平衡线不能穿越蒸馏边界。共沸精馏的产物组成除与工艺条件有关外，主要依赖于进料组成所处的精馏区域和它相对于蒸馏边界的位置。

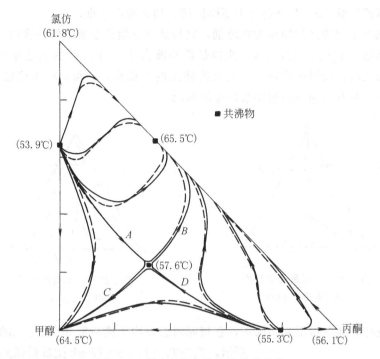

图 3-24　剩余曲线和精馏曲线的比较

精馏曲线图可用于开发可行的精馏流程。评比各种分离方案和确定最适宜的分离流程。为共沸精馏流程的设计以及萃取精馏、共沸精馏和多组分精馏的集成提供理论依据。

三、共沸剂的选择

在共沸精馏中，要谨慎地选择共沸剂，通过它与系统中某些组分形成共沸物，使汽液平衡向有利于原组分分离的方向转变。加入共沸剂的目的或是分离沸点相近的组分，或是从共沸物中分离出一个组分。

组分 a 和 b 形成二元共沸物，加入共沸剂的作用是在塔顶或塔釜分离出较纯的产品 a 和 b。这只有在三角相图上剩余曲线开始或终止于 a 和 b，即 a 和 b 分别为稳定节点或不稳定节点，才能成为可能。下面简述共沸剂必须满足的基本要求：

1. a、b 形成最低共沸物的情况

选择比原共沸温度更低的低沸点物质为共沸剂。如图 3-25 所示，$T_e < T_a < T_b$，e-b 和 e-a 均不形成共沸物，e 的加入将三角相图分成

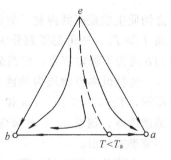

图 3-25　三元系剩余曲线
（共沸剂沸点最低）

两个蒸馏区域，a、b 分别位于不同区域，均为稳定节点。

选择中间沸点的物质为共沸剂，它与低沸点组分生成最低共沸物。如图 3-26 所示，$T_a < T_e < T_b$，e-a 生成最低共沸物 $T_2 < T_a$，e 的加入形成了两个蒸馏区域，边界线是两个二元共沸物点的连接线，a 和 b 均为稳定节点。纯组分 a 和 b 作为不同精馏塔的釜液采出。

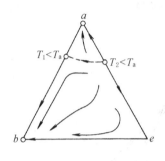

图 3-26 三元系剩余曲线

（共沸剂沸点居中）

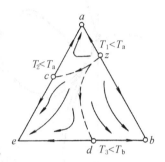

图 3-27 三元剩余曲线

（共沸剂沸点最高）

选择高沸点物质为共沸剂，它与原两组分均生成最低共沸物。如图 3-27 所示，$T_e > T_b > T_a$，e-a 和 e-b 生成最低共沸物，在图上分别标以 c 和 d 点，有三个蒸馏区域，边界线为 cz 和 dz，顶点 a 和 b 是稳定节点。

2. a、b 形成最高共沸物的情况

选择比原共沸温度更高的高沸点物质为共沸剂。如图 3-28 所示，$T_e > T_z$，e-b 和 e-a 均不形成共沸物，e 和原共沸点的连接线将三角相图划分为两个蒸馏区域，a 和 b 分别位于不同区域，均为不稳定的节点。

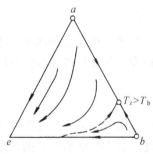

图 3-28 三元系剩余曲线

（共沸剂沸点最高）

选择中间沸点的物质为共沸剂，它与高沸点物质生成最高共沸物。如图 3-29 所示，$T_b > T_e > T_a$，e-b 生成最高共沸物 $T_1 > T_b$，三角相图划分为两个蒸馏区域，边界为两共沸点的连接线。a 和 b 均为不稳定节点，纯组分 a 和 b 以馏出液形式采出。

选择低沸点物质为共沸剂，它与原两组分形成最高共沸物。如图 3-30 所示，$T_e < T_a < T_b$，e-a 和 e-b 都形成最高共沸物，有三个蒸馏区域，两个蒸馏边界，顶点 a、b 分属两个区域，均为不稳定节点，纯组分 a 和 b 以馏出液形式采出。

上述共沸剂选择的原则可进一步概括为：只有当某一剩余曲线连接所希望得到的产品时，一个均相共沸物才能被分离成接近纯的组分。若满足这一

条件，对于二元最低共沸物系，共沸剂应该是一个低沸点组分或能形成新的二元或三元最低共沸物的组分；对于二元最高共沸物系，共沸剂应该是一个高沸点组分或能形成新的二元或三元最高共沸物的组分。这是选择适宜共沸剂的必要条件。

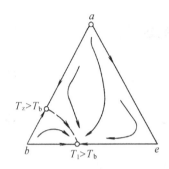

图 3-29　三元系剩余曲线

（共沸剂沸点居中）

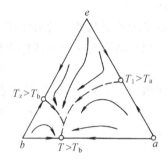

图 3-30　三元系剩余曲线

（共沸剂沸点最低）

理想的共沸剂应具备以下特性：①显著影响关键组分的汽液平衡关系；②共沸剂容易分离和回收；③用量少，汽化潜热低；④与进料组分互溶，不生成两相，不与进料中组分起化学反应；⑤无腐蚀、无毒；⑥价廉易得。

四、分离共沸物的变压精馏过程

一般来说，若压力变化明显影响共沸组成，则采用两个不同压力操作的双塔流程，可实现二元混合物的完全分离，见图 3-31。

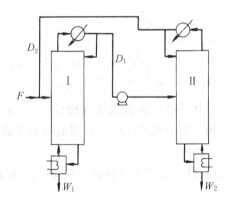

图 3-31　双压精馏流程

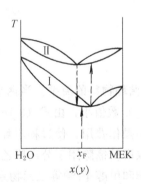

图 3-32　具有最低共沸物的二组
分系统在不同压力下的 T-y-x 图

塔 I 通常在常压下操作，而塔 II 在较高（低）压力下操作。为理解该过程操作，具体讨论甲乙酮（MEK）-水（H_2O）的分离过程。在大气压力下该物系形成二元正偏差共沸物，共沸组成为含甲乙酮 65％，而在 0.7 MPa

的压力下，共沸组成变化为含甲乙酮50%。如果原料中含甲乙酮小于65%，则在塔Ⅰ进料，塔釜为纯水，塔顶馏出液为含甲乙酮65%的共沸物，进塔Ⅱ，塔顶为含甲乙酮50%的馏出液循环进入塔Ⅰ，塔釜得到纯甲乙酮。应该注意，水在塔Ⅰ中是难挥发组分，甲乙酮在塔Ⅱ中是难挥发组分。分离过程见图3-32。

各塔理论板数的求解可用图解法，不再赘述。

将两个塔视为一个整体作物料衡算

$$F = W_1 + W_2 \tag{3-70}$$

对组分1（甲乙酮）作物料衡算

$$F z_1 = W_1 x_{1, \mathrm{w}_1} + W_2 x_{1, \mathrm{w}_2} \tag{3-71}$$

塔釜流率

$$W_1 = \frac{F(z_1 - x_{1, \mathrm{w}_2})}{x_{1, \mathrm{w}_1} - x_{1, \mathrm{w}_2}} \tag{3-72}$$

$$W_2 = \frac{F(z_1 - x_{1, \mathrm{w}_1})}{x_{1, \mathrm{w}_2} - x_{1, \mathrm{w}_1}} \tag{3-73}$$

对Ⅱ塔作物料衡算

$$D_1 = D_2 + W_2 \tag{3-74}$$

$$D_1 x_{1, \mathrm{D}_1} = D_2 x_{1, \mathrm{D}_2} + W_2 x_{1, \mathrm{w}_2} \tag{3-75}$$

联立求解式（3-74）和式（3-75），然后将式（3-73）代入，得

$$\begin{aligned} D_2 &= \frac{W_2(x_{1, \mathrm{w}_2} - x_{1, \mathrm{D}_1})}{x_{1, \mathrm{D}_1} - x_{1, \mathrm{D}_2}} \\ &= F \left[\frac{z_1 - x_{1, \mathrm{w}_1}}{x_{1, \mathrm{w}_2} - x_{1, \mathrm{w}_1}} \right] \left[\frac{x_{1, \mathrm{w}_2} - x_{1, \mathrm{D}_1}}{x_{1, \mathrm{D}_1} - x_{1, \mathrm{D}_2}} \right] \end{aligned} \tag{3-76}$$

D_2是循环物料的流率。当两个不同压力下的共沸组成彼此接近时，（$x_{1, \mathrm{D}_1} - x_{1, \mathrm{D}_2}$）数值小，由式（3-76）可看出，循环流率$D_2$大，因而增加了设备投资和操作费用，使过程不经济。

双塔精馏除用于分离甲乙酮-水物系外，还用于分离四氢呋喃-水，甲醇-甲乙酮和甲醇-丙酮等二元物系。

五、二元非均相共沸物的精馏

若二组分形成非均相共沸物，则不必另加共沸剂便可实现二组分的完全分离。例如，正丁醇与水形成二元非均相共沸物，分离该系统的二塔流程如图3-33所示。接近共沸组成的蒸汽在冷凝器中冷凝后便分成两个液相，一个是水相（含大量水和少量醇），另一个是醇相（含丁醇量大于水量）。经过

分层器后醇相返回丁醇塔作为回流。在丁醇塔中，由于水是易挥发组分，高纯度的正丁醇将从塔釜引出，而接近共沸组成的蒸汽将从塔顶引出。分层器的水相被送入水塔，在这里丁醇是易挥发组分，因此水是塔底产品，接近共沸组成的蒸汽从塔顶出来。两塔出来的蒸汽混合后去冷凝，进料若为两相，可加入分层器，若为单相，视醇相还是水相分别加入丁醇塔或水塔。水塔的塔底产物是水，故可用直接蒸汽加热。

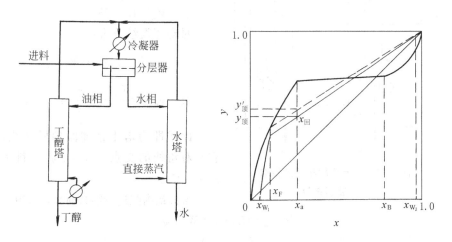

图 3-33　分离非均相共沸物的流程　　图 3-34　二元非均相共沸精馏过程操作线

　　二元非均相共沸精馏过程常被作为干燥某些有机液体的手段。例如，苯、丁二烯等烃类和高级醇、醛等所饱和的少量水分，就常利用非均相共沸精馏除去。此时，干燥塔釜得到干燥后的烃。塔顶蒸出烃-水混合物，经冷凝分层后烃层回流，水层因含烃量很少，并且绝对量也不大，故不设水塔回收，而以废水形式排放。

　　二元均相共沸物和非均相共沸物在分离特性上是不同的。二元均相共沸系统即使是用无穷多块塔板也越不过 y-x 图上平衡线与对角线的交点。而二元非均相共沸系统，虽然平衡线也与对角线相交，但它有一段代表两个液相共存的水平线，所以只要汽相浓度大于 x_a（见图 3-34），则该蒸汽冷凝后便分成两个液层，一层为 x_a，另一层为 x_B。这样，利用冷凝分层的办法就越过了平衡线与对角线的交点。所以二组分非均相共沸系统可用一般精馏方法进行分离，但需两个精馏塔。根据同一原理，部分互溶的二元均相共沸系统也可这样进行分离，只是塔顶蒸汽经冷凝后必须过冷就是了。

　　对二元非均相共沸系统的精馏进行计算时，物料衡算的特点是常需要把两个塔作为一个整体加以考虑。例如图 3-35 所示情况，可按最外圈范围作物料衡算得出：

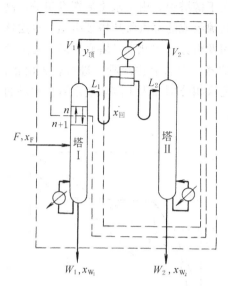

图 3-35　二元非均相共沸精馏
过程物料衡算

$$Fx_F = W_1 x_{W_1} + W_2 x_{W_2} \quad (3-77)$$

$$F = W_1 + W_2 \quad (3-78)$$

由给定的 F，x_F，x_{W_1} 及 x_{W_2} 便可求出 W_1 及 W_2 之值

若再按中间一圈所示范围进行物料衡算，可得出：

$$V_1 = L_1 + W_2$$

对易挥发组分为：

$$V_1 y_{n+1} = L_1 x_n + W_2 x_{W_2}$$

故　$$y_{n+1} = \frac{L_1}{V_1} x_n + \frac{W_2}{V_1} x_{W_2} \quad (3-79)$$

此式即为塔 I 精馏段的操作线，它与对角线的交点是 $x = x_{W_2}$，斜率是 L_1/V_1。

若按最内圈进行物料衡算，可得：

$$V_1 y_{顶} = L_1 x_{回} + W_2 x_{W_2}$$

$$y_{顶} = \frac{L_1}{V_1} x_{回} + \frac{W_2}{V_1} x_{W_2} \quad (3-80)$$

比较式 (3-79) 及式 (3-80)，可以看出，精馏段操作线最上一点的坐标为 ($y_{顶}$、$x_{回}$)，即应从此点开始画阶梯计塔板数。$x_{回}$ 的值，若为单相回流 (这是一般的情况)，则在一定压力和温度下是恒值，与 II 塔顶板蒸汽的组成无关。故只要 $y_{顶}$ 的值确定后，操作线就可确定。由图 3-35 可以看出，$y_{顶}$ 的数值一定要小于共沸组成，否则操作线就与平衡线相交了。I 塔的提馏段操作线与普通精馏时没有差别。

由汽液平衡关系可以看出，II 塔无需精馏段，II 塔的操作线也可仿照求 I 塔精馏段操作线的方法得到，无需赘述。

【例 3-9】 原料含苯酚摩尔分数 (下同) 1.0%，水 99%，要求釜液苯酚含量小于 0.001%，流程如图 3-36 所示。苯酚与水是部分互溶系，但在 101.3 kPa 压力下并不形成非

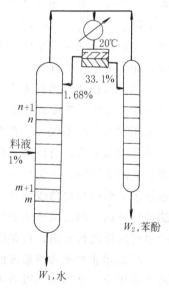

图 3-36　[例 3-9] 附图

均相共沸物，而是均相共沸。因此，Ⅰ塔和Ⅱ塔出来的蒸汽在冷凝-冷却器中冷凝并过冷到 20 ℃，然后在分层器中分层。水层返回Ⅰ塔作为回流。酚层送入Ⅱ塔。要求苯酚产品纯度为 99.99%。假定塔内为恒摩尔流率，饱和液体进料，并设回流液过冷对塔内回流量的影响可以忽略。试计算：

(1) 以 100 mol 进料为基准，Ⅰ塔和Ⅱ塔的最小上升汽量是多少？

(2) 当各塔的上升汽量为最小汽量的 4/3 倍时，所需理论塔板数是多少？

(3) 求Ⅰ塔及Ⅱ塔的最少理论塔板数。

解：由文献上查得苯酚-水系统在 101.3 kPa 下的汽液平衡数据（摩尔分数）

$x_{酚}$	$y_{酚}$	$x_{酚}$	$y_{酚}$	$x_{酚}$	$y_{酚}$	$x_{酚}$	$y_{酚}$
0	0	0.010	0.013 8	0.10	0.029	0.70	0.150
0.001	0.002	0.015	0.017 2	0.20	0.032	0.80	0.270
0.002	0.004	0.017	0.018 2	0.30	0.038	0.85	0.370
0.004	0.007 2	0.018	0.018 6	0.40	0.048	0.90	0.55
0.006	0.009 8	0.019	0.019 1	0.50	0.065	0.95	0.77
0.008	0.012	0.020	0.019 5	0.60	0.090	1.00	1.00

并查得 20 ℃时苯酚-水的互溶度数据为：

水层含苯酚摩尔分数   1.68%

酚层含水摩尔分数   66.9%

(1) 以 100 mol 进料为基准，对整个系统作苯酚衡算，得：

$$0.000\ 01W_1 + 0.999\ 9W_2 = 1.00$$
$$W_1 + W_2 = 100$$

故得 $\qquad W_1 = 99.0;\ W_2 = 1.0$

确定Ⅰ塔的操作线：精馏段的操作线可由第 n 块板与第 $n+1$ 块板之间至Ⅱ塔釜一起作物料衡算，得出：

$$Vy_n = Lx_{n+1} + 0.999\ 9W_2 \tag{1}$$

而提馏段的操作线则为

$$V'y_m = L'x_{m+1} - 0.000\ 01W_1 \tag{2}$$

最小上升汽量相当于最小回流比时的汽量。若夹点在进料板，则由式(1)得出：

$$0.013\ 8V_{最少} = 0.01L_{最少} + 0.999\ 9W_2$$
$$= (0.01)(V_{最少} - W_2) + 0.999\ 9W_2$$
$$= 0.01V_{最少} + 0.989\ 9W_2$$

故 $$V_{最少}=\frac{0.989\ 9W_2}{0.003\ 8}=260W_2=260$$

（0.013 8 是与进料组成 $x_F=0.01$ 成平衡的汽相组成）。

若夹点在塔顶，因回流液组成为 $x_回=0.016\ 8$，故夹点之汽相组成应为与回流液成平衡的 y 值，故 $y=0.018\ 1$（由平衡数据内插得来）。由式（1）得出：

$$0.018\ 1V_{最少}=0.016\ 8L_{最少}+0.999\ 9W_2$$
$$=0.016\ 8(V_{最少}-W_2)+0.999\ 9W_2$$
$$=0.016\ 8V_{最少}+0.983\ 1W_2$$

故 $$V_{最少}=\frac{0.983\ 1W_2}{0.001\ 3}=756.2W_2=756.2$$

比较两种方法计算的 $V_{最小}$，取数值较大者，即 $V_{最小}=756.2$。

Ⅱ塔的夹点必在塔顶，即夹点之坐标为 $(x=0.331, y=0.040\ 3)$。以此值代入Ⅱ塔之操作线方程式：

$$V'y_m=L'x_{m+1}-W_2x_{W_2} \tag{3}$$
$$0.040\ 3V'_{最少}=0.331L'_{最少}-0.999\ 9W_2$$
$$=0.331(V'_{最少}+W_2)-0.999\ 9W_2$$
$$=0.331V'_{最少}-0.668\ 9W_2$$

故 $$V'_{最少}=\frac{0.668\ 9W_2}{0.290\ 7}=2.3W_2=2.3$$

（2）求Ⅰ塔的理论板数：

精馏段：$V=\dfrac{4}{3}\cdot V_{最少}=\dfrac{4}{3}(756.2)=1\ 007 \qquad L=1\ 007-1=1\ 006$

提馏段：$V'=V=1\ 007 \qquad L'=L+F=1\ 006+100=1\ 106$

代入式（1）及式（2）得出：

精馏段操作线为：$1\ 007y_n=1\ 006x_{n+1}+0.999\ 9$

提馏段操作线为：$1\ 007y_m=1\ 006x_{m+1}-0.000\ 99$

由操作线方程式及已知平衡线，在 $y-x$ 图上由 $x=0.016\ 8$ 到 $x_{W_1}=0.000\ 01$ 之间绘阶梯，可得出所需理论板数为 16（$y-x$ 图略）。

（3）求Ⅱ塔的理论板数：

$$V'=\frac{4}{3}(V'_{最少})=\frac{4}{3}(2.3)=3.06$$

$$L'=V'+W_2=3.06+1=4.06$$

代入式（3）得：$3.06y_m=4.06x_{m+1}-0.999\ 9$

按一般方法，在 $y-x$ 图上由 $x_{W_2}=0.999\ 9$ 到 $x_{回,2}=0.331$ 在平衡线与操作线之间画阶梯，可得出所需理论板数为 8。

（4）Ⅰ塔的最少理论板数可在 $y-x$ 图上，从 $x_{W_1}=0.000\ 01$ 到 $x=$

0.016 8，在平衡线与对角线之间绘阶梯得出：$N_{最少}=13$

Ⅱ塔的最少理论板数则在 $y-x$ 图上从 $x_{w_2}=0.999\,9$ 到 $x=0.331$，在平衡线与对角线之间绘阶梯得出：$N_{最少}=6$

六、多元共沸精馏过程

由于共沸剂与原溶液的组分形成的共沸物类型，以及共沸剂的回收方法不同，共沸精馏流程也不同。

苯和环己烷的正常沸点分别为 80.13 ℃和 80.64 ℃，在 101.3 kPa 压力下它们形成二元最低共沸物，共沸组成为含苯 54.2%，共沸温度 77.4 ℃，因此不可能用普通精馏实现分离。分离该物系较好的共沸剂是丙酮（正常沸点 56.4 ℃），它仅与环己烷形成二元最低共沸物，共沸点 53.4 ℃，共沸物中含丙酮 74.6%。该三元物系的剩余曲线见图 3-37。两个二元共沸物联系着一条弯曲的蒸馏边界，整个相图被分成精馏区域 1 和 2。设烃进料混合物处于环己烷-苯二元共沸物和纯苯之间的 F 点。共沸剂纯丙酮的加入使总组成处于直线 AF 上，而该直线又处于精馏区域 1 之中。加入适宜量的丙酮，可使塔顶馏出丙酮-环己烷的二元共沸物 D（只是接近该组成），塔釜得到纯苯。直线 DB 和 AF 分别表示共沸精馏塔产品和进料的物料平衡线。它们的交点 M 是原料和共沸剂的进料总组成。丙酮/烃的进料摩尔比由 $\overline{FM}/\overline{AM}$ 表示。

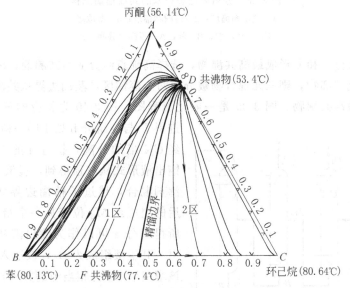

图 3-37　苯-环己烷-丙酮的剩余曲线图

分离苯-环己烷的共沸精馏与萃取的集成流程如图 3-38 所示。环己烷-苯混合物和丙酮一起送入共沸精馏塔，纯苯从塔釜得到，丙酮-环己烷二元均相共沸物从塔顶馏出，冷凝冷却后进入萃取塔，以水为萃取剂回收丙酮。萃

取塔顶出相当纯的环己烷，塔釜出丙酮水溶液，送入丙酮精馏塔，塔顶得纯
丙酮循环使用，塔釜为纯水，作为萃取剂循环回萃取塔。

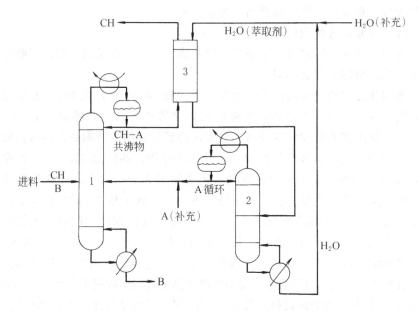

图 3-38　分离环己烷和苯的共沸精馏流程

1—共沸精馏塔；2—丙酮精馏塔；3—萃取塔

CH—环己烷；B—苯；A—丙酮（共沸剂）

若组分 a 和 b 形成最高共沸物，选择高沸点组分 e 为共沸剂，e-a 和 e-b
均不形成共沸物，则三元混合物被分为两个蒸馏区，蒸馏边界从共沸剂顶点
到二元最高共沸物。图 3-39 是一般化流程图，图 3-40 为相应的三角相图。

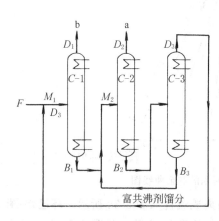

图 3-39　分离二元最高共沸物
共沸精馏流程

进料 F 与纯组分 b 处于同一精馏区域，经 C-1 塔的分离，接近纯的 b 组分以馏出液形式从塔顶得到，釜液 B_1 与共沸剂混合，越过了精馏边界线，混合后的组成点 M_2 位于另一个精馏区域，所得组分 a 可以作为馏出液从 C-2 分出，其釜液组成为 B_2，被送入塔 C-3，该塔釜液 B_3 为相当纯的共沸剂，送至 C-2 塔。塔 C-3 的馏出液 D_3 仍含有相当量的组分 b，返回到 C-1 塔与 F 混合进料，精馏边界再次被穿过，回到分离纯组分 b 的精馏区域。

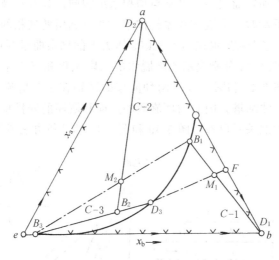

图 3-40　三角相图

该一般化共沸精馏流程包括三个精馏塔，从三个塔得到 6 个馏分，其中 3 个馏分是 a、b 和共沸剂 e，2 个馏分位于精馏边界线上，另 1 个馏分（C-2 塔釜液）与共沸剂处于同一精馏区域。两股循环物料构成了对精馏边界的两次穿越。

若加入共沸剂后系统形成一个二元或三元非均相共沸物，则该精馏过程称之为非均相共沸精馏。

非均相共沸精馏与均相共沸精馏相比更易在工业上实现。这是由于共沸剂只需液液分层即可分离回收，共沸组成也易通过分层器而被破坏。对于可形成三元非均相共沸物的精馏过程，如果三相区只出现在塔顶冷凝器，则在塔顶完成液-液分层操作，如果三相区出现在塔身，则通过侧线采出完成液-液分层操作，回流可为单液相或双液相回流。

乙醇和水生成最低共沸物，在 101.3 kPa 压力下共沸温度为 78.15 ℃，共沸组成含乙醇摩尔分数 89.43%。选择中间沸点的苯为共沸剂，苯与乙醇形成二元最低共沸物，与水形成二元非均相共沸物，并且该系统还有三元非均相共沸物。非均相共沸精馏

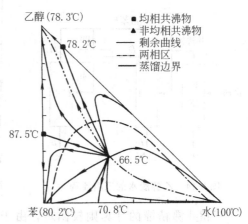

图 3-41　乙醇-苯-水三元物系剩余曲线图

144

物系的剩余曲线和精馏边界的绘制与均相系统相同。只有在液液分层区作分离过程的物料平衡时，液液平衡才起作用，并且利用两液相的分离实现对精馏边界的穿越。乙醇-苯-水在101.3 kPa压力下的剩余曲线图见图3-41。

图3-42和图3-44分别表示乙醇脱水的二塔流程和三塔流程。相应的三角相图分别见图3-43和图3-45。两种流程的区别在于三塔流程增加了一个乙醇水溶液的预浓缩塔，因而循环流股的走向和塔序的安排也有所不同。其相图和流程的对照关系可参考图3-39和图3-40的分析方法进行。

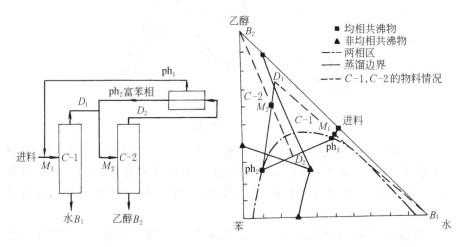

图3-42 乙醇脱水的二塔流程　　　图3-43 相应于图3-42的三角相图

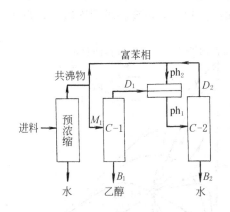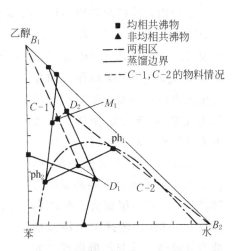

图3-44 乙醇脱水的三塔流程　　　图3-45 相应于图3-44的三角相图

三相共沸精馏的计算则较困难，由于多个平衡级上为汽-液-液三相平衡，这一复杂性导致非均相共沸精馏存在最佳回流比和最高理论极数，即在一定理论级数时，有一最大回流比，超过该回流比，分离效果下降。图 3-46 所示为二仲丁基醚作为共沸剂进行仲丁醇脱水共沸精馏时，仲丁醇纯度

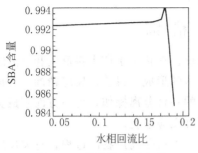

图 3-46 仲醇纯度随水相
回流比变化曲线

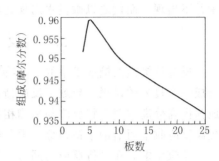

图 3-47 丙酮-庚烷-甲苯物系共沸精馏
丙酮组成与理论板数的关系曲线

随回流比增加的变化曲线；同时，在一定回流比下，存在最大理论级数，超过该级数，产品纯度可能降低。图 3-47 所示为丙酮-庚烷-甲苯物系共沸精馏时，丙酮组成与理论板数的关系曲线。可见，非均相共沸精馏计算的关键是寻找最佳回流比及适宜的理论板数。

多元共沸精馏计算的复杂性表现在①溶液具有强烈的非理想性，并且很可能在某一塔段的塔板上分层，成为三相精馏（两个液相和一个汽相）。在这种情况下，必须有预测液液分层的方法且收敛难；②由于共沸剂的加入增加了变量，共沸剂/原料之比和共沸剂的进塔位置必须规定。尽管大多数情况下，从塔顶引入共沸剂是最好的，但还不能认为是普遍规律。Prokopakis 和 Seider 对共沸精馏计算作了综述[18]，通用的计算方法见第 6 章。由于共沸精馏塔中液相分层和浓度、温度分布的突变，对严格计算方法是一个严峻的考验。

很多作者提出了共沸精馏的计算机计算结果，图 3-48 表示了用正戊烷作为共沸剂的乙醇脱水过程的含量分布。所用流程类似于图 3-33。原料含乙醇 0.809 4（摩尔分数），在共沸精馏塔顶以下第三块板进料，操作压力为 331.5 kPa，用冷水可冷凝塔顶馏出物，全塔有 18 块板，另有全凝

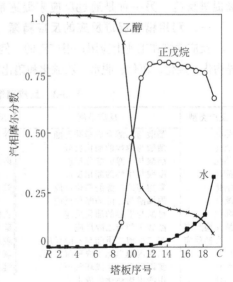

图 3-48 乙醇脱水的共沸精馏含量分布

器和再沸器。值得注意的是，含量分布与一般多组分精馏的情况有所不同。

从表面上看，正戊烷的含量分布特点似乎很像轻关键组分，但它在塔釜中并不出现，而代之以微量水出现在釜液中。

3.3 反应精馏

反应精馏是蒸馏技术中的一个特殊领域。在化工生产中将反应和分离结合成一个过程的设想，导致了反应精馏技术的形成。目前，反应精馏一方面成为提高分离效率而将反应与精馏相结合的一种分离操作，另一方面则成为提高反应收率而借助于精馏分离手段的一种反应过程。

反应精馏是在进行反应的同时，用精馏方法分离产物的过程，有关反应精馏的概念是 1921 年由 Bacchaus 提出的。由于同一设备中精馏与化学反应同时进行，比单独的反应过程或精馏过程更为复杂，因此从 20 世纪 30 年代中期到 60 年代，大量研究工作是针对某些特定体系的工艺进行的，60 年代末开始反应精馏一般规律的研究，目前，从理论到应用上都有长足的进展，并已扩大到非均相催化反应精馏体系。

本节将对反应精馏和催化精馏的应用、原理进行简单介绍，并对过程加以分析。

3.3.1 反应精馏的应用

在反应精馏中，按照反应与精馏的关系可分为两种类型，一种是利用精馏促进反应；另一种是通过反应来促进精馏分离。

一、利用精馏促进反应的反应精馏

反应精馏在工业上应用是很广泛的，例如酯化、酯交换、皂化、胺化、水解、异构化、烃化、卤化、脱水、乙酰化和硝化等反应，具体反应举例见表 3-3。

表 3-3 反应精馏应用举例

反应类型	反应举例	反应类型	反应举例
酯化	醋酸与乙醇合成醋酸乙酯	异构化	β-甲代烯丙基异构成 β,β'-二甲基
酯化	醋酸与丙醇的酯化反应		氯乙烯
酯化	醋酸与丁醇的酯化反应	卤化	溴化钠与硫酸及乙醇反应生成溴
酯化	醋酸与甲醇的酯化反应		乙烷
酯化	醋酸与乙二醇的酯化反应	胺化	甲酸甲酯与二甲胺合成二甲基甲
酯化	丙烯酸与乙醇的酯化反应		酰胺
酯化	硼酸与甲醇的酯化反应	乙酰化	苯胺的乙酰化
酯交换反应	醋酸丁酯与乙醇反应	硝化	苯与硝酸制造硝基苯
酯交换反应	苯二酸二甲酯与乙醇反应	脱水	三甲基甲醇脱水生成异丁烯
皂化	二氯丙醇皂化生成环氧氯丙烷	氯化	达依赛尔法合成甘油
皂化	氯丙醇皂化生成环氧丙烷	醚化	异丁烯与甲醇合成甲基叔丁基醚
皂化	甲酸甲酯皂化生成甲酸		（MTBE）
水解	醋酸酐水解生成醋酸		

反应精馏适用于可逆反应，当反应产物的相对挥发度大于或小于反应物时，由于精馏作用，产物离开了反应区，从而破坏了原有的化学平衡，使反应向生成产物的方向移动，提高了转化率。应用反应精馏技术，在一定程度上变可逆反应为不可逆，而且可得到很纯的产物。醇与酸进行酯化反应就是一个典型的例子。1983 年 Estman 化学公司开发了生产醋酸甲酯反应精馏工艺[19]。原料醋酸和甲醇按化学反应计量进料，以浓硫酸为催化剂，在塔中进行均相酯化反应精馏过程，如图 3-49 所示。

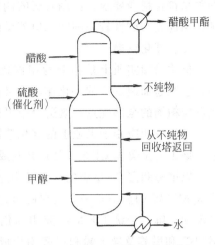

图 3-49　醋酸甲酯反应精馏塔

对于连串反应，反应精馏也具有独特的优越性。连串反应可表示为 A→R→S，按目的产物是 R 还是 S，又可分为两种类型：①S 为目的产物。很多生产，原料首先反应生成中间产物进而得到目的产物，这两步反应条件一般不同，按传统生产工艺，需分别在两个反应器中进行，有时尚需中间产物的精馏。反应精馏的应用，能使两步反应在同一塔设备的两个反应区进行，同时利用精馏作用提供合适的浓度和温度分布，缩短反应时间，提高收率和产品纯度。例如香豆素生产工艺的改进即属此例。②R 为目的产物。对于这类反应，利用反应精馏的分离作用，把产物 R 尽快移出反应区，避免副反应进行是非常有效的。氯丙醇皂化生成环氧丙烷的反应精馏工艺是一个典型的应用示例。

二、利用反应促进精馏的反应精馏

在很多化工过程中，需要分离近沸点的混合物，例如 C₈ 芳烃、二氯苯混合物，硝化甲苯等异构体。利用异构体与反应添加剂之间反应能力的差异，通过反应精馏而实现分离是异构体分离技术之一。

反应精馏分离异构体的过程是在双塔中完成的。加入第三组分到 1 塔中，使之选择性地与异构体之一优先发生可逆反应生成难挥发的化合物，不反应的异构体从塔顶馏出。反应添加剂和反应产物从塔釜出料进入 2 塔，在该塔中反应产物发生逆反应，通过精馏作用，塔顶采出异构体，塔釜出料为反应添加剂，再循环至 1 塔。实现该类反应精馏过程的基本条件是：①反应是快速和可逆的，反应产物仅仅存在于塔内，不污染分离后产品；②添加剂必须选择性地与异构体之一反应；③添加剂、异构体和反应产物的沸点之间的关系符合精馏要求。使用有机的钠金属反应添加剂分离对二甲苯和间二甲苯，钠优先与酸性较强的间二甲苯反应，使对二甲苯从塔顶馏出。

三、催化精馏

催化精馏实质上是指非均相催化反应精馏，即将催化剂填充于精馏塔中，它既起加速反应的催化作用，又作为填料起分离作用，催化精馏具有均相反应精馏的全部优点，既适合于可逆反应，也适合于连串反应。

首先成功应用于工业上的催化精馏工艺是甲基叔丁基醚（MTBE）的合成，该工艺是美国 CR&L 公司开发成功的。

以甲醇和混合 C₄ 中的异丁烯为原料，强酸性阳离子交换树脂为催化剂，合成 MTBE 的反应是一个放热的可逆反应，同时发生的副反应是异丁烯的二聚和水解。传统工艺采用液相催化反应器，反应产物用精馏分离。由于 MTBE 和甲醇及异丁烯和甲醇均形成最低共沸物，分离流程比较复杂。采用催化精馏合成 MTBE 的工艺流程如图 3-50 所示。来自催化裂化的混合 C₄ 馏分先经水洗去掉阳离子，与甲醇一起进入预反应器，在此完成大部分反应，接近于化学平衡的反应物料进入催化精馏塔，在塔的中部装填有催化剂捆扎包，构成反应段，使剩余的异丁烯完全反应。提馏段的作用是从反应物中分离 MTBE，并使反应物返回反应段，塔釜产物为 MTBE，精馏段的作用是从反应物料中分出 C₄ 中的惰性组分和过量的甲醇，并使反应物料回流到反应段继续转化。当进料中甲醇与异丁烯的摩尔比大于 1 时，异丁烯几乎全部转化，塔釜得到纯度大于 95% 的 MTBE。由于催化精馏塔内反应放出

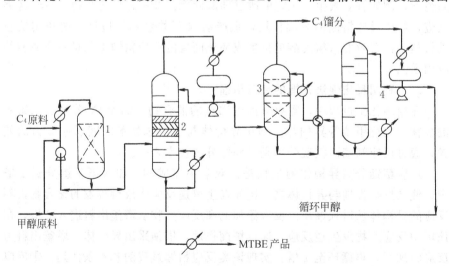

图 3-50　MTBE 催化精馏工艺流程

1—预反应器；2—催化精馏塔；3—水洗塔；4—甲醇回收塔

的热量全部用于产物分离上，具有显著的节能效果。该催化精馏工艺不仅投资少，而且水、电、汽的消耗仅为非催化精馏工艺的 60%，故几乎所有新建的 MTBE 装置都采用催化精馏工艺。

除 MTBE 外尚有 EBTE 和 TAME 等醚化工艺，选择加氢工艺，例如丁二烯加氢、异戊二烯选择加氢、己二烯选择加氢和苯的烷基化等过程也采用了催化精馏。国内除引进和自行开发了 MTBE 催化精馏工艺外，也研究开发了催化蒸馏合成乙二醇乙醚，醋酸甲酯水解催化精馏新工艺等。

对于受平衡制约的反应，采用催化精馏能够大大超过固定床的平衡转化率，例如 MTBE 的生产，固定床的异丁烯转化率为 96%～97%，而催化精馏则超过 99.9%。对于叔戊基甲醚（TAME）生产效果更明显，异戊烯转化率由固定床的 70%提高到 90%以上。

催化精馏对比固定床反应器的另一优点是，由于精馏作用移出物系中较重的污染物，使催化剂保持清洁，延长了催化剂的寿命。对于加氢反应，齐聚物的产生污染了催化剂表面，因而降低了催化剂的活性，精馏作用使催化剂表面更新，保持了催化剂的活性。催化剂是实现催化精馏过程的核心，只要开发出合适的催化剂，许多化工过程都可以采用催化精馏技术。到目前为止，已用于特定催化精馏的催化剂有分子筛和离子交换树脂等。

催化精馏塔与一般反应精馏塔一样由精馏段、提馏段和反应段组成，其中精馏段和提馏段与一般精馏塔无异，可以用填料和塔板。反应段催化剂的装填是催化反应精馏技术的关键。为满足反应和精馏的基本要求，催化剂在塔内的装填方式必须满足下列条件：①使反应段的催化剂床层有足够的自由空间，提供汽液相的流动通道，以进行液相反应和气液传质。这些有效的空间应达到一般填料所具有的分离效果，以及设计允许的塔板压力降；②具有足够的表面积进行催化反应；③允许催化剂颗粒的膨胀和收缩，而不损伤催化剂；④结构简单，便于更换。

对于已提出的各种催化剂结构，可以分为两种类型，即拟固定床式和拟填料式。这两大类型的装填方式中均有成功的应用实例。有关文献[20] 对各种装填技术作了综述。

3.3.2　反应精馏过程

一、反应精馏流程

由于反应和精馏在同一塔设备中进行，故塔内不同区域的作用有别于普通精馏塔。进料位置取决于系统的反应和汽液平衡性质，决定了塔内精馏段、反应段和提馏段的相互关系，对塔内浓度分布有强烈的影响。确定反应精馏塔进料位置的原则是：①保证反应物与催化剂充分接触；②保证一定的反应停留时间；③保证达到预期的产物的分离。

根据反应类型和反应物、产物的相对挥发度关系，有以下几种反应精馏流程：

① 反应 A $\rightleftharpoons$ C，若产物比反应物易挥发 $\alpha_C > \alpha_A$，则进料位置在塔下部，甚至在塔釜，产物 C 为馏出液，塔釜不出料或出料很少 [见图 3-51 (a)]。

② 反应 A $\rightleftharpoons$ C，若反应物比产物更易挥发，则应在塔上部甚至在塔顶进料，并在全回流下操作，塔釜出产品 [见图 3-51 (b)]。

③ 反应 A $\rightleftharpoons$ C+D 或 A $\rightarrow$ C $\rightarrow$ D，C 为目的产物，相对挥发度顺序为 $\alpha_C > \alpha_A > \alpha_D$，精馏的目的不但实现产物和反应物的分离，也实现产物之间的分离 [见图 3-51 (c)]。

④ 反应 A+B $\rightleftharpoons$ C+D，反应物的挥发度介于两产物之间，即 $\alpha_C > \alpha_A > \alpha_B > \alpha_D$，则组分 B 在塔上部进料，A 在塔下部进料，B 进料口以上称精馏段；A、B 进料口之间为反应段；A 进料口以下为提馏段。对此类反应，有时 A 和 B 也可在塔中同时进料 [见图 3-51 (d)]。

⑤ 反应 A+B $\rightleftharpoons$ C+D，相对挥发度顺序为 $\alpha_A > \alpha_B > \alpha_C > \alpha_D$，组分 B 在塔顶进料，组分 A 在塔下部进料 [见图 3-51 (e)]。

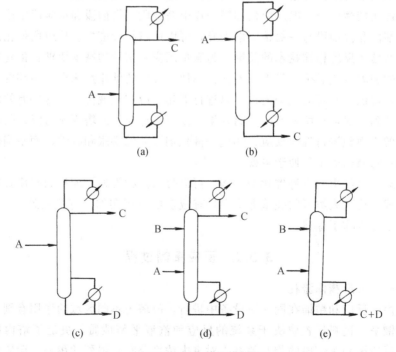

图 3-51 反应精馏塔流程

对于催化精馏塔，催化剂填充段应放在反应物含量最大的区域，构成反应段，其位置确定的原则可用图 3-52 说明。

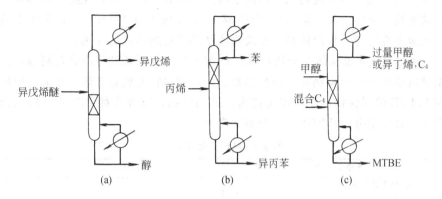

图 3-52　催化精馏塔流程

(a) 异戊烯醚脱醚；(b) 苯烷基化；(c) 从 C_4 合成 MTBE

在异戊烯醚脱醚的催化精馏塔中［见图 3-52 (a)］应使产物异戊烯尽快离开反应区，而异戊烯的沸点最低，且难于和醚及醇分开，需要较长的精馏段；反之沸点很高的醇则很容易和其他物质分开，需要较短甚至可以取消提馏段，所以催化剂装填于塔的下部。

制异丙苯的反应精馏与上述情况正好相反，催化剂装于塔的上部［见图 3-52 (b)］。而在生产 MTBE 的反应精馏塔中，希望沸点最高的 MTBE 迅速离开反应区，又要求移走多于化学计量的甲醇，以防生成副产物二甲醚，所以催化剂装在塔的中部，保证有足够高的精馏段和提馏段来分离过量的甲醇和产物 MTBE［见图 3-52 (c)］。对于该过程，根据具体工艺情况还有另外的流程（见图 3-50）。

二、反应精馏过程的物理化学基础

1. 相平衡及反应共沸物

在反应精馏中，汽液相行为比普通蒸馏要复杂得多。通过反应精馏塔处理的物系多为非理想体系，且常形成共沸物，由于反应的存在，用常规的测试方法难以测得准确的汽液平衡数据。目前，在反应精馏的模拟计算中常用 UNIFAC 法估算相平衡数据。

一方面，一般的共沸精馏过程受精馏区域边界的限制，而在有化学反应的情况下，会因其中一种物质发生反应生成另一种物质而使精馏过程通过这些边界，得到纯产品。另一方面，由于反应的影响，组分间未反应时的共沸物可能消失，还可能产生反应共沸物。反应共沸物与普通共沸物不同。对于非反应体系，当达到共沸时，各组分的汽液两相组成相等。对于反应体系，如在某一温度下，由于汽化率或冷凝率与反应速率的共同作用，各组分的两相组成并非一定相等，但汽化或冷凝不改变相组成，形成反应共沸物。值得注意的是，只有当反应物的沸点高于或低于所有生成物时，才有可能形成反应共沸物。下面以异丁烯（1）与甲醇（2）反应生成 MTBE（3）为例来说明反应共沸物与非反应体系中相关物质和共沸物的沸点的区别。

由表 3-4 非反应体系分析可得，对 MTBE、异丁烯和甲醇进行精馏，根据进料组成不同应得到如下两种结果：（1）馏出物为纯异丁烯，釜液为甲醇和 MTBE 的混合物；（2）馏出物为三元混合物，釜液为纯 MTBE。所以为得到三种纯组分，均需进一步分离共沸物。

表 3-4　MTBE 物系沸点

物质或共沸物	沸点或共沸点/℃
甲醇-异丁烯共沸物	−7.1
异丁烯	−6.9
甲醇-MTBE 共沸物	51.2
MTBE	55.1
甲醇	64.7

而对反应体系，两个非反应体系的共沸物都消失了，有一新的三元反应共沸物形成。该反应共沸物的组成中 MTBE 的含量很高。因此，虽然 MTBE 是中间组分，但它不会停留在反应精馏塔内的反应段，使得反应能够向着生成 MTBE 的方向移动。

2. 动力学对反应精馏剩余曲线的影响

化学平衡与汽液平衡在精馏过程中的协同作用已为很多学者关注。然而，更一般的情况是一定反应速度与汽液平衡共存。因此反应动力学对精馏的影响是非常重要的。

下面以液相反应 $A+B \Longrightarrow 2C$ 为例来说明反应动力学对反应精馏剩余曲线的影响。

设该反应动力学如下所示：

$$r_A = r_B = -\frac{r_C}{2} = -k_f \left(x_1 x_2 - \frac{x_3^2}{K} \right) \qquad (3\text{-}81)$$

按图 3-53 推导剩余曲线方程。总物料衡算和组分物料衡算式分别为：

$$\frac{dW}{dt} = -V \qquad (3\text{-}82)$$

$$\frac{dWx_i}{dt} = -Vy_i - Wk_f \left(x_1 x_2 - \frac{x_3^2}{K} \right) \quad (i=1,2) \qquad (3\text{-}83)$$

将式（3-82）代入式（3-83）得：

$$W \frac{dx_i}{dt} - Vx_i = -Vy_i - Wk_f \left(x_1 x_2 - \frac{x_3^2}{K} \right) \quad (i=1,2) \qquad (3\text{-}84)$$

上式进一步整理为：

$$\frac{\mathrm{d}x_i}{\mathrm{d}\xi}=x_i-y_i-Da\left(x_1x_2-\frac{x_3^2}{K}\right)\frac{W}{W_0}\frac{k_\mathrm{f}}{k_\mathrm{f,min}}\frac{V_0}{V}\quad(i=1,2)\qquad(3\text{-}85)$$

其中：

$$\mathrm{d}\xi=\left(\frac{V}{W}\right)\mathrm{d}t\qquad(3\text{-}86)$$

$$Da=\frac{W_0k_\mathrm{f,min}}{V_0}\qquad(3\text{-}87)$$

由式（3-87）定义的新变量达母克勒
数 Da 为反应精馏体系特征量，表示最低
可能温度（物系中最轻组分的沸点或最低
共沸物的共沸温度）时的特征液相停留时
间 W_0/V_0 和特征反应时间 $1/k_\mathrm{f,min}$ 之比。
因这里只做定性分析，设 $k_\mathrm{f}=k_\mathrm{f,min}$，因
它们均随温度的增加而增加。

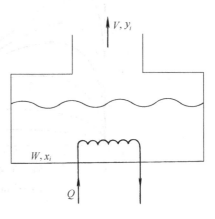

图 3-53 反应蒸馏过程

将式（3-86）代入式（3-82）并整理得：

$$\frac{\mathrm{d}W}{\mathrm{d}\xi}=-W,\quad W(\xi=0)=W_0\qquad(3\text{-}88)$$

积分得：

$$W=W_0\mathrm{e}^{-\xi}\qquad(3\text{-}89)$$

则方程（3-85）可改写为：

$$\frac{\mathrm{d}x_i}{\mathrm{d}\xi}=x_i-y_i-Da\left(x_1x_2-\frac{x_3^2}{K}\right)\frac{V_0}{V}\mathrm{e}^{-\xi}\quad(i=1,2)\qquad(3\text{-}90)$$

此式即为该反应体系的反应精馏剩余曲线方程。但只有当 V_0/V 规定
后，该方程才可解。现仅就两种简单情况进行讨论。（1）$V_0/V=W/W_0$，
此时加热速度（或蒸发速度）很慢；（2）$V=V_0$，此时蒸发速度较快，如各
组分蒸发潜热相等，则相当于恒定加热速率（汽相恒摩尔流）。

对第一种情况，式（3-90）变为：

$$\frac{\mathrm{d}x_i}{\mathrm{d}\xi}=x_i-y_i-Da\left(x_1x_2-\frac{x_3^2}{K}\right)\quad(i=1,2)\qquad(3\text{-}91)$$

对第二种情况，式（3-90）变为：

$$\frac{\mathrm{d}x_i}{\mathrm{d}\xi}=x_i-y_i-Da\left(x_1x_2-\frac{x_3^2}{K}\right)\mathrm{e}^{-\xi}\quad(i=1,2)\qquad(3\text{-}92)$$

对该可逆反应，设 A、B、C 三组分的相对挥发度为 $\alpha_\mathrm{A}=5$，$\alpha_\mathrm{B}=3$，α_C
$=1$，且无非反应共沸物，则非反应体系的剩余曲线如图 3-54 所示。当反应平
衡常数 $K=2$ 时，不同 Da 值由方程（3-91）和方程（3-92）得到的剩余曲线

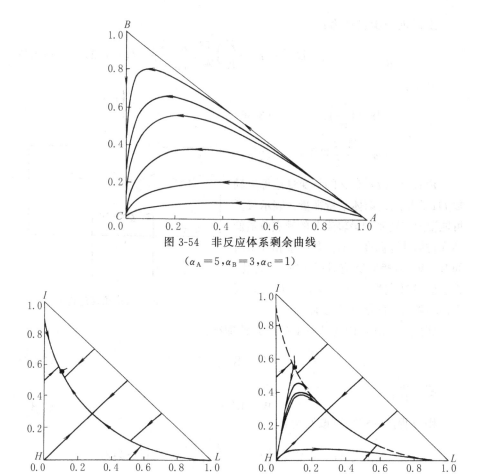

图 3-54 非反应体系剩余曲线

($\alpha_A = 5, \alpha_B = 3, \alpha_C = 1$)

(a)　　　　　　　(b)

图 3-55 $Da = 100$ 时，反应精馏剩余曲线

(a) 方程 (3-91)；(b) 方程 (3-92)

图分别如图 3-55，图 3-56，图 3-57 所示。由此可知，精馏剩余曲线的形状随不同的加热速率和 Da 值不同而变化较大；当加热速率较快时，精馏剩余曲线有交叉现象；当加热速率较低时，则无交叉现象。当加热较慢（方程3-91）时，Da 值高（$Da = 5, 100$）最终得到反应平衡混合物，Da 值低（$Da = 1$）最终得到的产物既不是反应平衡混合物，也不是重组分产物 H；当加热速率较快（方程3-92）时，Da 值高（$Da = 100$）时，短时间内得到反应平衡混合物，长时间将得到重组分，即产物 H，Da 值低（$Da = 1, 5$）时，长时间仍得到重组分，短时间内也不受反应平衡的限制。不同反应平衡常数 K 时的平衡曲线在三角相图中的位置如图 3-58 所示。不同 K 值和 Da 值的相互影响如表 3-5 所示。

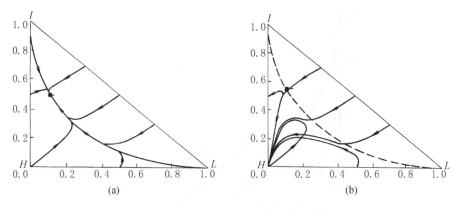

图 3-56 *Da* ＝5 时，反应精馏剩余曲线

（a）方程（3-91）；（b）方程（3-92）

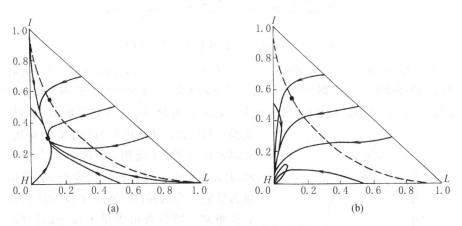

图 3-57 *Da* ＝1 时，反应精馏剩余曲线

（a）方程（3-91）；（b）方程（3-92）

表 3-5 *Da* 和 *K* 值交互影响

Da	*K*	影 响 结 果
低	低	正反应慢，逆反应快，很少或没有产物形成
低	高	正反应慢，逆反应也慢，产物收率较高
高	低	正反应快，逆反应快，很少产物形成，平衡线接近 *AB*
高	高	正反应快，逆反应慢，近似不可逆反应

三、反应精馏过程分析

1. 反应精馏塔内含量和温度分布

由于反应精馏塔内反应和精馏同时进行，故塔内含量和温度分布可能与普通精馏塔的情况有很大区别。对于普通精馏塔，温度和含量分布取决于相平衡，但对于反应精馏则不同，温度对反应速度有很大影响。以醋酸

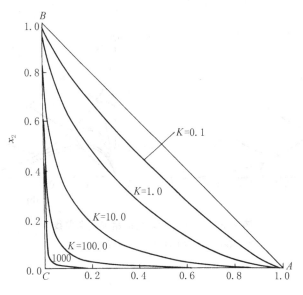

图 3-58　不同反应平衡常数时的平衡曲线

（H）-乙醇（OH）酯化反应精馏为例，采用图 3-51（d）所示的流程。全塔有 20 块理论板，全凝器为第 1 块板，再沸器为第 20 块理论板。原料醋酸在第 5 块板加入，酸的进料含量是 23.59％（mol），其余为水，少量硫酸催化剂与

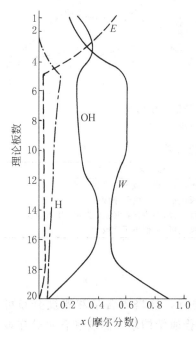

图 3-59　反应精馏塔含量分布

醋酸一起进料，使塔内均匀分布有催化剂。原料乙醇在第 13 板加入，醇进料含量为 88.19％（mol）。操作回流比等于 3。馏出液为反应生成的醋酸乙酯、未反应的乙醇和少量水。塔釜液由少量未反应的醋酸、醇以及进料和反应生成的水组成。

　　塔内液相含量分布如图 3-59 所示。酸进料和醇进料将全塔分为三段，即精馏段、反应段和提馏段。作为较轻组分的醇在含量分布上有两个极值点，在醇进料口附近，醇含量最高，由于提馏段的提馏作用，除少量醇进入塔釜外，大部分醇进入反应段，与塔上部下来的酸逆流接触，不断反应，有少量未反应的醇进入精馏段。因此，醇在反应段和提馏段内的含量分布是从醇进料口向塔顶和塔釜两个方向逐渐下降的。在精馏段，由于组分间挥发度的

变化，醇含量分布曲线上又出现了极值；物系中作为重组分的酸不是愈往塔底含量愈高，在酸进料口处含量最高，沿塔向下，由于反应的消耗，酸含量逐渐降低，至塔釜已成微量。在酸与醇的逆流接触中，低含量的醇和高含量的酸接触，而高含量醇与低含量的酸接触，因此这一含量分布对反应的进行是有利的。精馏段提浓了醋酸乙酯，并使未反应的醋酸回到反应段。

与含量分布相对应，塔内温度分布也有"反常"现象。对于普通精馏，塔釜温度最高，由下而上逐渐降低。但对反应精馏则不同，由于反应的存在，适宜反应温度与精馏条件相匹配，有时会发现在塔中某板出现温度的极值点。

2. 回流比和理论级数

普通精馏中有最小回流比和最少理论级数，且回流比和理论级数相互补偿。但对反应精馏则略有不同。回流比变化不但从改变板上液相组成而影响反应，同时，也改变了液体与催化剂的表面接触状况和液体在反应段的停留时间。以醋酸和乙醇酯化反应为例，随着回流比的增加，提高了塔的分离程度。与此同时，各板上醋酸含量相应下降，而乙醇含量上升，二者对酯化反应影响相反，必然导致有转化率最高点出现，它对应着适宜的回流比。

反应精馏回流比的计算比普通精馏计算要复杂得多，而且对平衡反应和反应速率控制的反应体系不同。

对平衡反应体系，Barbosa 和 Doherty 采用与普通精馏中恒摩尔流假设相似的假设，推导出用转换组成表示的操作线，其形式与普通精馏操作线完全一样，但实际上是非线性的，利用此操作线可求得最小回流比。双进料比单进料反应精馏的最小回流比受反应影响更大。而且与普通精馏不同的是，对一定的产品组成，回流比与理论级数间只在一定的范围内才有补偿作用，有时这一范围很窄。

对反应速率控制的物系，由于体系的约束关系增加了，系统的自由度减少了，回流比与理论级数不存在相互消长的关系，而为确定值，即不存在最小回流比。

3. 停留时间和进料位置

由于反应精馏塔内有化学反应，故停留时间对反应精馏收率有很大影响，影响停留时间的因素有塔板数、进料位置、回流比和塔板结构等。塔板数和进料位置直接影响反应段长度，从而影响反应停留时间；回流比变化不但从塔板液相组成变化上影响反应，同时也改变了液体在反应段的停留时间。增加回流比会减小反应停留时间；影响停留时间的塔结构因素是反应段塔板上的液层高度，为了保证有足够长的停留时间，因而在反应段塔板上要有足够高的液层，一般情况下，反应段塔板的堰高大于精馏段或提馏段的堰高。但由于反应精馏塔内精馏作用的结果，反应速率快，其停留时间还是大大小于非反应精馏的情况。

图 3-59 也表明，加料位置决定了精馏段、反应段和提馏段的关系，对塔内含量分布有强烈的影响。为保证各反应物与催化剂充分接触和有足够的反应停留时间，通常，挥发度大的反应物及催化剂在靠近塔的下部进料，反之在塔的上部进料。进料位置的确定除考虑对精馏段和提馏段的需要外，要保证有足够长度的反应段，达到充分反应和分离产物的双重目的，一般说来，增长反应段有利于提高转化率和收率。

4. 反应精馏的特点

作为一种新型的分离技术，反应精馏是很有发展前途的。反应精馏过程的主要优点如下。

① 选择性高　由于反应产物一旦生成即移出反应区，对于如连串反应之类的复杂反应，可抑制副反应，提高收率。

② 转化率高　由于反应产物不断移出反应区，使可逆反应平衡移动，提高了转化率。

③ 生产能力高　因为产物随时从反应区蒸出，故反应区内反应物含量始终较高，从而提高了反应速率，缩短了接触时间，提高了设备的生产能力。

④ 产品纯度高　对于促进反应的反应精馏在反应的同时也得到了较纯的产品；对沸点相近的物系，利用各组分反应性能的差异，采用反应精馏获得高纯度产品。

⑤ 能耗低　由于反应热可直接用于精馏，降低了精馏能耗，即使是吸热反应，因反应和精馏在同一塔内进行，集中供热也比分别供热节能，减少了热损失。

⑥ 投资省　由于将反应器和精馏塔合二而一，节省设备投资，简化流程。

⑦ 系统容易控制，常用改变塔的操作压力来改变液体混合物的泡点（即反应温度），从而改变反应速率和产品分布。

尽管如此，反应精馏的应用也有其局限性。

① 反应精馏技术仅仅适用于那些反应过程和物系的精馏分离可以在同一温度条件下进行的工艺过程，即在催化剂具有较高活性的温度范围内，反应物系能够进行精馏分离，当催化剂的活性温度超过物质的临界点时，物质无法液化，不具备精馏分离的必要条件。

② 根据反应物和产物的相对挥发度大小，有四种类型：第一类是所有产物的相对挥发度都大于或小于所有反应物的相对挥发度；第二类是所有反应物的相对挥发度介于产物的相对挥发度之间；第三类是所有产物的相对挥发

度介于反应物的相对挥发度之间；第四类是反应物和产物的相对挥发度基本相同。显然，前两类可采用反应精馏技术，而后两类不具备反应精馏的条件。

3.4 加 盐 精 馏

如果把盐加入到非电介质水溶液中，非电介质的溶解度就发生变化，导致溶解度下降，此现象称为"盐析"；导致溶解度增加的称为盐溶。这两种作用统称为"盐效应"。对于精馏分离来说，盐效应引起汽液平衡组成的变化是最重要的。绝大多数含水有机物质，当加入第三组分盐后，可以增大有机物质的相对挥发度。而对于具有共沸性质的含水有机溶液加盐后会使其共沸点发生移动，甚至消失。加盐精馏就是利用盐的这种效应实现强化的精馏过程。而加盐萃取精馏是以含盐混合溶剂代替单纯液体溶剂的萃取蒸馏过程。

一、盐对汽液平衡的影响

具有盐效应的精馏过程的理论依据是含盐溶液的汽液平衡关系。由于电解质溶液的复杂性，致使盐效应的理论还很欠缺，含盐体系汽液平衡的关联大量地依靠实验数据。

图 3-60 为在 101.3 kPa 压力下醋酸钾含量对乙醇-水物系汽液平衡的影响。所有曲线都是按无盐基准绘制的，即按假二元物系处理。曲线 1 表示无盐存在的乙醇-水物系。有最低共沸物，共沸组成含乙醇89.43%（mol）。其他曲线是在不同醋酸钾含量下得到的。由图中可见，随物系中盐含量的增加，乙醇对水的相对挥发度呈增大的趋势。以醋酸钾饱和溶液时的相对挥发度最大。并且即使盐溶液含量很低（<5.9%）也仍能消除共沸物。在德国已使用混合醋酸盐通过溶盐精馏分离乙醇-水。

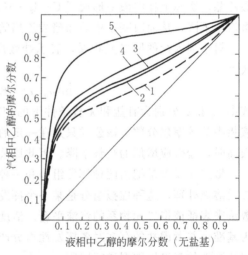

图 3-60　醋酸钾浓度对乙醇-水汽液平衡的影响
1—无盐；2—盐含量 5.9%（mol）；
3—盐含量 7.0%（mol）；4—盐含量 12.5%（mol）；5—盐的饱和溶液

已经发现，大多数盐在水中比在乙醇中更容易溶解，盐趋向于使液相中溶解盐少的组分在平衡汽相中增浓，而且溶解度差别愈大，则对汽液平衡的影响愈大。这些规律对其他有机物水溶液也适用。例如硝酸钠-甲醇-水物系，氯化钙-异丙醇-水物系等。

盐对汽液平衡的影响从宏观上可解释为，将盐类溶解在水中，水溶液蒸汽压就会下降，沸点上升，如果将盐溶解于二组分混合溶液中，因不同组分对盐的溶解度不同，所以各组分蒸汽压下降的程度有差别。例如对于乙醇-水物系，加入 $CaCl_2$ 后，因其在水中和乙醇中的溶解度（摩尔分数）分别是 27.5％和 16.5％，所以水的蒸汽压下降大而乙醇的蒸汽压下降少，因此乙醇对水的相对挥发度提高了。

从分子间相互作用的微观现象分析，盐的加入有两种作用。一种是静电作用，由于盐是极性很强的电解质，在水溶液中分解为离子，产生电场，溶液中水分子和乙醇分子有不同的极性和介电常数，它们在盐离子的电场作用下，极性较强、介电常数较大的水分子会聚集在离子的周围，而把极性较低、介电常数较小的乙醇分子排斥出离子区，使非电介质与"自由水"的比增大，相对挥发度增加。

另一种作用是盐加入到溶液中，会和某一组分生成不稳定的化合物。例如向甲醇-醋酸乙酯溶液中加入 $CaCl_2$，由于 $CaCl_2$ 只溶于甲醇，而不溶于醋酸乙酯，实际上在溶液中形成了 $CaCl_2 \cdot 6CH_3OH$ 的化合物，因此导致甲醇蒸汽压下降，从而改变了甲醇和醋酸乙酯的平衡关系。

对于加入盐的原二元物系，表示盐效应的最简单的方法是 Furter 经验式[21]：

$$\ln(\alpha_s/\alpha) = Kz \qquad (3\text{-}93)$$

式中 α_s 和 α 分别为有盐和无盐条件下的相对挥发度；K 为盐析常数；z 为液相中盐的摩尔分数。该公式只是在一定的盐含量范围内有效，当盐的含量很高时，盐效应增加的趋势下降。因此该公式的应用有一定局限性。

拟二元模型是把由两种挥发组分和一种盐组成的三元含盐溶液当作虚拟二元溶液处理，这种虚拟组分是某一个挥发性组分的盐溶液，仍可用活度系数法来表征该拟二元物系的汽液平衡。活度系数的计算可用该组分的蒸汽压为基准，并考虑盐的存在对各挥发性组分产生的蒸汽压降低；或者由单一溶剂盐溶液的蒸汽压数据进行回归。

较好的办法是从二元盐溶液数据直接预测含盐多元物系的汽液平衡。把 Pitzer[22] 提出的二元电解质溶液模型扩展应用于预测多元电解质溶液在各温度下的汽液平衡。Pitzer 是将电解质溶液过剩自由能 G^E 的贡献视为长程静电作用项和近程范德华作用项之和，得出活度系数方程。Aspen 模型[23] 是基于局部组成的概念而建立的。Aspen 模型采用 NRTL 模型描述近程力，而忽略了长程力的影响。局部组成型方程也可以很好地预测含盐电解质体系的汽液平衡。有关文献[24] 就无机盐对汽液平衡影响的预测方法作了综述。

二、溶盐精馏

溶盐精馏的流程与萃取精馏基本相同。惟一区别在于溶剂是盐而不是液体。由于溶解的盐是不挥发的，故溶盐可从塔顶加入，无须设溶剂回收段。盐从塔釜产品中排出，用蒸发或结晶的方法回收并重复使用。

在工业上生产无水乙醇的主要方法是共沸精馏和萃取精馏。缺点是回流比大，塔板数较多。而采用 $CaCl_2$ 溶盐精馏则可使塔板数节省 4/5，回流比的降低使能耗减少 20%～25%，盐含量只是混和溶液的 1.0%～1.5%，显示出明显的优越性。

溶盐精馏中盐的加入方式有以下几种：①将固体盐加入到回流液中，在塔顶可以得到纯的产品；②将盐的溶液与回流液混合。由于盐溶液中含有重组分，会污染产品；③将盐加入到再沸器中，起破坏共沸物的作用。它适用于盐效应很大或产品纯度要求不高的场合。

溶盐精馏的优点是：①盐类完全不挥发，只存在于液相，没有液体溶剂那样发生部分汽化和冷凝问题，能耗较少；②盐效应改变组分相对挥发度显著，盐用量少，仅为萃取精馏的百分之几，可节约设备投资和降低能耗。溶盐精馏的主要缺点是盐的溶解和回收后循环输送等比较困难，给广泛应用造成一定限制。

三、加盐萃取精馏

加盐萃取精馏比溶盐精馏还要复杂，因为除了欲分离的组分外，还有液体溶剂和溶盐，因而最少是四元物系，目前主要还是用试验方法来测定含盐物系的汽液平衡。

加盐萃取精馏的流程与普通萃取精馏流程完全相同。使用溶解有盐的液体溶剂，既发挥了盐增强萃取精馏的作用，又克服了固体盐的回收和输送的困难。因而已在工业上得到了应用。工业应用实例有二：

(1) 醇-水物系的分离　在乙醇、丙醇、丁醇等与水的混合液中，大多数存在着共沸物，采用加盐萃取精馏可实现预期的分离效果。目前工业上应用加盐萃取精馏分离乙醇-水制取无水乙醇的装置规模为 5 000 t/a，叔丁醇-水物系的分离已有 3 500 t/a 的中试装置。

(2) 酯-水物系的分离　酯-水物系也是形成共沸物的系统。传统的分离方法是共沸精馏。近年来利用加盐萃取精馏提纯乙酸乙酯的研究已取得进展[25]。

本章符号说明

英文字母

A——端值常数；

c_p——比热容，J/(mol·K)；

c——冷凝器；

D——馏出液流率，kmol/h；

Da——反应精馏的达母克勒数;

D——组分馏出液流率,kmol/h;

F——进料流率,kmol/h;

f——组分进料流率,kmol/h;

ΔH_V——汽化潜热,J/mol;

K——相平衡常数;化学平衡常数;盐析常数;

k_f——反应速率常数;

L——液相流率;kmol/h;

N——理论板数;

N_m——最少理论板;

p——压力,Pa;

q——进料的液相分率;

R——回流比;再沸器;

T——温度,K;

t——时间;

S——溶剂流率,kmol/h;

V——汽相流率,kmol/h;

W——釜液流率,kmol/h;间歇蒸馏釜中液体量,kmol;

w——组分釜液流率,kmol/h;

X、Y——式(3-14)和式(3-15)定义的参数;

x——液相摩尔分数;

x_S、$\overline{x}_S$——萃取精馏塔内精馏段和提馏段板上溶剂含量,摩尔分数;

y——气相摩尔分数;

z——进料组成,摩尔分数;盐的摩尔分数。

希腊字母

α——相对挥发度;

α_S——在溶剂存在下的相对挥发度;

β——溶剂对非溶剂的相对挥发度;选择性系数;

γ——液相活度系数;

θ——式(3-1b)的根;

λ_{ij}——Wilson方程中的相互作用参数;

φ——精馏回收率;

ξ——无量纲时间。

下标

0——初始状态;

A、B——组分;

C——冷凝器;

D——馏出液;

f——进料;

HK——重关键组分;

LK——轻关键组分;

i——组分;

m——最小状态;

N——理论板数(平衡级数);

n——塔板序号;

q——进料状态;

R——精馏段;再沸器;

r——参考组分(基准组分);

S——提馏段;溶剂;盐;

W——釜液。

上标

s——饱和状态;

'——脱溶剂计;提馏段;

Ⅰ、Ⅱ——分别表示两液相;

*——平衡状态。

习　题

1. 附图为脱丁烷塔粗略的物料平衡图。全塔平均操作压力为 522 kPa。求最少理论塔板数。

2. 估计习题1的非关键组分的分配。

3. 估计习题1脱丁烷塔的最小回流比。已知进料的液相分率 $q=0.866\,6$。

4. 使用 Gilliland 关系估计习题1、2、3的脱丁烷的理论塔板数。设操作回流比 $R=0.808$。

5. 使用 Kirkbride 方程估计习题1脱丁烷塔的进料位置。

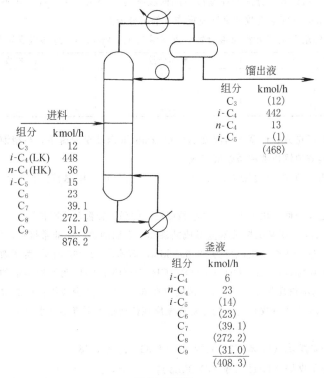

习题 1 附图

6. 用芬斯克方程计算附图精馏塔的最少理论板数与非关键组分的分配。

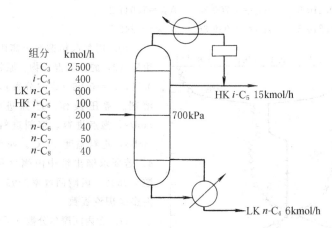

习题 6 附图

7. 在一精馏塔中分离苯（B）、甲苯（T）、二甲苯（X）和异丙苯（C）四元混合物。进料量 200 mol/h，进料组成 $z_B=0.2$，$z_T=0.3$，$z_X=0.1$，$z_C=0.4$（摩尔分数）。塔顶采用全凝器，饱和液体回流。相对挥发度数据为：$\alpha_{BT}=2.25$，$\alpha_{TT}=1.0$，$\alpha_{XT}=$

0.33，$\alpha_{CT}=0.21$。规定异丙苯在釜液中的回收率为99.8%，甲苯在馏出液中的回收率为99.5%。求最少理论板数和全回流操作下的组分分配。

8. 用精馏塔分离三元泡点混合物，进料量为100 kmol/h，进料组成如下：

组　　分	摩尔分数	相对挥发度
A	0.4	5
B	0.2	3
C	0.4	1

（1）用芬斯克方程计算馏出液流率为60 kmol/h以及全回流下，当精馏塔具有5块理论板时，其塔顶馏出液和塔釜液组成。

（2）采用（1）的分离结果用于组分B和C间分离，用恩特伍德方程确定最小回流比。

（3）确定操作回流比为1.2倍最小回流比时的理论板数及进料位置。

9. 已知2,4-二甲基戊烷及苯能形成共沸物。它们的蒸汽压非常接近，例如在60 ℃时，纯2,4-二甲戊烷的蒸汽压为52.395 kPa，而苯是52.262 kPa。为了改变它们的相对挥发度，考虑加入己二醇$(CH_3)_2C(OH)CH_2CH(OH)CH_3$为萃取精馏的溶剂，纯己二醇在60 ℃的蒸汽压仅0.133 kPa，试确定在60 ℃时，至少应维持己二醇的浓度为多大，才能使2,4-二甲基戊烷与苯的相对挥发度在任何浓度下都不会小于1。

已知：

2,4-二甲基戊烷（1）-苯（2）系统 $\gamma_1^\infty=1.96$，$\gamma_2^\infty=1.48$

2,4-二甲基戊烷（1）-己二醇（3）系统 $\gamma_1^\infty=3.55$，$\gamma_3^\infty=15.1$

苯（2）-己二醇（3）系统 $\gamma_2^\infty=2.04$，$\gamma_3^\infty=3.89$

注：γ^∞回归成Wilson常数，则

$\Lambda_{12}=0.410\,9$　　$\Lambda_{13}=0.700\,3$　　$\Lambda_{23}=1.041\,2$

$\Lambda_{21}=1.216\,5$　　$\Lambda_{31}=0.089\,36$　　$\Lambda_{32}=0.246\,7$

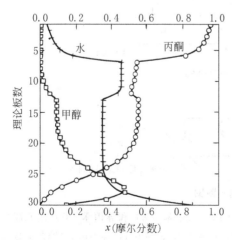

习题11附图

10. 用萃取精馏法分离丙酮（1）与甲醇（2）的二元混合物。原料组成$z_1=0.75$；$z_2=0.25$（摩尔分数），采用水为溶剂。常压操作。已知进料流率40 mol/s，泡点进料。溶剂进料流率为60 mol/s，进料温度50 ℃。操作回流比为4。若要求馏出液中丙酮含量的摩尔分数>95%，丙酮回收率>99%，问该塔需多少理论板数。

11. 含丙酮摩尔分数（下同）75%和甲醇25%的混合物在101.3 kPa压力下用萃取精馏进行分离。水为溶剂，溶剂/进料摩尔比为1.5。计算结果：总理论板数28块；溶剂从第6块板加入，原料进料

板为第 12 块。液相含量分布如附图所示，试从该示例分析萃取精馏过程含量分布的特性。

12. 在 101.3 kPa 压力下氯仿（1）-甲醇（2）系统的 NRTL 参数为：$\tau_{12} = 8.9665$ J/mol，$\tau_{21} = -0.8365$ J/mol，$\alpha_{12} = 0.3$。试确定共沸温度和共沸组成。

安托尼方程（p^S：Pa；T：K）

氯仿：$\ln p_1^S = 20.8660 - 2696.79/(T - 46.16)$

甲醇：$\ln p_2^S = 23.4803 - 3626.55/(T - 34.29)$

（实验值：共沸温度 53.5 ℃；$x_1 = y_1 = 0.65$）

13. 已知乙醇（1）-丙酮（2）-氯仿（3）三元系有三元均相共沸物。求共沸温度为 63.20 ℃时的压力和共沸组成。

Wilson 参数（J/mol）如下：

$$\lambda_{12} - \lambda_{11} = 1085.2056 ; \lambda_{21} - \lambda_{22} = 958.4808$$

$$\lambda_{23} - \lambda_{22} = -34.8727 ; \lambda_{32} - \lambda_{33} = -1836.2191$$

$$\lambda_{13} - \lambda_{11} = 5866.3043 ; \lambda_{31} - \lambda_{33} = -1213.7747$$

液体摩尔体积：

$$V_i^L = a_i + b_i T + c_i T^2 \quad (V_i^L : cm^3/mol ; T : K ; a_i 、 b_i 、 c_i \text{ 数据见下表})$$

	a	$b \times 10$	$c \times 10^3$
乙醇	61.4541	−0.9705	0.2797
丙酮	74.4516	−1.0459	0.3458
氯仿	80.9155	−0.9532	0.3173

安托尼方程（p^S：Pa；T：K）

乙醇：$\ln p_1^S = 23.8047 - 3803.98/(T - 41.68)$

丙酮：$\ln p_2^S = 21.5441 - 2940.46/(T - 35.93)$

氯仿：$\ln p_3^S = 20.8660 - 2696.79/(T - 46.16)$

（文献值 $P = 101.3$ kPa；$x_1 = 0.189$；$x_2 = 0.350$）

14. 某 1、2 两组分构成二元物系，活度系数方程为 $\ln \gamma_1 = A x_2^2$，$\ln \gamma_2 = A x_1^2$，端值常数与温度的关系：

$$A = 1.7884 - 4.25 \times 10^{-3} T \quad (T : K)$$

蒸汽压方程为

$$\ln p_1^S = 16.0826 - \frac{4050}{T}$$

$$\ln p_2^S = 16.3526 - \frac{4050}{T}$$

$$(P : kPa ; T : K)$$

假设汽相是理想气体，试问 99.75 kPa 时①系统是否形成共沸物？②共沸温度是多少？

15. 从文献中查找正己烷-甲醇-醋酸甲酯三元物系在 101.3 kPa 压力下的所有二元和三元共沸物。在三角相图上画出剩余曲线和蒸馏边界的示意图；确定每一个共沸物和纯组分顶点是稳定节点、不稳定节点还是鞍点。

16. 计算正己烷-甲醇-醋酸甲酯三元物系在 101.3 kPa 压力下的剩余曲线。计算起点为含正己烷 20%（摩尔分数）、甲醇 60%（摩尔分数）和醋酸甲酯 20%（摩尔分数）的泡点液体。活度系数的计算选用 UNIFAC 方程。

17. 计算丙酮-苯-正庚烷三元物系的精馏曲线。系统压力为 101.3 kPa。以组成为：丙酮 20%（摩尔分数）、苯 60%（摩尔分数）和正庚烷 20%（摩尔分数）的泡点液体为计算起点。活度系数的计算选用 UNIFAC 方程。

18. 含乙醇 30%（摩尔分数）的水溶液，处理量 100 mol/s。希望得到乙醇含量为 99.8%（mol）的产品。试设计一个变压精馏系统实现该分离任务。

19. 在 101.3 kPa 压力下乙醇和苯形成二元共沸物，共沸温度 67.9 ℃，共沸物含乙醇 0.449（摩尔分数）。而在 1 333 kPa 压力下，共沸温度变为 159 ℃，共沸组成为含乙醇 0.75（摩尔分数）。在低于共沸组成的含量范围内，乙醇是易挥发组分。绘制双压精馏流程实现该物系的分离。若进料流率为 100 kmol/h，进料含乙醇 0.35 摩尔分数，要求乙醇产品纯度为 99%，苯产品纯度 99%。确定各产品的流率和循环物料的流率。

20. 用双塔共沸精馏系统实现正丁醇的脱水。进料量 $F=5\,000$ kmol/h，原料含水 28%（摩尔分数），汽液进料，气相分率 30%。要求丁醇相含水 0.04（摩尔分数），水相含水 0.995（摩尔分数）。操作压力 101.3 kPa。饱和液体回流，两塔均采用再沸器加热，丁醇塔中 $L/V=1.23\,(L/V)_{\min}$，水塔中 $(V'/W)_2=0.132$。

(1) 求产品流率

(2) 求适宜进料位置和两个塔的平衡级数

汽液平衡数据（101.3 kPa）

x_1	y_1	$T/℃$	x_1	y_1	$T/℃$
3.9	26.7	111.5	57.3	75.0	92.8
4.7	29.9	110.6	97.5	75.2	92.7
5.5	32.3	109.6	98.0	75.6	93.0
7.0	35.2	108.8	98.2	75.8	92.8
25.7	62.9	97.9	98.5	77.5	93.4
27.5	64.1	97.2	98.6	78.4	93.4
29.2	65.5	96.3	98.8	80.8	93.7
30.5	66.2	96.3	99.2	84.3	95.4
49.6	73.6	93.5	99.4	88.4	96.8
50.6	74.0	93.4	99.7	92.9	98.3
55.2	75.0	92.9	99.8	95.1	98.4
56.4	75.2	92.9	99.9	98.1	99.4
57.1	74.8	92.9	100	100	100

注：x_1，y_1 分别为水的液相和汽相摩尔百分数。

21. 二异丙醚脱水塔进料 $F=15\,000$ kg/h，原料含水 0.004（质量分数），饱和液体进料，塔压 101.3 kPa。$L/D=1.5\,(L/D)_{\min}$，要求产品二异丙醚含水量为 0.000 4（质量分数）。求：$(L/D)_{\min}$，L/D，适宜进料位置和总平衡级数。假定恒摩尔流。

共沸数据 $y_{醚}=0.959$。分层器上层 $x_{醚}=0.994$；下层 $x_{醚}=0.012$（质量分数）；$p=101.3$ Pa，$T=62.2$ ℃。假设相对挥发度为常数，从上述数据估计 $\alpha_{水\text{-}醚}$。

22. 将含醋酸甲酯 55%（质量分数）和甲醇 45%（质量分数）的混合物分离成含醋酸甲酯 99.5%（质量分数）和含甲醇 99%（质量分数）的两种产品。拟采用一个均相共沸精馏塔和一个普通精馏塔构成的组合流程完成这一分离。可考虑的共沸剂为正己烷、环己烷或甲苯。试确定这些分离方案的可行性。

23．将 120 mol/s 的异丙醇和水的共沸物分离成接近纯的异丙醇和水。操作压力 101.3 kPa，采用以苯为共沸剂的非均相共沸精馏。试设计一个三塔精馏流程，实现该物系的分离。

24．将 1 000 kmol/h 含 20%（mol）醋酸的水溶液分离成接近纯的醋酸和水。设计一个两塔分离过程。其中第 1 塔为非均相共沸精馏塔，醋酸正丙酯为共沸剂。

25．Eastman 化学公司开发了生产醋酸甲酯的反应精馏工艺。反应精馏见附图。反应精馏塔内的含量分布和温度分布如附图所示。试分析该分布图与普通精馏塔不同的特征。

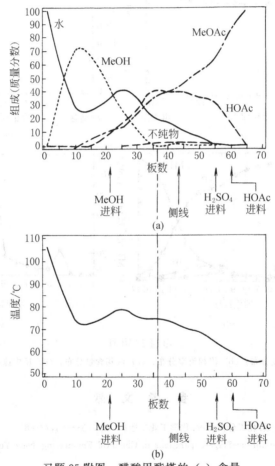

习题 25 附图　醋酸甲酯塔的（a）含量
分布和（b）温度分布

26．用甲醇（MeOH）和异丁烯（IB）-正丁烯（NB）混合物为原料通过催化精馏生成甲基叔丁基醚（MTBE）。主要反应为

$$IB+MeOH \Longrightarrow MTBE$$

NB 为惰性物质。精馏塔具有全凝器、再沸器和 15 块理论板。操作压力 11×10^5 Pa。板号从上向下，全凝器为第 1 板。混合 C_4 烯烃进料：IB 195.44 mol/s；NB 353.56 mol/s，以气相进料至 11 板，进料温度 350 K。甲醇进料流率 215.5 mol/s，在第 10 板以液相进料，进料温度 320 K。回流比 $R=7$。塔釜出料流率为 197 mol/s。催化剂装于第 4 至 11 块理论板（共 8 块），每板相当于 204.1 kg 催化剂。强酸性离子交换树脂催化剂交换容量 4.9 eq/kg 催化剂。每块理论板当量为 1 000，8 块板共 8 000。计算得到塔中物料、温度和含量分布，见附图。试分析催化精馏塔特性。

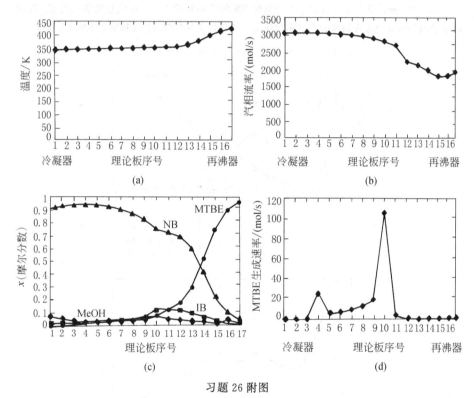

习题 26 附图

（a）温度分布；（b）汽相流率分布；（c）液相含量分布；（d）反应速率分布

参 考 文 献

1　陈洪钫，刘家祺主编.化工分离过程.化学工业出版社，1995. 58~63，73~81

2　Wankat P. C. Equilibrium-Stage Separations in Chemical Engineering. New York：Elsevier，1988. 215~217

3　McCabe W L，Smith J C. Unit Operations of Chemical Engineering. Third ed. New York：Elsevier. 1988. 215~227

4　King C. J. Separation Processes. 2nd ed. New York：McGraw-Hill，1980. 414~424

5　Underwood A. J. V. , J. Inst. *Petrol*. 1946(32)：598

6　Smith B. D. Design of Equilibrium Stage Processes. New York：McGraw-Hill，1963. 301~309

7　Seader J D, Henley E J. Separation Process Principles. New York: John Wiley & Sons, 1998. 501~
　　508

8　Fair J. R. and Bolles W. L. *Chem. Eng*. 1968(75): 156

9　Robinson C. S. and Gilliland E. R. Elements of Fractional Distillation, 4th ed. New York: McGraw-
　　Hill, 1950

10　Erbar J. H. and Maddox R. N. *Petrol Refin*. 1961(40): 185

11　Guerreri G. *Hydrocarbon Processing*. 1996, 48(8): 137~142

12　Donnell J W, Cooper C M. *Chem. Eng*. 1950, 57: 121~124

13　Brown G. G. and Martin H Z. *Trans*. AIChE. 1939, (35): 679

14　Kirkbride C. G. *Petroleum Refiner*. 1944, 23(9): 87

15　Stupin W. J. and Lockhart F. J. AIChE Annu. Meet. Los Angeles: Calif. December 1968. 1~5

16　陈洪钫主编. 基本有机化工分离工程. 北京: 化学工业出版社, 1981. 160~174

17　Horsley L. H. Azeotropic Data. Advances in Chemistry Series. No. 6(1952), No. 35(1962), No. 116
　　(1972)

18　Prokopakis G. J. and Seider W. D. AIChE. J. 1983, (29): 1017

19　Doherty M. F. and Buzad G. *Trans* IChemE, 1992, 70(Sep. Part A): 448

20　肖剑, 刘家祺. 化工进展. 1999, 18(2): 8

21　Johnson A I, Furter W F. Can. J. *Chem. Eng*. 1969, 38: 78

22　Pitzer K S. J. Amer. *Chem. Soc*. 1980, 102: 2902

23　Mock B, Evans L B. Chen C C. AICHE J. 1968, 32: 1655

24　Kuiner A. Sep. Sci. And Tech. 1993, 28: 1799~1818

25　段占廷, 雷良恒. 石油化工. 1980, 4: 41

4. 气 体 吸 收

气体吸收是气体混合物一种或多种组分从气相转移到液相的过程。而吸收的逆过程，即溶质从液相中分离出来转移到气相的过程，称为解吸。

吸收过程按溶质数的多少可分为单组分吸收和多组分吸收；按溶质与液体溶剂之间的作用性质可分为物理吸收和化学吸收；按吸收温度状况可分为等温吸收和非等温吸收。

在多组分吸收中，混合气中有几个组分同时被吸收。工业上最常遇到的一种多组分吸收过程是用液态烃混合物吸收气态烃混合物。其实，混合气体中所谓不能溶解的惰性组分，多少也能溶解一些，只是溶解量甚少，可不加考虑而已。能溶解的各组分，在混合气中的含量及其溶解度各不相同，因而它们的分离程度也不一样。物理吸收指的是气体溶质与液体溶剂之间不发生明显的化学反应，即纯属溶解过程，例如用油回收气态轻烃，用水吸收二氧化碳。若气体溶质进入液相之后与溶剂或溶剂中的活性组分进行化学反应，则所进行的过程称为化学吸收。按其化学反应的类型，又分发生可逆反应和不可逆反应的化学吸收过程。例如，用乙醇胺溶液吸收二氧化碳为可逆反应，而用稀硫酸吸收氨进行的是不可逆反应。

对于物理吸收，液相中溶质的平衡浓度基本上是它在气相中分压的函数。吸收的推动力是气相中溶质的实际分压与溶液中溶质的平衡蒸气压之差。在化学吸收中，进入溶液的溶质部分或全部转变为其他化学物，此溶质的平衡蒸气压便有所降低，甚至可以降到零。这样就使吸收推动力提高，从而提高吸收速率，并且使一定量溶剂能吸收更多数量的溶质。因此，化工生产中常采用化学吸收。若进行的化学反应是可逆的，可用加热、减压等方法将溶剂回收使用。

气体溶解时一般都放出溶解热。化学吸收中则还有反应热。若混合气中被吸收组分的含量低，溶剂用量大，则系统温度的变化并不显著，可按等温吸收考虑。有些吸收过程，例如用水吸收 HCl 蒸气或 NO_2 蒸气，用稀硫酸吸收氨，放热量很大，若不进行中间冷却，则气液两相的温度都有很大改变，成为非等温吸收。

吸收和解吸常用于气体的净制和产品的分离。代表性的工业应用见表4-1。

本章是在先修课程已掌握有关原理和计算方法的基础上，深化气液相平

表 4-1　工业吸收过程

溶质	溶剂	吸收类型	溶质	溶剂	吸收类型
丙酮	水	物理吸收	萘	液态烃	物理吸收
氨	水	物理吸收	二氧化碳	NaOH 水溶液	不可逆化学吸收
乙醇	水	物理吸收	氯化氢	NaOH 水溶液	不可逆化学吸收
甲醛	水	物理吸收	氰化氢	NaOH 水溶液	不可逆化学吸收
氯化氢	水	物理吸收	氟化氢	NaOH 水溶液	不可逆化学吸收
氟化氢	水	物理吸收	硫化氢	NaOH 水溶液	不可逆化学吸收
二氧化硫	水	物理吸收	氯	水	可逆化学吸收
三氧化硫	水	物理吸收	一氧化碳	铜氨溶液	可逆化学吸收
苯和甲苯	液态烃	物理吸收	CO_2 和 H_2S	一乙醇胺或二乙醇胺溶液	可逆化学吸收
丁二烯	液态烃	物理吸收	CO_2 和 H_2S	二乙二醇、三乙二醇	可逆化学吸收
丙烷和丁烷	液态烃	物理吸收	一氧化氮	水	可逆化学吸收

衡知识；分析吸收过程的特点；论述多组分吸收和解吸过程的简捷计算方法（严格计算方法见第 6 章）以及介绍化学吸收的基本原理。

4.1　汽液相平衡

如果一个混合物处于其中大多数组分的临界温度以上的系统温度，则习惯上称该混合物为"气体"。气体混合物中的组分不容易冷凝成液体，然而它们仍能溶解于适当的溶剂中。因此气体的溶解度即气液平衡是吸收和解吸操作的热力学基础。下面分别叙述物理吸收和化学吸收的相平衡关系。

4.1.1　物理吸收的相平衡[1]

低压下气体在液体中的溶解度常以经验公式亨利定律来表示：

$$x_2 = p_2/H \text{ 或 } p_2 = Hx_2 \tag{4-1}$$

式中　p_2——溶质在气相中的分压，Pa；

x_2——溶质在液相中的溶解度（摩尔分数）；

H——亨利系数，Pa。

亨利系数的数值由溶剂和溶质的性质以及系统的温度所决定。亨利定律的适用范围是：溶质气体的分压为常压，溶质溶于溶剂时不发生解离、缔合或化学反应，并为稀溶液。在式（4-1）所适用的范围内，根据一组平衡数据便可求出 H 值。在一般手册中均汇编有常用气体在某些溶剂中的 H 值[2~5]。

随着压力的提高，气体的溶解度关系不再符合由式（4-1）所描述的亨利定律。如图 4-1 所示，CO_2 在 2.5~70 MPa 压力范围内，其总压与 CO_2 在水中的溶解度 x_2 的关系是很明显的曲线。

普遍化的亨利定律已由式（2-22）至式（2-24）导出。若仍以组分 2 表

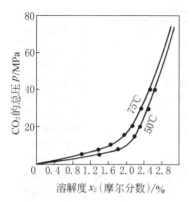

图 4-1 CO_2 在水中的溶解度

示溶质，则可写成

$$\hat{f}_2 = H_p x_2 \tag{4-2}$$

该式中的 H_p 区别于式（4-1）中的 H，它不仅取决于溶剂、溶质的性质和系统的温度，而且也和系统的总压有关。因此，需要气体在高压下的溶解度数据时，仅仅将式（4-1）中的 p_2 改为 $\hat{f}_2$ 是不够的，同时还应校正 H 值因压力改变而产生的变化。克利切夫斯基（Кричевский）公式可用来计算高压下气体的溶解度[6]。公式推导如下：

根据式（4-2），溶质的气液平衡关系

$$\hat{f}_2^G = \hat{f}_2^L \tag{4-3}$$

$\hat{f}_2$ 为 p、T 及组成的函数,故当 T 一定时 $\hat{f}_2^L$ 的全微分为

$$\mathrm{d}\hat{f}_2^L = \left(\frac{\partial \hat{f}_2^L}{\partial p}\right)_{T,x_2} \mathrm{d}p + \left(\frac{\partial \hat{f}_2^L}{\partial x_2}\right)_{T,p} \mathrm{d}x_2 \tag{4-4}$$

由式(4-2)和式(4-3)可得出

$$\left(\frac{\partial \hat{f}_2^L}{\partial x_2}\right)_{T,p} = H_p = \frac{\hat{f}_2^L}{x_2} \tag{4-5}$$

依据热力学定律

$$\left(\frac{\partial \hat{f}_2^L}{\partial p}\right)_{T,x_2} = \hat{f}_2^L \left(\frac{\partial \ln \hat{f}_2^L}{\partial p}\right)_{T,x_2} = \hat{f}_2^L (\bar{V}_2^L / RT) \tag{4-6}$$

将式(4-5)和式(4-6)代入式(4-4)得

$$\frac{\mathrm{d}\hat{f}_2^L}{\hat{f}_2^L} = \frac{\mathrm{d}x_2}{x_2} + \frac{\bar{V}_2^L}{RT}\mathrm{d}p \tag{4-7a}$$

或

$$\mathrm{d}\ln\frac{\hat{f}_2^L}{x_2} = \frac{\bar{V}_{m,2}^L}{RT}\mathrm{d}p \qquad (T \text{ 一定}) \tag{4-7b}$$

$\bar{V}_2^L$ 为溶质在溶液中的偏摩尔体积。假定 $\bar{V}_2^L$ 与 p 和组成无关，取为常数，则从温度 T 的纯溶剂蒸汽压 p_1^S（即 $x_2 \to 0$）积分到总压 p，并以式（4-3）代入，得

$$\ln\frac{\hat{f}_2^G}{x_2} = \ln H' + \frac{\bar{V}_{m,2}^L(p - p_1^S)}{RT} \qquad (T \text{ 一定}) \tag{4-8}$$

式中 $H' \equiv (\hat{f}_2^G / x_2)_{T,p_1^S}$ 是溶质 2 在 T、p_1^S 条件下的亨利系数。若令

$$\ln H = \ln H' - \frac{\overline{V}_{m,2}^{L} p_1^{S}}{RT}$$

则式(4-8)变成

$$\ln \frac{\hat{f}_2^{G}}{x_2} = \ln H + \frac{p \overline{V}_2^{L}}{RT} \qquad (T \ 一定) \qquad (4-9)$$

式(4-9)中 H 为 $p=0$ 时的亨利系数。因为在低压下亨利系数不随压力而变化,所以它也就是低压下的亨利常数。

由式(4-9)可见,在一定温度下,$\ln(\hat{f}_2^{G}/x_2)$ 对总压 p 作图成直线关系,由其斜率得到 $\overline{V}_2^{L}/RT$ 值,由截矩得到 $\ln H$ 值。这意味着用溶解度数据可求得液相中溶质的偏摩尔体积 $\overline{V}_2^{L}$。反过来,若已知某温度下的 $\overline{V}_2^{L}$ 以及低压、同温度下的亨利系数,便能计算高压下的气体溶解度。或者有了同一温度不同压力下的两个溶解度数值,可求出任何压力下的溶解度。使用式(4-9)时,气相中溶质的逸度 $\hat{f}_2^{G}$ 可用各种形式的逸度系数计算,并且当假定气相为理想溶液时,$\hat{f}_2^{G} = f_2 y_2$。

气体的溶解度一般随温度的升高而减小,但相反的情况也是有的。常用半经验式表示温度对溶解度的影响:

$$\lg H = a + b \lg T + c/T \qquad (4-10)$$

手册查到的气体溶解度数据大部分都是 298.15 K、101.3 kPa 下的测定值,因此由该温度下的亨利系数可通过下列关系计算其他温度下的亨利系数

$$\ln(H/H_0) = A(1 - T_0/T) + B\ln(T/T_0) + C(T/T_0 - 1) \qquad (4-11)$$

式中 H_0 是 T_0 (298.15 K) 时的亨利系数。该式用于计算气体在水中的亨利系数,气体在非水液体中的亨利系数以及弱电解质在水溶液中的亨利系数。必须从有关手册中查得 A、B、C 等常数。

【例 4-1】 试计算 40 ℃、60 MPa 时 C_2H_6 在水中的溶解度。已知亨利系数关系式

$$\lg H = 105.8565 - 32.9747 \lg T - \frac{5\,300.902}{T}$$

(T 和 H 的单位分别为 K 和 kPa)。40 ℃ 时 C_2H_6 在水中的偏摩尔体积 $\overline{V}_2^{L} = 53.0 \ cm^3/mol$。

解: 首先计算 40 ℃,C_2H_6 在水中的亨利系数

$$\lg H = 105.8565 - 32.9747 \lg(313.15) - \frac{5\,300.902}{313.15}$$

$$H = 4\,290\,935.4 \ kPa$$

由式 (4-9) 得

$$\ln\left(\frac{\hat{f}_2^G}{x_2}\right)_p = \ln(4\,290\,935.4) + \frac{60 \times 10^6 \times 53 \times 10^{-6}}{8.314 \times 313.15} = 23.4$$

所以 $\qquad \hat{f}_2^G / x_2 = 1.453\,3 \times 10^{10}$ （Pa/摩尔分数）

查得 C_2H_6 临界常数 $\qquad T_c = 305.38$ K

$$p_c = 4\,870.5 \text{ kPa}$$

对比温度和对比压力为

$$T_r = 1.025\,6; \quad p_r = 12.319$$

由普遍化逸度系数图查得 $f/p = 0.265$

所以 $\qquad \hat{f}_2^G = f_2 = 15.9 \times 10^6$ Pa

故 $\qquad x_2 = 15.9 \times 10^6 / (1.453\,3 \times 10^{10}) = 0.001\,09$（摩尔分数）

4.1.2 有化学效应的气体溶解度[7]

当溶质在溶剂中发生离解、缔合或化学反应时，溶质在液相中总的含量（各种形式含量的总和），与平衡分压的关系不再符合亨利定律。图 4-2 表示 Cl_2 在水中的溶解度。由于 Cl_2 在水中发生反应和离解，水溶液中的氯以三种形式存在：①分子 Cl_2；②离子 Cl^-；③次氯酸 HOCl。故 Cl_2 的分压与其在水中溶解度呈曲线关系。在这种情况下，溶质的溶解度即服从汽液平衡关系，又服从化学反应平衡关系。如果亨利定律仍然适用的话，则它只反映气相溶质分压与液相中未反应的溶质浓度（如前例中液相中分子 Cl_2 的浓度）的关系。

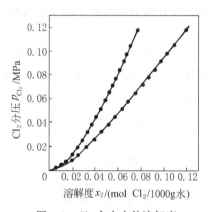

图 4-2 Cl_2 在水中的溶解度

假设溶质 A 与溶质 B 发生反应，汽液和反应平衡表示为

$$a\,A$$
$$\Updownarrow H_A$$
$$a\,A + b\,B \underset{}{\overset{K_a}{\rightleftharpoons}} m\,M + n\,N$$

化学反应平衡常数

$$K_a = \frac{\alpha_M^m \alpha_N^n}{\alpha_A^a \alpha_B^b} = \frac{c_M^m c_N^n}{c_A^a c_B^b} \times \frac{\gamma_M^m \gamma_N^n}{\gamma_A^a \gamma_B^b} \qquad (4\text{-}12)$$

令 $\dfrac{\gamma_M^m \gamma_N^n}{\gamma_A^a \gamma_B^b} = K_\gamma$，其值在理想溶液时等于 1，则

$$K = \frac{K_a}{K_\gamma} = \frac{c_M^m c_N^n}{c_A^a c_B^b} \qquad (4\text{-}13)$$

式中 a、b、m 和 n 分别为各组分的化学计量系数；c 为组分的浓度；α 和 γ

分别为组分的活度和活度系数。当相平衡关系服从亨利定律时，$p_A = H_A c_A$，与上式联立得到

$$p_A = H_A \left(\frac{c_M^m c_N^n}{K_{c_B}^b} \right)^{1/a} \tag{4-14}$$

显然，由于 M 和 N 组分的生成按化学计量关系消耗了液相中一定数量的溶质 A，故在相同 p_A 条件下，伴有化学反应的溶质溶解度必定大于物理溶解时的溶解度。

【例 4-2】 用 Na_2CO_3 溶液吸收 CO_2。已知溶液中阳离子（Na^+）的浓度 $c_{Na^+} = 1.5 \text{ kmol/m}^3$，$CO_2$ 与 Na_2CO_3 的化学平衡常数 $K' = K_{c_{H_2O}} = 10\,000$，溶解过程的亨利系数 $H = 3.0 \times 10^6 \text{ m}^3 \cdot \text{Pa/kmol}$。求气相中 CO_2 分压为 $p_{CO_2} = 1.0 \times 10^4 \text{ Pa}$ 时，液相中 CO_2 的溶解度。

解： Na_2CO_3 溶液吸收 CO_2 用如下反应式表示：

$$CO_2(g)$$
$$\Updownarrow$$
$$CO_2(l) + CO_3^{2-} + H_2O \Longleftrightarrow 2HCO_3^-$$

假设汽液平衡关系服从亨利定律

$$p_{CO_2} = H c_{CO_2}$$

则 $c_{CO_2} = p_{CO_2}/H = 1.0 \times 10^4/(3.0 \times 10^6) = 0.003\,33 \text{ kmol/m}^3$

化学平衡常数

$$K' = \frac{c_{HCO_3^-}^2}{c_{CO_2} c_{CO_3^{2-}}} \tag{1}$$

设碳酸根（$c_{CO_3^{2-}}$）的初始浓度为 $c_{CO_3^{2-}}^0$，则

$$c_{CO_3^{2-}}^0 = \frac{1}{2} c_{Na^+} = 0.75 \text{ kmol/m}^3$$

达到平衡时

$$c_{CO_3^{2-}} = c_{CO_3^{2-}}^0 - \frac{1}{2} c_{HCO_3^-} \tag{2}$$

由式(1)和式(2)联立求解溶液中碳酸氢根的浓度，得

$$c_{HCO_3^-} = 1.385 \text{ kmol/m}^3$$

故 CO_2 的溶解度

$$c_{CO_2}^0 = c_{CO_2} + \frac{1}{2} c_{HCO_3^-} = 0.003\,33 + 0.692\,5 = 0.695\,83 \text{ kmol/m}^3$$

可见，由于 CO_2 与 Na_2CO_3 的化学反应，使 CO_2 的溶解度比假设为物理过

程增加了 200 多倍，相比之下，溶液中 CO_2 的浓度已可忽略不计。

若定义 Na_2CO_3 溶液的最大转化度

$$f_e = \frac{转化为碳酸氢钠的碳酸盐浓度}{碳酸钠溶液的起始浓度}$$

则

$$f_e = \frac{c_{HCO_3^-}/2}{c^0_{CO_3^{2-}}} = \frac{1.385/2}{0.75} = 0.923$$

该式反映了 Na_2CO_3 的利用率。

【例 4-3】 氯气在水中溶解时有离解现象。已知 20 ℃，Cl_2 在水中的溶解度数据：

Cl_2 分压/kPa	溶解度/mol(Cl_2)/L(水)
13.33	0.025 1
79.99	0.086 5

计算 20 ℃条件下的亨利系数和离解反应平衡常数。

解：在 Cl_2/H_2O 物系中，溶解在水中的部分 Cl_2 发生如下离解反应

$$H_2O + Cl_2(溶液中) \rightleftharpoons HOCl + H^+ + Cl^-$$

可用下式表示反应平衡常数

$$K = \frac{c_{H^+} + c_{Cl^-} c_{HOCl}}{c_{Cl_2}} \tag{1}$$

式中 c_{H^+}、c_{Cl^-} 分别为氢离子和氯离子的浓度，g 离子/L（水）；c_{HOCl} 和 c_{Cl_2} 分别为 HOCl 和 Cl_2 的浓度，mol/L（水）。

依反应计量关系得

$$c_{H^+} = c_{Cl^-} = c_{HOCl} \tag{2}$$

因此，氯在水溶液中的总浓度

$$c^0_{Cl_2} = c_{Cl_2} + \frac{1}{2}c_{Cl^-} + \frac{1}{2}c_{HOCl} \tag{3}$$

按亨利定律

$$p_{Cl_2} = Hc_{Cl_2} \tag{4}$$

由式(1)、(2)和式(3)导出

$$c^0_{Cl_2} = c_{Cl_2} + (Kc_{Cl_2})^{1/3} \tag{5}$$

最后将式(4)代入式(5)得到下式

$$\frac{c^0_{Cl_2}}{p_{Cl_2}^{1/3}} = \frac{p_{Cl_2}^{2/3}}{H} + \left(\frac{K}{H}\right)^{1/3} \tag{6}$$

在一定温度条件下，$c^0_{Cl_2}/p_{Cl_2}^{1/3}$ 对 $p_{Cl_2}^{2/3}$ 作图得一直线。由直线的斜率得到 $1/H$，由截距得到 $(K/H)^{1/3}$，进而可求出 H 和 K 值。结果为：

$$H = 1\ 362 \qquad \mathrm{kPa/\ (mol/L)}$$
$$K = 3.69 \times 10^{-4} \qquad \mathrm{(g\ 离子/L)^2}$$

4.2 吸收和解吸过程

4.2.1 吸收和解吸过程流程

吸收流程一般是简单的。新鲜的或再生的吸收剂从吸收塔顶进塔，与塔中上升气流逆流操作，通过在塔板或填料上混合和接触，气相中的溶质被吸收剂吸收。解吸和吸收在应用上密切相关。为了使吸收过程中的吸收剂，特别是一些价格较高的溶剂能够循环使用，就需要通过解吸过程把被吸收的物质从溶液中分出而使吸收剂得到再生。此外，以回收利用被吸收气体组分为目的时，也必须解吸。对于分离多组分气体混合物成几个馏分或几个单一组分的情况，合理地组织吸收-解吸流程就更加重要了。伴有吸收剂回收的流

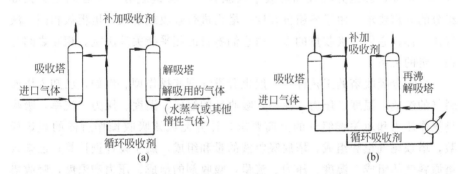

图 4-3　伴有吸收剂回收的流程图
(a) 用蒸汽或惰性气体的解吸塔；
(b) 用再沸器的解吸塔

程如图 4-3 所示。采用惰性气体的解吸过程是吸收过程的逆过程。惰性气体为解吸剂，在解吸塔中，气、液相浓度变化的规律与吸收相反，由于组分不断地从液相转入气相，液相浓度由上而下逐渐降低，而惰性气体中溶质的量不断增加，故气相浓度由下而上逐渐增大。为了使解吸过程在较高的温度下进行，可以用水蒸气作为解吸剂，促使溶质的解吸更趋完全。采用再沸器的解吸塔实际上进行的是用间接蒸汽加热的解吸过程，由于温度升高，溶质从吸收液中解吸为气相。

4.2.2 多组分吸收和解吸过程分析[8]

吸收（解吸）和精馏同属于传质过程，它们之间有很多共同的地方，但

是如果仔细加以分析，吸收解吸过程尚有它自己的一些特点。

一、吸收和解吸过程的设计变量数和关键组分

按照第 1 章 1.4 节归纳出来的确定设计变量的原则，很容易定出吸收塔和解吸塔的设计变量数：

吸收塔		解吸塔	
(a) 压力等级数	N	(a) 压力等级数	N
(b) 原料气	$c+2$	(b) 解吸剂	$c'+2$
(c) 吸收剂	$c'+2$	(c) 吸收液	$c+2$
N_x	$c+c'+4+N$	N_x	$c+c'+4+N$
N_a（串级）	1	N_a（串级）	1

多组分吸收和解吸像多组分精馏一样，不能对所有组分规定分离要求，只能对吸收和解吸操作起关键作用的组分即关键组分规定分离要求。但由 $N_a=1$ 可知，多组分吸收和解吸中只能有一个关键组分。一旦规定了关键组分的分离要求，由于各组分在同一塔内进行吸收或解吸，塔板数相同，液气比一样，它们被吸收量的多少由它们各自的相平衡关系决定。相互之间存在一定的关系。

多组分吸收塔的工艺计算一般也分设计型和操作型。例如，已知入塔原料气的组成、温度、压力、流率，吸收剂的组成、温度、压力、流率，吸收塔操作压力和对关键组分的分离要求，计算完成该吸收操作所需的理论板数，塔顶尾气量和组成，塔底吸收液的量和组成，属于设计型计算；已知入塔原料气的组成、温度、压力、流量，吸收剂的组成、压力和温度，吸收塔操作压力，对关键组分的分离要求和理论板数，计算塔顶加入的吸收剂量，塔顶尾气量和组成，塔底吸收液量和组成，则属于操作型计算。解吸塔的情况相似，只是将进出塔的物流相应变化即可。

一般的精馏塔是一处进料，塔顶和塔釜出料。而吸收塔或解吸塔是两处进料、两处出料，相当于复杂塔。

二、单向传质过程

精馏操作中，汽液两相接触时，汽相中的较重组分冷凝进入液相，而液相中的较轻组分被汽化转入汽相。因此，传质过程是在两个方向上进行的。若被分离混合物中各组分的摩尔汽化潜热相近，往往假定塔内的汽相和液相都是恒摩尔流，计算过程要简单得多。而吸收过程则是气相中某些组分溶到不挥发吸收剂中去的单向传质过程。吸收剂由于吸收了气体的溶质而流量不断增加，气体的流量则相应地减小，因此，液相流量和气相流量在塔内都不能视为恒定的，这就增加了计算的复杂性。

Horton 和 Franklin 提出了用重贫油吸收 $C_1 \sim C_5$ 正构烷烃混合气体的多组分吸收计算结果[9]，图 4-4 表示了该过程的流量、温度、含量与理论板数的关系曲线。由图 4-4（a）可见，塔中气相和液相的总流量都是向下增大的，这是单向传质的结果，各组分由气相传入液相，而没有相当数量的物料返回气相。

解吸也是单向传质过程，但与吸收相反，溶质不是从气相传入液相，而是从液相进入气相，塔中气相和液相总流量是向上增大的。

三、吸收塔内组分的分布

从图 4-4（c、d）可以看出，甲烷和乙烷溶解度很小，几乎不被油所吸

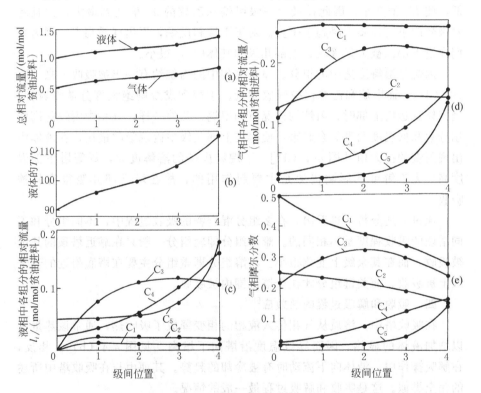

图 4-4　多组分吸收过程的变化形式

（a）总流量；（b）液体温度；（c）液体组分流量；（d）气体组分流量；（e）气体组成

收，因而在气相中甲烷和乙烷的流量基本上不变，但在塔上部稍有降低。这说明只有一个平衡级，这些组分在液体中就几乎完全达到了平衡，此后 l_i 几乎没有什么变化。

戊烷在气相各组分中溶解度最大，因此在原料气体进塔后，立刻在塔下部的几级中被吸收。到达上部几级时，气体中仅剩下微量戊烷。因而在上部

几级中传入液体的戊烷不多，戊烷在液体中的流量保持不变，至下部几级液相中戊烷的流量迅速增加 [图 4-4 (d)、(c)]。丁烷是次于最大溶解度的组分，它在下部几级中也很快被吸收，但不如戊烷那样快。

由于在塔下部几级戊烷和丁烷被大量吸收，因而气体中戊烷和丁烷含量显著下降。甲烷和乙烷相对地不被吸收，总气体流量向上减少，甲烷和乙烷在气体中的摩尔分数不断上升 [图 4-4 (e)]。

尽管甲烷和乙烷的吸收量很小，但在某级出现极大值 [图 4-4 (c)]。这是温度和气相摩尔分数变化的结果。溶质在液相中的平衡浓度由 $x_i = y_i/K_i$ 求得。在上部几级中，甲烷和乙烷在气相中的摩尔分数是较高的，而温度较低，使 K_i 值变小。因此在最上一级甲烷和乙烷的 x_i 值达到最大，并且随着级数向下而逐步下降趋于平直。对于丁烷和戊烷，不出现最高点，因为它们在塔下部已被大量吸收，上部几级的气体中 y_i 很小。

丙烷是溶解度适中的组分。原料气相中的丙烷约有一半被吸收下来 [图 4-4 (d)]，而甲烷和乙烷仅被吸收微量，丁烷和戊烷则绝大部分被吸收掉。当气体到达塔上部时，丙烷的情况将和甲烷、乙烷一样，气相中丙烷的高摩尔分数和低温度两者结合起来，使得在上部几级中丙烷吸收最快，在液体中出现丙烷的极大值 [图 4-4 (d)]。丁烷和戊烷的溶解度大，尽管塔下部温度高，大溶解度的影响仍然是主要起作用的，故在塔下部几级很容易被吸收。

通过上述分析不难看出，在多组分混合物的吸收过程中，不同组分和不同塔段的吸收程度是不相同的。难溶组分即轻组分一般只在靠近塔顶的几级被吸收，而在其余级上变化很小。易溶组分即重组分主要在塔底附近的若干级上被吸收，而关键组分才在全塔范围内被吸收。

四、吸收和解吸过程的热效应[10]

在吸收塔中，溶质从气相传入液相的相变释放了吸收热，通常该热量用以增加液体的显热，因而导致温度沿塔向下增高 [见图 4-4 (b)]。相反，在解吸操作中，液体向下流动时有被冷却的趋势。其理由与在吸收塔中所述的完全类似。这是吸收和解吸过程最一般的情况。

吸收过程所释放的热量在液体和气体中的最终分配很大程度上取决于两股物流热容量 $L_M c_{p,L}$ 和 $G_M c_{p,V}$ 的相对大小。L_M 为液相流率，G_M 为气体流率，$c_{p,L}$ 为液体比热容，$c_{p,V}$ 为气体比热容。如果在塔顶 $L_M c_{p,L}$ 明显大于 $G_M c_{p,V}$，则上升气体的热量传给吸收剂，使离开塔的尾气温度与进塔吸收剂的温度相近。在这种情况下，吸收所释放的全部热量提高了吸收液的温度，从塔底移出。在接近塔底的塔段，高温吸收液加热进塔气体，使部分热量返回塔中，引起温度分布上出现极大值。图 4-5 为净化天然气中 CO_2 和

H_2S 的吸收塔中温度和组成分布图。吸收剂为乙醇胺、乙二醇的水溶液。由于 $L_M c_{p,L}/G_M c_{p,V}=2.5$，所以塔顶出口气和进口吸收剂的温度基本相同（41.7 ℃）。而在塔底，两股物流的温度差较大，吸收液为 79.4 ℃，原料气为 32.2 ℃。

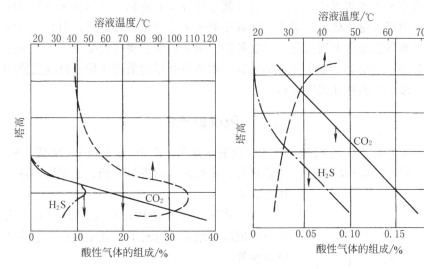

图 4-5　高含量 H_2S、CO_2
气体吸收的温度和含量分布

图 4-6　低含量 H_2S、CO_2
气体吸收的温度和含量分布

如果气体的热容量比吸收剂明显地高，则大部分热量被气体带出。图 4-6 表示低含量酸性气体的天然气吸收过程。由于吸收剂流率不高，同时 $L_M c_{p,L}/G_M c_{p,V}=0.2$，因此当吸收剂沿塔下流时，它被气体冷却，在接近于原料气温度的条件下出塔。吸收所释放的全部热量以尾气显热的形式带出。

如果 $L_M c_{p,L}$ 和 $G_M c_{p,V}$ 近似相等，并且有明显的热效应，则出塔尾气和吸收液的温度将超过它们的进口温度。在这种情况下，热量在液体和气体之间的分配取决于塔中不同位置因吸收而放热的情况。

如果液体吸收剂有明显的挥发性，它可能在塔下部的几级中部分气化，使该气化的吸收剂在进气中的含量趋于平衡组成。Bourne 等曾就常压下用水吸收空气中的氨的问题，分析过这一现象。他们指出，因吸收而加热液体和因吸收剂气化而冷却液体的相反作用，会在沿塔的中部出现温度的极大值。

在吸收过程中，溶解热将使气体和液体的温度发生变化，温度的变化又会对吸收过程产生影响。一方面，因为相平衡常数不仅是液相浓度的函数，而且是液相温度的函数，一般说来，吸收放热使液体温度升高，故相平衡常数增大，过程的推动力减小；另一方面，由于吸收放热，气体和液体之间产生温差，这就使得在相间传质的同时发生相间传热。

4.3 多组分吸收和解吸的简捷计算法[11,12]

在单组分吸收中，当吸收量不太大时，往往被假设为等温过程，塔内气相和液相流率也假设固定不变，这样就使计算大为简化。多组分吸收就不同了，不但吸收量比较大，塔内气液两相流率不能看做一成不变，而且由于气体溶解热所引起的温度变化已不能忽略。因此，要获得精确结果，必须采用严格解法，这是第 6 章要介绍的内容。本节所介绍的简捷法用于过程设计的初始阶段和对操作作粗略分析。

4.3.1 吸收因子法

图 4-7 是具有 N 块理论板的吸收塔示意图，图中 1、2、……N 代表理论板序号，排列顺序由塔顶开始。n 表示任意一块理论板。

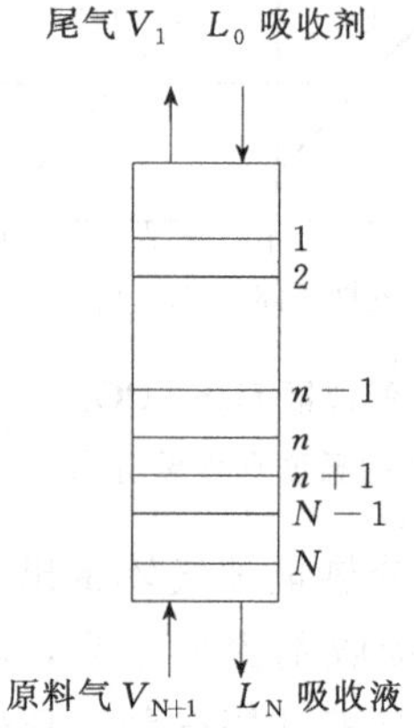

尾气 V_1　L_0 吸收剂

原料气 V_{N+1}　L_N 吸收液

图 4-7　具有 N 块理论板
的吸收塔示意图

以 v 表示气相流股中组分 i 的流率；以 l 表示液相流股中组分 i 的流率，对 n 板作 i 组分的物料衡算。

$$l_n - l_{n-1} = v_{n+1} - v_n \qquad (4-15)$$

任一组分 i 的相平衡关系可表示为

$$y = Kx$$

也就是说

$$\frac{v}{V} = K\frac{l}{L}$$

整理后得
$$l = (L/KV) \cdot v = Av \qquad (4-16)$$

A 定义为吸收因子或吸收因数。它是综合考虑了塔内气液两相流率和平衡关系的一个数群。L/V 值大，相平衡常数小，有利于组分的吸收。

用吸收因子代入物料衡算式消去 l_n 和 l_{n-1}

$$v_n = \frac{v_{n+1} + A_{n-1}v_{n-1}}{A_n + 1} \qquad (4-17)$$

当 $n=1$ 时，由式 (4-17) 得：

$$v_1 = \frac{v_2 + A_0 v_0}{A_1 + 1} \qquad (4-18)$$

由式 (4-16) 可知，$v_0 = l_0/A_0$，代入式 (4-18)

$$v_1 = \frac{v_2 + l_0}{A_1 + 1} \tag{4-19}$$

当然，要借助于式（4-19）由 l_0 算出 v_1 是不可能的，因为 v_2 还没有计算出来，但我们可以想像，如果逐板向下推到塔底，那么有关原料气的组成情况我们是知道的。

当 $n=2$ 时，由式（4-17）得：

$$v_2 = \frac{v_3 + A_1 v_1}{A_2 + 1} = \frac{(A_1 + 1) v_3 + A_1 l_0}{A_1 A_2 + A_2 + 1} \tag{4-20}$$

逐板向下直到 N 板，得：

$$v_N = \frac{(A_1 A_2 A_3 \cdots A_{N-1} + A_2 A_3 \cdots A_{N-1} + \cdots + A_{N-1} + 1) v_{N+1} + A_1 A_2 \cdots A_{N-1} l_0}{A_1 A_2 A_3 \cdots A_N + A_2 A_3 \cdots A_N + \cdots + A_N + 1} \tag{4-21}$$

为了消去 v_N，做全塔物料衡算：

$$l_N - l_0 = v_{N+1} - v_1$$

由式（4-16）得 $l_N = A_N v_N$，代入上式，

$$v_N = \frac{v_{N+1} - v_1 + l_0}{A_N} \tag{4-22}$$

由于式（4-21）等于式（4-22），得

$$\frac{v_{N+1} - v_1}{v_{N+1}} = \frac{A_1 A_2 A_3 \cdots A_N + A_2 A_3 \cdots A_N + \cdots + A_N}{A_1 A_2 A_3 \cdots A_N + A_2 A_3 \cdots A_N + \cdots + A_N + 1}$$
$$- \frac{l_0}{v_{N+1}} \left(\frac{A_2 A_3 \cdots A_N + A_3 A_4 \cdots A_N + \cdots + A_N + 1}{A_1 A_2 \cdots A_N + A_2 A_3 \cdots A_N + \cdots + A_N + 1} \right) \tag{4-23}$$

该式关联了吸收率、吸收因子和理论板数，称为哈顿-富兰克林（Horton-Franklin）方程[9]。

应当指出，该公式在推导中未作任何假设，是普遍适用的，但严格按照上式求解吸收率、吸收因子和理论板数之间的关系还是很困难的。因为各板上的相平衡常数是温度、压力和组成的函数，而这些条件在计算之前是未知的，各板上气液相流率也是未知的。因此，必须对吸收因子的确定进行简化处理。

1. 平均吸收因子法

该法假定各板上的吸收因子是相同的，即采用全塔平均的吸收因子来代替各板上的吸收因子。至于平均值的求法，不同作者提出了不同的方法，如有的采用塔顶和塔底条件下吸收因子的平均值，也有的采用塔顶和塔底温度的平均值作为计算相平衡常数的温度，并根据吸收剂流率和进料气流来计算吸收因子。所以，这类方法只有在塔内液气比变化不大的情况下才是准确的。应用上述假设，并经一系列变换，式（4-23）可简化为：

$$\frac{v_{N+1}-v_1}{v_{N+1}-v_0}=\frac{A^{N+1}-A}{A^{N+1}-1}=\varphi \tag{4-24}$$

式中 $v_{N+1}-v_1$ 表明气体中某组分通过吸收塔后被吸收的量，而 $v_{N+1}-v_0$ 则是根据平衡关系计算的该组分最大可能吸收量，两者之比表示相对吸收率。当吸收剂不含溶质时，$v_0=0$，相对吸收率等于吸收率。

　　式（4-24）所表达的是相对吸收率和吸收因子、理论板数之间的关系。为了便于计算，克雷姆塞尔等把式（4-24）绘制成曲线，如图 4-8 所示。当规定了组分的吸收率以及吸收温度和液气比等操作条件时，可查图得到所需的理论板数；当规定了吸收率和理论板数时，可查图得到吸收因子，从而求得液气比。

　　直接解式（4-24）可用于求解 N：

$$N=\frac{\lg\left(\dfrac{A-\varphi}{1-\varphi}\right)}{\lg A}-1 \tag{4-25}$$

　　关键组分的吸收率是根据分离要求决定的，有了关键组分的吸收率，再有关键组分的吸收因子，即可利用图 4-8 或式（4-25）确定理论板数。

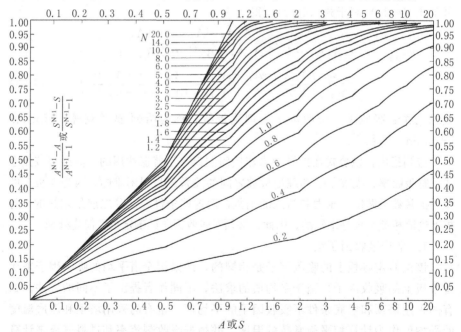

图 4-8　吸收因子（或解吸因子）图

A—吸收因子；S—解吸因子；N—理论板数

关键组分的吸收因子 $A_{关}=L/(VK_{关})$，$K_{关}$ 一般取全塔平均温度和压力下的数值，因而计算 $A_{关}$ 的关键在于确定操作液气比 L/V。为此首先要确定最小液气比，它基本上等于最小吸收剂的比用量，定义为在无穷多塔板的条件下，达到规定分离要求时，1 kmol 的进料气所需吸收剂的 kmol 数。

当 $N=\infty$ 时，由图 4-8 可以看出 $\varphi=A$，故 $(L/V)_{最小}=K\cdot\varphi$，通常取适宜的吸收剂比用量 $L/V=(1.2\sim2)(L/V)_{最小}$。

由关键组分求出液气比和理论板数后，进一步求得非关键组分的吸收因子，通过查图得到各组分的吸收率，再由物料衡算定出塔顶尾气量 v_1 和尾气组成 y_1，吸收剂用量 L_0 以及塔底吸收液量 L_N 和组成 x_N。

【例 4-4】 已知原料气组成为：

组　分	CH_4	C_2H_6	C_3H_8	$i\text{-}C_4H_{10}$	$n\text{-}C_4H_{10}$	$i\text{-}C_5H_{12}$	$n\text{-}C_5H_{12}$	$n\text{-}C_6H_{14}$
摩尔分数	0.765	0.045	0.035	0.025	0.045	0.015	0.025	0.045

拟用不挥发的烃类液体为吸收剂在板式吸收塔中进行吸收，平均吸收温度为 38 ℃，操作压力为 1.013 MPa，要求 $i\text{-}C_4H_{10}$ 的回收率为 90%。计算：最小液气比；操作液气比为最小液气比的 1.1 倍时所需的理论板数；各组分的吸收率和塔顶尾气的数量和组成；塔顶应加入的吸收剂量。

解： 查得在 1.013 MPa 和 38 ℃ 下各组分的相平衡常数列于下表。

① 最小液气比的计算：

在最小液气比下 $N=\infty$；$A_{关}=\varphi_{关}=0.9$

$(L/V)_{最小}=K_{关}A_{关}=0.56\times0.9=0.504$

② 理论板数的计算：

操作液气比 $L/V=1.1(L/V)_{最小}=1.1\times0.504=0.5544$

关键组分 $i\text{-}C_4H_{10}$ 的吸收因子为：

$$A_{关}=\frac{L}{K_{关}V}=\frac{0.5544}{0.56}=0.99$$

按式 (4-25)，理论板数为：

$$N=\frac{\lg\dfrac{0.99-0.9}{1-0.9}}{\lg0.99}-1=9.48$$

③ 尾气数量和组成的计算：

组　分	进料中各组分的量 $v_{N+1}/$ (kmol/h)	相平衡常数 K	吸收因子 A	吸收率 φ	被吸收量 $v_{N+1}\varphi/$ (kmol/h)	塔顶尾气 数　量 $V_{N+1}(1-\varphi)$ kmol/h	塔顶尾气 组　成 y(摩尔分数)
CH_4	76.5	17.4	0.032	0.032	2.448	74.05	0.923
C_2H_6	4.5	3.75	0.148	0.148	0.668	3.834	0.048
C_3H_8	3.5	1.3	0.426	0.426	1.491	2.009	0.025

组　分	进料中各组分的量 v_{N+1}/ (kmol/h)	相平衡常数 K	吸收因子 A	吸收率 φ	被吸收量 $v_{N+1}\varphi$/ (kmol/h)	塔顶尾气	
						数　量 $V_{N+1}(1-\varphi)$ kmol/h	组　成 y(摩尔分数)
$i\text{-}C_4H_{10}$	2.5	0.56	0.99	0.90	2.250	0.250	0.003
$n\text{-}C_4H_{10}$	4.5	0.4	1.386	0.99	4.455	0.045	0.000 6
$i\text{-}C_5H_{12}$	1.5	0.18	3.08	1.00	1.500	0.0	0.0
$n\text{-}C_5H_{12}$	2.5	0.144	3.85	1.00	2.500	0.0	0.0
$n\text{-}C_6H_{14}$	4.5	0.056	9.9	1.00	4.500	0.0	0.0
合　计	100.0				19.810	80.190	1.00

④ 塔顶加入的吸收剂量：

塔内气体的平均流率为：

$$V=\frac{100+80.19}{2}=90.10 \text{ kmol/h}$$

塔内液体的平均流率为：

$$L=\frac{L_0+(L_0+19.81)}{2}=L_0+9.905$$

由 $L/V=0.554\ 4$，得：$L_0=40.05$ kmol/h

2. 平均有效吸收因子法

埃迪密斯特（Edmister）提出，采用平均有效吸收因子 A_e 和 A'_e 代替各板上的吸收因子，并且使式（4-23）左端的吸收率保持不变。这种方法所得结果颇为满意，因此得到广泛应用[13]。

平均有效吸收因子 A_e 和 A'_e 分别定义如下：

$$\frac{A_e^{N+1}-A_e}{A_e^{N+1}-1}=\frac{A_1A_2\cdots A_N+A_2A_3\cdots A_N+\cdots+A_N}{A_1A_2\cdots A_N+A_2A_3\cdots A_N+\cdots+A_N+1} \tag{4-26}$$

$$\frac{1}{A'_e}\left(\frac{A_e^{N+1}-A_e}{A_e^{N+1}-1}\right)=\frac{A_2A_3\cdots A_N+A_3A_4\cdots A_N+\cdots+A_N+1}{A_1A_2\cdots A_N+A_2A_3\cdots A_N+\cdots+A_N+1} \tag{4-27}$$

式（4-23）可改写为：

$$\frac{v_{N+1}-v_1}{v_{N+1}}=\left(1-\frac{L_0}{A'_e v_{N+1}}\right)\left(\frac{A_e^{N+1}-A_e}{A_e^{N+1}-1}\right) \tag{4-28}$$

把只有两块理论板的吸收塔的推导结果引深到具有 N 块理论板的吸收塔中去；得到：

$$A'_e=\frac{A_N(A_1+1)}{A_N+1} \tag{4-29}$$

$$A_e=\sqrt{A_N(A_1+1)+0.25}-0.5 \tag{4-30}$$

若吸收剂中不含有被吸收组分，即 $L_0=0$，则式（4-28）简化为：

$$\frac{v_{N+1}-v_1}{v_{N+1}}=\frac{A_e^{N+1}-A_e}{A_e^{N+1}-1} \tag{4-31}$$

若已知进料的流率、组成及温度；进塔吸收剂的流率、组成及温度，塔的操作压力和理论板数，按平均有效吸收因子法确定塔顶尾气和出口吸收液的流率与组成的计算步骤如下：

① 用平均吸收因子法估计各组分的尾气量 v_1 和塔底的吸收液量 l_N。

② 假设尾气温度（T_1），通过全塔热衡算确定塔底吸收液的温度（T_N）。

$$L_0 h_{L0}+V_{N+1}\cdot H_{V,N+1}=L_N h_{LN}+V_1 H_{V1}+Q \tag{4-32}$$

式中　$H，h$——分别为气相和液相的摩尔焓；

　　　　Q——吸收塔移出的热量。

③ 估计离开顶板的液体流率（L_1）和从底板上升的气体流率（V_N）。Edmister 建议用下式预测流率和温度。

$$\frac{V_n}{V_{N+1}}=\left(\frac{V_1}{V_{N+1}}\right)^{1/N} \tag{4-33}$$

$$\frac{T_N-T_n}{T_N-T_0}=\frac{V_{N+1}-V_{n+1}}{V_{N+1}-V_1} \tag{4-34}$$

式（4-33）表明，假设各板的吸收率相同；式（4-34）表明，假设塔内的温度变化与吸收量成正比。

④ 计算每一组分在顶板和底板条件下的吸收因子。

⑤ 用式（4-29）和式（4-30）计算有效吸收因子。

⑥ 用图 4-8 确定吸收率。

⑦ 作组分物料衡算，计算尾气和出口吸收液的组成。

⑧ 校核全部假设。

平均有效吸收因子法对气、液流率和温度的估算与实际情况有相当出入，但通过它们求出的各组分回收率与用严格计算结果仍较接近。

Owens 和 Maddox[14] 分析了大量用计算机进行多组分吸收塔逐板计算的结果，发现理论板自 3 至 12 的塔，都有大约 80% 的吸收量发生于塔顶、底两板，因此认为全塔吸收因子用顶板、底板和代表其余 $N-2$ 块板共三个吸收因子表示更接近于实际情况。该法称为改进的有效吸收因子法。

上面仅对平均有效吸收因子法和改进的有效吸收因子法作了简要的说明，详细情况见原始文献。计算举例见有关文献[2]。随着大量化工模拟计算软件的研制和开发，在过程设计中已广泛应用吸收和解吸的严格计算方法，因此这类相当复杂的有效吸收因子法已逐渐被取代。而平均吸收因子法由于简捷和可为严格计算提供初值，仍具有实用价值。

4.3.2 解吸因子法

如图 4-9 所示的解吸塔，用类似式（4-23）的推导方法可导出。

$$\frac{l_{N+1}-l_1}{l_{N+1}}=\frac{S_N S_{N-1}\cdots S_1+S_N S_{N-1}\cdots S_2+\cdots+S_N}{S_N S_{N-1}\cdots S_1+S_N S_{N-1}\cdots S_2+\cdots+S_N+1}$$
$$-\frac{v_0}{l_{N+1}}\left(\frac{S_N S_{N-1}\cdots S_2+S_N S_{N-1}\cdots S_3+\cdots+S_N+1}{S_N S_{N-1}\cdots S_1+S_N S_{N-1}\cdots S_2+\cdots+S_N+1}\right) \qquad (4\text{-}35)$$

式中 S_N——第 N 板上组分的解吸因子，$S_N=K_N V_N/L_N$。

用全塔平均解吸因子代替各板解吸因子，式（4-35）可化简为

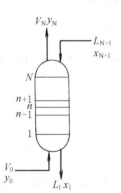

图 4-9 解吸塔

$$\frac{l_{N+1}-l_1}{l_{N+1}}=\left(1-\frac{v_0}{Sl_{N+1}}\right)\left(\frac{S^{N+1}-S}{S^{N+1}-1}\right) \qquad (4\text{-}36)$$

或

$$\frac{l_{N+1}-l_1}{l_{N+1}-l_0}=\frac{S^{N+1}-S}{S^{N+1}-1}=C_0$$

C_0 称为相对解吸率，是组分的解吸量与在气体入口端达到相平衡的条件下可解吸的该组分最大量之比。对于用惰性气流的气提来说，因入塔气体中不含被解吸组分，相对解吸率等于解吸率。

表示 $C_0\text{-}S\text{-}N$ 关系的曲线称为解吸因子图，它与吸收因子图是同一张图（见图 4-8），使用方法也相同。但要注意，两者的塔板编号顺序是相反的。

为了提高计算的准确性，式（4-35）中的解吸因子用有效解吸因子 S_e' 和 S_e 代替，得

$$\frac{l_{N+1}-l_1}{l_{N+1}}=\left(1-\frac{v_0}{S_e' l_{N+1}}\right)\left(\frac{S_e^{N+1}-S_e}{S_e^{N+1}-1}\right) \qquad (4\text{-}37)$$

式中

$$S_e'=\frac{S_N (S_1+1)}{S_{N+1}} \qquad (4\text{-}38)$$

$$S_e=\sqrt{S_N (S_1+1)+0.25}-0.5 \qquad (4\text{-}39)$$

已知关键组分的解吸率和各组分的解吸因子，计算所需理论板数和非关键组分的解吸率的计算步骤与吸收类似。

【例 4-5】 用空气气提废水中的挥发性有机物。操作温度 21 ℃、压力 103 kPa。废水和气提气的流率分别为 13 870 kmol/h 和 538 kmol/h。解吸塔 20 块实际板。废水中各有机物的含量和必要的热力学性质见下表。

组　分	在废水中质量浓度 mg/L	21 ℃时，在水中溶解度 （摩尔分数）	蒸汽压（21 ℃） kPa
苯	150	0.000 40	10.5
甲　苯	50	0.000 12	3.10
乙　苯	20	0.000 035	1.03

希望脱出 99.9% 的有机物。不知道确切的塔效率，估计在 5%～20% 之间，该塔相应有 1～4 块理论板。计算每种理论板下各有机物的解吸率 C_0。哪些条件下能达到预期的分离程度？

解： 假设忽略空气的吸收和水的气提。各组分的解吸因子 $S_i = K_i V/L$，式中 V、L 按进口条件计。K_i 值用 $K_i = \gamma_i p_i^S / p$ 计算，对溶解度很小的组分 $\gamma_i = 1/x_i^*$，x_i^* 为溶解度（摩尔分数），因此 $K_i = p_i^S / (x_i^* p)$。K 和 S 的计算结果如下表：

组　　分	K_i (21 ℃，103 kPa)	S_i
苯	255	9.89
甲　苯	249	9.66
乙　苯	284	11.02

由式（4-36）计算各种情况各组分的解吸率 C_0

组　　分	解吸率 C_0			
	1 块板	2 块板	3 块板	4 块板
苯	90.82	99.08	99.91	99.99
甲　苯	90.62	99.04	99.90	99.99
乙　苯	91.68	99.25	99.93	99.99

解吸率即回收率，随理论板的变化很敏感（见附图）。为达到挥发性有机物总解吸率 99.9%，需 3 块理论板。对现有 20 块板的塔，板效率需大于 15%。

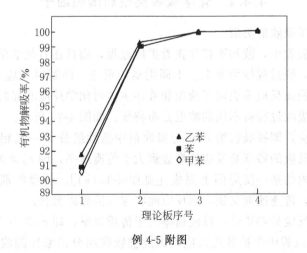

例 4-5 附图

4.4 化 学 吸 收

工业上的吸收过程很多都带有化学反应，称之为化学吸收。其目的是为了利用化学反应增强吸收速率和吸收率。对于化学吸收，溶质从气相主体向气液界面的传质机理与物理吸收相同；液相中反应对传质速率的影响反映在三个方面：增强传质推动力；提高传质系数和增大填料层有效接触面积。

溶质气体 A 扩散通过气液界面之后，因与液相中的反应物起反应而被消耗，使液相主体中 A 的浓度 c_{AL} 降低，增加了传质推动力 $(c_{Ai}-c_{AL})$。当反应是不可逆的，且反应进行较快并有足够长的停留时间时，液相主体中溶质的浓度可降低到很低甚至接近于零，此时推动力就等于界面上溶质 A 的浓度 c_{Ai}。推动力的提高导致了传质速率的增大。

化学反应可使所溶解的溶质未扩散到液相主体以前，在液膜中部分地以致全部消耗掉，意味着它在液相中扩散阻力减小，液相传质系数增大，因而总传质系数也增大。传质系数增加的程度，随反应机理的不同而有很大差别。

对于填料吸收塔，液体散布在填料表面上形成薄膜，有些地方比较薄而且流动得快，另一些地方则相反，甚至停滞不动。在物理吸收中，流动很慢或停滞不动的液体易被溶质饱和而不能再进行吸收；但在化学吸收中，这些液体还可以吸收更多的溶质才达饱和。于是，对物理吸收不再是有效的填料润湿表面，对化学吸收仍然可能是有效的。

化学吸收的优点是吸收剂的吸收容量大，用量少。提高了过程的吸收率，降低了设备的投资和能耗。由于化学吸收中反应可以是可逆的或不可逆的，所以在解吸和溶剂回收流程以致应用场合上都不相同。

4.4.1　化学吸收类型和增强因子

一、化学吸收的类型

在化学吸收中，液相不仅存在着扩散过程，而且还有化学反应，且两者交织在一起，使过程较为复杂。不同类型的反应，即瞬时反应、快速反应、中速反应和慢速反应等决定了液膜和液相主体对化学反应所起的作用，表现出各类化学吸收过程有不同的浓度分布特征。如图 4-10 所示。

瞬时反应，即被吸收组分 A 与吸收剂中活性组分 B 一旦相遇立即完成反应。此类反应的特征是反应速率远远大于传质速率，即 $r_A \gg N_A$ 此类反应必将在液膜内的某一反应面上完成 [见图 4-10(a)]。若吸收剂活性组分 B 的浓度很高，传递速度又快，则反应面将与气液界面重合。

当化学反应足够快时，反应速率大于传质速率，即 $r_A > N_A$ 此时，被吸收组分 A 在液膜中边扩散边反应，因此被吸收组分的浓度随膜厚的变化不再是直线关系，而是一个向下弯曲的曲线。在液膜内存在着一个反应物 A 和 B 的共存区，在这个区域内完成反应 [见图 4-10(b)]。

中速反应的特征是 $r_A \approx N_A$。组分 A 从液膜开始，边扩散边反应。反应区一直扩散到液相主体，[见图 4-10(c)]。

慢速反应其反应速率远远小于传质速率，即 $r_A \ll N_A$。组分 A 通过液膜扩散时来不及反应便进入液相主体，因此反应主要在液相主体中进行，液膜的传质阻力是整个化学吸收过程阻力的组成部分 [见图 4-10(d)]。

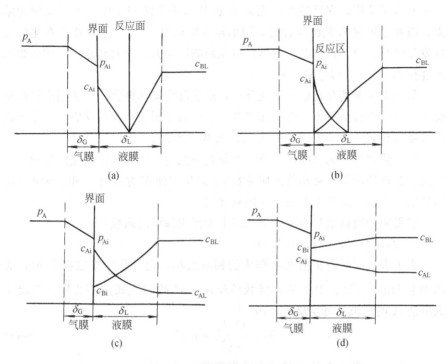

图 4-10　化学吸收的浓度分布

二、增强因子

在化学吸收中，反应的存在不仅影响气液平衡关系，而且影响传质速率。由于反应在液相中进行，故仅仅影响液相传质速率。一般说来，化学反应的结果会使液相分传质系数 k_L 增加，但影响 k_L 的因素错综复杂，既有化学动力学方面的，又有界面上影响物理传质的诸因素。尽管多年来对化学吸收的传质理论进行了大量研究，但从基本原理出发预测 k_L 并未取得多大进展。一个有成效的方法是引入"增强因子"的概念来表示化学反应对传质速率的增强程度。所谓增强因子就是与相同条件下的物理吸收比较，由于化学反应而使传质系数增加的倍数。增强因子 E 的定义式为：

$$E = k_L / k_L^\circ \tag{4-40}$$

式中　k_L——化学吸收的液相分传质系数，m/s；

　　　k_L°——无化学反应的液相分传质系数，m/s。

相应的吸收速率方程为

$$N_A = k_L(c_{Ai} - c_{AL}) = Ek_L^{\circ}(c_{Ai} - c_{AL}) \tag{4-41}$$

式中　N_A——组分 A 的吸收速率，$kmol/(m^2 \cdot s)$；

　　　c_{Ai}、c_{AL}——分别为气液界面和液相主体中被吸收组分 A 的浓度，$kmol/m^3$。

对慢速反应，在反应发生之前 A 已扩散进入液相主体。由于反应的结果，液相主体中 A 的浓度较低，因而传质推动力（$c_{Ai} - c_{AL}$）比没有化学反应发生时高。对于该情况，化学反应仅影响推动力，而对液相分传质系数无增强作用，故 $k_L = k_L^{\circ}$ 和 $E = 1$。

另一个极端情况是瞬时可逆反应，由于反应瞬时即完，在液相中已达到化学平衡。在该情况下，传质速率与化学动力学无关，而与反应物以及产物的传递过程有关。增强因子 E 很大，其数量级为 $10^2 \sim 10^4$。

在上述两种情况之间存在着一个很宽的范围，一般包括快速反应和中速反应。在该情况下，液相分传质系数 k_L 是反应速率的函数，同时也受传质的影响。然而，E 基本上与这些因素无关。

增强因子的数值常表示为下列两个无因次参数的函数：

1. 八田数（Hatta number）

为了表示反应与扩散两者作用的相对大小，定义化学吸收参数 M，而八田数 $Ha = \sqrt{M}$。对于不同级数的反应，M 的表达式并不相同。若反应为溶质 A 的一级不可逆反应，则

$$M = \frac{D_A k_1}{(k_L^{\circ})^2} = Ha^2 \tag{4-42}$$

式中　k_1——溶质 A 的一级反应速率常数，s^{-1}；

　　　D_A——A 在液相中的扩散系数，m^2/s。

若反应为溶质 A 与溶剂中活性组分 B 的二级不可逆反应，则

$$M = \frac{D_A k_2 c_{BL}}{(k_L^{\circ})^2} = Ha^2 \tag{4-43}$$

式中　k_2——溶质 A 与组分 B 的二级反应速率常数，$m^3/kmol \cdot s$；

　　　c_{BL}——液相主体中 B 的浓度，$kmol/m^3$。

八田数 Ha（或化学吸收参数 M）的数值愈大，则溶质从界面扩散到液相主体过程中在膜内的反应量愈大；此值为零时，膜中无反应，即为物理吸收。

2. 浓度-扩散参数

为了表示液膜内 B 向界面扩散的速度与 A 向液相主体扩散的速度的相对大小，定义浓度-扩散参数

$$Z_D = \left(\frac{D_B}{\nu D_A}\right)\left(\frac{c_{BL}}{c_{Ai}}\right) \tag{4-44}$$

式中 ν——化学计量比，等于与 1 molA 起反应的 B 的摩尔数；

D_B——B 在液相中的扩散系数，m^2/s。

其他符号的意义同前。

4.4.2 化学吸收速率

一、反应-扩散方程

为了研究化学吸收过程液相中的传质，必须建立反应-扩散微分方程式，然后根据具体反应过程进行积分求解，最终求得增强因子和伴有化学反应的液相分传质系数。

下面分析化学吸收过程中单位面积的微元传质情况，如图 4-11 所示。

设 Z 为微元至气液界面的距离。分析厚度为 dZ 的微元液膜体积的物料平衡。

在 Z 处扩散进入微元液膜的组分 A 的速率为：

$$-D_A \left(\frac{\partial c_A}{\partial Z} \right)$$

从 $(Z+dZ)$ 处扩散离开微元液膜的组分 A 的速率为：

$$-D_A \left(\frac{\partial c_A}{\partial Z} + \frac{\partial^2 c_A}{\partial Z^2} dZ \right)$$

在 dZ 之间组分 A 的反应速率为：

$$r_A dZ$$

在 dZ 之间组分 A 的累积速率为：

$$\frac{\partial c_A}{\partial \tau} dZ$$

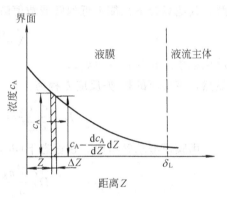

图 4-11 化学吸收微元液膜

根据物料平衡方程：

（扩散进入微元液膜的速率）－（扩散离开微元液膜的速率）

＝（积累速率）＋（反应速率）

得

$$-D_A \frac{\partial c_A}{\partial Z} + D_A \left(\frac{\partial c_A}{\partial Z} + \frac{\partial^2 c_A}{\partial Z^2} dZ \right)$$

$$= \frac{\partial c_A}{\partial \tau} dZ + r_A dZ$$

简化为

$$D_A \frac{\partial^2 c_A}{\partial Z^2} = \frac{\partial c_A}{\partial \tau} + r_A \qquad (4-45)$$

式（4-45）是扩散-反应微分方程。它描述的是被吸收组分浓度随体系的空间（Z）、时间（τ）和化学反应（r）的变化规律。在具体求解时需根据不同传质机理和反应机理进行分析，同一化学吸收过程可用不同的传质模型求解，对不同化学吸收系统可区分为瞬时、快速和慢速反应等不同类型。在反应机理上可以是一级的、二级的和 n 级反应，可以是可逆的和不可逆的，以及是单一反应和复杂反应等。因此，求解化学吸收要比物理吸收来得复杂。在许多情况下，以膜模型、渗透模型和表面更新模型所解得的结果，其互相间的差异要小于在这些计算中所用的物理量的不可靠性，因此，对模型的选用多以使用是否方便为依据。一般来说，膜模型的计算比较简单，因它只需处理常微分方程而无需处理偏微分方程。

二、一级不可逆反应

目前，只有对一级反应即 r 为线性函数时，才能对式（4-45）求解析解，其他场合下只能求近似解或数值解。

$$A \xrightarrow{k_1} P$$

反应速率方程为：$r_A = k_1 c_A$

显然，该反应的扩散-反应方程为：

$$D_A \frac{\partial^2 c_A}{\partial Z^2} = \frac{\partial c_A}{\partial \tau} + k_1 c_A \tag{4-46}$$

用膜模型求解析解。在稳态下 $(\partial c_A / \partial \tau) = 0$，则式（4-46）变成：

$$D_A \frac{\partial^2 c_A}{\partial Z^2} = k_1 c_A \tag{4-47}$$

初始和边界条件为：

$$Z = 0 \quad c_A = c_{Ai}$$
$$Z = \delta_L \quad c_A = c_{AL}$$

解式（4-47），得

$$c_A = \frac{1}{\sinh Ha}\left[c_{AL} \sinh Z\sqrt{\frac{k_1}{D_A}} + c_{Ai} \sinh\left(\frac{D_A}{k_L^\circ} - Z\right)\sqrt{\frac{k_1}{D_A}}\right] \tag{4-48}$$

在化学吸收时，界面上 A 的扩散量包括通过液膜的传递量和与吸收剂活性组分的反应量，根据费克定律

$$N_A = -D_A\left(\frac{\partial c_A}{\partial Z}\right)_{Z=0} \tag{4-49}$$

将式（4-48）代入式（4-49），解得

$$N_A = k_L^\circ \left(c_{Ai} - \frac{c_{AL}}{\cosh Ha}\right)\frac{Ha}{\tanh Ha} \tag{4-50}$$

$\cosh Ha$——双曲余弦 $\left(=\dfrac{\mathrm{e}^{Ha}+\mathrm{e}^{-Ha}}{2}\right)$；

$\tanh Ha$——双曲正切 $\left(=\dfrac{\mathrm{e}^{Ha}-\mathrm{e}^{-Ha}}{\mathrm{e}^{Ha}+\mathrm{e}^{-Ha}}\right)$。

当 $Ha>3$ 时，为快速反应，$\tanh Ha\approx 1$，溶质在达到液相主体之前完全反应。在这种情况下，$c_{AL}=0$，式（4-50）变成

$$N_A=c_{Ai}\sqrt{D_A k_1}\qquad(4\text{-}51)$$

假如没有反应发生，因为 $N_A=k^\circ_L c_{Ai}$，所以

$$E=k_L/k^\circ_L=\sqrt{D_A k_1}/k^\circ_L=Ha\qquad(4\text{-}52)$$

由式（4-51）可以看出，此时吸收速率仅取决于 k_1、D_A 和 c_{Ai}，而与流体力学条件无关，任何加剧液相湍动的措施均不能提高吸收速率，只有改善反应条件和界面浓度以及增加传质表面积才能使吸收率提高。

对于慢速反应 $M\ll 1$（或 $\sqrt{M}<0.3$），$\tanh\sqrt{M}\approx\sqrt{M}$，$\cosh\sqrt{M}\approx 1$，所以 $E\approx 1$，吸收过程的液相分传质系数与物理吸收相同。

三、二级不可逆反应

在工业上有许多化学吸收所进行的是二级不可逆反应，本小节省略推导过程，仅提出推导结果：

$$A+\nu B\xrightarrow{k_2}P$$

动力学方程为：

$$r_A=k_2 c_A c_B;\quad r_B=\nu r_A\qquad(4\text{-}53)$$

其扩散反应方程为：

$$D_A\frac{\partial^2 c_A}{\partial Z^2}=\frac{\partial c_A}{\partial \tau}+k_2 c_A c_B\qquad(4\text{-}54)$$

$$D_B\frac{\partial^2 c_B}{\partial Z^2}=\frac{\partial c_B}{\partial y\tau}+\nu k_2 c_A c_B\qquad(4\text{-}55)$$

（1）瞬时反应 推导结果为

$$N_A=k^\circ_L c_{Ai}\left(1+\frac{D_B c_{BL}}{\nu D_A c_{Ai}}\right)\qquad(4\text{-}56)$$

$$E_\infty=1+\frac{D_B c_{BL}}{\nu D_A c_{Ai}}\qquad(4\text{-}57)$$

式中 c_{BL}——组分 B 在液相主体中的浓度，$kmol/m^3$；

D_B——组分 B 在液相中的扩散系数，m^2/s；

E_∞——瞬时反应的增强因子；

ν——与 1 molA 反应的 B 的物质的量（mol）。

吸收速率由 A 与 B 各自扩散到反应面上的速率决定，反应速率的大小

对吸收速率无关紧要。当 $c_{Ai} \ll c_{BL}$ 时，上式可简化为：

$$N_A = k^\circ_L \frac{D_B c_{BL}}{\nu D_A}$$

(4-58)

在该情况下，吸收速率与 c_{Ai} 无关，即与溶质的界面分压无关，而由 B 向界面的扩散速率所控制。

（2）快速反应 在快速反应的边界条件下，式（4-54）和式（4-55）无解析解。Kreveien 和 Hoftijzer 计算了近似解[15]。这些近似解可拟合成下列方程。

$$N_A = E k^\circ_L c_{Ai}$$

(4-59)

$$E = \frac{Ha[(E_\infty - E)/(E_\infty - 1)]^{1/2}}{\tanh\{Ha[(E_\infty - E)/(E_\infty - 1)]^{1/2}\}}$$

(4-60)

Ha 和 E_∞ 的公式分别见式（4-43）和式（4-57）。式（4-59）的拟合误差小于 10%。

式（4-60）是隐函数，求解较复杂。将其用图 4-12 表示很方便实用。

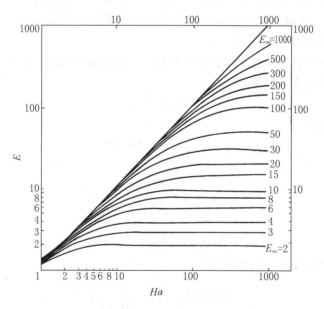

图 4-12 二级不可逆反应的增强因子（膜模型）

对给定的 E_∞ 值，随 Ha 的增加，E 逐渐趋向极限值 E_∞。从图 4-12 可见，如果

$$Ha > 10 E_\infty$$

或

$$\sqrt{D_A k_2 c_{BL}} > 10 k^\circ_L \left(1 + \frac{D_B c_{BL}}{b D_A c_{Ai}}\right)$$

(4-61)

即反应速率常数很大，或液相反应物浓度（c_{BL}）远远小于气体溶解度（c_{Ai}），或

液相分传质系数很小，则式（4-59）与 $N_A = k°_L c_{Ai} E_\infty$ 在数值上很接近。

若 $$Ha < 0.5 E_\infty$$

或 $$\sqrt{D_A k_2 c_{BL}} < 0.5 k°_L \left(1 + \frac{D_B c_{BL}}{b D_A c_{Ai}}\right) \qquad (4\text{-}62)$$

由图 4-12 表示增强因子的点，将落在非常靠近从左下角到右上角的对角线上。在这些情况下，反应是拟一级的，其增强因子可由式（4-50）给出。因在 $c_{AL} = 0$ 时，式（4-50）变成：

$$N_A = k°_L c_{Ai} E$$

式中的 $E = Ha / \tanh Ha$。此种情况下的物理意义是在反应进行的过程中传质系数足够大，以致液相反应物浓度实际上不变，并直到界面附近为止都等于液相主体浓度 c_{BL}。

若满足式（4-62），同时还满足：

$$Ha > 3$$

即 $$\sqrt{D_A k_2 c_{BL}} > 3 k°_L$$

从图 4-12 可见，可以近似地认为：

$$E = Ha$$

即 $$N_A = c_{Ai} \sqrt{D_A k_2 c_{BL}} \qquad (4\text{-}63)$$

它表示快速拟一级反应。

【例 4-6】 用 NaOH 溶液吸收 CO_2，溶液中 NaOH 的浓度 $c_{BL} = 0.5\ \text{kmol/m}^3$，界面上 CO_2 的浓度 $c_{Ai} = 0.04\ \text{kmol/m}^3$，$k°_L = 1 \times 10^{-4}\ \text{m/s}$，$k_2 = 1 \times 10^4\ \text{m}^3/(\text{kmol} \cdot \text{s})$，$D_A = 1.8 \times 10^{-9}\ \text{m}^2/\text{s}$，$D_B/D_A = 1.7$。计算：① 吸收速率；② c_{Ai} 降低到何值时可视为拟一级反应，并求其吸收速率；③ c_{Ai} 高到何值时成为瞬时反应，并计算此情况下的吸收速率。

解： ① CO_2 与 NaOH 发生的化学反应为二级反应，由式（4-43）

$$Ha = \sqrt{D_A k_2 c_{BL} / (k°_L)^2}$$
$$= \sqrt{1.8 \times 10^{-9} \times 1 \times 10^4 \times 0.5 / (10^{-4})^2} = 30$$

因 $Ha > 3$，故该反应属二级快速反应。

由式（4-57）计算瞬时反应的增强因子（$\nu = 2$）

$$E_\infty = 1 + \frac{D_B c_{BL}}{\nu D_A c_{Ai}}$$
$$= 1 + \frac{1.7 \times 0.5}{2 \times 0.04} = 11.6$$

根据 Ha 和 E_∞ 值，在图 4-12 上查得 $E \approx 10$。吸收速率由式（4-59）求得

$$N_A = E k°_L c_{Ai}$$
$$= 10 \times 1 \times 10^{-4} \times 0.04 = 4.0 \times 10^{-5}\ \text{kmol/(m}^2 \cdot \text{s})$$

② 除 $Ha>3$ 外，拟一级反应成立的条件还有 $Ha<0.5E_\infty$，故可列出

$$30\leqslant 0.5\left(1+\frac{D_B c_{BL}}{\nu D_A c_{Ai}}\right)$$

代入 ν、D_B/D_A 和 c_{BL} 值，得到

$$c_{Ai}\leqslant 0.007\ 2\ kmol/m^3$$

此 c_{Ai} 值可视为一级反应的最高浓度。此时

$$E=Ha=30$$

吸收速率　　$N_A=30\times 1\times 10^{-4}\times 0.007\ 2=2.16\times 10^{-5}\ kmol/(m^2\cdot s)$

③ 瞬时反应成立的条件是满足式（4-63），即 $30>10E_\infty$

将式（4-57）代入

$$30>10\left(1+\frac{1.7\times 0.5}{2c_{Ai}}\right)$$

解得　　　　　　$c_{Ai}>0.213\ kmol/m^3$

此时　　　　　$E=E_\infty=1+\frac{1.7\times 0.5}{2\times 0.213}=3$

吸收速率 $N_A=3\times 1\times 10^{-4}\times 0.213=6.39\times 10^{-5}\ kmol/(m^2\cdot s)$

四、可逆反应

（1）一级可逆反应

$$A \underset{k_{-1}}{\overset{k_1}{\rightleftharpoons}} P$$

正反应速率常数是 k_1，逆反应速率常数是 k_{-1}，对于组分 A 和 P 为等扩散系数的情况，吸收速率由下式表示[16]：

$$N_A=\frac{k^\circ_L(c_{Ai}-c_{AL})(1+K)}{1+\{K\tanh[D_A k_1(1+K)/(k^\circ_L)^2 K]^{1/2}/[D_A k_1(1+K)/(k^\circ_L)^2 K]^{1/2}\}} \tag{4-64}$$

式中　　　　　　$K=(p_A/c_A)_{平衡}=k_1/k_{-1}$

当 $K\to\infty$，$c_{AL}\to 0$ 时，式（4-64）可简化为：

$$N_A=k^\circ_L c_{Ai}\frac{[D_A k_1/(k^\circ_L)^2]^{1/2}}{\tanh[D_A k_1/(k^\circ_L)^2]^{1/2}} \tag{4-65}$$

该式与 $c_{AL}=0$ 的一级不可逆反应的吸收速率方程是一样的。

（2）瞬时可逆反应

对于　　　　　　$A+bB \rightleftharpoons cP$

Danckwerts 推导出[17]

$$N_A=k^\circ_L\left[\left(c_{Ai}+\frac{D_P c_{Pi}}{D_A c}\right)-\left(c_{AL}+\frac{D_P c_{PL}}{D_A c}\right)\right] \tag{4-66}$$

当 A 和 P 的扩散系数相等时，该方程可简化为：

$$N_A = k^\circ_L \left[\left(c_{Pi} + \frac{c_{Pi}}{c} \right) - \left(c_{AL} + \frac{c_{PL}}{c} \right) \right] \tag{4-67}$$

或

$$N_A = k^\circ_L (c^T_{Ai} - c^T_{AL}) \tag{4-68}$$

式中 c^T_{Ai}——组分 A 在界面上的总浓度，包括反应和未反应的 A，kmol/m^3；

c^T_{AL}——组分 A 在液相主体中的总浓度，包括反应的和未反应的 A，kmol/m^3；

c——在化学反应式中生成产物 P 的分子数。

在式（4-67）中，c_{Ai}、c_{AL} 和 c_{PL} 是已知的，而 c_{Pi} 是未知的，c_{Pi} 实际上是在为气体所饱和的液相主体浓度下，得到的 P 的浓度，最终未反应组分 A 的浓度是 c_{Ai}。

反应速率达到无限大和假设所有组分的扩散系数相等，得到：

$$E_\infty = \frac{c^T_{Ai} - c^T_{AL}}{c_{Ai} - c_{AL}} \tag{4-69}$$

【例 4-7】 用氨水溶液吸收 H_2S。操作温度 25 ℃，H_2S 的分压为 10.13 kPa。经吸收，溶液中 H_2S 的总浓度为 0.5 kmol/m^3，NH_3 浓度 1 kmol/m^3（均指已反应的与未反应的总和）。反应是瞬时可逆的，化学平衡常数

$$K = \frac{[HS^-][NH_4^+]}{[H_2S][NH_3]} = 186 \text{ kmol/m}^3$$

NH_3 与 H_2S 的扩散系数大体上相等，H_2S 的亨利系数 $H_A = 1\,013$ kPa·m^3/kmol。试求吸收速率（表示成 k°_L 的倍数）。

解：因溶液与 H_2S 的气相分压成气液平衡，故未反应的 H_2S 浓度为

$$[H_2S] = c_{AL} = p/H_A = 10.13/1\,013 = 0.01 \text{ kmol/m}^3$$

设 达到平衡时溶液中氨的浓度 $[NH_3] = x$ kmol/m^3

则

$$[HS^-] = [NH_4^+] = 1 - x$$

因

$$\frac{(1-x)^2}{(0.01)(x)} = 186$$

解得 $x = 0.28$ kmol/m^3

于是得到达平衡时界面上未反应的和已反应的 H_2S 的总浓度为

$$c^T_{Ai} = [H_2S] + [HS^-]$$

$$= 0.01 + (1 - 0.28) = 0.73 \text{ kmol/m}^3$$

由式（4-68）

$$N_A = k^\circ_L (c^T_{Ai} - c^T_{AL})$$

$$= k^\circ_L (0.73 - 0.5) = 0.23 k^\circ_L$$

4.4.3　化学吸收和解吸计算

伴有化学反应的传质方程还没有广泛应用于吸收和解吸的设计上。更常用的设计方法是以相同的化学系统和在相似的设备上所取得的实验数据为基础的。

化学吸收的计算方法原则上与物理吸收是相同的，只是由于有化学反应发生，必须考虑由此而引起吸收速率的增加，即应当考虑增强因子。基本原则是联解物料衡算式、相平衡关系式、传质方程式和反应动力学方程式。计算的任务是：计算在一定回收率时的最小吸收剂用量，确定实际吸收剂用量；计算吸收塔的传质单元数或容积。此外，由于化学吸收的热效应较物理吸收大些，所以还要通过热量衡算来确定合适的换热方式，以保证过程在适宜的条件下进行。

下面仅推导填料吸收塔设计的基本公式。

对于组分 A，单位体积填料的气膜和液膜吸收速率方程分别为：

$$N_A a = k_G a(p_A - p_{Ai})$$
$$= k_G a p(y_A - y_{Ai}) \tag{4-70}$$
$$N_A a = E k_L^\circ a(c_{Ai} - c_{AL}) \tag{4-71}$$

气液平衡关系用亨利定律表示　　$p_A = H_A c_A$

将亨利定律代入式（4-71），然后与式（4-70）联立，得

$$N_A a = \cfrac{1}{\cfrac{1}{k_G a} + \cfrac{H_A}{E k_L^\circ a}} p(y_A - y_A^*) \tag{4-72}$$

式（4-72）正是用气相总传质系数表示的化学吸收速率方程，所以

$$K_G a = \cfrac{1}{\cfrac{1}{k_G a} + \cfrac{H_A}{E k_L^\circ a}} \tag{4-73}$$

对于物理吸收，气相总传质系数是：

$$K_G^\circ a = \cfrac{1}{\cfrac{1}{k_G a} + \cfrac{H_A}{k_L^\circ a}} \tag{4-74}$$

比较式（4-73）和式（4-74），得

$$K_G a = \cfrac{1+B}{1+B/E} K_G^\circ a \tag{4-75}$$

式中　$B = k_G H_A / k_L^\circ$；

k_G——气相分传质系数，$kmol/(m^2 \cdot s \cdot kPa)$；

k_L°——无化学反应时的液相分传质系数；m/s；

H_A——亨利常数，$kPa \cdot m^3/kmol$；

a——单位体积填料的传质表面积，m^2/m^3；

K_G°——物理吸收的气相总传质系数，$kmol/(m^2 \cdot s \cdot kPa)$；

K_G——化学吸收的气相总传质系数，$kmol/(m^2 \cdot s \cdot kPa)$。

设填料塔截面积为 S，那么在高度为 dZ 的填料层体积内，组分 A 的吸收速率为：

$$d(G'Sy_A) = GSd\left(\frac{y_A}{1-y_A}\right) = GS\frac{dy_A}{(1-y_A)^2} \tag{4-76}$$

式中 G'——单位塔截面积的混合气体摩尔流率，$kmol/(m^2 \cdot s)$；

G——单位塔截面积的惰气摩尔流率，$kmol/(m^2 \cdot s)$；

y_A——在气相主体中组分 A 的摩尔分数。

由式（4-72）、式（4-73）和式（4-75）也可求出在 dZ 的填料层体积内，A 的吸收速率。

$$N_A a S dZ = \frac{1+B}{1+B/E}k_G^\circ ap(y_A - y_A^*)SdZ \tag{4-77}$$

联立求解式（4-76）和式（4-77），积分得

$$Z = \frac{G}{K_G^\circ ap}\int_{y_2}^{y_1}\frac{dy_A}{(1-y_A)^2(y_A - y_A^*)(1+B)/(1+B/E)} \tag{4-78}$$

式中 Z——填料高度，m；

p——总压，kPa；

y_1、y_2——吸收塔气体进出口的气相摩尔分数。

式（4-78）是计算化学吸收填料塔填料高度的通用方程式。$G/K_G^\circ ap$ 对物理吸收是传质单元高度。积分项为传质单元数，是 k_G，k_L° 和 E 的函数。

化学吸收如果所进行的反应是可逆的，所得溶液便可进行解吸，化学吸收常使用专用的溶剂，故解吸溶质并回收溶剂是工艺过程中不可缺少的环节。

从溶液中取出溶剂的手段是减压与加热。解吸过程往往先是用减压闪蒸以取出一些较易除去的组分，然后在填充塔或板式塔内作彻底的解吸。塔釜内通入直接蒸汽或间接蒸汽加热；要解吸的溶液自塔顶送入或在接近塔顶处送入（以防止排出气体中有溶剂蒸气损失）。

有化学反应的解吸塔一直缺乏成熟的设计方法。到 20 世纪 80 年代初，Astarita 和 Savage[18] 提出，若化学吸收中对溶剂为一级反应，则化学吸收的理论亦可用于解吸，自慢反应至快反应为止。$N_A = Ek_L^\circ(c_{AL} - c_{Ai})$ 这个关系（表示推动力的浓度差，解吸与吸收的符号相反）可以直接使用。

其后，Weiland，Rawal 和 Rice[19] 指出，化学解吸用的增强因子虽只

决定于液相主体中 A 与 B 的浓度及界面上的浓度，但液相主体的浓度却与化学反应的热力学平衡有关。化学吸收的热效应包括反应热、溶解热及蒸气的冷凝潜热，不能忽略。据此，作者们开发出一个填充解吸塔的设计步骤，大意如下。

① 计算塔底的蒸气组成，假设再沸器（釜）为一个平衡级。

② 由总物料衡算与热衡算求塔顶蒸气组成。

③ 规定出一小段填料高度，将小段以内的气、液流速与组成均视为恒定，求出此段内的增强因子。从顶部的一小段开始，利用平衡关系与速率关系，计算此小段的传质速率。

④ 对此小段作热衡算以估计蒸气冷凝速率，作物料衡算以估算从此小段流下的液流速率与组成。

⑤ 将各量在此下小段顶部的值与在底部的值分别取平均。自第③步起重复算到各量的平均值收敛为止。若所选的小段规高度不大，则小段底部的流速与组成便能与实际相接近，此小段底部各量可以作为下一段的初值。

⑥ 如此逐段往下算，直到相当于塔底的状况（溶液解吸后浓度符合设计的要求）达到为止。各小段的高度之和即为所需的填料层高度。

Kohl 和 Riesenfeld 的专著[20] 第 2 章中刊载有 CO_2-MEA（甲乙酮）系统解吸的传统设计方法，包括再沸器热负荷的计算与提馏塔高度的估计。

本章符号说明

英文字母

A——吸收因子；

A_e——由式(4-30)定义的平均有效吸收因子；

A'_e——由式(4-29)定义的平均有效吸收因子；

a——活度，单位体积填料的传质表面积，m^2/m^3；

C_0——相对解吸率；

c——组分数；浓度，$kmol/m^3$；

D——扩散系数，m^2/s；

E——增强因子；

$\hat{f}_2$——溶质组分的逸度，Pa；

G、G'——分别为单位塔截面积的惰气摩尔流率和混合气摩尔流率，$kmol/(m^2 \cdot s)$；

H——亨利系数，$kPa \cdot m^3/kmol$；

Ha——八田数；

K——汽液平衡常数；化学平衡常数；总传质系数，$kmol/(m^2 \cdot s \cdot kPa)$；

k——反应速率常数；

k_L——化学吸收的液相分传质系数，m/s；

L——液相流率，$kmol/h$；

l——组分的液相流率，$kmol/h$；

M——化学吸收参数；

N——理论板数；传质速率，$kmol/(m^2 \cdot s)$；

p——压力，Pa；

p_A——组分 A 的分压，Pa；

Q——热负荷，kJ/h；

R——气体常数；

r——化学反应速率，$kmol/(m^3 \cdot s)$；

S——吸收剂流率,kmol/h;解吸因子;   下标

S_e——由式(4-39)定义的有效解吸因子;   1——一级反应;

S'_e——由式(4-38)定义的有效解吸因子;   2——二级反应;溶质;

V——气相流率,kmol/h;   A,B——组分;

$\overline{V}_2^L$——溶质在液相中的偏摩尔体积,cm³/   G——气相;

    mol;   L——液相主体;

v——组分的气相流率,kmol/h; i——组分;界面;

x——液相摩尔分数;   N——理论板数(平衡级数);

y——气相摩尔分数; n——塔板序号;

Z——填料高度,m;液膜中某位置距气液 p——压力;

    界面的距离,m;   ∞——瞬时反应。

Z_D——浓度-扩散参数。   上标

希腊字母   L——液相;

γ——液相活度系数;   S——饱和状态;

ν——化学计量比;   T——总量;

τ——时间,h 或 s;   V——气相;

φ——相对吸收率。   *——平衡状态;

   °——物理吸收。

习　题

1. 试计算 75 ℃、40.5 MPa 时 CO_2 在水中的溶解度。已知 75 ℃ CO_2 的亨利系数 $H=409.58$ MPa,CO_2 在溶液中的偏摩尔体积 $\overline{V}_{2,L}=31.4$ cm³/mol。CO_2 的临界温度 $T_C=304$ K,临界压力 $p_C=7.38$ MPa。

2. 溶质 A 溶解后又与溶剂 B 反应生成 M,而 M 在溶液中离解为离子,过程表示如下:

$$A(g)$$
$$\Vert H_A$$
$$A(l)+B(l)\underset{}{\overset{K}{\rightleftharpoons}}M(l)\overset{K_1}{\rightleftharpoons}K^++A^-$$

(g) 和 (l) 分别代表气相和液相,H_A 为亨利常数,K 和 K_1 分别表示反应平衡常数和离解平衡常数。试推导溶质 A 的气相分压与液相中 A 的总吸收浓度 c_A° 之间的关系。

3. 在 SO_2-H_2O 物系中,溶于水中的 SO_2 部分发生离解:

$$H_2O+SO_2\ (溶液中)\rightleftharpoons H^++HSO_3^-$$

已知 20 ℃该物系的亨利常数 $H=45.8$ kPa/ [mol/kg (H_2O)],离解反应平衡常数 $K=11.06\times10^{-3}$ (g⁻ 离子)²/mol·kg (H_2O)。计算气相中 SO_2 分压 $p=50$ kPa 时液相中 SO_2 的总浓度 mol (SO_2) /kg (H_2O)。

（提示：首先推导 SO_2 溶解度关系式）

4. 地下水的流率为 5.678 m³/min,其中含有三种挥发性有机物 (VOC_s),为达到饮用水标准,使其在板式塔中经空气气提处理。有关数据如下表所示。

组 分	K 值	含量/10⁻⁶	
		地下水	饮用水最大允许值
1,2-二氯乙烷(DCA)	60	85	0.005
三氯乙烯(TCE)	650	120	0.005
1,1,1-三氯乙烷(TCA)	275	145	0.200

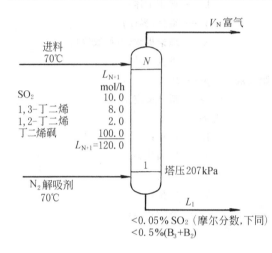

习题 5 附图

如果空气流率取为最小流率的两倍。操作温度 25 ℃、操作压力 101.3 kPa。试确定：（1）空气的流率；（2）所需的理论塔板数；（3）经解吸处理后的饮用水中每种 VOC 的含量。

5. 含 SO₂ 和丁二烯（B3 和 B2）的粗丁二烯砜用解吸操作使其中 SO₂ 的摩尔分数降低到小于 0.05%，丁二烯的摩尔分数小于 0.5%。以 N₂ 为解吸剂（即气提气）。已知 70 ℃ 时 SO₂、1,2-丁二烯、1,3-丁二烯和丁二烯砜的相平衡常数分别为 6.95、3.01、4.53 和 0.016。估计气提气的流率和所需理论板数。

6. 用 Kremser 法比较附图所示的吸收塔，在下列条件下所能达到的分离程度。这些条件分别是：（1）操作压力 $p = 517$ kPa，理论塔板数 $N = 6$；（2）$p = 1\,034$ kPa，$N = 3$；（3）$p = 1\,034$ kPa，$N = 6$。在 32 ℃ 和 517 kPa 条件下 $K_{n\text{-}C_{10}} = 0.001\,1$。

7. 某富气流率 1 000 kmol/h，其组成为：C_1 0.25，C_2 0.15，C_3 0.25，$n\text{-}C_4$ 0.20，$n\text{-}C_5$ 0.15（均为摩尔分数）。用 $n\text{-}C_{10}$ 作为吸收剂进行吸收操作，$n\text{-}C_{10}$ 流率 500 kmol/h。富气和吸收剂的进料温度分别为 21 ℃ 和 32 ℃，吸收塔操作压力为 405 kPa。试用 Kremser 法计算在下列条件下每一组分的吸收率：（1）理论板数 $N = 4$；（2）$N = 10$；（3）$N = 30$。

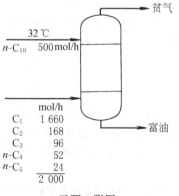

习题 6 附图

8. 具有 3 块理论板的解吸塔用于处理 1 000 kmol/h 的液体混合物，其组成为：C_1 0.03%，C_2 0.22%，C_3 1.82%，$n\text{-}C_4$ 4.47%，$n\text{-}C_5$ 8.59%，$n\text{-}C_{10}$ 84.87%（均为摩尔分数）。进料温度 121 ℃。以 149 ℃、345 kPa 的过热蒸汽 100 kmol/h 为解吸剂。解吸塔操作压力为 345 kPa。试估计解吸后液体和富气的流率和组成。

9. 某原料气组成如下:

组 分	CH_4	C_2H_6	C_3H_8	$i\text{-}C_4H_{10}$	$n\text{-}C_4H_{10}$	$i\text{-}C_5H_{12}$	$n\text{-}C_5H_{12}$	$n\text{-}C_6H_{14}$
y_0(摩尔分数)	0.765	0.045	0.035	0.025	0.045	0.015	0.025	0.045

现拟用不挥发的烃类液体为吸收剂在板式吸收塔中进行吸收,平均吸收温度为 38 ℃,压力为 1.013 MPa,如果要求将 $i\text{-}C_4H_{10}$ 回收 90%。试求:

(1) 为完成此吸收任务所需的最小液气比。

(2) 操作液气比取为最小液气比的 1.1 倍时,为完成此吸收任务所需理论板数。

(3) 各组分的吸收分率和离塔尾气的组成。

(4) 求塔底的吸收液量。

10. 在 24 块板的塔中用油吸收炼厂气(组成见表),采用的油气比为 1,操作压力为 0.263 MPa。若全塔效率为 25%,问平均操作温度为多少才能回收 96% 的丁烷?并计算出塔尾气组成。

组 分	CH_4	C_2H_6	C_3H_8	$n\text{-}C_4H_{10}$	$n\text{-}C_5H_{12}$	$n\text{-}C_6H_{14}$
摩尔百分数	80.0	8.0	5.0	4.0	2.0	1.0

11. 具有三块理论板的吸收塔,用来处理下列组成的气体(V_{N+1}),贫油和气体入口温度按塔的平均操作温度定为 32 ℃,塔压 2.128 MPa,富气流率为 100 kmol/h,试分别用平均吸收因子法和有效吸收因子法确定净化气体(V_1)中各组分的流率。

12. H_2S 与一乙醇胺水溶液的反应可看作瞬时反应,当 H_2S 含量较低时,还可看作是不可逆反应,即

$$H_2S + RNH_2 \longrightarrow HS^- + RNH_3^+$$

在 293 K 下液相扩散系数 $D_{H_2S} = 1.48 \times 10^{-9}$ m^2/s,$D_{RNH_2} = 0.95 \times 10^{-9}$ m^2/s,亨利系数 $H = 8.696 \times 10^2$ kPa·m^3/kmol。现用浓度 c_{BL} 分别为 (1) 2 mol/L 和 (2) 0.3 mol/L 的一乙醇胺溶液在一加压设备中脱除气体中所含的 H_2S。已知物理传质分系数 $k_g = 1 \times 10^{-5}$ kmol/($m^2 \cdot s \cdot kPa$),$k_L^\circ = 2 \times 10^{-4}$ m/s。试求 H_2S 气相分压 $p_A = 10$ kPa 时的传质速率。

13. 用浓度 $c_{BL} = 0.4$ kmol/m^3 的 NaOH 溶液吸收气体中的 CO_2,CO_2 在气体中的分压 $p = 5.065$ kPa,亨利常数 $H = 3373$ kPa·m^3/kmol,二级反应速度常数 $k_2 = 9.0 \times 10^4$ m^3/(kmol·s),液相扩散系数 $D_A = D_B = 1.8 \times 10^{-9}$ m^2/s,物理吸收液相分传质系数 $k_L^\circ = 3.4 \times 10^{-4}$ m/s。试求:

(1) 按二级反应计算增强因子和吸收速率;

(2) 按拟一级反应计算增强因子和吸收速率。

参 考 文 献

1 陈洪钫主编. 基本有机化工分离工程. 北京:化学工业出版社,1981.61~65,191~240

2 时钧,汪家鼎,余国琮,陈敏恒主编. 化学工程手册. 第二版·上卷. 北京:化学工业出版社, 1996.12-1~12-51

3 Green D W,Maloney J O. Perry s′ Chemmical Engineer s′ Handbook. 6th ed. New York:McGraw-Hill,1984. (3-101)~(3-103)

4 谢端授,璩定一,苏元复. 化工工艺算图·第一册. 北京:化学工业出版社,1982

5 上海医药设计院编. 化工工艺设计手册. 北京:化学工业出版社,1986

6 Krchevsky I R,Karanovsky J S. J. Am. Chem. Soc. 1935,57:2168

7 小岛和夫著. 化工过程设计的相平衡. 傅良译. 北京:化学工业出版社,1985. 129~162

8 King C J. Separation Process. 2nd ed. New York:McGraw-Hill,1980. 321~325

9 Horton G,Franklin W B. *Ind. Eng. Chem.* 1940,32:1384

10 Kohl A L,Riesenfeid F C. Gas Purification. Fourth ed. Houston:Gulf Publishing company,1985. 75~80

11 陈洪钫,刘家祺. 化工分离过程. 北京:化学工业出版社,1995. 92~110

12 Rousseau R W. Handbook of Separation Process Technology. New York:John Wiley & Sons, 1987. 394~400

13 Edmister W C. *Ind. Eng. Chem.* 1943,35:837

14 Owens W R,Maddox R N. *Ind. Eng. Chem.* 1968,60(12):14

15 Van Kreveien D W,Hoftijzer P J. Chem. Eng. Progr. 1948,44:529

16 Danckwerts P V,Kennedy A M. Trans. Inst. Eng. 1954,32:549

17 Danckwerts P V. Gas-Liquid Reactions. New York:McGraw-Hill,1970. 30~69

18 Astarita G,Savage D W. Chem. Eng. Sci. 1989,35:649

19 Weiand R H,Rawal M,Rice P G. Am. Inst. Chem. Eng. Journ. 1982,28:963

20 Kohl A L,Riesenfeid F C. 气体净化. 沈余生等译. 北京:中国建筑工业出版社,1982

5. 液 液 萃 取

液液萃取作为分离和提取物质的重要单元操作之一，在石油、化工、湿法冶金、原子能、医药、生物、新材料和环保领域中得到了越来越广泛的应用[1~3]。

近20年来，液液萃取与超临界流体技术、胶体化学、表面化学、膜分离、离子交换等技术相结合，产生了一系列新的萃取分离技术，如超临界萃取、反胶团萃取、双水相萃取等，从而使液液萃取技术不断地向广度与深度发展[4,5]。

本章重点讲述萃取过程的计算方法。同时对一些新型萃取分离技术进行简要介绍。

5.1 萃取过程与萃取剂

5.1.1 萃 取 过 程

液液萃取是利用溶液中溶质组分在两个液相间的不同分配关系，通过相间传质使组分从一个液相转移到另一液相，达到分离的目的[6~8]。

萃取过程按有无化学反应发生分为物理萃取和化学萃取[6,9]。物理萃取在石油化工、抗生素及天然产物的提取中应用比较广泛。化学萃取主要用于金属的提取和分离。

萃取过程机理主要有以下四种类型：

(1) 简单分子萃取 简单分子萃取是简单的物理分配过程，被萃取组分以一种简单分子的形式在两相间物理分配。它在两相中均以中性分子形式存在，溶剂与被萃取组分之间不发生化学反应。如碘单质在水和四氯化碳间的分配。

(2) 中性溶剂络合萃取 在这类萃取过程中，被萃取物是中性分子，萃取剂也是中性分子，萃取剂与被萃取物结合成为中性溶剂络合物而进入有机相。

这类萃取体系主要采用中性磷化合物萃取剂和含氧有机萃取剂进行的萃取过程。

(3) 酸性阳离子交换萃取 这类萃取体系的萃取剂为一弱酸性有机酸或酸性螯合剂。金属离子在水相中以阳离子或能解离为阳离子的络离子的形式存在，金属离子与萃取剂反应生成中性螯合物。

由于酸性阳离子交换萃取过程具有高度的选择性，所以在分离过程中应用极为广泛。这类萃取剂可分为 3 类，即酸性磷萃取剂、螯合萃取剂和羧酸类萃取剂。

（4）离子络合萃取　这类萃取的特点是被萃取物通常是金属以络合阴离子形式进入有机相，即金属离子在水相中形成络合阴离子，萃取剂与氢离子结合成阳离子，然后两者构成离子缔合体系进入有机相；或金属阳离子与中性螯合剂结合成螯合阳离子，然后与水相中存在的阴离子构成离子缔合体系而进入有机相。

5.1.2　萃　取　流　程

根据单级萃取过程的不同组合，可有多种多级萃取流程[10,11]。

错流流程是实验室常用的萃取流程，如图 5-1（a）所示，两液相在每一级上充分混合经一定时间达到平衡，然后将两相分离。通常，在每一级都加入溶剂，而新原料仅在第一级加入。萃取相从每一级引出，萃余相依次进入下一级，继续萃取过程。由于错流萃取流程需要使用大量溶剂，并且萃取相中溶质浓度低，故很少应用于工业生产。

逆流萃取是工业上广泛应用的流程，如图 5-1（b）所示，溶剂 S 从串级的一端加入，原料 F 从另一端加入，两相在各级内逆流接触，溶剂从原料中萃取一个或多个组分。如果萃取器由若干独立的实际级组成，那么每一级都要分离萃取相和萃余相。如果萃取器是微分设备，则在整个设备中，一相是连续相，而另一相是分散相，分散相在流出设备前积聚。

分馏萃取为两个不互溶的溶剂相在萃取器中逆流接触，使原料混合物中至少有两个组分获得较完全的分离。如图 5-1（c）所示，溶剂 S 从原料 F 中萃取一个（或多个）溶质组分，另一种溶剂 W 对萃取液进行洗涤，使之除去不希望有的溶质，实际上洗涤过程提浓了萃取液中溶质的浓度。洗涤段和提取段的作用类似于连续精馏塔的精馏段和提馏段。

（a）错流　　　　　　　（b）逆流　　　　　　　（c）分馏萃取

图 5-1　萃取流程

5.1.3 萃 取 剂

萃取剂通常是有机试剂，其种类繁多，而且不断推出新品种。用作萃取剂的有机试剂必须具备两个条件：①萃取剂分子至少有一个萃取功能基，通过它与被萃取物结合形成萃合物。常见的萃取功能基是 O、N、P、S 等原子。以氧原子为功能基的萃取剂最多。②萃取剂分子中必须有相当长的链烃或芳烃，其目的是使萃取剂及萃合物易溶于有机溶剂，而难溶于水相。萃取剂的碳链增长，油溶性增大，与被萃取物形成难溶于水而易溶于有机溶剂的萃合物。但如果碳链过长、碳原子数过多、分子量太大，则也不宜用作萃取剂，这是因为它们粘度太大或可能是固体，使用不便，同时萃取容量降低。因此，一般萃取剂的分子量介于 350～500 之间为宜。

工业上选择一种较为理想的萃取剂，除具备上述两个必要条件外，还应该满足以下要求：选择性好、萃取容量大、化学和辐射稳定性强、易与原料液分层、易于反萃取或分离以及操作安全和经济性好、环境友好等。

萃取剂大致可以分为以下 4 类：①中性络合萃取剂，如醇、酮、醚、酯、醛及烃类；②酸性萃取剂，如羧酸、磺酸、酸性磷酸酯等；③螯合萃取剂，如羟肟类化合物；④离子对（胺类）萃取剂，主要是叔胺和季铵盐。

5.1.4 萃取过程特点

与其他分离过程相比，液液萃取具有处理能力大、分离效率高、回收率高、应用范围广、适应性强、经济性较好、易于实现连续操作和自动控制等一系列优点[12]。这些优点使之特别适用于高纯产品生产和精细分离等领域。在下述一些不宜采用精馏、结晶等分离方法的场合，采用萃取过程有一定的技术优势：

（1）溶液中各组分的熔点或沸点非常接近或某些组分形成共沸物，用精馏法难以或不能分离；

（2）溶液中含有少量高沸点组分，其气化潜热较大，用精馏法能耗太高；

（3）溶液中含有热敏性组分，用精馏法容易引起分解、聚合或发生其他化学变化；

（4）溶液浓度低且含有有价值组分；

（5）溶液中含有溶解或络合的无机物；

（6）溶液中含有极难分离的金属，如稀土金属等。

5.2 液液萃取过程的计算

在先修课[10] 程中已对各种萃取过程的图解法进行了详尽的讨论，本节进而介绍逐级逆流萃取计算的集团法和微分逆流萃取计算方法[12~14]。

5.2.1 逆流萃取计算的集团法

Kremser 首先提出集团法，该方法用于关联分离过程的进料和产品组成与所需级数的关系，而不能提供各级温度与组成的详细信息。

图 5-2 为逆流萃取塔的示意图，平衡级由塔顶向下数，若溶剂密度比进料液小，则溶剂 V_{N+1} 从塔底加入，进料 L_0 从塔顶加入。

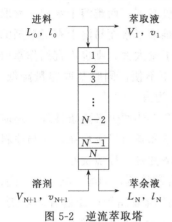

图 5-2 逆流萃取塔

组分 i 的分配系数为：

$$m_i = \frac{y_i}{x_i} = \frac{v_i/V}{l_i/L} \tag{5-1}$$

式中 y_i 为组分 i 在溶剂或萃取相中的摩尔分数，x_i 为组分 i 在进料或萃余相中的摩尔分数。定义萃取因子 ε 为：

$$\varepsilon_i = \frac{m_i V}{L} \tag{5-2}$$

ε_i 的倒数为：

$$u_i = \frac{1}{\varepsilon_i} = \frac{L}{m_i V} \tag{5-3}$$

定义 Φ_U 为溶剂中组分 i 进入萃余相中的分数，相应于式 (4-31)，可得到：

$$\Phi_U = \frac{v_{N+1} - v_1}{v_{N+1}} = \frac{u_e^{N+1} - u_e}{u_e^{N+1} - 1} \tag{5-4}$$

$$1 - \Phi_U = \frac{u_e - 1}{u_e^{N+1} - 1} \tag{5-5}$$

式中

$$u_e = [u_N(u_1 + 1) + 0.25]^{1/2} - 0.5 \tag{5-6}$$

定义 Φ_E 为进料中组分 i 被萃取的分数，则

$$\Phi_E = \frac{l_0 - l_N}{l_0} = \frac{\varepsilon_e^{N+1} - \varepsilon_e}{\varepsilon_e^{N+1} - 1} \tag{5-7}$$

式中

$$\varepsilon_e = [\varepsilon_1(\varepsilon_N + 1) + 0.25]^{1/2} - 0.5 \tag{5-8}$$

为计算 ε_1、ε_N、u_1 和 u_N，需用下式估计离开第一级的萃余相流率 L_1 和从第 N 级上升的萃取相流率 V_N：

$$V_2 = V_1 \left(\frac{V_{N+1}}{V_1} \right)^{1/N} \tag{5-9}$$

$$L_1 = L_0 + V_2 - V_1 \tag{5-10}$$

$$V_N = V_{N+1}\left(\frac{V_1}{V_{N+1}}\right)^{1/N} \tag{5-11}$$

存在于萃取塔进料和溶剂中的某一组分，在萃取液中的流率 v_1，可用 Φ_U 和 Φ_E 表示

$$v_1 = v_{N+1}(1-\Phi_U) + l_0\Phi_E \tag{5-12}$$

该组分总的物料平衡为

$$l_N = l_0 + v_{N+1} - v_1 \tag{5-13}$$

式（5-2）到式（5-13）各式可用质量单位或摩尔单位。由于在绝热萃取塔中温度变化一般都不大，因此一般不需要焓平衡方程，只有当原料与溶剂有较大温差或混合热很大时才需考虑。

集团法对于萃取过程计算不总是可靠的，其主要原因是，活度系数随组成变化显著，因而分配系数变化很大。

【例 5-1】 以二甲基甲酰胺（DMF）的水溶液（W）作溶剂，从苯（B）和正庚烷（H）的混合物中萃取苯。附图为萃取塔示意图，已知条件均标于图上，平衡级数为 5。各组分在操作条件下的平均分配系数为

	H	B	DMF	W
m_0	0.026 4	0.514	12.0	449

试用集团法估算萃取液与萃余液流率及组成。

解： 假设萃取液流率 $V_1 = 1\ 113.1$ kmol/h 由式（5-9）到式（5-11）得到：

$$V_2 = 1\ 113.1\left(\frac{1\ 000}{1\ 113.1}\right)^{1/5} = 1\ 089.5 \text{ kmol/h}$$

$$L_1 = 400 + 1\ 089.5 - 1\ 113.1 = 376.4 \text{ kmol/h}$$

$$V_5 = 1\ 000\left(\frac{1\ 113.1}{1\ 000}\right)^{1/5} = 1\ 021.6 \text{ kmol/h}$$

例 5-1 附图

由式（5-2）、式（5-3）、式（5-6）和式（5-8）得到以下数据。

组分	ε_1	ε_5	u_1	u_5	ε_e	u_e
H	0.078	0.094	12.8	10.5	0.079	11.6
B	1.52	1.83	0.658	0.546	1.63	0.575
DMF	35.5	42.7	0.028 2	0.023 4	38.9	0.023 5
W	1 327	1 599	7.5×10^{-4}	6.25×10^{-4}	1 456	6.2×10^{-4}

由式（5-7）、式（5-4）、式（5-13）和式（5-12）得到如下表所示的计算结果。计算值 V_1 和假设值较接近，不再迭代。

此外，对于溶剂不互溶，萃取因子为常数的情况，Kremser-Brown-

Souder 方程式或由方程式整理出的图可以直接求出多级逆流萃取过程的理论级数与末端浓度。

组分	Φ_E	Φ_U	kmol/h	
			萃余液 l_5	萃取液 v_1
H	0.079	1	276.3	23.7
B	0.965	0.56	3.5	96.5
DMF	1	0.023 5	17.63	732.37
W	1	6×10^{-4}	$\dfrac{0.15}{297.6}$	$\dfrac{249.85}{1\ 102.4}$

5.2.2　微分逆流萃取计算

本小节首先介绍理想微分逆流接触过程的数学模型即活塞流模型，在此基础上重点叙述广泛采用的轴向扩散模型。

一、活塞流模型

图 5-3 是微分逆流萃取塔示意图。考虑一种理想情况，即假设两相在塔内作活塞流动。轻相为萃取相，在自下而上的流动过程中溶质浓度不断上升；重相是萃余相，在自上而下流动过程中溶质浓度不断下降。相间的传质只在水平方向上发生，而在垂直方向上，每一相内都不发生传质。

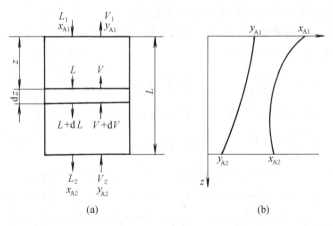

图 5-3　微分逆流传质过程

(a) 微分逆流萃取过程示意图；(b) 活塞流模型的浓度剖面图

分析微分段（z，$z+dz$）内的传质情况。为简单起见，只考虑单个溶质 A 的情形。设塔内萃取相 V 和萃余相 L 中的溶质浓度分别为 y 和 x，塔横截面积为 S，单位柱体积内传质界面积为 a，基于萃余相和萃取相的总传质系数分别为 K_{ox}，K_{oy}。在微分段（z，$z+dz$）内对两相作 A 组分的物料衡算：

$$d(N_A A) = K_{ox} a S(x_A - x_A^*) dz = K_{oy} a S(y_A^* - y_A) dz \tag{5-14}$$

由于只有一个溶质 A 在两相之间传递，所以：

$$d(N_A A) = dL = d(L x_A) = -dV = -d(V y_A) \tag{5-15}$$

故有：

$$dL = \frac{L \, dx_A}{1 - x_A} \tag{5-16}$$

$$dV = \frac{V \, dy_A}{1 - y_A} \tag{5-17}$$

将方程（5-15）~方程（5-17）代入式（5-14），积分后给出塔高 L 为：

$$
\begin{aligned}
L &= \int_0^z dz = \int_{x_{A1}}^{x_{A2}} \frac{L}{S K_{ox} a} \frac{dx_A}{(1 - x_A)(x_A - x_A^*)} \\
&= \int_{y_{A1}}^{y_{A2}} \frac{V}{S K_{oy} a} \frac{dy_A}{(1 - y_A)(y_A^* - y_A)}
\end{aligned}
\tag{5-18}
$$

根据相间传质的膜理论分析，由式(5-18)最终可推导出，

$$
\begin{aligned}
L &= \int_{x_{A1}}^{x_{A2}} \frac{L}{S K_{ox} a (1 - x_A)_{lm}} \cdot \frac{(1 - x_A)_{lm} dx_A}{(1 - x_A)(x_A - x_A^*)} \\
&= \int_{y_{A1}}^{y_{A2}} \frac{V}{S K_{oy} a (1 - y_A)_{lm}} \cdot \frac{(1 - y_A)_{lm} dy_A}{(1 - y_A)(y_A^* - y_A)}
\end{aligned}
\tag{5-19}
$$

式中

$$(1 - x_A)_{lm} = \frac{(x_A - x_A^*)}{\ln[(1 - x_A^*)/(1 - x_A)]} \tag{5-20}$$

$$(1 - y_A)_{lm} = \frac{(y_A^* - y_A)}{\ln[(1 - y_A)/(1 - y_A^*)]} \tag{5-21}$$

如果不考虑式（5-19）中 $(1 - x_A)_{lm}/(1 - x_A)$，$(1 - y_A)_{lm}/(1 - y_A)$ 项，则该式中的积分项就代表了塔段 1 和 2 之间的浓度变化和引起浓度变化的总传质推动力之比，即表示了单位总传质推动力所引起的浓度变化。每一个积分项就综合表示了分离要求和分离难易程度两个方面的因素，Chilton 和 Colburn 将其定义为总传质单元数（NTU），而把 L/NTU 之值称之为总传质单元高度（HTU）。体积总传质系数 $K_{ox} a$、$K_{oy} a$ 越大，传质速率越高；流体表观流速 R 和 E 越大，完成一定分离任务所需的传质量也越大。采用总传质单元数和总传质单元高度的概念，塔高 L 就可以表示成：

$$L = (HTU)_{ox} \times (NTU)_{ox} = (HTU)_{oy} \times (NTU)_{oy} \tag{5-22}$$

从式（5-22）不难看出，当（NTU）$=1$ 时总传质单元高度就相当于引起平均推动力大小的浓度变化所需要的塔高。

需要指出的是，尽管直接利用传质系数积分（5-19）式是可能的，但在实际中通常还是应用传质单元的概念。这是因为传质系数通常强烈地依赖于两相的流率与组成，因而会随塔高而发生变化。与之相反，HTU 则受流率和组成的变化影响较小，因而更适合于工程应用。

在许多场合，式（5-19）中的积分项中的对数平均值可用算术平均值代替，所引起的误差不大于 1.5%，因此可大大简化 NTU 的估算。于是有：

$$(1-x_A)_{lm} \approx \frac{(1-x_A^*)+(1-x_A)}{2} \tag{5-23}$$

$$(1-y_A)_{lm} \approx \frac{(1-y_A^*)+(1-y_A)}{2} \tag{5-24}$$

因此，式（5-19）中的积分项可以表示为：

$$(NTU)_{ox} = \int_{x_{A1}}^{x_{A2}} \frac{dx_A}{x_A - x_A^*} + \frac{1}{2} \ln \frac{1-x_{A1}}{1-x_{A2}} \tag{5-25}$$

$$(NTU)_{oy} = \int_{y_{A1}}^{y_{A2}} \frac{dy_A}{y_A^* - y_A} + \frac{1}{2} \ln \frac{1-y_{A2}}{1-y_{A1}} \tag{5-26}$$

对于互不相溶的稀溶液体系，且平衡曲线接近于直线时，传质单元数的计算公式可进一步简化为：

$$(NTU)_{ox} = \frac{\ln\left[\left(\dfrac{x_{A1}-y_{A2}/m}{x_{A2}-y_{A2}/m}\right)\left(1-\dfrac{1}{\varepsilon}\right)+\dfrac{1}{\varepsilon}\right]}{1-\dfrac{1}{\varepsilon}} \tag{5-27}$$

$$(NTU)_{oy} = \frac{\ln\left[\left(\dfrac{y_{A1}-mx_{A1}}{y_{A2}-mx_{A1}}\right)(1-\varepsilon)+\varepsilon\right]}{1-\varepsilon} \tag{5-28}$$

在计算机广泛使用以前，图解法可以说是求解式（5-19）、式（5-25）、式（5-26）中积分项的惟一方法。随着计算机的不断普及和广泛运用，这些繁杂的运算完全可以由计算机进行，而且可以更迅速、更准确地得出计算结果。当平衡关系可用解析关系式表达时，通常可用简单的 Simpson 公式计算积分；当平衡曲线以离散点的形式给出又难以用简单的解析表达式拟和时，可以考虑用三次样条函数进行拟合，相应的积分便可用三次样条积分公式求出。

二、轴向扩散模型

活塞流模型为微分逆流萃取过程提供了一个最简单的算法，但是由于未考虑塔内存在着各个方向尤其是轴向混合或扩散，其计算结果往往与实际情况偏差较大。近年来，人们对萃取塔内的轴向混合现象进行了大量的研究工作，发展了各种考虑轴向混合的数学模型。这些模型按照对分散相行为处理方式的不同可划分为两类：非相互作用模型和相互作用模型。属于非相互作用模型的有级模型、返流模型、扩散模型以及组合模型等，这一类模型已比较完善，并已用于工业萃取设备的设计与放大。相互作用模型只是 80 年代初期以后才开始研究，尚未用于工业设计。本节只介绍轴向扩散模型。

扩散模型是由 Danckwerts 首先提出的，而后由 Eguchi 等人用于描述萃取塔内的液液两相传质过程。轴向扩散模型假定在连续逆流传质过程中，除了相际传质以外，每一相中都存在着从高浓度到低浓度的传递过程。该模型把引起两相轴向混合的诸因素归结为两个参数，即连续相的轴向扩散系数和分散相的轴向扩散系数，每一相的扩散通量服从费克定律。实验证明，在萃取塔中连续相的轴向混合能由扩散模型得到较好描述。然而，分散相的轴向混合却要复杂得多，只有当搅拌激烈、液滴较小时，扩散模型才接近于实际情况。

1. 模型方程

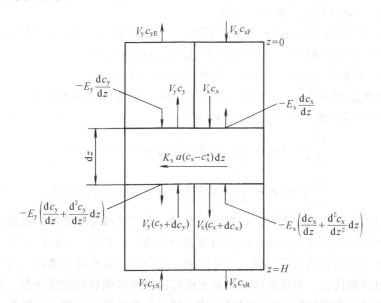

图 5-4　扩散模型示意图

扩散模型可由图 5-4 表示。设 E_x，E_y 分别为两相的轴向扩散系数，分析微分段 dz 内的传质情况，可以从物料衡算出发，列出如下稳态条件下的传质方程。

$$E_x \frac{d^2 c_x}{dz^2} - V_x \frac{dc_x}{dz} - K_{ox} a (c_x - c_x^*) = 0 \qquad (5-29)$$

$$E_y \frac{d^2 c_y}{dz^2} + V_y \frac{dc_y}{dz} + K_{ox} a (c_x - c_x^*) = 0 \qquad (5-30)$$

式中 c_x^* 是与萃取相主体中溶质浓度成平衡的萃余相溶质浓度。该两微分方

程的边界条件为：在 $z=0$ 处

$$V_x c_{xF}=V_x c_{xo}-E_x \frac{dc_x}{dz} \qquad (5\text{-}31)$$

$$dc_y/dz=0 \qquad (5\text{-}32)$$

在 $z=H$ 处

$$V_y c_{yS}=V_y c_{yL}-E_y \frac{dc_y}{dz} \qquad (5\text{-}33)$$

$$dc_x/dz=0 \qquad (5\text{-}34)$$

式中，c_{xF} 为溶质在原始进料中的浓度；c_{xo} 为在 $z=0$ 处，溶质在进料中的浓度；c_{yL} 为在 $z=H$ 处，溶质在溶剂中的浓度；c_{yS} 为溶质在原始溶剂中的浓度。

为便于计算，把一些变量变换为无量纲量：

① 无量纲高度参数 $Z=z/H$；

② 描述塔内轴向扩散的彼克列特（Peclet）准数，$Pe_i=d_F V_i/E_i$，其中 d_F 为塔的特性尺寸（如填料塔中填料的当量直径）；

③ 无量纲参数 $B=H/d_F$，因此 $Pe_i B=HV_i/E_i$。

将这些无量纲量代入式（5-29）和式（5-30），可变换为如下形式：

④ 无因次浓度 $C_x=c_x/c_{xF}$，$C_y=c_y/c_{yE}$

$$\frac{d^2 c_x}{dz^2}-Pe_x B \frac{dc_x}{dz}-(NTU)_{ox} Pe_x B(c_x-c_x^*)=0 \qquad (5\text{-}35)$$

$$\frac{d^2 c_y}{dz^2}+Pe_y B \frac{dc_y}{dz}+(NTU)_{oy} Pe_y B(c_x-c_x^*)=0 \qquad (5\text{-}36)$$

用类似方法变换边界条件。该数学模型是一个二阶微分方程组，借助于计算机，可运用四阶 Runge-Kutta 法对方程（5-29）～方程（5-34）直接进行数值积分求得两相的浓度分布，计算完成一定分离任务所需的塔高。此外，还可用边界迭代法、直接矩阵法、动态模拟法等计算两相的浓度分布。在文献中，已对这些方法做了较详尽的评述。然而所有计算方法都十分繁杂，为了利用扩散模型解决有关工程设计问题，发展了一些简便的近似解法，在实际中得到广泛应用。下面介绍一种近似解法。

2. 近似解法

Miyauchi 和 Vermeulen 等人发展了一种扩散模型的近似解法。他们将按活塞流模型计算得到的传质单元高度称为表观传质单元高度，用 $(HTU)_{oxapp}$ 和 $(HTU)_{oyapp}$ 表示，把扣除轴向混合影响的传质单元高度称为真实传质单元高度，用 $(HTU)_{oxtru}$ 和 $(HTU)_{oytru}$ 表示，真实传质单元高度的值也可以根据传质系数计算，如 $(HTU)_{oxtru}=V_x/(K_{ox}a)$。他们还把由于轴向混合所增加的传质单元高度称为扩散单元高度，用 $(HTU)_{oxdis}$ 和 $(HTU)_{oydis}$ 表示。三者之间的关系可用下式表示：

$$(HTU)_{oxapp}=(HTU)_{oxtru}+(HTU)_{oxdis} \qquad (5-37)$$

这样，就把萃取塔复杂的传质特性分解成两方面的问题来处理：① 测定和计算扣除轴向混合影响的真实传质单元高度 $(HTU)_{oxtru}$；② 估计由于轴向混合影响所增加的扩散单元高度 $(HTU)_{oxdis}$；③ 将两者相加得到表观传质单元高度 $(HTU)_{oxapp}$，这样就能较为可靠地解决萃取塔的设计问题。

这种近似解的计算过程见图 5-5。有关步骤分别说明如下。

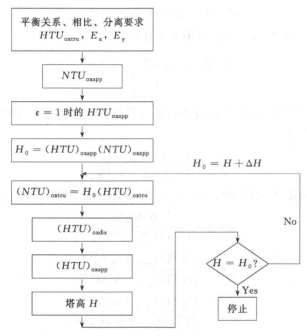

图 5-5　考虑有轴向混合的塔高计算框图

设计计算的原始数据：除了两相的进出口浓度 c_{xF}，c_{xR}，c_{yE}，c_{yS}，两相流速 V_x、V_y 以及平衡关系 $c_y=mc_x$ 以外，还需有实验测定的或关联式计算的轴向扩散系数 E_x，E_y 以及真实传质单元高度 $(HTU)_{oxtru}$ 和 $(HTU)_{oytru}$。

两相按活塞流模型的假定，用式 (5-19) 或式 (5-25) 和式 (5-26) 计算表观传质单元数 $(HTU)_{oxapp}$ 和 $(HTU)_{oyapp}$，即在活塞流模型中的 $(HTU)_{ox}$ 和 $(HTU)_{oy}$。

分析表明，当萃取因子 $\varepsilon=\dfrac{mE}{R}=1$ 时，真实传质单元高度和表观传质单元高度之间存在以下简单关系：

$$(HTU)_{\text{oxapp}} = (HTU)_{\text{oxtru}} + \frac{E_x}{V_x} + \frac{E_y}{V_y} \tag{5-38}$$

这样用已知条件可以估算出当 $\varepsilon = 1$ 时的表观传质单元高度，以此作为计算的初值，则萃取塔塔高的初值为：

$$H_0 = (HTU)_{\text{oxapp}} (NTU)_{\text{oxapp}} \tag{5-39}$$

真实的传质单元数，根据已知的真实传质单元高度和塔高求得：

$$(NTU)_{\text{oxtru}} = H_0 / (HTU)_{\text{oxtru}} \tag{5-40}$$

扩散单元高度可用下式求得：

$$(HTU)_{\text{oxdis}} = H_0 / (NTU)_{\text{oxdis}} \tag{5-41}$$

式中扩散单元数 $(NTU)_{\text{oxdis}}$ 可用下式计算：

$$(NTU)_{\text{oxdis}} = \frac{\ln\varepsilon}{1 - \frac{1}{\varepsilon}} \varphi + (Pe)_{\text{o}} \tag{5-42}$$

式中 $(Pe)_{\text{o}}$ 为综合考虑了两相轴向混合程度的 Peclet 数，它与各项的 Peclet 数的关系为：

$$(Pe)_{\text{o}} = \left(\frac{1}{f_x Pe_x \varepsilon} + \frac{1}{f_y Pe_y} \right)^{-1} \tag{5-43}$$

式（5-42）和式（5-43）中，φ，f_x，f_y 可分别按下列的经验公式计算：

$$\varphi = 1 - \frac{0.05\varepsilon^{0.5}}{(NTU)_{\text{oxtru}}^{0.5} (Pe)_{\text{o}}^{0.25}} \tag{5-44}$$

$$f_x = \frac{(NTU)_{\text{oxtru}} + 6.8\varepsilon^{0.5}}{(NTU)_{\text{oxtru}} + 6.8\varepsilon^{1.5}} \tag{5-45}$$

$$f_y = \frac{(NTU)_{\text{oxtru}} + 6.8\varepsilon^{0.5}}{(NTU)_{\text{oxtru}} + 6.8\varepsilon^{-0.5}} \tag{5-46}$$

计算出 $(NTU)_{\text{oxapp}}$ 以后，根据式（5-37）可以求出 $(HTU)_{\text{oxapp}}$ 的第一次试算值，则塔高 H 的第一次试算值为：

$$H = (HTU)_{\text{oxapp}} \times (NTU)_{\text{oxapp}} \tag{5-47}$$

与塔高的初值 H_0 比较，若符合精度要求，则计算结束，H 即为所求的塔高；反之，则令 $H_0 = H + \Delta H$，再回到式（5-41），重复以上的计算，直到 H 的计算值与初值 H_0 的误差在允许范围内为止。

还有一些近似计算方法，可参阅化学工程手册（第二版）。

【例 5-2】 在中间试验已经确定的操作条件下，某萃取塔的表观流速为 $V_x = 2.5 \times 10^{-3} \text{m} \cdot \text{s}^{-1}$，$V_y = 6.2 \times 10^{-3} \text{m} \cdot \text{s}^{-1}$。平衡关系为 $c_y = 0.58c_x$。经测定，在此条件下真实传质单元高度 $(HTU)_{\text{oxtru}} = 1.1 \text{ m}$，轴向扩散系数 $E_x = 1.52 \times 10^{-3} \text{m}^2 \cdot \text{s}^{-1}$，$E_y = 3.04 \times 10^{-3} \text{m}^2 \cdot \text{s}^{-1}$。根据分离要求和平衡

关系计算出所需的表观传质单元数 $(NTU)_{\text{oxapp}} = 6.80$。试求此萃取塔所需的有效高度。

解：按图 5-5 所示的程序进行计算，先假定 $\varepsilon = 1$，由式（5-38）得：

$$(HTU)_{\text{oxapp}} = (HTU)_{\text{oxtru}} + \frac{E_{\text{x}}}{V_{\text{x}}} + \frac{E_{\text{y}}}{V_{\text{y}}} = 2.198 \text{ m}$$

则

$$H_0 = (HTU)_{\text{oxapp}}(NTU)_{\text{oxapp}}$$

$$= 2.198 \times 6.80 = 14.95 \text{ m}$$

作为 H 的初值，继续计算。

$$(NTU)_{\text{oxtru}} = \frac{H_0}{(HTU)_{\text{oxtru}}} = \frac{14.95}{1.1} = 13.59$$

为了计算 $(NTU)_{\text{oxtru}}$，先计算有关的中间变量：

$$\varepsilon = \frac{mV_{\text{y}}}{V_{\text{x}}} = \frac{0.158 \times 6.2}{2.5} = 1.438$$

$$B = \frac{H}{H} = 1$$

$$Pe_{\text{x}} = \frac{V_{\text{x}}H}{E_{\text{x}}} = 24.59$$

$$Pe_{\text{y}} = \frac{V_{\text{y}}H}{E_{\text{y}}} = 30.49$$

$$f_{\text{x}} = \frac{(NTU)_{\text{oxtru}} + 6.8\varepsilon^{0.5}}{(NTU)_{\text{oxtru}} + 6.8\varepsilon^{1.5}}$$

$$f_{\text{y}} = \frac{(NTU)_{\text{oxtru}} + 6.8\varepsilon^{0.5}}{(NTU)_{\text{oxtru}} + 6.8\varepsilon^{-0.5}}$$

$$(Pe)_{\text{o}} = \left(\frac{1}{f_{\text{x}}Pe_{\text{xe}}} + \frac{1}{f_{\text{y}}Pe_{\text{ye}}}\right)^{-1} = 0.061\,98^{-1} = 16.135$$

$$\varphi = 1 - \frac{0.05\varepsilon^{0.5}}{(NTU)_{\text{oxtru}}^{0.5}(Pe)_{\text{o}}^{0.5}} = 0.991\,9$$

则

$$(HTU)_{\text{oxdis}} = \frac{H_0}{\dfrac{\ln\varepsilon}{1 - \dfrac{1}{\varepsilon}}\varphi + (Pe)_{\text{o}}} = 0.863\,3 \text{m}$$

$$(HTU)_{\text{oxapp}} = (HTU)_{\text{oxdis}} + (HTU)_{\text{oxtru}} = 1.963 \text{ m}$$

$$H = (HTU)_{\text{oxapp}} \times (NTU)_{\text{oxapp}} = 1.963 \times 6.8 = 13.35 \text{ m}$$

该值为塔高的第一次试算值，其与 $H_0 = 14.95$ 有较大的出入，需将 H_0 进行修改后重复迭代计算。如采用简单的迭代方法，将计算出的 H 作为下一次试算的初值，在经三次迭代后得到的 $H = 13.31$ m，此即为萃取塔的塔高 13.31 m。

220

5.3 其他萃取技术

液液萃取具有悠久的历史和广泛的应用。但是，液液萃取过程中两相密度差小、连续相粘度大、返混严重，这些对相际传质十分不利。另外，两相具有一定程度的互溶性，易造成溶剂损失和二次污染，溶剂再生也对过程的经济性和可靠性产生重要的影响。随着科学技术的高速发展，作为一种"成熟"技术的液液萃取，正与超临界流体、反微团、双水相、膜等相关技术相互渗透，促进了液液萃取及相关技术的发展[15,16]。

5.3.1 超临界流体萃取

超临界流体萃取（Supercritical fluid extraction，简称 SFE）是利用超临界流体（Supercritical fluid，简称 SCF）作为萃取剂从液体和固体中提取出某种高沸点的成分，以达到分离或提纯的新型分离技术。由于超临界流体萃取过程具有易于调节、萃取效率高、能耗低、产物易分离等特点，使其与传统分离方法相比具有一些技术优势。超临界流体萃取已逐步应用于生物、轻工、医药、化工、环保等领域[17~19]。

一、超临界流体的性质

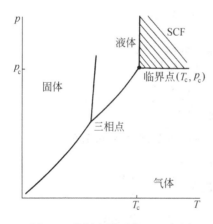

图 5-6　临界点附近的 p-T 相图

超临界流体最重要的物理性质是密度、粘度和扩散系数，见表 5-1。超临界流体的性质介于气液两相之间，主要表现在：有近似于气体的流动行为，粘度小、传质系数大，但其密度大，溶解度也比气相大得多，又表现出一定的液体行为。此外，SCF 的介电常数、极化率和分子行为与气液两相均有着明显的差别。图 5-6 为临界点附近的 p-T 相图，在图中斜线所示范围内物质处于超临界状态。

表 5-1　超临界流体、气体、液体的性质比较

性　　质	液体	超临界流体	气体
密度/g·cm^{-3}	1	0.1~0.5	10^{-3}
粘度/Pa·s	10^{-3}	10^{-4}~10^{-5}	10^{-5}
扩散系数/cm^2·s^{-1}	10^{-5}	10^{-3}	10^{-1}

在常用的超临界流体萃取剂中，非极性的二氧化碳应用最为广泛。这主要是由于二氧化碳的临界点较低，特别是临界温度接近常温，并且无毒无

味、稳定性高、价格低廉、无残留。图 5-7 为 CO_2 的 p-V (ρ)-T 相图，图中饱和蒸汽曲线和饱和液体曲线包围的区域为汽液共存区。从图中可以看出，在临界点附近的超临界状态下等温线的斜度平缓，即温度或压力的微小变化就会引起密度发生很大变化。另外，随压力升高，超临界流体密度增大，接近液体的密度。所以改变过程的温度或压力可实现萃取分离的目的。

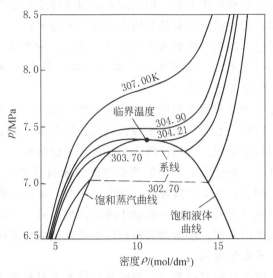

图 5-7　CO_2 的 p-V-T 相图

二、超临界萃取热力学和动力学

目前相平衡的模型研究一般是将超临界流体视为压缩气体或膨胀液体来处理。对于膨胀液体模型，由于参照状态下活度系数的计算至今尚未解决，因此仍以压缩气体模型居多。所得到的模型中以应用立方型状态方程结合一定的混合规则建立的模型以及分子缔合模型为主。除依据实验或文献数据建立了一系列模型外，通过计算机模拟从物质分子结构及分子间相互作用的本质上来研究超临界流体的热力学性质，在超临界流体相平衡研究中也起到了重要作用。

与超临界流体热力学研究相比，对超临界流体传质过程的研究相对较少。由于超临界流体兼有液体和气体的双重特性，所以目前传质过程研究的一个出发点便是：对一些从普通流体的流体力学得到的传质模型进行修正。

以超临界流体萃取天然产物为例来描述过程的传质机理：（1）超临界流体经外扩散和内扩散进入天然产物的微孔表面；（2）被萃取成分与超临界流体发生溶剂化作用而溶解；（3）溶解的被萃取成分经内扩散和外扩散进入超临界流体主体。由于超临界流体的扩散系数较高，而溶质在超临界流体中的溶解度很低，所以步骤（2）常常为过程的控制步骤。

三、超临界萃取过程的影响因素

（1）压力　当温度恒定时，提高压力可以增大溶剂的溶解能力和超临界流体的密度，从而提高超临界流体的萃取容量。

（2）温度　当萃取压力较高时，温度的提高可以增大溶质蒸汽压，从而有利于提高其挥发度和扩散系数。但温度提高也会降低超临界流体密度从而减小其萃取容量，温度过高还会使热敏性物质产生降解。

（3）流体密度　溶剂的溶解能力与其密度有关，密度大，溶解能力大，但密度大时，传质系数小。在恒温时，密度增加，萃取速率增加；在恒压时，密度增加，萃取速率下降。

（4）溶剂比　当萃取温度和压力确定后，溶剂比是一个重要参数。在低溶剂比时，经一定时间萃取后固体中残留量大。用非常高的溶剂比时，萃取后固体中的残留趋于低限。溶剂比的大小必须考虑经济性。

（5）颗粒度　一般情况下，萃取速率随固体物料颗粒尺寸减少而增加。当颗粒过大时，固体相内受传质控制，萃取速率慢，即使提高压力、增加溶剂的溶解能力，也不能有效地提高溶剂中溶质浓度。另一方面，当颗粒过小时，会形成高密度的床层，使溶剂流动通道阻塞而造成传质速率下降。

四、超临界萃取的应用

从超临界流体的性质可以看出，超临界流体萃取具有如下优点。

（1）在超临界流体萃取过程中，相对挥发度和分子间亲和力两种因素同时其作用，因而超临界萃取兼有精馏和液液萃取的特点，有可能分离一些用常规方法难以分离的物系。

（2）萃取速度高于液体萃取，特别适合于固态物质的分离提取。

（3）在接近常温的条件下操作，能耗低，适于热敏性物质和易氧化物质的提取和分离。

（4）传热速率快，温度易于控制。

（5）萃取剂的分离回收容易。

超临界流体萃取的不足之处主要有：相平衡关系较为复杂，设备费和安全要求高，需要大量溶剂循环，连续化生产较困难。

超临界萃取工艺流程按操作方式可分为分批式和连续并流（或逆流）式。对于固体物料一般采用前者，为实现半连续操作多采用几个萃取器并联流程。对于液体物料采用连续进料的塔式逆流萃取流程更为方便和经济。为提高萃取物的选择性和得到不同组分产品，也可串联几个萃取器或分离器进行不同参数条件下的多级萃取和多级分离。

超临界流体萃取过程基本上由萃取阶段和分离阶段组成。具有代表性的工艺流程有：变压萃取分离（等温法）、变温萃取分离（等压法）、吸附萃取分离（吸附法）、稀释萃取分离（稀释法）。其中等温变压萃取过程是应用最方便的一种流程。

萃取操作参数包括萃取压力、温度、时间、萃取剂与原料配比、萃取剂流量等；分离操作参数还包括分离温度、压力、相分离要求及过程中溶剂的回收和处理等。当使用夹带剂时，还需要考虑加入夹带剂的速率、夹带剂与萃取产物的分离方式及回收方式等。另外，超临界流体循环时间取决于萃取率和分离因子。

图 5-8 给出了超临界流体萃取过程的示意图。萃取剂经压缩升压达到超临界状态点①。流体经换热后（一般为冷却）进入萃取器与萃取物料接触。因超临界流体有较高的扩散系数，传质过程很快就达到平衡，此过程维持压力不变到达状态点②。接着萃取物流进入分离器减压分离，到达状态点③，这时超临界流体的溶解能力减弱，溶质从流体中析出。减压的流体再升压后回到状态点①，这样过程可周而复始地进行。

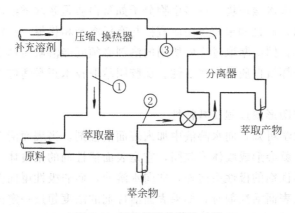

图 5-8　超临界流体萃取过程

SFE 从 20 世纪 50 年代初起先后在石油化工、煤化工、精细化工等领域得到应用。石油化工的 SFE 应用是化工生产中开发最早的行业，除主要用于渣油脱沥青外，还在重烃油加氢转化过程、废油回收利用及三次采油等方面也得到了一定的开发。

SFE 在食品工业中的应用发展迅速，目前在啤酒花有效成分萃取、天然香料植物或果蔬中提取天然香精和色素及风味物质、动植物中提取动植物油脂，以及咖啡豆或茶叶中脱除咖啡因、烟草脱尼古丁、奶脂脱胆固醇及食品脱臭等方面的研究和应用都取得了长足的发展。其中一些技术早已实现工业化应用。

将 SFE 技术用于环境保护特别是在三废处理及环境监测上有着很大的

潜力，已得到各国学者的高度重视。针对污染物质处理的过程不同，有直接采用 SFE 萃取污染物的一步法和先用活性炭或树脂吸附剂吸附污染物，再用超临界流体再生吸附剂的二步法，以及通过超临界化学反应将污染物分解成小分子无毒组分的反应分离法。一步法萃取的物质已有高级脂肪醇、芳香族化合物、酯、醚、醛及有机氯化物甚至重金属物质等，处理的物料不仅有气体、液体，也有固体物料。

随着 SFE 研究的不断深入以及应用领域的不断拓展，新型超临界流体技术如超临界流体色谱、超临界流体化学反应、超临界流体干燥、超临界流体沉析等技术的研究都取得了较大进展，显示了超临界流体萃取技术良好的应用前景。

5.3.2　反胶团萃取

反胶团萃取（Reversed micellar extraction）[8,17~19] 的分离原理是表面活性剂在非极性的有机相中超过临界胶团浓度而聚集形成反胶团，在有机相内形成分散的亲水微环境。许多生物分子如蛋白质是亲水憎油的，一般仅微溶于有机溶剂，而且如果使蛋白质直接与有机溶剂相接触，往往会导致蛋白质的变性失活，因此萃取过程中所用的溶剂必须既能溶解蛋白质又能与水分层，同时不破坏蛋白质的生物活性。反胶团萃取技术正是适应上述需要而出现的。

一、反胶团形成过程及其特性

从胶体化学可知，向水溶液中加入表面活性剂，当表面活性剂的浓度超过一定值时，就会形成胶体或胶团，它是表面活性剂的聚集体。在这种聚集体中，表面活性剂的极性头向外，即向水溶液，而非极性尾向内。当向非极性溶剂中加入表面活性剂时，如果表面活性剂的浓度超过一定值，也会在溶剂内形成表面活性剂的聚集体，称这种聚集团为反胶团。在这种聚集体中。表面活性剂的憎水的非极性尾向外，与在水相中所形成的胶团反向。

图 5-9 为几种可能的表面活性剂聚集体的构型。从图中可看出。在反胶团中有一个极性核心，它包括了表面活性剂的极性头所组成的内表面、抗衡离子和水，被形象地称为"水池"（water pool）。由于极性分子可以溶解在"水池"中，也因此可溶解在非极性的溶剂之中。

胶团的大小和形状与很多因素有关，既取决于表面活性剂和溶剂的种类和浓度，也取决于温度、压力、离子强度、表面活性剂和溶剂的浓度等因素。典型的水相中胶团内的聚集数是 50~100，其形状可以是球形、椭球形或是棒状。反胶团直径一般为 5~20 nm，其聚集数通常小于 50，通常为球形，但在某些情况下，也可能为椭球形或棒状。

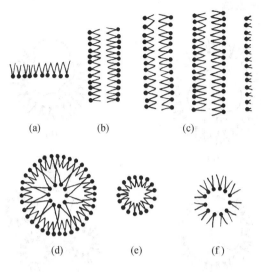

·—表面活性剂分子 ·亲水头 —疏水尾

图 5-9 表面活性剂在溶液中的不同聚集体

(a) 单层；(b) 双层；(c) 液晶相（薄层）；

(d) 气泡型；(e) 水溶液中的微胶团；

(f) 非极性溶剂中的微胶团（反胶团）

实验中观察到，对于大多数表面活性剂，要形成胶团，存在一个临界胶团浓度（CMC），即要形成胶团所必需的表面活性剂的最低浓度。低于此值则不能形成胶团。这个数值可随温度、压力、溶剂和表面活性剂的化学结构而改变，一般为 0.1～1.0 mmol/L。

二、反胶团中生物分子的溶解

由于反胶团内存在微水池这一亲水微环境，可溶解氨基酸、肽和蛋白质等生物分子。因此，反胶团萃取可用于氨基酸、肽和蛋白质等生物分子的分离纯化，特别是蛋白质类生物大分子。对于蛋白质的溶解方式，已先后提出了四种模型，见图 5-10。图 5-10（a）为水壳模型；（b）为蛋白质中的疏水部分直接与有机相接触；（c）为蛋白质被吸附在胶团的内壁上；（d）为蛋白质的疏水区与被几个反胶团的表面活性剂疏水尾发生作用，并被反胶团所溶解。上述四种模型中，现在被多数人所接受的是水壳模型，尤其对于亲水性蛋白质。因为弹性光散射等许多实验研究均间接地证明了水壳模型的正确性。

由图 5-10 可知，在水壳模型中，蛋白质居于"水池"的中心，而此水壳层则保护了蛋白质，使它的生物活性不会改变。

生物分子溶解于反胶团相的主要推动力是表面活性剂与蛋白质的静电相互作用。反胶团与生物分子间的空间阻碍作用和疏水性相互作用对生物分子的溶解率也有重要影响。

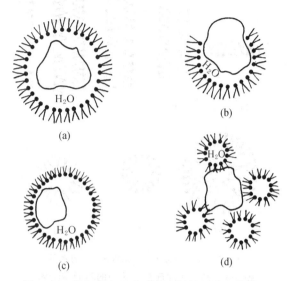

图 5-10　蛋白质在反胶团中溶解的四种可能模型

三、反胶团萃取过程及其应用

用反胶团技术萃取蛋白质时，用以形成反胶团的表面活性剂起着关键作用。现在多数研究者采用 AOT 为表面活性剂。AOT 是琥珀酸二（2-乙基己基）酯磺酸钠或丁二酸二异辛酯磺酸钠（Aerosol OT）。溶剂则常用异辛烷(2,2,4-二甲基戊烷)。AOT 能迅速溶于有机物中，也能溶于水中，并形成胶团。AOT 作为反胶团的表面活性剂是由于它具有两个优点：一是所形成的反胶团的含水量较大，非极性溶剂中水浓度与表面活性剂浓度之比 ω_0 值可达 $50\sim60$，而由季铵盐形成的反胶团，ω_0 常小于 3 或等于 3；另一是 AOT 形成反胶团时，不需要助表面活性剂。AOT 的不足之处是不能萃取分子量较大的蛋白质，且沾染产品。如何进一步选择与合成性能更为优良的表面活性剂将是今后应用研究的一个重要方面。

除主要的离子型表面活性剂外，有些场合，在有机相中添加另一种离子型或非离子型助表面活性剂（cosurfactant），保持表面活性剂总浓度不变的情况下可以提高反胶团相的含水率，拓宽反胶团萃取的操作 pH 范围。

此外，由于表面活性剂的种类决定其能否形成反胶团和反胶团直径大小，因而决定了反胶团能否有效地溶解蛋白质。不适宜的表面活性剂或表面活性剂浓度会给相分离带来困难，或者不能使蛋白质溶于有机相中。

离子强度对萃取率的影响主要有以下几方面：一是离子强度增大后，反胶团内表面的双电层变薄，减弱了蛋白质与反胶团内表面之间的静电吸引，从而降低蛋白质的溶解度；二是反胶团内表面的双电层变薄后，也减弱了表面活性剂极性头之间的斥力，反胶团变小，从而使蛋白质不能进入其中；三是离子强度的提高，增大了离子向反胶团水池的迁移并取代其中蛋白质的倾向，使蛋白质从反胶团中被盐析出来；四是盐与蛋白质或表面活性剂的相互作用，可改变溶解性能，盐的浓度越高，其影响就越大。

水相 pH 值对萃取率的影响，主要在于蛋白质表面电荷的改变。另外，pH 值对蛋白质构象的改变也有影响。用阴离子表面活性剂时，当 pH＞pI（蛋白质的等电点），萃取率几乎为零，这时，蛋白质的净电荷为负值；当 pH＜pI，萃取率急剧提高，这表明蛋白质所带的净电荷与表面活性剂极性头所带电荷符号相反，两者的静电作用对萃取蛋白质有利；pH 值很低的情况下，萃取率又降低，在界面上易发生蛋白质的变性析出。

除上述之外，其他影响因素还有温度、含水量、阳离子类型、溶剂结构、表面活性剂含量等。例如，含水量太小，反胶团过小，则蛋白质无法进入，溶解度也就下降。表面活性剂太少，则反胶团难以形成，溶解度也必然下降。

影响反胶团萃取蛋白质的主要因素列于表 5-2 中。

表 5-2　反胶团萃取蛋白质的主要影响因素

与反胶团相有关的因素	与水相有关因素	与目标蛋白质有关因素	与环境有关因素
表面活性剂的种类	pH 值	蛋白质的等电点	系统的温度
表面活性剂的浓度	离子种类	蛋白质的大小	系统的压力
有机溶剂的种类	离子强度	蛋白质的浓度	
助表面活性剂的种类和浓度		蛋白质表面电荷分布	

只要通过对这些因素的系统研究，确定最佳操作条件，就可得到目标蛋白质合适的萃取率，达到分离纯化的目的。水相中的溶质加入反胶团相需经历三步传质过程：①通过表面液膜扩散从水相到达相界面；②在界面处溶质进入反胶团中；③含有溶质的反胶团扩散进入有机相。反萃取操作中溶质亦经历相似的过程，只是方向相反，在界面处溶质从反胶团内释放出来。

反胶团萃取可采用各种传统的液液萃取中普遍使用的微分萃取设备（如喷淋塔）和混合/澄清型萃取设备。需要指出的是，反胶团萃取技术仍处于起步阶段，尚未得到大规模工业应用。在此只能就一些研究结果加以介绍。

图 5-11 是多步间歇混合/澄清萃取过程，采用反胶团萃取分离核糖核酸酶、细胞色素 C 和溶菌酶等三种蛋白质。在 pH＝9 时，核糖核酸酶的溶解度很小，保留在水相而与其他两种蛋白质分离；相分离得到的反胶团相（含细胞色素 C 和溶菌酶）与 0.5 mol/dm³ 的 KCl 水溶液接触后，细胞色素 C

被反萃到水相，而溶菌酶保留在反胶团相；此后，含有溶菌酶的反胶团相与 2.0 mol/dm³ KCl，pH 值为 11.5 的水相接触，将溶菌酶反萃回收到水相中。

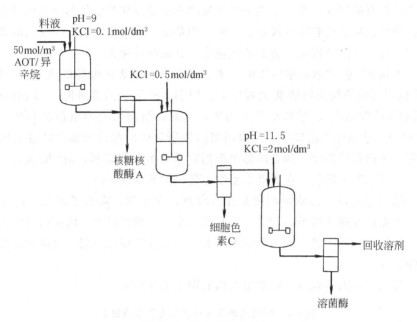

图 5-11　反胶团萃取过程

Dekker 等设计了图 5-12 所示的连续循环萃取-反萃取过程，并进行了 α-淀粉酶萃取和酪蛋白磷酸肽分离和提纯研究。该过程由两个混合/澄清单元构成，图 5-12 中左侧单元用于反胶团萃取，经沉降澄清器后反胶团相进入右侧单元的混合器进行反萃取。从反萃取单元的沉降澄清器中流出的反胶团相循环返回左侧萃取混合器，同时分别向萃取混合器和反萃取混合器中连续

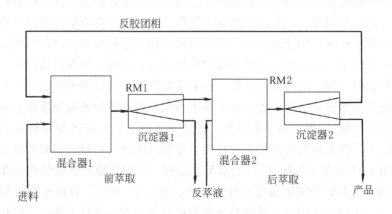

图 5-12　连续循环萃取与反萃取过程示意图

加入料液和反萃液。从萃取澄清器中得到萃余相，从反萃取澄清器得到产品，从而实现连续萃取分离操作。

利用中空纤维膜组件可以进行生物分子的反胶团萃取。中空纤维膜材料多为聚丙烯等疏水材料，孔径在微米级，以保证生物分子和含有生物分子的反胶团的较大通量。反胶团膜萃取技术的优点是：①水相和有机相分别通过膜组件的壳程和管程流动，从而保证两相有很高的接触比表面积；②膜起相分离器和相接触器的作用，从而在连续操作的条件下可防止液泛等发生；③提高萃取速度及规模放大容易。

大量的研究工作已经证明了反胶团萃取法提取蛋白质的可行性与优越性。不管是自然细胞还是基因工程细胞中的产物都能被分离出来；不仅发酵滤液和浓缩物可通过反胶团萃取进行处理，就是发酵清液也可同样进行加工。不仅是蛋白质和酶都能被提取，还有核酸、氨基酸和多肽也可顺利地溶于反胶团。然而反胶团萃取在真正实用之前还有许多有待于研究和解决的问题，例如表面活性剂对产品的沾染、工业规模所需的基础数据；反胶团萃取过程的模拟和放大技术等。尽管如此，用反胶团萃取法大规模提取蛋白质由于具有成本低、溶剂可循环使用、萃取和反萃率都很高等优点，正越来越多地为各国科技界和工业界所研究和开发。

5.3.3　双水相萃取

双水相萃取（Aqueous two-phase extraction）[20~22] 是利用物质在互不相溶的两个水相之间分配系数的差异实现分离的方法。1955 年由 Albertson 首先提出了双水相萃取的概念，此后这项技术在动力学研究、双水相亲和分离、多级逆流层析、反应分离耦合等方面都取得了一定的进展。到目前为止，双水相技术几乎在所有的生物物质如氨基酸、多肽、核酸、细胞器、细胞膜、各类细胞、病毒等的分离纯化中得到应用，特别是成功地应用在蛋白质的大规模分离中。

一、双水相体系和双水相萃取

一些天然的或合成的水溶性聚合物水溶液，当它们与第二种水溶性聚合物相混时，只要聚合物浓度高于一定值，就可能产生相的分离，形成双水相体系。双水相体系的主要成因是聚合物之间的不相容性，即聚合物分子的空间阻碍作用使相互间无法渗透，从而在一定条件下分为两相。一般认为，只要两种聚合物水溶液的水溶性有所差异，混合时就可发生相分离，并且水溶性差别越大，相分离倾向也就越大。聚乙二醇（PEG）/葡聚糖（Dextran，DEX），聚乙二醇/聚乙烯醇，聚乙烯醇/甲基纤维素，聚丙二醇/葡聚糖聚丙二醇/甲氧基聚乙二醇等均为双聚合物的双水相系统[23,24]。

此外，某些聚合物的溶液在与某些无机盐等低相对分子量化合物的溶液相混时，只要浓度达到一定值，也会产生两相。这就是聚合物-低相对分子量化合物双水相体系。最为常用的聚合物-低相对分子量化合物体系为PEG/磷酸钾、PEG/磷酸铵、PEG/硫酸钠、PEG/葡萄糖等。上相富含PEG，下相富含无机盐或葡萄糖。

与一般的水—有机溶剂体系相比较，双水相体系中两相的性质差别（如密度和折射率等）较小。由于折射率的差别甚小，有时甚至都难于发现它们的相界面。两相间的界面张力也很小，仅为 $10^{-5} \sim 10^{-4}$ N/m（一般体系为 $10^{-3} \sim 2 \times 10^{-2}$ N/m）。

双水相萃取从原则上讲与一般萃取有共同之处。在满足成相的条件下，待分离物质若在两水相之间存在分配的差异，就可能实现分离提纯。溶质在双水相中的分配系数也用平衡状态下下相和上相中溶质的总浓度之比来表示。

有关双水相系统中溶质分配平衡的理论已有很多的研究报道。但是，由于影响双水相系统中溶质分配平衡的因素非常复杂，很难建立完整的热力学理论体系。从双水相萃取过程设计的角度出发，确定影响分配系数的主要因素是非常重要的。已有的大量研究表明，生物分子的分配系数取决于溶质与双水相系统间的各种相互作用，其中主要有静电作用、疏水作用和生物亲和作用、粒子大小和构象效应等。

影响双水相萃取分配系数的因素很多，主要包括以下几方面。

（1）成相高聚物　成相高聚物的类型和浓度直接影响系统的疏水作用和界面张力。不同高聚物的水相系统具有不同的亲水性，水溶液中高聚物的疏水性按以下顺序递增：

聚丙三醇＞聚乙二醇＞聚乙烯醇＞甲基纤维素＞羟丙基葡萄糖＞葡萄糖＞甲基葡萄糖＞葡萄糖硫酸盐。为了提高双水相萃取的选择性，可对成相高聚物进行化学修饰，共价地接上亲和配基，形成亲和双水相体系。一般说来，双水相萃取时，如果相系统组成位于临界点附近，则蛋白质等大分子的分配系数接近于1。高聚物浓度增加，系统组成偏离临界点，蛋白质的分配系数也偏离1。

对于位于临界点附近的相系统，细胞粒子可完全分配于上相或下相，此时不存在界面吸附。高聚物浓度增大，界面吸附增强，例如接近临界点时，细胞粒子如位于上相，则当高聚物浓度增大时，细胞粒子向界面转移，也有可能完全转移到下相，这主要依赖于它们的表面性质。成相高聚物浓度增加时，两相界面张力也相应增大。

高聚物的相对分子质量对分配行为的影响一般符合下列原则：对于给定

的相系统，如果一种高聚物被低相对分子质量的同种高聚物所取代，被萃取的大分子物质，如蛋白质、核酸、细胞粒子等，将有利于在低相对分子质量高聚物一侧分配。上述结论表明了分配系数变化的方向。但是，分配系数变化的大小主要由被分配物质的相对分子质量决定。

选择相系统时，可改变成相高聚物的相对分子质量以获得所需的分配系数，特别是当所采用的相系统离子组分必须恒定时，改变高聚物相对分子质量更加适用，根据这一原理，不同相对分子质量的蛋白质可以获得较好的分离效果。

（2）盐的种类和浓度　双水相萃取时，盐的种类和浓度对分配系数的影响首先反映在相间电位上。例如，脱氧核糖核酸（DNA）萃取时，离子组分微小的变化可使 DNA 从一相几乎完全转移到另一相。生物大分子的分配主要决定于离子的种类和各种离子之间的比例，而离子强度在此显得并不重要，这一点可以从离子在上、下相不均等分配时形成的电位来解释。在双聚合物系统中，无机离子具有各自的分配系数，不同电解质的正负离子的分配系数不同，当双水相系统中含有这些电解质时，由于两相均应各自保持电中性，从而产生不同的相间电位。因此，盐的种类（离子组成）影响蛋白质、核酸等生物大分子的分配系数。

另外，盐的种类和浓度（离子强度）还影响蛋白质的表面疏水性增加，从而影响蛋白质的分配系数。当盐的浓度很大时（如浓度高于 1 mol/dm^3），由于强烈的盐析作用，蛋白质的溶解度达到极限，表现分配系数增大，此时分配系数与蛋白质浓度有关。

盐浓度不仅影响蛋白质的表面疏水性，而且扰乱双水相系统，改变各相中成相物质的组成和相体积比。例如，PEG/磷酸钾系统中上下相的 PEG 和磷酸钾浓度以及 Cl^- 离子在上、下相中的分配平衡随添加的 NaCl 浓度增大而改变。这种相组成即相性质的改变直接影响蛋白质的分配系数。离子强度对不同蛋白质的影响程度不同，利用这一特点，通过调节双水相系统中的盐浓度，可有效地萃取分离不同的蛋白质。

（3）pH 值　体系的 pH 对被萃物的分配有很大影响。这是由于体系的pH 变化能明显地改变两相的电位差，而且，pH 的改变还导致蛋白质带电性质的变化。如体系 pH 与蛋白质的等电点相差愈大，则蛋白质在两相中的分配愈不平均。pH 值与蛋白质的分配系数之间存在某种关系。当加入不同种类的盐时，由于相间电位不同，它们之间的关系曲线也不一样，但在蛋白质的等电点处，分配系数应相同，即两条关系曲线交于一点。所以，通过测定不同盐类存在下分配系数与 pH 值之间的关系曲线的交点，可测定蛋白质、细胞器以及微粒的等电点，这种方法称为交错分配法（cross partitioning）。

另外，pH 影响磷酸盐的解离，即影响 PEG/磷酸钾系统的相间电位和蛋白质的分配系数。对某些蛋白质，pH 的很小变化会使分配系数改变 2～3 个数量级。

（4）温度　温度在双水相分配中是一个重要的参数。但是，温度的影响是间接的，它主要影响相的高聚物组成。只有当相系统组成位于临界点附近时，温度对分配系数才有较明显的作用。

大规模双水相萃取操作一般在室温下进行，不需冷却。这是基于以下原因：①成相聚合物 PEG 对蛋白质有稳定作用，常温下蛋白质一般不会发生失活或变性；②常温下溶液粘度较低，容易相分离；③常温操作节省能量。

对于某一生物分子，只要选择合适的双水相体系，控制一定的条件，通过对以上因素的系统研究，确定最佳的操作条件，就可得到合适的分配系数，从而达到分离纯化的目的。

二、双水相萃取的特点及其应用[25,26]

双水相萃取是一种可以利用较为简单的设备，并在温和条件下进行简单的操作就可获得较高收率和纯度的新型分离技术。与一些传统的分离方法相比，双水相萃取技术具有以下明显的优点：①易于放大。Albertson 证明分配系数仅与分离体积有关，各种参数可以按比例放大而产物收率并不降低，这是其他过程无法比拟的。这一点对于工业应用尤为有利。②分离迅速。双水相系统（特别是聚合物/无机盐系统）分相时间短，传质过程和平衡过程速度均很快，因此相对于某些分离过程来说，能耗较低，而且可以实现快速分离。③条件温和。由于双水相的界面张力大大低于有机溶剂与水相之间的界面张力，整个操作过程可以在室温下进行，因而有助于保持生物活性和强化相际传质。既可以直接在双水相系统中进行生物转化以消除产物抑制，又有利于实现反应与分离技术的耦合。④步骤简便。大量液体杂质能够与所有固体物质同时除去，与其他常用的固液分离方法相比，双水相分配技术可以省去 1～2 个分离步骤，使整个分离过程更为经济。⑤变通性强。由于双水相系统受影响的因素复杂，从某种意义上说可以采取多种手段来提高选择性或收率。

成功地利用双水相萃取技术分离提取目标蛋白质的第一步是选择合适的双水相系统，使目标蛋白质的收率和纯化程度均达到较高的水平，并且成相系统易于利用静置沉降或离心沉降法进行相分离。如果以胞内蛋白质为萃取对象，应使破碎的细胞碎片分配于下相中，从而增大两相的密度差，满足两相的快速分离、降低操作成本和操作时间的产业化要求。

由于影响生物分子分配系数的因素很多，从而给双水相系统的选择和设计带来很大困难。双水相萃取系统设计的指导原则是：根据目标蛋白质和共存杂质的表面疏水性、相对分子质量、等电点和表面电荷等性质上的差别，综合利用静电作用、疏水作用以及添加适当种类和浓度的盐，选择性萃取目标产物。若目标产物与杂蛋白的等电点不同，可调节系统 pH 值，添加适当的盐，产生所希望的相间电位；若目标产物与杂蛋白的表面疏水性相差较大，可充分发挥盐析作用；提高成相系统的浓度（系线长度），增大双水相系统的疏水性，也是选择性萃取的重要手段。另外，改变系线长度还可以使细胞碎片选择性分配于 PEG/盐系统的下相；采用相对分子质量较大的 PEG 可降低蛋白质的分配系数，使萃取到 PEG 相（上相）的蛋白质总量减少，从而提高目标蛋白质的选择性。例如，采用 5.3%PEG5 000/10%磷酸钾系统，可从细胞匀浆液中将 β-半乳糖苷酶提纯 12 倍，而使用低相对分子质量 PEG 时，萃取的选择性降低。此外，在磷酸盐存在下于 pH>7 的范围内调节 pH 值也可提高目标产物的萃取选择性。

以蛋白质的分离为例说明双水相分离过程的原则流程：包括三步双水相分离，在第一步中所选择的条件应使蛋白质产物分配在富 PEG 的上相中，而细胞碎片及杂质蛋白质等进入下相。在分相后的上相中再加入盐使再次形成双水相体系，该酸和多糖则分配入富盐的下相，杂质、蛋白质也进入下相，而所需的蛋白质再次进入富含 PEG 的上相。然后再向分相后的上相中加入盐以再一次形成双水相体系。在这一步中，要使得蛋白质进入富盐的下相，以与大量的 PEG 分开。

蛋白质与盐及 PEG 的分离可以用超滤、层析、离心等技术。

采用多级分离可提高整个分离过程的效率。应用于溶剂萃取的各种多级萃取，如多级逆流接触萃取、多级错流接触萃取和微分萃取也可应用于双水相萃取。原理上，多级双水相萃取过程的设计与一般的溶剂萃取相同。但是，由于双水相萃取系统的诸多特殊性质，如表面张力极低、粘度高、密度差小、影响因素复杂、实验材料来源有限等，使多级萃取过程，特别是微分萃取过程及设备的研究仅处于起步阶段，有待深入开展。

初期的双水相萃取过程仍以间歇操作为主。近年来，在天冬酶、乳酸脱氢酶、富马酸酶与青霉素酰化酶等多种产品的双水相萃取过程中均采用了连续操作，有的还实现了计算机过程控制。这不仅对提高生产能力，实现全过程连续操作和自动控制，保证得到高活性和质量均一的产品具有重要意义，而且也标志着双水相萃取技术在工业生产的应用正日趋成熟和完善。

双水相分配技术作为一个很有发展前途的分离单元，除了具有上述独特的优点外，也有一些不足之处，如易乳化、相分离时间长、成相聚合物的成本较高、分离效率不高等，一定程度上限制了双水相分配技术的工业化推广和应用。如何克服这些困难，已成为国内外学者关注的焦点，其中"集成化"概念的引入给双水相分配技术注入了新的生命力,双水相分配技术与其他相关的生化分离技术进行有效组合,实现了不同技术间的相互渗透,相互融合,充分体现了集成化的优势[4,15]。例如:

(1)与温度诱导相分离、磁场作用、超声波作用、气溶胶技术等实现集成化,改善了双水相分配技术中诸如成相聚合物回收困难、相分离时间较长、易乳化等问题,为双水相分配技术的进一步成熟、完善并走向工业化奠定了基础。

(2)与亲和沉淀、高效层析等新型生化分离技术实现过程集成,充分融合了双方的优势,既提高了分离效率,又简化了分离流程。

(3)在生物转化、化学渗透释放和电泳等中引入双水相分配,给已有的技术赋予了新的内涵,为新分离过程的诞生提供了新的思路。

本章符号说明

英文字母

a——单位体积内的传质面积,m^2/m^3;

c——浓度,mol/m^3;

E_x——萃余相中的轴向扩散系数,m^2/s;

E_y——萃取相中的轴向扩散系数,m^2/s;

$K_{ox}a, K_{oy}a$——体积总传质系数,m/s;

H——萃取塔高,m;

HTU——总传质单元高度,m;

L——萃余相流率,m^3/s;

l_i——萃余相中组分 i 流率,m^3/s;

m——分配系数,无量纲;

M——相对分子质量,无量纲;

N——理论板数,无量纲;

NTU——总传质单元数,无量纲;

Pe——$Peclet$ 数,无量纲;

S——横截面积,m^2;

u——萃取因子 ε 的倒数,无量纲;

V——萃取相流率,m^3/s;

v_i——萃取液组分 i 的流率,m^3/s;

V_x, V_y——分别为萃余相和萃取相的表观流速,m/s;

x_i——组分 i 在进料或萃余相中的摩尔分数,无量纲;

y_i——组分 i 在溶剂或萃取相中的摩尔分数,无量纲;

Φ_U——溶剂中组分 i 进入萃取相中的分数,无量纲;

Φ_E——溶剂中组分 i 进入萃余相中的分数,无量纲;

ε——萃取因子,无量纲;

W_0——非极性溶剂中水浓度与表面活性剂浓度之比,无量纲;

η——塔效率,无量纲。

上标

$*$——平衡。

下标

app——表观;

F——进料;

lm——对数平均;

n——级数;

o——总的;

R——萃余相;

S——萃取相;

tru——真实;

x——萃余相;

y——萃取相。

习 题

1. Nernst 分配定律可表述为在一定温度和压力下，溶质在一相中的浓度可由它在另一相中的浓度所决定，试用相律说明此问题。

2. 请计算当相比 R 为 0.75，1.5 和 4，D 分别等于 0.1，1，10，20 和 50 时的萃取率 E，并以 E 为纵坐标，$\lg D$ 为横坐标作图。

3. 100 kmol/h 等摩尔的苯（B）、甲苯（T）、正己烷（C_6）与正庚烷（C_7）组成的混合物，与 150 ℃用三甘醇（DEG）在一具有 5 个平衡级的逆流萃取器中进行萃取分离，三甘醇用量为 300 kmol/h。用集团法计算萃取液与萃余液的流率及组成。以摩尔分数为单位，可以假定烃的分配系数为下列常数，对于三甘醇，假定 $K_D = 1.2\, x_{DEG}$。

组分	$K_{D_i} = y$（溶剂相）$/x$（萃余相）	组分	$K_{D_i} = y$（溶剂相）$/x$（萃余相）
B	0.33	C_6	0.050
T	0.29	C_7	0.043

4. 在近似活塞流的实验条件下进行稀溶液的萃取分离得出 $HTU_{ox} = 0.9$ m。如果一工业萃取塔设计为 $NTU_{ox} = 4$，$Pe_x B$ 和 $Pe_y B$ 分别为 19 和 50，确定萃取率 $E = 0.5$ 时所需塔高。

5. 拟以醋酸丁酯为萃取剂、转盘塔为萃取塔从澄清发酵液中连续萃取分离红霉素。已知在 pH 值 7.5 和 10.0 的水溶液中，红霉素在醋酸丁酯中的分配系数分别为 0.5 和 20。萃取操作中，料液（pH10.0）和萃取剂的空塔流速分别为 0.1 和 0.2 cm/s，$K_x a = 0.1\ \mathrm{s}^{-1}$，$E_x = 1 \times 10^{-3}\ \mathrm{m}^2/\mathrm{s}$，$E_y = 5 \times 10^{-3}\ \mathrm{m}^2/\mathrm{s}$。为使萃取收率达 99%，求所需塔高。

6. 应用微分萃取工艺从植物细胞培养液中分离一种类固醇。培养液流量为 $H = 0.1\ \mathrm{m}^3/\mathrm{h}$，从直径为 0.25 m、高 2.5 m 的萃取塔底进入。萃取剂二氯甲烷从塔顶进入，流量为 $L = 0.05\ \mathrm{m}^3/\mathrm{h}$，已从实验中测得平衡常数 $m = 11$，且二氯甲烷与水溶液不互溶。求：

(1) 类固醇的萃取率达 60% 时，传质速率常数与传质比表面积的乘积；

(2) 类固醇萃取率为 92% 时所需的萃取塔高度。

7. 简述超临界流体和超临界萃取的特点。

8. 试讨论反胶团萃取过程的主要影响因素。

9. 胰蛋白酶的等电点为 10.6，在 PEG/磷酸盐（磷酸二氢钾和磷酸氢二钾的混合物）系统中，随 pH 值的增大，胰蛋白酶的分配系数将如何变化。

10. 肌红蛋白的等电点为 7.0。利用聚乙二醇/葡聚糖系统萃取肌红蛋白。当系统中分别含有磷酸钾和氯化钾时，分配系数随 pH 值如何变化？并图示说明。

参 考 文 献

1 Lo T C, Baird M H I, Hanson C. Handbook of Solvent Extraction. New York: John Wiley & Sons, 1983. 1~10

2 Perry R H, Green D. Perry's Chemical Engineering handbook. 6th ed. New York: McGraw-Hill.

1984. 21～55

3　Thornton J D. The Science and Practice of Liquid-Liquid Extraction. Oxford：Oxford press，1992. 30～48

4　Noble R D，Stern S A. Membrane Separation Technology：Principles and Applications. Elsevier Science B V，1995. 353～413

5　费维扬，戴猷元. 现代化工. 1996，(10)：26～28

6　《化工百科全书》编辑委员会. 化工百科全书. 第二卷. 北京：化学工业出版社，1996. 808～830

7　姚玉英. 化工原理. 下册. 天津：天津大学出版社，1999. 315～326

8　孙彦. 生物分离工程. 北京：化学工业出版社，1998. 38～103

9　陆九芳，李总成，包铁竹. 分离过程化学. 北京：清华大学出版社，1993. 220～264

10　陈洪钫，刘家祺编. 化工分离过程. 北京：化学工业出版社，1995. 204

11　邓修，吴俊生. 化工分离工程. 北京：科学出版社，2000. 341～373

12　Schweitzer P A. Handbook of separation techniques for chemical engineers. 3rd ed. New York：McGraw-Hill. 1997(1－450)～(1－512)

13　化学工程手册编辑委员会. 化学工程手册. 第二版. 北京：化学工业出版社，1996. (15－4)～(15－150)

14　Godfrey J C，Slater M J. Liquid-Liquid Extraction Equipment. Chichester：John Wiley & Sons，1994. 1～8

15　Verrall M S. Downstream processing of natural products. New York：John Wiley & Sons，1996. 53～90

16　大矢晴彦著. 分离的科学及技术. 张谨译. 北京：中国轻工业出版社，1999. 175～179

17　欧阳平凯. 生物分离原理及技术. 北京：化学工业出版社，1999. 73～126

18　郭勇. 生物制药技术. 北京：中国轻工业出版社，2000. 572～592

19　毛忠贵. 生物工业下游技术. 北京：中国轻工业出版社，1999. 107～125

20　俞俊棠，唐孝宣. 生物工艺学. 下册. 上海：华东化工学院出版社，1991. 322～334

21　Abbott N L，Hatton T A. *Chem. Eng. Prog.* 1988，(8)：31～41

22　Johansson G. *Bioseparation.* 1990，(1)：255～263

23　Hansson U B，Wingren C. Separation and purification methods. 1998，**27**(2)：169～211

24　Haynes C A，Carson J，Blanch H W et al. *AIChE Journal.* 1991，**37**(9)：1401～1409

25　Sikdar S K，Cole K D，Stewart R M et al. Bio/Technology. 1991，**9**：253～256

26　Raghavarao K S，Guinn M R，Todd P. Separation and purification methods. 1998，**27**(1)：1～49

6. 多组分多级分离的严格计算

多组分分离问题的图解法、经验法和近似算法，只适用于初步设计。对于完成多组分多级分离设备的最终设计，必须使用严格计算法，以便确定各级上的温度、压力、流率、气液相组成和传热速率。严格计算法的核心是联立求解物料衡算、相平衡和热量衡算式。这些关系式是强烈的非线性方程式。数字计算机的广泛应用，使之有可能用程序化的方法求解联立方程组。本章将讨论对精馏、吸收、解吸以及萃取等多种分离过程通用的严格计算方法。

6.1 平衡级的理论模型

考察以逆流接触梯级布置的普通的连续、稳定多级气液和液液接触设备。假定在各级上达到相平衡且不发生化学反应。图 6-1 给出了气液接触设备的一个平衡级 j，图中级号是从上往下数的。若用液相流来表示密度较高的液相，而用气相流来表示密度较低的液相，则该图也可表示液液接触设备的平衡级。

级 j 的进料可以是一相或两相，其摩尔流率为 F_j，总组成以组分 i 的摩尔分数 $z_{i,j}$ 来表示，温度为 $T_{F,j}$，压力为 $p_{F,j}$，相应的平均摩尔焓为 $H_{F,j}$。

级 j 的另外两股输入是来自上面第 $j-1$ 级的液相流率 L_{j-1}

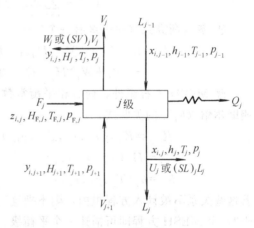

图 6-1　平衡级

和来自下面第 $j+1$ 级的气相流率 V_{j+1}，其组成分别以摩尔分数 $x_{i,j-1}$ 和 $y_{i,j+1}$ 表示，其他性质规定方法同上。

离开级 j 的气相强度性质为 $y_{i,j}$、H_j、T_j 和 p_j。这股物流可被分解为摩尔流率为 W_j 的气相侧线采出和摩尔流率为 V_j 的级间流，它被送往第 $j-1$ 级，当 $j=1$ 时则作为产品离开分离设备。另外，离开级 j 的液相，其强度性质为 $x_{i,j}$、h_j、T_j 和 p_j，它与气相成平衡。此液相可分成摩尔流率为 U_j 的液相侧线采出和送往第 $j+1$ 级的级间流 L_j，若 $j=N$，则作为产品离开多级分离设备。

从级 j 引出或引进级 j 的热量相应以正或负来表示,它可用来模拟级间冷却器、级间加热器、冷凝器或再沸器。

围绕平衡级 j 能写出组分物料衡算(M)、相平衡关系(E)、每相中各组分的摩尔分数加和式(S)和热量衡算(H)共四组方程,简称 MESH 方程。

① 物料衡算式(每一级有 C 个方程)

$$G_{i,j}^{M}=L_{j-1}x_{i,j-1}+V_{j+1}y_{i,j+1}+F_{j}z_{i,j}-(L_{j}+U_{j})x_{i,j}-$$
$$(V_{j}+W_{j})y_{i,j}=0 \qquad i=1,2,\cdots,c \qquad (6\text{-}1)$$

② 相平衡关系式(每一级有 C 个方程)

$$G_{i,j}^{E}=y_{i,j}-K_{i,j}x_{i,j}=0 \qquad i=1,2,\cdots,c \qquad (6\text{-}2)$$

③ 摩尔分数加和式(每一级上各有一个)

$$G_{j}^{SY}=\sum_{i=1}^{c}y_{i,j}-1.0=0 \qquad (6\text{-}3)$$

$$G_{j}^{SX}=\sum_{i=1}^{c}x_{i,j}-1.0=0 \qquad (6\text{-}4)$$

④ 热量衡算式(每一级有一个)

$$G_{j}^{H}=L_{j-1}h_{j-1}+V_{j+1}H_{j+1}+F_{j}H_{F,j}-(L_{j}+U_{j})h_{j}$$
$$-(V_{j}+W_{j})H_{j}-Q_{j}=0 \qquad (6\text{-}5)$$

除 MESH 方程组外,尚有相平衡常数 $(K_{i,j})$,气相摩尔焓 (H_{j}),液相摩尔焓 (h_{j}) 的关联式:

$$K_{i,j}=K_{i,j}(T_{j},p_{j},x_{i,j},y_{i,j}) \qquad i=1,2,\cdots,c \qquad (6\text{-}6)$$
$$H_{j}=H_{j}(T_{j},p_{j},y_{i,j}) \qquad i=1,2,\cdots,c \qquad (6\text{-}7)$$
$$h_{j}=h_{j}(T_{j},p_{j},x_{i,j}) \qquad i=1,2,\cdots,c \qquad (6\text{-}8)$$

若这些关系不被计入方程组内,则不把这三个性质看成变量,因此,用 $(2c+3)$ 个 MESH 方程即可描述一个平衡级。

将上述 N 个平衡级按逆流方式串联起来,并且去掉分别处于串级两端的 L_{0} 和 V_{N+1} 两股物流,则组合成适用于精馏、吸收和萃取的通用逆流装置,如图 6-2 所示。该装置共有 $N(2c+3)$ 个方程和 $[N(3c+9)-1]$ 个变量 [注意:每级上进料组成仅计入 $(c-1)$ 个变量]。

根据第 1 章 1.3 节设计变量的确定方法,该装置的设计变量数为:

固定设计变量数 (N_{x})

压力等级数 N

进料变量数 $\dfrac{N(c+2)}{N(c+3)}$

可调设计变量数（N_a）

串级单元数	1
侧线采出单元数	$2(N-1)$
传热单元数	$\dfrac{N}{3N-1}$

故，设计变量总数为 $[N(c+6)-1]$ 个。

对于多组分多级分离计算问题，进料变量和压力变量的数值一般是必须规定的，按其他设计变量的规定方法，可分为设计型和操作型：设计型问题规定关键组分的回收率（或浓度）及有关参数，计算平衡级数、进料位置等；操作型问题规定平衡级数、进料位置以及有关参数，计算可达到的分离要求（回收率或浓度）等。因此，设计型问题是以设计一个新分离装置使之达到一定分离要求的计算，而操作型问题是以在一定操作条件下分析已有分离装置性能的计算。

作为举例，图 6-2 所表示的通用逆流接触装置的操作型问题可指定下列变量为设计变量：

① 各级进料量（F_j）、组成（$z_{i,j}$）、进料温度（$T_{F,j}$）和进料压力（$p_{F,j}$）；

② 各级压力（p_j）；

③ 各级气相侧线采出流率

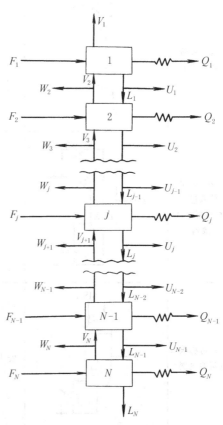

图 6-2　普通的 N 级逆流装置

（W_j，$j=2$，…，N）和液相侧线采出流率（U_j，$j=1$，…，$N-1$）；

④ 各级换热器的换热量（Q_j）；

⑤ 级数（N）。

上述规定的变量总数为 $[N(c+6)-1]$ 个。在 $N(2c+3)$ 个 MESH 方程中，未知数为 $x_{i,j}$，$y_{i,j}$，L_j，V_j 和 T_j，其总数也是 $N(2c+3)$ 个，故联立方程组的解是惟一的。若要规定其他变量，则必须对以上变量作相应替换。不管作什么规定，其结果都是一组必须用迭代技术求解的非线性方程。

由图 6-2 的模型装置可简化成各种分离设备，其设计变量和典型的规定方法见表 6-1。

表 6-1　不同类型分离设备设计中典型变量规定

单元操作	简　图	设计变量 N_i		变量规定①	
		N_x	N_a	设计型	操作型
(a) 吸收（两股进料）		$2c+N+4$	1	1. 一个关键组分的回收率	1. 级数
(b) 精馏（单股进料，全凝器，再沸器）		$c+N+2$	5	1. 饱和液体回流 2. 轻关键组分回收率 3. 重关键组分回收率 4. 回流比＞最小回流比 5. 最适宜进料位置	1. 饱和液体回流 2. 进料级以上级数 3. 进料级以下级数 4. 回流比 5. 馏出液流率
(c) 再沸吸收（两股进料）		$2c+N+4$	3	1. 轻关键组分回收率 2. 重关键组分回收率 3. 最适宜进料位置	1. 进料以上级数 2. 进料以下级数 3. 塔釜液流率
(d) 再沸提馏（单股进料）		$c+N+2$	2	1. 一个关键组分的回收率 2. 再沸器热负荷	1. 级数 2. 塔釜液流率

单元操作	简 图	设计变量 N_i		变量规定①	
		N_x	N_a	设计型	操作型
(e) 萃取精馏（两股进料，全凝器，再沸器）		$2c+N+4$	6	1. 饱和液体回流 2. 轻关键组分回收率 3. 重关键组分回收率 4. 回流比＞最小回流比 5. 最适宜进料位置 6. 最适宜 MSA 加入位置	1. 饱和液体回流 2. MSA 加入级以上级数 3. MSA 和进料级之间级数 4. 进料级以下级数 5. 回流比 6. 馏出液流率
(f) 液液萃取（两股进料）		$2c+N+4$	1	1. 一个关键组分回收率	1. 级数

① 以下变量已规定：进料变量（$c-1$ 个进料组分的摩尔分数，进料流率，进料温度和压力）；各级压力；冷凝器和再沸器压力。

文献中介绍了大量的非线性代数方程组的迭代解法。对于单股进料、无侧线采出的简单精馏塔，Lewis 和 Matheson 最早提出解法[1]，该法涉及的逐级计算与二组分精馏的图解法相似，属于设计型算法。设计变量的规定见表 6-1 (b) 设计型，主要计算所需要的级数。Lewis-Matheson 法广泛用于手算。Thiele-Geddes 法是另一个经典的逐级、逐个方程计算法[2]。通常使用于与组成无关的 K 值和组分的焓值的情况。该法为操作型算法，设计变量的规定见表 6-1 (b) 操作型。迭代变量为级温度和级间气相流率。这一方法长期来也广泛用于手算。当试图将它用于计算机计算时，发现在数值上常常是不稳定的。Holland 等提出称为 θ 法的改进的 Thiele-Geddes 法[3]，且已很成功地被广泛采用。

随着高速计算机的使用，出现了更为严格的算法。Amundson 与 Pontinen 对多级分离的操作型问题提出了 MESH 方程解离法[4]，它与 Thiele-Geddes 法有相同的迭代变量，尽管该方法对手算太麻烦，但很容易用计算机来求解。

Friday 和 Smith 系统地分析了求解 MESH 方程的许多解离技术[5]。他们仔细地考察了每一个方程的输出变量的选择，指出没有一种技术可用来解各种类型的问题。对窄沸程进料的分离塔，推荐使用泡点法（即 BP 法），它是改进的 Amundson-Pontinen 方法。对于宽沸程或溶解度有较大差别的进料，泡点法不易收敛，故用流率加和法（SR 法）。对于介于二者之间的情况，方程解离技术可能不收敛，应采用 Newton-Raphson 法或者解离与 Newton-Raphson 技术相结合的方法。在其代表性的 Naphthali-Sandholm[6] 法中，整个方程组（物料衡算、相平衡和热量衡算）被线性化，应用 Newton-Raphson 技术联解各级的温度，级间气相流率和液相组成。

当输出变量的初值估计不好时，会导致 Newton-Raphson 法不能在适当的迭代次数内收敛。偶尔，也有可能找不到一组成功的初值。此时可用 Rose，Sweeny 和 Schrodt 提出的松弛法[7]。Holland 曾详细地介绍了松弛法[3]。采用组分和能量平衡的非稳态微分方程，从一组假定的起始值开始，在每一个时间步长上结合相平衡方程用数值法解这些方程，得到级温度、流率和组成随时间的改变。但由于随着解的接近，松弛法的收敛速度降低，在实际中此法未能得到广泛运用。对于难度较大的问题，Ketchum 已将稳定性较好的松弛法与 Newton-Raphson 法相结合得到一个可调整松弛因子的简单方法[8]。

6.2　三对角线矩阵法

三对角线矩阵法是最常用的一类多组分多级分离过程的严格计算方法。它以方程解离法为基础，将 MESH 方程按类型分成三组，即修正的 M-方程、S-方程和 H-方程，然后分别求解。该法适合于分离过程的操作型计算，具有容易程序化，计算速度快和占内存少等优点。

6.2.1　方程的解离方法和三对角线矩阵方程的托玛斯法[9,10~12]

一、方程的解离

为使计算简化，将式（6-2）代入式（6-1）消去 $y_{i,j}$ 得

$$L_{j-1}x_{i,j-1}+V_{j+1}K_{i,j+1}x_{i,j+1}+F_jz_{i,j}-(L_j+U_j)x_{i,j}-(V_j+W_j)K_{i,j}x_{i,j}=0$$

$$(6-9)$$

为了消去该式中的 L，对图 6-2 中逆流装置的第 1 级至第 j 级之间作总物料衡算，得：

$$L_j=V_{j+1}+\sum_{m=1}^{j}(F_m-U_m-W_m)-V_1 \qquad (6-10)$$

将式（6-10）代入式（6-9）得：

$$A_j x_{i,j-1} + B_j x_{i,j} + C_j x_{i,j+1} = D_j \qquad (6\text{-}11)$$

式中
$$A_j = V_j + \sum_{m=1}^{j-1}(F_m - U_m - W_m) - V_1 \qquad 2 \leqslant j \leqslant N \qquad (6\text{-}12)$$

$$B_j = -\left[V_{j+1} + \sum_{m=1}^{j}(F_m - U_m - W_m) - V_1 + U_j + (V_j + W_j)K_{i,j}\right]$$
$$1 \leqslant j \leqslant N \qquad (6\text{-}13)$$

$$C_j = V_{j+1}K_{i,j+1} \qquad 1 \leqslant j \leqslant N-1 \qquad (6\text{-}14)$$

$$D_j = -F_j z_{i,j} \qquad 1 \leqslant j \leqslant N \qquad (6\text{-}15)$$

考察式（6-13）至式（6-15），显然 B_j，C_j，D_j 应与组分 i 有关，这里只是为方便起见将下标 i 略去。

从图 6-2 可以看出，第 1 级和第 N 级是比较特殊的。当 $j=1$ 时，由于 $x_{i,j-1}$ 即 $x_{i,0}$ 不存在（无 L_0 流股），故式（6-11）的第一项不存在。当 $j=N$ 时，由于 $V_{i,j+1}$ 即 $V_{i,N+1}$ 不存在，故没有第三项。此外，因模型中无 W_1 和 U_N 两股物流，所以在式（6-12）和式（6-13）中将它们以零处理。这样，对组分 i 从第一级至第 N 级可将式（6-11）具体化为：

第 1 级 $\qquad B_1 x_{i,1} + C_1 x_{i,2} = D_1$

第 2 级 $\qquad A_2 x_{i,1} + B_2 x_{i,2} + C_2 x_{i,3} = D_2$

$\vdots$

第 j 级 $\qquad A_j x_{i,j-1} + B_j x_{i,j} + C_j x_{i,j+1} = D_j$ $\qquad (6\text{-}11a)$

$\vdots$

第 $N-1$ 级 $\qquad A_{N-1} x_{i,N-2} + B_{N-1} x_{i,N-1} + C_{N-1} x_{i,N} = D_{N-1}$

第 N 级 $\qquad A_N x_{i,N-1} + B_N x_{i,N} = D_N$

该组方程式集合在一起，可用下列三对角线矩阵方程表示。

$$\begin{bmatrix} B_1 & C_1 & & & & & \\ A_2 & B_2 & C_2 & & & & \\ & \cdots & \cdots & & & & \\ & & A_j & B_j & C_j & & \\ & & & \cdots & \cdots & & \\ & & & & A_{N-1} & B_{N-1} & C_{N-1} \\ & & & & & A_N & B_N \end{bmatrix} \begin{bmatrix} x_{i,1} \\ x_{i,2} \\ \vdots \\ x_{i,j} \\ \vdots \\ x_{i,N-1} \\ x_{i,N} \end{bmatrix} = \begin{bmatrix} D_1 \\ D_2 \\ \vdots \\ D_j \\ \vdots \\ D_{N-1} \\ D_N \end{bmatrix}$$
$$(6\text{-}16)$$

在假定了各级温度 T_j 和气相流率 V_j，并根据具体情况计算出相平衡常数 K 之后，上式即成为求解液相组成的线性方程组（修正的 M-方程），用托玛斯法可简便地求解。此外，由于在式（6-16）中消去了 y 和 L，因此计

算 y 和 L 的方程与其他方程分离开来。

MESH 方程中的另外两组方程——S-方程和 H-方程用于迭代和收敛变量 T_j 和 V_j，但方程式和变量的组合方式，即用哪个方程计算哪个变量，取决于不同物系的不同收敛特性。泡点法和流率加和法是两种不同的组合情况，分别有其应用场合。

二、三对角线矩阵的托玛斯法

对于具有三对角线矩阵的线性方程组，常用追赶法（或称托玛斯法）求解。该法仍属高斯消元法，它涉及到从第 1 级开始一直继续到第 N 级的消元过程，并最终得到 $x_{i,N}$，其余的 $x_{i,j}$ 值则从 $x_{i,N-1}$ 开始的回代过程得到。假设 A_j、B_j、C_j 和 D_j 为已知。计算步骤如下：

对第 1 级
$$B_1 x_{i,1} + C_1 x_{i,2} = D_1 \tag{6-17}$$

解 x_1，得
$$x_{i,1} = \frac{D_1 - C_1 x_{i,2}}{B_1}$$

令
$$p_1 = \frac{C_1}{B_1} \text{和} q_1 = \frac{D_1}{B_1} \text{则} x_{i,1} = q_1 - p_1 x_{i,2} \tag{6-18}$$

比较式（6-17）和式（6-18），$x_{i,1}$ 的系数由 B_1 变成 1，$x_{i,2}$ 的系数由 C_1 变成 p_1，相当于 D_1 的项变成 q_1，故仅需贮存 p_1 和 q_1 值。

对第 2 级
$$A_2 x_{i,1} + B_2 x_{i,2} + C_2 x_{i,3} = D_2$$

将式(6-18)代入上式,解得 $x_{i,2}$ 为：

$$x_{i,2} = q_2 - p_2 x_{i,3}$$

式中
$$p_2 = \frac{C_2}{B_2 - A_2 p_1} \text{和} q_2 = \frac{D_2 - A_2 q_1}{B_2 - A_2 p_1}$$

显然，$x_{i,1}$ 的系数由 A_2 变为零，$x_{i,2}$ 的系数由 B_2 变为 1，$x_{i,3}$ 的系数由 C_2 变成 p_2，相当于 D_2 的项变为 q_2。同样只需贮存 p_2 和 q_2 值。

将以上结果用于第 j 级，得到

$$p_j = \frac{C_j}{B_j - A_j p_{j-1}} \tag{6-19}$$

$$q_j = \frac{D_j - A_j q_{j-1}}{B_j - A_j p_{j-1}} \tag{6-20}$$

且
$$x_{i,j} = q_j - p_j x_{i,j+1} \tag{6-21a}$$

同理，仅需贮存 p_j 和 q_j。到第 N 级时，由于 $p_N = 0$，由式（6-21a）可得到

$$x_{i,N} = q_N \tag{6-21b}$$

在完成了上述正消后，式（6-16）变成下列的简单形式

$$
\begin{bmatrix}
1 & p_1 & & & & & \\
 & 1 & p_2 & & & & \\
 & & \cdots & \cdots & & & \\
 & & & 1 & p_j & & \\
 & & & & \cdots & \cdots & \\
 & & & & & 1 & p_{N-1} \\
 & & & & & & 1
\end{bmatrix}
\begin{bmatrix}
x_{i,1} \\
x_{i,2} \\
\vdots \\
x_{i,j} \\
\vdots \\
x_{i,N-1} \\
x_{i,N}
\end{bmatrix}
=
\begin{bmatrix}
q_1 \\
q_2 \\
\vdots \\
q_j \\
\vdots \\
q_{N-1} \\
q_N
\end{bmatrix}
\tag{6-22}
$$

求出 $x_{i,N}$ 后按上式逐级回代，直至算得 $x_{i,1}$。

托玛斯解法与矩阵求逆等其他算法相比显得更优越。Wang 和 Henke 等[12] 指出，除了在极个别的情况外，由于没有哪一步涉及到大小相近的数相减，从而避免了计算机上的圆整误差的积累，也不会出现负的摩尔分率值。但当某组分在塔内的某一段中 $K_{i,j} > 1$，而在另一段中 $K_{i,j} < 1$ 时，用此法计算会产生较大的误差。Boston 和 Sullivan 就此提出了改进[13]，但需要较长的计算时间。

6.2.2 泡点法（BP 法）

精馏过程涉及到组分的汽液平衡常数的变化范围是相当窄的，因此在逐次逼近计算中，用泡点方程计算新的级温度是特别有效的。故称这种典型的三对角线矩阵法为泡点法。

在泡点法计算程序中，除用修正的 M-方程计算液相组成外，在内层循环用 S-方程计算级温度，而在外层循环中用 H-方程迭代气相流率。其设计变量规定为：各级的进料流率、组成、状态（F_j、$z_{i,j}$、p_j、T_j 或 $H_{F,j}$），各级的压力（p_j），各级的侧线采出流率（W_j、U_j，其中 U_1 为液相馏出物），除第一级（冷凝器）和第 N 级（再沸器）以外各级的热负荷（Q_j），总级数（N）、泡点温度下的回流量（L_1）和塔顶气相馏出物流率（V_1）。

泡点法的计算步骤如图 6-3 所示。

开始计算，必须给出必要的迭代变量的初值。对大多数问题，用规定的回流比，馏出量、进料和侧线采出流率按恒摩尔流率假设就可以确定一组 V_j 的初值。塔顶温度的初值可按下列方法之一确定：① 当塔顶为气相采出时，可取气相产品的露点温度；② 当塔顶为液相采出时，可取馏出液的泡点温度；③ 当塔顶为气、液两相采出时，取露点和泡点之间的某一值。塔釜温度的初值常取釜液的泡点温度。当塔顶和塔釜温度均假定以后，用线性内插得到中间各级的温度初值，然后计算 K 值。当 K 仅与 T 和 p 有关时，由各级温度的初值（在以后迭代中用前一次迭代得到的各级温度）和级压力确定；当 K 是 T、p 和组成的函数时，除非在第一次迭代中用假定为理想

溶液的 K 值，还需要对所有的 $x_{i,j}$（有时尚需 $y_{i,j}$）提供初值，以便计算 K 值。而在以后的迭代中；使用前一次迭代得到的 $x_{i,j}$（和 $y_{i,j}$）计算 K 值。当通过运算得到各组分的系数矩阵中的 A_j、B_j、C_j 和 D_j 的数值之后，便可以应用式（6-16）解 $x_{i,j}$ 值。由于在推导式（6-16）时没有考虑 S-方程的约束，故必须用下式对得到的 $x_{i,j}$ 值归一化。

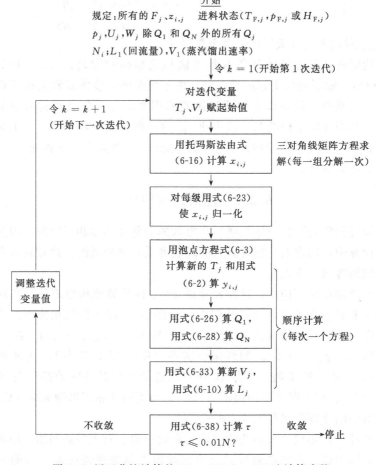

图 6-3　用于蒸馏计算的 Wang-Henke　BP 法计算步骤

$$x_{i,j} = \frac{x_{i,j}}{\sum_{i=1}^{c} x_{i,j}} \tag{6-23}$$

式中等号左侧的 $x_{i,j}$ 为将右侧的 $x_{i,j}$ 归一化后的值，将它用于以下计算中，直到下一迭代循环中产生新的 $x_{i,j}$ 值。用归一化以后的 $x_{i,j}$ 对每一级按式（6-3）作泡点计算，产生新的级温度 T_j，因为此式对温度是非线性的，必

须进行迭代计算。Wang 和 Henke 用 Muller 法来加速收敛。级温度迭代收敛的准则可定为

$$|T_j^{(r)} - T_j^{(r-1)}|/T_j^{(r)} \leqslant 0.0001 \tag{6-24}$$

式中的 T 为绝对温度；上标 r 为温度迭代次数。

在级温度确定后，可用 E-方程确定 $y_{i,j}$ 值，再用此 $y_{i,j}$、$x_{i,j}$ 及 T_j 值计算各级的气、液相摩尔焓 H_j 和 h_j。另外，由于 F_1、V_1、U_1 和 L_1 已规定，故可用式（6-10）计算 V_2，并用 H-方程计算冷凝器的热负荷，

$$V_2 = L_1 - (F_1 - U_1) + V_1 \tag{6-25}$$

$$Q_1 = V_2 H_2 + F_1 H_{F,1} - (L_1 + U_1)h_1 - V_1 H_1 \tag{6-26}$$

再沸器的热负荷是由全塔的总物料衡算式和总热量衡算式得到的，

$$L_N = \sum_{j=1}^{N} (F_j - U_j - W_j) - V_1 \tag{6-27}$$

$$Q_N = \sum_{j=1}^{N} (F_j H_{F,j} - U_j h_j - W_j H_j) - \sum_{j=1}^{N-1} Q_j - V_1 H_1 - L_N h_N \tag{6-28}$$

为使用 H-方程计算 V_j，分别对 L_{j-1} 和 L_j 写出式（6-10）并代入 H-方程（6-5），得到修正的 H-方程。

$$\alpha_j V_j + \beta_j V_{j+1} = \gamma_j \tag{6-29}$$

式中的

$$\alpha_j = h_{j-1} - H_j \tag{6-30}$$

$$\beta_j = H_{j+1} - h_j \tag{6-31}$$

$$\gamma_j = \left[\sum_{m=1}^{j-1} (F_m - W_m - U_m) - V_1 \right](h_j - h_{j-1}) + F_j(h_j - H_{F,j}) + W_j(H_j - h_j) + Q_j \tag{6-32}$$

对第 2 级到第 $N-1$ 级写出式（6-29），并把它们集合在一起，得到如下对角线矩阵方程：

$$
\begin{bmatrix}
\beta_2 & & & & & & \\
\alpha_3 & \beta_3 & & & & & \\
& \cdots & \cdots & & & & \\
& & \alpha_j & \beta_j & & & \\
& & & \cdots & \cdots & & \\
& & & & \alpha_{N-2} & \beta_{N-2} & \\
& & & & & \alpha_{N-1} & \beta_{N-1}
\end{bmatrix}
\begin{bmatrix}
V_3 \\
V_4 \\
\vdots \\
V_{j+1} \\
\vdots \\
V_{N-1} \\
V_N
\end{bmatrix}
=
\begin{bmatrix}
\gamma_2 - \alpha_2 V_2 \\
\gamma_3 \\
\vdots \\
\gamma_j \\
\vdots \\
\gamma_{N-2} \\
\gamma_{N-1}
\end{bmatrix}
\tag{6-33}
$$

假定 α_j，β_j 和 γ_j 为已知，因 V_2 已由式（6-25）得到，故可逐级计算 V_j 值：

$$V_3 = \frac{\gamma_2 - \alpha_2 V_2}{\beta_2} \tag{6-34}$$

$$V_4 = \frac{\gamma_3 - \alpha_3 V_3}{\beta_3} \tag{6-35}$$

通式为

$$V_j = \frac{\gamma_{j-1} - \alpha_{j-1} V_{j-1}}{\beta_{j-1}} \tag{6-36}$$

再用式（6-10）计算相应的 L 值。

迭代终止的标准有多种。一种收敛标准是：

$$\sum_{j=1}^{N} \left[\frac{T_j^{(k)} - T_j^{(k-1)}}{T_j^{(k)}} \right] + \sum_{j=1}^{N} \left[\frac{V_j^{(k)} - V_j^{(k-1)}}{V_j^{(k)}} \right] \leqslant \varepsilon \tag{6-37}$$

式中 T 是绝对温度；k 为迭代次数；ε 为预定的偏差。Wang 和 Henke 建议用如下较简单的准则。

$$\tau = \sum_{j=1}^{N} [T_j^{(k)} - T_j^{(k-1)}]^2 \leqslant 0.01\ N \tag{6-38}$$

在计算中 T_j 和 V_j 的迭代常用直接迭代法。但经验表明，为保证收敛，在下次迭代开始之前对当前迭代结果进行调整是必要的。例如应对级温度给出上、下限，当级间流率为负值时，应将其变成接近于零的正值。此外，为防止迭代过程发生振荡，应采用阻尼因子来限制，使两次迭代之间的 V_j 和 T_j 值的变化小于 10%。

【例 6-1】 使用图 6-4 所示的精馏塔分离轻烃混合物。全塔共 5 个平衡级（包括全凝器和再沸器）。在从上往下数第 3 级进料，进料量为 100 mol/h，原料中丙烷（1）、正丁烷（2）和正戊烷（3）的含量分别为 $z_1 = 0.3$，$z_2 = 0.3$，$z_3 = 0.4$（摩尔分数）。塔压为 689.4 kPa。进料温度为 323.3 K（即饱和液体）。塔顶馏出液流率为 50 mol/h。饱和液体回流，回流比 $R = 2$。规定各级（全凝器和再沸器除外）及分配器在绝热情况下操作。试用泡点法完成一个迭代循环。

假设平衡常数与组分无关，由 p-T-K 图查得。液相和汽相纯组分的摩尔焓 h_j 和 H_j 可分别由例 6-3 中式（B）和（C）计算，其常数列于例 6-3 附表 3 和附表 4。

解： 馏出液量 $D = U_1 = 50$ mol/h 则 $L_1 = RU_1 = 2 \times 50 = 100$ mol/h，由围绕全凝器的总物料衡算得 $V_2 = L_1 + U_1 = 100 + 50 = 150$ mol/h

迭代变量的初值列于下表：

级序号 (j)	V_j/mol·h	T_j/K	级序号 (j)	V_j/mol·h	T_j/K
1	0(无汽相出料)	291.5	4	150	333.2
2	150	305.4	5	150	347.0
3	150	319.3			

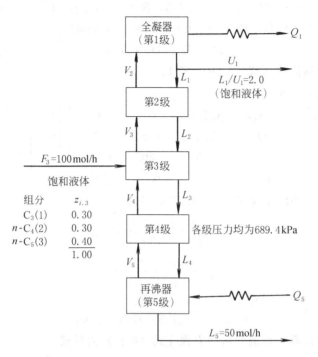

图 6-4　例 6-1 中精馏塔的规定

在假定的级温度及 689.4 kPa 压力下，从图 2-1 得到的 K 值为：

组　　分	$K_{i,j}$				
	1	2	3	4	5
C_3	1.23	1.63	2.17	2.70	3.33
n-C_4	0.33	0.50	0.71	0.95	1.25
n-C_5	0.103	0.166	0.255	0.36	0.49

第 1 个组分 C_3 的矩阵方程推导如下

当 $V_1=0$，$G_j=0$（$j=1$，…5）时，从式（6-12）可得

$$A_j = V_j + \sum_{m=1}^{j-1}(F_m - U_m)$$

所以　　　　　$A_5 = V_5 + F_3 - U_1 = 150 + 100 - 50 = 200 \text{ mol/h}$

类似得　　　　　$A_4 = 200, A_3 = 100$ 和 $A_2 = 100$

当 $V_1 = 0$ 和 $G_j = 0$ 时，由式（6-13）可得

$$B_j = -\left[V_{j+1} + \sum_{m=1}^{j}(F_m - U_m) + U_j + V_j K_{i,j}\right]$$

因此　　　$B_5 = -[F_3 - U_1 + V_5 K_{1,5}] = -[100 - 50 + 150 \times 3.33]$

$$= -549.5 \text{ mol/h}$$

同理　　　$B_4=-605$，$B_3=-525.5$，$B_2=-344.5$，$B_1=-150$

由式（6-14）得：$D_3=-100\times0.30=-30$ mol/h

相类似　　　　　　　　　　$D_1=D_2=D_4=D_5=0$

将以上数值代入式（6-16），得到：

$$\begin{bmatrix} -150 & 244.5 & 0 & 0 & 0 \\ 100 & -344.5 & 325.5 & 0 & 0 \\ 0 & 100 & -525.5 & 405 & 0 \\ 0 & 0 & 200 & -605 & 499.5 \\ 0 & 0 & 0 & 200 & -549.5 \end{bmatrix} \begin{bmatrix} x_{1,1} \\ x_{1,2} \\ x_{1,3} \\ x_{1,4} \\ x_{1,5} \end{bmatrix} = \begin{bmatrix} 0 \\ 0 \\ -30 \\ 0 \\ 0 \end{bmatrix}$$

用式（6-19）和式（6-20）计算 p_j 和 q_j

$$p_1=\frac{C_1}{B_1}=\frac{244.5}{-150}=-1.630$$

$$q_1=\frac{D_1}{B_1}=\frac{0}{-150}=0$$

$$p_2=\frac{C_2}{B_2-A_2p_1}=\frac{325.5}{-344.5-100(-1.63)}=-1.793$$

按同样方法计算，得消元后的方程 [式（6-22）的形式]

$$\begin{bmatrix} 1 & -1.630 & 0 & 0 & 0 \\ 0 & 1 & -1.793 & 0 & 0 \\ 0 & 0 & 1 & -1.170 & 0 \\ 0 & 0 & 0 & 1 & -1.346 \\ 0 & 0 & 0 & 0 & 1 \end{bmatrix} \begin{bmatrix} x_{1,1} \\ x_{1,2} \\ x_{1,3} \\ x_{1,4} \\ x_{1,5} \end{bmatrix} = \begin{bmatrix} 0 \\ 0 \\ 0.086\ 7 \\ 0.046\ 7 \\ 0.033\ 3 \end{bmatrix}$$

显然，由式（6-21b）得　　　$x_{1,5}=0.033\ 3$

依次用式（6-21a）计算，得

$$x_{1,4}=q_4-p_4x_{1,5}=0.046\ 7-(-1.346)(0.033\ 3)=0.091\ 5$$

$$x_{1,3}=0.193\ 8 \qquad x_{1,2}=0.347\ 5 \qquad x_{1,1}=0.566\ 4$$

以类似方式解 n-C_4 和 n-C_5 的矩阵方程得到 $x_{i,j}$。

组　分	$x_{i,j}$				
	1	2	3	4	5
C_3	0.566 4	0.347 5	0.193 8	0.091 5	0.033 3
n-C_4	0.191 0	0.382 0	0.448 3	0.485 7	0.409 0
n-C_5	0.019 1	0.114 9	0.325 3	0.482 0	0.780 6
$\sum\limits_{i=1}^{3} x_{i,j}$	0.776 5	0.844 4	0.967 4	1.059 2	1.222 9

在这些组成归一化以后，用式（6-3）迭代计算 689.4 kPa 压力下的泡

点温度并和初值比较。

温 度/K \ 级	1	2	3	4	5
$T_j^{(1)}$	291.5	305.4	319.3	333.2	347.0
$T_j^{(2)}$	292.0	307.6	328.1	340.9	357.6

根据液相和汽相纯组分的摩尔焓计算公式，计算出在各级计算泡点温度下，各组分的液相、汽相的摩尔焓，再按下列公式加和：

$$h_j = \sum_{i=1}^{c} h_{i,j} x_{i,j}$$

式中 h_j 为第 j 级液相的平均摩尔焓。

$$H_j = \sum_{i=1}^{c} H_{i,j} y_{i,j}$$

式中 H_j 为第 j 级汽相的平均摩尔焓。

平均摩尔焓计算结果如下（J/mol）。

级 数	1	2	3	4	5
H_j	30 818	34 316	38 778	43 326	49 180
h_j	19 847.5	23 783.9	29 151.7	32 745.6	37 451.2

汽、液相组成见下表（摩尔分数）。

级 数	液相组成 $x_{i,j}$			汽相组成 $y_{i,j}$		
	C_3	$n\text{-}C_4$	$n\text{-}C_5$	C_3	$n\text{-}C_4$	$n\text{-}C_5$
1	0.729 4	0.246 0	0.024 6	0.914 5	0.083	0.002 4
2	0.411 5	0.452 4	0.136 1	0.714 2	0.243 7	0.042 1
3	0.200 3	0.463 4	0.336 3	0.496 7	0.399 9	0.103 3
4	0.086 4	0.458 5	0.455 1	0.272 8	0.528 3	0.198 9
5	0.027 2	0.334 5	0.638 3	0.103 5	0.501 8	0.394 7

进料为饱和液体，计算得：

$$H_{F,3} = \sum h_i z_i = 28\ 060.6 \text{ J/mol}$$

由式（6-30）计算 α_j

$$\alpha_2 = h_1 - H_2 = 19\ 847.5 - 34\ 316 = -14\ 468.5$$

同理　　　　　$\alpha_3 = -14\ 994.1;\quad \alpha_4 = -14\ 174.3$

由式（6-31）计算 β_j

$$\beta_2 = H_3 - h_2 = 38\ 778 - 23\ 783.9 = 14\ 994.1$$

同理　　　　　$\beta_3 = 14\ 174.3;\quad \beta_4 = 16\ 434.4$

由式（6-32）计算 γ_j

$$\gamma_2 = [(F_1 - G_1 - U_1) - V_1](h_2 - h_1) + F_2(h_2 - H_{F,2}) + G_2(H_2 - h_2) + Q_2$$
$$= -U_1(h_2 - h_1) = -50(23\,783.9 - 19\,847.5) = -196\,820$$

同理　　$\gamma_3 = -U_1(h_3 - h_2) + F_3(h_3 - H_{F,3}) = -159\,280$

$$\gamma_4 = (-U_1 + F_3)(h_4 - h_3) = 179\,695$$

式（6-33）具体化为：

$$\begin{bmatrix} 14\,994.1 & & \\ -14\,994.1 & 14\,174.3 & \\ & -14\,174.3 & 16\,434.4 \end{bmatrix} \begin{bmatrix} V_3 \\ V_4 \\ V_5 \end{bmatrix} = \begin{bmatrix} 1\,973\,455 \\ -159\,280 \\ 179\,695 \end{bmatrix}$$

由式（6-36）得

$$V_3 = \frac{1\,973\,455}{14\,994.1} = 131.62$$

$$V_4 = \frac{-159\,280 - (-14\,994.1 \times 131.62)}{14\,174.3} = 128.0$$

$$V_5 = \frac{179\,695 - (-14\,174.3 \times 128.0)}{16\,434.4} = 121.33$$

按式（6-38）计算 τ：

$$\tau = \sum_{j=1}^{5} [T_j^{(2)} - T_j^{(1)}]^2 = 254.18 > 0.01N = 0.05$$

故应继续迭代。

【例 6-2】 用 BP 法对图 6-5 所给精馏塔进行计算。观察不同的初值对收敛的影响；讨论最适宜进料位置问题。

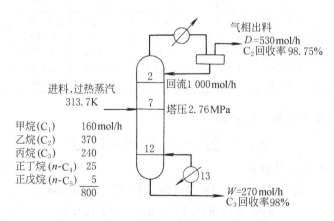

图 6-5　例 6-2 的规定

解：汽液平衡关系见例 6-3 中式（A）。汽相焓和液相焓的计算方法同例 6-1。系数表略。

采用直接迭代法，即在每一次迭代开始前不对迭代变量值作调整。选择不同组馏出液和釜液温度初值进行计算（用线性内插得到各级温度的初值），其收敛时的迭代次数见下表。

方　案	温度初值/K		收敛时的迭代次数
	馏出液	釜　液	
1	261.8	350.0	29
2	255.4	366.5	5
3	266.5	355.4	12
4	283.2	338.7	19

上表指出了当满足式（6-38）所示收敛标准时，馏出液和釜液温度初值对迭代次数的影响。方案1采用的温度初值是用简捷法估计的，比其余三个方案更接近于严格计算结果（馏出液 263.4 K；釜液 345.1 K）。但方案1需要的迭代次数最多。图 6-6 给出了四个方案按式（6-38）计算的 τ 随迭代次数的变化。方案 2 能很快地收敛到 $\tau < 0.42$。方案 1、3 和 4 的前三或四次迭代收敛很快，但在后续的迭代中收敛速度减慢。方案 1 尤其明显，在这种情况下，使用加速收敛的方法是很必要的。四种运算中无一发生迭代变量值振荡的情况，均以单调的方式趋于收敛值。

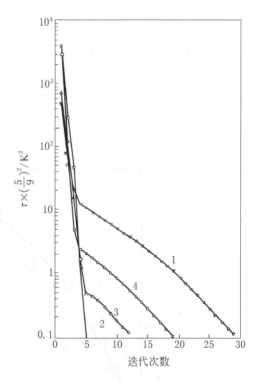

图 6-6　对不同的起始温度估值的收敛情况

图 6-7 绘制了方案 2 的线性温度分布初值与收敛的级温度分布的比较。由图可见，除了塔釜以外，两者没有明显的偏差。

从此例可得出结论：泡点法的收敛速度是不可预示的，在很大程度上它取决于温度初值和在每一迭代循环开始前对迭代变量值的调整，即加速收敛方法的使用。此外，泡点法在高回流比情况下要比在低回流比情况下更难以收敛。

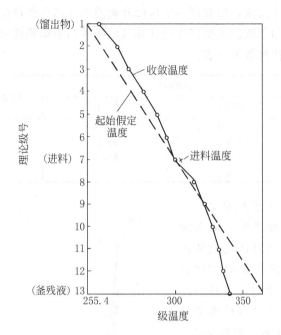

图 6-7 例 6-2 收敛时的温度分布

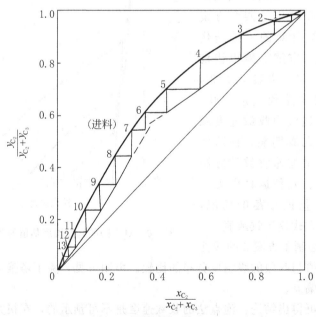

图 6-8 例 6-2 的修正的 McCabe-Thiele 图

　　对于馏出液流率和理论级数已作规定的问题，很难给出最好分离程度的进料级位置。但是一旦有了严格计算的结果时，以轻重关键组分构成假二元系，用图解法可确定进料级是否是最佳位置或应如何调整。在此图中，轻关键组分的摩尔分数是按不考虑非关键组分的存在而计算的。图 6-8 给出了例 6-2 的结果，可以看出，第 7 级在提馏段能得到更大程度的分离，说明进料应移至第 6 级。

6.2.3 流率加和法（SR 法）

在许多吸收塔和解吸塔中，进料组分的沸点相差是比较大的。在逐次逼近计算中，热量平衡对级温度比对级间流率敏感得多。显然，泡点法不适合于该类过程的计算。对此 Buruingham 和 Otto 提出用 S-方程计算流率、用 H-方程计算级温度的另一类三对角线矩阵法，称之为流率加和法[14]。其计算步骤如图 6-9 所示。

流率加和法规定的变量是：进料流率、组成和状态（F_j、$z_{i,j}$、$p_{F,j}$、$T_{F,j}$ 或 $H_{F,j}$）；各级上气相和液相侧线采出流率（W_j、U_j）；各级热负荷（Q_j）；各级的压力（p_j）；总级数（N）。

为开始计算，必须假定迭代变量 T_j 和 V_j 的一组初值。对大多数问题来说，根据恒摩尔流的假定，从吸收塔底开始用规定的气相进料流率和各级气

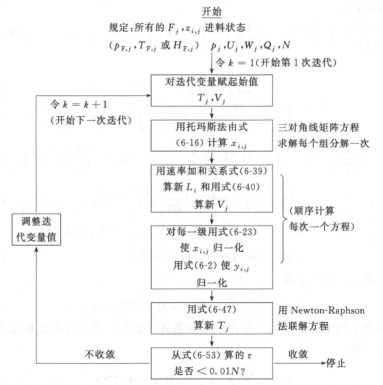

图 6-9 用于吸收和蒸出的 Burningham-OttoSR 法计算步骤

相侧线采出流率可以确定一组 V_j 初值。从假定的塔顶和塔底级温度按线性内插可以确定一组 T_j 的初值。

计算的第一步与泡点法相似，用托玛斯法计算液相组成 $x_{i,j}$，但不对得到的结果归一化，而是用式（6-4）导出的流率加和方程直接计算新的 L_j 值。

$$L_j^{(k+1)} = L_j^{(k)} \sum_{i=1}^{c} x_{i,j} \tag{6-39}$$

式中 $L_j^{(k)}$ 值可用式（6-10）从 $V_j^{(k)}$ 得到。相应的 $V_j^{(k+1)}$ 值可从对级 j 到级 N 作总物料衡算得到。

$$V_j = L_{j-1} - L_N + \sum_{m=j}^{N} (F_m - W_m - U_m) \tag{6-40}$$

接着，用式（6-23）归一化 $x_{i,j}$ 值，再用式（6-2）计算相应的 $y_{i,j}$。

至此，可列出以一组新的级温度为未知数的 N 个热量衡算式。若忽略混合热的影响，气相和液相混合物的摩尔焓可由纯组分的摩尔焓加和得到，而纯组分摩尔焓随温度的变化关系是已知的。由于摩尔焓是温度的非线性函数，所以，当从热量衡算式求解一组新的 T_j 值时需要用 Newton-Raphson 法进行迭代。

$$\left(\frac{\partial G_j^{\mathrm{H}}}{\partial T_{j-1}}\right)^{(k)} \Delta T_{j-1}^{(k)} + \left(\frac{\partial G_j^{\mathrm{H}}}{\partial T_j}\right)^{(k)} \Delta T_j^{(k)} + \left(\frac{\partial G_j^{\mathrm{H}}}{\partial T_{j+1}}\right)^{(k)} \Delta T_{j+1}^{(k)} = -G_j^{\mathrm{H}(k)}$$

$$\tag{6-41}$$

式中
$$\Delta T_j^{(k)} = T_j^{(k+1)} - T_j^{(k)} \tag{6-42}$$

$$\left(\frac{\partial G_j^{\mathrm{H}}}{\partial T_{j-1}}\right)^{(k)} = L_{j-1} \left(\frac{\partial h_{j-1}}{\partial T_{j-1}}\right)^{(k)} = \widetilde{A}_j \tag{6-43}$$

$$\left(\frac{\partial G_j^{\mathrm{H}}}{\partial T_j}\right)^{(k)} = -(L_j + U_j) \left(\frac{\partial h_j}{\partial T_j}\right)^{(k)} - (V_j + W_j) \left(\frac{\partial H_j}{\partial T_j}\right)^{(k)} = \widetilde{B}_j \tag{6-44}$$

$$\left(\frac{\partial G_j^{\mathrm{H}}}{\partial T_{j+1}}\right)^{(k)} = V_{j+1} \left(\frac{\partial H_{j+1}}{\partial T_{j+1}}\right)^{(k)} = \widetilde{C}_j \tag{6-45}$$

$$G_j^{\mathrm{H}(k)} = L_{j-1} h_{j-1}^{(k)} + V_{j+1} H_{j+1}^{(k)} + F_j H_{\mathrm{F},j} - (L_j + U_j) h_j^{(k)}$$
$$- (V_j + W_j) H_j^{(k)} + Q_j = -\widetilde{D}_j \tag{6-46}$$

这样，式（6-41）变成：

$$\widetilde{A}_j \Delta T_{j-1}^{(k)} + \widetilde{B}_j \Delta T_j^{(k)} + \widetilde{C}_j \Delta T_{j+1}^{(k)} = \widetilde{D}_j \tag{6-47}$$

上述各式中的偏导数取决于所用的焓关系式。例如，当采用与组成无关的多项式时，则

$$H_j = \sum_{i=1}^{c} y_{i,j} (A_i + B_i T + C_i T^2) \tag{6-48}$$

$$h_j = \sum_{i=1}^{c} x_{i,j}(a_j + b_i T + c_i T^2) \qquad (6\text{-}49)$$

偏导数为

$$\frac{\partial H_j}{\partial T_j} = \sum_{i=1}^{c} y_{i,j}(B_i + 2C_i T) \qquad (6\text{-}50)$$

$$\frac{\partial h_j}{\partial T_j} = \sum_{i=1}^{c} x_{i,j}(b_i + 2c_i T) \qquad (6\text{-}51)$$

由式（6-47）给出的 N 个关系式构成三对角线矩阵方程，它对 $\Delta T_j^{(k)}$ 是线性的。这种形式的矩阵方程与式（6-16）相同，由偏导数构成的系数矩阵被称为 Jacobian 矩阵，可用托玛斯法来求解这一组修正值 $\Delta T_j^{(k)}$，然后由下式确定一组新的 T_j 值。

$$T_j^{(k+1)} = T_j^{(k)} + t\Delta T_j^{(k)} \qquad (6\text{-}52)$$

式中 t 是阻尼因子，当初值和真正解相差比较远时，它是有用的。通常可取 $t=1$。收敛标准为

$$\tau = \sum_{j=1}^{N} (\Delta T_j)^2 \leqslant 0.01N \qquad (6\text{-}53)$$

若还没有收敛，在下次迭代开始之前，可调整 V_j 和 T_j 值。常常发现流率加和法收敛是很快的。

【例 6-3】 用流率加和法模拟吸收塔。此塔有 6 个平衡级。操作压力 517.1 kPa，气体进料温度 290 K，流率 1 980 mol/h，气体组成如例 6-3 附表 1。

例 6-3 附表 1

组分	CH_4	C_2H_6	C_2H_8	$n\text{-}C_4H_{10}$	$n\text{-}C_5H_{12}$	$n\text{-}C_{12}H_{26}$
摩尔分数	0.830	0.084	0.048	0.026	0.012	0.0

吸收剂为正十二烷，进料流率 530 mol/h，进入温度 305 K。无气相或液相侧线采出，也没有级间的热交换器。估计的塔顶、塔底温度分别为 300 K 和 340 K。在塔的操作条件下各组分的相平衡常数 $K_{i,j}$，气相和液相纯组分的摩尔焓 $H_{i,j}$ 和 $h_{i,j}$ 可分别由下列多项式计算

$$K_{i,j} = \alpha_i + \beta_i T_j + \gamma_i T_j^2 + \delta_i T_j^3 \qquad (A)$$

$$H_{i,j} = A_i + B_i T_j + C_i T_j^2 \qquad (B)$$

$$h_{i,j} = a_i + b_i T_j + c_i T_j^2 \qquad (C)$$

式中 T_j 为第 j 级上的温度，K；$H_{i,j}$ 和 $h_{i,j}$ 的单位为 J/mol。相应的系数列于例 6-3 附表 2、附表 3 和附表 4。

例 6-3 附表 2　$K_i \sim T$ 关系中的系数

组　分	α_i	β_i	γ_i	δ_i
CH_4	-234.728	$1.484\,26$	$-0.202\,5 \times 10^{-2}$	0.0
C_2H_6	57.152	$-0.442\,00$	$0.105\,36 \times 10^{-2}$	-0.495×10^{-6}
C_3H_8	45.69	$-0.348\,60$	$0.825\,9 \times 10^{-3}$	-0.493×10^{-6}
$n\text{-}C_4H_{10}$	-13.43	$0.100\,73$	-0.276×10^{-3}	0.317×10^{-6}
$n\text{-}C_5H_{12}$	$-4.932\,2$	$0.040\,90$	-0.133×10^{-3}	0.177×10^{-6}
$n\text{-}C_{12}H_{26}$	$-0.001\,01$	0.36×10^{-5}	0.0	0.0

例 6-3 附表 3　$H \sim T$ 关系中的系数

组　分	A_i	B_i	C_i
CH_4	$1\,542.0$	37.68	0.0
C_2H_6	$8\,174.0$	32.093	$0.045\,37$
C_3H_8	$25\,451.0$	-33.356	$0.166\,6$
$n\text{-}C_4H_{10}$	$474\,37.0$	-107.76	$0.284\,88$
$n\text{-}C_5H_{12}$	$16\,657.0$	95.753	$0.054\,26$
$n\text{-}C_{12}H_{26}$	$39\,946.0$	184.21	0.0

例 6-3 附表 4　$h \sim T$ 关系中的系数

组　分	a_i	b_i	c_i
CH_4	$-4\,085.14$	46.053	0.0
C_2H_6	$-41\,367.8$	220.36	$-0.099\,47$
C_3H_8	$10\,730.6$	-74.31	$0.350\,4$
$n\text{-}C_4H_{10}$	$-12\,868.4$	64.2	0.19
$n\text{-}C_5H_{12}$	$-13\,244.7$	65.88	$0.227\,6$
$n\text{-}C_{12}H_{26}$	$-48\,276.2$	305.62	0.0

　　解：按图 6-9 所示 SR 法计算框图编制程序，在 PC 机上完成计算。为说明计算方法，列出第一次迭代的中间结果。

　　① 初值的确定　按恒摩尔流和塔顶、塔底温度的线性内插得到各级温度和气相流率的初值，见例 6-3 附表 5。

例 6-3 附表 5　温度和气相流率初值

级号	级温度/K	气相流率/（mol/h）	级号	级温度/K	气相流率/（mol/h）
1	300.0	1 980.0	4	324.0	1 980.0
2	308.0	1 980.0	5	332.0	1 980.0
3	316.0	1 980.0	6	340.0	1 980.0

由于相平衡常数与组成无关，无须假定组成初值。

　　② 用托玛斯法计算 $x_{i,j}$　该步运算在例 6-2 中有详细举例，不再重复，计算结果见例 6-3 附表 6。

例 6-3 附表 6　液相组成分布（摩尔分数）

组分	CH$_4$	C$_2$H$_6$	C$_3$H$_8$	n-C$_4$H$_{10}$	n-C$_5$H$_{12}$	n-C$_{12}$H$_{26}$	合计
1	0.029 11	0.013 57	0.020 67	0.040 74	0.029 77	1.000 11	1.133 96
2	0.027 42	0.013 10	0.021 88	0.046 85	0.056 17	1.000 22	1.165 64
3	0.025 90	0.012 03	0.020 38	0.039 41	0.065 45	1.000 32	1.163 51
4	0.024 73	0.010 99	0.018 50	0.030 78	0.057 95	1.000 43	1.143 38
5	0.023 83	0.010 03	0.016 61	0.024 29	0.042 85	1.000 54	1.118 16
6	0.023 17	0.009 14	0.014 85	0.019 82	0.028 50	0.999 74	1.095 23

③ 计算新的 L_j 和 V_j　由 V_j 初值和进料流率得

$$L_1^{(1)} = L_2^{(1)} = L_3^{(1)} = L_4^{(1)} = L_5^{(1)} = L_6^{(1)} = 530 \text{ mol/h}$$

由式（6-39）计算 $L_j^{(2)}$ 值

$$L_1^{(2)} = L_1^{(1)} \sum x_{i,1} = 530 \times 1.133\,96 = 601.001 \text{ mol/h}$$

同理　　$L_2^{(2)} = 617.789$；$L_3^{(2)} = 616.659$；$L_4^{(2)} = 605.992$；

$$L_5^{(2)} = 592.624；L_6^{(2)} = 580.472$$

由式（6-40）计算 $V_j^{(2)}$

$$V_1^{(2)} = -L_6 + (F_1 + F_6) = -580.472 + 530 + 1\,980 = 1\,929.528$$

同理　$V_2^{(2)} = 2\,000.529$；$V_3^{(2)} = 2\,017.317$；$V_4^{(2)} = 2\,016.188$；

$$V_5^{(2)} = 2\,005.520；V_6^{(2)} = 1\,992.152$$

④ $x_{i,j}$ 归一化求 $y_{i,j}$ 并归一化　由式（6-23）将 $x_{i,j}$ 归一化得例 6-3 附表 7。

例 6-3 附表 7　归一化的 $x_{i,j}$

组分	CH$_4$	C$_2$H$_6$	C$_3$H$_8$	n-C$_4$H$_{10}$	n-C$_5$H$_{12}$	n-C$_{12}$H$_{26}$	合计
1	0.025 67	0.011 96	0.018 23	0.035 92	0.026 26	0.881 96	1.0
2	0.023 53	0.011 24	0.018 77	0.040 19	0.048 19	0.858 08	1.0
3	0.022 26	0.010 34	0.017 52	0.033 87	0.056 26	0.859 75	1.0
4	0.021 63	0.009 62	0.016 18	0.026 92	0.050 68	0.874 98	1.0
5	0.021 31	0.008 97	0.014 86	0.021 73	0.038 32	0.894 81	1.0
6	0.021 16	0.008 35	0.013 56	0.018 10	0.026 02	0.912 81	1.0

由式（6-2）计算 $y_{i,j}$，再由式（6-23）将其归一化。以第一级为例：

将 $T_1 = 300.0$ K 代入式（A）求各组分的 $K_{i,j}$（此数值已在第②步中得到）。

$$K_{1,1} = -234.728 + 1.484\,26 T_1 - 0.202\,5 \times 10^{-2} T_1^2 = 28.30$$

同理　　$K_{2,1} = 6.013\,38$　　$K_{3,1} = 2.129\,46$　　$K_{4,1} = 0.508\,07$

$$K_{5,1}=0.146\ 61 \qquad K_{6,1}=0.7\times10^{-4}$$

由 $\qquad y_{i,j}=K_{i,j}x_{i,j}$ 求得 $y_{i,1}$：

$$y_{1,1}=0.726\ 48 \qquad y_{2,1}=0.071\ 92 \qquad y_{3,1}=0.038\ 82$$

$$y_{4,1}=0.018\ 25 \qquad y_{5,1}=0.003\ 85 \qquad y_{6,1}=0.000\ 06$$

将各级求得的 $y_{i,j}$ 值归一化后列于例 6-3 附表 8。

例 6-3 附表 8

组分	CH_4	C_2H_6	C_3H_8	$n\text{-}C_4H_{10}$	$n\text{-}C_5H_{12}$	$n\text{-}C_{12}H_{26}$	合计
1	0.845 35	0.083 69	0.045 18	0.021 24	0.004 49	0.000 05	1.0
2	0.823 06	0.084 31	0.049 05	0.031 27	0.012 21	0.000 10	1.0
3	0.815 76	0.083 49	0.048 96	0.032 62	0.019 05	0.000 13	1.0
4	0.815 82	0.083 25	0.048 59	0.030 68	0.021 50	0.000 15	1.0
5	0.819 85	0.083 42	0.048 35	0.028 57	0.019 63	0.000 18	1.0
6	0.825 11	0.083 72	0.048 18	0.027 03	0.015 74	0.000 21	1.0

⑤ 计算新的 T_j

由式（6-48）至式（6-51）计算各级气、液相焓及对温度的偏导数，汇总于例 6-3 附表 9。

例 6-3 附表 9

级 号	H_j	h_j	$\partial H_j/\partial T_j$	$\partial h_j/\partial T_j$
1	15 163.45	40 641.28	41.76	286.84
2	16 152.78	42 554.32	43.19	284.99
3	16 796.51	44 936.37	44.19	286.03
4	17 186.54	47 574.25	44.69	288.23
5	17 408.23	50 317.45	44.76	290.64
6	17 565.08	53 047.71	44.66	292.69

由式（6-48）计算 290 K 气相进料的焓和 305 K 的吸收剂的焓

$$h_{F,1}=44\ 937.9\ \text{J/mol} \qquad H_{F,6}=12\ 792.8\ \text{J/mol}$$

由式（6-43）至式（6-46）计算 $\widetilde{A}_j$、$\widetilde{B}_j$、$\widetilde{C}_j$ 和 $\widetilde{D}_j$ 并表示成矩阵形式：

$$
\begin{bmatrix}
-252\ 961.2 & 86\ 395.2 & 0.0 & 0.0 & 0.0 & 0.0 \\
172\ 392.9 & -262\ 459.3 & 89\ 147.2 & 0.0 & 0.0 & 0.0 \\
0.0 & 176\ 064.1 & -265\ 529.3 & 90\ 093.4 & 0.0 & 0.0 \\
0.0 & 0.0 & 176\ 382.1 & -264\ 760.5 & 89\ 775.1 & 0.0 \\
0.0 & 0.0 & 0.0 & 174\ 667.1 & -262\ 016.6 & 88\ 973.8 \\
0.0 & 0.0 & 0.0 & 0.0 & 172\ 241.5 & -258\ 871.4
\end{bmatrix}
\begin{bmatrix}
\Delta T_1 \\ \Delta T_2 \\ \Delta T_3 \\ \Delta T_4 \\ \Delta T_5 \\ \Delta T_6
\end{bmatrix}
=
\begin{bmatrix}
2\ 447\ 462.0 \\ 294\ 369.9 \\ 653\ 458.9 \\ 857\ 900.4 \\ 909\ 969.8 \\ 5\ 869\ 985.0
\end{bmatrix}
$$

完成正消后变成

$$\begin{bmatrix} 1 & -0.341\,54 & & & & \\ & 1 & -0.437\,90 & & & \\ & & 1 & -0.478\,12 & & \\ & & & 1 & -0.497\,57 & \\ & & & & 1 & -0.508\,11 \\ & & & & & 1 \end{bmatrix} \begin{bmatrix} \Delta T_1 \\ \Delta T_2 \\ \Delta T_3 \\ \Delta T_4 \\ \Delta T_5 \\ \Delta T_6 \end{bmatrix} = \begin{bmatrix} 9.675\,24 \\ 6.747\,06 \\ 2.836\,34 \\ -1.98\,207 \\ -7.173\,69 \\ -41.467\,3 \end{bmatrix}$$

解得　$\Delta T_1 = 11.257\,18$；　$\Delta T_2 = 4.631\,84$；　$\Delta T_3 = 2.836\,34$；

$\Delta T_4 = -1.982\,07$；　$\Delta T_5 = -7.173\,69$；　$\Delta T_6 = -41.647\,3$

新的 T_j 为

$T_1 = 311.257$；　$T_2 = 312.632$；　$T_3 = 311.170$；

$T_4 = 307.965$；　$T_5 = 303.756$；　$T_6 = 298.533$

按式(6-53)计算收敛系数

$\tau = (11.257\,18)^2 + (4.631\,84)^2 + (2.836\,34)^2 + (-1.982\,07)^2$

$+ (-7.173\,69)^2 + (-41.647\,3)^2 = 1\,931.15 > 0.01N = 0.06$

故需要重新开始迭代。

本例需要四次迭代即可收敛至 $\tau = 0.008\,35 < 0.06$。

最终的级温度，级间流率和级上气、液相组成如例 6-3 附表 10 到例 6-3 附表 12。

例 6-3 附表 10

级号	级温度/K	气相流率/ (mol/h)	液相流率/ (mol/h)
1	308.03	1 891.889	577.684
2	308.93	1 939.573	585.132
3	309.27	1 947.021	589.167
4	309.05	1 951.056	593.150
5	307.63	1 955.04	599.819
6	303.18	1 961.708	618.111

例 6-3 附表 11　最终的气相组成分布（摩尔分数）

组分	CH_4	C_2H_6	C_3H_8	$n\text{-}C_4H_{10}$	$n\text{-}C_5H_{12}$	$n\text{-}C_{12}H_{26}$
1	0.859 35	0.083 47	0.043 04	0.013 68	0.000 47	0.000 09
2	0.846 86	0.085 26	0.047 65	0.019 38	0.001 09	0.000 09

组分	CH_4	C_2H_6	C_3H_8	$n\text{-}C_4H_{10}$	$n\text{-}C_5H_{12}$	$n\text{-}C_{12}H_{26}$
3	0.843 67	0.085 04	0.048 11	0.021 69	0.001 88	0.000 09
4	0.841 93	0.084 86	0.048 09	0.022 60	0.002 90	0.000 09
5	0.840 08	0.084 70	0.048 04	0.023 08	0.004 28	0.000 09
6	0.836 97	0.084 46	0.048 00	0.023 76	0.006 49	0.000 07

例 6-3 附表 12　最终的液相组成分布 （摩尔分数）

组分	CH_4	C_2H_6	C_3H_8	$n\text{-}C_4H_{10}$	$n\text{-}C_5H_{12}$	$n\text{-}C_{12}H_{26}$
1	0.028 33	0.012 83	0.018 99	0.020 25	0.002 12	0.917 35
2	0.027 71	0.012 98	0.020 85	0.027 89	0.004 74	0.905 44
3	0.027 52	0.012 90	0.020 98	0.030 86	0.008 09	0.899 03
4	0.027 51	0.012 90	0.021 01	0.032 58	0.012 59	0.892 91
5	0.027 76	0.013 07	0.021 26	0.034 57	0.019 74	0.883 11
6	0.028 73	0.013 63	0.022 04	0.041 42	0.037 02	0.857 24

比较例 6-3 附表 5 和例 6-3 附表 10 可以看出，由于较大的吸收率和伴有较大的吸收热，气相和液相物流会吸收一部分热量，使得塔的中部温度最高。因此，用线性温度分布确定初值会有较大误差。

6.2.4　等温流率加和法

多级液液萃取设备一般在常温下操作。当原料和萃取剂的进入温度相同且混合热可以忽略时，操作是等温的。在这种情况下，可用经简化的等温流率加和法（ISR）进行严格计算。图 6-10 给出 Tsuboka-Katayama 的 ISR 法计算步骤[15]。

设计变量的规定为：进料流率，组成，进料温度和进料级位置；级温度（通常，在各级上是相等的）；总级数。不需要规定进料压力和级压力，但必须理解为它大于相应的泡点压力，保证系统处于液相状态。

因所有的级温已经规定，各级的热负荷 Q_j 可通过解热量衡算式（6-5）得到。又因该步计算可从其他迭代变量的计算中独立出来，故待迭代变量收敛后再行计算 Q_j 能使程序大大简化。

在 ISR 法中，萃取相流率 V_j 是迭代变量。若假定进料组分之间的分离是完全的和忽略萃取剂对萃余相的传质，则可得到萃取相和萃余相的出口流率，中间各级上的 V_j 值可在整个 N 级上用线性内插得到。但有侧线采出和中间进料时必须予以考虑。

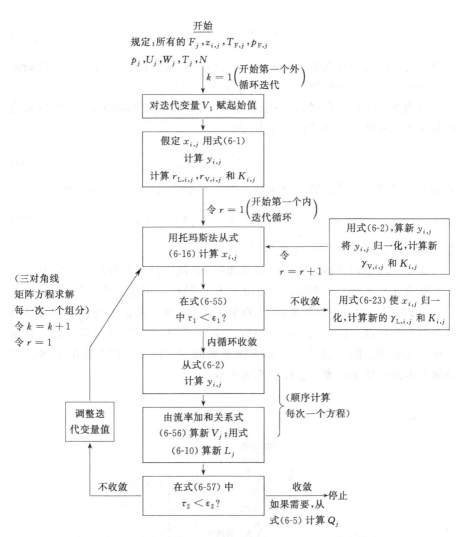

图 6-10　用于液-液萃取的 Tsuboka-Katayama ISR 法计算步骤

　　液液萃取的分配系数与相组成关系极大，所以应对萃取相组成 $y_{i,j}$ 和萃余相组成 $x_{i,j}$ 提供初值，用它们来计算 $K_{i,j}$ 值。当进料的组成为已知，并假定出口物流组成时用线性内插来得到 $x_{i,j}$ 的初值。相应的 $x_{i,j}$ 值可从物料衡算式 (6-1) 计算。$\gamma_{L,i,j}$ 和 $\gamma_{V,i,j}$ 值可用适当的关系式来确定，例如 van Laar，NRTL，UNIQUAC 或 UNIFAC 等方程。K 值的表达式具体化为：

$$K_{i,j}=\gamma_{L,i,j}/\gamma_{V,i,j} \tag{6-54}$$

　　用托玛斯法解式 (6-16) 得到一组新的 $x_{i,j}$ 值。用下式将这一组新的 $x_{i,j}$ 值与假定值比较：

$$\tau_1 = \sum_{j=1}^{N} \sum_{i=1}^{c} |x_{i,j}^{(r-1)} - x_{i,j}^{(r)}| \tag{6-55}$$

式中 r 是内迭代循环次数。若 $\tau_1 > \varepsilon_1$，则用归一化的 $x_{i,j}$ 和 $y_{i,j}$ 来计算新的 $\gamma_{L,i,j}$ 和 $\gamma_{V,i,j}$，进而改进 $K_{i,j}$，ε 可取 $0.01\ NC$。

当内迭代循环已收敛时，用式（6-2）从 $x_{i,j}$ 计算新的 $y_{i,j}$，然后从流率加和关系式计算新的迭代变量 V_j 值。

$$V_j^{(k+1)} = V_j^{(k)} \sum_{i=1}^{c} y_{i,j} \tag{6-56}$$

式中 k 是外循环迭代次数。相应的 $L_j^{(k+1)}$ 可由式（6-10）得到。当

$$\tau_2 = \sum_{j=1}^{N} \left[(V_j^{(k)} - V_j^{(k-1)})/V_j^{(k)} \right]^2 \leqslant \varepsilon_2 \tag{6-57}$$

时，外循环已经收敛。ε_2 可取 $0.01\ N$。

在下一次循环开始之前，可像前面在 BP 法中讨论的那样来调整 V_j 值。ISR 法的收敛一般是较快的，但取决于 $K_{i,j}$ 随组成而改变的程度。

【例 6-4】 用二甲基甲酰胺（DMF）和水（W）的混合物作萃取剂进行液液萃取分离苯（B）和正庚烷（H）。在 20 ℃下此萃取剂对苯的选择性比正庚烷大得多。图 6-11 给出了有 5 个平衡级的萃取器。用严格的 IRS 法计算两种不同萃取剂浓度的级间流率和组成。

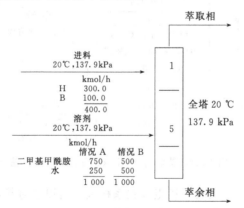

图 6-11 例 6-4 的规定

解：NRTL 方程的常数如例 6-4 附表 1 所示。

例 6-4 附表 1 NRTL 方程常数

二元对 i-j	$\tau_{i,j}$	$\tau_{j,i}$	$\alpha_{j,i}$	二元对 i-j	$\tau_{i,j}$	$\tau_{j,i}$	$\alpha_{j,i}$
DMF-H	2.036	1.910	0.25	W-DMF	2.506	−2.128	0.253
W-H	7.038	4.806	0.15	B-DMF	−0.240	0.676	0.425
B-H	1.196	−0.355	0.30	B-W	3.639	5.750	0.203

对情况 A，根据完全分离和按级线性内插的 V_j（萃取相）$x_{i,j}$ 和 $y_{i,j}$ 的初值如例 6-4 附表 2。

例 6-4 附表 2

级号	V_1	$y_{i,j}$				$x_{i,j}$			
		H	B	DMF	W	H	B	DMF	W
1	1 100	0.0	0.090 9	0.681 8	0.227 3	0.789 5	0.210 5	0.0	0.0
2	1 080	0.0	0.074 1	0.694 4	0.231 5	0.333 3	0.166 7	0.0	0.0
3	1 000	0.0	0.056 6	0.707 6	0.235 9	0.882 4	0.117 6	0.0	0.0
4	1 040	0.0	0.038 5	0.721 1	0.240 4	0.937 5	0.062 5	0.0	0.0
5	1 020	0.0	0.019 6	0.735 3	0.245 1	1.000 0	0.0	0.0	0.0

用 ISR 法得到收敛解，其相应的级间流率和组成如例 6-4 附表 3 所示。

例 6-4 附表 3

级号	V_1	$y_{i,j}$				$x_{i,j}$			
		H	B	DMF	W	H	B	DMF	W
1	1 113.1	0.026 3	0.086 6	0.662 6	0.224 5	0.758 6	0.162 8	0.077 7	0.000 9
2	1 104.7	0.023 8	0.054 5	0.695 2	0.226 5	0.832 6	0.103 5	0.063 3	0.000 6
3	1 065.6	0.021 3	0.030 9	0.713 1	0.234 7	0.885 8	0.060 6	0.053 2	0.000 4
4	1 042.1	0.019 8	0.015 7	0.724 6	0.239 9	0.921 1	0.031 5	0.047 1	0.000 3
5	1 028.2	0.019 0	0.006 2	0.731 6	0.243 2	0.943 8	0.012 5	0.043 4	0.000 3

两种情况下计算的产品见例 6-4 附表 4。

例 6-4 附表 4

组分	萃取相/（kmol/h）		萃余相/（kmol/h）	
	A	B	A	B
H	29.3	5.6	270.7	294.4
B	96.4	43.0	3.6	57.0
DMF	737.5	485.8	12.5	14.2
W	249.9	499.7	0.1	0.3
	1 113.1	1 034.1	286.9	365.9

按萃取百分数计算的结果是：

	情况 A	情况 B
萃取 B 占进料 B 的百分数	96.4	43.0
萃取 H 占进料 H 的百分数	9.8	1.87
转移到萃余相的溶剂的百分数	1.26	1.45

可见，用 75% 的 DMF 作溶剂时萃取相中苯的百分数大得多，但用 50% 的 DMF 作溶剂时在苯和正庚烷之间有较高的选择性。

6.3 同时校正法 (SC 法)[9,10,11]

上节所述方法虽然比较简单，但应用范围有一定限制。BP 法一般成功地应用于窄沸程混合物的精馏过程，而 SR 法也只成功地应用于吸收塔、解吸塔和萃取塔。对于宽沸程混合物的精馏或其他一些操作，如再沸解吸、再沸吸收、有回流的解吸等，很可能会造成较大的计算误差，或迭代计算不能收敛。此时应该采用同时校正法 (SC)，这种方法是通过某种迭代技术 (例如 Newton-Raphson 法) 求解全部或大部分 MESH 方程或与之等价的方程式。SC 法也适用于非理想性很强的液体混合物的精馏过程，如萃取精馏和共沸精馏。SC 法还适用于带有化学反应的分离过程的计算，如反应精馏和催化精馏等。

由于解决问题的决策不同，已提出多种不同形式的 SC 法，其中两种应用广泛，它们是 Naphtali-Sandholm 同时校正法 (NS-SC)[15] 和 Goldstein-Stanfield 同时校正法 (GS-SC)[16]，本节将介绍这两种算法。

6.3.1 NS-SC 法

同时校正法首先将 MESH 方程用泰勒级数展开，并取其线性项，然后用 Newton-Raphson 法联解。Naphtali 提出按各级位置来集合这些方程，构成块状三对角矩阵。这种计算方法保留了 Newton-Raphson 法收敛速度快的优点，且所需计算机内存也比较小。

为了使数学模型更具有通用性，考虑了有化学反应发生的情况。每一级上只有气液两相，化学反应仅在级的液相中进行，并视为一个全混型反应器。另外，定义无量纲侧线气相和液相出料流率分别为 $(SV)_j = W_j/V_j$ 和 $(SL)_j = U_j/L_j$。部分 MESH 方程相应变化为：

① 物料衡算式

$$G_{i,j}^{M} = L_{j-1}x_{i,j-1} + V_{j-1}y_{i,j+1} + F_j z_{i,j} - L_j[1+(SL)_j]x_{i,j}$$
$$- V_j[1+(SV)_j]y_{i,j} + R_{i,j} = 0 \quad i=1,2,\cdots,c \tag{6-58}$$

② 热量衡算式

$$G_j^{H} = L_{j-1}h_{j-1} + V_{j+1}H_{j+1} + F_j H_{F,j} - L_j[1+(SL)_j]h_j$$
$$- V_j[1+(SV)_j]H_j - Q_j + (QR)_j = 0 \tag{6-59}$$

式中 $R_{i,j}$ 表示 j 板上由化学反应所引起的组分 i 的增加率；$(QR)_j$ 表示 j 板上总的反应放热速率。

相平衡关系式见式 (6-2)；摩尔分数加和式见式 (6-3) 和式 (6-4)。

辅助关系式除相平衡常数、液相摩尔焓和气相摩尔焓外［式（6-6）、式（6-7）和式（6-8）］，应增加由于化学反应引起的组分增加率的关系式：

$$R_{i,j}=R_{i,j}(T_j,p_j,x_{i,j},E_j) \tag{6-60}$$

该方程同样不包括在 MESH 方程中，因此 $R_{i,j}$ 也不能看成变量。

如果已知平衡级数 N，全部 F_j、$z_{i,j}$、$T_{F,j}$、$p_{F,j}$、p_j、$(SL)_j$、$(SV)_j$、Q_j 和各级持液量 E_j，则由式（6-58）、式（6-2）、式（6-3）、式（6-4）和式（6-59）构成的 $N(2c+3)$ 个非线性方程可求解 $y_{i,j}$、V_j、T_j、L_j 和 $x_{i,j}$（$i=1$，$\cdots c$；$j=1$，$\cdots N$）。虽然还有其他不同的规定方式，并且可求解相应的变量，我们首先讨论这种情况。

将上述非线性方程组按各级位置归类，并写成向量表达式

$$g(w)=0 \tag{6-61}$$

式中
$$w=[w_1 \; w_2 \cdots \; w_j \cdots \; w_N]^T \tag{6-62}$$
$$g=[g_1 \; g_2 \cdots \; g_j \cdots \; g_N]^T \tag{6-63}$$

式中 w 为级 j 上的迭代变量向量，即

$$w_j=[y_1 \; y_2 \cdots \; y_c \; V \; T \; L \; x_1 \; x_2 \cdots \; x_c]_j^T \tag{6-64}$$

而 g_j 为级 j 上的 MESH 方程所代表的误差向量，即

$$g_j=[G_j^H \; G_{1,j}^M \; G_{2,j}^M \cdots \; G_{c,j}^M \; G_{1,j}^E \; G_{2,j}^E \cdots \; G_{c,j}^E \; G_j^{sx} \; G_j^{sy}]^T \tag{6-65}$$

从式（6-61）的泰勒级数展开式的线性项得到

$$\Delta w=-\left(\frac{\partial g}{\partial w}\right)^{-1}g \tag{6-66}$$

再用此 Δw 计算迭代变量的下一个近似值

$$w^{(k+1)}=w^{(k)}+s\,\Delta w \tag{6-67}$$

式中 s 为阻尼因子；上标 k 为迭代序号。$\dfrac{\partial g}{\partial w}$ 是所有函数（$G_{i,j}^M,G_{i,j}^E,G_j^{sx}$，$G_j^{sy},G_{i,j}^H,i=1,2,\cdots,c;j=1,2,\cdots,N$）对所有变量（$y_{i,j},V_j,T_j,L_j,x_{i,j},i=1,2,\cdots,c;j=1,2,\cdots,N$）的雅柯比偏导数矩阵，即

$$\frac{\partial g}{\partial w}=\begin{bmatrix} B_1 & C_1 \\ A_2 & B_2 & C_2 \\ & A_3 & B_3 & C_3 \\ & & \ddots & \ddots & \ddots \\ & & & A_{N-1} & B_{N-1} & C_{N-1} \\ & & & & A_N & B_N \end{bmatrix} \tag{6-68}$$

由 MESH 方程可以看出，j 级上的函数余差除与 j 级上的变量有关外，仅与相邻的 $(j+1)$ 和 $(j-1)$ 级上的变量有关，因此 $(\partial \boldsymbol{g}/\partial \boldsymbol{w})$ 具有块状三对角矩阵结构。式（6-68）中 A_j 为 j 级上函数余差对 $(j-1)$ 级上变量的偏导数子矩阵，B_j 为 j 级上函数余差对 j 级上变量的偏导数子矩阵，C_j 为 j 级上函数余差对 $(j+1)$ 级上变量的偏导数子矩阵。这三种子矩阵的形式如图 6-12 所示。表 6-2 给出了这三个子矩阵的全部非零元素。

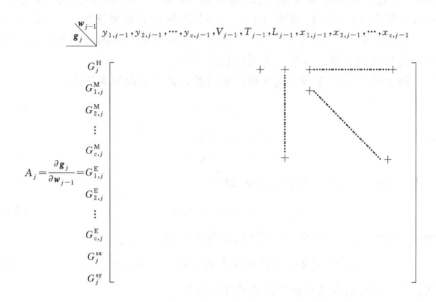

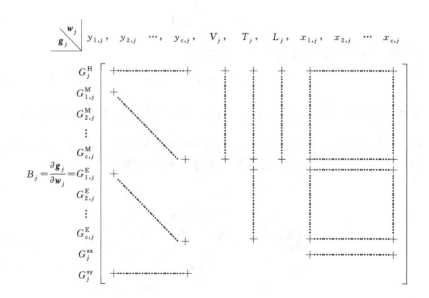

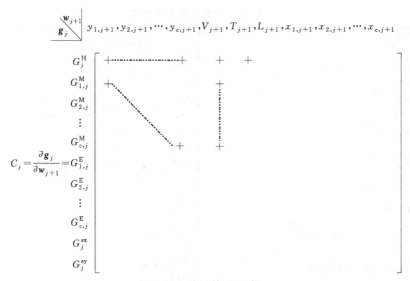

图 6-12 偏导数子矩阵

Newton-Raphson 法迭代常使迭代变量产生过大的校正，且迭代变量又常常振荡地趋于最终解，这种情况可能导致塔内某些级上的组成迭代变量大于 1 或小于零，使计算不收敛，所以在计算中必须采用阻尼因子。

NS-SC 法计算步骤如下：

① 给定迭代变量的初值；

② 用式（6-6）、式（6-7）、式（6-8）和式（6-60）计算相平衡常数、气液相焓和反应中各组分的生成或消失速率；

③ 用式（6-58）、式（6-2）、式（6-3）、式（6-4）和式（6-59）计算各函数的余差 G_j^H、$G_{i,j}^M$、$G_{i,j}^E$、G_j^{sx} 和 G_j^{sy}；

④ 用下式计算这些余差的欧氏范数

$$\sigma=\left\{\sum_{j=1}^{N}\left[\sum_{i=1}^{c}(G_{i,j}^M)^2+\sum_{i=1}^{c}(G_{i,j}^E)^2+(G_j^{sx})^2+(G_j^{sy})^2+\left(\frac{G_j^H}{1\,000}\right)^2\right]\right\}^{1/2}$$

(6-69)

式中 G_j^H 用 1 000 除的原因是 G_j^H 常比其余的余差大 10^3 倍。当 $\sigma\leqslant10^{-4}$ 时，说明已经收敛，停止计算。否则继续下一步计算。

⑤ 由式（6-66）计算迭代变量的校正值，由式（6-67）计算下次迭代的变量估计值，然后返回步骤②重新计算。

将上述块状三对角线技术用于分离过程计算时，根据不同的规定，模型的局部应作相应的变化。例如，规定塔顶温度为某一数值 T_D，而将原设计变量 Q_1 换成迭代变量。此时，可用下式代替原 G_1^H 方程：

$$G_1^{H'}=T_1-T_D=0$$

(6-70)

270

表 6-2 子矩阵的非零元素

矩阵 A_j

$$\frac{\partial G_j^M}{\partial T_{j-1}}=L_{j-1}\frac{\partial h_{j-1}}{\partial T_{j-1}}$$

$$\frac{\partial G_j^H}{\partial L_{j-1}}=h_{j-1}$$

$$\frac{\partial G_j^H}{\partial x_{k,j-1}}=L_{j-1}\frac{\partial h_{j-1}}{\partial x_{k,j-1}}$$

$$\frac{\partial G_j^M}{\partial L_{j-1}}=x_{i,j-1}$$

$$\frac{\partial G_{i,j}^M}{\partial x_{k,j-1}}=L_{j-1}\delta_{k,i}$$

矩阵 B_j

$$\frac{\partial G_j^H}{\partial y_{k,j}}=-[1+(SV)_j]V_j\frac{\partial H_j}{\partial y_{k,j}}$$

$$\frac{\partial G_j^H}{\partial V_j}=-[1+(SV)_j]H_j$$

$$\frac{\partial G_j^H}{\partial T_j}=-L_j[1+(SV)_j]\frac{\partial h_j}{\partial T_j}$$

$$-V_j[1+(SV)_j]\frac{\partial H_j}{\partial T_j}+\frac{\partial (QR)_j}{\partial T_j}$$

$$\frac{\partial G_j^H}{\partial L_j}=-[1+(SV)_j]h_j$$

$$\frac{\partial G_j^H}{\partial x_{k,j}}=-L_j[1+(SV)_j]\frac{\partial h_j}{\partial x_{k,j}}+\frac{\partial (QR)_j}{\partial x_{k,j}}$$

$$\frac{\partial G_{i,j}^M}{\partial T_j}=\frac{\partial R_{i,j}}{\partial T_j}$$

$$\frac{\partial G_{i,j}^M}{\partial V_j}=-[1+(SV)_j]y_{i,j}$$

$$\frac{\partial G_{i,j}^M}{\partial L_j}=-[1+(SL)_j]x_{i,j}$$

$$\frac{\partial G^M}{\partial y_{k,j}}=-V_i[1+(SV)_j]\delta_{k,i}$$

$$\frac{\partial G_{i,j}^M}{\partial x_{k,j}}=-L_j[1+(SL)_j]\delta_{k,i}+\frac{\partial R_{i,j}}{\partial x_{k,j}}$$

$$\frac{\partial G_{i,j}^E}{\partial T_j}=-x_{i,j}\frac{\partial K_{i,j}}{\partial T_j}$$

$$\frac{\partial G^E}{\partial x_{k,j}}=-\left(x_{i,j}\frac{\partial K_{i,j}}{\partial x_{k,j}}+K_{i,j}\delta_{k,i}\right)$$

$$\frac{\partial G^E}{\partial y_{k,j}}=\delta_{k,i}$$

$$\frac{\partial G_j^{sx}}{\partial x_{k,j}}=1.0$$

$$\frac{\partial G_j^{sy}}{\partial y_{k,j}}=1.0$$

矩阵 C_j

$$\frac{\partial G_j^H}{\partial y_{k,j+1}}=V_{j+1}\frac{\partial H_{j+1}}{\partial y_{k,j+1}}$$

$$\frac{\partial G^H}{\partial V_{j+1}}=H_{j+1}$$

$$\frac{\partial G_j^H}{\partial T_{j+1}}=V_{j+1}\frac{\partial H_{j+1}}{\partial T_{j+1}}$$

$$\frac{\partial G_{i,j}^M}{\partial y_{k,j+1}}=V_{j+1}\delta_{k,i}$$

$$\frac{\partial G_{i,j}^M}{\partial V_{j+1}}=y_{i,j+1}$$

注：表中 $i=1,2,\cdots,c;k=1,2,\cdots c;j=1,2,\cdots,N$。当 $i=k$ 时，$\delta_{k,i}=1$ 否则 $\delta_{k,i}=0$；$L_0=V_{N+1}=0$。

与此同时，雅柯比矩阵中的子矩阵也要作相应的修正。在子矩阵 B_1 中

$$\frac{\partial G^{H'}}{\partial y_{i,1}}=\frac{\partial G_1^{H'}}{\partial x_{i,1}}=\frac{\partial G_1^{H'}}{\partial L_1}=\frac{\partial G_1^{H'}}{\partial V_1}=0 \quad (i=1,2,\cdots,c) \tag{6-71}$$

$$\frac{\partial G_1^{H'}}{\partial T_1}=1.0 \tag{6-72}$$

在子矩阵 C_1 中

$$\frac{\partial G_1^{H'}}{\partial y_{i,2}}=\frac{\partial G_1^{H'}}{\partial V_2}=\frac{\partial G_1^{H'}}{\partial x_{i,2}}=\frac{\partial G_1^{H'}}{\partial L_2}=\frac{\partial G_1^{H'}}{\partial T_2}=0 \quad (i=1,2,\cdots,c) \tag{6-73}$$

互换后雅柯比矩阵仍保持原有的块状三对角线结构。

通常，习惯于规定第一级和第 N 级的某些变量为设计变量，取代冷凝器和（或）再沸器（即第一级和第 N 级）的热负荷。因这两个热负荷常常是相互依存的，故不推荐把它们作为设计变量。这类变量的更换是很容易的，将热量衡算式 G_1^H 和（或）G_N^H 从联立方程组中撤消，以依赖于新设计变量的余差函数取而代之。包括上述举例在内的具有分凝器的分离塔的变量互换情况列于表 6-3。

表 6-3 G_1^H 和 G_N^H 的替换方程

规 定	$G_1^{H'}$	$G_N^{H'}$
回流比(L/D)或再沸比(V/B)	$L_1-(L/D)V_1=0$	$V_N-(V/B)L_N=0$
级温度 T_D 或 T_B	$T_1-T_D=0$	$T_N-T_B=0$
塔顶或塔釜产品的流率,D 或 B	$V_1-D=0$	$L_N-B=0$
产品中某组分的流率,d_i 或 b_i	$V_1y_{i,1}-d_i=0$	$L_Nx_{i,N}-b_i=0$
产品中某组分的摩尔分数,$y_{i,D}$ 或 $x_{i,B}$	$y_{i,1}-y_{i,D}=0$	$x_{i,N}-x_{i,B}=0$

其他情况的变化可能导致原块状三对角的上方和（或）下方出现若干块状子矩阵，或者将原来若干设计变量变为迭代变量和增加相应的新的方程，从而使偏导数矩阵变成加边矩阵。详细情况参阅有关文献[17]。

由于块状三对角线矩阵方程也可以利用追赶法求解，故 NS-SC 法收敛速度较快，但是对迭代变量的初值要求比较苛刻。若所设初值不合理，很容易导致迭代计算发散。一般做法是：

① T_j 的初值 假设塔顶和塔底的温度为 T_1 和 T_N，然后利用线性内插计算其余级上的 T_j 初值；

② V_j 和 L_j 的初值 假设恒摩尔流，则很容易求出 V_j 和 L_j 的初值；

③ $x_{i,j}$ 和 $y_{i,j}$ 的初值 可以采用以下两种方法设定：(i) 根据所设定的 T_j、V_j 和 L_j 的初值依次对各个组分解三对角线矩阵方程，进而得到 $x_{i,j}$ 和 $y_{i,j}$ 的初值；(ii) 对进料混合物在平均塔压下进行闪蒸计算。按塔顶产品流率和所有汽相侧线采出流率初定汽相分率，将闪蒸计算所得到的汽、液相组成作为各平衡级汽、液相组成的初值。对反应（催化）精馏应具体考虑反应情况。

在迭代计算中，阻尼因子和加速因子的选择也很重要。在迭代初期，尤其当初值估计质量较差时，每次迭代计算中变量的校正量可能很大，这时最好使用较小的阻尼因子，减小变量变化的幅度，以避免发生过分的振荡。但是，若 $S<0.25$，可能会减慢或妨碍迭代计算的收敛。当计算接近收敛时，可使 $S\geqslant1$，转换成加速因子，以加快收敛的速度。

【例 6-5】 模拟氯丙醇与石灰乳在塔内进行皂化反应精馏生成环氧丙烷的过程。

主反应：$CH_3CH(OH)CH_2Cl + \frac{1}{2}Ca(OH)_2 \longrightarrow CH_3-\underset{\underset{O}{\diagdown\diagup}}{CH}-CH_2 + \frac{1}{2}CaCl_2 + H_2O$

副反应：$CH_3-\underset{\underset{O}{\diagdown\diagup}}{CH}-CH_2 + H_2O \longrightarrow CH_3CH(OH)CH_2OH$

主副反应速度方程分别为[18]

$$r_1 = 3.02 \times 10^9 \exp\left(\frac{-66\,402}{RT}\right)[PCH]$$

$$r_2 = \left\{1.48 \times 10^6 \exp\left(\frac{-68\,613}{RT}\right) + 2.68 \times 10^8 \exp\left(\frac{-68\,048}{RT}\right)[OH^-]\right\}[PO]$$

式中[PCH]、[OH$^-$]和[PO]分别为氯丙醇、氢氧根离子和环氧丙烷的浓度，mol/L；r_1 和 r_2 的单位为 mol/L·s。

第 j 级上各组分的生成或消失速率向量为：

$$\boldsymbol{R}_j = \boldsymbol{A}_r^T \boldsymbol{e}_j$$

式中

$$\boldsymbol{R}_j = [R_{1,j} \quad R_{2,j} \quad R_{3,j} \quad R_{4,j} \quad R_{5,j}]$$

$$\boldsymbol{A}_r = \begin{bmatrix} -1 & 1 & 0 & 1 & 0 \\ 0 & -1 & 1 & -1 & 0 \end{bmatrix}$$

R 中的下标 1、2、3、4、5 和 $\boldsymbol{A}_r$ 矩阵中的列顺序号相应为氯丙醇（PCH）、环氧丙烷（PO）、丙二醇（PG）、水（W）和二氯丙烷（DCP）。$\boldsymbol{A}_r$ 矩阵中各列元素相应为各组分在主、副反应中的计量系数。由于原料中的 DCP 未参加反应，故第 5 列两元素均为 0。$\boldsymbol{e}_j$ 为第 j 级上两个反应的反应量向量：

$$\boldsymbol{e}_j = [e_{1,j}, e_{2,j}]^T$$

$$e_{i,j} = 3\,600\,r_i E_j \quad i = 1, 2$$

式中 E_j 为第 j 级上的持液量。

在计算过程中用下式将摩尔分数转化为摩尔浓度，如对于 PCH：

$$[PCH] = \frac{x_i}{\sum\limits_{i=1}^{c} x_i V_i}$$

式中纯组分 i 的液体摩尔体积 V_i 是级温度的函数：

$$V_i = V_{A,i} + V_{B,i} T_j + V_{C,i} T_j^2$$

式中 T 为绝对温度，K；V_i 的单位为 cm^3/mol。不同组分的系数 $V_{A,i}$、$V_{B,i}$ 和 $V_{C,i}$ 如附表1所示。反应中常使 Ca(OH)$_2$ 过量 10%，其溶度积 K_s 随温度的变化为

$$K_s = 10^{-6}(51.001 - 0.594\,19t - 0.007\,619\,2t^2$$
$$+ 0.000\,145\,9t^3 - 0.000\,000\,577\,88t^4)$$

式中 t 为温度℃。反应过程中生成氯化钙，由于同离子效应，Ca(OH)$_2$ 的

离解度下降，导致反应段中各级上的 $[OH^-]$ 由上而下逐渐下降，而 $[OH^-]$ 又直接影响副反应速度，所以必须对各级上的 $[OH^-]$ 进行仔细地计算。根据离子平衡可以得到：

$$[OH^-]^3 + [1+(XX)][PCH]^0[OH^-]^2 - 2K_s = 0$$

式中 XX 为氯丙醇的转化率；$[PCH]^0$ 为原料中氯丙醇的摩尔浓度。上式用牛顿法迭代求解，取其正实根作为氢氧根离子浓度。

液相中各组分的活度系数用 NRTL 方程计算，其参数值列于例 6-5 附表 2 及例 6-5 附表 3。反应生成的氯化钙对于相平衡有影响，其中盐浓度用下式计算

$$C_s = \frac{1}{2}[1+(XX)][PCH]^0$$

盐对汽液平衡的影响用下式表示：

$$\ln \frac{r_i'}{r_i^0} = k_s C_s$$

式中 r_i' 为组分 i 在含盐物系中的活度系数；r_i^0 为组分 i 在无盐存在的活度系数；k_s 为经验常数，见例 6-5 附表 4。计算蒸汽压所用安托尼常数及其他有关数据来自有关文献[19]，生成热数据查自手册[20]。

例 6-5 附表 1　计算液体摩尔体积关系式中的系数

组分	$V_{A,i}$	$V_{B,i}$	$V_{C,i}$
PCH	57.15	−0.006 706	0.000 150 6
PO	126.729	−0.424 2	0.000 798
PG	−14.014 1	0.466 5	0.000 598
H_2O	22.887 5	−0.023 462	0.000 685 6
DCP	46.421 8	0.020 277 5	−0.000 098

例 6-5 附表 2　NRTL 参数矩阵/(J/mol)

组分	PCH	PO	PG	H_2O	DCP
PCH	0.0	−1 886.91	−2 355.83	−1 799.32	2 565.38
PO	−12 287.1	0.0	4 256.89	5 307.62	1 045.48
PG	1 708.76	940.271	0.0	5 396.59	746.632
H_2O	11 990.6	6 854.63	−3 961.26	0.0	17 427.3
DCP	858.733	−1 333.11	11 476.6	5 841.09	0.0

例 6-5 附表 3　NRTL 第三参数

组分	PCH	PO	PG	H_2O	DCP
PCH	0.0	0.3	0.3	0.3	0.3
PC	0.3	0.0	0.3	0.474 8	0.3
PG	0.3	0.3	0.0	0.327 3	0.3
H_2O	0.3	0.474 8	0.327 3	0.0	0.2
DCP	0.3	0.3	0.3	0.2	0.0

例 6-5 附表 4   盐效应关系中的经验参数

组分	CaCl$_2$
PCH	0.435
PO	0.376
PG	0.393

根据氯丙醇皂化工艺的特点,原料在进入反应精馏塔之前在混合器中与石灰乳混合,混合后的液相中含氯丙醇 0.004 9(摩尔分数),含二氯丙烷 0.000 19(摩尔分数)。总进料量 239.4 mol/h。反应精馏塔共 6 个平衡级。第一级为分凝器,第二级为氯丙醇水溶液和石灰乳混液进料级,进料温度 80 ℃,第 6 级通入 11 mol/h 的直接水蒸气,进汽温度 100 ℃。由于 Ca(OH)$_2$ 的非挥发性,可以认为反应段是由混合液进料级及以下的若干级所组成。反应中生成的环氧丙烷被蒸出,其余的水和副反应中生成的丙二醇等则由塔底排出。塔内各级的持液量经实测约为 0.017 L。反应精馏塔常压操作。

解: 用本书所附资料介绍的 SC6 程序修改后进行计算。收敛允许误差 $\varepsilon < 1.0 \times 10^{-4}$。经 9 次迭代得到收敛解,列于例 6-5 附表 5 和附表 6。

例 6-5 附表 5   塔内各级液相组成及流率分布

级号	液相组成(摩尔分数)					液相流率 /(mol/h)
	PCH	PO	PG	H$_2$O	DCP	
1	0.421×10^{-2}	0.117	0.31×10^{-6}	0.877	0.351×10^{-1}	1.63
2	0.585×10^{-3}	0.455×10^{-2}	0.156×10^{-4}	0.995	0.164×10^{-1}	241.93
3	0.566×10^{-4}	0.334×10^{-2}	0.294×10^{-4}	0.997	0.162×10^{-2}	243.72
4	0.347×10^{-5}	0.121×10^{-2}	0.369×10^{-4}	0.999	0.952×10^{-4}	247.55
5	0.170×10^{-6}	0.224×10^{-3}	0.385×10^{-4}	1.0	0.269×10^{-5}	249.53
6	0.1×10^{-7}	0.295×10^{-4}	0.386×10^{-4}	1.0	0.6×10^{-7}	249.93

例 6-5 附表 6   塔内各级汽相组成、流率及温度分布

级号	汽相组成(摩尔分数)					汽相流率 /(mol/h)	温度 /℃
	PCH	PO	PG	H$_2$O	DCP		
1	0.243×10^{-5}	0.893	0.0	0.722×10^{-1}	0.351×10^{-1}	1.29	40.5
2	0.235×10^{-2}	0.461	0.17×10^{-6}	0.521	0.164×10^{-1}	2.92	83.1
3	0.302×10^{-3}	0.393	0.42×10^{-6}	0.605	0.162×10^{-2}	3.13	87.0
4	0.302×10^{-4}	0.170	0.83×10^{-6}	0.829	0.952×10^{-4}	4.80	95.3
5	0.185×10^{-5}	0.340×10^{-1}	0.109×10^{-5}	0.966	0.269×10^{-5}	8.62	99.4
6	0.9×10^{-7}	0.457×10^{-2}	0.114×10^{-5}	0.995	0.6×10^{-7}	10.59	100.3

水蒸气消耗	2.95 t/t 环氧丙烷
环氧丙烷收率	98.5% (mol)
回流比	1.26

6.3.2 GS-SC 法

GS-SC 法与 NS-SC 法的不同之处主要在于排列迭代变量和独立方程式的顺序不同。由于所产生的雅柯比矩阵中非零元素分布的结构不同，使得求解过程的具体计算方法也有差别。

在 GS-SC 法中 MESH 偏差函数的形式为：

组分物料衡算式

$$G_{i,j}^{M}=L_{j-1}x_{i,j-1}-[L_j+U_j+K_{i,j}(V_j+W_j)]x_{i,j}$$
$$+K_{i,j+1}V_{j+1}x_{i,j+1}+F_jz_{i,j}=0 \tag{6-74}$$

热量衡算式

$$G_j^{H}=L_{j-1}h_{j-1}-(L_j+U_j)h_j-(V_j+W_j)H_j+V_{j+1}H_{j+1}+F_jH_{F,j}=0 \tag{6-75}$$

加和方程

$$G_j^{S}=\sum_{i=1}^{c}x_{i,j}-1=0 \tag{6-76}$$

总物料衡算式

$$G_j^{M}=L_{j-1}-L_j-U_j-W_j+V_{j+1}+F_j=0 \tag{6-77}$$

对于 GS-SC 法，迭代变量按照组分或按照变量的类型排序，即

$$\boldsymbol{X}=(\boldsymbol{X}_1,\boldsymbol{X}_2,\cdots,\boldsymbol{X}_i\cdots,\boldsymbol{X}_c,\boldsymbol{T},\boldsymbol{V},\boldsymbol{L})^{T} \tag{6-78}$$

式中
$$\boldsymbol{X}_i=(x_{i,1},x_{i,2},\cdots,x_{i,N})^{T} \tag{6-79}$$
$$\boldsymbol{T}=(T_1,T_2,\cdots,T_N)^{T} \tag{6-80}$$
$$\boldsymbol{V}=(V_1,V_2,\cdots,V_N)^{T} \tag{6-81}$$
$$\boldsymbol{L}=(L_1,L_2,\cdots,L_N)^{T} \tag{6-82}$$

独立关系式也按照组分或类型排序：
$$\boldsymbol{F}=(\boldsymbol{E}_1,\boldsymbol{E}_2,\cdots,\boldsymbol{E}_i,\cdots,\boldsymbol{E}_c,\boldsymbol{H},\boldsymbol{S},\boldsymbol{M})^{T} \tag{6-83}$$

式中
$$\boldsymbol{E}_i=(G_{i,1}^{M},G_{i,2}^{M},\cdots,G_{i,N}^{M})^{T} \tag{6-84a}$$
$$\boldsymbol{H}=(G_1^{H},G_2^{H},\cdots,G_N^{H})^{T} \tag{6-84b}$$
$$\boldsymbol{S}=(G_1^{S},G_2^{S},\cdots,G_N^{S})^{T} \tag{6-84c}$$
$$\boldsymbol{M}=(G_1^{M},G_2^{M},\cdots,G_N^{M})^{T} \tag{6-84d}$$

GS-SC 法牛顿迭代式中的雅柯比矩阵的形式不同于 NS-SC 法中的三对角线形式。以 3 组分物系的精馏为例，GS-SC 法雅柯比矩阵的结构如图 6-13 所示。

图中 6-13 中的每个小方格都是一个 $N\times N$ 阶子矩阵，空白格为零子矩阵。在牛顿迭代法中需要对雅柯比矩阵求逆，可先将矩阵的一部分对角线

276

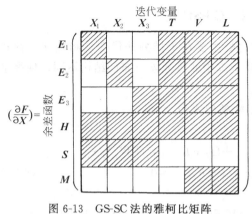

图 6-13 GS-SC 法的雅柯比矩阵

化，剩余的一些子矩阵再分别送逆，详细情况可参阅有关文献[16]。

NS-SC 法和 GS-SC 法都利用 Newton-Raphson 迭代方法将非线性的 MESH 方程线性化，并进行逐次逼进求解。但它们排列变量和方程式的顺序不同，其目的是为了能够利用简化的方法对雅柯比矩阵求逆，从而可以减少计算工作量。

NS-SC 法按平衡级将方程式分组，再按平衡级的顺序排列，其计算量可以用 $N(C+2)^2$ 表示。对于组分数比较少但平衡级数比较多的分离过程，如精密精馏过程，NS-SC 法比较适宜。

GS-SC 法按独立方程式的类型分组，即按组分物料衡算方程、热量衡算方程、摩尔分数加和方程和总物料衡算方程的次序排列，组分物料衡算方程又按组分分为 C 个组，每组包括按平衡级顺序排列的 N 个方程。该法的计算量可以用 $CN^2+(2N)^3$ 表示。对于平衡级数比较少而组分数比较多的精馏过程，如原油蒸馏塔，GS-SC 法比较适合。

如果平衡级数比较多（$N>50$），同时组分数也比较多（$C>25$），这两种方法都不理想，但是 NS-SC 法的效果一般要好些。

6.4　内-外法（Inside-Out 法）

在前两节所介绍的 BP 法、SR 法和 SC 法中，用于计算 K 值、气相焓和液相焓的工作量占很大比例，当使用严格的热力学模型时（例如 SRK 方程、PR 方程、Wilson、NRTL、UNIQUAC 方程）尤为突出。如图 6-14（a）所示，在每次迭代中都要计算这些性质。此外，在每次迭代中还要计算这些性质的偏导数。例如，在 SC 法需计算上述三个热力学性质对两相组成和温度的导数；BP 法中需计算 K 值对温度的导数；在 SR 法中需计算汽、液相焓对温度的导数。

由 Boston 和 Sullivan 提出的内-外法[21]在设计稳态、多组分分离过程时大大缩短了计算热力学性质所耗用的时间。如图 6-14（b）所示，采用两套热力学性质模型：① 简单的经验法用于频繁的内层收敛计算；② 严格和复杂的模型用于外层计算。在内层求解 MESH 方程使用经验关系式，而经验式中的参数则需在外层用严格的热力学关系校正，但这种校正是间断进行的且频率并不高。由于 Boston-Sullivan 法的特点是分内层和外层迭代，所以该法被称为内-外法。内-外法的另一特点是迭代变量的选择有所不同。在前述三个方法中，迭代变量定为：$x_{i,j}$、$y_{i,j}$、T_j、L_j 和 V_j。而对于内-外法，外层的迭代变量是描述热力学性质的经验关系中的参数。内层的迭代变量与提馏因子有关，$S_{i,j}=K_{i,j}V_j/L_j$。

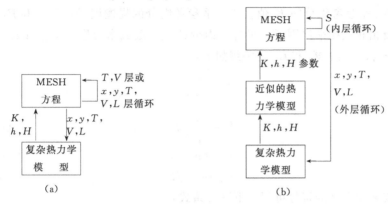

图 6-14　热力学性质计算与迭代层的组合
(a) BP、SR、SC 法；(b) 内-外法

　　最初，内-外法局限于烃类分离塔的计算，已知平衡级数，塔身允许有多个进料、侧线采出和中间换热器。后经改进，几乎能应用于所有类型的稳态、多组分、多级汽液分离过程。在 ASPEN PLUS 软件中，用改进的内-外法编制了 RADFRAC 和 MULTIFRAC 计算程序，它们可应用于多种类型的分离过程计算。包括：① 吸收、气提、再沸吸收、再沸气提、萃取精馏和共沸精馏；② 汽-液-液三相精馏；③ 反应精馏；④ 需要活度系数模型的高度非理想系统；⑤ 窄沸点进料、宽沸点进料和以轻、重组分为主的哑铃形进料的分离过程等。

　　内-外法在迭代计算上具有以下优点：① 组分的相对挥发度对 K 值的变化小得多；② 汽化焓的变化小于各相焓的变化；③ 组分的提馏因子综合了每级温度和汽、液流率的影响。内-外法的内层使用了相对挥发度和提馏因子，改进了迭代的稳定性和缩短了计算时间。Russell[22] 和 Jelinek[23] 进一步改进了内-外法，提出了广泛使用的计算程序。

6.4.1　内-外法模型

一、MESH 方程

与 BP、SR 和 SC 法一样，图 6-1 的平衡级模型仍然适用，但用组分的流率代替组成，并且定义下列内层变量：

$$\alpha_{i,j} = K_{i,j}/K_{b,j} \tag{6-85}$$

$$S_{b,j} = K_{b,j}V_j/L_j \tag{6-86}$$

$$R_{L,j} = 1 + U_j/L_j \tag{6-87}$$

$$R_{V,j} = 1 + W_j/V_j \tag{6-88}$$

式中 K_b 是参考组分的 K 值；$S_{b,j}$ 是参考组分的提馏因子；$R_{L,j}$ 和 $R_{V,j}$ 分别是液相和汽相采出因子。另外，组分的汽、液流率分别为 $v_{i,j}$ 和 $l_{i,j}$，它们与 $x_{i,j}$、$y_{i,j}$、V_j 和 L_j 的关系如下：

$$V_j = \sum_{i=1}^{c} v_{i,j} \tag{6-89}$$

$$L_i = \sum_{i=1}^{c} l_{i,j} \tag{6-90}$$

$$y_{i,j} = v_{i,j}/V_j \tag{6-91}$$

$$x_{i,j} = l_{i,j}/L_j \tag{6-92}$$

按上述定义的符号可写出下列关系式：

相平衡关系

$$v_{i,j} = \alpha_{i,j} S_{b,j} l_{i,j} \quad i=1,\cdots,c; j=1,\cdots,N \tag{6-93}$$

组分的物料衡算式

$$l_{i,j-1} - (R_{L,j} + \alpha_{i,j} S_{b,j} R_{V,j})l_{i,j} + (\alpha_{i,j+1} S_{b,j+1})l_{i,j+1} = -f_{i,j}$$
$$i=1,\cdots,c; j=1,\cdots,N \tag{6-94}$$

热量衡算式

$$H_j = h_j R_{L,j} L_j + H_j R_{V,j} V_j - h_{j-1} L_{j-1} - H_{j+1} V_{j+1} - H_{F,j} F_j - Q_j = 0$$
$$j=1,\cdots,N \tag{6-95}$$

此外，SC 法中如表 6-3 所提出的变量与函数的各种替换方案也适用于内-外法。

二、热力学性质模型

1. 严格模型

如第 2 章 2.1 节所介绍的，严格模型包括状态方程法和活度系数法。用这些模型估计近似的热力学性质模型中的参数。严格模型的表示形式见式 (6-6)、式 (6-7) 和式 (6-8)。

2. 近似热力学性质模型

(1) K 值 内-外法中使用近似模型的目的在于简化级温度和提馏因子的计算。Russell 和 Jelinek 所提出的模型与 Boston 和 Sullivan 模型略有不同。

$$K_{b,j} = \exp(A_j - B_j/T_j) \tag{6-96}$$

参考组分 b 可以选择进料中的一个组分或假想的组分，选择后者更好些。在该情况下，$K_{b,j}$ 用下列关系确定：

$$K_{b,j} = \exp\left(\sum_i w_{i,j} \ln K_i\right) \tag{6-97}$$

式中 $w_{i,j}$ 为加权函数：

$$w_{i,j} = \frac{y_{i,j}[\partial \ln K_{i,j}/\partial(1/T)]}{\sum_i y_{i,j}[\partial \ln K_{i,j}/\partial(1/T)]} \tag{6-98}$$

从每一级由严格模型所确定的 $K_{i,j}$ 值得到 K_b 和 $\alpha_{i,j}$ 值。在最上一级，参考组分近似于一个轻组分，而在最下一级参考组分又近似于一个重组分。式 (6-98) 中的偏导数从严格模型的数值解法或解析法求得。为确定式 (6-96) 中的 A_j 和 B_j，每一级必须选择两个温度点。例如，可以选择两相邻级 $j-1$ 和 $j+1$ 上当前的温度，分别称为 T_1 和 T_2。对每一级均使用式 (6-96) 估计 A 和 B：

$$B = \frac{\ln(K_{b,T_1}/K_{b,T_2})}{\left(\dfrac{1}{T_1} - \dfrac{1}{T_2}\right)} \tag{6-99}$$

和

$$A = \ln K_{b,T_1} + B/T_1 \tag{6-100}$$

如果溶液是高度非理想的，则将式 (2-17) 分为两部分是合适的：

$$K_i = \gamma_i f_i^{0L}/\hat{\phi}_i^V p = \gamma_i(\phi_i^L/\hat{\phi}_i^V) \tag{6-101}$$

式中的 $(\phi_i^L/\hat{\phi}_i^V)$ 用于确定 K_b，每级的 γ_i 为在参考温度下通过拟合液相摩尔分数得到线性函数：

$$\gamma_i^* = a_i + b x_i \tag{6-102}$$

用该式近似估计 γ_i^*。然后，式 (6-101) 中用 $\alpha'_{i,j}\gamma_i^*$ 代替 $\alpha_{i,j}$，此时

$$\alpha'_{i,j} = \frac{(\phi_i^L/\hat{\phi}_i^V)_j}{K_{b,j}} \tag{6-103}$$

(2) 焓值　Boston 和 Sullivan[21] 和 Russell[22] 使用了相同的近似焓模型。Jelinek[23] 没有用近似焓模型，因为使用两种焓模型增加了计算的复杂性，不像使用两种 K 值模型那样总是合适的。

计算汽相焓的基本公式为

$$H = H^0 + (H - H^0) = H^0 + \Delta H \tag{6-104}$$

式中 H^0 是理想气体混合物的焓；汽相焓 H 与汽相组成有关，液相焓 h 与液相组成有关。汽相焓偏差 $\Delta H = (H - H^0)$，应考虑压力的影响；液相焓偏差 $\Delta h = (h - H^0)$，应考虑汽化焓和压力对汽、液两相的影响。其中汽化焓是影响 Δh 的主要因素。两个焓差的计算是整个焓计算的主要耗时部分，

当使用状态方程时，该计算是复杂的。所以在近似焓计算中主要应简化焓差的计算，故采用下列简单的线性函数：

$$\Delta H_j = c_j - d_j (T_j - T^*) \tag{6-105}$$

和

$$\Delta h_j = e_j - f_j (T_j - T^*) \tag{6-106}$$

式中焓的偏差以单位质量计而不是以每 mol 计；T^* 为参考温度；参数 c、d、e 和 f 在每次外层迭代中用严格模型估计。

6.4.2　内-外法算法

Russell 的内-外法计算程序由三部分组成，即初值的确定、内层迭代和外层迭代。各部分的计算步骤统一编号。

1. 初值确定程序

在内层或外层计算开始之前必须对所有迭代变量提供较好的初值：$x_{i,j}$、$y_{i,j}$、T_j、V_j 和 L_j。具体做法如下：

① 规定平衡级数、所有进料的条件、进料级位置和塔的操作压力分布。

② 规定每一产品的采出位置和每一换热器的设置位置。

③ 对每个产品和每个中间换热器提供附加说明。

④ 估计每一产品的流率、估计每一级汽相流率 V_j。再通过总物料衡算估计液相流率 L_j。

⑤ 估计温度分布初值 T_j。其方法为：将全部进料流股合并（组合进料），求其在平均塔压下的泡点和露点温度。取露点温度为第一级温度 T_1，取泡点温度为第 N 级的温度 T_N。中间级温度通过线性内插得到。设用于式（6-102）、式（6-105）和式（6-106）的参考温度 T^* 等于 T_j。

⑥ 将组合进料在平均塔压和全塔平均温度下进行等温闪蒸计算。所得汽、液相组成 y_i 和 x_i 作为每级的汽、液相组成初值。

⑦ 利用以上各步已估计的初值，使用所选复杂的热力学性质关系确定计算 K 值和焓值近似模型中的参数值 A_j、B_j、$a_{i,j}$、$b_{i,j}$、c_j、d_j、e_j、f_j、$K_{b,j}$ 和 $\alpha_{i,j}$。

⑧ 由式（6-86）、式（6-87）和式（6-88）计算 $S_{b,j}$、$R_{L,j}$ 和 $R_{V,j}$ 的初值。

2. 内层迭代计算

使用列于第⑦步的一组外层参数值开始内层迭代计算。初次迭代所有参数由初值计算而来，后面迭代所用参数由外层计算得到，其原始数据又是内层迭代的结果。

⑨ 从式（6-94），对 c 个组分的每一组分解三对角矩阵方程，计算出组

分的液相流率 $l_{i,j}$。

⑩ 从式（6-93）计算组分的汽相流率 $v_{i,j}$。

⑪ 由式（6-89）和式（6-90）分别计算一组校正的总流率 V_j 和 L_j。

⑫ 为计算校正的级温度 T_j，然后由式（6-92）计算每一级的 x_i 值，需将泡点方程 $\left(\sum_i K_i x_i = 1\right)$ 与式（6-85）相结合,得到一组校正的 $K_{b,j}$

$$K_{b,j} = \frac{1}{\sum_{i=1}^{c}(\alpha_{i,j} x_{i,j})} \tag{6-107}$$

由式（6-96）用新的 $K_{b,j}$ 值计算出一组新的级温度：

$$T_j = \frac{B_j}{A_j - \ln K_{b,j}} \tag{6-108}$$

内层迭代到此，已经产生了一组 $v_{i,j}$、$l_{i,j}$ 和 T_j 的校正值，它们满足组分的物料衡算和相平衡关系。然而不满足热量衡算和规定方程，除非所估计的参考组分的提馏因子和产品采出流率是正确的。

⑬ 选择内层迭代变量为

$$\ln S_{b,j} = \ln(K_{b,j} V_j / L_j) \tag{6-109}$$

也还有一些其他的迭代变量。对于简单精馏塔，如果规定了冷凝器和再沸器的热负荷，则不需要其他的内层迭代变量。更常见的情况是规定回流比 (L/D) 和塔釜液流率 (B)，代替两个热负荷，此时应删除两个热量衡算式 H_1 和 H_N，换进下列两个规定方程：

$$D_1 = L_1 - (L/D)V_1 = 0 \tag{6-110}$$
$$D_2 = L_N - B = 0 \tag{6-111}$$

对于每股侧线出料，要相应加入侧线采出因子作为内层迭代变量，例如 $\ln(U_j/L_j)$ 和 $\ln(W_j/V_j)$，同时有表示纯度或某其他变量的规定方程。

⑭ 由式（6-104）至式（6-106）计算全部流股的焓。

⑮ 由式（6-95）和式（6-110）、式（6-111）等计算 H_j、D_1、D_2 等的余差，同时由 H_1 式计算 Q_1，由 H_N 式计算 Q_N。

⑯ 计算 H_j、D_1、D_2 等对式（6-109）中迭代变量的偏导数。其做法是逐次变化每个迭代变量，返回到第⑨步至第⑮步重算余差。此外也可用微分的方法求解。

⑰ 用 Newton-Raphson 法计算内层迭代变量的修正值。

⑱ 从修正值确定新的迭代变量值，必要时使用阻尼因子。

⑲ 核实余差的平方和是否已足够小。如达到要求，则进行下一次外层计算；否则使用最后的迭代变量值重复第⑮步至第⑱步的计算。对于该后续

循环，Russell 采用 Broyden 算法以避免重算偏导数，而 Jelinek 推荐使用标准的 Newton-Raphson 法在每次内层迭代中重算偏导数。

⑳ 当第⑮步至第⑲步收敛时，第⑨步至第⑫步已经产生了一组原始变量的改进值 $x_{i,j}$、$v_{i,j}$、$l_{i,j}$、T_j、V_j 和 L_j。从式（6-98）可计算相应的 $y_{i,j}$ 值。在近似的热力学性质与严格模型计算的性质不一致的情况下，上述变量的数值是不正确的。再将原始变量输入到外层计算，致使近似和复杂模型的计算结果逐渐趋于一致。

3. 外层迭代计算

㉑ 用来自第⑳步的原始变量值从复杂热力学模型计算相对挥发度和流股的焓。如果这组数据与前面用于开始内层迭代所使用的数据很好地吻合，则外层和内层迭代收敛，结束计算。否则继续下一步计算。

㉒ 类似于初值计算程序中的第⑦步，从复杂模型确定 K 和 H 近似模型关系式中的参数。

㉓ 类似于初值计算程序中的第⑧步，计算 $S_{b,j}$、$R_{L,j}$ 和 $R_{V,j}$。

㉔ 重复第⑨至⑳步内层计算程序。

内-外法的收敛是没有保证的。然而该法对大部分问题计算是稳定和快速的。当初值不好，导致塔中某些位置流率为零或负值时，收敛遇到困难。为防止这种趋势，所有组分的提馏因子都乘以基础提馏因子 S_b，

$$S_{i,j} = S_b \alpha_{i,j} S_{b,j} \tag{6-112}$$

S_b 的选择最初用于强化初始化程序使之得到合理的组分流率分布。Russell 建议 S_b 仅作一次选择，而 Boston 和 Sullivan 提出对每组新的 $S_{b,j}$ 值重新计算 S_b。

对于高度非理想液体混合物，使用内-外法变得很困难，此时最好选择 SC 法。

【例 6-6】 对如图 6-4 所示的精馏塔条件改用内-外法计算。热力学性质使用 SRK 方程计算。

解：用内-外法程序求解。开始仅仅假设冷凝器出口温度为 291 K，塔釜产品温度为 347 K。计算进料的泡点温度为 324 K。在初始化程序中由 SRK 方程确定式（6-96）中的常数如下表：

级序号	T/K	A	B	K_b
1	291	6.870	2 060	0.811 4
2	308	6.962	2 239	0.735 3
3	321	7.080	2 420	0.632 0
4	334	7.039	2 481	0.677 6
5	347	6.998	2 542	0.720 6

同理，确定式（6-105）和式（6-106）中计算焓值关系中的系数 c、d、e 和 f（表略）。

在内层计算部分，从式（6-94）用三对角矩阵方法计算组分的流率。塔釜产品流率的计算值与规定值 50 mol/h 略有偏差。然而，通过用基础提馏因子 $S_b = 1.186\ 3$ 修正组分提馏因子后，塔釜产品流率的误差减小到 0.73%。

解内层热量衡算式的最初误差仅有 0.046 24。经内层两次迭代之后误差减小至 0.000 401。

使用经过修正的塔的温度和相组成分布数据，在外层用 SRK 热力学模型拟合 K 和 $h(H)$ 近似关系中的常数。仅需一次内层迭代即可使热量衡算式达到满意的收敛。K 和 $h(H)$ 关系中的常数再次在外层校正。当内层迭代后，近似计算的 K 和 $h(H)$ 值已十分接近 SRK 方程计算值，则达到总体收敛。这种情况总共需要三次外层迭代和四次内层迭代。

为说明内-外法收敛该例题的效率，下表列出三次外层迭代的结果：

外层迭代	级温度/K				
	T_1	T_2	T_3	T_4	T_5
初值	291	—			347
1	301.13	321.0	336.92	351.29	362.71
2	301.81	321.76	337.58	351.24	362.33
3	301.86	321.78	337.57	351.17	362.28

外层迭代	液相流率/（mol/h）				
	L_1	L_2	L_3	L_4	L_5
规定	100	—			—
1	100.00	89.86	187.22	189.30	50.00
2	100.03	89.83	188.84	190.59	49.99
3	100.03	89.87	188.96	190.56	50.00

外层迭代	组分的塔釜产品流率/（mol/h）			
	C_3	$n\text{-}C_4$	$n\text{-}C_5$	L_5
1	0.687	12.045	37.268	50.000
2	0.947	12.341	36.697	49.985
3	0.955	12.363	36.683	50.001

分析表中数据可以看出，仅仅经过一次外层迭代，级温度和总液相流率已经接近于收敛值。然而，塔釜产品的组成，特别是最轻组分 C_3 的组成直至最后的两次迭代才接近于收敛值。内-外法不总是如此迅速收敛，但通常还是很有效的。

6.5 非平衡级模型简介

对于精馏、吸收等多级分离过程的模拟计算，普遍采用平衡级模型。该模型的基本假设之一是，离开某一平衡级的气相与液相物流达到平衡。在实际的工业过程中这一假设是不成立的。因此，一般在相平衡方程中引入板效率，用以补偿实际非平衡状态与平衡级假设之间的偏差。然而，影响板效率的因素很多，不仅与所处理混合物的物性、操作条件、设备结构等诸多因素有关，而且还因为混合物中各个组分实际气、液相状态与其各自平衡状态的偏离程度各不相同，造成每个组分有不同的板效率。因此，准确地计算板效率是一个十分复杂的问题。在模拟计算中，过于繁琐的板效率计算是不可取的，通常采用具有简单形式的 Murphree 板效率。即在相平衡方程的 K 值前乘以一个大于 0 小于 1 的板效率参数，其值的确定一般是根据经验或参考已知的处理物系实际过程的数据。对于填料塔的模拟计算一般是按等板高度或按传质单元数与传质单元高度，将填料分成若干平衡级。然而，多元混合物中每个组分的等板高度或传质单元高度实际上也各不相同。

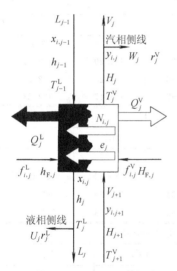

图 6-15 非平衡级模型

1985 年 Krishnamurthy 和 Taylor 提出了模拟多组分分离过程的非平衡级模型[24]。他们不直接使用塔板效率的概念，而是以 Maxwell-Stefan 多组分扩散方程和传热方程相结合表示传质和传热速率，并与物料衡算、能量衡算及组分摩尔分数加和方程一起构成 MERQ 方程。非平衡级模型的特点是：① 对气、液两相分别列出各自的物料和能量衡算式；② 仅在气液相界面上处于相平衡状态；③ 与描述多组分混合物中物料和能量传递的速率方程联立求解。非平衡级模型开辟了多组分多级分离严格计算的新途径。

塔内第 j 个非平衡级如图 6-15 所示，相应的数学模型如下：

(1) 组分物料衡算方程（M 方程）

对于气相

$$M_{i,j}^{V} = (1+r_j^{V})V_{i,j} - V_{i,j-1} - f_{i,j}^{V} + N_{i,j}^{V} = 0 \quad i=1,2,\cdots,c \quad (6\text{-}113)$$

对于液相

$$M_{i,j}^{L} = (1+r_j^{L})l_{i,j} - l_{i,j-1} - f_{i,j}^{L} - N_{i,j}^{L} = 0 \quad i=1,2,\cdots,c \quad (6\text{-}114)$$

两相界面

$$M_{i,j}^I = N_{i,j}^V - N_{i,j}^L = 0 \qquad i=1,2,\cdots c \qquad (6\text{-}115)$$

式中 $r_j^V = W_j/V_j$，$r_j^L = U_j/L_j$；$N_{i,j}^V$ 和 $N_{i,j}^L$ 为组分 i 的传质速率。上标 V、L 和 I 分别表示气相、液相和界面。

（2）能量衡算方程（E 方程）

气相：$E_j^V = (1+r_j^V)V_j H_j - V_{j+1} H_{j+1} + Q_j^V - F_j^V H_{F,j} + \varepsilon_j^V = 0 \qquad (6\text{-}116)$

液相：$E_j^L = (1+r_j^L)L_j h_j - L_{j-1} h_{j-1} + Q_j^L - F_j^L h_{F,j} - \varepsilon_j^L = 0 \qquad (6\text{-}117)$

两相界面：$E_j^I = \varepsilon_j^V - \varepsilon_j^L = 0 \qquad (6\text{-}118)$

（3）传递方程（R 方程）

对于气相

$$R_{i,j}^V = N_{i,j} - N_{i,j}^V(k_{i,k,j}^V a_j, y_{k,j}^I, \overline{y_{k,j}}, \overline{T_j^V}, T_j^I, N_{k,j} \quad k=1,2,\cdots,c)=0$$
$$i=1,2,\cdots,c-1 \qquad (6\text{-}119)$$

对于液相

$$R_{i,j}^L = N_{i,j} - N_{i,j}^L(k_{i,k,j}^L a_j, x_{k,j}^I, \overline{x_{k,j}}, \overline{T_j^L}, T_j^I, N_{k,j} \quad k=1,2,\cdots,c)=0$$
$$i=1,2,\cdots,c-1 \qquad (6\text{-}120)$$

式中 $k_{i,k,j}$ 为 j 非平衡级中 i 和 k 两元传质系数；a_j 为比表面积；符号上面的"—"表示平均值。

（4）界面相平衡方程（Q 方程）

$$Q_{i,j}^I = k_{i,j} x_{i,j}^I - y_{i,j}^I = 0 \qquad (6\text{-}121)$$

$$S_j^V = \sum_{i=1}^{c} y_{i,j}^I - 1 = 0 \qquad (6\text{-}122)$$

$$S_j^L = \sum_{i=1}^{c} x_{i,j}^I - 1 = 0 \qquad (6\text{-}123)$$

通过变量和方程式的合并，一个非平衡级的独立方程数减至 $5c+1$ 个，通过计算得到气液两相中各组分的摩尔流率（$v_{i,j}$ 和 $l_{i,j}$）；相界面上气液两相各 $c-1$ 个浓度（$x_{i,j}^I$ 和 $y_{i,j}^I$）；c 个传质速率（$N_{i,j}$）以及气相主体、相界面和液相主体的温度（T_j^V、T_j^I 和 T_j^L）。

Taylor 等建议应用 Newton-Raphson 法对上述各独立方程联立求解，非平衡级 j 中的独立变量排列为

$$x_j = [v_{1,j}\cdots v_{c,j}, l_{1,j}\cdots l_{c,j}, y_{1,j}^I\cdots y_{c-1,j}^I, N_{1,j}\cdots N_{c,j}, T_j^V, T_j^L, T_j^I]^T$$
$$(6\text{-}124)$$

相应的余差函数排列为

$$f_j = [M_{1,j}^V\cdots M_{c,j}^V, M_{1,j}^L\cdots M_{c,j}^L, R_{1,j}^V\cdots$$
$$R_{c-1,j}^V, R_{1,j}^L\cdots R_{c-1,j}^L, Q_{1,j}\cdots Q_{c,j}, E_j^V, E_j^L, E_j^I]^T \qquad (6\text{-}125)$$

对于求解 MERQ 方程，该法是十分有效的，但其中有些方程是未知变量十分

复杂的非线性函数（如平衡常数 $K_{i,j}$，传质系数 $k_{i,j}$ 等）。一般不容易得到导数的解析式，若采用数值方法则耗时过多，因此常使用拟牛顿法计算近似导数。

非平衡级模型除用于多组分精馏的模拟外，也已应用于共沸精馏、萃取精馏等强非理想物系以及带反应的吸收过程、催化精馏的过程模拟。并且证明了非平衡级模型是模拟分离塔中真实情况的有效方法。然而，这类模型仍然保留了"全混级"假设，因此，还不能真实地反映大型塔板上气、液相流体流动和混合程度的复杂的分布状况。对于较大型的塔，准确性不很高；非平衡级模型虽然不采用板效率，但要预测组分的传质系数、传热系数和比表积等，同样是十分困难的，而且有时也是很不准确的，这一点对于大型塔板尤为突出。所以在使用非平衡级模型时应充分考虑到这些不准确因素可能导致的误差。

本章符号说明

英文字母

A、B、C、D——式（6-12）至式（6-15）定义的物料平衡式参数或子矩阵；

$\tilde{A}$、$\tilde{B}$、$\tilde{C}$、$\tilde{D}$——式（6-43）至式（6-46）定义的热量衡算式参数；

A、B、C——经验气（汽）相焓方程常数；

a、b、c——经验液相焓方程常数；

B——精馏塔釜液流率，kmol/h；

C——混合物中组分数；

D——精馏塔馏出液流率，kmol/h；

E——平衡级上持液量，kmol；

F——进料流率，kmol/h；

G^E——式（6-2）定义的相平衡关系式；

G^H——式（6-5）定义的热量衡算式；

G^M——式（6-1）定义的物料衡算式；

G^{sy}、G^{sx}——分别为式（6-3）和式（6-4）定义的摩尔分数加和式；

g——式（6-63）定义的向量表达式；

H——气（汽）相摩尔焓，kJ/kmol；

h——液相摩尔焓，kJ/kmol；

K——汽液平衡常数；分配系数；

L——精馏和吸收中液相流率；萃取中萃余相流率，kmol/h；

l——组分的液相流率，kmol/h；

N——平衡级数；

p——压力，Pa；

p——式（6-19）定义的参数；

Q——传热速率（热负荷），kJ/h；

Q_R——某板上总的反应放热速率，kJ/h；

q——式（6-20）定义的参数；

R——化学反应引起的物质的增加率，kmol/h；采出因子；

S——提馏因子；

SL、SV——分别为无因次液相和气相侧线采出流率；

T——温度，K；

t——阻尼因子；

U——平衡级液相侧线采出流率，kmol/h；

V——精馏和吸收中气相流率；萃取中　　　F——进料；
　　的萃取相流率，kmol/h；　　　　　　HK——重关键组分；
v——组分的气相流率，kmol/h；　　　　i——特定组分；
W——平衡级气相侧线采出流率，kmol/h；　j——级序号；
w——式(6-62)定义的迭代变量向量；　　L——液相；萃余相；
　　加权函数；　　　　　　　　　　　　LK——轻关键组分；
x——液相(或萃余相)摩尔分数；　　　LNK——轻非关键组分；
y——气(汽)相(或萃余相)摩尔分数；　　N——第 N 级；
z——进料总组成，摩尔分数。　　　　　OP——最适宜位置；

希腊字母　　　　　　　　　　　　　　　R——精馏段；
α——相对挥发度；　　　　　　　　　　r——参考组分；
α、β、γ——式(6-30)至式(6-32)定义的热量　　s——提馏段；
　　衡算式参数；　　　　　　　　　　　V——萃取相；气相；
γ——液相活度系数；　　　　　　　　　W——釜液。
ε——收敛允许误差；　　　　　　　上标
σ——余差的欧氏范数；　　　　　　　′——提馏段；
τ——收敛偏差函数；　　　　　　　　(k)——迭代次数；
ϕ——逸度系数。　　　　　　　　　　L——液相；
下标　　　　　　　　　　　　　　　　r——迭代次数；
b——参考组分；　　　　　　　　　　　V——气相。
D——馏出液；

习　　题

1. 某精馏塔共有三个平衡级，一个全凝器和一个再沸器。用于分离由 60%（mol）的甲醇，20%乙醇和20%正丙醇所组成的饱和液体混合物。在中间一级上进料，进料量为 1 000 kmol/h。此塔的操作压力为 101.3 kPa。馏出液量为 600 kmol/h。回流量为 2 000 kmol/h。饱和液体回流。假定恒摩尔流。用泡点法计算一个迭代循环，直到得出一组新的 T_j 值。

安托尼方程：

甲醇：$\ln p_1^S = 23.480\ 3 - 3\ 626.55/(T - 34.29)$

乙醇：$\ln p_2^S = 23.804\ 7 - 3\ 803.98/(T - 41.68)$

正丙醇：$\ln p_3^S = 22.436\ 7 - 3\ 166.38/(T - 80.15)$

$$(T:K;\quad p^S:Pa)$$

提示：为开始迭代，假定馏出液温度等于甲醇的正常沸点，而塔釜温度等于其他两个醇的正常沸点的算术平均值，其他级温按线性内插。

2. 导出一个类似于式 (4-18) 的方程，但用 $v_{i,j} = y_{i,j}V_j$ 作为变量代替 $x_{i,j}$。

3. 用 Fortran 语言编制三对角线矩阵的托玛斯解法的子程序。

4. 某精馏塔给定下列条件：

进料组成：
组分	流率/(kmol/h)
乙烷	3.0
丙烷	20.0
正丁烷	37.0
正戊烷	35.0
正己烷	5.0

操作压力	1 724 kPa
平衡级数（不包括分凝器和再沸器）	15
进料位置	第 8 级
馏出液流率	23.0 kmol/h
回流液流率	150.0 kmol/h

组分的 K 值和焓值可用状态方程计算（例如 Soave-Redlich-Kwong 方程）。试计算该精馏塔各级的温度、汽液相流率和组成；产品组成；冷凝器及再沸器的热负荷。

5. 除习题 4 的规定以外，在从上向下数第 4 级设中间冷凝器，换热量为 4.652×10^5 kJ/h。在从下向上数第 4 级设中间再沸器，热负荷为 6.978×10^5 kJ/h。试计算馏出液和釜液的组成。

6. 重新计算习题 1。改用 UNIFAC 方程计算 K 值。

7. 某精馏塔的设计变量规定如附图所示。选择 Peng-Robinson 方程计算热力学性质。试计算各产品的组成；塔内各级的温度、汽液流率和组成；冷凝器和再沸器的热负荷。该过程有何特点？为什么需要如此高的回流比？

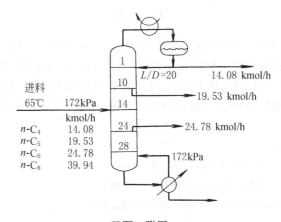

习题 7 附图

8. Naphtali 和 Sandholm 法将 $N(2c+1)$ 个方程按级分组，它不同于三对角矩阵法按方程类型分组的情况。若具体分析三组分、三个平衡级构成的分离塔，问所得到的矩阵结构还仍然是块状三对角矩阵吗？

9. 用 SR 法计算如附图规定的吸收塔的产品流率和组成，级间气、液流率和组成

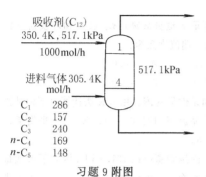

吸收剂(C_{12})
350.4K, 517.1kPa
1000mol/h

进料气体 305.4 K
mol/h

C_1	286
C_2	157
C_3	240
$n\text{-}C_4$	169
$n\text{-}C_5$	148

习题 9 附图

（可作一个循环）。热力学性质见例 4-4。

10. 计算如附图所示的吸收塔的产品流率和组成，各级温度、气液相流率和组成。

11. 计算再沸解吸塔的产品组成；各级温度、气液相流率及组成。已知条件见附图。

12. 醋酸萃取塔操作温度为 38 ℃、操作压力 103 kPa。进料和溶剂流率如附图所示。确定萃取 99.5% 醋酸所需要的平衡级数。

使用 NRTL 方程计算活度系数，NRTL 参数如下：

i	j	$B_{i,j}$	$B_{j,i}$	$\alpha_{i,j}$
1	2	166.36	1 190.1	0.2
1	3	643.30	−702.57	0.2
2	3	−302.63	−1.683	0.2

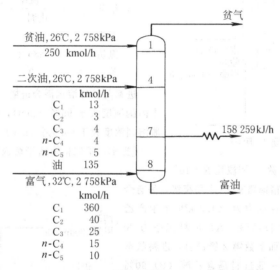

贫气

贫油, 26℃, 2 758kPa
250 kmol/h

二次油, 26℃, 2 758kPa
kmol/h

C_1	13
C_2	3
C_3	4
$n\text{-}C_4$	4
$n\text{-}C_5$	5
油	135

158 259kJ/h

富气, 32℃, 2 758kPa
kmol/h

C_1	360
C_2	40
C_3	25
$n\text{-}C_4$	15
$n\text{-}C_5$	10

富油

习题 10 附图

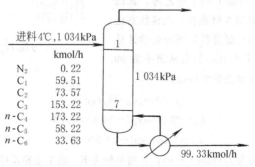

进料 4℃, 1 034kPa
kmol/h

N_2	0.22
C_1	59.51
C_2	73.57
C_3	153.22
$n\text{-}C_4$	173.22
$n\text{-}C_5$	58.22
$n\text{-}C_6$	33.63

1 034kPa

99.33kmol/h

习题 11 附图

1＝醋酸乙酯，2＝水，3＝醋酸。

13. 在 25 ℃下用甲醇（1）作溶剂以液液萃取方法分离环己烷（2）和环戊烷（3）的混合物。此系统的相平衡可用范拉尔方程预测，端值常数为：

$$A_{12}=2.61 \qquad A_{13}=2.147 \qquad A_{23}=0.0$$
$$A_{21}=2.34 \qquad A_{31}=1.730 \qquad A_{32}=0.0$$

已知条件见附图。用 ISR 法计算以下两种工况下的产品流率和组成：（1）$N=2$（平衡级）；（2）$N=5$。

14. 丙酮和氯仿在 101.3 kPa 压力下形成最高均相共沸物，共沸点为 64.43 ℃，共沸组成中含丙酮 37.8%（mol），拟采用萃取精馏进行分离，选择苯为溶剂。已知进料和循环溶剂中各组分的流率如下：

组分	流率/（mol/s）	
	进料	循环溶剂
丙酮	12.0	0.0
氯仿	9.885 8	2.114 2
苯	0.0	75.885 9

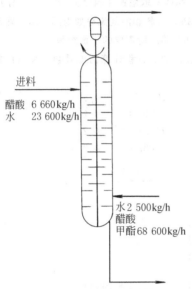

习题 12 附图

进料与循环溶剂混合进塔。要求塔顶馏出液中丙酮纯度大于 99%（mol），塔釜液中氯仿的脱溶剂浓度大于 99.9%（mol），求收敛解。

［提示：萃取精馏塔平衡级数为 65；进料级为 30（自上而下数）；回流比 $R=10$］

15. 某反应精馏塔有 13 个平衡级，另有全凝器和再沸器，在压力为 101.3 kPa 下生产乙酸乙酯（R）。原料乙酸（A）进料流率为 90 kmol/h，在自上而下数第 2 级进料，进料状态为饱和液体。另一股进料是含乙醇（B）90%（mol）和水（S）10%（mol）的工业乙醇，其流率为 100 kmol/h，在第 9 级进料，进料状态也为饱和液体。乙酸和乙醇进料比例按化学计量关系。操作回流比 $R=10$，饱出液流率为 90 kmol/h。酯化反应的动力学方程式：

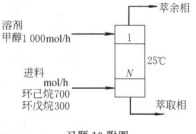

习题 13 附图

$$r=k_1 c_A c_B - k_2 c_R c_S$$
$$k_1=29\,000\exp(-14\,300/RT)$$
$$k_2=7\,380\exp(-14\,300/RT)$$

式中 k_1 和 k_2 的单位为 1/(mol·min)；T 的单位为 K。由于正逆反应的活化能相等，化学平衡常数与温度无关，$K=k_1/k_2=3.93$。假设在每一平衡级上都达到化学平衡。选用

UNIQUAC 方程计算液相活度系数，各二元相互作用参数如下：

二元系的组分 i-j	二元参数	
	$u_{ij}/R/K$	$u_{ji}/R/K$
乙酸-乙醇	268.54	-225.62
乙酸-水	398.51	-255.84
乙酸-乙酸乙酯	-112.33	219.41
乙醇-水	-126.91	467.04
乙醇-乙酸乙酯	-173.91	500.68
水-乙酸乙酯	-36.18	638.60

应考虑乙酸的汽相缔合，在每一级上要核实是否有两液相生成。计算馏出液和釜液组成；塔内液相组成的分布。

（提示：使用附录中 SC 程序，但必须针对该反应增添描述反应平衡的子程序。另外可用 ASPEN plus 中的 RADFRAC 模型计算。）

16. 以甲醇（MeOH）和异丁烯（IB）-正丁烯（NB）馏分为原料，通过催化精馏生成甲基叔丁基醚（MTBE）。所考虑反应为

$$IB + MeOH \rightleftharpoons MTBE$$

NB 为惰性物质。计算中要考虑反应动力学，但假设每一板均达到汽液平衡。精馏塔具有全凝器、再沸器和 15 块理论板。操作压力为 11×10^5 Pa。板序号从上向下数，全凝器为 1 号板。混合 C_4 烯烃进料：IB 195.44 mol/s，NB 353.56 mol/s，以气相进入第 11 板，进料温度为 350 K，压力同塔顶。甲醇进料流率 215.5 mol/s，液相进至第 10 号板，进料温度 320 K。回流比 $R = 7$。塔釜出料流率 197 mol/s。催化剂装于第 4~11 块板（共 8 块板），每板 204.1 kg 强酸性阳离子交换树脂催化剂，其交换当量为 4.9 eq/kg 催化剂，每板为 1 000 个当量，8 块板总当量为 8 000。计算产品组成和塔内浓度、温度分布。

使用 ASPEN plus 中的 RADFRAC 模型计算。正、逆反应速度分别为

$$r_{正} = 3.67 \times 10^{12} \exp(-92\,440/RT) x_{IB} / x_{MeOH}$$

$$r_{逆} = 2.67 \times 10^{17} \exp(-134\,454/RT) x_{MTBE} / x_{MeOH}^2$$

式中 r 的单位为 mol/eq（酸）· s；x 均为液相摩尔分数；$R = 8.314$ J/mol · K；T 为 K。Redlich-Kwong 方程用于计算汽相逸度；UNIQUAC 方程计算液相活度系数。UNIQUAC 二元交互作用参数如下：

二元组分 i, j	二元参数	
	$b_{i,j}/K$	$b_{j,i}/K$
MeOH-IB	35.38	-706.34
MeOH-MTBE	88.04	-468.76
IB-MTBE	-52.2	24.63
MeOH-NB	35.38	-706.34
NB-MTBE	-52.2	24.63

参数定义 $\quad \tau_{i,j} = \exp\left(-\dfrac{u_{i,j} - u_{j,i}}{RT}\right) = \exp\left(a_{i,j} + \dfrac{b_{i,j}}{T}\right)$

注意：对反应为惰性组分的 NB，在汽液平衡计算中不能忽略，假设 NB 与 IB 有相同的

参数，两个丁烯形成理想溶液。

初值选择：顶温 350 K（1 号板）；釜温 420 K（17 号板）

离开 17 板液相组成 MeOH 0.05；MTBE 0.95（摩尔分数）

离开 17 板汽相组成 MeOH 0.125；MTBE 0.875（摩尔分数）

参 考 文 献

1 King C J. Separation Processes. 2nd ed. New York：McGraw-Hill，1980. 449～455

2 Holland C D. Multicomponent distillation. Englewood Cliffs，N J：Prentice-Hall，1963

3 Amundson N R，Pontinen A J. *Ind*. *Eng*. *Chem*. ，1958，**50**：730

4 Friday J R，Smith B D. *AIChE J*. ，1964，**10**：698

5 Naphthali L M，Sandholm D P. *AIChE J*. ，1971，**17**：148

6 Rose A，Sweeny R F，Schrodt V N. *Ind*. *Eng*. *Chem*. ，1958，**50**：737

7 *Ketchum* R G. *Chem*. *Eng*. *Sci*. ，1979，**34**：387

8 陈洪钫，刘家祺. 化工分离过程. 北京：化学工业出版社，1995. 120～146

9 Henley E J，Seader J D. Equilibrium-Stage Separation Operations in Chemical Engineering. New York：John Wiley & Sons，1981. 556～593，594～613

10 Seader J D，Henley E J. Separation Process Principles. New York：John Wiley & Sons，1998

11 时钧，汪家鼎，余国琮，陈敏恒（主编）. 化学工程手册. 第二版·上卷. 北京：化学工业出版社，1996. (13－67)～(13－73)，(13－73)～(13－77)

12 Wang J C，Henke G E. *Hydrocarbon Processing*，1966，**45**(8)：55

13 Boston J F，Sullivan J. *Can*. *J*. *Chem*. *Eng*. ，1972，**50**：663

14 Burningham D W，Otto F D. *Hydrocarbon Drocessing*，1967，**46**(10)：163

15 Tsuboka T，Katayama T. *J*. *Chem*. *Eng*. *Japan*，1976，**9**：40

16 Goldstein R P. Standfild R B. *Ind*. *Eng*. *Chem*. *Process Des*. *Dev*. ，1970，**9**：78

17 许锡恩，陈洪钫. 化工学报. 1987，(2)：165～175

18 Carra S，Santacesaria E，Morbidelli M. *Chem*. *Eng*. *Sci*. ，1979，**34**：1123

19 Reid R C，Prausnitz J M，Sherwood T K. The Properties of Gases and Liquids. New York：McGraw-Hill，1977

20 Weast R C(Ed). CRC Handbook of Chemistry and Physics. Vol. 60. Boca Raton，1979

21 Boston J F，Sullivan S L. *Jr*. *Can*. *J*. *Chem*. *Engr*. ，1974，**52**：52～63

22 Russell R A. *Chem*. *Eng*. ，1983，**90**(20)：53～59

23 Jelinek J. *Comput*. *Chem*. *Eng*. ，1988，**12**：195～198

24 Krishnamurthy R，Taylor R. *AIChE J*. ，1985，**31**：449

7. 吸　　附

吸附又称吸着操作。在该过程中，流动相中的溶质选择性地吸着于不溶性固体吸着剂颗粒上。

在吸附过程，气体或液体中的分子、原子或离子传递到吸附剂固体的外和内表面，依靠键或微弱的分子间力吸着于固体上。解吸是吸附的逆过程。

7.1　概　　述

7.1.1　吸　附　过　程

气体或液体分子有吸着于固体物质表面的趋势，通常形成单分子层，有时形成多分子层，这种现象称为吸附。被吸着的物质为吸附质，具有多孔表面的固体为吸附剂。

通常，吸附分离过程包括吸附和解吸（或再生）两部分。解吸（或再生）的目的是回收被吸附的有用物质作为产品或使吸附剂恢复原状重复吸附操作，或两者兼而有之。所以选择性吸附继而再生是分离气体或液体混合物的基础。

在大多数情况下，吸附剂对吸附质的亲和力比原子之间的共价键要弱，因而吸附是可逆的，随温度的升高或被吸附质分压的降低，吸附质会解吸。很多种吸附剂/吸附质的亲和力可用于选择性分离，如图 7-1 所示，吸附

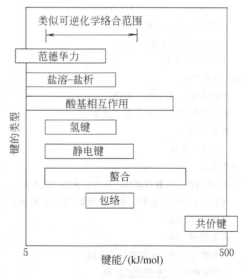

图 7-1　吸附的键能

过程有一个适宜的键强度范围[1]。如果键强度太弱，则几乎没有什么物质被吸附；反之，键太强则解吸困难。

由吸附质与吸附剂分子间化学键的作用所引起的吸附称为化学吸附，其放出的热量与化学反应热的数量级相当，过程往往是不可逆的，如加氢催化

中镍催化剂对氢的吸附，固体脱硫剂脱除原料气中的微量硫化物等。本章内容将不论及化学吸附。

吸附过程在工业上应用广泛，表 7-1 列举了工业吸附分离应用实例。

表 7-1　工业吸附分离过程实例

吸 附 过 程	吸 附 剂
气体主体分离	
正构链烷烃/异构链烷烃，芳烃	分子筛
N_2/O_2	分子筛
O_2/N_2	碳分子筛
CO，CH_4，CO_2，N_2，Ar，NH_3/H_2	分子筛、活性炭
烃/排放气	活性炭
H_2O/乙醇	分子筛
色谱分析分离	无机和高聚物吸附剂
气体净化	
H_2O/含烯烃的裂解气、天然气、合成气、空气等	硅胶、活性氧化铝、分子筛
CO_2/C_2H_4、天然气等	分子筛
烃、卤代物、溶剂/排放气	活性炭、其他吸附剂
硫化物/天然气、H_2、液化石油气等	分子筛
SO_2/排放气	分子筛
汞蒸气/氯碱槽排放气	分子筛
室内空气中易挥发有机物	活性炭、Silicalite
异味气体/空气	Silicalite 等
液体主体分离	
正构链烷/异构链烷、芳烃	分子筛
对二甲苯/间二甲苯、邻二甲苯	分子筛
果糖/葡萄糖	分子筛
色谱分析分离	无机和高聚物，亲和吸附剂
液体净化	
水/有机物、含氧有机物、有机卤化物（脱水）	硅胶、活性氧化铝、分子筛
有机物、含氧有机物、有机卤化物/水（水的净化）	活性炭
异味物/饮用水	活性炭
硫化物/有机物	分子筛、其他吸附剂
石油馏分、糖浆和植物油等的脱色	活性炭
各种发酵产物/发酵罐流出液	活性炭、亲和吸附剂
人体中的药物解毒	活性炭

7.1.2　吸　附　剂[1,2]

吸附剂的种类很多，工业上常用的吸附剂可分为四大类：活性炭、沸石分子筛、硅胶和活性氧化铝。

吸附剂的主要特征是多孔结构和具有很大的比表面。工业上最常用的吸附剂的比表面约 $300 \sim 1\,200$ m²/g。吸附剂的关键性质是选择吸附性能。根据吸附剂表面的选择性，可分为亲水与疏水两类。吸附剂的性能不仅取决于其化学组成，而且与制造方法有关。

1. 活性炭

活性炭是碳质吸附剂的总称。几乎所有的有机物都可作为制造活性炭的原料，如各种品质的煤、重质石油馏分、木材、果壳等。将原料在隔绝空气的条件下加热至 600 ℃ 左右，使其热分解，得到的残炭再在 800 ℃ 以上高温下与空气、水蒸气或二氧化碳反应使其烧蚀，便生成多孔的活性炭。

活性炭具有非极性表面，为疏水和亲有机物的吸附剂。它具有性能稳定、抗腐蚀、吸附容量大和解吸容易等优点。经过多次循环操作，仍可保持原有的吸附性能。活性炭用于回收气体中的有机物质，脱除废水中的有机物，脱除水溶液中的色素等。活性炭可制成粉末状、球状、圆柱形或碳纤维等。活性炭的典型性质如表 7-2 所示。

表 7-2　活性炭吸附剂的性质

物理性质	液相吸附用		气相吸附用粒状煤
	木材基	煤基	
CCl₄ 活性/%	40	50	60
碘值	700	950	1 000
堆积密度/（kg/m³）	250	500	500
灰分/%	7	8	8

炭分子筛（CMS）已经商业化。与活性炭相比，它有很窄的孔径分布。基于不同组分在该吸收剂上具有不同的内扩散速率，即使 CMS 对这些物质基本上没有选择性，仍能进行有效地分离。例如 CMS 能有效地分离空气、回收 N_2。

2. 沸石分子筛

沸石分子筛一般是用 $M_{x/m}[(AlO_2)_x(SiO_2)_y] \cdot ZH_2O$ 表示的含水硅酸盐，其中 M 为ⅠA 和ⅡA 族金属元素，多数为钠与钙，m 表示金属离子的价数。沸石分子筛具有 Al-Si 晶形结构，典型的几何形状如图 7-2 所示。可以看出，沸石分子筛由高度规则的笼和孔构成。每一种分子筛都有特定的均一孔径，根据其原料配比、组成和制造方法不同，可以制成各种孔径和形状的分子筛。某些工业分子筛产品及物理性质见表 7-3。

表 7-3　工业分子筛产品

沸石类型	牌号	阳离子	孔径/nm	堆积密度/(kg/m³)
A	3A	K	0.3	670～740
	4A	Na	0.4	660～720
	5A	Ca	0.5	670～720
X	13X	Na	0.8	610～710
丝光沸石	AW-300	Na⁺混合		
小孔	Zeolon-300	阳离子	0.3～0.4	720～800
菱沸石	AW-300	混合阳离子	0.4～0.5	640～720

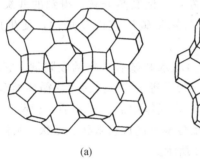 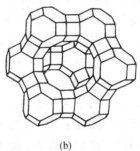

(a)　　　　　　　　(b)

图 7-2　两种常用沸石的结构

　　向制造分子筛的原料溶液中加入其他阳离子，例如钠、钾、锂和钙，以利于最终吸附剂产品呈电中性，在后续操作中，这些阳离子也可被另外的阳离子所交换，新的阳离子使分子筛修饰改性。

　　沸石分子筛是强极性吸附剂，对极性分子如 H_2O、CO_2、H_2S 和其他类似物质有很强的亲和力，而与有机物的亲和力较弱。在对有机物之间的分离中，极性的大小是关键因素。根据分子筛微孔尺寸大小一致的特点，当微孔尺寸比某些物质的分子大而比其他物质分子小时，分子筛的筛分性能即起作用。从图 7-3 可看出，不同分子筛的微孔直径和吸附分子大小的范围。例如 LiA 分子筛（也称 3A 分子筛）可用于脱除空气中的水分，因水分子能进入沸石微孔，而 O_2 和 N_2 则不能。

　　有一种特殊的新型分子筛，几乎全部由 SiO_2 组成，实际上没有 Al 或其他阳离子。该分子筛吸附孔径大约为 6 · （0.6 nm），孔隙率33%，其吸附特性见表 7-4。这类分子筛是疏水的，故称为疏水沸石，它们的分离特性更类似于活性炭。虽然它的价格比活性炭贵，但它有很高的热稳定性，其再生温度比活性炭高得多。当吸附剂表面被聚合物或其他难脱除物质所覆盖成为关键问题时，这一性质显得特别重要。此外，它还能在高温的气相中操作。

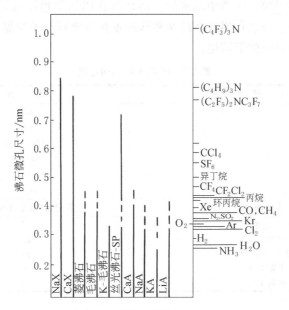

图 7-3　沸石微孔尺寸和分子大小的比较

表 7-4　Si 分子筛吸附特性（室温下）

吸　附　质	动态直径/·①	吸附分子数/单位晶格
H_2O	2.65	15.1
CH_3OH	3.8	38.0
正丁烷	4.3	27.6
正己烷	4.3	10.9
苯	5.85	8.7
季戊烷	6.2	1.4

① 1 · $=10^{-10}$ m（或$=0.1$ nm）。

3. 硅胶

硅胶的化学式是 $SiO_2 \cdot nH_2O$。用 Na_2SiO_3 与无机酸反应生成 H_2SiO_3，其水合物在适宜的条件下聚合、缩合而成为硅氧四面体的多聚物，经聚集、洗盐、脱水成为硅胶。在制造过程中控制胶团的尺寸和堆积的配位数，可以控制硅胶的孔容、孔径和表面积。

硅胶处于高亲水和高疏水性质的中间状态，常用于各种气体的脱水，也可用于烃类的分离。典型的物理性质如表 7-5 所示。

4. 活性氧化铝

活性氧化铝的化学式是 $Al_2O_3 \cdot nH_2O$。用无机酸的铝盐与碱反应生成氢氧化铝的溶胶，然后转变为凝胶，经灼烧脱水即成活性氧化铝。活性氧化铝表面的活性中心是羟基和路易斯酸中心，极性强，对水有很高的亲和作用，广泛应用于脱除气体中的水分。活性氧化铝的物理性质见表7-6。与硅胶相似，水分子与氧化铝表面的亲和作用不像与沸石分子筛那样强，所以氧化铝可在适中的温度下再生。

表7-5 硅胶吸附剂的性质

物理性质	指标
表面积/(m^2/g)	830
密度/(kg/m^3)	720
再生温度/℃	130～280
孔隙度/%	50～55
孔径/nm	1～40
孔容积/(cm^3/g)	0.42
吸附性质	**吸附量(质量分数)/%**
0.613 kPa,25 ℃吸附水	11
2.33 kPa,25 ℃吸附水	35
13.3 kPa,−183 ℃吸附 O_2	22
33.3 kPa,25 ℃吸附 CO_2	3
33.3 kPa,25 ℃吸附 n-C_4	17

表7-6 活性氧化铝吸附剂的性质

物理性质	指标
表面积/(m^2/g)	320
密　度/(kg/m^3)	800
再生温度/℃	150～315
孔隙度/%	50
孔　径/nm	1～7.5
孔容积/(cm^3/g)	0.40
吸附性质	**吸附量(质量分数)/%**
0.613 kPa,25 ℃下吸附水	7
2.33 kPa,25 ℃下吸附水	16
33.3 kPa,25 ℃下吸附 CO_2	2

图7-4比较了几种吸附剂的脱水性能。活性氧化铝的吸附容量在水蒸气分压高的范围内是较高的，而沸石分子筛在低水蒸气分压下具有较高的吸附容量。如果要求水蒸气的脱除程度高，应选择分子筛吸附剂，而如果吸附容量更重要些，则选择活性氧化铝吸附剂。也可以采用混合吸附剂或两种吸附剂串联操作，例如首先用氧化铝进行原料中大部分水的脱除，之后用分子筛进行深度干燥。

活化条件

分子筛：350 ℃，<1.3 Pa

活性氧化铝：350 ℃，<1.3 Pa

硅胶：175 ℃，<1.3 Pa

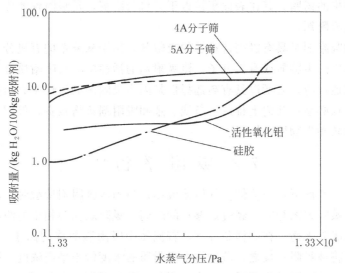

图 7-4　各种吸附剂吸附水的比较

5. 其他吸附剂

近年来 ICI Katalco 公司推出"不可逆"吸附剂或称高反应性能吸附剂。该类吸附剂能在气相或液相中与多种组分进行激烈的化学反应。例如,烃类中的硫化氢实际上可完全脱除掉。由于吸附质和吸附剂进行的是不可逆反应,因此不可能在使用现场再生,须返回生产厂家处理。显然,这类吸附剂仅仅适用于除去微量组分,例如百万分之几的含量。吸附负荷过高,吸附剂更换过于频繁在经济上是不合理的。不可逆吸附剂的应用如表 7-7 所示。

表 7-7　各种不可逆吸附剂脱除杂质一览表

含硫化合物:H_2S,COS,SO_2,有机硫化物	含氮化合物:NO_x,HCN,NH_3,有机氮化物
卤化物:HF,HCl,Cl_2,有机氯	不饱和烃类:烯烃,二烯烃,乙炔
有机金属化合物:AsH_3,$As(CH_3)_3$	供氧体:O_2,H_2O,甲醇,羰基化合物,有机酸
汞和汞化物,金属羰基物	H_2,CO,CO_2

生物吸着剂是另一类反应吸附剂。它首先吸着诸如有机分子等物质,然后将它们氧化成 CO_2、H_2O,若原始分子中除 C、H 和 O 外尚有其他原子则也氧化成另外物质。实际上,在处理城市和工业废水的生化处理池中,生物质就可认为是生物吸着剂。这些生物质也能固定于多孔或高比表面的支撑体上,例如木质或小球,然后用做反应吸附剂处理含有机物质的气体。

吸附树脂也是一类令人关注的吸附剂。用于从废气中脱除有机物质,例如从空气流中脱除丙酮。这些树脂通常是苯乙烯-二乙烯苯的共聚物,并可引入其他官能团赋于树脂某些吸附特性,在这方面类似于离子交换树脂。大孔网状结构的树脂，其比表面积接近于无机吸附剂，是吸附性能优良的高分子聚合物吸附剂。

亲和吸附剂是具有极高选择性的吸附剂，用于从复杂的有机分子混合物中回收特殊的生物质或有机分子。该吸附剂的活性中心与吸附质分子几个中心进行可逆反应。之所以具有高选择性是因为吸附剂的活性中心与被吸附分子的活性点必须在几何上排成一条线。亲和吸附剂价格很贵，仅用于回收极昂贵的医药和生物质的情况。

7.2 吸 附 平 衡[3,4]

在一定条件下，当流体（气体或液体）与固体吸附剂接触时，流体中的吸附质将被吸附剂吸附，经过足够长的时间，吸附质在两相中的浓度不再变化，称为吸附平衡。在同样条件下，若流体中吸附质的浓度高于平衡浓度，则吸附质将被吸附；反之，若流体中吸附质的浓度低于平衡浓度，则已吸附在吸附剂上的吸附质将解吸，最终达到新的吸附平衡。由此可见，吸附平衡关系决定了吸附过程的方向和极限，是吸附过程的基本依据。

吸附平衡关系通常用等温下吸附剂中吸附质的含量与流体相中吸附质的浓度或分压间的关系表示，称为吸附等温线。下面按气体吸附平衡和液体吸附平衡分别论述。

7.2.1 气体吸附平衡

一、单组分气体吸附平衡

Brunauer 等人将纯气体实验的物理吸附等温线分为五类，如图 7-5 所示。

Ⅰ类吸附等温线是最简单的，它相应于单分子层吸附，常适用于处于临界温度以上的气体。Ⅱ类等温线较复杂些，它与多分子层吸附相关，气体的温度低于其临界温度，压力较低，但接近于饱和蒸汽压。第一吸附层的吸附热大于后继吸附层的吸附热。后者等于冷凝热。Ⅰ、Ⅱ两类吸附等温线显示出强吸附性能，是人们所希望的。

Ⅲ类等温线在压力较低的初始阶段，曲线下凹，吸附量低，只有在高压下才变得容易吸附，这种情况相应于多层吸附，第一吸附层的吸附热比后继吸附层低。好在这类等温线是少见的，例如碘蒸气在硅胶上吸附属这种类型。

Brunauer 提出，微孔尺寸可限制吸附的层数，并且由于发生毛细管冷凝现象，在达到饱和蒸汽压之前显示出很大的吸附程度。图 7-5 中的Ⅳ类和Ⅴ类分别是Ⅱ类和Ⅲ类因毛细管冷凝现象而演变出来的吸附等温线。

从图 7-5 可看出，Ⅳ、Ⅴ两类等温线在多层分子吸附区域出现滞后现象。滞后圈的上行吸附的分支表示多层吸附和毛细管冷凝同时发生。而在曲

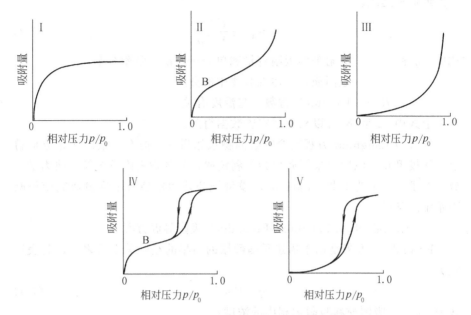

图 7-5 Brunauer 的五种类型吸附等温线

线的下行解吸分支，则仅有毛细管冷凝现象。当系统中存在着强吸附性杂质时，整个等温线也会出现滞后现象。

不同类型的吸附等温线反映了吸附剂吸着过程的不同机理，因此提出了多种吸附理论和表达吸附平衡关系的吸附等温式。然而对实际固体吸附剂，由于复杂的表面和孔结构，很难符合理论的吸附平衡关系，因此还提出很多经验的、实用的方程。本节主要介绍这类方程。

1. 亨利定律

在固体表面上的吸附层从热力学意义上被认为是性质不同的相，它与气相之间的平衡应遵循一般的热力学定律。在足够低的浓度范围，平衡关系可用亨利定律表述。

$$q = K'p \quad 或 \quad q = Kc \tag{7-1}$$

式中 K 或 K' 为亨利系数。显然，亨利系数是吸附平衡常数，与温度的依赖关系用 Vant Hoff 方程表示：

$$K' = K_0' e^{-\Delta H/RT}, K = K_0 e^{-\Delta U/RT} \tag{7-2}$$

式中 $\Delta H = \Delta U - RT$，是吸附的熵变。由于吸附放热，ΔH 和 ΔU 均为负值，所以亨利系数随温度的增高而降低。

2. Langmuir 吸附等温方程

Langmuir 基于他提出的单分子层吸附理论对气体推导出简单和广泛应

用的近似表达式。

$$q = q_m \frac{Kp}{1+Kp} \tag{7-3}$$

式中　q 和 q_m——吸附剂的吸附容量和单分子层最大吸附容量；

　　　p——吸附质在气体混合物中的分压；

　　　K——Langmuir 常数，与温度有关。

上式中 q_m 和 K 可以从关联实验数据得到。

尽管与 Langmuir 方程完全吻合的物系相当少，但有大量的物系近似符合。该模型在低浓度范围就简化为亨利定律，使物理吸附系统符合热力学一致性要求。正因为如此，Langmuir 模型被公认为定性或半定量研究变压吸附系统的基础。

3. Freundlich 和 Langmuir-Freundlich 吸附等温方程

Freundlich 方程是用于描述平衡数据的最早的经验关系式之一，其表达式为：

$$q = Kp^{1/n} \tag{7-4}$$

式中　q——吸附质在吸附剂相中的浓度；

　　　p——吸附质在流体相中的分压；

　　K，n——特征常数，与温度有关。

n 值一般大于 1，n 值越大，其吸附等温线与线性偏离越大，变成非线性等温线。吸附质的相对吸附量（q/q_0）对相对压力（p/p_0）作图，如图 7-6 所示。p_0 为参考压力，q_0 为该压力下吸附质在吸附相中的浓度。

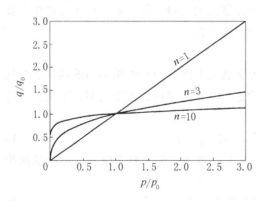

图 7-6　Freundlich 等温线

由图 7-6 可见，当 $n > 10$，吸附等温线几乎变成矩形，是不可逆吸附等温线。

Freundlich 方程不但适用于气体吸附，更适用于液体吸附。就气体吸附而言，压力范围不能太宽，在低压下不能简化成亨利定律，压力足够高时又无确定的使用极限，通常适于描述窄范围的吸附数据。大范围的数据也可分段关联。

Freundlich 方程能从似乎合理的理论依据推导出来，其根据是在表面吸附活性中心中亲和力的分配，但最好还是把它视为经验式。为了提高经验关系的适应性，有时将 Langmuir 和 Freundlich 方程结合起来，称为 Langmuir-Freundlich 方程：

$$\frac{q}{q_s}=\frac{Kp^{1/n}}{1+Kp^{1/n}} \tag{7-5}$$

该式包含三个常数 K、q_s 和 n。应该指出，该式纯属经验关系，无坚实的理论基础。

Freundlich 方程参数可由实测平衡数据，对下式进行数据拟合或图解法求得：

$$\log q=\log K+\frac{1}{n}\log p \tag{7-6}$$

所得直线的斜率是 $1/n$，截距是 $\log K$。

Freundlich 方程参数 K 和 n 依赖于平衡温度，而这种依赖关系是很复杂的。简单的处理方法是用不同温度的实测数据分别回归。

4. Toch 方程

前述 Freundlich 方程不适用于压力范围的低压端和高压端；Langmuir-Freundlich 方程不适用于低压端，两者都没有亨利定律的性质。而 Toch 方程是普遍适用的经验方程，在两个压力极限都能得到满意的结果。公式如下：

$$q=q_s\frac{Kp}{[1+(Kp)^t]^{1/t}} \tag{7-7}$$

式中参数 t 通常小于 1。t 和 K 值是特定吸附质-吸附剂系统的特性参数。当 $t=1$ 时该方程简化为 Langmuir 方程。

5. Unilan 方程

Unilan 是另一个经验方程，假设固体表面上每一小区是理想的，在小区内局部 Langmuir 等温线是适用的，为三参数方程：

$$q=\frac{q_s}{2s}\ln\left(\frac{1+Ke^sp}{1+Ke^{-s}p}\right) \tag{7-8}$$

Toch 和 Unilan 方程描述烃类、CO_2 在活性炭和沸石上的吸附数据效果很好。

除此之外还有一些经验等温线方程：Keller 方程、DR 方程、Jovanovich 方程和 Temkin 方程。详细情况参阅文献。

【例 7-1】 纯甲烷气体在活性炭上的吸附平衡实验数据如下：

吸附温度 296 K

$q/[cm^3(STP)CH_4/g$ 活性炭]	45.5	91.5	113	121	125	126	126
$p=p_{CH_4}/kPa$	275.8	1 137.6	2 413.2	3 757.6	5 240.0	6 274.2	6 687.9

拟合数据为：（a）Freundlich 方程；（b）Langmuir 方程。哪个方程拟合更

304

好些？

解：将等温方程线性化，使用线性方程回归方法得到常数。

（a）拟合式（7-6）得到 $K=8.979$，$n=3.225$，故 Freundlich 方程为

$$q=8.979p^{0.3101}$$

（b）由式（7-3）导出线性公式

$$\frac{p}{q}=\frac{1}{q_mK}+\frac{p}{q_m}$$

拟合该式得到 $1/q_m=0.007\ 301$，$1/q_mK=3.917$。

故 $q_m=137.0$，$K=0.001\ 864$。

Langmuir 方程为

$$q=\frac{0.255\ 3\ p}{1+0.001\ 864p}$$

两个等温线预测的 q 值如下：

p/kPa	$q/[cm^3 \text{ (STP) } CH_4/g$ 活性炭$]$		
	实验值	Freundlich	Langmuir
276	45.5	51.3	46.5
1 138	91.5	79.6	93.1
2 413	113	101	112
3 758	121	115	120
5 240	125	128	124
6 274	126	135	126
6 688	126	138	127

从表中数据可看出，Langmuir 方程比 Freundlich 方程拟合结果好得多。平均偏差为 1.0% 和 8.64%，其原因是 Langmuir 方程在高压下 q 趋于渐近值，与实测数据类型相吻合。

二、气体混合物吸附平衡

工业吸附一般用于分离多组分物系。如果气体混合物中只有一个吸附质 A，其他组分的吸附都可忽略不计，则仍使用单组分吸附平衡关系估算吸附质 A 的吸附量，只是用 A 的分压 p_A 代替 p。如果混合物中两个或多个组分都有相当的吸附量，情况就很复杂。实验数据表明，一个组分的吸附可增加、降低或不影响另外组分的吸附，这取决于被吸附分子的相互作用。

假设各组分互不影响，则可将 Langmuir 方程扩展用于含 n 个组分的混合物，每个组分的吸附量为：

$$q_i=q_{m,i}\frac{K_ip_i}{1+\sum_{j=1}^{n}K_jp_j} \tag{7-9}$$

式中 $q_{m,i}$、K_i 都是纯组分吸附时的对应值，p_i 为气相中组分 i 的分压。

总吸附量为各组分吸附量之和。

用相似的方法将 Freundlich 方程与 Langmuir 方程相结合，得到适用于气体混合物的如下关系：

$$q_i = \frac{q_{s,i} K_i p_i^{1/n_i}}{1 + \sum\limits_j K_j p_j^{1/n_j}} \tag{7-10}$$

式中 $q_{s,i}$ 为最大吸附量，不同于单分子层的 $q_{m,i}$。式（7-10）能够相当好地表示非极性多组分混合物在分子筛上的吸附数据。

【例 7-2】 CH$_4$（A）和 CO（B）在 294 K 的 Langmuir 常数如下：

气　体	q_m/[cm^3(STP)/g]	K/kPa^{-1}
CH$_4$	133.4	0.001 987
CO	126.1	0.000 905

用扩展 Langmuir 方程预测 CH$_4$ 和 CO 气体混合物的比吸附体积（STP）。已知吸附温度 294 K；总压 2 512 kPa；组成：CH$_4$ 69.6%（mol），CO：30.4%（mol）。计算结果与下列实验数据进行比较。

总吸附量/[cm^3(STP)/g]	114.1
吸附质的 mol 分数：	
CH$_4$	0.867
CO	0.133

解： $p_A = y_A p = 0.696 \ (2\ 512) = 1\ 748$ kPa

$p_B = y_B p = 0.304 \ (2\ 512) = 763.6$ kPa

由式（7-9）

$$q_A = \frac{133.4(0.001\ 987)(1\ 748)}{1 + (0.001\ 987)(1\ 748) + (0.000\ 905)(763.6)} = 89.7 \text{ cm}^3\text{(STP)/g}$$

同理　　　　　　　　　$q_B = 16.9$ cm^3(STP)/g

总吸附量　　　　　$q = q_A + q_B = 106.6$ cm^3 (STP) /g

比实验值低 6.6%。计算吸附相组成：$x_A = 0.841$ 和 $x_B = 0.159$。偏离实验值 0.026（摩尔分数）。说明扩展 Langmuir 方程对该物系有相当好的预测结果。

7.2.2　液相吸附平衡

液相吸附的机理比气相复杂，除温度和溶质浓度外，吸附剂对溶剂和溶质的吸附、溶质的溶解度和离子化、各种溶质之间的相互作用以及共吸附现象等都会对吸附产生不同程度的影响。

一、液相吸附等温线的分类

Giles 研究了一批有机溶剂组成的溶液，按吸附等温线离原点最近一段曲线的斜率变化，可将液相吸附等温线分成四类，如图 7-7 所示。

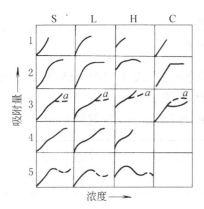

图 7-7　液相吸附等温线的分类

（a）S 曲线：被吸附分子垂直于吸附剂表面，吸附曲线离开原点的一段向浓度坐标轴方向凸出。

（b）L 曲线：为 Langmuir 吸附等温线，被吸附的分子在吸附剂表面上构成平面，有时在被吸附的离子之间有特别强的作用力。

（c）H 曲线：高亲和力吸附等温线，该曲线最初离开原点后向吸附量坐标轴方向高度凸出，低亲和力的离子为高亲和力的离子所交换。

（d）C 曲线：吸附量和溶液浓度之间成线性关系，被吸附物质在溶液和吸附剂表面之间有一定的分配系数。

上述吸附等温线形状的变化与吸附层分子和溶液中分子的相互作用有关。如果溶质形成单层吸附，它对溶液中溶质分子的引力较弱，则曲线有一段较长的平坡线段。如果吸附层对溶液中溶质分子有强烈的吸引力，则曲线陡升。图中 H_2、L_3、S_1、L_4 和 S_2 这五种曲线与 Brunauer 气相吸附等温线相当。

液相吸附的机理比较复杂，经过对大量有机化合物的吸附性能的研究，以活性炭对有机化合物水溶液的吸附特性为例，可归纳出以下规律：（a）同族的有机化合物，分子量越大，吸附量越大；（b）对于分子量相同的有机化合物，芳香族化合物比脂肪族化合物容易吸附；（c）直链化合物比侧链化合物容易吸附；（d）溶解度越小，疏水性越强，越容易吸附；（e）被其他基团置换的位置不同的异构体，吸附性能也不相同。当使用硅胶为吸附剂时，硅胶呈极性，此时吸附剂对非极性溶剂所形成溶液的吸附性能与用活性炭为吸附剂的情况相反。

二、吸附等温方程

Langmuir 方程和 Freundlich 方程除用于单组分气体吸附平衡外，对于低浓度溶液的吸附也适用。当用于液体时，压力 p 用浓度 c 代替。该两方程在工业上广为使用。例如，有机物或水溶液的脱色，环保中生化处理后污水中总有机炭的脱除，其吸附平衡关系常用 Langmuir 方程和 Freundlich 方程表示。式中特征常数由拟合实测吸附数据得到。对于含有两种或多种溶质的稀溶液，可用扩展的 Langmuir 方程（7-9）估计多组分吸附，注意应将压力换成浓度，式中常数可从单个溶质的实验数据得到。如果认为溶质和溶剂有相互作用，则必须由多组分数据确定常数。扩展的 Langmuir-Freundlich 方程在指定的条件下也可用于液体混合物吸附平衡的预测。

三、表观吸附量

当使用多孔吸附剂吸附纯气体时，气体的吸附量由总压的降低确定。但对于液体吸附，压力没有变化，所以无简单的实验方法测定纯液体的吸附量。如果液体是均相二元混合物，则按习惯，称组分 1 为溶质，组分 2 为溶剂。然后假设与多孔固体接触的液相主体浓度的变化完全是由于溶质吸附的结果，即认为溶剂不吸附。当然，若液体混合物是溶质的稀溶液，那么溶剂吸附与否无关紧要。如果实验数据是从全浓度范围得到的，那么溶质和溶剂之间不同的差异将导致吸附等温线显现出怪异的形状，这是纯气体或气体混合物吸附中不曾有的。为了表示溶质的吸附量，提出表观吸附量的概念

$$q_1^e = \frac{n^\circ(x_1^0 - x_1)}{m} \tag{7-11}$$

式中　q_1^e——表观吸附量，即单位质量吸附剂所吸附溶质的量，mol；

　　　n°——与吸附剂接触的二元溶液总量，mol；

　　　m——吸附剂质量；

　　　x_1^0——与吸附剂接触前液体中溶质的摩尔分数；

　　　x_1——达到吸附平衡后液相主体中溶质的摩尔分数。

该式由溶质的物料衡算式得到，并假设溶剂不被吸附，忽略液体混合物总摩尔数的变化。

如果将恒温条件下在全浓度范围内得到的吸附平衡数据按式（7-11）处理，再画出吸附等温线，则曲线形状不属图 7-8（a）所示的类型，而是图 7-8（b）和（c）所表示的类型，这些等温线应称为浓度变化等温线或组合等温线（Composite isotherm）。吸附量 q_1^e 称为表面过剩量更合适。

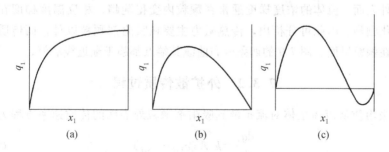

图 7-8　典型的液体吸附浓度变化等温线

7.3 吸附动力学和传递[5]

当含有吸附质的流体与吸附剂接触时，将进行吸附过程，单位时间内被吸附的吸附质的量称为吸附速率。吸附速率是吸附过程设计与操作的重要参数。

7.3.1 吸附机理

吸附质在吸附剂的多孔表面上被吸附的过程分为下列四步：

（1）吸附质从流体主体通过分子扩散与对流扩散穿过薄膜或边界层传递到吸附剂的外表面，称之为外扩散过程。

（2）吸附质通过孔扩散从吸附剂的外表面传递到微孔结构的内表面，称为内扩散过程。

（3）吸附质沿孔表面的表面扩散。

（4）吸附质被吸附在孔表面上。

对于化学吸附，吸附质和吸附剂之间有键的形成，第四步可能较慢，甚至是控制步骤。但对于物理吸附，由于吸附速率仅仅取决于吸附质分子与孔表面的碰撞频率和定向作用，几乎是瞬间完成的，吸附速率由前三步控制，统称扩散控制。本节将讨论这三步的传递过程。

吸附剂的再生过程是上述四步的逆过程，并且物理解吸也是瞬时完成的。吸附和解吸伴随有热量的传递，吸附放热，解吸吸热。然而，虽然外传质过程的主要方式是对流扩散，但从颗粒外表面穿过围绕固体颗粒边界层的对流传热则只是外传热的一种方式，当流体是气体时，颗粒间的热辐射以及相邻颗粒接触点的热传导是另外两种传热方式。此外，在颗粒内部也有热传导和热辐射，通过孔中的流体也进行对流传热。

在装填吸附剂颗粒的固定床中，溶质浓度和温度随时间和位置连续变化。图 7-9 给出吸附剂颗粒在某一时刻的温度分布和流动相溶质浓度分布，a 为吸附过程，b 为解吸过程，温度 T 和浓度 c 的下标 b 和 s 分别表示流动相主体和颗粒外表面。流体的浓度梯度通常在颗粒内变得陡峭，相反温度梯度在边界层变化剧烈。由此可分析出，传热阻力主要在吸附剂颗粒以外，而传质阻力主要在颗粒里面。图 7-9 的四条分布曲线其端点都趋于渐近线的值。

7.3.2 外扩散传质过程

吸附质从流体主体对流扩散到吸附剂颗粒外表面的传质速率方程为：

$$\frac{dq_i}{dt} = k_c A(c_{b,i} - c_{s,i}) \tag{7-12}$$

式中　q_i——单位吸附剂上吸附质 i 的吸附量，kg/kg；

dq_i/dt——吸附质 i 的吸附速率，$kg/(kg \cdot s)$；

k_c——流体相侧的传质系数，m/s；

A——单位吸附剂的传质外表面积，m^3/kg；

$c_{b,i}$，$c_{s,i}$——分别为流动相主体和吸附剂表面上流动相中吸附质 i 的浓度，kg/m^3。

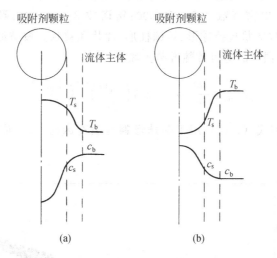

图 7-9　多孔吸附剂中流体的浓度分布和温度分布

(a) 吸附；(b) 解吸

相应的传热方程为：

$$e = \frac{dQ}{dt} = hA(T_s - T_b) \tag{7-13}$$

式中　e 即 dQ/dt——传热速率，W；

h——传热系数，$W/(m^2 \cdot K)$；

T_s，T_b——分别为流体相主体和吸附剂表面上的温度，K。

流体流经单个颗粒时的传质和传热系数通常从实验传递数据进行关联，典型的关联结果为：

$$N_{Nu} = 2 + 0.60 N_{Re}^{1/2} N_{Pr}^{1/3} \tag{7-14}$$

$$N_{sh_i} = 2 + 0.60 N_{Sc_i}^{1/3} N_{Re}^{1/2} \tag{7-15}$$

式中　N_{Pr}——普兰特数（$= C_p \mu / k$）；

N_{Sc_i}——史密特数（$= \mu / \rho D_i$）；

N_{Re}——雷诺数（$= D_p G / \mu$）。

全部流体性质要在边界层平均温度下估计。

当吸附剂颗粒装在吸附床中，则流体的流型受到限制。式（7-14）和式

（7-15）不适用于估计床层中颗粒的外传递系数。Wakao 和 Funazkri 分析了文献中发表的传质数据，引入舍伍德数修正轴向弥散，提出如下关联式[6]：

$$N_{Sh_i} = \frac{k_c D_p}{D_i} = 2 + 1.1\left(\frac{D_p G}{\mu}\right)^{0.6} \bigg/ \left(\frac{\mu}{\rho D_i}\right)^{1/3} \tag{7-16}$$

关联结果与 12 组气相数据和 11 组液相数据进行比较，如图 7-10 所示。该数据的覆盖范围：史密特数 0.6～70 600；雷诺数 3～10 000；颗粒直径 0.6～17.1 mm。颗粒形状包括球形、短圆柱形、片状和粒状。按类似的方法推导出填充床中流体-颗粒的对流传热准数关联式：

$$N_{Nu} = \frac{h D_p}{k} = 2 + 1.1\left(\frac{D_p G}{\mu}\right)^{0.6}\left(\frac{C_p \mu}{k}\right)^{1/3} \tag{7-17}$$

当式（7-16）和式（7-17）用于非球形颗粒填充床时，D_p 应变成颗粒的当量直径。

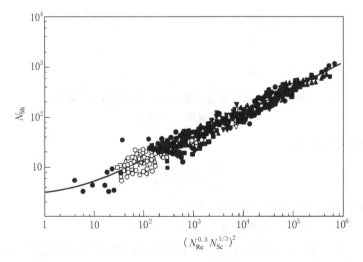

图 7-10　填充床中外扩散舍伍德数的实验关联

7.3.3　颗粒内部传质过程

多孔吸附剂颗粒具有足够高的有效导热系数，故颗粒内的温度梯度一般可忽略。然而颗粒内的传质则必须考虑。

从吸附剂外表面通过微孔向颗粒内部的传质过程与吸附剂颗粒的微孔结构有关。由于微孔贯穿颗粒内部，吸附质从颗粒外表面的孔口到内表面吸着处的路径不同，所以吸附质的内部传质是一个逐步渗入的过程。

吸附质在微孔中的扩散有两种形式——沿孔截面的扩散和沿孔表面的表

面扩散。前者根据孔径和吸附质分子平均自由程之间大小的关系又有三种情况：分子扩散、纽特逊扩散和介于这两种情况之间的扩散。当微孔表面吸附有吸附质时，沿孔口向里的表面上存在着吸附质的浓度梯度，吸附质可以沿孔表面向颗粒内部扩散，称为表面扩散。

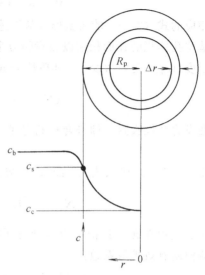

在吸附剂颗粒的微孔中进行传质的数学模型很类似于在多孔催化剂颗粒中的催化反应。现分析一个球形微孔吸附剂颗粒内的溶质浓度分布，如图 7-11 所示。c 表示溶质的浓度。对厚度为 Δr 的球壳体积作单位时间的物料衡算，包括：扩散进入半径为 $r+\Delta r$ 的壳体的溶质量；壳体内的吸附量以及自半径为 r 的壳体扩散出去的溶质量。应用费克第一定律：

图 7-11　吸附剂颗粒内溶质的浓度分布

$$4\pi(r+\Delta r)^2 D_e \frac{\partial c}{\partial r}\bigg|_{r+\Delta r} = 4\pi r^2 \Delta r \frac{\partial q}{\partial t} + 4\pi r^2 D_e \frac{\partial c}{\partial r}\bigg|_r$$

令 $\Delta r \rightarrow 0$，经整理得到：

$$D_e\left(\frac{\partial^2 c}{\partial r^2} + \frac{2}{r}\frac{\partial c}{\partial r}\right) = \frac{\partial q}{\partial t} \tag{7-18}$$

变量 q 是单位体积多孔颗粒的吸附量。有效扩散系数 D_e 应用于整个球形壳体的表面，即使只有大约 50％ 的孔对扩散是有效的。

在微孔中流体流动的分子扩散用费克第一定律描述：

$$n_i = -D_i A(\mathrm{d}c_i/\mathrm{d}x) \tag{7-19}$$

式中　n——i 组分通过垂直于横截面 A 的 x 方向上流体的正常扩散速率；

　　　D_i——相应的扩散系数；

　　　c_i——i 组分的浓度，mol/单位体积。

Schneider 和 Smith 提出，用修正的第一费克定律描述表面扩散，即：

$$(n_i)_s = -(D_i)_s b\,\mathrm{d}(c_i)_s/\mathrm{d}x \tag{7-20}$$

式中　b——表面的周边；

　$(c_i)_s$——吸附质的表面浓度，mol/单位表面积；

　$(D_i)_s$——按式（7-20）定义的表面扩散系数。

为方便起见，式（7-20）转变为式（7-19）的通量形式，使得两种扩散机理能够结合成一个传质速率方程。式（7-19）的通量形式为：

$$N_i = n_i/A = -D_i(\mathrm{d}c_i/\mathrm{d}x) \tag{7-21}$$

相应的式（7-20）的通量形式从下述变换得到：用孔的横截面积除两边；用单位孔体积的孔面积乘以吸附颗粒密度的倒数再乘以颗粒的孔隙度，使表面浓度 $(c_i)_s$ 变为浓度 q，其单位为 mol/g 吸附剂，得：

$$(N_i)_s = -(D_i)_s \frac{\rho_p}{\varepsilon_p}\left(\frac{\mathrm{d}q_i}{\mathrm{d}x}\right) \tag{7-22}$$

假设为线性吸附，即符合亨利定律：

$$q_i = K_i c_i \tag{7-23}$$

将式（7-23）代入式（7-22），其结果与式（7-21）相加，得到总通量：

$$N_i = -\left[D_i + (D_i)_s \frac{\rho_p K_i}{\varepsilon_p}\right]\frac{\mathrm{d}c_i}{\mathrm{d}x} \tag{7-24}$$

对于气相在孔中扩散，应包括分子扩散和纽特逊扩散，因此按式（7-18），应使用有效扩散系数：

$$D_e = \frac{\varepsilon_p}{\tau}\left\{\left[\frac{1}{(1/D_i)+(1/D_K)}\right] + (D_i)_s \frac{\rho_p K_i}{\varepsilon_p}\right\} \tag{7-25}$$

使用式（7-25）时需当心，因为孔体积扩散的弯曲因子与表面扩散的弯曲因子不一定相同。

根据 Sladek 等人的研究，轻质气体物理吸附的表面扩散系数值在 $(5×10^{-3})\sim 10^{-6}$ cm²/s 范围内，比较高的值用于低微分吸附热的情况。对非极性吸附剂，表面扩散系数 D_s （cm²/s）可由下列关系式估算：

$$D_s = 1.6×10^{-2}\exp\left[-0.45^{(-\Delta H_{吸附})}/mRT\right] \tag{7-26}$$

式中　$m=2$（对于传导型吸附剂）；

　　　$m=1$（对于绝热型吸附剂）。

对于在孔中的液相扩散，有效扩散系数除考虑孔隙度、微孔的弯曲因子外，还要考虑孔径 d_p 的影响。

7.4　吸附分离过程

根据待分离物系中各组分的性质和过程的分离要求（如纯度、回收率、能耗等），在选择适当的吸附剂和解吸剂的基础上，采用相应的工艺过程和设备。

常用的吸附分离设备有：吸附搅拌槽、固定床吸附器、移动床和流化床吸附塔。若以分离组分的多少分类，可分为单组分和多组分吸附分离，即单波带传质区、双波带或多波带体系；以分离组分浓度的高低分类，可分为痕量组分脱除和主体分离；以床层温度的变化分类，可分为不等温（绝热）操作和恒温操作。以进料方式分类，可分为连续进料和间歇的分批进料等。

7.4.1 搅 拌 槽[3]

搅拌槽用于液体的吸附分离。将要处理的液体与粉末状（或颗粒状）吸附剂加入搅拌槽中，在良好的搅拌下，固液形成悬浮液，在液固充分接触中吸附质被吸附。由于搅拌作用和采用小颗粒吸附剂，减少了吸附的外扩散阻力，因此吸附速率快。搅拌槽吸附适用于溶质的吸附能力强，传质速率为液膜控制和脱除少量杂质的场合。吸附停留时间决定于达到平衡的快慢，一般在比较短的时间内，两相即达到吸附平衡。

搅拌槽吸附有三种操作方式：①间歇操作 液体和吸附剂经过一定时间的接触和吸附后停止操作，用直接过滤的方法进行液体与吸附剂的分离；②连续操作 液体和吸附剂连续地加入和流出搅拌槽；③半间歇半连续操作 液体连续流进和流出搅拌槽，在槽中与吸附剂接触。而吸附剂保留在槽内，逐渐消耗。

对于上述三种操作方式，应从搅拌槽结构和操作上保证良好的搅拌，使悬浮液处于湍流状态，达到槽内物料完全混合。对半连续操作，在悬浮区域以上有清液层，以便采出液体。

搅拌槽可以单级操作，也可以设计成多级错流或多级逆流流程。从理论上分析，多级错流和多级逆流吸附操作比单级操作所用的吸附剂量要少，但多级操作的装置复杂，步骤繁多，得不偿失，实际上很少采用。

搅拌槽式吸附操作多用于液体的精制，例如脱水、脱色、脱臭等。吸附剂一般为液体处理量的 $0.1\%\sim2.0\%$（质量分数），停留时间数分钟。价廉的吸附剂使用后一般弃去。如果吸附质是有用的物质，可以用适当溶剂来解吸。如果吸附质为挥发性物质，可以用热空气或蒸汽进行解吸。对于溶液脱色过程，吸附质一般是无用物，可以用燃烧法再生，循环使用。

下面分别对搅拌槽三种操作方式的模拟计算进行介绍。

一、间歇模式

由于在搅拌槽吸附中使用小颗粒的吸附剂，在搅拌情况下，液体和颗粒之间的相对速度低（颗粒随液体一起运动），故通常假设吸附速率为外扩散控制，吸附速率用下式表示：

$$-\frac{\mathrm{d}c}{\mathrm{d}t}=k_{\mathrm{L}}a(c-c^{*}) \tag{7-27}$$

式中 c——溶质在液相主体中的浓度，kg/m^3 或 $kmol/m^3$；

c^{*}——与溶质吸附量 q 成平衡的液相浓度，kg/m^3 或 $kmol/m^3$；

k_{L}——外扩散传质系数，m/s；

a——单位液体体积中的吸附剂颗粒外表面积，m^2/m^3 或 m^2/kg；

t——时间，s。

设原料浓度 c_F，在 t 时刻吸附剂的瞬时吸附量为 q，作吸附质的物料衡算：

$$c_F Q_B = c Q_B + q S_B \qquad (7\text{-}28)$$

式中 Q_B 为液体体积，并假设保持常数；S_B 为吸附剂质量；并假设新鲜吸附剂中无吸附质。c^* 由合适的吸附等温线得到。例如，线性等温线、Langmuir 方程或 Freundlich 方程等。现以 Freundlich 为例，经重排得到：

$$c^* = (q/K)^n \qquad (7\text{-}29)$$

求解 c、$q \sim t$ 函数关系的方法如下：从 $t=0$ 时液相组成 c_F 开始，结合式（7-28）和式（7-29）消去 q。所得到的方程再与式（7-27）结合消去 c^*，得到 c 对 t 的常微分方程。经数值积分或解析解得到 c 与 t 的关系。然后由式（7-28）得到相应的 q 值。

如果吸附平衡为线性关系，即

$$c^* = q/K$$

可求出解析解

$$c = \frac{c_F}{\beta} \left[\exp(-k_L \alpha \beta t) + \alpha \right] \qquad (7\text{-}30)$$

式中

$$\beta = 1 + \frac{Q_B}{S_B K} \qquad (7\text{-}30a)$$

$$\alpha = Q_B / S_B K \qquad (7\text{-}30b)$$

当接触时间为无穷大时，吸附达到平衡。对于线性吸附平衡等温线，由式（7-30）或令 $c = c^*$ 结合式（7-28）和线性吸附平衡关系都可得到：

$$c_{t=\infty} = c_F \alpha / \beta \qquad (7\text{-}31)$$

二、连续模式

当液固两物流连续通过完全混合的容器时，式（7-27）就变成代数方程。像理想混合反应器一样，容器中各处的浓度 c 等于出口浓度 c_{out}。以 t_{res} 表示物料在容器内的停留时间，则式（7-27）可写成：

$$\frac{c_F - c_{out}}{t_{res}} = k_L a (c_{out} - c^*) \qquad (7\text{-}32)$$

重排得

$$c_{out} = \frac{c_F + k_L a t_{res} c^*}{1 + k_L a t_{res}} \qquad (7\text{-}33)$$

式（7-28）变成：

$$c_F Q_C = c_{out} Q_C + q_{out} S_C \qquad (7\text{-}34)$$

式中 Q_C 和 S_C 分别为体积流率和吸附剂质量流率。$c^* \sim q_{out}$ 的关系选用合适的吸附等温线描述。

若仍采用线性等温线，即 $c^* = q_{out}/K$，该式与式（7-34）和式（7-33）相结合消去 c^* 和 q_{out} 得到：

$$c_{out} = c_F \left(\frac{1 + \gamma\alpha}{1 + \gamma + \gamma\alpha} \right) \tag{7-35}$$

式中　α 由式（7-30b）定义，γ 定义为：$\gamma = K_L a t_{res}$　　　　　（7-36）

相应的 q_{out} 由式（7-34）重排得到：

$$q_{out} = \frac{Q_C (c_F - c_{out})}{S_C} \tag{7-37}$$

如果是非线性等温关系，则将式（7-32）和式（7-34）与等温线方程结合在一起，但不能写出 q_{out} 的显式，这种情况必须进行数值求解。

三、半连续模式

模拟半连续操作是很困难的，此时吸附剂存留在容器中，而液体则以固定的速率连续流进和流出容器。容器中浓度 c 和吸附量 q 随时间而变化。对于理想混合情况，出口浓度由式（7-33）计算，式中 t_{res} 是液体在悬浮液中的停留时间，而悬浮液中 q 和 c^* 之间应由合适的吸附等温线关联。变量 q 处于间歇操作过程中，由式（7-27）计算，但式中变量 c 应转换成 q：

$$S_S \frac{dq}{dt} = k_L a (c_{out} - c^*) t_{res} Q_S \tag{7-38}$$

式中　S_S——器内悬浮液中批量吸附剂；

　　　Q_S——液体的稳态体积流率。

式（7-38）和式（7-33）中都包含 c^*，选择适当的等温线，用 q 的瞬时函数代替 c^*。然后结合所得到的两个方程消去 c_{out}。再将导出的常微分方程进行解析或数值积分，得到 q-t 的函数。进而由式（7-33）和等温线方程确定 c_{out}-t 的函数关系。然后对 c_{out}-t 函数进行积分得到 c_{out} 随时间变化的平均值。

【例 7-3】　含酚 0.010 mol/L 的水溶液用活性炭脱除至 0.000 57 mol/L，吸附操作温度 20 ℃。吸附平衡关系采用 Freundlich 方程：

$$c^* = (q/0.010\ 57)^{4.35} \tag{1}$$

式中 q 和 c 的单位分别为 kmol/kg 和 kmol/m³。最小吸附剂用量是 5 g/L 溶液。实验室实验所使用的吸附剂颗粒直径 1.5 mm，实验证实该吸附属外扩散控制 $k_L = k_C = 5 \times 10^{-5}$ m/s。吸附剂的表面积为 5 m²/kg 颗粒。

（a）拟采用搅拌槽间歇操作，使用最小吸附剂用量的两倍。确定降低到规定酚含量所需要的吸附时间。

（b）若改为连续操作，仍使用两倍的最小吸附剂用量。确定在搅拌槽中的停留时间，与情况（a）间歇操作的停留时间比较。

（c）采用半连续操作。活性炭用量 1 000 kg，液体进料流率 10 m³/h，

316

液体的停留时间为情况（b）的1.5倍。确定能达到规定酚含量的运行时间。结果合理吗？如何变更规定指标？

解： （a）间歇操作

$$S_B/Q_B = 2(5) = 10 \text{ g/L} \qquad 即 \text{ 10 kg/m}^3$$

$k_L a = 5 \times 10^{-5}(5)(10) = 2.5 \times 10^{-3} \text{ s}^{-1}$；$c_F = 0.010 \text{ mol/L}$ 即 0.01 kmol/m^3。

从式（7-28）

$$q = \frac{c_F - c}{S_B/Q_B} = \frac{0.01 - c}{10} \qquad (2)$$

将式（2）代入式（1），

$$c^* = \left(\frac{0.10 - c}{0.105\,7}\right)^{4.35} \qquad (3)$$

将式（3）代入（7-27），

$$-\frac{dc}{dt} = 2.5 \times 10^{-3}\left[c - \left(\frac{0.01 - c}{0.105\,7}\right)^{4.35}\right] \qquad (4)$$

当 $t = 0$ 时 $c = c_F = 0.01 \text{ kmol/m}^3$，欲求 $c = 0.000\,57 \text{ kmol/m}^3$ 相应的吸附时间，须对式（4）进行积分。最终得到：

$$t = 1\,140 \text{ s 即 19 min}。$$

（b）连续操作

使用式（7-32），所有的数值同情况（a）。$c_{out} = 0.000\,57 \text{ kmol/m}^3$。故

$$t_{res} = \frac{c_F - c_{out}}{k_L a(c_{out} - c^*)}$$

式中 c^* 由式（1）得到，式中 $q = q_{out}$。q_{out} 由式（7-34）得到。所以

$$t_{res} = \frac{0.01 - 0.000\,57}{2.5 \times 10^{-3}\left[0.000\,57 - \left(\dfrac{0.01 - 0.000\,57}{0.105\,7}\right)^{4.35}\right]}$$

$$= 6\,950 \text{ s（相当于 1.93 h）}$$

这个停留时间比间歇操作的停留时间长得相当可观。在间歇操作中，外扩散浓度推动力的起始值是 $(c - c^*) = c_F = 0.01 \text{ kmol/m}^3$，然后逐渐下降到很小的最终值。在 1 140 s 时，即最终时刻的推动力为：

$$(c - c^*) = c_{最终} - \left(\frac{0.01 - c_{最终}}{0.105\,7}\right)^{4.35} = 0.000\,543 \text{ kmol/m}^3$$

而对于连续操作，容器内处于理想混合状况，外扩散的推动力总等于间歇操作的最终推动力即 $0.000\,543 \text{ kmol/m}^3$。

（c）半连续操作

应用式（7-38），各参数值为

$$S_S = 1\,000 \text{ kg} \quad c_F = 0.01 \text{ kmol/m}^3 \quad Q_S = 10 \text{ m}^3/\text{h}$$

$$t_{res} = 10\,425 \text{ s} \quad k_L a = 2.5 \times 10^{-3} \text{ m/s}$$

c^* 由式（1）得到，c_{out} 由式（7-33）得到。

结合式（7-38）、式（1）和式（7-33）消去 c^* 和 c_{out}，简化后得到：

$$\frac{dq}{dt}=\left(\frac{\gamma}{1+\gamma}\right)\frac{Q_S}{S_S}\left[c_F-\left(\frac{q}{0.010\,57}\right)^{4.35}\right] \tag{5}$$

式中 γ 由式（7-36）得到，时间 t 是吸附剂在容器中存留的时间。当 γ、Q_S/S_S 和 c_F 值分别等于 26.06，0.01 m³/kg·h 和 0.01 kmol/m³ 时，代入式（5），

$$\frac{dq}{dt}=0.009\,63\left[0.01-\left(\frac{q}{0.010\,57}\right)^{4.35}\right] \tag{6}$$

式中 t 的单位是 h，q 的单位是 kmol。对式（6）进行数值积分。从 $t=0$，$q=0$ 开始，得到 q-t 函数关系，见附表。表中相应的 c_{out} 值从式（7-33）和式（1）计算：

$$c_{out}=\frac{c_F+\gamma(q/0.010\,57)^{4.35}}{1+\gamma}=\frac{0.01+26.06(q/0.010\,57)^{4.35}}{27.06}$$

附表　半连续操作计算结果

时间/h	$q/$ (kmol/kg)	c_{out}	$c_{累积}$
		/ (kmol/m³)	
0	0	0.000 370	0.000 370
5.0	0.000 481	0.000 371	0.000 370
10.0	0.000 962	0.000 398	0.000 375
15.0	0.001 440	0.000 535	0.000 401
15.7	0.001 506	0.000 570	0.000 407
20.0	0.001 905	0.000 928	0.000 476
21.0	0.001 995	0.001 052	0.000 501
22.0	0.002 084	0.001 195	0.000 529
23.0	0.002 172	0.001 356	0.000 561
23.2	0.002 189	0.001 390	0.000 568
23.3	0.002 197	0.001 407	0.000 572

在附表中还列出 c 的累积值 $c_{累积}$，从 $t=0$ 到 t 时间间隔内流出吸附器液体的总的浓度，它可由下式得到：

$$c_{累积}=\int_0^t c_{out}\,dt/t$$

从表中结果看出，在开始 10 h 期间，吸附量 q 几乎是线性增长，而出口液体中酚的瞬时浓度 c_{out} 也几乎保持恒定。在 15.7 h，c_{out} 增长到规定值 0.000 57 kmol/m³，而此时 $c_{累积}$ 仅仅是 0.000 407 kmol/m³。所以操作还能够继续。最终，在 23.2～23.3 h 之间，$c_{累积}$ 达到 0.000 57 kmol/m³，必须停止操作。在整个操作中容器中装有 1 000 kg 或 2 m³ 的吸附剂颗粒。液体的停留时间差不多是 3 h，故容器体积应为 10(3)＝30 m³。这样，固体在搅拌槽中所占体积分数 6.6%，此数据是合理的。如果吸附剂量增加到

2 000 kg，则固体将占约 13%，操作时间增加到 46.5 h。

7.4.2 固定床吸附器[3,5,7]

在固定床吸附器中，吸附剂颗粒均匀地堆放在多孔支撑板上，流体自下而上或自上而下地通过颗粒填充床层。

吸附器的形式有立式、环式和卧式等，如图 7-12 所示。立式吸附器的床层高度，对气体吸附可取 0.5~2 m，对液体则床层高度为几米至数十米。环形床层具有压力降较低的优点。卧式填充床层，一般床层高度为 0.3~0.8 m。对于高床层，为了避免颗粒承受过大的压力，宜将吸附剂分层放置，每层 1~2 m。

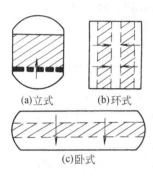

图 7-12　固定床吸附
器的形式

固定床操作由两个主要阶段组成。在吸附阶段，物料不断地通过床层，被吸附的组分留在床中，其余组分从床中流出。吸附过程可持续到吸附剂饱和为止。然后是解吸（再生）阶段，用升温、减压或置换等方法将被吸附的组分解吸下来，使吸附剂再生，并重复吸附操作。

固定床吸附器结构简单，操作方便，是吸附分离中应用最广泛的一类吸附器。可用于从气体中回收溶剂蒸气、气体净化和主体分离、气体和液体的脱水以及难分离有机液体混合物的分离等。

一、固定床吸附器的操作特性

固定床内流体中溶质的吸附是非稳态传质过程，此过程中床内吸附质的浓度分布随时间和沿床层位置不断变化。流出物浓度也随时间或流出物体积而变化。

（1）传质区和透过曲线　含吸附质初始浓度为 c_F 的进料连续流过装填有新鲜或再生好的吸附剂的床层，经过一定时间，部分床层为吸附质所饱和，部分床层则建立了浓度分布即形成吸附波，随着时间的推移，吸附波向床层出口方向移动。如图 7-13 所示。图 7-13（a）中表示出不同吸附时间 t_1、t_2 和 t_b 所对应的流体中溶质浓度在床层中的分布：在 t_1 时刻，床层中无饱和区；在 t_2，长度 L_S 的床层几乎饱和；L_f 以后的床层未使用。L_S 至 L_f 之间的区域称为传质区（MTZ）。由于难确定 MTZ 的起点和终点，定义 $c/c_F=0.05$ 处的位置为 L_f，$c/c_F=0.95$ 处为 L_S；从 t_2 到 t_b，S 形传质前沿在床层中移动；至 t_b，MTZ 的前端正好到达床层末端，该点称为穿透点。

图 7-13（b）表示床出口流体中溶质的相对浓度随吸附时间的变化，称为透过曲线。当 $t<t_b$ 时，c_{out} 小于最高允许值（即 $c/c_F=0.05$）。当 $t=t_b$

时，通常终止吸附操作，开始再生阶段或更换吸附剂。如果在 $t > t_b$ 时继续吸附，则 c_{out} 迅速上升。当床层全部饱和后，$c_{out} = c_F$。定义达到 $c_{out}/c_F = 0.95$ 的时间为 t_e。由于透过曲线易于测定，因此，可以用它来反映床层内吸附波的形状和传质区的长度，并且确定了床层中吸附容量的利用程度。

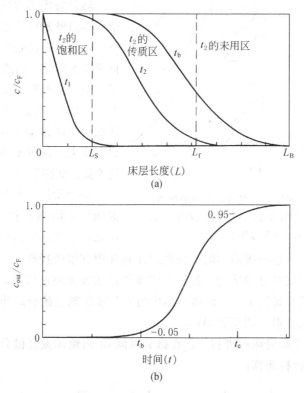

图 7-13　固定床中溶质浓度分布和透过曲线

（a）浓度沿床层长度的分布；（b）透过曲线

（2）吸附等温线类型对浓度波的影响　如前所述，Brunauer 将气体吸附等温线分为五类；Giles 将液相吸附等温线分成四大类。若按照吸附等温线对固定床动态特性的影响又可分为优惠吸附等温线、线性吸附等温线和非优惠吸附等温线。

优惠吸附等温线如图 7-14（a）所示，曲线斜率随被吸附组分浓度的增加而减少，即 $\partial^2 f(c)/\partial c^2 < 0$，吸附质分子和吸附剂之间的亲和力随吸附剂上吸附质浓度的增加而降低。浓度一定的物料进入固定床开始吸附时，在床层进口附近形成直线的浓度波，随持续的进料，浓度波向前移动。从优惠吸附等温线可以看出，对于相同的吸附质浓度增量 Δc，高浓度区的吸附增量比低浓度区的吸附增量要小，所以相应浓度波的高浓度区比低浓度区移动得更

320

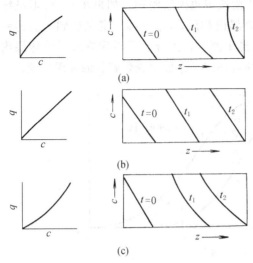

图 7-14　吸附等温线对浓度波的影响
(a) 优惠吸附等温线；(b) 线性吸附等温线；
(c) 非优惠吸附等温线

快。浓度波随时间或床层深度变得越来越陡，直至达到恒定模式的浓度波前沿，故传质区变得窄小，床层的有效利用率较高。

线性吸附等温线的斜率为定值，不因吸附质浓度的变化而变化，因此，固定床中浓度波为向前平推的直线，如图7-14 (b) 所示。非优惠吸附等温线的特征是 $\partial^2 f(c)/\partial c^2 > 0$，故固定床中浓度波的低浓度区移动更快，波前沿随时间或床层深度变宽，床层的利用率低。如图7-14 (c) 所示。

综上所述，对体系为优惠等温线的吸附剂有利于吸附操作。反之，非优惠等温线的吸附剂便于解吸过程，故选择吸附剂时，应同时兼顾吸附和解吸操作。

(3) **浓度波的移动速度**　假设：①流体以活塞流通过床层，流经床层空隙的实际流速是常数 u；②流体主体中溶质与吸附剂上的吸附质瞬时达到平衡；③无轴向弥散；④等温操作。

从 $t=0$ 开始向床层进料，作在微分时间 dt 内流体流经微分吸附床长度 dz 的溶质的物料衡算：

$$\varepsilon_b u A_b c|_z = \varepsilon_b u A_b c|_{z+\Delta z} + \varepsilon_b A_b \Delta z \frac{\partial c}{\partial t} + (1-\varepsilon_b) A_b \Delta z \frac{\partial q}{\partial t} \quad (7-39)$$

式中　A_b——床层横截面积；
　　　ε_b——床层空隙率；
　　　c——流体中溶质的浓度。

等式两边同时除以 Δz，并取 $\Delta z \to 0$ 得到

$$\frac{\partial c}{\partial t} + u \frac{\partial c}{\partial z} + \frac{(1-\varepsilon_b)}{\varepsilon_b} \cdot \frac{\partial q}{\partial t} = 0 \quad (7-40)$$

式中 q 是单位体积吸附剂颗粒的吸附量，由合适的吸附等温线得到。根据偏微分性质，

$$\frac{\partial q}{\partial t} = \frac{\partial q}{\partial c} \cdot \frac{\partial c}{\partial t} \quad (7-41)$$

式 (7-40) 为 $c=f\{z,t\}$ 的双曲线偏微分方程，由隐式偏微分的规则：

$$u_c = \left(\frac{\partial z}{\partial t}\right)_c = -\frac{\left(\frac{\partial c}{\partial t}\right)}{\left(\frac{\partial c}{\partial z}\right)} \tag{7-42}$$

式中 u_c 为恒定浓度 c 的浓度波移动速度。将式(7-40)、式(7-41)和式(7-42)结合,得到

$$u_c = \frac{u}{1 + \left(\frac{1-\varepsilon_b}{\varepsilon_b}\right)\frac{dq}{dc}} \tag{7-43}$$

该方程说明浓度波移动速度取决于流体在床层空隙中的流速和吸附等温线的斜率。一般说来,浓度波在床层中移动的速度比流体流经床层空隙的速度小得多。例如,假设 $\varepsilon_b=0.5$,吸附平衡关系 $q=5\,000\,c$,则 $dq/dc=5\,000$,从式 (7-43) 计算出 $u_c/u = 0.000\,2$。如果 $u = 0.914$ m/s,则 $u_c = 0.000\,183$ m/s。若床层高度 1.83 m,那么浓度波穿过床层需 2.78 h。

对于实际固定床吸附过程,存在着外扩散和内扩散传质阻力,轴向弥散也不能忽略。最初,由于传质阻力以及轴向弥散导致浓度波加宽。到后来,优惠吸附等温线在相反方向上的影响开始起作用,逐渐趋于恒定模式的波形。因此,形成恒定模式波形的床层深度依赖于吸附等温线的非线性和吸附动力学因素。

(4) 影响传质区的因素　下列诸因素对传质区长度和移动速度起着重要作用。

① 吸附剂颗粒尺寸　吸附剂颗粒的形状和大小影响扩散速率和床层压降。球形粒子与相同尺寸其他形状的粒子比较,其压降最小。颗粒尺寸对扩散速率和压降的影响是相反的,为了使吸附更有效,从而得到较陡和较短的传质区,吸附床层一般使用小颗粒的吸附剂。

图 7-15 表示了不同吸附机理

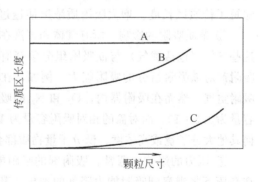

图 7-15　颗粒尺寸对传质区长度的影响

时吸附剂颗粒尺寸对传质区长度的影响。线 A 表示表面反应或吸附为控制步骤时,传质区长度不随颗粒尺寸而变化;线 B 为扩散或表面反应同时为过程的控制步骤时颗粒尺寸的影响,而线 C 则仅为扩散控制时颗粒尺寸的影响。

值得指出的是,吸附操作实验数据与颗粒直径与床层直径之比有关。为

322

消除实验床的壁效应，吸附床直径至少应是吸附剂平均粒径的 12 倍。

② 吸附剂床层深度 床层深度对吸附传质的影响有二：第一，床层深度必须大于传质区长度，这一点十分重要；第二，若干倍的最小床层深度可得到高于按比例增加的吸附能力。一般说来，只要床层压降允许，吸附剂床层应尽可能长些。

③ 气体流速的影响 气体流速主要影响传质区移动速度，同时也影响传质区长度。当气体流速增加，由滞流状态转变为湍流状态时，吸附过程的控制步骤可能由外扩散控制转为内扩散控制，因而传质区长度变短。在很低的流速下，受载气流速的作用，吸附质向前扩散的速度也比传质区移动的速度快，因此传质区很长。对于很多吸附剂，从滞流区向湍流区的过渡发生于雷诺数为 10 的附近。

从理论上讲，吸附过程本身对气体流速未提出限制，实际上流速受吸附剂材料抗压程度的制约。

④ 温度的影响 任何吸附剂的物理吸附量随温度的升高而降低。与此同时，随温度升高，所有的扩散速率增高，传质区变短和移动速度变快。对于气体吸附，若表面反应不是控制步骤，则升高温度不总是有利的，因为，透过时间和吸附能力随温度升高而降低。其原因是传质区移动速度的提高与传质区长度的减小相比较占优势。然而，对液体吸附则不同，大分子量吸附质的扩散速度很慢。

⑤ 吸附质浓度的影响 增大进口气体中吸附质的浓度将增加传质区移动速度，降低移动一个传质区长度所需的时间。对于等温线为曲线情况，也缩短了传质区长度。增大吸附质浓度使透过曲线变陡，拖尾部分拉长。

⑥ 杂质吸附的影响 所有气体和蒸汽在吸附剂上都会有某种程度的吸附。这些气体（包括载气）与欲吸附组分争夺有效表面积和孔体积，从而降低了吸附剂对欲吸附组分的吸附能力。例如，在环境条件下，工业吸附剂几乎不吸附空气，然而在吸附器内，O_2 和 N_2 的吸附与氦的吸附竞争，其相对吸附容量为 1.5∶10，而对氪的相对吸附容量为 1∶100。水蒸气、二氧化碳以及任何其他大分子量或高浓度、低分子量物质都会影响欲分离吸附质的吸附能力。

⑦ 压力的影响 通常，吸附剂的吸附能力随压力的提高而增大。然而，在高压下将观察到吸附能力降低的现象，其原因是更易吸附的物质的逸度减小以及载气的吸附有所增加。

二、由透过曲线确定吸附剂床层长度

当恒定模式波形的假设成立时，能从小型实验所得到的透过曲线确定工业规模吸附剂床层的长度。吸附剂总的床层长度等于理想固定床吸附器床层长度（LES）与附加长度（LUB）之和。LUB 取决于 MTZ 的宽度和在该

传质区内 c/c_F 分布的形状。所需总床层长

$$L_B = LES + LUB \tag{7-44}$$

对于理想固定床吸附器，因 $MTZ=0$，故不需要 LUB，但如果 $L_B > LES$，则 LUB 就是未用床层的长度。一般情况 MTZ 不等于零，所以需要 LUB，它称为未用床层的等价长度。为了从实测的透过曲线确定 LUB，实验时要

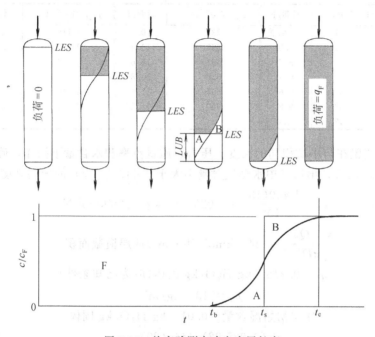

图 7-16 从实验测定确定床层长度

采用与工业吸附器相同的进料组成和表观流速。LES 的定位应使 A 的面积等于 B 的面积（见图 7-16），则

$$LUB = \frac{(t_s - t_b)}{t_s} L_e \tag{7-45}$$

式中 L_e 是实验床层长度。对于理想情况，从直径为 D 的圆柱床中溶质的物料衡算得到，

$$c_F Q_F t_b = q_F \rho_b \pi \frac{D^2}{4}(LES) \tag{7-46}$$

式中 t_b 为穿透时间，它可用于确定 LES。

LUB 除用上述方法确定之外，还可通过实测透过曲线数据计算 t_s，进而求出 LUB。

$$t_s = \int_0^{t_e} \left(1 - \frac{c}{c_F}\right) dt \tag{7-47}$$

【例 7-4】 已知用 4A 分子筛固定床脱除氮气中水蒸气的吸附实验数据：床层长度＝0.268 m，操作温度 $T＝28$ ℃（忽略温度的变化），$p＝4\ 118$ Pa（忽略压降），进料流率 $G＝144$ kmol/(h·m²)，进料中水含量＝$144×10^{-6}$（体积），吸附剂负荷＝1 kg/100 kg 分子筛，床层堆积密度＝713 kg/m³。透过曲线数据见下表。

$c_{出口}/10^{-6}(V)$	时间/h	$c_{出口}/10^{-6}(V)$	时间/h	$c_{出口}/10^{-6}(V)$	时间/h
<1	0～9.0	238	10.2	1 115	11.5
1	9.0	365	10.4	1 235	11.75
4	9.2	498	10.6	1 330	12.0
9	9.4	650	10.8	1 410	12.5
33	9.6	808	11.0	1 440	12.8
80	9.8	980	11.25	1 440	13.0
142	10.0				

拟工业装置在与小试相同的温度、压力、质量流率和水含量下操作，确定透过时间为 20 h，出口气中水蒸气含量不大于 $9×10^{-6}$（V）的床层高度。

解：
$$c_F=\frac{1\ 440(18)}{10^6}=0.025\ 92\quad \text{kg } H_2O/\text{kmol } N_2$$

$$\frac{Q_F}{\pi D^2/4}=144\quad \text{kmol/(h·m}^2\text{)床层横截面积}$$

$$q_F=0.215\quad \text{kg } H_2O/\text{kg 固体（应为已知条件）}$$

$$\rho_b=713\quad \text{kg/m}^3$$

床层初始湿含量＝0.01　kg H_2O/kg 固体

$$LES=\frac{(0.025\ 92)(144)(20)}{(0.215-0.01)(713)}=0.511\ \text{m}$$

从表中数据，用积分法求 LUB：

$$t_e=12.8\ \text{h},\ t_b=9.4\ \text{h}$$

积分得 $\qquad\qquad t_s=10.93$ h

$$LUB=\left(\frac{10.93-9.40}{10.93}\right)\ (0.268)=0.037\ \text{m}$$

$$L_B=0.511+0.037=0.548\ \text{m}$$

$$\text{床层有效利用率}\frac{0.511}{0.548}×100\%=93.2\%$$

7.4.3　变温吸附循环[8,9]

变温循环是借吸附量随温度变化的特性而实现的。下面以沸石脱除气体中的水分为例说明变温循环原理。

如图 7-17 所示，变温循环可分为以下几步：①吸附阶段开始前，床层

中沸石的含水量为 q_d，温度为 T_a。其状态为点 I；②吸附阶段开始后通入湿气体，其含水量为 c_0，温度为 T_a。吸附过程中床层存在着两个区。靠近固定床入口处为饱和吸附区，气相含水量为 c_0，沸石吸水量为 q_0，图中用 A 点表示。在饱和区的前方，其状态仍为点 I。饱和区逐渐向前推移，直到整个床层吸附饱和为止；③用温度 T_d、含水量为 c_d 的热气体再生，其流向一般与吸附流向相反。靠近热气体入口的区域先升温至 T_d，与

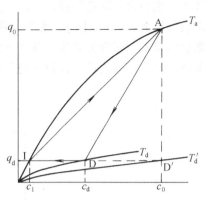

图 7-17　变温循环原理

之平衡的吸附量为 q_d。因为 $q_d < q_0$，所以沸石中的水解吸出来，直至达到 q_d，其状态为 D。脱水过程沿热气流流向推移，至床层全部再生完毕；④冷却阶段。用自产的干气冷却，其状态为 T_a、c_I，冷却后床层的状态又回到 I 点。整个循环在 I→A→D 三者间运行。

在吸附阶段，由于传质阻力的影响，存在有传质区，浓度波的形状在向前推移过程中逐渐变化。在出口浓度达到允许值时，床层仍有未利用的吸附量。解吸阶段的动态特性包括传热和传质两个方面。再生气入口的温度很快上升，解吸下来的水在前方遇到冷的吸附剂又会被吸附甚至冷凝，所以，在床层中部和出口处的温度较长时间处于低温状态，直至其中水分解吸完毕，温度才迅速上升。

变温循环的简单流程如图 7-18 所示。在该过程中，吸附热几乎被流体带出床层，使过程接近等温操作。变温吸附过程很重要的特征是，它实际上仅仅适用于处理低浓度吸附质的进料。通常进料中吸附质的质量百分数极低。变温吸附适用于气体或液体吸附。就气体吸附而言，在进料期间，进入床层物流中吸附质的分压为数帕。吸附质被吸附，流体和吸附相成平衡。对于理想情况，假设在开始进料周期时吸附剂上无吸附质存在；经吸附后全部吸附剂都含有平衡量的吸附质。于是可以计算出理想的进料时间：

$$\text{理想进料时间} = Sq/FyM \tag{7-48}$$

式中　S——吸附剂的质量；

　　　q——平衡吸附量，吸附质质量/单位吸附剂质量；

　　　F——进料流率，mol/单位时间；

　　　y——进料中吸附质的摩尔分数；

　　　M——吸附质的相对分子质量。

由于实际情况并不符合上述假设，实际进料时间通常比计算值低 10％～

50%，故必须对其进行修正。第一点修正是用平衡吸附量与再生阶段终了剩余吸附量之差 Δq 取代 q。第二点修正是考虑传质速率不是无限大和偏离活塞流的事实，假设部分床层基本上无吸附能力，因此降低了整个床层的平均负荷。经上述修正后，进料时间比较符合实际情况。

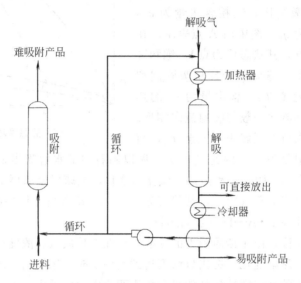

图 7-18　变温吸附——惰性介质解吸联合循环

　　吸附剂有几种再生方式。再生气体可以用惰性气体（不被吸附的气体）或蒸汽、燃料气，甚至有时也用原料气本身。在大多数情况下，床层用再生气体加热。因间接加热的速率太慢，故不采用电加热或蒸汽加热吸附器壁的方式，特别是对于直径大于 1 m 的吸附器。吸附质凭借较高温度和再生气稀释作用造成吸附质分压的降低从而实现解吸操作。

　　如图 7-18 所示，如果希望从再生气中回收吸附质，则可冷却再生出口气，使吸附质冷凝出来。采用水蒸气再生有利于解吸产品的冷凝。若吸附质与水不互溶，则使用分层器即可分离出产品，若吸附质与水互溶，尚需其他辅助分离操作。

　　对于液体吸附过程，在进料阶段之前床层是干燥或基本干燥的。液体进料流向一般是自下而上。在进料阶段终了时通常排干床层，然后通入水蒸气或热气体再生床层。

　　变温吸附过程显然是比较复杂的，如果真正做到连续进料，则至少需要两个吸附器。原因很简单，每一个床层都需要一定的再生时间，而在这段时间内，进料仍将继续。

　　变温吸附时吸附剂的有效负荷通常超过 0.01 kg 吸附质/kg 吸附剂，有的情况可能达 0.1 kg 吸附质/kg 吸附剂或更高。

变温吸附的缺点是再生过程长（包括加热、解吸、冷却），通常需要几小时，甚至 1 天；并且热量消耗较大，除了供给必需的解吸热外，还要提供加热吸附剂与设备所需的热量。

7.4.4 变 压 吸 附

变压吸附分离过程也是一种循环过程。它是以压力为热力学参数，在等温条件下借吸附量随压力的变化特性而实现的吸附分离过程。

一、操作原理[10]

如图 7-19 所示，如果吸附和解吸过程中床层温度维持 T_1，在吸附压力和解吸压力下吸附质的分压分别为 p_A 和 p_B，则在 A、B 两点吸附量之差 $\Delta q = q_A - q_B$ 为每经加压吸附和减压解吸循环的吸附质的分离量。如果要使吸附和解吸过程吸附剂吸附量之差增加，可以同时采用减压和加热方法进行解吸再生，沿 AD 线两端的吸附容量差值 $\Delta q = q_A - q_D$，该情况为联合解吸。在实际的变压吸附分离操作中，吸附质的吸附热都较大。伴随吸附过程放热使床层升温，操作点由

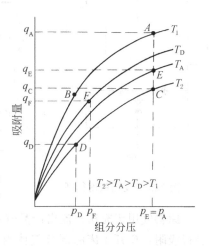

图 7-19 变压吸附循环操作原理

A 移至 E。解吸过程吸热使床层降温，操作点为 F，故吸附循环沿 EF 线进行，一次循环的吸附质分离量为 $\Delta q = q_E - q_F$。因此，欲提高变压吸附的处理能力，除提高吸附剂的选择性之外，其吸附等温线的斜率变化也要显著，并尽可能加大操作压力的变化，以增加吸附量的变化值。为此，可采用升压吸附或真空解吸的方法操作。一般优惠吸附等温线的低压端，曲线较为陡峭，所以，在真空下解吸或用非吸附性气体解吸和吹扫床层，都可以较大程度地提高变压吸附过程的吸附量。

二、变压吸附流程[11]

最简单的变压吸附和变真空吸附是在两个并联的固定床中实现的。如图 7-20 所示。与变温吸附不同，它不用加热变温的方式，而是靠消耗机械功提高压力或造成真空完成吸附分离循环。一个吸附床在某压力下吸附，而另一个吸附床在较低压力下解吸。变压吸附只能用于气体吸附，因为压力的变化几乎不影响液体吸附平衡。变压吸附可用于空气干燥、气体脱除杂质和污染物以及气体的主体分离等。

具有两个固定床的变压吸附循环如图 7-21 所示。称为 Skarstrom 循环。每个床在两个等时间间隔的半循环中交替操作：①充压后吸附；②放压后吹扫。实际上分四步进行。

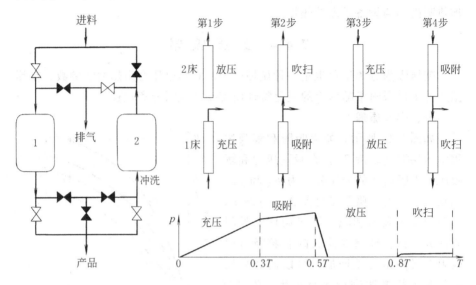

图 7-20　变压吸附循环　　　　　图 7-21　变压吸附的循环步骤

原料气用于充压，流出产品气体的一部分用于吹扫。在图 3-21 中 1 床进行吸附，离开 1 床的部分气体返至 2 床吹扫用，吹扫方向与吸附方向相反。从图 3-21 可看出，吸附和吹扫阶段所用的时间小于整个循环时间的50％。在变压吸附的很多工业应用中，这两步耗用的时间占整个循环中较大的百分数，因为充压和放压进行很快。所以变压吸附和真空吸附的循环周期是短的，一般是数秒至数分钟。因此，小的床层能达到相当高的生产能力。

在上述变压吸附基本循环方式的基础上已提出了很多改进，其目的是为了提高产品纯度、回收率、吸附剂的生产能力和能量的效率等。可归纳为以下几方面：①采用三、四台或多台吸附床；②增加均压阶段，吹扫结束后的床与吸附后的另一个床均压；③增加预处理或保护床，脱除影响分离任务的强吸附性杂质；④采用强吸附气体作为吹扫气；⑤缩短循环周期。过长的循环周期会引起床层在吸附阶段升温和在解吸阶段降温，这都是不希望的。图7-22 和图 7-23 为四床 PSA 系统流程和操作。

变压吸附和变真空吸附分离受吸附平衡或吸附动力学的控制。这两种类型的控制在工业上都是重要的。例如，以沸石为吸附剂分离空气，吸附平衡是控制因素。氮比氧和氩吸附性能更强。从含氩1％的空气中能生产纯度大约96％的氧气。当使用炭分子筛作为吸附剂时，氧和氮的吸附等温线几乎相同，

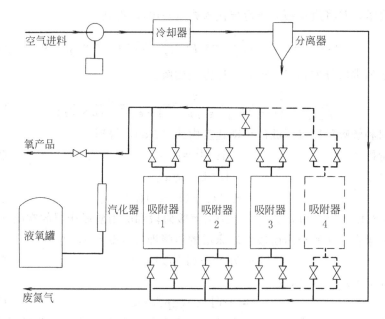

图 7-22　三床或四床 PSA 分离空气流程图

位号													
1	ADS			EQ1 ↑	CD ↑	EQ2 ↑	CD ↓	PUR ↓	EQ2 ↓	EQ1 ↓	R		
2	CD ↓	PUR ↓	EQ2 ↓	EQ1 ↓	R		ADS			EQ1 ↑	CD ↑	EQ2 ↑
3	EQ1 ↓	CD ↓	EQ2 ↓	CD ↑	PUR ↑	EQ2 ↑	EQ1 ↑	R	ADS			
4	EQ1 ↓	R		ADS			EQ1 ↑	CD ↑	EQ2 ↑	CD ↓	PUR ↓	EQ2 ↓

图 7-23　四床 PSA 单元循环操作图

EQ—均压；CD—并流或逆流降压；R—升压；↑—并流；↓—逆流；

ADS—吸附；PUR—清洗

但是氧比氮的有效扩散系数大得多。因此可生产出纯度＞99％的氮气产品。

三、变压吸附的平衡理论[12]

平衡理论是描述变压吸附性质的第一个方法。该理论忽略了气相和固相之间的传质阻力。可用于预测变压吸附操作中吸附波的移动状况。

对于等温吸附系统，假设床层内达到吸附平衡，则用式（7-40）表示单吸附质组分的物料衡算。式中 c 为气相中吸附质的浓度，其他符号同前。总的物料衡算为

$$\mathrm{d}p/\mathrm{d}t+\mathrm{d}(up)=0$$

将吸附平衡关系 $q=Kc$ 代入式（7-40）。假设气相为理想气体，气相浓度用

分压表示，并将道尔顿分压定律代入式（7-40），得到

$$p[\varepsilon_b+(1-\varepsilon_b)K]\frac{\partial y}{\partial t}+\varepsilon_b pu\frac{\partial y}{\partial z}+(1-\varepsilon_b)Ky\frac{\partial p}{\partial t}=0 \qquad (7\text{-}49)$$

使用下列常微分方程组可得到上述方程的解。

$$\frac{\mathrm{d}t}{p[\varepsilon_b+(1-\varepsilon_b)K]}=\frac{\mathrm{d}z}{\varepsilon_b pu}=\frac{\mathrm{d}y}{(1-\varepsilon_b)Ky(\partial p/\partial t)} \qquad (7\text{-}50)$$

在吸附和解吸阶段吸附波的移动速度由式（7-50）得到：

吸附阶段 $\qquad\qquad\qquad \mathrm{d}z/\mathrm{d}t=\beta u_H \qquad\qquad\qquad (7\text{-}51)$

解吸阶段 $\qquad\qquad\qquad \mathrm{d}z/\mathrm{d}t=\beta\gamma u_H \qquad\qquad\qquad (7\text{-}52)$

式中 $\qquad\qquad\qquad \beta=\varepsilon_b/[\varepsilon_b+(1-\varepsilon_b)K] \qquad\qquad (7\text{-}53)$

γ 为吹扫比，定义为 u_L/u_H，分别为解吸阶段和吸附阶段床层的空隙流速。

如果在放压和充压阶段忽略床层的压降即 $\mathrm{d}p/\mathrm{d}z=0$，得到

$$\partial u/\partial z=-(1/p)\partial p/\partial t \qquad (7\text{-}54)$$

由于在 $z=0$ 处 $u=0$，故

$$u=-(1/p)(\mathrm{d}p/\mathrm{d}t)z \qquad (7\text{-}55)$$

结合式（7-55）和式（7-50）并积分，可确定压力变化前后吸附波的位置。设压力 p_H 下吸附波的位置为 z_H，压力 p_L 下为 z_L，则它们之间的关系是

$$z_H=z_L(p_L/p_H)^\beta \qquad (7\text{-}56)$$

用式(7-51)、式(7-52)和式(7-56)可得到穿透距离。

在充压和高压吸附期间，净穿透距离 ΔL_H 为

$$\Delta L_H=L_L(p_L/p_H)^\beta-\beta u_H t_C \qquad (7\text{-}57)$$

同样，在吹扫和低压解吸期间，净穿透距离 ΔL_L

$$\Delta L_L=\beta\gamma u_H t_C-L_H(p_H/p_L)^\beta \qquad (7\text{-}58)$$

从这些参数可以确定操作条件的范围，即为保持产品浓度足够高，ΔL_H 应该大于零。而 L_H 必须小于床层高度 Z。同样地，如果 $L_L>Z$ 则预计吹扫气流会透过，该范围是不合适的。操作条件应落在图 7-24 的阴影部分。

从临界条件 $\Delta L=0$ 可得到临界吹扫比：

$$\gamma_C=(u_L/u_H)_C=(p_H/p_L)^\beta \qquad (7\text{-}59)$$

从上述分析可看出,平衡理论能够给出获得纯产品的操作条件的范围。然而由于模型应用了过于简化的假设，例如吸附速率非常快，这种处理不能得到产品的浓度值。为得到产品浓度或收率与操作条件之间的关系必须应用非平衡级模型。

7.4.5　连续逆流吸附[13]

逆流操作提供了最大的传质推动力,原则上比间歇系统能更有效地利用吸附剂的吸附能力。然而逆流接触或是需要吸附剂循环或是需要仔细设计流动

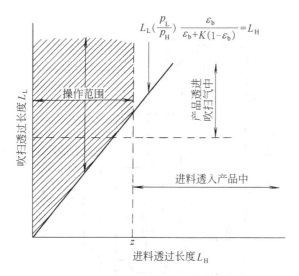

图 7-24 变压吸附 L_L-L_H 的操作范围

系统模拟吸附剂的循环,这就使得逆流过程的设计很复杂并且降低了操作的灵活性。显然,对于相当容易的分离,例如具有高分离因子和较快传质速率的物系,选择间歇系统更合适;但对于选择性不高、传质速率慢的难分离物系,采用连续逆流系统可以降低吸附剂的用量,与较复杂的工程问题相比,利大于弊。

移动床早期用于含烃类原料气(如焦炉气)中提取烯烃等组分,大型装置的气体处理量(标准状况)为 2 100 m^3/h,乙烯回收量 1 000 t/年,将乙烯含量从 4.5%～6.0%(体积分数)提浓到 92%～93%。目前在糖液脱色、润滑油精制等液相吸附中也在使用。模拟移动床是另一类大型连续逆流吸附分离装置。用于分离各种异构体,如分离 C_8 芳烃中的对二甲苯、间二甲苯、邻二甲苯和乙苯,以及分离果糖、葡萄糖异构体等过程。

一、连续逆流吸附设备和流程

典型的移动床吸附分离流程如图 7-25。吸附剂为活性炭。塔的结构使得固相可以连续、稳定地输入和输出,并且使气固两相逆流接触良好,不致发生沟流或局部不均匀现象。进料气从塔的中部进入吸附段下部。其中较易被吸附的组分被自上而下的固体吸附剂所吸附,顶部产品只包含有难吸附组分。固体下降到精馏段,与自下而上的气流相遇,固体上较易挥发的组分被置换出去。固相吸附剂离开精馏段时,只剩下易被吸附的组分,起到增浓作用。再往下一段是解吸段,吸附质在此被蒸汽加热和吹扫。吹出的气体,部分作为塔底产品,部分上至精馏段作为回流,固体则下降至提升器底部,经气体提升至提升器顶部,然后循环回到塔顶。用来从甲烷、氢混合气体中提取乙烯的逆流移动床吸附分离过程的物料衡算和温度分布见图 7-26。

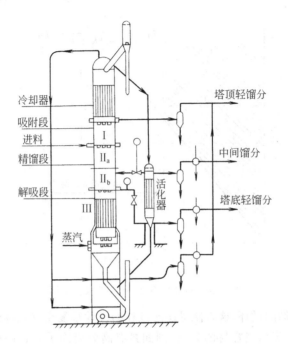

图 7-25 移动床吸附分离流程

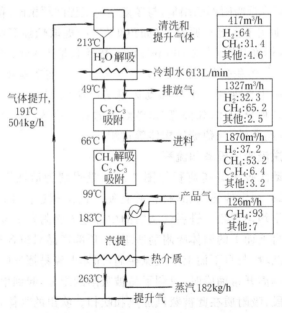

图 7-26 移动床吸附分离物料衡算

（注：图中 m³/h 指标准状况下的体积流量）

进行液体吸附分离时也可采用移动床操作。但由于吸附剂在设备内不能以活塞流的理想流动方式运动,难以得到较高浓度的产品,且动力消耗大,吸附剂易磨损等,因此在使用上受到限制。目前广泛采用模拟移动床。

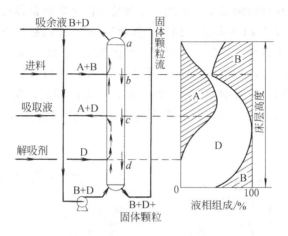

图 7-27　移动床吸附原理图

模拟移动床吸附分离的基本原理与置换解吸的移动床相似。图 7-27 是固液相移动床吸附塔的工作原理图。设进料液里只含 A、B 两个组分,用固体吸附剂和液体解吸剂 D 来分离它们。固体吸附剂在塔内自上而下移动,至塔底出去后,经塔外提升器提升至塔顶循环入塔。液体用循环泵压送,自下而上流动,与固体物料逆流接触。整个吸附塔按不同物料的进出口位置,分成四个作用不同的区域:ab 段—A 吸附区;bc 段—B 解吸区;cd 段—A 解吸区;da 段—D 的部分解吸区。被吸附剂所吸附的物料称为吸附相,塔内未被吸附的液体物料称为吸余相。

在 A 吸附区,向下移动的吸附剂把进料(A+B)液体中的 A 吸附,同时把吸附剂内已吸附的部分脱附剂 D 置换出来,在该区顶部将进料中的组分 B 和解吸附 D 构成的吸余液(B+D)部分循环,部分排出。

在 B 解吸区,从此区顶部下降的含 A+B+D 的吸附剂,与从本区底部上升的含 A+D 的液体物料逆流接触,因 A 比 B 有更强的吸附力,故 B 被解吸出来,下降的吸附剂中只含有 A+D。

A 解吸区的作用是将 A 全部从吸附剂表面解吸出来。解吸剂 D 自此区底部进入塔内,与本区顶部下降的含 A+D 的吸附剂逆流接触,解吸剂 D 把 A 组分完全解吸出来,从该区顶部放出吸余液 A+D。

D 部分解吸区的目的在于回收部分解吸剂 D,从而减少解吸剂的循环量。从本区顶下降的只含有 D 的吸附剂与从塔顶循环返回塔底的液体物料 B+D 逆流接触,按吸附平衡关系,B 组分被吸附剂吸附,而使吸附相中的 D 被部分地置换出来。此时吸附相只有 B+D，而从此区顶部出去的吸余相基本上是 D。

当固体吸附剂在床层内固定不动，而通过旋转阀的控制将各段相应的溶液进出口连续地向上移动（图 7-28），这和进出口位置不动，保持固体吸附剂自上而下地移动的结果是一样的，这就是多段串联模拟移动床。在实际操作中，塔上一般开 24 个等距离的口，同接于一个 24 通旋转阀上，在同一时间内旋转阀接通四个口，其余均封闭。如图所示 6、12、18、24 四个口分别接通吸余物（B+D）流出口（4）、原料（A+B）进口（1）、吸取液（A+D）排出口（2）、解吸剂（D）进口（3），一定时间后，旋转阀向前旋转，则进出口变为 5、11、17、23，依此类推，当进出口升到 1 点后又转回到 24，循环操作。

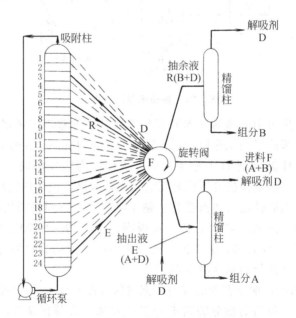

图 7-28　模拟移动床吸附分离操作示意图

采用模拟移动床连续操作，可以更有效地发挥吸附剂和解吸剂效率，吸附剂用量仅为固定床的 4%，解吸剂用量仅为固定床的一半。模拟移动床成功地应用于混合二甲苯的分离，可以取代深冷、结晶、分离的传统工艺。

二、连续逆流吸附系统的模拟

对于液体混合物的主体分离，连续逆流系统优于间歇系统。理想的连续逆流系统，其吸附剂床层以活塞流向下移动，而液体混合物以活塞流向上流经床层的空隙空间。遗憾的是由于吸附剂的磨损、液体的沟流和吸附剂颗粒的不均匀流动等问题，开发不出这样理想的系统，因此，成功的工业系统多采用模拟移动床。无论是移动床还是模拟移动床，其数学模型是相同的，分为速率模型和平衡级模型。与前述吸附系统模型所不同的是，连续逆流系统都按稳态操作处理。这些模型能应用于流体的净化或液体混合物的主体分离。净化过程模拟比较简单，速率模型也已开发。

1. 用于净化分离的 McCable-Thiele 和 Kremser 法

讨论一个连续逆流系统，通过吸附从二元稀溶液中脱除溶质，如图 7-29 所示。进料 F，溶质浓度 c_F，从 P_1 面进入吸附段，在吸附器内只有溶质被吸附。有一定吸附负荷 q_F 的吸附剂 S 从 P_1 面离开吸附段。经净化的物料称为吸余物 R，其溶质浓度 c_R，在 P_2 面出吸附段，与从该床层顶进入的负荷为 q_R 的吸附剂成逆流状态。含溶质浓度 c_D 的解吸剂 D 在 P_3 面进入解吸段底部，而吸附剂从 P_3 面出解吸段并进入吸附段。假设解吸剂不被吸附，以提取物 E 的形式从 P_4 面出解吸段，其中溶质浓度为 c_E，并且循环的吸附剂在 P_4 面进入解吸段，完成了整个循环过程。

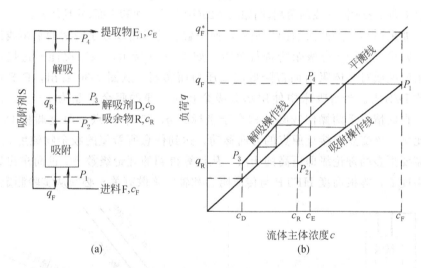

图 7-29　连续逆流吸附——解吸系统
（a）流程与条件；（b）McCable-Thiele 图解法

如果系统中处理的溶液是稀溶液，并且溶剂和解吸剂中溶质的吸附等温线相同，系统在恒温和恒压下操作，则可画出图 7-29（b）的 McCable-Thiele 图。操作线与平衡线均为直线。吸附和解吸决定了操作线处于平衡线的下方和上方。3 个方程为：

吸附：
$$q = \frac{F}{S}(c - c_F) + q_F \tag{7-60}$$

解吸：
$$q = \frac{D}{S}(c - c_D) + q_D \tag{7-61}$$

平衡：$\qquad\qquad\qquad\qquad\qquad q=Kc \qquad\qquad\qquad\qquad\qquad$ (7-62)

式中 F、S 和 D 为进料、吸附剂和解吸剂的质量流率。

从图 7-29（b）可看出，这 3 条直线的斜率必须满足

$$\frac{F}{S}<K<\frac{D}{S}$$

由于解吸剂比原料的用量更大，因此只有当解吸剂价廉时该系统才是经济的。在 McCabe-Thiele 图的平衡线和操作线之间画阶梯，确定了吸附段和解吸段的平衡级数分别是 2 和 3.3。当平衡线和操作线是直线时〔如图 7-29（b）〕，也可应用 Kremser 法，对吸附或解吸段写出如下形式的 Kremser 方程

$$N_t=\frac{\ln\left[\dfrac{c_1-q_1/K}{c_2-q_2/K}\right]}{\ln\left[\dfrac{c_1-c_2}{q_1/K-q_2/K}\right]} \qquad\qquad (7\text{-}63)$$

式中 1 和 2 表示同一段的两端，例如图 7-29(b)中的 1 面和 2 面,并且使 $q_1>q_2$。

如果适当改变两段的操作条件，使得解吸的平衡线处于吸附的平衡线以下，则可以使用部分吸余物进行解吸。如图 7-30 所示，该工况能通过提高解吸温度或对气体吸附而言降低解吸压力而实现。从图 7-30 看出，F/S 可以比 D/S 大。当解吸床中使用部分吸余物时，净的吸余产品为 F−D。注意，在此情况下两操作线必须相交于坐标为 q_R 和 c_R 的点。通过调整 D/F 的比例，该交点向接近原点的方向移动，达到任意所希望的吸余物纯度 c_R，但需要更多的理论级即更高的床层。从计算得到的理论级数 N_t 进而求出床层高度 L，等板高度 HETP 与传质阻力和轴向弥散有关，必须从实验测定。

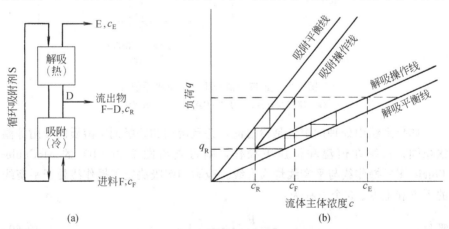

图 7-30 变温操作的连续逆流系统

（a）流程与物流条件；（b）McCable-Thiele 图

$$L = N_t(\mathrm{HETP}) \tag{7-64}$$

2. 主体分离的 McCable-Thiele 法

自从 Sorbex 模拟移动床过程开发以后，已广泛应用于液体混合物的主体吸附分离。在该过程中，进料混合物被分离成净化的吸余液和浓缩的吸取液。对于二元混合物 A 和 B，模拟移动床等价于图 7-31 的移动床过程。A 是强吸附组分。吸取液富含 A，吸余液富含 B。Sorbex 过程类似于二元精馏操作，从塔中部进料。组分 A 在床 I 中吸附，向下流经床 II，然后在床 III 中解吸得到富 A 的吸取产品。组分 B 在床 II 中解吸，向上通过床 I，富 B 的吸余液在床 IV 和 I 之间抽出。

Sorbex 过程需要加入第 3 组分 C，称为解吸剂，它促进 A 在床 III 中解吸和 B 在床 IV 中吸附。在床 III 中 C 被吸附而 A 解吸。在床 IV 中 C 部分解吸。此外，C 的吸附性质应选择适当，它能置换吸附剂中的组分 A，又能被 B 从吸附剂中置换出来，这取决于固体和液体的相对流率。富含 C 的吸附剂离开床 III，循环到床 IV。

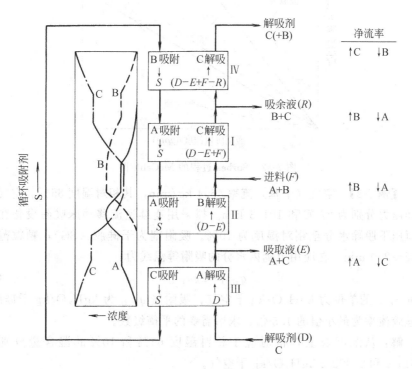

图 7-31　Sorbex 吸附分离流程

A，B—分离组分；C—解吸剂

A、B 和 C 的典型浓度分布如图 7-31 所示。在稳态循环条件下，对于

A、B 之间完全分离的极限情况，当吸附等温线是线性的，并且彼此独立，与 C 的浓度无关时，流率比必须满足如下约束条件：

$$\frac{S}{D+F-E-R}>\alpha_{C,B}; \qquad \frac{S}{D+F-E}>\alpha_{B,A}; \qquad \frac{S}{D-E}<\alpha_{A,B}; \qquad \frac{S}{D}<\alpha_{C,A}$$

$$(7\text{-}65)$$

式中 $\alpha_{i,j}=K_i/K_j$ 为线性吸附等温线的相对选择性。使用这些约束条件，得到组合的 McCable-Thiele 图，见图 7-32。粗实线是 A 和 B 的平衡线，细实线是相应不同区域的操作线。对于非线性吸附等温线的情况，其 McCable-Thiele 图与图 7-32 相类似。

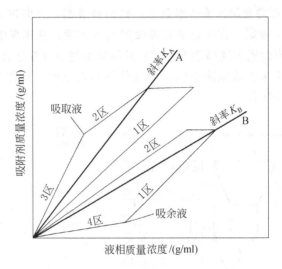

图 7-32　Sorbex 过程的 McCable 图

【例 7-5】　空气（干基）流率 45.4 kg/min，其相对湿度 65%。空气温度和压力分别为 27 ℃和 101.3 kPa。拟采用连续逆流移动床吸附设备在恒温恒压下脱除水分至相对湿度为 10%。吸附剂为干硅胶（SG），颗粒范围 1.42~2.0 mm。在应用范围内水分的吸附等温线为

$$q_{H_2O}=2gc_{H_2O} \qquad (1)$$

浓度 c_{H_2O} 的单位为 kgH_2O/kg 干空气，吸附量 q_{H_2O} 为 kgH_2O/kg 干硅胶，如硅胶流率为最小值的 1.5 倍，求所需要的平衡级数。

解：从湿度表上查得对应于相对湿度 65% 和 10% 的湿含量分别是 0.014 3 和 0.002 2 kgH_2O/kg 干空气。

在该情况下，图 7-29（b）正好适用于吸附段，符号的规定见图：

$$F=45.4 \text{ kg/min}, \quad c_F=0.014 3 \text{ kgH}_2\text{O/kg 干空气},$$

$$c_R=0.002 2 \text{ kgH}_2\text{O/kg 干空气}, \quad q_R=0$$

吸附剂流率 S 是最小用量的 1.5 倍，q_F 值依赖于 S。在最小吸附剂流率下，出口吸附剂与进口气体成平衡。所以，由式(1) $q_F^* = 29(0.014\ 3) = 0.415$ kgH$_2$O/kg 干 SG。被吸附的水蒸汽量是 $F(c_F - c_R) = 45.4(0.014\ 3 - 0.002\ 2) = 0.549$ kg/min。所以，$S_{\min} = \dfrac{0.549}{0.415} = 1.32$ kg 干 SG/min。实际硅胶用量

$S = 1.5 S_{\min} = 1.5(1.32) = 1.98$ kg 干 SG/min。由物料衡算：$q_F = \dfrac{0.549}{1.98} = 0.276$ kgH$_2$O/kg 干 SG。再从式(7-63)，当 $K = 29$，F 在 P_1 面进料，R 在 P_2 面出料时，

$$N_t = \frac{\ln\left[\dfrac{0.014\ 3 - 0.276/29}{0.002\ 2 - 0}\right]}{\ln\left[\dfrac{0.014\ 3 - 0.002\ 2}{0.276/29 - 0}\right]} = 3.2$$

在树脂总容量中硝酸盐形式所占的分数是 $0.74 \times 0.32 = 0.24$，其余 0.08 为碳酸盐所占分数。树脂对于硫酸盐的平衡容量 $0.68 \times 1.2 = 0.82$ eq/L。对硝酸盐的平衡容量 $0.24 \times 1.2 = 0.29$ eq/L。

本章符号说明

英文字母

A——单位质量吸附剂的传质外表面积，m^3/kg；

A_b——床层横截面积，m^2；

a——比表面积，m^2/m^3；

c——混合物中组分数目；流动相中吸附质或溶质的浓度；kg/m^3 或 mol/L；

c^*——与平均吸附量成平衡的溶质浓度，m^3/kg；

c_F——进料中溶质的浓度，kg/m^3；

c_{out}——吸附器流动相出口浓度，kg/m^3；

c_p——定压比热容，kJ/(kg·K)；

D——分子扩散系数，m^2/s；解吸剂流率，kg/s；

D_e——有效扩散系数，m^2/s；

D_k——纽特逊扩散系数，m^2/s；

D_p——吸附剂颗粒的当量直径，m；

D_s——表面扩散系数，m^2/s；

E——吸取液流率，kg/s；

e——传热速率，W；

F——进料流率，mol/s 或 kg/s；

G——流体的质量流速，kg/(m^2·s)；吹扫/进料比；

h——传热系数，W/(m^2·K)；

K——亨利系数；Langmuir 常数；Freundlich 方程特征常数；Toch 方程特性参数；

k——导热系数，W/(m·K)；

k_C——流体相侧(或外)传质系数，m/s；

k_L——液膜传质系数，m/s；

k_S——树脂相传质系数，m/s；

L_B——固定床床层总长度，m；

L_e——实验床层长度，m；

LES——理想固定床吸附器床层长度，m；

LUB——未用床层长度，m；

M——吸附质的相对分子质量；

m——吸附剂量，kg；

N_{Nu}——努塞特数；

N_{Pr}——普兰特数；

N_{Re}——雷诺数；

N_{Sci}——史密特数；

N_{Sh}——舍伍德数；

N_t——理论级数；

n——Freundlich 特征常数；

n^0——与吸附剂接触的二元溶液总的物质的量(mol)；

p——吸附质的总压；气相总压；纯气体吸附时吸附质在气体混合物中的分压，Pa；

p_i——气相中组分 i 的分压，Pa；

p^0——吸附温度下吸附质饱和蒸汽压，Pa；

Q_B——搅拌槽中液体体积，m^3；

Q_C——连续搅拌槽吸附器液体体积流率，m^3/s；

Q_F——进料体积流率，m^3/s；

q——吸附剂的吸附量，kg/kg 或 m mol/g；

q_p——吸附剂单分子层吸附的最大吸附量，kg/kg；

q_s——吸附平衡方程中的特征常数；式(7-10)中的最大吸附量，kg/kg 或 cm^3/g；

q_1^e——表观吸附量，即单位质量吸附剂吸附容量，mol 溶质/kg 吸附剂或 kg 溶质/kg 吸附剂；

R——吸余液流率，kg/s；

S——固定床中吸附剂质量，kg；吸附剂流率，kg/s；分离因子；

S_B——搅拌槽中吸附剂质量，kg；

S_C——连续搅拌槽吸附器吸附剂质量流率，kg/s；

s——Unilan 方程参数；

T——温度，K；

t——时间，s；Toch 方程特性参数；

t_b——穿透时间，s；

t_s——饱和时间，s；

u——流体流经固定床空隙的速度，m/s；

u_c——固定床中浓度波移动速度，m/s；

x_1^0——与吸附剂接触前液体中溶质的摩尔分数；

x_1——达到吸附平衡后液相主体中溶质的摩尔分数；

y——气相组分的摩尔分数；

Z——床层高度，m。

希腊字母

α——相对选择性；

γ——变压吸附吹扫比，定义为 u_L/u_H；

ε_b——床层空隙率，%；

ε_p——吸附剂颗粒孔隙度，%；

μ——粘度，Pa·s；

ρ——流体密度，kg/m^3；

ρ_b——吸附剂在床层中的堆积密度，kg/m^3 或 g/cm^3；

ρ_p——吸附剂颗粒密度，kg/m^3 或 g/cm^3；

ρ_s——吸附剂颗粒的真密度，kg/m^3 或 g/cm^3；

τ——颗粒微孔的弯曲因子。

上标

0——起始状态；

—— (符号上)平均；

*——平衡量。

下标

b——流动相主体；

c——临界值；

D——解吸剂；

E——吸取物；

F——进料；

H——变压吸附高压(吸附)阶段；

i——组分；

L——变压吸附低压(吹扫)阶段；

0——初始值；参考态；

out——出口；

R——吸余物；

S——吸附剂表面；饱和点。

习　题

1. 2 mol 含丙烯 35% （mol）的丙烯和丙烷混合物在 25 ℃和 101 kPa 下用 0.1 kg 的硅胶吸附剂吸附达到平衡。平衡数据如附图所示。计算被吸附气体的摩尔及其组成；未被吸附气体的平衡组成。

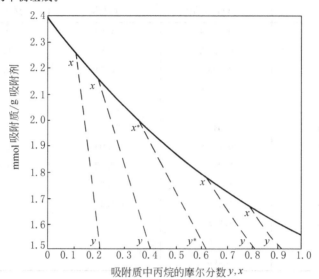

习题 1 附图　c_3^0 和 $c_3^=$ 在硅胶上
吸附平衡曲线 （25 ℃，101 kPa）

2. 水中少量挥发性有机物（VOCs）可以用吸附法脱除。通常含有两种或两种以上的 VOCs。现有含少量丙酮（1）和丙腈（2）的水溶液用活性炭处理。Radke 和 Prausnitz 已利用单个溶质的平衡数据拟合出 Freundlich 和 Langmuir 方程常数。对<50 mmol/L 的溶质浓度范围，给出公式的绝对平均偏差见附表。

习题 2 附表：

丙酮水溶液（25 ℃）		q 的绝对平均偏差/%
$q_1 = 0.141\, c_1^{0.597}$	(1)	14.2
$q_1 = \dfrac{0.190 c_1}{1+0.146 c_1}$	(2)	27.3
丙腈水溶液（25 ℃）		q 的绝对平均偏差/%
$q_2 = 0.138\, c_2^{0.658}$	(3)	10.2
$q_2 = \dfrac{0.173\, c_2}{1+0.096\,1\, c_2}$	(4)	26.2

式中　q_1——溶质吸附量，mmol/g；

c_1——水溶液中溶质浓度，mmol/L。

已知水溶液中含丙酮 40 mmol/L，含丙腈 34.4 mmol/L，操作温度 25 ℃，使用上述方程预测平衡吸附量，并与 Radke 和 Praunsnitz 的实验值进行比较。实验值：$q_1 = 0.715$ mmol/g，$q_2 = 0.822$ mmol/g，$q_{总} = 1.537$ mmol/g。

3. 已知纯丙烷、纯丙烯和由它们组成的二元混合物在硅胶上的吸附平衡数据（25 ℃）如附表：

习题 3 附表 1

丙　　烷		丙　　烯	
p/kPa	$q/ (mmol/g)$	p/kPa	$q/ (mmol/g)$
1.48	0.056 4	4.56	0.373 8
3.33	0.125 2	9.52	0.722 7
5.80	0.198 0	12.21	0.747 2
9.52	0.298 6	25.90	1.129
13.33	0.385 0	26.44	1.168
21.18	0.544 1	36.20	1.401
30.33	0.702 0	47.09	1.562
40.56	0.843	73.42	1.918
51.60	1.010	74.02	1.928
62.39	1.138	101.40	2.184
75.86	1.288		
90.37	1.434		
103.32	1.562		

习题 3 附表 2

总压/kPa	每克吸附剂所吸附混合物的量/mmol	气相中的摩尔分数 y_{C_3}	吸附质中的摩尔分数 x_{C_3}
102.55	2.197	0.244 5	0.107 8
101.44	2.013	0.299	0.257 6
102.36	2.052	0.404	0.295 6
101.46	2.041	0.530	0.281 6
100.47	1.963	0.533 3	0.365 5
102.16	1.967	0.535 6	0.312 0
100.52	1.974	0.614 0	0.359 1
100.47	1.851	0.622 0	0.555 0
100.52	1.701	0.625 2	0.700 7
101.32	1.686	0.748 0	0.723
—	2.180	0.671	0.096
101.32	1.993	0.896 4	0.253
101.32	1.426	0.921	0.401

（1）用 Freundlich 和 Langmuir 方程拟合纯组分数据，哪个方程拟合较好？

（2）用（1）中 Langmuir 拟合结果用扩展 Langmuir 方程式（7-9）预测二元混合物的吸附平衡，其准确度如何？

（3）用式（7-9）直接拟合二元混合物数据，结果又如何？

（4）用式（7-10）拟合二元混合物数据，结果如何？

4. 含水蒸气的空气流在内径为 12.06 cm 的固定床中干燥。吸附剂为粒径 3.3 mm 的活性氧化铝，其孔隙度为 0.442。床层某位置的压力为 653.3 kPa，温度为 21 ℃，气体流率为 1.327 kg/min，露点温度为 11.2 ℃。估计外传质系数和传热系数。

5. 氮气流中的丙酮蒸汽通过填充活性炭的固定床吸附器脱除，在床层中某处，压力 136 kPa，气相主体温度 297 K，丙酮在气相主体中的浓度 0.05 摩尔分数，已知平均颗粒直径 0.004 m，气体 mol 流率 0.003 25 kmol/（$m^2 \cdot s$）。估计丙酮外扩散传质系数和颗粒外表面到气相的传热系数，由于仅已知气相主体的温度和浓度，故按气相主体条件求气体性质，使用式（7-62）和式（7-63）所涉及到的性质如下：

粘度 $\mu = 0.000\ 016\ 5$ Pa·s（即 kg/m·s）；密度 $\rho = 1.627$ kg/m^3

导热系数 $k = 0.024\ 0$ W/（m·K）[或 0.024×10^3 kJ/（m·K·s）]

定压比热容 $c_p = 1.065$ kJ/（kg·K）

分子量 $M = 29.52$

其他参数：

气体质量流速 $G = 0.003\ 52$（29.52）$= 0.103\ 9$ kg/（$m^2 \cdot s$）

假设球形度 $\psi = 0.65$；所以 $D_p = 0.65$（0.004）$= 0.002\ 6$ m，在 297 K 和 136 kPa 条件下，丙酮在氮气中的扩散系数 D_i 与浓度无关，近似为 0.085×10^4 m^2/s

6. 多孔硅胶吸附剂的物理性质：颗粒直径 1.0 mm、颗粒密度 1.13 g/cm^3、孔隙度 0.486、平均微孔半径 1.1 nm、弯曲因子 3.35。用该吸附剂从氦气中吸附丙烷，吸附温度 100 ℃，丙烷在微孔中扩散为纽特逊和表面扩散控制。微分吸附热为 −24 702 J/mol，100 ℃下线性等温线的吸附常数为 19 cm^3/g，试估计有效扩散系数。

7. 用活性炭吸附水中可溶性有机物。已知水中含三氯乙烯（TCE）3.3 mg/L，希望降低至 0.01 mg/L。25 ℃的吸附平衡关系用 Freundlich 方程表示

$$q = 67\ c^{0.564}$$

式中 q 的单位为 mg（TCE）/g 碳；c 的单位为 mg（TCE）/L 溶液。使用搅拌槽吸附器和粉末状活性炭，其平均粒径 1.5 mm。假设吸附为外传质控制，舍伍德数 $N_{Sh} = 30$，颗粒表面积 5 m^2/kg，TCE 的分子扩散系数用 Wilke-Chang 估计（*AIChE J.*，1955，**1**：264～270）。

（1）确定吸附剂最小用量；

（2）若采用间歇操作，吸附剂用量为最小用量的两倍，试确定达到吸附要求所需要的时间；

（3）若采用连续操作，吸附剂用量仍为最小用量的两倍，试确定停留时间。

8. 重复习题 7 的计算，水中含苯（B）0.324 mg/L，间二甲苯（X）0.63 mg/L，要求经吸附后水中每种有机物降至 0.002 mg/L。已知 25 ℃的吸附等温线

344

$$q_B = 32c_B^{0.428}$$

$$q_X = 125c_X^{0.333}$$

9. 固定床吸附器内装 4 536 kg 粒状活性炭（$\rho_B = 480$ kg/m³），用于处理 946 L/min 的水，水中含 1，2-二氯乙烷（D）4.6 mg/L。吸附后要求降低至 0.001 mg/L。活性炭床高等于 2 倍的直径。共设置 3 台固定床，两台串联操作，另一台备用切换，当床 1 与床 2 串联操作时，床 1 首先饱和，然后切换出系统，经更换新鲜活性炭后备用。此时，床 2 取代床 1，床 3 取代床 2。如此达到循环操作。已知吸附平衡关系为

$$q = 8 \, c^{0.57}$$

式中 q 的单位为 mg/g，c 的单位为 mg/L。问需多长时间床层切换一次？床层允许的最大 MTZ 长度为多少？

10. 吸附流程同习题 9，处理含苯（B）0.185 mg/L、二甲苯（X）0.583 mg/L 的水 946 L/min。由于这两种溶质的穿透时间不相同，需要采用多床串联操作。吸附等温线见习题 8。从实验室测定得到传质区长度 $MTZ_B = 0.762$ $MTZ_X = 1.46$ m。问循环建立后如何切换？

11. 某气体混合物含丙烷 55%（mol）、丙烯 45%（mol），欲将其分离为含丙烷为 10%（mol）和 90%（mol）的产品。采用连续逆流吸附操作，系统温度 25 ℃，压力 101 kPa。吸附剂为硅胶。平衡数据见习题 3。原料气流率为 1 000 m³/h。试用 McCable-Thiele 法求：

(1) 取吸附剂流率为最小流率的 1.2 倍，吸附剂流率为多少？

(2) 所需理论级数为多少？

参 考 文 献

1 Jimmy L H. , George E, Keller I I. Separation Process Technology. New York: McGraw-Hill, 1997. 155,162～171

2 时钧,汪家鼎,余国琮,陈敏恒主编. 化学工程手册. 第二版. 下卷. 北京:化学工业出版社,1996. (18－5)～(18－13)

3 Seader J D,Henley E J. Separation Process Principles. New York:John Wiley & Sons,1998. 794～805,806～810,827～831,831～835

4 Duong D D. Adsorption Analysis:Equilibria and Kineties. New York:Lmperial College Press, 1988. 49～83

5 Yang R T. Gas Separation by Adsorption Processes. Boston:Butterworths,1987. 101～107,141～146

6 Wakao N,Funazkir T. Chem. Eng. Sci. 1978,33:1375～1384

7 Schweitzer P. Handbook of Separation Technique For Chemical Engineers, 3nd ed. New York: McGraw-Hill,1997. (3－22)～(3－33)

8 蒋维钧. 新型传质分离技术. 北京:化学工业出版社,1992. 106～109

9 化工百科全书编辑部. 化工百科全书. 第 17 卷. 北京:化学工业出版社,1998. 74

10 Garside J. Separation Technology:The Next Ten Years. London:Institution of Chemical Engineers,1994. 51～52

11   Ruthven D M,Farooq S,Kanebel K S. Pressure Swing Adsorption. New York:VCH,1994. 72~83

12   Motoyuki SUZUKI. Professor Institute of Industrial Science. University of Tokyo. Kodansha Tokyo. 1990. 250~253

13   Ruthven D M. Principles of Adsorption and Adsorption Processes. New York:John Wiley & Son, 1984. 380~400

8. 结　　晶

结晶是固体物质以晶体状态从蒸汽、溶液或熔融物中析出的过程，在化学工业中常遇到的是从溶液或熔融物结晶的过程。

为数众多的化工产品都是应用结晶方法分离或提纯而得到的晶态物质。以盐和糖为例，世界的年生产能力已超过 100 兆 t；化肥如硝酸铵、氯化钾、尿素、磷酸胺等世界的年生产量亦已超过了 1 兆 t；在医药、染料、精细化工生产中，虽然结晶态产品产量相对较低，但具有异常重要的地位以及高额的产值。在冶金工业、材料工业中，结晶亦是关键的单元操作。值得注意的新动向是在高新技术领域中，结晶操作的重要性与日俱增，例如生物技术中蛋白质的制造，催化剂行业中超细晶体的生产以及新材料工业中超纯物质的净化都离不开结晶技术。

相对于其他化工分离操作，结晶过程有以下特点：

（1）能从杂质含量相当多的溶液或多组分的熔融混合物中，分离出高纯或超纯的晶体。结晶产品在包装、运输、储存或使用上都较方便。

（2）对于许多难分离的混合物系，例如同分异构体混合物，共沸物，热敏性物系等，使用其他分离方法难以奏效，而适用于结晶分离。

（3）结晶与精馏、吸收等分离方法相比，能耗低得多，因结晶热一般仅为蒸发潜热的 $\frac{1}{3} \sim \frac{1}{10}$。又由于可在较低温度下进行，对设备材质要求较低，操作相对安全。一般无有毒或废气逸出，有利于环境保护。

（4）结晶是一个很复杂的分离操作，它是多相、多组分的传热-传质过程，也涉及到表面反应过程，尚有晶体粒度及粒度分布问题，结晶过程和设备种类繁多。

20 年来，结晶技术引起世界科学界以及工业界很大的注意，理论分析和工业技术与设备的开发取得了许多引人注目的进展。现代测量技术的应用，使人们对结晶机理、结晶热力学和结晶动力学等有了较为深刻的认识。近年来在有机物系分离中已得到了工业应用。

结晶过程可分为溶液结晶、熔融结晶、升华和沉淀四类，其中溶液结晶和熔融结晶是化学工业中最常采用的结晶技术。本章将讨论这两种结晶过程。

8.1　基　本　概　念

8.1.1　晶　　体

晶体是内部结构的质点元（原子、离子或分子）作三维有序规则排列的固态物质。所形成有规则的多面体外形，称为结晶多面体，该多面体的表面称为晶面，棱称为晶棱。由于晶体中每一宏观的质体的内部晶格均相同，保证了晶体的物理性质和化学性质在宏观上的均一性，显示为晶体产品的高纯度。但对于一个晶体，晶体的几何特性及物理效应一般说来常随方向的不同而表现出数量上的差异，显示出各向异性。

构成晶体的微观质点在晶体所占有的空间中按一定的几何规律排列，各质点间有力的作用，它是晶体结构中的键。由于键的存在，质点得以维持在固定的平衡位置上，彼此保持一定距离，形成空间晶格。最简单的一种晶体分类法是把晶体按其晶格空间结构分为七种晶系，即立方晶系（等轴晶系）、四方晶系、六方晶系、立交晶系、单斜晶系、三斜晶系和三方晶系（菱面体晶系）。各晶系的晶格空间结构如图 8-1 所示。实际结晶体形态可以是属于单一晶系，亦可能是二种晶系的过渡体，晶体形态比较复杂。

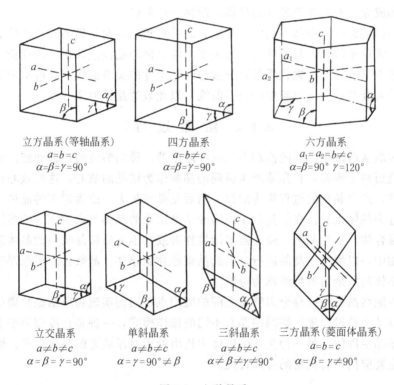

图 8-1　七种晶系

晶系是指在一定的环境中，结晶的外部形态。对于不同的物质，所属晶系可能不同。对于同一种物质，当所处的物理环境（如温度、压力等）改变时，晶系也可能变化。例如，硝酸铵在 −18 ℃ 和 125 ℃ 之间有五种晶系变化：

$$熔融液 \xrightleftharpoons{169.9\ ℃} 立方晶系 \xrightleftharpoons{125.2\ ℃} 斜棱晶系 \xrightleftharpoons{84.2\ ℃} 长方晶体 \text{I} \xrightleftharpoons{32.3\ ℃}$$

$$长方晶体 \text{II} \xrightleftharpoons{-18\ ℃} 不等边长方体$$

晶体的粒度可以用一长度来量度。对于一定形状的晶体粒子，可选择某长度为特征尺寸 L，该尺寸对应于体积形状因子 k_v 和面积形状因子 k_a，于是晶体的体积和表面积可分别写成：

$$V_c = k_v (L)^3 \tag{8-1}$$

$$A_c = k_a (L)^2 \tag{8-2}$$

对于常见固体的几何形状，此特征尺寸接近于筛析确定的晶体粒度。例如，对立方晶体，选择边长为特征尺寸 L，则 $V_c = L^3$，$A_c = 6L^2$，即 $k_v = 1$，$k_a = 6$；对于圆球体，选择直径 D 为特征尺寸，则 $V_c = (1/6)\pi D^3$，$A_c = \pi D^2$，即 $k_v = (1/6)\pi$，$k_a = \pi$。从以上二例看出，k_a / k_v 均等于 6，这一关系对于等尺寸的晶体都成立，而对非等尺寸的晶体，则接近此数值。

晶体的粒度分布是产品的一个重要的质量指标，它是指不同粒度的晶体质量（或粒子数目）与粒度的分布关系。将晶体样品经过筛析，由筛析数据标绘筛下（或筛上）累积质量百分数与筛孔尺寸的关系曲线，并可引申为累积粒子数及粒数密度与粒度的关系曲线，以此表达晶体粒度分布。

8.1.2 结 晶 过 程

溶质从溶液中结晶的推动力是一种浓度差，称为溶液的过饱和度。结晶过程经历两个步骤：首先要产生微观的晶粒作为结晶的核心，这些核心称之为晶核，产生晶核的过程称为成核。然后是晶核长大，成为宏观的晶体，该过程称为晶体生长。在结晶器中由溶液结晶出来的晶体与余留下来的溶液构成的混合物，称为晶浆，通常需要用搅拌器或其他方法将晶浆中的晶体悬浮在液相中，以促进结晶的进行，因此晶浆亦称悬浮体。晶浆去除了悬浮于其中的晶体后所余留的溶液称为母液。

熔融结晶是根据待分离物质之间的凝固点不同而实现物质结晶分离的过程，推动力是过冷度。熔融结晶有不同的操作模式，一种是在冷却表面上沉析出结晶层固体；另一种是在熔融体中析出处于悬浮状态的晶体粒子。熔融结晶主要应用于有机物的分离提纯。

8.2 溶液结晶基础

8.2.1 溶 解 度

固体与其溶液之间的固液平衡关系通常可用固体在溶剂中的溶解度表

示。物质的溶解度与它的化学性质、溶剂的性质及温度有关。压力的影响可以忽略。因此，溶解度数据常用溶解度-温度的关系表示。

溶解度的单位常采用 100 份质量的溶剂中溶解多少份质量的无水物溶质，由于按无水物表示溶解度，所以即使对于具有几种水合物的溶质也不致引起混乱，并且使用脱溶质的溶剂为基准，使计算简化。文献中还有其他单位，如摩尔/升溶液，摩尔/公斤溶剂及摩尔分数等。

一、溶解度曲线

溶解度数据通常用溶解度对温度所标绘的曲线表示，称为溶解度曲线。不同物质的溶解度随温度的变化不同。有些物质的溶解度随温度的升高而迅速增大；有的随温度升高以中等速度增加；有的则随温度升高只有微小的变化。这些物质在溶解过程中需要吸收热量，具有正溶解度特性。还有一些物质，其溶解度随温度升高而下降，它们在溶解过程中放出热量，具有逆溶解度特性。许多物质的溶解度曲线是连续的；但另有若干形成水合物晶体的物

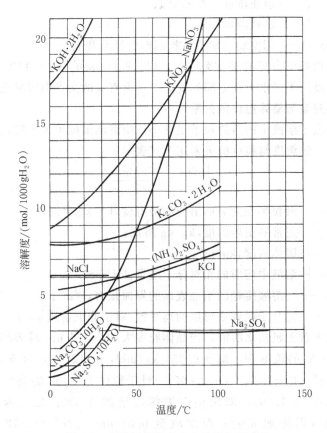

图 8-2　几种无机物在水中的溶解度曲线

质，其溶解度曲线上有断折点，又称变态点。例如，在低于 32.4 ℃时，从硫酸钠水溶液中结晶出来的固体是 $Na_2SO_4 \cdot 10H_2O$，而在这个温度以上结晶出来的固体是无水 Na_2SO_4，这两种固相的溶解度曲线在 32.4 ℃处相交。一种物质可以有几个这样的变态点。几种无机物在水中的溶解度如图 8-2 所示。

不同的溶解度特征对于选择结晶工艺起决定性的作用。例如，对溶解度随温度变化敏感的物质选择变温结晶方法分离；对于溶解度随温度变化缓慢的物质，选择蒸发结晶工艺。

二、经验关系

曾经提出不少关联式，用于估算溶解度。下列两种经验式较为常用：

$$\ln x = \frac{a}{T} + b \tag{8-3}$$

$$\lg x = A + (B/T) + C\lg T \tag{8-4}$$

式中 x——溶质浓度，摩尔分数；

T——溶液温度，K；

a,b 或 A,B,C——用实验溶解度数据回归的经验常数。

溶解度数据可参见有关文献[1~3]。式（8-3）表示 $\ln x \sim 1/T$ 呈直线关系，同种物质的不同水合物之间的变态点，由直线的交点很容易确定。

三、溶解度与晶体粒度的关系

如果分散于溶液中的溶质粒子足够小，则溶质浓度可大大超过正常情况下的溶解度，溶解度与粒度的关系用下式表示：

$$\ln\left[\frac{c(r)}{c^*}\right] = \frac{2M\sigma}{\upsilon RT\rho_s r} \tag{8-5}$$

式中 $c(r)$——颗粒半径为 r 的溶质的溶解度,kg/kg 溶剂；

c^*——正常平衡溶解度,kg/kg 溶剂；

ρ_s——固体密度,kg/m³；

M——溶液中溶质的相对分子质量,kg/mol；

σ——与溶液接触的结晶表面的界面张力,J/m²；

υ——每分子电解质形成的离子数,对于非电解质 $\upsilon = 1$。

对于大多数无机盐水溶液，当晶体粒度大约小于 1 μm 时溶解度急剧增大。例如 25 ℃的硫酸钡：$M = 0.233$ kg/mol，$\upsilon = 2$，$\rho_s = 4\,500$ kg/m³，$\sigma = 0.13$ J/m²，$R = 8.3$ J/（mol·K）。对于粒度为 1 μm 的晶体（$r = 5 \times 10^{-7}$ m），$c/c^* = 1.005$，即比正常溶解度增加 0.5%；粒度为 0.1 μm，$c/c^* = 1.06$（即增加 6%）；粒度减至 0.01 μm，$c/c^* = 1.72$（即增加 72%）。对于可溶性有机物蔗糖（$M = 0.342$ kg/mol，$\upsilon = 1$，$\rho_s = 1\,590$ kg/m³，

$\sigma=0.01\ \mathrm{J/m^2}$），粒度对溶解度的影响更大：1 μm 时增加 4%；0.01 μm 时增加 3 000%。由于上述计算中界面张力值是估计的，故其结果只是近似的。

工业上的溶液极少为纯物质溶液，除温度外，结晶母液的 pH 值，可溶性杂质等可能改变溶解度数值，所以引用手册数据时须慎重。必要时应对实际物系进行测定。

如果在溶液中存在有两种溶质，则用 x 轴和 y 轴分别表示两溶质的浓度，其溶解度用等温线表示。若有三个或更多的溶质，可采用两维和三维图形描述溶解度。

8.2.2　结晶机理和动力学

溶液的过饱和度确定了成核和晶体生长的推动力。而结晶动力学和传质确定了晶体的特征，如晶系、纯度和晶体粒度分布等。本节首先简短地介绍溶液的过饱和及介稳区，然后提出成核概念和成核速率经验式。再后讨论晶体生长理论和传质。

本节内容主要针对溶液结晶，然而所讨论的很多基础知识也适用于熔融结晶。

一、溶液的过饱和，超溶解度曲线及介稳区

在论述成核和晶体生长过程时，理解过饱和概念是很重要的。如图 8-3 所示，当溶液浓度恰好等于溶质的溶解度时，称为饱和溶液，用曲线 AB 表示。一个完全纯净的溶液在不受任何干扰的条件下缓慢冷却，就可以得到过饱和溶液。但超过一定限度后，澄清的过饱和溶液就会开始析出晶核，CD 线表示溶液过饱和且能自发产生晶核的曲线，称为超溶解度曲线。这两条曲线将浓度-温度图分为三个区域。AB 线以下的区域是稳定区，在此区中溶

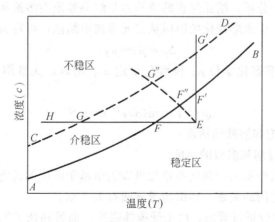

图 8-3　超溶解度曲线及介稳区

液尚未达到饱和,不可能产生晶核。AB 线以上是过饱和区,该区又分为两部分:AB 线和 CD 线之间为介稳区,在该区不会自发地产生晶核,但如果向溶液中加入晶种,这些晶种就会长大;CD 线以上的区域是不稳区,在此区域中,溶液能自发地产生晶核和进行结晶。此外,大量的研究工作证实,一个特定物系只有一条确定的溶解度曲线,但超溶解度曲线的位置受到很多因素的影响,例如有无搅拌、搅拌强度大小、有无晶种、晶种大小与多寡、冷却速度快慢等,因此,超溶解度曲线应是一簇曲线,为表示这一特点,CD 线用虚线标注。图中 E 代表一个欲结晶物系,分别使用冷却法、蒸发法和真空绝热蒸发法进行结晶,所经途径相应为 EFH、EF'G' 和 EF''G''。

工业结晶过程要避免自发成核,才能保证得到平均粒度大的结晶产品。只有尽量控制在介稳区内结晶才能达到这个目的。所以,只有按工业结晶条件测出的超溶解度曲线和介稳区才更有实用价值。

过饱和度的常用表示方法是:浓度推动力 Δc,过饱和度比 S 和相对过饱和度 σ。其定义为:

$$\Delta c = c - c^* \tag{8-6}$$

$$S = c/c^* \tag{8-7}$$

$$\sigma = \Delta c/c^* = S - 1 \tag{8-8}$$

式中　c——过饱和浓度;

　　c^*——饱和浓度。

虽然 S 和 σ 是无量纲的,然而它们的数值依赖于所使用的浓度单位。例如,20 ℃蔗糖的过饱和溶液为 2.45 kg 蔗糖,1 kg 水。相应的 c^* 为 2.04,则 $S = 1.20$;然而如果浓度单位采用 kg 蔗糖/kg 溶液,S 值变为 1.06。

从热力学上分析,结晶过程的推动力是结晶物质在溶液和晶体状态之间的化学位差,对于未溶剂化的溶质从二元溶液中结晶,可写为:

$$\Delta\mu = \mu_1 - \mu_2 \tag{8-9}$$

化学位 μ 由基准态化学位 μ_0 和活度 a 定义。所以,无量纲推动力用下式表示:

$$\Delta\mu/RT = \ln(a/a^*) = \ln S' \tag{8-10}$$

式中　a^*——饱和溶液的活度;

　　S'——过饱和溶液的活度。

借助于与浓度相关的活度系数比可以表示基于浓度的过饱和度和基于活度的过饱和度之间的关系。详细情况参阅有关文献。

从图 8-3 的分析可看出,由于受搅拌强度、晶种和杂质等因素影响,测定超溶解度曲线是困难的。一种近似的方法是将介稳区宽度表示成温度差

$\Delta\theta$ 的关系，其斜率取计算点溶解度曲线处的斜率，

$$\Delta c = (\mathrm{d}c^* / \mathrm{d}\theta)\Delta\theta \tag{8-11}$$

过饱和度的测定，一般可应用平衡溶解度测定方法，即由浓度分析法关联溶液物理性质（如折射率、电导率、粘度、相对密度等）的物理化学测示结果求取。目前在中间实验及生产控制中，常常应用准确的流量、温度等测示方法，并辅以化学分析，进行物料及热平衡计算，再对照产品粒度分析值来推算实际过饱和度，以此作为操作条件查定及设计的依据。

二、晶核形成和成核速率[4~6]

晶核形成模式大体分为二类：①初级成核：无晶体存在下的成核，其中又分为均相成核和非均相成核；②二次成核：有晶体存在下的成核，其中又分为流体剪应力、磨损和接触成核。

在工业结晶过程中，一般控制二次成核为晶核主要来源。只有在超微粒子制造中，才依靠初级成核过程爆发成核。晶核的大小粗估为 nm 至数十 μm 的数量级。

1. 初级成核

初级均相成核发生于无晶体或任何外来微粒存在的条件下。为满足这一要求，结晶容器必须仔细清理，内壁磨光和密闭操作，避免大气中灰尘侵入引起非均相成核。

在高度过饱和溶液中，大量溶质单元（原子、分子或离子）在运动和相互碰撞中能集聚形成晶胚线体。溶质单元的集聚和逐出溶剂分子都需要功，这部分功或成核的能量就是控制成核动力学的能量势垒。如果晶胚能达到某临界粒度，则进一步生长的自由能变化可忽略，该晶胚成为最小粒度的稳定的晶核，并能继续长大。如果晶胚达不到临界粒度，则它会再溶解。Kelvin方程描述了临界晶核粒度与溶液过饱和度之间的关系：

$$L_n = \frac{4V_m\sigma}{\upsilon RT\ln S} \tag{8-12}$$

式中　L_n——临界晶核粒度；

　　　V_m——晶体的摩尔体积；

　　　σ——固体和溶液之间的界面张力；

　　　υ——每分子溶质中离子的数目，对于由分子构成的晶体，其值为 1；

　　　S——过饱和比（$=c/c^*$）。

从该式看出，较小的临界晶核粒度对应着较高的过饱和度。若实际上达到如此高的过饱和度，则具有该粒度的粒子就会溶解。

成核速率 B_0 可用如下公式表示：

$$B_0 = A\exp\left[\frac{-16\pi\sigma^3 V_{\mathrm{m}}^2}{3k^3 T^3 (\ln S)^2}\right] \tag{8-13}$$

式中 A 是指前因子，其理论值为 10^{30} 核数/（$cm^3 \cdot s$），k 为 Boltzmann 常数。

由式（8-13）显而易见，成核速率随过饱和度和温度的增高而增大；随表面能（界面张力）的增加而减小。其中最主要的影响因素是过饱和度。表8-1 列出过冷水的成核情况，过饱和度与计算诱导期的关系。尽管水在过饱和度大于 1 的任何状态下，只要有足够的结晶时间，均能自发成核，但仅仅当过饱和度达到 4.0 附近时才能瞬时成核。

表 8-1　水的成核诱导期

过饱和度（S）	时间
1.0	无限长
2.0	10^{62} 年
3.0	10^3 年
4.0	0.1 秒
5.0	10^{-13} 秒

分析式（8-13）还可见，一旦达到某一临界过饱和度，成核速率呈指数增加。然而，实际上存在一个适宜的成核温度，它受液相粘度和分子运动状态的制约，该成核温度下的成核速率低于最大晶体成核速率。

由于真实溶液常常包含大气中的灰尘或其他外来物质粒子，这些外来物质能在一定程度上降低成核的能量势垒，诱导晶核的生成，这类初级成核称为非均相成核。非均相成核一般在比均相成核低的过饱和度下发生。

在工业结晶的初级成核中，式（8-13）的应用价值较少，一般使用简单的经验关联式表达初级成核速率 B_{p} 与过饱和度的关系：

$$B_{\mathrm{p}} = K_{\mathrm{p}}\Delta c^n \tag{8-14}$$

式中　K_{p}——初级成核速率常数；

n——成核指数，一般>2。

K_{p} 和 n 的数值由具体系统的物理性质和流体力学条件而定。

相对于二次成核速率，初级成核速率大得多，而且对过饱和度变化非常敏感而难以控制，因此除超细粒子制造外，一般工业结晶过程要力图避免发生初级成核。

2. 二次成核

（1）二次成核机理　在已有晶体存在条件下形成晶核称为二次成核。这是绝大多数结晶器工作的主要成核机理。由于结晶产品要求具有指定的粒度分布指标，而二次成核速率是决定粒度分布的关键因素之一，所以控制二次成核速率是实际工业结晶过程最重要的操作要点。

由于过饱和溶液中有晶体存在，这些母晶对成核现象有催化作用，因此，二次成核可在比自发成核更低的过饱和度下进行。二次成核机理比较复杂，尽管已作了大量研究工作，但对其机理和动力学的认识仍不十分清楚。

已提出几种理论解释二次成核，这些理论分为两类：一类理论认为二次核来源于母晶，其中又包括：①初始增殖；②针状结晶增殖；③接触成核。

另一类认为二次核源于液相中的溶质，包括：①杂质浓度梯度成核；②流体剪切成核。

初始增殖理论认为二次核起源于晶种。晶种生长过程中，在其表面生成细小的晶粒，当晶种进入溶液后，这些小晶粒成为晶核中心，由于这些晶粒比临界晶粒大，因而成核速率与溶液的过饱和度或搅拌速率无关。该机理仅仅对间歇结晶是重要的。

在高度过饱和溶液中，有针状或枝状晶体生成，这些晶体在溶液中破碎后成为晶核中心，该现象称为针状晶体增殖。仍然在较高的过饱和溶液中会生成不规则多晶体，其碎片能作为晶核中心，称为多晶体增殖。

接触成核大概是最重要的二次核来源，估计有三种形式的接触：晶体-晶体、晶体-搅拌器和晶体-结晶器壁，二次核产生于晶粒的微观摩擦或来自尚未结晶的溶质吸附层。

杂质浓度梯度理论假设在晶体存在下溶液的结构有变化，增加了晶体附近流体的局部过饱和度，这一现象可以在实验中观察到。我们已经知道，溶液中溶解的杂质对成核速率有抑制作用，某些杂质进入晶体表面，形成了浓度梯度，其结果是提高了成核概率。该理论在含杂质铅的 KCl 溶液成核实验中得到证实，溶液的搅拌引起杂质浓度梯度消失，因此降低了成核速率。

流体剪切是二次核形成的另一机理。在高过饱和度下，在晶体表面有枝晶生长，由于它受到流体的剪切力作用，使晶体断裂，成为晶核来源。另一种说法是，晶核起源于晶体和溶液之间的边界层，在它附近的溶质和溶液则处于松散有序的相态，流体的剪切作用足以将吸附分子层扫进溶液，并长成晶粒。

（2）二次成核的影响因素　二次成核速率受三个过程的控制：①在固相表面或附近产生二次成核；②簇的迁移；③生长成为新固相。影响这些过程的因素是：过饱和度，冷却速率，搅拌程度和杂质的存在。

过饱和度是控制成核速率的关键参数。过饱和度对成核速率的影响有三方面：①在过饱和度较高的情况下，吸附层比较厚，引起大量晶核的生成；②临界晶核粒度随过饱和度的增高而降低，因此晶核存活的概率是比较高的；③随着过饱和度的增高，晶体表面的粗糙程度也增加，导致晶核总数比较大。一般说来，成核速率随过饱和度的增加而增高，然而，与初级成核相比，其成核指数是比较低的。

温度在二次成核中的作用不十分清楚。对几个系统研究表明，在固定过饱和度条件下，成核速率随温度升高而降低。这归因于在较高温度下，吸附层与晶体表面结合的速率比较快。由于吸附层的厚度减小，成核速率随温度升高也降低。也有少数有矛盾的结果，如硝酸钾系统的成核速率随温度的升高而降低，而氯化钾系统的成核速率随温度的升高而增高。成核级数对温度的变化不敏感。

搅拌溶液可使吸附层变薄而导致成核速率的降低。又有人发现，对于比较小的硫酸镁晶粒（8～10 μm），成核速率随搅拌程度的加强而增加，对于较大晶粒，成核速率与搅拌程度无关。

接触材料的硬度和晶体的硬度对二次核生成的影响也作过研究。通常发现，材料越硬，对成核速率的增加越有效。例如聚乙烯材质的搅拌叶轮与钢制叶轮相比较，成核速率减小 4～10 倍。晶粒的硬度也影响成核性质，硬而光滑的晶体不太有效。有一定粗糙度的不规则晶体更有效。

少量杂质的存在能对成核速率产生很大的影响，然而这种影响不能事先预测。附加物的存在或促进或抑制了物质的溶解度。溶解度的增大引起过饱和度和生长速率的降低。如果假定杂质吸附在晶体表面上，那么有两个相反的因素起作用：一方面，附加物的存在降低了表面张力和引起生成速率的增高；另一方面，杂质附加物阻塞了潜在的生长中心，因而降低了成核速率。由此可见，杂质的影响是复杂的和不可预见的。

（3）二次成核的经验模型　目前还没有预测成核速率的普遍适用的理论。在工业结晶中，常使用经验关联式来描述二次成核速率 B_S：

$$B_S = K_b M_T^j N^l \Delta c^b \tag{8-15}$$

式中　B_S——二次成核速率，数目/（$m^3 \cdot s$）；

　　　K_b——与温度相关的成核速率常数；

　　　M_T——悬浮密度，kg/m^3 溶液；

　　　N——搅拌速度（转速或周边线速），$1/s$ 或 m/s；

　　　Δc——过饱和度。

指数 j，l 和 b 是受操作条件影响的常数。与初级成核相比较，二次成核所需的过饱和度较低，所以在二次成核为主时，初级成核可忽略不计。结晶过程中，总成核速率 B^0 即单位时间单位容积溶液中新生核数目，可表达为：

$$B^0 = B_P + B_S \tag{8-16}$$

在某些情况下关联式不包括搅拌的影响，式（8-15）可简化为：

$$B^0 = K_N M_T^j \Delta c^n \tag{8-17}$$

在该情况下，K_N 随搅拌速度而变化。

三、结晶生长[6]

在过饱和溶液中有晶核形成后，以过饱和度为推动力，溶质分子或离子继续一层层排列上去而形成晶粒，这种晶核长大的现象称为晶体生长。在化学工程中常应用较为简单的传质理论来描述结晶生长过程。

传质理论或称扩散理论类似于其他过程的传质理论。然而在结晶中，图形表示稍有区别，并且采用了不同的经验式。传质过程如图 8-4 所示。

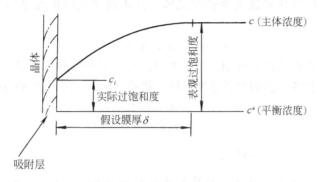

图 8-4　传质过程图

晶体生长过程主要由二步组成：第一步为溶质扩散，即待结晶的溶质借扩散穿过靠近晶体表面的一个静止液层，从溶液中转移至晶体表面，推动力为浓度差 $c-c_i$；第二步为表面反应，即到达晶体表面的溶质嵌入晶面，使晶体长大，同时放出结晶热。关于溶质如何嵌入晶格已有许多不同的模型提出，关键是应反映溶质分子或离子在空间晶格上排列而组成有规则的结构，溶质分子或离子到达晶体与溶液之间的界面后，借助于另一浓度差作为推动力而完成长入晶面的过程。穿过边界层的传质速率方程为：

$$G_m = \frac{dm}{A\,dt} = k_f(c-c_i) \tag{8-18}$$

式中　G_m——晶体的质量生长速率；

c, c_i——分别为溶液主体浓度和界面浓度；

k_f——扩散传质系数；

m——晶体质量；

t——时间。

表面反应过程用经验式表示：

$$G_m = \frac{dm}{A\,dt} = k_r(c_i - c^*)^{n_r} \tag{8-19}$$

式中　n_r——生长幂指数；

c^*——溶液主体的饱和浓度；

k_r——表面反应速率系数。

通常很难或不可能确定界面浓度 c_i，如果表面反应是 1 级，即 $n_r=1$，则将式（8-18）和式（8-19）合并可消去 c_i，

$$G_m = \frac{dm}{A\,dt} = \frac{c - c^*}{1/k_f + 1/k_r} = K_G(c - c^*) \tag{8-20}$$

式中 K_G 为晶体生长的总系数。

对于晶面以相同速度生长的晶体，其质量和表面积可分别按式（8-1）和式（8-2）写为

$$m = k_v L^3 \rho_s, \quad A_c = k_a L^2 \tag{8-21}$$

式中 ρ_s 为晶体密度。注意，式（8-21）对于诸如针状或片状晶体不成立，因这些晶体的各个晶面生长速度不同。将式（8-21）代入式（8-20），得到：

$$dL/dt = \left(\frac{k_a}{3\rho_s k_v}\right) \frac{(c - c^*)}{1/k_f + 1/k_r} \tag{8-22}$$

该式简化为 $\quad G = \dfrac{dL}{dt} = K_g \Delta c \tag{8-23}$

G 为晶体的线性生长速率，晶体粒度用特征长度 L 表示。比较式（8-22）和式（8-20）可得出晶体的质量和线性生长速率之间的关系：

$$G_m = \frac{3k_v \rho_s}{k_a} G \tag{8-24}$$

进一步分析式（8-23）可看出，由 $G = dL/dt$ 所定义的线性生长速率说明结晶的生长服从 ΔL 定律，即当同种晶体悬浮于过饱和溶液中，所有几何相似的晶粒都以相同的速度生长。如 ΔL 为某一晶粒的线性尺寸增长，则在同一时间内悬浮液中每个晶粒的相对应尺寸的增长都与之相同，即晶体的生长速率与原晶粒的初始粒度无关。

对于晶体生长速率与粒度无关的物系，大多数溶液结晶过程为溶质扩散速率控制的结晶生长型。在该情况下，表面反应速率很快，故 $K_G \to k_f$，用式（8-20）可表示晶体的质量生长速率。同理，式（8-23）表示晶体的线性生长速率。

对于表面反应速率控制的物系，由于扩散速率很高，$K_G \to k_r$，$K_g \to \left(\dfrac{k_a}{3\rho_s k_v}\right) k_r$，则对表面反应级数 $n_r = 1$ 的情况仍可用式（8-20）和式（8-23）表示晶体的生长速率。

对于溶质扩散与表面反应两步必须同时考虑的结晶生长过程，结晶生长速率应是两步速率的叠加。在工业结晶中，常使用经验式：

$$G = K_g \Delta c^g \tag{8-25}$$

式中 K_g——与具体物系及过程物理环境相关的生长速率常数；

g——幂指数。

若表面反应速率为过饱和度一次函数，即 $n_r = 1$，则仍可采用式（8-20）和式（8-23）表示。

对于与粒度相关结晶生长的物系，例如硫酸钾溶液，晶体生长不服从

ΔL 定律，而是晶粒粒度的函数，经验表达式为：

$$G = G^0 (1 + \gamma L)^b \tag{8-26}$$

式中 G^0——晶核生长速率；

 b, γ——参数，是物系及操作状态的函数，b 一般小于 1。

8.2.3   结晶的粒数衡算和粒度分布

在工业结晶过程中应用粒数密度的概念和粒数衡算方法将产品的粒度分布与结晶器操作参数及结构参数联系起来，成为工业结晶理论发展的一个里程碑。

应用粒数衡算研究晶体粒度分布问题的目标：①可得到特定物系在特定操作条件下，晶体成核和生长速率等结晶动力学方面的知识，用于设计结晶器；②指导结晶器操作，调整参数。

一、粒数密度

设 ΔN 表示单位体积晶浆中在粒度范围 ΔL （从 L_1 至 L_2 ）内的晶体粒子的数目，则晶体的粒数密度 n 定义为：

$$\lim_{\Delta L \to 0} \frac{\Delta N}{\Delta L} = \frac{\mathrm{d}N}{\mathrm{d}L} = n \tag{8-27}$$

n 值取决于 $\mathrm{d}L$ 间隔处的 L 值，即 n 是 L 的函数，单位为数目/μm·L（晶浆），即每升晶浆中粒度为 L 处的 1 μm 粒度范围中的晶粒个数。ΔN 也是 L 的函数，两个函数关系如图 8-5 所示。

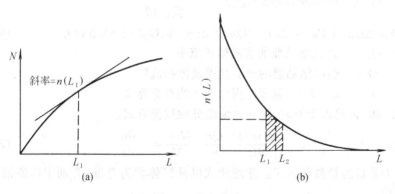

图 8-5   分布曲线

(a) ΔN-L 关系；(b) n-L 关系

在 L_1 到 L_2 范围的晶体粒子数由下式得出：

$$\Delta N = \int_{L_1}^{L_2} n \, \mathrm{d}L \tag{8-28}$$

该积分用图 8-5 （b）中阴影部分表示。若 $L_1 \to 0$，$L_2 \to \infty$，则式（8-28）所表示的 ΔN 变成单位体积晶浆中晶粒的总数，即 N_T。这也说明了图 8-5 中

（a）和（b）的内在联系。

二、基本的粒数衡算方程

为推导粒数衡算式，定义一种理想化结晶器——MSMPR 结晶器 (mixed suspension，mixed product removal)。该结晶器如图 8-6 所示。其特点是器内任何位置上的晶体悬浮密度及粒度分布都是均一的，且等于排出产品性质。选择这种结晶器进行分析是因为它与工业上广泛采用的强制内循环结晶器相近，其理论分析有较好的实用意义。此外，经合理的假设后，使理论分析得到简化。

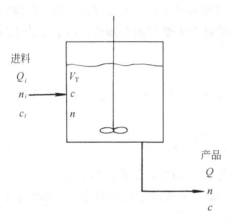

图 8-6　MSMPR 结晶器示意图

设结晶器中悬浮液体积为 V，悬浮液中粒度为 L_1 和 L_2 的粒数密度分别为 n_1 和 n_2，相应的晶体生长速率分别为 G_1 和 G_2，作经时间增量 Δt 后，从 L_1 至 L_2 粒度范围的粒子数的衡算。衡算原则是：进料带入的该粒度范围内粒子数和在结晶器中因生长进入该粒度段的粒子数之和，减去出料带出的和因生长而超出该粒度的粒子数，等于该粒度范围的粒子在结晶器中的累计数。即

$$(Q_i \overline{n_i} \Delta L \Delta t + V n_1 G_1 \Delta t) - (Q \overline{n} \Delta L \Delta t + V n_2 G_2 \Delta t) = V \Delta n \Delta L \qquad (8\text{-}29)$$

式中　Q_i——进入结晶器的溶液体积流率；

　　　Q——引出结晶器的产品悬浮液体积流率；

　　　$\overline{n}$——L_1 至 L_2 粒度范围中的平均粒数密度。

当 ΔL 和 Δt 趋近于 0 时，可导出偏微分粒数衡算式：

$$\frac{\partial(nG)}{\partial L} + \frac{Qn}{V} - \frac{Q_i n_i}{V} = -\frac{\partial n}{\partial t} \qquad (8\text{-}30)$$

该式为非稳态粒数衡算式。注意此式以晶浆体积为基准，有别于以清液体积为基准。

当结晶器的进料为清液，不含晶种（$n_i = 0$），上式简化为：

$$\frac{\partial(nG)}{\partial L} + \frac{Qn}{V} = -\frac{\partial n}{\partial t} \qquad (8\text{-}31)$$

对于 MSMPR 结晶器，晶体在器内的停留时间与液相的停留时间相同，故晶体的生长时间 $\tau = V/Q$，上式又可简化为：

$$\frac{\partial(nG)}{\partial L} + \frac{n}{\tau} = -\frac{\partial n}{\partial t} \qquad (8\text{-}32)$$

解式（8-32）能得到描述粒数密度分布的方程。

三、与粒度无关的晶体生长的粒度分布[4,6]

本节推导处于稳态操作的、与粒度无关的晶体生长的粒度分布。若结晶器处于稳态下操作，$\partial n/\partial t = 0$，则式（8-32）可简化为：

$$\frac{\partial(nG)}{\partial L} + \frac{n}{\tau} = 0 \tag{8-33}$$

若物系的晶体生长遵循 ΔL 定律即 $\mathrm{d}G/\mathrm{d}L = 0$ 则

$$\frac{\mathrm{d}n}{\mathrm{d}L} + \frac{n}{G\tau} = 0 \tag{8-34}$$

令 n^0 代表粒度为零的晶体的粒数密度，即晶核的粒数密度，积分得：

$$\int_{n_0}^{n} \frac{\mathrm{d}n}{n} = -\int_{0}^{L} \frac{\mathrm{d}L}{G\tau} \tag{8-35}$$

或 $$n = n^0 \exp(-L/G\tau) \tag{8-36a}$$

写成对数形式 $$\ln n = \ln n^0 - L/G\tau \tag{8-36b}$$

该式表示 MSMPR 结晶器稳态下的粒数密度分布函数。

如果某实验满足推导式（8-36）的假定，则 $\ln n$ 对 L 作图得一直线，此线截距为 $\ln n^0$，斜率为 $-1/G\tau$。因此，若已知晶体产品的粒数密度分布 $n(L)$ 及平均停留时间 τ，则可计算出晶体的线性生长速率 G 及晶核的粒数密度 n^0。

由式（8-36）所表达的粒数密度分布关系式可以看出，结晶产品的粒度分布决定于三个参数：生长速率、晶核粒数密度和停留时间。

n^0 与成核速率 B^0 之间存在着一个重要的关系式：

$$\lim_{L \to 0} \frac{\mathrm{d}N}{\mathrm{d}t} = \lim_{L \to 0}\left(\frac{\mathrm{d}L}{\mathrm{d}t} \cdot \frac{\mathrm{d}N}{\mathrm{d}L}\right) \tag{8-37}$$

等号左边即为 $\mathrm{d}N^0/\mathrm{d}t$ 或 B^0，右边第一项为 G，第二项为 n^0，故得

$$B^0 = n^0 G \tag{8-38}$$

由于结晶生长速率 G 也是过饱和度的函数，故式（8-17）可演变成：

$$B^0 = K_n G^i M_T{}^j \quad \text{或} \quad n^0 = K_n G^{i-1} M_T{}^j \tag{8-39}$$

式中 K_n 为温度 T 与外部输入能量的函数。式（8-39）消去了很难准确测量的过饱和度。

【例 8-1】 根据在 MSMPR 结晶器中尿素结晶实验的晶体样品计算其粒数密度、成核和生长速率。已知数据：

晶浆密度 $\rho = 450 \text{ g/L}$

晶体密度 $\rho_c = 1.335 \text{ g/cm}^3$

停留时间 $\tau = 3.38 \text{ h}$

形状因子 $k_v = 1.0$

产品粒度实测数据

筛网目数	质量分数，%	筛网目数	质量分数，%
14～20	4.4	48～65	15.5
20～28	14.4	65～100	7.4
28～35	24.2	＞100	2.5
35～48	31.6		

解： ① 将实测数据整理成 $\ln n$-L 数据

以第一组产品粒度的计算为例

14 目 $=1.168$ mm；20 目 $=0.833$ mm；平均开孔 1.00 mm。

粒度间距 $\Delta L_{20}=1.168-0.833=0.335$ mm

$$\Delta N_{20}=\frac{(450 \text{ g/L})\ (0.044)}{(1.335/1\,000)\ \text{g/mm}^3}\cdot\frac{1}{1.0\ (1.0)^3}=14\,831.46\ \#/\text{L}$$

则

$$n_{20}=\frac{\Delta N_{20}}{\Delta L_{20}}=44\,273\ \#/\,(\text{mm}\cdot\text{L})$$

$$\ln n_{20}=10.698$$

对每个筛分增量重复计算，结果列表如下：

筛子目数	质量分数/%	k_v	$\ln n$	L（平均粒度）/mm
100	7.4	1.0	18.099	0.178
65	15.5	1.0	17.452	0.251
48	31.6	1.0	16.778	0.356
35	24.2	1.0	15.131	0.503
28	14.4	1.0	13.224	0.711
20	4.4	1.0	10.698	1.000

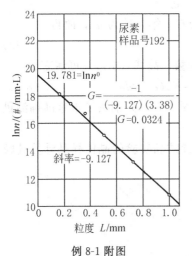

例 8-1 附图

② 求成核速率和生长速率

如附图所示，标绘 $\ln n$-L 数据，得一直线。图解直线的截距是 19.781，斜率是 -9.127，于是：

生长速率 $G=0.032\,4$ mm/h

成核速率 $B^0=Gn^0=(0.032\,4)$ $e^{19.781}=12.63\times10^6\ \#/\,(\text{L}\cdot\text{h})$

四、与粒度相关的晶体生长的粒度分布

与粒度相关的晶体生长速率用经验式 (8-26) 表示，将此式代入粒数衡算式 (8-33)，得到

$$n = n^0(1+\gamma L)^{-b}\exp\left[\frac{1-(1+\gamma L)^{1-b}}{G^0\tau\gamma(1-b)}\right] \tag{8-40}$$

当 $b=0$，则该式简化为式（8-36a），为与粒度无关的晶体生长粒数密度分布式。

为简便起见，定义 $\gamma=1/G^0\tau$，仍能可靠地描述很多与粒度相关的生长过程，而模型中的待定参数 γ 和 G^0 只有一个是独立的，使模型的应用简化。式（8-40）可改写成

$$\ln n = \ln n^0 + \frac{1}{1-b} - b\ln(1+\gamma L) - \frac{(1+\gamma b)^{1-b}}{1-b} \tag{8-41}$$

此式表达了在 MSMPR 结晶器中稳态操作时，与粒度相关的晶体生长的粒数密度分布。式中参数 n^0、G^0 和 b 值的确定由 $\ln n \sim L$ 数据，对式（8-41）拟合得到。

当生长速率随粒度而增大时，b 是正值。以 K_2SO_4 和 $Na_2SO_4 \cdot 10H_2O$ 的晶体生长为例，将式（8-40）绘于图8-7上，与粒度无关的晶体生长（$b=0$）相比较，随粒度增大而加快的晶体生长速率导致产生更多的较大粒度的晶粒，这通常是所希望的。注意，图8-7上对于 $L/(G\tau)<2$ 的所有曲线都收敛在一起，这说明与粒度无关的生长模型对于小晶体也能得到满意的结果。K_2SO_4 和 $Na_2SO_4 \cdot 10H_2O$ 实验数据与上述计算值拟合很好。

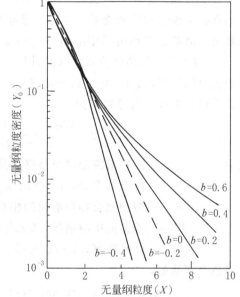

图 8-7 与粒度相关的生成的粒数密度图

$X=L/G\tau$，$Y_0=n/n^0$

五、平均粒度和变异常数

对 MSMPR 结晶器所作的粒数衡算，得到了如下总质量的特征粒度 L_D 和质量分布的平均粒度 L_M：

$$L_D = 3G\tau \tag{8-42}$$

$$L_M = 3.67G\tau \tag{8-43}$$

式（8-43）表明，产品质量的50%比平均粒度 L_M 值来得大。

晶体粒度分布能够用平均粒度和变异系数（CV）来表征。后者定量地描述了粒度散布的程度，通常用一个百分数表示：

$$CV = 100\frac{L_{84\%}-L_{16\%}}{2L_{50\%}} \tag{8-44}$$

$L_{84\%}$表示筛下累积质量百分数为 84% 的筛孔尺寸，$L_{16\%}$ 和 $L_{50\%}$ 同理。这些数值可从累积质量分布曲线获得。对于 MSMPR 结晶器，其产品粒度分布的 CV 值大约为 50%。对于大规模工业结晶器生产的产品，例如强迫循环型结晶器和具有导流筒及挡板的真空结晶器，其 CV 值在 30%～50% 之间。CV 值大，表明粒度分布范围宽；CV 值小，表明粒度分布范围窄，粒度趋于平均，若 $CV=0$ 则表示粒子的粒度完全相同。

8.2.4 收 率 计 算

冷却法、蒸发法及真空冷却法结晶过程产量计算的基础是物料衡算和热量衡算。在结晶操作中，原料液的浓度是已知的。对于大多数物系，结晶终了时母液与晶体达到平衡状态，可由溶解度曲线查得母液浓度。对于结晶终了仍有少量过饱和度的物系，则需实测母液的终了浓度。收率计算的基本公式是对结晶器进料和出料中溶质作物料衡算而导出的。推导时注意两个问题：① 对于形成溶剂化合物的结晶过程（如形成水合盐），必须考虑结晶产量中包含部分溶剂；② 对于真空绝热或非绝热冷却结晶过程，溶剂蒸发量决定于热量衡算。推导结果为：

$$Y=\frac{WR\left[c_1-c_2(1-V)\right]}{1-c_2(R-1)} \tag{8-45}$$

式中　c_1，c_2——原料溶液浓度及最终溶液浓度，kg 溶质/kg 溶剂；

　　　　V——溶剂蒸发量，kg 溶剂/kg 原料液中溶剂；

　　　　R——溶剂化合物与溶质的相对分子质量之比；

　　　　W——原料液中溶剂量，kg 或 kg/h；

　　　　Y——结晶收率，kg 或 kg/h。

对绝热冷却结晶，

$$V=\frac{q_c R(c_1-c_2)+c_p(t_1-t_2)(1+c_1)\left[1-c_2(R-1)\right]}{\lambda\left[1-c_2(R-1)\right]-q_c R c_2} \tag{8-46}$$

式中　λ——溶剂的蒸发潜热，J/kg；

　　q_c——结晶热，J/kg；

　t_1，t_2——溶液结晶初始温度和终了温度，℃；

　　c_p——溶液的比热容，J/(kg·℃)。

【例 8-2】 Swenson-Walker 冷却结晶器中连续结晶 $Na_3PO_4 \cdot 12H_2O$。原料溶液含 Na_3PO_4 的质量分数为 23%，从 313 K 冷却到 298 K。要求结晶产量为 0.063 kg/s。已知 Na_3PO_4 在 298K 的溶解度为 15.5 kg/100 kgH_2O；溶液的平均比热 3.2 kJ/(kg·K)；结晶热 146.5 kJ/kg 水合物。冷却水进口和出口温度分别为 288 K 和 293 K；总传热系数 0.14 kW/(m²·K)，单

位结晶器长度的有效传热面积 $1 m^2/m$。求结晶器的长度？

解： $$R = \frac{\text{水合盐相对分子质量}}{\text{盐相对分子质量}} = \frac{380}{164} = 2.32$$

忽略溶剂蒸发量，故 $V = 0$

换算原料液和出口液浓度

$$c_1 = 0.23/(1 - 0.23) = 0.30 \text{ kg/kgH}_2\text{O}$$

$$c_2 = 0.155$$

1 kg 原料溶液有 0.23 kg 盐和 0.77 kgH$_2$O，故 $W = 0.77$ kg

代入式（8-45）

$$Y = \frac{0.77 \times 2.32[0.30 - 0.155(1-0)]}{1 - 0.155(2.32 - 1)} = 0.33 \text{ kg}$$

为生产 0.063 kg/s 的晶体，原料需要量 $= 1 \times 0.063/0.33 = 0.193$ kg/s

冷却溶液需要的显热 $\quad Q_1 = 0.193 \times 3.2(313 - 298) = 9.3$ kW

结晶热 $\qquad\qquad\qquad Q_2 = 0.063 \times 146.5 = 9.2$ kW

合计传出热量 $\qquad\quad Q = Q_1 + Q_2 = 18.5$ kW

按逆流传热计，对数平均温度差

$$\Delta T_{\text{ln}} = \frac{(313-298) - (298-288)}{\ln \dfrac{(313-298)}{(298-288)}} = 14.4 \text{ K}$$

需传热面积 $\quad A = Q/U\Delta T_{\text{ln}} = 18.5/(0.14 \times 14.4) = 9.2 \text{ m}^2$

结晶器长度 = 9.2 m

8.3　熔融结晶基础

熔融结晶是根据待分离物质之间的凝固点不同而实现物质结晶分离的过程。熔融结晶和溶液结晶同属于结晶过程，其基础理论是相同的，例如固液平衡性质，成核和晶体生长过程等。然而熔融结晶和溶液结晶之间也存在着重要的差异。在溶液结晶中采用冷却、蒸发等不同方法产生过饱和度，使溶质从溶液中结晶，而在熔融结晶中冷却方法总是有效的。溶液结晶常使用单级分离设备，例如结晶釜，而熔融结晶采用多级设备居多，例如塔式结晶器。由于熔融结晶中不使用溶剂，不需要溶剂的移出和回收，也不会出现溶剂带来的污染。当然，熔融结晶也不可能借助于溶剂来降低浓度、提高扩散系数和移走热量。此外，熔融结晶中需纯化的化学物质在熔点附近应该是稳定的，操作温度取决于结晶物质的熔点。而溶液结晶的操作温度决定于溶剂。对于熔点很高的盐，由于溶液结晶的操作温度较低，因而其操作费用低。熔融结晶的目的常常不是得到粒状产品，而是为了分离与纯化某一物质，特别是提取超纯物质。

熔融结晶的基本操作模式有：

（1）悬浮结晶法　在具有搅拌的容器中或塔式设备中从熔融体中快速结晶析出晶体粒子，该粒子悬浮在熔融体之中，然后再经纯化、融化而作为产品排出。

（2）正常冻凝法（或逐步冻凝法）　在冷却表面上从静止的或者熔融体滞流膜中徐徐沉析出结晶层。

（3）区域熔炼法　使待纯化的固体材料顺序局部加热，使熔融区从一端到另一端通过锭块，以完成材料的纯化或提高结晶度。

前两种结晶方法，主要用于有机物的分离与提纯。第三种用于冶金材料精制或高分子材料的加工，本节不予介绍。据统计，目前已有数十万 t 有机化合物用熔融结晶法分离与提纯，如纯度高达 99.99％的对二氯苯生产规模达 17 000 t/年；99.95％的对二甲苯达 70 000 t/年；双酚 A 达到 15 000 t/年等。在金属材料的精制上，区域熔炼法早已广泛应用。

8.3.1　固 液 平 衡

一、固液平衡的类型和特征[7,8]

1. 二元物系

有机物系的固液平衡关系比较复杂，三个重要的基本类型是：低共熔型物系、化合物形成型物系和固体溶液型物系。值得指出的是，上述基本类型也适用于盐的水溶液，这说明熔融结晶和溶液结晶没有根本的区别。

（1）低共熔型物系　图 8-8 是二元低共熔物系的典型相图。在系统中能形成具有最低结晶温度的"低共熔物"，它是 A 和 B 按一定比例混合的固体。点 A 是纯物质 A 的结晶固化温度，点 B 是纯物质 B 的结晶温度。液相线 AE 和 BE 表示 A 和 B 不同组成混合物系析出结晶的温度。在 AEB 曲线上方，A、B 混合物仅以液相存在。如果处于 X 点混合物沿垂线 XZ 冷却，则首先在 Y 点出现纯 B 组分结晶。进一步冷却，更多的 B 结晶出来。在冷却过程中，液相组成连续延 BE 曲线变化，当冷却至 Z 点时，处于 C 点的固相是纯 B，而液相 L 则是 A 和 B 的混合物，固相与液相的质量比例服从杠杆规则。当冷却到 S 点时，组成为 E 的低共熔物与纯 B 同时固化。E 点称为低共熔点，具有相应组成的液相在此点全部以同样组成形成固体混合物。尽管对于特定物系，具有组成固定的低共熔物，但它不是化合物，而只是组分 A 和 B 的简单的物理混合。位于 AE 曲线上方的混合物，其冷却情况与上述情况相似，其区别是开始结晶出的固体是纯 A，而不是纯 B。

（2）固体溶液型物系　固体溶液是指由二个（或更多）组分，以分子级别掺合的混合物。图 8-9 是固体溶液物系的典型相图。

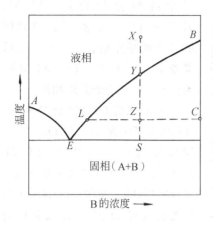

图 8-8　二元低共熔物系相图　　　　图 8-9　二元固体溶液型相图

图中 A 点与 B 点分别表示纯 A 和纯 B 的结晶温度。上曲线为液相线或凝固点曲线，表示在冷却时，不同组分的 A 和 B 的混合物开始结晶的温度；下曲线为固相线或熔点曲线，指在加热情况下，A 和 B 混合物开始熔融的温度。X 点组成的混合液，冷却至 Y 点开始结晶。在 Z 点温度处，结晶出具有 C 组成的固相，液相组成相应变成 L，固、液相的相对质量比也符合杠杆规则。应该注意到，固相结晶物 C 不是纯物质而是固体溶液。由此可见，与低共熔物系相比较，固体溶液物系的分离不能是单级结晶，采用多级结晶方可奏效。

另一类相对来说不太普遍的固体溶液是形成最低共熔点的物系，该二组分液固相图与形成最低共沸物的汽液平衡相图相仿。

固体也像液体一样有部分互溶的特点，因此，对于固体溶液也会出现更复杂的部分互熔的液固相图。例如包晶系统、低共熔系统以及具有低共熔点的包晶系统，这些相图的特征可参阅有关文献。

（3）化合物形成型物系　类似于在水溶液中能形成水合物盐的情况，由溶质和溶剂构成的二组分物系，也可能生成一种或多种溶剂化化合物。如果此化合物能与组成相同的液相以一种稳定平衡关系共存，也就是说固相溶剂化化合物可熔化为同样组成的液相，其熔点即称为同成分熔点；反之，为异成分熔点。图 8-10 为这种类型的二元相图。

2. 三元物系

三元物系中影响相平衡的变量是温度、压力和任意二组分的组成。压力的影响通常可忽略，故相平衡关系可用温度-浓度立体模型表示或将其投影于浓度三角形上。图 8-11（a）表示邻-硝基酚，间-硝基酚和对-硝基酚三组分的固液相图。三个组分分别用 O、M 和 P 表示。O'、M' 和 P' 点分别表示

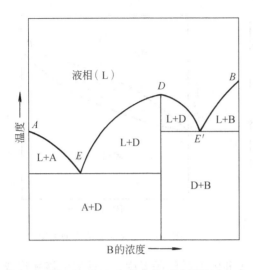

图8-10 AB生成D的二元相图

（D具有同成分熔点）

L-液相；E，E′-低共熔点

三个纯组分的熔点：45 ℃、97 ℃和114 ℃，温度-浓度相图的三个侧面分别表示三个二元低共熔物系：O-M、O-P 和 M-P，类似于图8-8的低共熔相图。

三个二元低共熔点分别是：A（31.5 ℃；含 72.5% O，27.5% M），B（33.5 ℃；含 75.5% O，24.5%P）和 C（61.5 ℃；含 54.8% M,45.2%P）。曲线 AD 表示组分 P 的加入对 O-M 二元低共熔物 A 的影响。同样，曲线 BD 和 CD 分别表示二元低共熔物 B 和 C 由于第三组分加入引起共熔点的降低的轨迹。D 点表示该物系固液平衡的最低温度，即三元低

共熔点为 21.5 ℃，组成为含 O 57.7%，M 23.2%，P 19.1%。该温度和组成下的液相凝固成相同组成的固相。在由液相线构成的凝固点表面的上方为均相的液相；在上表面以下至 D 点所处的等温面之间为固液平衡区；D 点温度

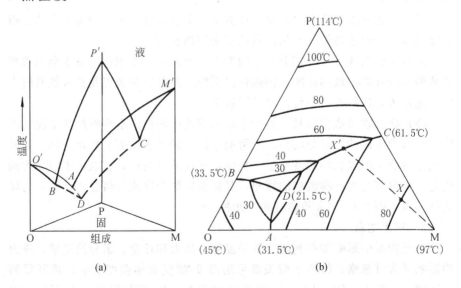

图8-11　有三个二元低共熔物的三元物系相图

（a）温度-浓度立体模型；（b）在三角相图上的投影图中所标数字表示温度/℃

下方的区域为完全固化区。

图 8-11（b）为图 8-11（a）中 AD、BD 和 CD 在组成三角形中的投影。三个顶点分别表示纯组分 O、M 和 P。A、B 和 C 分别为 O-M、O-P 和 M-P 三个二元物系的低共熔点。投影图被曲线 AD、BD 和 CD 分成三个区域，分别对应于空间模型中的三个液相表面。在三角形相图中标有一系列等温线表示液相表面。该图能清楚地表示固液平衡和相态的变化。例如，组成为 X 的熔融物，当温度降至 80 ℃时开始固化。因 X 点处于 $ADCM$ 区域，故纯间-硝基酚析出。随温度的降低，剩余熔融液的组成延 XX' 方向变化。在 X' 点（MX' 和 CD 的交点），系统温度为 50 ℃，对-硝基酚也开始结晶。进一步冷却，则间-硝基酚和对-硝基酚同时析出，液相组成延 $X'D$ 变化。当达到 D 点时三个组分同时结晶，其组成没有进一步的变化。

当三元物系中有一对或多对组分生成化合物时，相图就复杂多了。

3．多组分物系

若一个物系中含有多个组分，则相平衡更加复杂，用相图表示也更加困难。有关文献[12,13] 详尽地介绍了多组分固液相图和它们的应用。多组分固液平衡的预测方法在有关文献[14,15] 中也有论述。

4．分配系数

由于熔融结晶物系，特别是应用正常冻凝和区域熔融的物系通常仅含有 1% 甚至更少的杂质，相平衡常常用分配系数表示。分配系数定义为：

$$k_i = c_s / c_1 \tag{8-47}$$

式中 c_s 是固相中杂质 i 的浓度，而 c_1 是液相中杂质 i 的浓度，浓度单位一致即可。文献中已报道有大量无机物和少量有机物的分配系数值，表 8-2 为所选择的部分数据[6]。

表 8-2　分配系数

组　分	$T/℃$	杂质 k_i
Al	659.7	Co(0.14)，Cr(0.8)，Ca(0.06)，Fe(0.29)，Ga($<$0.1)
		La($<$0.1)，Mn(1)，Sc(0.17)，Sm(0.67)，W(0.32)
Fe	1 535	C(0.29)，O(0.022)，P(0.17)，S(0.04～0.06)
CaAs	1 238	Cd($<$0.2)，Cu($<$0.002)，Fe(0.003)，Ge(0.018)
H_2O	0	D_2O(1.021)，HF(10^{-4})，NH_3(0.17)，NH_4F(0.02)
Sn	231.9	Ag(0.03)，Bi(0.5)，In(0.5)，Sb(1.5)，Zn(0.05)
蒽		蒽醌(0.005)，咔唑($>$2.0)，芴(0.1)，菲(0.06)，并四苯(0.06)
萘		萘酚-2(1.85 和 2.3)
萘酚-2		萘(0.4)
苯酚		硝基苯胺(0.22)
芘		蒽(0.125)，1,2-苯并蒽(1.95)

组　分	$T/℃$	杂质 k_i
环己烷		甲基环戊烷(0.6)
苯		环己烷(~0.15)
十六醇		十八醇(0.75)

对大多数杂质 $k<1.0$，杂质可以从晶体中排出。若 $k\ll1.0$，当达到平衡时杂质可基本上完全排除。

分配系数能与相图相联系。对于固体溶液型相图（见图 8-9），由图上可得到任意温度下的 k_i。设 A 为杂质，其分配系数等于同一温度下固相线上 A 的浓度与液相线上 A 的浓度之比，分配系数随组成而变。如果液相线和固相线是直线，则 k_i 是常数。仍以上述二元固体溶液相图为例，在纯 A 和 B 的附近区域中液相线和固相线变成直线，即分配系数变成常数。这是许多用分步凝固法获取超纯物质中假设 k 为常数的依据。对于图 8-8 所示的二元低共熔物系，固相为纯的组分，故 $k_i=0$。然而，因存在杂质的包藏、洗涤不完全或其他非理想性等问题，表观分配系数大于 0。在杂质浓度比较低的区域，不同杂质的分配系数一般是独立的。

8.3.2　熔融结晶动力学分析

一、熔融结晶中动力学因素的影响

熔融结晶是从含有高浓度可结晶物质的混合物中结晶的过程，而在溶液结晶中溶剂是溶液的主要组分。熔融结晶可认为是含杂质的熔融物的部分冻结，其动力学过程受溶液结晶和单纯固化共同支配。

熔融结晶包括以下各步：

① 待结晶组分向固-液界面传递，与此同时非结晶组分向反方向传递。

② 晶体生长，即分子嵌入晶格。

③ 固化热自界面向外传出。

步骤①和③依赖于浓度和温度梯度，与主体相和固液界面的条件有关，这些关系也依赖于过程的类型：分层生长或悬浮生长。

1. 晶体生长

在固-液界面上真实的相变过程是复杂的，可具体分为：①在界面上通过吸附层的扩散；②脱溶剂或解络；③结晶单元借助表面扩散到达生长点；④定向嵌入晶格；⑤杂质分子通过吸附层的逆向扩散。此外，扩散过程的推动力是浓度差，其他各步与所研究的系统密切相关。

2. 晶面生长速率

从分子级位上分析，晶面生长有不同的机理。对于具有分子级别粗糙界面的情况，整个晶面都能附着待结晶分子，生长速率肯定快；而对于光滑表面，则以延伸新生长层的形式生长，该生长层仅有一个分子的厚度。在这种情况下，生长点只限于单分子层的边缘上，因此生长速率慢。

不同晶面生长速率的差别强烈地影响晶体的形状。如果某个晶面生长很慢，则晶体趋于片状；如果某个晶面生长很快，则晶体变成针状。然而晶体形态不仅在晶体生长中起作用，它也是固液分离中完全移出杂质的关键因素。

3. 界面的稳定生长

液相中温度和浓度梯度的共同作用导致界面的不稳定生长。两个极端情况如图 8-12 所示[9]。当固体突出物伸进有利于晶体生长的区域，例如比较低的温度或比较低的杂质浓度，或两个因素同时存在，可产生不稳定生长。实际上由于固体表面的弯曲和晶格的缺陷，这种情况是相当复杂的。如果晶体延伸到生长速率比较慢的区域，则产生稳定的生长。

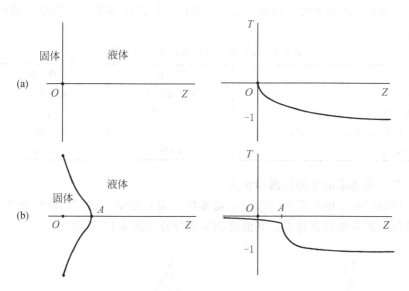

图 8-12　界面生长
（a）稳定界面生长；（b）不稳定界面生长

显然，杂质在界面处的高度累积将会降低局部区域的冰点，易于不稳定生长。同样，液相中较大的温度梯度也会使表面产生不稳定晶体生长。如果晶体生长是不稳定的，杂质就能够包藏在蜂窝状或树枝状的固相突出物中。这种情况限制了单级结晶所达到的产品纯度。

4. 动力学影响

372

熔融结晶的动力学影响与基本操作方式有关，是层生长还是悬浮结晶。

在层生长过程，固相沉积在被冷却的表面上，固化热通过固相连续移出。固相沉积速率正比于传热速率，后者又依赖于传热表面的冷却速率。如果系统采取搅拌来保持界面的稳定性，层过程线性生长速率可高达 7×10^{-6} m/s。这样高的生长速率仅仅通过固体晶体层移出热量即可实现。固化热没有通过液相传出，故不产生边界层温度梯度。为了避免杂质在界面处累积而导致不稳定生长，采用搅拌的方法分散杂质，使之返回到熔融的主体中去。

悬浮结晶在绝热下进行，类似于常规的溶剂结晶。热量从熔融体移出，使熔融物处于过冷状态，促进晶体生长。悬浮结晶过程的过饱和度应保持比较低，避免过度成核和产生过细的晶粒。其线性生长速率比层生长过程低1或2个数量级。为使固化热及时从液相移出，不产生形成不稳定界面的条件，控制较低的生长速率是必要的。又由于晶体通常悬浮在液体中，杂质穿过边界层的扩散是很慢的。一般说来，总希望得到比较大的晶体粒度，以便于后续固液分离的顺利进行。但其不利因素是减少了可用于晶体生长的表面积，增加了结晶器的体积和停留时间。表 8-3 列出了层生长和悬浮结晶过程的典型数据。

表 8-3　层生长和悬浮结晶过程的比较

	层生长	悬浮结晶
推动力	被冷却表面	过饱和度
线性生长速率/m/s	7×10^{-6}	10^{-7}
单位体积的表面积/（m²/m³）	80	2 000
停留时间/s	1 800	5 000

二、熔融结晶中的传质和传热

熔融结晶中的传质和传热是很重要的，而且熔融结晶与溶液结晶相比，传热问题通常要重要得多。其温度和浓度分布如图 8-13 所示。

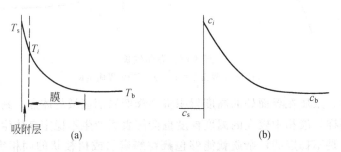

图 8-13　熔融结晶的温度和浓度分布
（a）温度分布；（b）杂质的浓度分布

由于固化潜热必须传出，所以固相温度一般稍高于液相温度。通常假设固相处于熔点状态。对于很慢的过程，例如正常冻凝和区域熔融，过冷程度 $(T_s - T_b)$ 可以仅有零点几度。

如果 $k_i < 1$，杂质会从晶体生长表面排出，并有在表面附近聚集的趋势。通常可假设晶体表面处于平衡状态，因此 $k_i = c_s/c_i$ 是实际的分配系数，而 $k_{app} = c_s/c_b$ 是表观分配系数。后者比前者更接近于 1。

对某生长晶体的传热分析，从形式上用与由式（8-18）至式（8-26）所表示的传质理论相类似的方法处理。通过膜的传热表示为：

$$dq/dt = hA \ (T_i - T) \qquad (8\text{-}48)$$

式中 A 为晶体的面积；h 为膜传热系数，$h = k_{cond}/\delta_T$，其中 k_{cond} 为导热系数，δ_T 为虚拟的膜厚。遗憾的是 δ_T 的数值未知，它并不等于传质过程的膜厚。T_i 也是未知的。因此该式难以使用。按惯例，传热速率用总传热系数表示：

$$dq/dt = UA \ (T_s - T) \qquad (8\text{-}49)$$

式中 U 表示总传热系数；T_s 是固体温度，取为熔点。

必须传出的能量是熔化潜热 λ，故

$$dq/dt = \lambda \ (dm/dt) \qquad (8\text{-}50)$$

式中 m 是沉积固体的质量。由式（8-18）到式（8-20）或式（8-25）表示的质量传质速率 dm/dt 取决于在晶体表面上的重排。

如果晶体生长速率受传热控制，则式（8-49）等于式（8-50），得

$$dm/dt = \frac{UA \ (T_s - T)}{\lambda} \qquad (8\text{-}51)$$

传热常是冻凝和区域熔融的控制步骤。在这些操作中杂质量很少，并且杂质的存在不影响结晶动力学。当杂质大量存在时，传质常受到限制。界于二者之间时，传热和传质必须同时考虑。

8.4 结晶过程与设备

结晶的理论基础已在前三节作了简要论述。本节将简明介绍结晶的类型、过程与设备。

8.4.1 溶液结晶类型和设备[4,10]

溶液结晶一般按产生过饱和度的方法分类，而过饱和度的产生方法又取决于物质的溶解度特性。对于不同类型的物质，适于采用不同类型的结晶形式。溶解度随温度变化较大适于冷却结晶；溶解度随温度变化较小适于蒸发

374

结晶；而溶解度随温度变化介于上述两类之间的物质，适于采用真空结晶方法。溶液结晶的基本类型如表 8-4 所示。

表 8-4 溶液结晶的基本类型

结晶类型	产生过饱和度的方法	图 8-3 中相应路径
冷却结晶	降低温度	$E \rightarrow F \rightarrow G$
蒸发结晶	溶剂的蒸发	$E \rightarrow F' \rightarrow G'$
真空绝热冷却结晶	溶剂的闪蒸与蒸发兼有降温	$E \rightarrow F'' \rightarrow G''$
加压、盐析、反应结晶等	改变压力,加反溶剂,化学反应等降低溶解度等方法	—

一、冷却结晶

最简单的冷却结晶器是无搅拌的结晶釜。热的结晶母液置于釜中几小时甚至几天，自然冷却结晶，所得晶体纯度较差，容易发生结块现象。设备所占空间较大，容时生产能力较低。由于这种结晶设备造价低，安装使用条件要求不高，目前在某些产量不大，对产品纯度及粒度要求不严格的情况下仍在应用。

1. 间接换热冷却结晶

搅拌釜是最常用的间接换热冷却结晶器。釜内装有搅拌器，釜外有夹套，设备简单，操作方便。图 8-14 是内循环冷却结晶器，设备顶部呈圆锥形，用以减慢上升母液的流速，避免晶粒被废母液带出，设备的直筒部分为晶体生长区，内装导流筒，在其底部装有搅拌，使晶浆循环。结晶器内可安装换热构件。图 8-15 为外循环式冷却结晶器，通过浆液外部循环可使器内

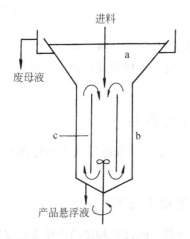

图 8-14 内循环结晶器

a—稳定区；b—生长区；c—导流筒

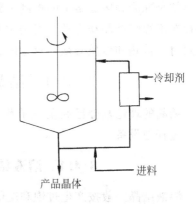

图 8-15 外循环结晶器

混合均匀和提高换热速率。该结晶器可以连续或间歇操作。

2. 直接接触冷却结晶

间接换热冷却结晶的缺点是冷却表面结垢，导致换热效率下降。直接接触冷却结晶避免了这一问题的发生。它的原理是依靠结晶母液与冷却介质直接混合致冷。以乙烯、氟里昂等惰性液体碳氢化合物为冷却介质，靠其蒸发汽化移出热量。应注意的是结晶产品不应被冷却介质污染，以及结晶母液中溶剂与冷却介质不互溶或者易于分离。也有用气体或固体以及不沸腾的液体作为冷却介质的，通过相变或显热移走结晶热。目前在润滑油脱蜡，水脱盐及某些无机盐生产中采用这些方法。

二、蒸发结晶

依靠蒸发除去一部分溶剂的结晶过程称为蒸发结晶。它是使结晶母液在加压、常压或减压下加热蒸发浓缩而产生过饱和度。蒸发法结晶消耗的热能较多，加热面结垢问题也会使操作遇到困难。目前主要用于糖及盐类的工业生产。为了节约能量，糖的精制已使用了由多个蒸发结晶器组成的多效蒸发，操作压力逐效降低，以便重复利用二次蒸汽的热能。很多类型的自然循环及强制循环的蒸发结晶器已在工业中得到应用。溶液循环推动力可借助于泵、搅拌器或蒸汽鼓泡热虹吸作用产生。蒸发结晶也常在减压下进行，目的在于降低操作温度，减小热能损耗。图 8-16 为两种蒸发结晶器。

三、真空绝热冷却结晶

真空绝热冷却结晶是使溶剂在真空下绝热闪蒸，同时依靠浓缩与冷却两种效应来产生过饱和度。这是广泛采用的结晶方法。图 8-17 为带有导流筒及挡板的结晶器，简称 DTB 型结晶器[11]。这种结晶器除可用于真空绝热冷却法之外，尚可用于蒸发法、直接接触冷却法以及反应结晶法等多种结晶操作。它的优点在于生产强度高，能产生粒度达 600～1 200 μm 的大粒结晶产品，已成为国际上连续结晶器的最主要形式之一。

DTB 型结晶器属于典型的晶浆内循环结晶器，由于设置了内导流筒及高效搅拌器，形成了内循环通道，内循环速率很高，可使晶浆质量密度保持至 30%～40%，并可明显地消除高饱和度区域，器内各处的过饱和度都比较均匀，而且较低，因而强化了结晶器的生产能力。DTB 型结晶器还设有外循环通道，用于消除过量的细晶，以及产品粒度的淘析，保证了生产粒度分布范围较窄的结晶产品。

图 8-18 是 Oslo 流化床真空结晶器[12]，它在工业上曾得到较广泛的应用，它的主要特点是过饱和度产生的区域与晶体生长区分别置于结晶器的两处，晶体在循环母液中流化悬浮，为晶体生长提供了较好的条件，可生产出粒度较大而均匀的晶体。该装置也可用于蒸发结晶。

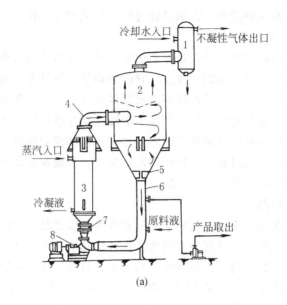

(a)

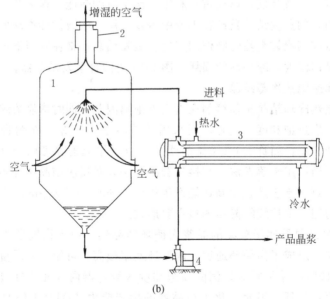

(b)

图 8-16　蒸发结晶器

（a）温森强制循环器

1—大气冷凝器；2—真空结晶器；3—换热器；4—返回管；

5—漩涡破坏装置；6—循环管；7—伸缩接头；8—循环泵

（b）喷淋蒸发结晶器

1—喷淋室；2—风扇；3—加热器；4—泵

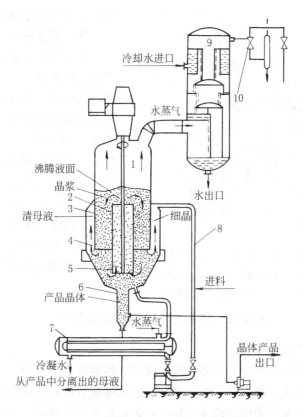

图 8-17　带有导流筒及挡板的
真空结晶器（DTB 结晶器）

1—结晶器；2—导流筒；3—环形挡板；4—沉降区；
5—搅拌桨；6—淘析腿；7—加热器；8—循环管；
9—大气冷凝器；10—喷射真空泵

　　由于真空结晶器的真空系统需要在 $666 \sim 2\,000$ Pa 压力下操作，故此类结晶器相对复杂一些。真空结晶器通常用于大吨位生产，例如 380 m³/天。

　　四、盐析结晶

　　盐析结晶的特点是向待结晶的溶液中加入某些物质，它可较大程度地降低溶质在溶剂中的溶解度导致结晶。例如，向盐溶液中加入甲醇则盐的溶解度发生变化。如将甲醇加进盐的饱和水溶液中，经常引起盐的沉淀。

　　结晶器可采用简单的搅拌釜，但需增加甲醇回收设备。甲醇的盐析作用可应用于 $Al_2(SO_4)_3$ 的结晶过程，并能降低晶浆的粘度。盐析结晶的另一个应用是将 $(NH_4)_2SO_4$ 加到蛋白质溶液中，选择性地沉淀不同的蛋白质。工业上已使用 NaCl 加到饱和 NH_4Cl 溶液中，利用共同离子效应使母液中

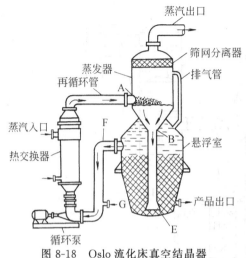

图 8-18　Oslo 流化床真空结晶器
A—闪蒸区入口；B—介稳区入口；E—床层区入口；
F—循环流入口；G—结晶母液进料口

NH₄Cl 尽可能多地结晶出来。

五、反应结晶

反应结晶是通过气体或液体之间进行化学反应而沉淀出固体产品的过程。该过程常用于煤焦工业，制药工业和某些化肥的生产中。例如由焦炉废气中回收 NH_3，就是利用 NH_3 和 H_2SO_4 反应结晶产生 $(NH_4)_2SO_4$ 的方法。一旦反应产生了很高的过饱和度，沉淀会析出，只要仔细控制过程产生的过饱和度，就可以把反应沉淀过程变为反应结晶过程。

8.4.2　熔融结晶过程和设备[4,8,13]

一、悬浮结晶法

在悬浮熔融结晶中，晶体是不连续相，熔融液是连续相。有三种不同的设备和操作方法：单（多）级分离结晶、末端加料塔式结晶和中央加料塔式结晶。已经工业化的熔融结晶过程，大多应用塔式结晶器，实现了由低共熔混合物或固体溶液中分离出高纯度的产物，并避免经过多次重复的结晶。熔融物系以液体形式进料，高纯度产品也以液体状态由塔中输出，固液交换的传热传质过程全部在塔内进行。在塔内同时进行着重结晶，逆流洗涤和发汗过程，从而达到分离提纯的目的。

具有夹套的垂直圆柱形容器是常规的单级结晶器，器中装有旋转刮板，如图 8-19（a）所示。这种结晶器直径较大，表面积与体积之比是 $1.64 \sim 3.28 \ m^2/m^3$。器内设置通风管和沉降区，分别用于排放粘稠的晶浆产品和无固体的剩余液。图 8-19（b）是水平管式刮板结晶器，器外设置夹套，通入冷却剂移走结晶热，器内安装有缓慢旋转的刮板。成核和晶体的初步生长均在器壁上进行，然后这些晶体被刮板刮下进入熔融主体中，在有足够的过冷度和停留时间的条件下，继续长大为产品。旋转的刮板同时也促使悬浮体缓和地混合。该水平管式结晶器有相当高的表面积/体积比，最高达 $32.8 \ m^2/m^3$。操作时物料在器内呈活塞流。对生产能力大的装置可采用多级串联结构。

连续多级逆流分步结晶塔是根据精馏原理而开发成功的塔式结晶装置。在塔内用晶体和液体的逆流进行结晶提纯，比釜式结晶获得纯度更高的产品。该

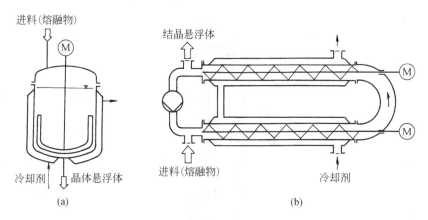

图 8-19 刮板结晶器

（a）旋转刮板结晶器；（b）水平管式刮板结晶器

过程首先从内部或外部形成晶体相，而后运送晶体通过逆流的浓缩回流液。设备结构应保证可靠的固相运动以及高效率的加热和除热，实现高纯度和高产量。塔式结晶器可分为中央加料式和末端加料式，它们在结构和性能上有差别。

中央加料塔式结晶器以熔融液体为原料，在塔内形成晶体。图 8-20（a）为示意流程。在外观上与精馏塔相似。在塔底，晶体熔融产生具有较高熔点的产品。塔底的回流等价于精馏的回流。在结晶塔顶采出相当纯的低熔点产品。部分熔融体在冷却器冻凝后作为回流返回塔顶。从概念上讲，该流程很容易将二元混合物分离成两个相当纯的产品。

Brodie 塔是卧式中央加料塔，如图 8-20（b）所示[14]。它对萘和对二氯苯的连续提纯已经商业化。液体进料在热的精制段和冷的回收段之间进塔。熔融物经过精制段和回收段器壁间接冷却，在器内形成晶体。结晶后的残液则从塔的最冷处出装置。螺旋输送器控制固体在塔中的输送。

尚有其他类型的中央加料式结晶器，例如 Schildknecht 螺旋输送塔式结晶器。

末端加料塔式结晶器是菲利浦石油公司开发成功并已商业化的结晶装置，如图 8-21 所示。

熔融进料在刮板表面冷却器中析出晶体，然后进入塔顶。晶体在垂直塔中受到活塞产生的脉冲作用向下移动。在塔的上部，含杂质的母液经塔壁过滤器采出。在塔底加热器中，熔融的纯晶体除作为产品出料外，另有一部分作为洗涤母液向上流动进行传质。

对于稀释的原料，从经济和控制颗粒大小的观点出发，比较合适的方法是使进料在外部单独的设备中冷却并形成晶浆，而后把晶浆直接加进末端加

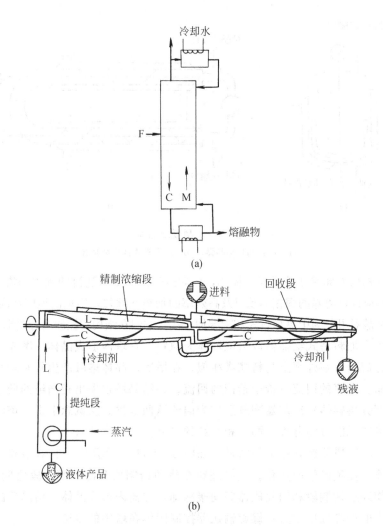

图 8-20　中央加料塔式结晶器

（a）原则流程；（b）Brodie 型结晶器

（L—液相；C—晶体）

料塔的提纯区。该类设备称为组合塔式结晶器。已开发的有四种结晶器已经工业化：①冰洗涤塔；②克西比（KCP）型工业结晶装置；③CCCC 逆流冷却结晶装置；④FLC 液膜结晶装置。表 8-5 给出不同塔式结晶装置的比较。

表 8-5　塔式结晶装置的比较

装置	操作	结晶级数	净化级数	液固分离机械	净化机理	回流
Brodie	连续	多	单	无	发汗＋洗	有
KCP	连续	单	单	有	发汗＋洗	有
CCCC	连续	多	单	有	发汗＋洗	有
FLC	连续	多	多	有	发汗＋洗	有

二、逐步冻凝法

逐步冻凝或称正常冻凝，是指熔融物缓慢而定向地固化，无论是低共熔物系或固体溶液物系，在缓慢凝固时，都会发生杂质从固体界面排至液相的趋势，通过重复的凝固和液体排除可产生很纯的晶体。

（1）单级分离结晶器　图 8-22 为 Pro-abd 精制器示意图[15]，所进行的结晶过程属于单级逐步冻凝结晶过程，也是间歇冷却过程。在结晶器内流动的熔融体在翅片换热管外表面上逐渐结晶析出，剩余母液中杂质含量不断增加，当结晶操作完成后，停止通入冷却介质，改通加热介质，使晶体缓慢熔化，最初熔化液中杂质含量高，待熔化液中所需组分的浓度达到要求后作为产品收集。

图 8-23 为旋转鼓式结晶器[16]，它也属于单级结晶分离器。熔融体送入槽内，空心转鼓部分浸入熔融体内，冷却剂通过转鼓轴心输入与流出转鼓空膛。当转鼓转动时，在转鼓冷却表面部分形成结晶层，随后结晶层又被刮刀刮下成为产品。

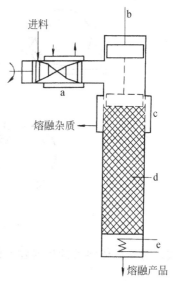

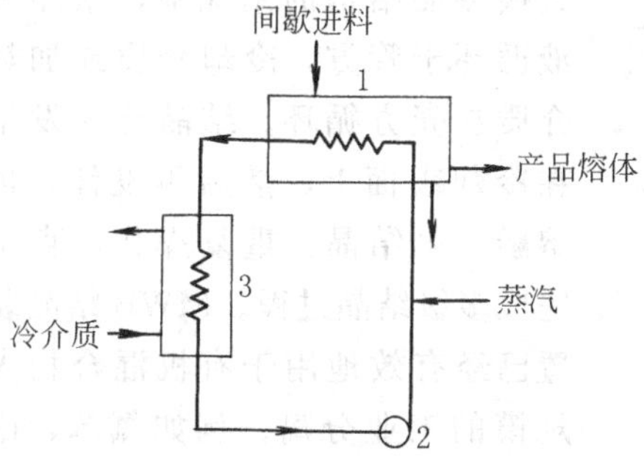

图 8-21　Pillips 脉冲塔结晶器
a—刮板表面冷却器；b—活塞；
c—塔壁过滤器；d—结晶塔；
e—加热器

具有刮刀的热交换器式结晶器的基本结构是由带有夹套的圆柱形管构成的热交换器型的结晶器，在管内装配有刮刀。在结晶时管子以慢速转动。结晶器排出的母液中有细小的晶体，对后续分离要求很高。这种结晶器已用于润滑油的脱蜡及很多有机物系的分离。

（2）多级结晶过程　多级结晶过程有两种操作模式：

图 8-22　Proabd 精制器
1—结晶器；2—泵；3—换热器

① 多次重复进行结晶、熔融、再结晶的重结晶操作，重复的次数越多，达到的产品纯度越高。应选择适宜的重复次数。

② 完成一级结晶后，用纯的液态物质对晶体进行逆流洗涤，以达到晶体的纯化。

如果熔融体内杂质含量高，目的产物含量低，一般选用第一种操作模

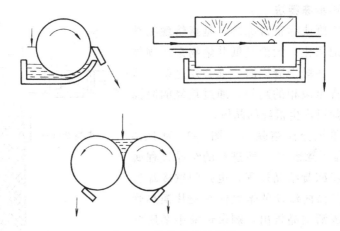

图 8-23　旋转鼓式结晶器

式。对于固体溶液的熔融物系的分离是必须考虑第一种操作模式的。对于熔融体内杂质含量低的物系适合采用第二种操作模式。在许多工业结晶中，实际上是将两种操作模式结合起来实施的。

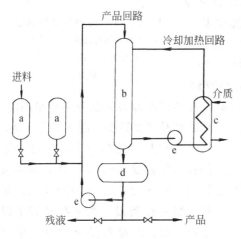

图 8-24　MWB 结晶装置
a—原料罐；b—结晶器；
c—换热器；d—收集器；e—泵

图 8-24 为苏尔寿 MWB 结晶过程[17]。它的主体设备是立式管式换热器结构的结晶器，结晶母液循环于管方，冷却介质或加热介质在壳方循环。结晶首先发生在冷却表面上，然后再发汗，再熔融，再结晶，重复操作，直至完成多级结晶过程。MWB 结晶装置已经有效地用于有机混合物大规模的工业分离。例如氯苯、硝基氯苯、脂肪酸等。

本章符号说明

英文字母

A——晶体的面积，m^2；成核速率中的指前因子，数目/$(cm^3 \cdot s)$；用实验溶解度回归的经验常数；

A_c——塔的横截面积，m^2；

a——用实验溶解度数据回归的经验常数；

B——用实验溶解度数据回归的经验常数；

B^0——成核速率，数目/$(cm^3 \cdot s)$；

B_0——初级均相成核速率，数目/$(cm^3 \cdot$

s)或数目/(L·h);

B_P——初级成核速率(经验式),数目/(cm³·s)或数目/(L·s);

B_S——二次成核速率,数目/(cm³·s)或数目/(L·h);

b——用实验溶解度数据回归的经验常数;

C——用实验溶解度数据回归的经验常数;

c——溶质的浓度,kg/kg 溶剂;

$c(r)$——颗粒半径为 r 的溶质的溶解度,kg/kg 溶剂;

c^*——正常平衡溶解度,kg/kg 溶剂;溶液饱和度;

c_l——熔融结晶中液相中杂质 i 的浓度;

c_s——熔融结晶中固相中杂质 i 的浓度;

c_p——溶液的比热容,J/(kg·℃);

C_V——变异系数;

Δc——浓度推动力;过饱和度;

c_1——原料溶液浓度,kg 溶质/kg 溶剂;

c_2——结晶最终溶液浓度,kg 溶质/kg 溶剂;

G——晶体的线性生长速率,m/s 或 μm/s;

G_m——晶体的质量生长速率,kg/(m²·h);

G^0——晶核生长速率,m/s 或 μm/s;

g_c——结晶热,J/kg;

h——膜传热系数,W/(m²·K);

K_b——与温度相关的成核速率常数;

K_g——晶体线性生长总系数;

K_G——晶体生长的总系数;

K_p——初级成核速率常数;

k——分配系数,Boltzmann 常数;

k_a——晶体的面积形状因子;

k_f——扩散传质系数;

k_i——熔融结晶中的平衡常数;

k_r——表面反应速率系数;

k_v——晶体的体积形状因子;

L——晶体的特征尺寸,mm 或 μm;

L_D——总质量的特征粒度,mm 或 μm;

L_M——质量分布的平均粒度,mm 或 μm;

L_n——临界晶核粒度,mm 或 μm;

M——溶液中溶质的相对分子质量,kg/mol;

M_T——悬浮密度,kg/m³ 溶液;

N——搅拌速度(转速或周边线速),s⁻¹ 或 m/s;晶体粒子数目;

n——成核指数;晶体粒数密度,数目/(μm·L);

n_r——晶体生长幂指数;

n^0——晶核的粒数密度,数目/(μm·L);

$\bar{n}$——L_1 至 L_2 粒度范围中的平均粒数密度,数目/(μm·L);

Q——悬浮液体积流率,m³/s;

Q_i——进入结晶器的体积流率;m³/s 或 m³/h;

q_c——结晶热,J/kg;

R——溶剂化合物与溶质的相对分子质量之比;气体常数,8.314 J/(mol·K);

S——过饱和度比;

T——温度,K;

T_m——溶质的熔点,K;

t——温度,℃;时间,s 或 h;

U——总传热系数,W/(m²·K);

V——溶剂蒸发量,kg 溶剂/kg 原料液中溶剂;结晶器中清液体积,m³;

V_c——晶体的体积,m³;

V_M——晶体的摩尔体积,cm³/mol;

W——原料液中溶剂量,kg 或 kg/h;

x——组分的浓度(摩尔分数);

Y——晶体收率,kg 或 kg/h。

希腊字母

δ——滞流层或停滞膜厚度,cm;

λ——融化潜热;溶剂的蒸发潜热,J/kg;

ρ_s——晶体密度,kg/cm³ 或 kg/m³;

σ——与溶液接触的结晶表面的界面张   下标
     力,J/m^2;相对饱和度;   A,B——组分;

τ——晶体的生长时间,s;   in——进口;

υ——每分子电解质形成的离子数,对 i——组分,界面,杂质;
     非电解质 $\upsilon=1$。   l——液相;

上标   s——固相。

g——晶体生长速率幂指数。

习　题

1. 质量分数为 30% 的 Na_2SO_4 水溶液以 5 000 kg/h 在 50 ℃温度条件下进入冷却型结晶器。结合所附 Na_2SO_4 相图求:

(1) 开始结晶的温度;

(2) 混合物冷却到什么温度,将结晶出 50% 的 Na_2SO_4?

(3) 晶体产量为多少 kg/h?

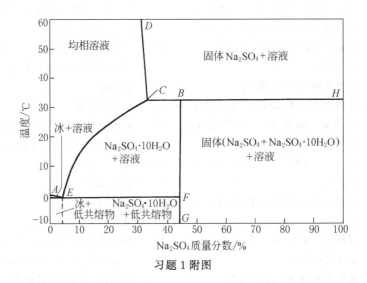

习题 1 附图

2. 在 20 ℃,混合物为含 50%(质量分数,下同)$Na_2SO_4 \cdot 10H_2O$ 和 $50\% Na_2SO_4$ 的晶体。若温度仍维持 20 ℃,问加入多少 kg 水才能使晶体刚好全部溶解。见习题 1 附图。

3. 估计 K_2SO_4 在 30 ℃、过饱和度比 $S=1.07$ 和晶浆密度 $M_T=25$ g/L 时的成核速率:(1) 按下式计算

$$B^0 = 1.67 \times 10^3 M_T G^0 \quad \text{(数目/L · s)}$$

该式使用范围 M_T 23~108 (g/L)

                G 1.2~9.5 (m/s$\times 10^8$)

            $C-C^*$ 2.8~7.1 (g/g $H_2O \times 10^3$)

(2) 假设为均相成核,按式 (8-13) 估算。已知界面张力 $\sigma = 80 \times 10^{-3}$ N/m,

K_2SO_4 晶体的密度是 2. 66 g/cm³。

4. 尿素在工业用 Swenson DTB 结晶器中结晶。一次投料操作得到如下数据：

泰勒筛号	14	20	28	35	48	65
晶体累积质量分数/%	19.0	38.5	63.5	81.5	98.0	100

操作时间 3. 97 h，晶浆密度 404 g/L。尿素密度 $\rho_c = 1.33$ g/cm³。晶体的体积形状因子 $k_v \sim 1.0$。试确定 G 和 n^0。

标准筛对照表

泰勒筛号	14	20	28	35	48	65
筛孔/mm	1. 19	0. 841	0. 595	0. 420	0. 297	0. 210

5. MSMPR 结晶器结晶数据的分析。附表的前三列表示 100 ml 晶浆样品中含有 21 g 固体的筛分数据。样品取自生产立方硫酸铵晶体的 75 m³ 的 MSMPR 结晶器。固体密度 1. 77 g/cm³，离开结晶器的清液密度 1. 18 g/cm³，进料流率 47 kg/s。附表中后三列为晶体粒度数据的换算和处理。计算：（1）停留时间 τ；（2）晶体粒度分布函数 n；（3）晶体生长速率 G；（4）成核速率 B^0 和晶核密度 n^0。

习题附表

筛　号	Tyler 网眼	保留质量分数 Δw_i	晶体粒度分布分析		
			筛分粒度 /μm	平均筛分粒度 L_i/μm	ΔL_i/μm
1	24	0.081	701	—	—
2	28	0.075	589	645	112
3	32	0.120	495	542	94
4	35	0.100	417	456	78
5	42	0.160	351	384	60
6	48	0.110	295	323	56
7	60	0.102	248	272	47
8	65	0.090	208	228	40
9	80	0.06	175	192	33
10	100	0.040	147	161	28
11	115	0.024	124	136	23
12	150	0.017	104	114	20
13	170	0.010	88	96	16
14	200	0.005	74	81	14
—	细粉	0.006	—	—	—

注：可以用全部或部分数据计算。体积形状因子 $k_v = 1$。

6. 某溶液中含有 5 000 kg 水和 1 000 kg 硫酸钠。将该溶液冷却到 10 ℃。在此温度下溶液的溶解度为 9. 0 kg 无水盐/100 kg 水，结晶出来的盐带有十个分子结晶水，即 $Na_2SO_4 \cdot 10H_2O$。假设在冷却过程中有 2% 的水蒸发。计算结晶产量。

7. 用真空冷却结晶器使醋酸钠溶液结晶，获得水合盐 $Na_2C_2H_3O_2 \cdot 3H_2O$。料液是 80 ℃的 40％醋酸钠水溶液，进料量是 2 000 kg/h。结晶器内压力是 1 333 Pa。溶液的沸点升高可取为 11.5 ℃，计算每小时结晶产量。

物性数据：结晶热　144 kJ/kg 水合物

溶液比热容　3.5 kJ/（kg・℃）

1 333 Pa 下水的蒸发潜热　$\lambda = 2\,462$ kJ/kg 水

1 333 Pa 下水的沸点　17.5 ℃

8. 某 MSMPR 结晶的操作条件如下：$n^0 = 10\,000$ 核/$(\mu m \cdot cm^3)$，$G = 0.7$ μm/min 以及 $\tau = 30$ min。问每 cm^3 中晶体的总数目是多少？

9. 在 MSMPR 结晶器结晶 K_2SO_4。已知晶体的平均粒度 $L_M = 600$ μm，晶浆浓度 $M_T = 0.100$ kg/kg（H_2O），晶体密度 $\rho_c = 2\,660$ kg/m^3，体积形状因子 $k_v = 0.525$。结晶成核速率的经验关联式为：

$$B^0 = 1 \times 10^{19} M_T G^2 \quad （数目/s \cdot kg\ H_2O）$$

晶浆浓度即单位质量水中晶体的质量的关系式为：

$$M_T = 6k_v\rho_c n^0 (G\tau)^4$$

试计算结晶生长速率 G 和停留时间 τ。

10. 含萘质量分数 10％的萘/苯溶液 10 000 kg/h，从 30 ℃冷却到 0 ℃假设达到液固平衡。试确定：（1）是苯还是萘结晶出来？（2）生成结晶的数量；（3）母液的组成和数量。由附图计算。

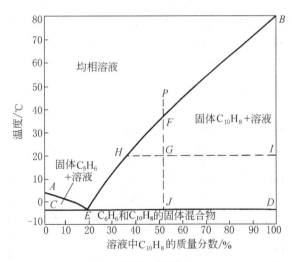

习题 10 附图

11. 含萘质量分数 80％的萘和苯混合物用冷却结晶法分离。进料量 4 536 kg/h。该二元物系的最低共熔温度为 −3.5 ℃，共熔物中含萘质量分数 18.9％。求：

（1）固体萘的最大收率；

（2）占固体 10％的母液黏附在结晶上，求熔融后萘的纯度。

参 考 文 献

1　Stephen H,Stenphen T. Solubilities of Inorganic and Organic Compounds. London:Pergamon,1963

2　Broul M,Nyvlt K,Sohnel O. Solubilities in Binary Aqueous Solution. Prague:Academia,1981

3　Linke W F. Solubilities of Inorganic and Metal Organic Compounds. 4th ed. Vol. 1. New York:Nostrand,1958,vol. 2. 1965

4　时钧,汪家鼎,余国琮,陈敏恒. 化学工程手册. 第二版·下卷. 北京:化学工业出版社,1996. (10-9)～(10-10),(10-19)～(10-21),(10-15)～(10-18),(10-40)～(10-43)

5　Myerson A S. Handbook of Industrial Crystallization. Boston:Butterworth-Heinemann,1992. 44～47

6　Wankat P C. Rate-Controlled Separations. New York:Elsevier Applied Science,1990. 84～92,95～98,103～122,162

7　Tavare N S. Industrial Crystallization:Process Simulation Analysis and Design. New York,Plenum Press,1995. 19～37

8　Wolfgang Gerhartz. Ullmann's Encyclopedia of Industrial Chemistry. Vol. B2:Unit Operation I. Verlagsgesellschaft. (3-7)～(3-10),(3-29)～(3-34)

9　Schweitzer P. Handbook of Separation Techniques For Chemical Engineers. New York:McGraw-Hill,1997,5～52

10　Setford S J. A　Basic Introduction to Separation Science. Shawbury(UK):Rapra Technology,1995. 65

11　Mullin J W. Industrial Crystallization. New York:Plenum Press,1976. 1～168

12　Bamforth A W. Industrial Crystallization. London:Leonard Hiu. 1965. 142～163

13　Kirt-Other. Encyclopedia of Chemical Technology. vol. 7. 4-th ed. New York:Wiley-Intercsience,1993. 723～727

14　Brodie J A. Mech. Chem. Trans. Engrs. Australia. 1971,**7**(1):37～44

15　Molinari J G D. in Zeif M,Wilcox W R (eds). Fractional Solidification. New York:Dekker,1967. 393～400

16　Gelperin N I,Nosov G A. Sov. Chem Ind. (Engl. Transl). 1977,9:713～717

17　Saxer K,Papp A. Chem. Eng. Prog. 1980,**76**(4):64～70

9. 膜 分 离

膜分离过程可以定义为用天然或合成的、具有选择透过性的薄膜,以化学位差或电位差为推动力,对双组分或多组分体系进行分离、分级、提纯或富集的过程[1~6]。

近年来,作为新型高效的单元操作,各种膜分离过程得到了迅速发展,在化工、生物、医药、能源、环境、冶金等领域得到了日益广泛的应用[7~12]。

尽管各种膜分离过程的机理并不相同,但它们都有一个共同特征:借助于膜实现分离。因此,本章将叙述已开发的主要膜分离过程,重点讨论这些过程的原理和特点、分离用膜、分离过程影响因素和应用场合等。

9.1 膜分离概述

9.1.1 膜 (Membrane)

如果在一个流体相内或两个流体相之间有一薄层凝聚相物质把流体相分隔开来成为两部分,那么这一薄层物质就是膜[13,14]。膜具备下述两个特性:第一,膜不管薄到什么程度,至少必须具有两个界面。膜正是通过这两个界面分别与被膜分开于两侧的流体物质互相接触。第二,膜应具有选择透过性。膜可以是完全透过性的,也可以是半透过性的。

绪论中的表 1-2 汇总了常用膜分离过程及基本特性。

膜是膜过程的核心,膜材料的化学性质和膜的结构对膜过程的性能起着决定性影响。

一、膜的种类及结构[15]

根据膜的性质、来源、相态、材料、用途、形状、分离机理、结构、制备方法等的不同,膜有不同的分类方法。按膜的形状分为平板膜 (Flat Membrane)、管式膜 (Tubular Membrane) 和中空纤维膜 (Hollow Fiber)。按膜孔径的大小分为多孔膜和致密膜 (无孔膜)。

按膜的结构分为对称膜 (Symmetric Membrane)、非对称膜 (Asymmetric Membrane) 和复合膜 (Composite Membrane):

1. 对称膜

膜两侧截面的结构及形态相同,且孔径与孔径分布也基本一致的膜称为对称膜。对称膜可以是疏松的微孔膜或致密的均相膜，膜的厚度大致在 $10\sim200\ \mu m$ 范围内，如图 9-1（a）所示。致密的均相膜由于膜较厚而导致渗透通量低，目前已很少在工业过程中应用。

2. 非对称膜

非对称膜由致密的表皮层及疏松的多孔支撑层组成，如图 9-1（b）所示。膜上下两侧截面的结构及形态不相同，致密层厚度约为 $0.1\sim0.5\ \mu m$，支撑层厚度约为 $50\sim150\ \mu m$。在膜过程中，渗透通量一般与膜厚成反比，由于非对称膜的表皮层比致密膜的厚度（$10\sim200\ \mu m$）薄得多，故其渗透通量比致密膜大得多。

3. 复合膜

复合膜实际上也是一种具有表皮层的非对称膜，如图 9-1（c）所示，但表皮层材料与用作支撑层的对称或非对称膜材料不同，皮层可以多层叠合，通常超薄的致密皮层可以用化学或物理等方法在非对称膜的支撑层上直接复合制得。

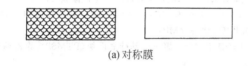

(a) 对称膜

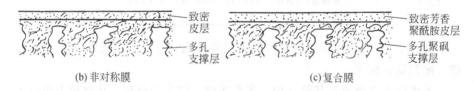

(b) 非对称膜   致密皮层   多孔支撑层   (c) 复合膜   致密芳香聚酰胺皮层   多孔聚砜支撑层

图 9-1　对称膜、非对称膜和复合膜断面结构示意

二、膜材料[16~18]

膜分离过程对膜材料的要求主要有：具有良好的成膜性能和物化稳定性，耐酸、碱、微生物侵蚀和耐氧化等。反渗透、纳滤、超滤、微滤用膜最好为亲水性，以得到高水通量和抗污染能力。气体分离，尤其是渗透蒸发，要求膜材料对透过组分优先吸附溶解和优先扩散。电渗析用膜则特别强调膜的耐酸、碱性和热稳定性。膜萃取等过程，要求膜耐有机溶剂。而目前的膜材料大多是通过已有的高分子材料和无机材料筛选得到，通用性强，专用性差。因此，要得到能同时满足上述条件的膜材料往往非常困难，常采用膜材料改性或膜表面改性的办法，使膜具有某些需要的性能。

表 9-1 列出了一些常用的高分子膜材料。

纤维素膜材料是应用最早，也是目前应用最多的膜材料，主要用于反渗透、纳滤、微滤、超滤，在气体分离和渗透蒸发中也有应用。芳香聚酰胺类和杂环类膜材料目前主要用于反渗透。聚酰亚胺是近年开发应用的耐高温、化学稳定性好的膜材料，目前已用于超滤、反渗透、气体分离膜的制造。聚砜是超滤、微滤膜的主要材料，由于其性能稳定、机械强度好，所以可用作许多复合膜的支撑材料。聚丙烯腈也是超滤、微滤膜的常用材料，它的亲水性使膜的水通量比聚砜大。硅橡胶类、聚烯烃、聚乙烯醇、尼龙、聚碳酸酯、聚丙烯腈、聚丙烯酸、含氟高分子多用作气体分离和渗透气化膜材料。

表 9-1　常用高分子膜材料

材料类别	主 要 聚 合 物
纤维素类	二醋酸纤维素(CA)，三醋酸纤维素(CTA)，醋酸丙酸纤维素(CAP)，再生纤维素(REC)，硝酸纤维素(CN)
聚酰胺类	芳香聚酰胺类(PI)，尼龙-66(NY-66)，芳香聚酰胺酰肼(PPP)，聚苯砜对苯二甲酰(PSA)
芳香杂环类	聚苯并咪唑(PBI)，聚苯并咪唑酮(PBIP)，聚哌嗪酰胺(PIP)，聚酰亚胺(PMDA)
聚砜类	聚砜(PS)，聚醚砜(PES)，磺化聚砜(PSF)，聚砜酰胺(PSA)
聚烯烃类	聚乙烯醇(PVA)，聚乙烯(PE)，聚丙烯(PP)，聚丙烯腈(PAN)，聚丙烯酸(PAA)，聚四甲基戊烯[P(4MP)]
硅橡胶类	聚二甲基硅氧烷(PDMS)，聚三甲基硅氧丙炔(PTMSP)，聚乙烯基三甲基硅烷(PVTMS)
含氟高分子	聚全氟磺酸，聚偏氟乙烯(PVDF)，聚四氟乙烯(PTFE)
其 他	聚碳酸酯，聚电解质络合物

高分子[19,20]膜及膜材料的改性方法主要有：接枝、共聚、声光电磁处理、溶剂预处理等。

无机膜多以金属及其氧化物、多孔玻璃、陶瓷为材料。从结构上可分为致密膜、多孔膜和复合非对称修正膜三种。

三、膜性能的表示法

膜的性能包括膜的分离透过特性和理化稳定性两方面。膜的理化稳定性指膜对压力、温度、pH 值以及对有机溶剂和各种化学药品的耐受性。

膜的分离透过特性包括分离效率、渗透通量和通量衰减系数三个方面[21]。

（1）分离效率　对于不同的膜分离过程和分离对象可以用不同的表示方法。对于溶液中盐、微粒和某些高分子物质的脱除等可以用脱盐率或截留率 R 表示

$$R = \frac{c_1 - c_2}{c_1} \times 100\% \tag{9-1}$$

式中 c_1、c_2 分别表示原液和透过液中被分离物质（盐、微粒或高分子物质）

的浓度。

对于某些混合物的分离，可以用分离因子 α 或分离系数 β 表示，

$$\alpha = \frac{y_A}{1-y_A} \Big/ \frac{x_A}{1-x_A} \tag{9-2}$$

$$\beta = \frac{y_A}{x_A} \tag{9-3}$$

式中 x_A 与 y_A 分别表示原液（气）与透过液（气）中组分 A 的摩尔分数。

（2）渗透通量　通常用单位时间内通过单位膜面积的透过物量表示。

（3）通量衰减系数　因为过程的浓差极化、膜的压密以及膜孔堵塞等原因，膜的渗透通量将随时间而衰减，可以用下式表示

$$J_\theta = J_0 \theta^m \tag{9-4}$$

式中　J_0——初始时间的渗透通量，$kg/(m^2 \cdot h)$；

θ——使用时间，h；

J_θ——时间 θ 的渗透通量，$kg/(m^2 \cdot h)$；

m——衰减系数。

对于任何一种膜分离过程，总希望膜的分离效率高，渗透通量大，实际上这两者往往存在矛盾：分离效率高，渗透通量小；渗透通量大的膜，分离效率低。所以常需在两者之间作出权衡。

9.1.2　膜组件（Membrane Module）

将膜、固定膜的支撑材料、间隔物或管式外壳等组装成的一个单元称为膜组件。膜组件的结构及型式取决于膜的形状，工业上应用的膜组件[15,18,22]主要有中空纤维式、管式、螺旋卷式、板框式等四种型式。管式和中空纤维式组件也可以分为内压式和外压式两种。

一、板框式（Plate-and-Frame）膜组件

板框式是最早使用的一种膜组件。其设计类似于常规的板框过滤装置，膜被放置在可垫有滤纸的多孔的支撑板上，两块多孔的支撑板叠压在一起形成的料液流道空间，组成一个膜单元，单元与单元之间可并联或串联连接。不同的板框式设计的主要差别在于料液流道的结构上。板框式装置的结构及示意流道如图 9-2（a）所示，料液在进料侧空间的膜表面上流动，通过膜的渗透液则经板间隙孔中流出。

二、管式（Tubular）膜组件

管式膜组件有外压式和内压式两种，如图 9-2（b）所示。对内压式膜组件，膜被直接浇铸在多孔的不锈钢管内或用玻璃纤维增强的塑料管内。加压的料液流从管内流过，透过膜的渗透溶液在管外侧被收集。对外压式膜组

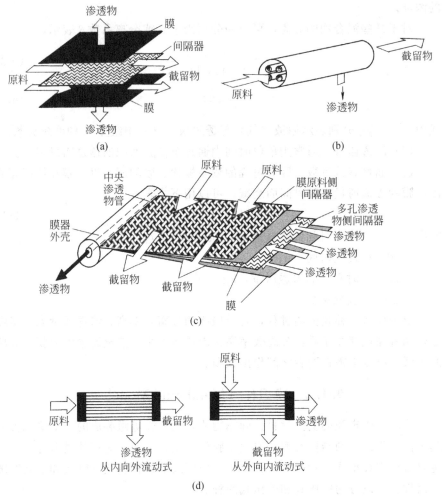

图 9-2　膜组件的四种型式示意

（a）板框式；（b）管式；（c）螺旋卷式；（d）中空纤维

件，膜则被浇铸在多孔支撑管外侧面。加压的料液流从管外侧流过，渗透溶液则由管外侧渗透通过膜进入多孔支撑管内。无论是内压式还是外压式，都可以根据需要设计成串联或并联装置。

三、螺旋卷式（Spiral Wound）**膜组件**

目前，螺旋卷式膜组件被广泛地应用于多种膜分离过程，图 9-2（c）为螺旋卷式膜组件的基本构型及料液与渗透液在膜组件内的流向。

膜、料液通道网、以及多孔的膜支撑体等通过适当的方式被组合在一起，然后将其装入能承受压力的外壳中制成膜组件。通过改变料液和过滤液流动通道的形式，这类膜组件的内部结构也可被设计成多种不同的形式。

四、中空纤维（Hollow Fiber）膜组件

中空纤维膜组件[17,23] 的最大特点是单位装填膜面积比所有其他组件大，最高可达 30 000 m²/m³。中空纤维膜组件也分为外压式和内压式。将大量的中空纤维安装在一个管状容器内，中空纤维的一端以环氧树脂与管外壳壁固封制成膜组件，如图 9-2（d）所示。料液从中空纤维组件的一端流入，沿纤维外侧平行于纤维束流动，透过液则渗透通过中空纤维壁进入内腔，然后从纤维在环氧树脂的固封头的开端引出，原液则从膜组件的另一端流出。

各种膜组件的传质特性和综合性能的比较[2,16,24,25] 分别见表 9-2 和表 9-3。

表 9-2　膜组件的传质特性参数比较

组件型式	水力直径 d_p/cm	雷诺数 Re	传质系数 k/（m/s×10⁶）
中空纤维	0.04	1 000	11
管式	1.0	20 000	14
平板	0.1	2 000	9
卷式	0.1	500	16

表 9-3　四种膜组件的特性比较

比较项目	螺旋卷式	中空纤维	管式	板框式
填充密度/（m²/m³）	200～800	500～30 000	30～328	30～500
料液流速/m³/（m²·s）	0.25～0.5	0.005	1～5	0.25～0.5
料液侧压降/MPa	0.3～0.6	0.01～0.03	0.2～0.3	0.3～0.6
抗污染	中等	差	非常好	好
易清洗	较好	差	优	好
膜更换方式	组件	组件	膜或组件	膜
组件结构	复杂	复杂	简单	非常复杂
膜更换成本	较高	较高	中	低
对水质要求	较高	高	低	低
料液预处理	需要	需要	不需要	需要
相对价格	低	低	高	高

9.2　微滤、超滤、纳滤和反渗透

根据被分离物粒子或分子的大小和所采用膜的结构可以将以压力差为推动力的膜分离过程分为微滤、超滤、纳滤与反渗透[26,27]，四者组成了一个可分离固态微粒到离子的四级分离过程，如图 9-3 所示。当膜两侧施加一定的压差时，可使一部分溶剂及小于膜孔径的组分透过膜，而微粒、大分子、盐等被膜截留下来，从而达到分离的目的。

微滤膜通常截留粒径＞0.05 μm 的微粒。微滤过程常采用对称微孔膜，膜的孔径范围为 0.05～10 μm，操作压差范围为 0.05～0.2 MPa；超滤膜截

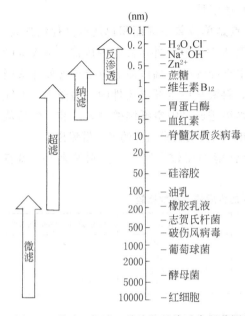

图 9-3 微滤、超滤、纳滤和反渗透应用范围

留的是大分子或直径不大于 0.2 μm 的微粒。溶液的渗透压一般可以忽略不计，操作压差范围大约在 0.9～1.0 MPa；反渗透常被用于截留溶液中的盐或其他小分子物质。反渗透过程中溶液的渗透压不能忽略，操作压差需要根据被处理溶液的溶质大小和浓度确定，通常在 2 MPa 左右，也可高达 10 MPa，甚至 20 MPa。反渗透多采用致密的非对称膜或复合膜。介于反渗透与超滤之间的纳滤过程可用来分离溶液中分子量为几百至几千的物质，其操作压差通常比反渗透低，约为 0.5～3.0 MPa。因其截留的组分在纳米范围，故得名纳滤。

9.2.1 反渗透与纳滤

反渗透和纳滤是借助于半透膜对溶液中低分子量溶质的截留作用，以高于溶液渗透压的压差为推动力，使溶剂渗透通过半透膜。反渗透和纳滤在本质上非常相似，分离所依据的原理也基本相同，两者的差别仅在于溶质的大小。事实上，纳滤和反渗透膜可视为介于多孔膜（微滤、超滤）与致密膜（渗透蒸发、气体分离）之间的过程。因为膜阻力较大，所以为使同样量的溶剂通过膜，就要使用较高的压力，而且需克服渗透压。

渗透和反渗透现象[16,21,22] 如图 9-4 所示，当膜两侧的溶液化学位不相等时，溶剂会从化学位较高的一侧向化学位较低侧流动，直到两侧溶液的化学位相等时达到平衡，溶液中溶剂的化学位可以用理想溶液的化学位公式描述

$$\mu = \mu^0(T,p) + RT\ln x \tag{9-5}$$

式中　$\mu^0(T,p)$——指定温度、压力下纯溶剂的化学位；

　　　μ——指定温度、压力下溶液中溶剂的化学位；

　　　x——溶液中溶剂的摩尔分数。

假定膜两侧压力相等，由于膜两侧溶液中溶质的浓度不同，膜两侧溶液的渗透压也不同，在渗透压差推动下，溶剂从稀溶液侧透过膜进入浓溶液

侧，这就是渗透现象。如果两侧溶液的压差等于两种溶液之间的渗透压差 $\Delta p = \Delta \pi$，此时两侧溶液的化学位相等 $\mu_1 = \mu_2$，故系统处于动态平衡。当在右室溶液上方施加一个压力，使得膜两侧的压差大于两侧溶液的渗透压差即 $\Delta p > \Delta \pi$ 时，则膜两侧溶液的化学位分别为 $\mu_1 > \mu_2$，那么，溶剂从溶质浓度高的溶液侧透过膜流入浓度低的一侧，这种依靠外界压力使溶剂从高浓度溶质侧溶液向低浓度溶质侧渗透的过程称为反渗透。

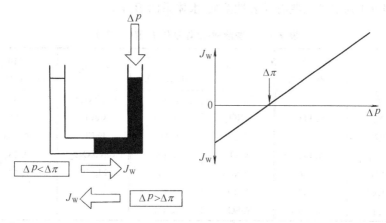

图 9-4　渗透与反渗透过程示意

反渗透过程中，溶液的渗透压是非常重要的数据。对于多组分体系的稀溶液，可用扩展的范特荷夫（Van't Hoff）渗透压公式计算溶液的渗透压

$$\pi = RT \sum_{i=1}^{n} c_i \tag{9-6}$$

式中　c_i——溶质摩尔浓度；

　　　n——溶液中的组分数。

当溶液的浓度增大时，溶液偏离理想程度增大，所以上式是不严格的。

从范特荷夫渗透压方程可以导出在某一渗透压下的溶质相对分子质量与最大溶质重量分数的关系。对低相对分子质量物质，在给定浓度下的渗透压非常大，要使此种溶液的浓度提高，显然受到操作压力的限制。如对相对分子质量为 100 左右的物质，如果操作压差为 3.5 MPa，那么对水溶液能达到的最大质量分数仅为 22%。在此浓度下，溶液的渗透压与过程的操作压差相等，溶剂的渗透通量为零。

对电解质水溶液，常引入渗透压系数 Φ_i 来校正偏离程度，对水溶液中溶质 i 组分，其渗透压可用下式计算

$$\pi = \Phi_i c_i RT \tag{9-7}$$

当溶液的浓度较低时，绝大部分电解质溶液的渗透压系数接近于 1。根

据电解质的类型不同，Φ_i 随溶液浓度的增大会出现增大、不变和减小三种可能。

在实际应用中，常用以下简化方程计算

$$\pi = Bx_i \tag{9-8}$$

式中　x_i——溶质摩尔分数；

　　　B——常数。

表 9-4 列出了某些有代表性溶质-水体系的 B 值。

表 9-4　一些溶质-水体系的 B 值（25 ℃）

溶　质	$B \times 10^{-3}$ (MPa,25 ℃)	溶　质	$B \times 10^{-3}$ (MPa,25 ℃)	溶　质	$B \times 10^{-3}$ (MPa,25 ℃)
尿素	0.135	$LiNO_3$	0.258	$Ca(NO_3)_2$	0.340
甘糖	0.141	KNO_3	0.237	$CaCl_2$	0.368
砂糖	0.142	KCl	0.251	$BaCl_2$	0.353
$CuSO_4$	0.141	KSO_4	0.306	$Mg(NO_3)_2$	0.356
$MgSO_4$	0.156	$NaNO_3$	0.247	$MgCl_2$	0.370
NH_4Cl	0.248	$NaCl$	0.255		
$LiCl$	0.258	$NaSO_4$	0.307		

一、反渗透和纳滤过程机理[2,15,21]

1. 优先吸附-毛细孔流机理

1960 年，Sourirajan 在 Gibbs 吸附方程基础上，提出了解释反渗透现象的优先吸附-毛细孔流机理，该理论模型如图 9-5 所示。

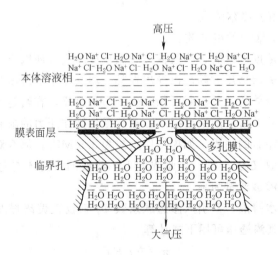

图 9-5　优先吸附-毛细孔流模型

多孔膜界面上溶质吸附量与溶液表面张力的关系可以用 Gibbs 方程关联

$$\Gamma = -\frac{1}{RT}\frac{\partial \sigma}{\partial \ln a} \tag{9-9}$$

式中　Γ——单位膜界面上溶质的吸附量，mol/m^2；

　　　σ——溶液与膜界面的表面张力，N/m；

　　　a——溶液中溶质的活度。

当水溶液与多孔膜接触时，如果膜的物化性质使膜对水优先吸附，那么在膜与溶液界面附近的溶质浓度就会急剧下降，在界面上就会形成一层被膜吸附的纯水层。在外界压力下如果将该纯水层通过膜表面的毛细孔，就有可能从水溶液中获得纯水。纯水层的厚度与溶质和膜表面的化学性质有关。电解质水溶液的纯水层厚度，可用 Matsullra 提出的修正 Gibbs 等温吸附方程计算

$$t = -\frac{\Gamma}{c_{Ab}} = \frac{a(1\,000+58.54\,m)}{2RT\rho \times 1\,000}\left(\frac{\partial \sigma}{\partial am}\right) \tag{9-10}$$

式中　a——溶液中溶质的活度；

　　　m——溶液的摩尔浓度，mol/kg；

　　　c_{Ab}——氯化钠的摩尔浓度，mol/m^3。

膜表皮层的毛细孔孔径接近或等于纯水层厚度 2 倍的微孔膜能获得最高的渗透通量，该孔径称为"临界孔径"。当膜的孔径大于临界孔径时，则溶质就会从毛细孔的中心通过而产生溶质的泄漏。

2. 溶解-扩散机理

20 世纪 60 年代中期，Lonsdale 和 Riley 等人以致密膜假定为基础，提出溶解-扩散机理来描述反渗透现象。该机理认为溶剂和溶质透过膜的过程分为 3 步：第 1 步，溶剂和溶质在膜上游侧吸附溶解；第 2 步，溶剂和溶质在化学位梯度作用下，以分子扩散形式透过膜；第 3 步，透过物（Penetrant，Permeant）在膜下游侧表面解吸。溶剂和溶质在膜中的溶解度和扩散系数是该机理的两个核心参数。

根据 Fick 定律，假定溶剂在膜中的溶解服从亨利定律，在等温情况下可得以下方程：

$$J_w = \frac{D_w c_w V_w}{RT\Delta l}(\Delta p - \Delta \pi) \tag{9-11}$$

令

$$A = \frac{D_w c_w V_w}{RT\Delta l} \tag{9-12}$$

则有

$$J_w = A(\Delta p - \Delta \pi) \tag{9-13}$$

式中　J_w——水的渗透速率或渗透通量；

　　　A——溶剂的渗透参数；

　　　Δp——膜两侧压力差；

$\Delta\pi$——溶液渗透压差。

方程推导中，假定 D_w、c_w 以及 V_w 与压力无关，这在压力低于 15 MPa 时一般是成立的。

溶质的扩散通量可近似表示为：

$$J_i = D_{i,m} \frac{\mathrm{d}c_{i,m}}{\mathrm{d}l} \tag{9-14}$$

式中　$D_{i,m}$——溶质 i 在膜中的扩散系数；

　　　$c_{i,m}$——溶质 i 在膜中的浓度。

由于膜中溶质的浓度 $c_{i,m}$ 无法测定，故通常用分配系数 K 与膜外溶液的浓度来表示，假设膜两侧的 K 值相等，于是上式可表示

$$J_i = D_{i,m} K_i \frac{(c_{i,r} - c_{i,p})}{\Delta l} \tag{9-15}$$

式中　K_i——分配系数；

　　　c_r, c_p——分别为膜上游溶液中溶质的浓度和透过产品中溶质的浓度。

通常情况下，只有当膜内浓度与膜厚呈线性关系时，式（9-15）才成立。经验表明，溶解-扩散模型适用于溶质浓度低于 15% 的膜过程。在许多场合下膜内浓度场是非线性的，特别是在溶液浓度较高且对膜具有较高溶胀度的情况下，模型的误差较大。

二、反渗透操作特性参数计算[3,21]

溶解-扩散模型、Kedem-Katchalsky 模型以及 Kimura-Sourirajan 的毛细孔流模型等均可用于求算溶剂和溶质通量。在此仅介绍 Kimura-Sourirajan 模型。

$$J_A = A\{\Delta p - [\pi(x_{A,R}) - \pi(x_{A,P})]\} \tag{9-16}$$

$$J_S = \frac{D_{A,m} K_A}{\delta}(c_R x_{A,R} - c_p x_{A,p}) \tag{9-17}$$

式中 A 为水的渗透系数；Δp、$\Delta\pi$ 分别为膜两侧的压力差和溶液渗透压差；$\dfrac{D_{A,m} K_A}{\delta}$ 为溶质的渗透系数，其中，$D_{A,m}$ 为溶质在膜中的扩散系数；c_R、c_p 分别为膜两侧溶液浓度，若过程中有浓差极化现象存在，则 c_R 为紧靠膜表面的溶液浓度；$x_{A,R}$、$x_{A,p}$ 分别为膜两侧溶液中溶质的摩尔分数。$\dfrac{D_{A,m} K_A}{\delta}$ 可以反映溶质透过膜的特性，它的数值小，表示溶质透过膜的速率小，膜对溶质的分离效率高。$\dfrac{D_{A,m} K_A}{\delta}$ 与溶质和膜材料的物化性质、膜的结构形态以及操作条件有关。当膜的平均孔径很小时，$\dfrac{D_{A,m} K_A}{\delta}$ 在很宽的压力范围内几

乎为常量，当膜的孔径较大时，$\dfrac{D_{A,m}K_A}{\delta}$随压力增加而趋于降低。$\dfrac{D_{A,m}K_A}{\delta}$ 的值可以通过实验测定或通过选择适当的参考溶质来推算。

由于反渗透膜的溶质脱除率大多在 $0.9\sim0.95$ 范围内，因此要获得高脱除率的产品往往需采用多级或多段反渗透工艺。在反渗透过程中，所谓级数是指进料经过加压的次数，即二级则是料液在过程中经二次加压。在同一级中以并联排列的组件组成一段，多个组件前后串联连接组成多段。根据料液情况、分离要求及所用膜组件一次分离的效率的不同，反渗透过程可以采用不同的工艺流程。

【例 9-1】 利用反渗透膜组件脱盐，操作温度为 25 ℃，进料侧水中 NaCl 质量分数为 1.8%，压力为 6.896 MPa，渗透侧的水中 NaCl 质量分数 0.05%，压力为 0.345 MPa。所采用的特定膜对水和盐的渗透系数分别为 $1.085\ 9\times10^{-4}$ g/$(cm^2 \cdot s \cdot MPa)$ 和 16×10^{-6} cm/s。假设膜两侧的传质阻力可忽略，水的渗透压用 $\pi = RT\sum\overline{m_i}$ 计算，m_i 为水中溶解离子或非离子物质的摩尔体积，试分别计算出水和盐的通量。

解： 进料盐浓度为
$$1.8(1\ 000)/(58.2)(98.2)=0.313\ mol/L$$
透过侧盐浓度为
$$\frac{0.05(1\ 000)}{58.5(99.95)}=0.008\ 55\ mol/L$$
$$\Delta p=(6.896-0.345)=6.551\ MPa$$
若不考虑过程的浓差极化，则
$$\pi_{进料侧}=8.314(298)(2)(0.313)/1\ 000=1.55\ MPa$$
$$\pi_{透过侧}=8.314(298)(2)(0.008\ 55)/1\ 000=0.042\ MPa$$
$$\Delta p-\Delta\pi=6.551-(1.55-0.042)=5.043\ MPa$$
$$p_{M_{H_2O}}/l_M=1.085\ 9\times10^{-4}\ g/(cm^2 \cdot s \cdot MPa)$$
所以
$$J_{H_2O}=\frac{p_{M_{H_2O}}}{l_M}(\Delta p-\Delta\pi)$$
$$=(1.089\ 5\times10^{-4})5.043=0.000\ 548\ g/cm^2$$
$$\Delta c=0.313-0.008\ 55=0.304\ mol/L$$
$$p_{M_{NaCl}}/l_M=16\times10^{-6}\ m/s$$
$$J_{NaCl}=16\times10^{-6}\times0.000\ 304=4.86\times10^{-9}\ mol/(cm^2 \cdot s)$$

9.2.2 超　　滤

超滤是通过膜的筛分作用将溶液中大于膜孔的大分子溶质截留，使这些溶质与溶剂及小分子组分分离的膜过程。膜孔的大小和形状对分离起主要作用，一般认为膜的物化性质对分离性能影响不很大。由于超滤过程的对象是大分子，膜的孔径常用截留相对分子质量来表征。

一、超滤传质机理 （位阻-微孔模型）[21]

根据不可逆热力学为基础导出的 Kedem-katchalsky 模型，溶剂和溶质的通量表示为

$$J_V = L_p(\Delta p - \sigma \Delta \pi) \tag{9-18}$$

$$J_S = \bar{c}_S(1-\sigma)J_V + \omega \Delta \pi \tag{9-19}$$

式中　L_p——溶剂的渗透系数；

　　　σ——反射系数，其范围在 0 与 1 之间；

　　　ω——溶质渗透系数。

以上为 Kedem-Katchalsky 模型式，方程中有三个表示膜传递性能的系数，其中溶质渗透系数和反射系数由溶质的性质决定。

假定膜表皮层中具有半径为 r_p 的圆筒形微孔，孔长为 Δx，孔内外相通；溶质为刚性球，半径为 r_s，溶液在微孔内呈 Poiseuille 流动。那么，溶质的反射系数、渗透系数及水的渗透系数可分别表示为

$$\sigma = 1 - S_F[1 + 16/9q^2] \tag{9-20}$$

$$\omega = DS_D(\varepsilon/\Delta x)$$

$$L_p = (r_p^2/8\mu)(\varepsilon/\Delta x) \tag{9-21}$$

$$S_F = 2(1-q)^2 - (1-q)^4 \tag{9-22}$$

$$S_D = 2(1-q)^2 \tag{9-23}$$

式中　q——溶质和膜孔半径之比 (r_s/r_p)；

　　　ε——膜的孔隙率；

　　S_F——过滤流位阻因子；

　　S_D——扩散流位阻因子。

若已知给定膜的孔径 r_p 孔隙率 ε 和孔长 Δx，则对任何溶质都可以用式（9-20）和式（9-21）推算出 σ、ω 和 L_p，然后用不可逆热力学模型求出超滤溶剂和溶质的通量。

二、浓差极化与凝胶层

无论是反渗透还是超滤，引起浓差极化的原因相似，在此仅介绍超滤过程的浓差极化。对于超滤过程，被膜所截留的通常为大分子，大分子溶液的渗透压较小，由浓度变化引起的渗透压变化对过程影响不大，一般可以不考虑。超滤过程中的浓差极化对通量的影响则十分明显，被膜截留的组分积累在膜的表面上，形成浓度边界层，严重时足以使操作过程无法进行。因此，

浓差极化现象是超滤过程中应加以考虑的一个重要问题。超滤过程中的浓差极化现象及传递模型可用图 9-6（a）描述[21,22]，当不同大小的分子混合物流动通过膜面时，在压力差作用下，混合物中小于膜孔的组分透过膜，而大于膜孔的组分被截留，这些被截留的组分在紧邻膜表面形成浓度边界层，使边界层中的溶液浓度

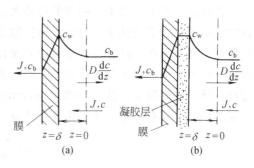

图 9-6　超滤过程中的浓差极化和凝胶层形成
(a) 浓差极化；(b) 凝胶层

大大高于主体流溶液浓度，形成由膜表面到主体流溶液之间的浓度差，浓度差的存在导致紧靠膜面溶质反向扩散到主体流溶液中，这就是超滤过程中的浓差极化现象。浓差极化现象是不可避免的，然而是可逆的，在很大程度上可以通过改变流道结构或改善膜表面料液的流动状态来降低这种影响。

如图 9-6 所示的浓差极化现象，其稳态超滤的物料平衡算式为

$$J_v c_p = J_v c - D \frac{\mathrm{d}c}{\mathrm{d}z} \tag{9-24}$$

式中　$J_v c_p = J_s$——从边界层透过膜的溶质通量；

　　　　$J_v c$——对流传质进入边界层的溶质通量；

　　$D(\mathrm{d}c/\mathrm{d}z)$——从边界层向主体流扩散通量。

根据边界条件：$z=0$，$c=c_b$；$z=\delta$，$c=c_m$，积分上式可得

$$J_V = \frac{D}{\delta} \ln \frac{(c_m - c_p)}{(c_b - c_p)} \tag{9-25}$$

式中　c_b——主体溶液中的溶质浓度；

　　　c_m——膜表面的溶质浓度；

　　　δ——膜的边界层厚度。

当超滤过程达到稳定时，溶质在膜表面的对流传递呈平衡状态，即溶质扩散到膜表面上的流量和膜表面上的溶质返回主体溶液的流量达到动态平衡。当式（9-25）以摩尔浓度表示时，浓差极化模型方程变为

$$\ln \frac{(x_m - x_p)}{(x_b - x_p)} = \frac{J_v \delta}{cD} \tag{9-26}$$

若定义传质系数 $k = D/\delta$，当 $x_p \ll x_b$ 和 x_m 时，上式可简化为

$$\frac{x_m}{x_b} = \exp\left(\frac{J}{ck}\right) \tag{9-27}$$

式中　x_m/x_b 称为浓差极化比。

在超滤过程中，由于被截留的溶质大多为胶体或大分子溶质，这些物质在溶液中的扩散系数极小，溶质反向扩散通量较低，渗透速率远比溶质的反扩散速率高。因此，超滤过程中的浓差极化比会很高，其值越大，浓差极化现象越严重。当大分子溶质或胶体在膜表面上的浓度超过它在溶液中的溶解度时，便形成凝胶层，此时的浓度称凝胶浓度 c_g，如图 9-6（b）所示。在一定的压差下，凝胶浓差比可按下式计算

$$\frac{x_g}{x_b} = \exp\left(\frac{J_v}{ck}\right) \tag{9-28}$$

当膜面上一旦形成凝胶层后，膜表面上的凝胶层溶液浓度和主体溶液浓度梯度达到了最大值。若再增加超滤压差，则凝胶层厚度增加而使凝胶层阻力增大，所增加的压力与增厚的凝胶层阻力所抵消，以致实际渗透速率没有明显增加。由此可知，一旦凝胶层形成后，渗透速率就与超滤压差无关。

超滤过程的操作方式[22]有间歇式和连续式两种，间歇式常用于小规模生产，浓缩速度最快，所需面积最小。间歇式操作又可分为截留液全循环和部分循环两种方式。

最为常见的错流超滤过程的三种基本形式是单级连续超滤过程、单级部分循环间歇超滤过程，以及部分截流液循环连续超滤过程。

9.2.3 微 滤

微滤[21,22]是利用微孔膜孔径的大小，在压差为推动力下，将滤液中大于膜孔径的微粒、细菌及悬浮物质等截留下来，达到除去滤液中微粒与澄清溶液的目的。通常，微滤过程所采用的微孔膜孔径在 0.05～10 μm 范围内，一般认为微滤过程用于分离或纯化含有直径近似在 0.02～10 μm 范围内的微粒、细菌等液体。膜的孔数和孔隙率取决于膜的制备工艺，分别可高达 10^7 个/cm^2 和 80%。由于微滤所分离的粒子通常远大于用反渗透和超滤分离溶液中的溶质及大分子，基本上属于固液分离，不必考虑溶液渗透压的影响，过程的操作压差约 0.01～0.2 MPa，而膜的渗透通量远大于反渗透和超滤。

微滤与常规过滤一样，滤液中微粒的浓度可以是 10^{-6} 级的稀溶液，也可以是高达 20% 的浓浆液。根据微滤过程中微粒被膜截留在膜的表面层或膜深层的现象，可将微滤分成表面过滤和深层过滤两种。当料液中的微粒直径与膜孔径相近时，随着微滤过程的进行，微粒会被膜截留在膜表面并堵塞膜孔，这种称为表面过滤。当过程所采用的微孔膜孔径大于被滤微粒的粒径时，在微滤进行过程中，流体中微粒能进入膜的深层并被除去，这种过滤称为深层过滤。

微滤过程有两种操作方式：死端微滤和错流微滤。在死端微滤操作中，待澄清的流体在压差推动力下透过膜，而微粒被膜截留，截留的微粒在膜表

面上形成滤饼，并随时间而增厚。滤饼增厚的结果使微滤阻力增加，若维持压降不变，则会导致膜通量下降；若保持膜通量一定，则压降需增加。因此，死端微滤通常为间歇式，在过程中必须周期性地清除滤饼或更换滤膜。

错流微滤也遵循筛分机理，操作形式是用泵将滤液送入具有多孔膜壁的管道或薄层流道内，滤液沿着膜表面的切线方向流动，在压差推动下，使渗透液错流通过膜，对流传质将微粒带到膜表面并沉积形成薄层。与死端微滤不同的是，错流微滤过程中的滤饼层不会无限地增厚。相反，由料液在膜表面切线方向流动产生的剪切力能将沉积在膜表面的部分微粒冲走，故在膜面上积累的滤饼层厚度相对较薄。

由于错流操作能有效地控制浓差极化和滤饼形成，因此，在较长周期内能保持相对高的通量，一旦滤饼层厚度稳定，通量也达到稳定或拟稳态。

在实际情况中，有时在滤饼形成后，仍发现在一段时间内通量缓慢下降，这种现象大多是由滤饼和膜的压实作用或膜的污染所致。

微滤与传统过滤在许多方面相似，可以用传统过滤的数学模型描述微滤过程，这里不再赘述。

9.3　气体膜分离

20世纪70年代末，被誉为现代气体分离技术支柱的普里森（Prism）中空纤维膜氮氢分离器的问世，在全世界学术界和工业界引起了较大的轰动。80年代，Heins发明了阻力复合膜，实现了气体膜分离发展的飞跃。气体膜分离从此得到了迅猛的发展，并日益广泛地用于石油、天然气、化工、冶炼、医药等领域。作为膜科学的重要分支，气体膜分离已逐渐成为成熟的化工分离单元。

9.3.1　气体分离膜

常用的气体分离膜可分为多孔膜和致密膜两种，它们可由无机膜材料和高分子膜材料组成，见表9-5。

膜材料的类型与结构对气体渗透有着显著影响。例如，氧在硅橡胶中的渗透要比在玻璃态的聚丙烯腈中的渗透大几百万倍。气体分离用膜材料的选择需要同时兼顾其渗透性与选择性。

表9-5　气体分离膜材料

类　　型	无机材料	高分子材料
多孔质	多孔玻璃、陶瓷、金属	聚烯烃类，醋酸纤维素类
非多孔质（致密膜）	离子导电型固体、钯合金等	均质醋酸纤维素类，合成高分子（如聚硅氧烷橡胶、聚碳酸酯等）

按材料的性质区分，气体分离膜材料主要有高分子材料、无机材料和高分子-无机复合材料三大类。

1. 高分子材料

高分子材料分橡胶态膜材料和玻璃态膜材料两大类。

玻璃态聚合物与橡胶态聚合物相比选择性较好，其原因是玻璃态的链迁移性比后者低得多。玻璃态膜材料的主要缺点是它的渗透性较低，橡胶态膜材料的普遍缺点是它在高压差下容易膨胀变形。目前，研究者们一直致力于研制开发具有高透气性和透气选择性、耐高温、耐化学介质的气体分离膜材料，并取得了一定的进展。

2. 无机材料

无机膜的主要优点有：物理、化学和机械稳定性好，耐有机溶剂、氯化物和强酸、强碱溶液，并且不被微生物降解；操作简单、迅速、便宜。受目前工艺水平的限制，无机膜的缺点为：制造成本相对较高，大约是相同膜面积高分子膜的 10 倍；质地脆，需要特殊的形状和支撑系统；制造大面积稳定的且具有良好性能的膜比较困难；膜组件的安装、密封（尤其是在高温下）比较困难；表面活性较高。

3. 高分子-无机复合或杂化材料

采用高分子-陶瓷复合膜，以耐高温高分子材料为分离层，陶瓷膜为支撑层，既发挥了高分子膜高选择性的优势，又解决了支撑层膜材料耐高温、抗腐蚀的问题，为实现高温、腐蚀环境下的气体分离提供了可能性。

采用非对称膜时，它的表面致密层是起分离作用的活性层。为了获得高渗透通量和分离因子，表皮层应该薄而致密。实际上常常因为表皮层存在孔隙而使分离因子降低，为了克服这个问题可以针对不同膜材料选用适当的试剂进行处理。例如用三氟化硼处理聚砜非对称中空纤维膜，可以减小膜表面的孔隙，提高分离因子。

9.3.2　气体膜分离的机理

气体膜分离主要是根据混合原料气中各组分在压力的推动下，通过膜的相对传递速率不同而实现分离[28]。由于各种膜材料的结构和化学特性不同，气体通过膜的传递扩散方式不同（见图 9-7），因而难以作出普适性很强的解释。目前常见的气体通过膜的分离机理有两种：气体通过多孔膜的微孔扩散机理和气体通过致密膜的溶解-扩散机理。

一、微孔扩散机理

多孔介质中气体传递机理包括分子扩散、粘性流动、Knudsen 扩散及表面扩散等。由于多孔介质孔径及内孔表面性质的差异使得气体分子与多孔介

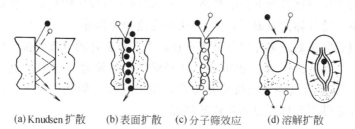

(a) Knudsen 扩散　(b) 表面扩散　(c) 分子筛效应　(d) 溶解扩散

图 9-7　气体膜分离的四种可能机理

质之间的相互作用程度有所不同，从而表现出不同的传递特征。

1. 努森（Knudsen）扩散

在微孔的直径（d_p）比气体分子的平均自由程（λ）小很多的情况下，气体分子与孔壁之间的碰撞几率远大于分子之间的碰撞几率，此时气体通过微孔的传递过程属努森扩散，又称自由分子流；反之，气体分子与孔壁之间的碰撞几率远小于分子之间的碰撞几率，此时气体通过微孔的传递过程属粘性流机理，又称 Poiseuille 流；当 d_p 与 λ 相当时，气体通过微孔的传递过程是 Knudsen 扩散和粘性流并存，属平滑流机理。对于纯气体，可由 Knudsen 因子（Kn）进行判断：

$$Kn = \lambda/d_p \tag{9-29}$$

式中
$$\lambda = \frac{16\eta}{5\pi p}\sqrt{\frac{\pi RT}{2M}} \tag{9-30}$$

当 $Kn \ll 1$ 时，说明粘性流动占主导地位，此时通量为：

$$F_p = \frac{\varepsilon \mu_p d_p^2}{16RT\eta L}\Delta p \tag{9-31}$$

当 $Kn \gg 1$ 时，说明 Knudsen 扩散占主导地位，其通量为：

$$F_K = \frac{\varepsilon \mu_K \bar{\nu} d_p}{3RT\eta L} \tag{9-32}$$

式中
$$\bar{\nu} = \sqrt{\frac{8RT}{\pi M}} \tag{9-33}$$

基于 Knudsen 扩散的气体 A 或 B 的通量比，即为理想分离因子：

$$a^* = (F_K)_A/(F_K)_B = \sqrt{M_A/M_B} \tag{9-34}$$

若 $Kn = 1$ 时，Knudsen 扩散和粘性流并存，总通量可视为二者的叠加：

$$F_t = F_p + F_k \tag{9-35}$$

2. 表面扩散

气体分子可与介质表面发生相互作用，即吸附于表面并可沿表面运动。当存在压力梯度时，分子在表面的占据率是不同的，从而产生沿表面的浓度梯度和向表面浓度递减方向的扩散。表面扩散的机理比较复杂。在低表面浓度梯度下，纯气体的表面流量 f_s 可由费克定律来描述。

对混合气体通过多孔膜的分离过程，为获得良好的分离效果，应尽可能地满足下列条件：① 多孔膜的微孔孔径必须小于混合气体中各组分的平均自由程；② 混合气体的温度应足够高，压力应尽可能低。表 9-6 说明了不同的操作条件下气体通过多孔膜的情况。

表 9-6　不同条件下气体透过多孔膜的情况

操　作　条　件	气体透过膜的流动状况
低压、高温（200～500 ℃）	气体的流动服从分子扩散，不产生吸附现象
低压、中温（30～100 ℃）	吸附起主要作用，分子扩散加上吸附流动
常压、中温（30～100 ℃）	增大了吸附作用，而分子扩散仍存在
常压、低温（1～20 ℃）	吸附效应为主，可能有滑动流动
高压（4 MPa 以上）低温（−30～20 ℃）	吸附效应控制，可产生层流

二、溶解-扩散机理

气体通过致密膜（均质膜）的传递过程一般可通过溶解扩散（Solution-diffusion 或 Sorption-diffusion）机理[2,16]来描述，此机理假设气体透过膜的过程由下列三步组成：

① 气体在膜的上游侧表面吸附溶解，是吸着过程；

② 吸附溶解在膜上游侧表面的气体在浓度差的推动下扩散透过膜，是扩散过程；

③ 膜下游侧表面的气体解吸，是解吸过程。

一般来讲，气体在膜表面的吸着和解吸过程都能较快地达到平衡。而气体在膜内的渗透扩散较慢，成为气体透过膜的速率控制步骤。

纯气体在高分子膜中的溶解平衡可以用 Henry 定律的形式表示

$$c = Hp \tag{9-36}$$

式中　c——气体在高分子膜中的平衡浓度，mol/m^3；

　　　p——气体的压力，Pa；

　　　H——气体的 Henry 系数，$mol/Pa \cdot m^3$。

按照 Fick 定律，气体组分在膜中的扩散通量为

$$J = -D \frac{dc}{dx} \tag{9-37}$$

式中　D——气体组分在固体膜中的扩散系数，m^3/s；

　　　$\frac{dc}{dx}$——气体组分沿膜厚方向的浓度梯度；

　　　c——浓度，mol/m^3；

x——距离，m。

若扩散系数不随浓度而变，在稳态扩散的条件下，从膜的高压侧到低压侧积分式（9-37）得

$$J = \frac{D}{\delta}(c_1 - c_2) \tag{9-38}$$

式中 δ 为膜厚；c_1，c_2 分别为气体组分在膜的高压侧与低压侧表面上的浓度。

如果膜两侧温度相等，则根据（9-36）式可得

$$J = \frac{DH}{\delta}(p_1 - p_2) = \frac{Q}{\delta}(p_1 - p_2) \tag{9-39}$$

式中　p_1，p_2——分别为膜的高压侧与低压侧气体的压力；

　　　　Q——气体组分通过膜的渗透率，它是气体组分扩散系数与Henry 系数的乘积。

对于二组分气体混合物透过膜的理想情况（即假设一种气体组分通过膜的渗透不受另一种同时透过膜的组分渗透的影响），根据式（9-39），两组分 i 与 j 通过膜的渗透通量分别为

$$J_i = \frac{Q_i}{\delta}(p_{1,i} - p_{2,i}) \tag{9-40}$$

$$J_j = \frac{Q_j}{\delta}(p_{1,j} - p_{2,j}) \tag{9-41}$$

膜对两组分的分离效果可以用分离因子 a 表示

$$a_{i,j} = \frac{y_i}{1 - y_i} \bigg/ \frac{x_i}{1 - x_i} \tag{9-42}$$

对于理想气体，摩尔数之比等于分压比，所以

$$a_{i,j} = \frac{p_{2,i}}{p_{2,j}} \bigg/ \frac{p_{1,i}}{p_{1,j}} \tag{9-43}$$

以上诸式中 x、y 分别表示膜的高压侧与低压侧气相中组分的摩尔分数，分压的下标 2 表示低压侧，1 表示高压侧。

因为膜的低压侧两组分摩尔比（分压比）等于两组分渗透通量之比，所以将式（9-40）至式（9-42）整理可得

$$a_{i,j} = \frac{Q_i}{Q_j}[1 - a_{i,j}(p_{2,j}/p_{1,j})]/[1 - (p_{2,j}/p_{1,j})] \tag{9-44}$$

当膜低压侧的压力比高压侧小得多时，$p_2/p_1 = 0$，则得

$$a_{i,j} = \frac{Q_1}{Q_2} \tag{9-45}$$

即两组分的分离因子等于两组分在膜中的渗透率之比。

实际上，由于扩散组分的分子间和扩散组分的分子与膜间的相互作用，一种气体组分在膜中的渗透受另一组分的影响，组分的渗透通量因其他组分的同时渗透而改变。因此，除了极少数情况外，均不能用纯组分的渗透通量来估算混合气体的渗透通量和过程的分离因子。此外，纯组分在膜中的溶解与扩散情况也因膜材料与状态的不同而异。

目前，气体分离膜大多使用中空纤维或卷式膜件。气体膜分离已经广泛用于合成氨工业、炼油工业和石油化工中氢的回收，富氧、富氮，工业气体脱湿技术，有机蒸气的净化与回收，酸性气体脱除等领域，取得了显著的效益。

气体膜分离过程由于具有无相变产生，能耗低或无需能耗；膜本身为环境友好材料，膜材料的种类日益增多并且分离性能不断改善等诸多优点，预计会有非常广阔的应用前景。

9.4 渗 透 蒸 发

渗透蒸发又称渗透汽化，是有相变的膜渗透过程。膜上游物料为液体混合物，下游透过侧为蒸气，为此，分离过程中必须提供一定热量，以促进过程进行[16]。

渗透蒸发过程具有能量利用效率高、选择性高、装置紧凑、操作和控制简便、规模灵活可变等优点。对某些用常规分离方法能耗和成本非常高的分离体系，特别是近沸、共沸混合物的分离，渗透蒸发过程常可发挥它的优势。

9.4.1 基 本 原 理

一、渗透蒸发过程分类

根据膜两侧蒸气压差形成方法的不同，渗透蒸发可以分为以下几类：

(1) 真空渗透蒸发　膜透过侧用真空泵抽真空，以造成膜两侧组分的蒸气压差，如图 9-8 (a)。

(2) 热渗透蒸发或温度梯度渗透蒸发　通过料液加热和透过侧冷凝的方法，形成膜两侧组分的蒸气压差。一般冷凝和加热费用远小于真空泵的费用，且操作也比较简单，但传质推动力小，如图 9-8 (b)。

(3) 载气吹扫渗透蒸发　用载气吹扫膜的透过侧，以带走透过组分，如图 9-8 (c) 所示。吹扫经冷却冷凝以回收透过组分，载气循环使用。若透过组分无回收价值（如有机溶剂脱水）可不用冷凝，直接将吹扫气放空。

二、渗透蒸发膜及膜材料

渗透蒸发过程用膜与气体分离膜类似，主要使用非对称膜和复合膜。

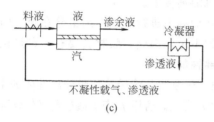

图 9-8 渗透蒸发操作方式

(a) 真空渗透蒸发；(b) 热渗透蒸发；(c) 载气吹扫渗透蒸发

在筛选渗透蒸发膜材料时，应考虑以下问题。

1. 优先透过组分的性质

在渗透蒸发中应以含量少的组分为优先透过组分，根据透过组分的性质选用膜材料。一般可分三种情况：① 有机溶液中少量水的脱除，可用亲水性聚合物；② 水溶液中少量有机质的脱除，可用弹性体聚合物；③ 有机液体混合物的分离，这种体系又可分三类：极性/非极性、极性/极性和非极性/非极性混合物。对极性/非极性体系的分离材料的选择比较容易，透过组分为极性可选用有极性基团的聚合物，透过组分为非极性应选用非极性聚合物。而极性/极性和非极性/非极性混合物的分离就比较困难，特别当组分的分子大小、形状相似时更难分离。

2. 膜与组分的相互作用

组分在高分子膜中的溶解情况可以用它们之间溶解度参数的差值表示，溶解度参数差值小，表示组分与膜分子类似，互溶度大。两组分与膜的溶解度参数差值大，表示膜对两组分的溶解度的差别大。不少材料符合此规律，因此，它可以作为一种选择膜材料的依据。

有人提出用定性的亲憎水平衡理论来选择膜材料。根据这个理论，膜材料应与优先渗透组分之间存在适当的亲和作用力，这种亲和作用力是由膜材料中的官能团与渗透组分分子间作用的结果。高分子物质的官能团可分亲水与疏水两类，采用共混、接枝、共聚、交联等方法调节这两类官能团的比例，使优先渗透组分与膜间有适当大的亲和力，可能得到好的效果。

膜的结晶度、塑化程度以及膜和渗透组分间的相互作用对组分的扩散系数有影响。液体组分在高分子膜中使膜的结构松弛，扩散系数增大，特别是渗透组分对膜有溶胀作用时更为显著，因此，扩散系数也随组分浓度的增加而增大。

3. 膜材料的化学和热稳定性

渗透蒸发分离的物料大多含有机溶剂，特别是分离有机混合物体系，因此，膜材料应抗各种有机溶剂侵蚀。

渗透蒸发过程大多在加温下进行，以提高组分在膜内的扩散速率，尽量弥补渗透蒸发膜通量小的不足，因此，膜材料要有一定热稳定性。

三、渗透蒸发膜分离性能

膜的渗透通量和分离因子是表征渗透蒸发膜分离性能的主要参数。渗透蒸发膜的分离因子按式（9-2）定义。若用 p 表示透过侧组分分压，也可表示为

$$\alpha_{pV} = \frac{p_a}{p_b} \bigg/ \frac{x_a}{x_b} \tag{9-46}$$

如果把渗透蒸发过程分成两步：第一步是膜上游侧料液蒸发形成饱和蒸汽，第二步是该蒸气透过膜渗透到低压侧，这两步过程的分离因子可分别表示为

蒸发过程 $$\alpha_V = \frac{p_a'}{p_b'} \bigg/ \frac{x_a}{x_b} \tag{9-47}$$

式中 p' 为与液相组成 x 相平衡的气相分压。

膜分离过程 $$\alpha_M = \frac{p_a}{p_b} \bigg/ \frac{p_a'}{p_b'} \tag{9-48}$$

显然

$$\alpha_{pV} = \alpha_V \alpha_M \tag{9-49}$$

该式表明要提高渗透蒸发的分离程度，必须增大 α_V 和 α_M。因此，渗透蒸发最好用于从不挥发组分中脱除易挥发组分，以得到大的 α_V。当然只要膜的选择透过性 α_M 与 α_V 相比足够大，也可使难挥发组分优先透过。

若组分的渗透通量 J_i 用渗透系数 Q_i 表示

则 $$J_i = Q_i(p_i' - p_i) \tag{9-50}$$

定义 β 为 a、b 二组分渗透系数之比：

$$\beta = Q_a / Q_b \tag{9-51}$$

则式（9-46）可表示为

$$\alpha_{pV} = \alpha_V \beta \left[\frac{p_a' - p_a}{p_b' - p_b} \right] \frac{p_a}{p_b} \tag{9-52}$$

式中第一项 α_V 表示液体蒸发对渗透蒸发的影响，可由汽液平衡数据得到；

第二项 β 决定于膜的选择透过性；第三项 $\left[\dfrac{p_a' - p_a}{p_b' - p_b} \right] \dfrac{p_a}{p_b}$ 表示渗透蒸发操作条

件对分离性能的影响。

膜分离性能的强化可通过两个途径，膜结构的改进和膜材料的改性。

1. 膜结构改进

进行材料筛选时大多将聚合物制成致密均质膜，这种膜通量很小。实际应用的渗透蒸发膜多为复合膜，它的通量比致密均质膜大得多。

2. 膜材料改性

（1）交联　交联可以三种方法进行。第一种是通过化学反应在两聚合物链间联接上一化合物，这类交联绝大多数是以过氧化物为引发剂的自由基反应；第二种为光照射交联；第三种为物理交联。

（2）接枝　通过化学反应或光照射等把某些齐聚物链节作为支链接到聚合物主链上。如果接枝的分子中含功能团，它能与聚合物中的功能团相反应，则可用化学反应进行接枝。聚乙烯、聚四氟乙烯之类通过熔压法制的薄膜可用光照射接枝进行改性。

（3）引入电荷　在聚合物中导入带正、负电荷的离子可使聚合物具有亲水性。通过反离子选择可控制膜的选择性和渗透通量。这种膜的缺点是反离子易流失，因此性能不稳定，需经常再生。常用的荷电基团有—COO^-、—SO_3^-、—NH^+、—NR_3^+。

（4）共混　将具有不同性质的聚合物共混，以使膜具有需要的特性。但共混的聚合物在同一溶剂中必须相容，即在配成制膜液时必须为均相。

9.4.2　渗透蒸发过程传递机理[2,16,18,22]

目前已提出的机理模型中，以溶解扩散模型和孔流模型应用较多。

一、溶解-扩散模型

这是描述渗透蒸发传质机理使用最普遍的模型，按此模型，渗透蒸发中上游侧组分通过膜的传递可分成三步：① 料液中组分吸附进入膜上游侧表面；② 组分扩散透过膜；③ 从下游侧表面解吸进入气相。

当膜透过侧的压力足够低时，组分在透过侧的解吸一般极快。但是若透过侧压力接近透过组分的蒸气分压时，渗透通量会明显下降。在实际操作中，透过侧的压力都很低，可不考虑解吸步骤对传质过程的影响。因此，膜的选择性和渗透通量受料液中组分在高分子膜中溶解度和扩散速率控制。前者是体系的热力学性质，后者是体系的动力学性质。

组分通过膜的传递还受到料液中其他组分的影响，这种现象称为偶合作用，这也是渗透蒸发与气体分离的区别之一。偶合作用也分热力学和动力学两部分。热力学部分表示组分在膜内的溶解度受另一组分影响，这种影响来自膜内渗透组分间的相互作用及每个组分与膜的相互作用。动力学偶合作用是由于渗透组分在聚合物中的扩散系数与浓度有关所致。低分子量组分溶解在聚合物中会促进聚合物链节的运动，在双组分混合物中，两个组分产生的这种塑化作用对所有组分的传递都有增强作用。

一般说，高溶解度会导致高扩散速度，原因是：① 溶解使聚合物溶胀，促进链节的自由转动，减少扩散活化能；② 聚合物中的自由体积更有利于组分扩散；③ 通过膜中溶解液体的扩散比通过固体聚合物快。

根据原始的溶解扩散模型，组分 i 通过膜的流率可用组分的浓度、活动率和推动力——化学位梯度表示

$$J_i = -c_i B_i \,\mathrm{d}\mu_i / \mathrm{d}X \tag{9-53}$$

式中 B_i 为组分的活动率；μ_i 为组分的化学位，在常温下式（9-53）可表示成

$$J_i = -c_i B_i \left(RT \frac{\mathrm{d}\ln a_i}{\mathrm{d}X} + \bar{V}_i \frac{\mathrm{d}p}{\mathrm{d}X} \right)_\mathrm{T} \tag{9-54a}$$

在渗透蒸发中，上、下游压差在 0.1 MPa 左右，因此压力梯度远小于活度梯度，式（9-54a）可简化

$$J_i = -c_i B_i RT \frac{\mathrm{d}\ln a_i}{\mathrm{d}X} \tag{9-54b}$$

定义 $D_i = RTB_i$，为组分在膜内的扩散系数，则

$$J_i = -c_i D_i \frac{\mathrm{d}\ln a_i}{\mathrm{d}X} \tag{9-54c}$$

i、j 二元混合物在高分子膜中的活度 a_i 可从 Flory-Huggins 热力学关系得到：

$$\ln a_i = \ln \varphi_i + (1 + \varphi_i) - (V_i / V_j) \varphi_j - \left(\frac{V_i}{V_\mathrm{m}} \right) \varphi_\mathrm{m}$$

$$+ (\Psi_{i,j}(u_j)\varphi_j + \Psi_{i,\mathrm{m}}\varphi_\mathrm{m})(\varphi_i + \varphi_\mathrm{m}) - (V_i / V_j) \Psi_{i,\mathrm{m}} \varphi_i \varphi_\mathrm{m} \tag{9-55}$$

式中 $\quad u_j = \dfrac{\varphi_j}{\varphi_i + \varphi_j}$；$\varphi$ 为三元体系中组分的体积分数。组分与高分子膜的 Flory 相互作用参数 $\Psi_{i,\mathrm{m}}$（或 $\Psi_{j,\mathrm{m}}$）可从纯组分 i（或 j）在高分子膜中的溶胀自由能求得，简化后为

$$\Psi_{i,\mathrm{m}} = -[\ln(1 - \varphi_\mathrm{m}) + \varphi_\mathrm{m}] / \varphi_\mathrm{m}^2 \tag{9-56}$$

i、j 二组分的相互作用参数可从混合物的剩余自由能计算

$$\Psi_{i,j} = \frac{1}{x_i \varphi_i} \left(x_i \ln \frac{x_i}{\varphi_i} + x_j \ln \frac{x_j}{\varphi_j} + \Delta G^\mathrm{E} / RT \right) \tag{9-57}$$

ΔG^E 可从 Van Laar，Margules 或 Wilson 方程计算得到，例如根据 Wilson 方程

$$\Delta G^\mathrm{E} / RT = -x_i \ln(x_i + \Lambda_{i,j} x_j) - x_j \ln(x_j + \Lambda_{j,i} x_j) \tag{5-58}$$

许多二元体系的 Wilson 参数 $\Lambda_{i,j}$ 和 $\Lambda_{j,i}$ 可从资料上查得。

渗透组分在膜内的扩散速度与组分的大小、形状有很大的关系，在同系物中分子量低的组分透过快，化学性质和分子量相同的组分，截面小的透过快。渗透组分的化学性质对组分在聚合物中的吸附和聚合物的塑化有很大影响，对组分在聚合物中的扩散同样也有很大影响。

二、孔流模型

孔流模型假定膜中存在大量贯穿膜的圆柱小管，所有的孔处在等温操作条件下，渗透物组分通过三个过程完成传质：（1）液体组分通过孔道传输到液-气相界面，此为 Poiseuille 流动；（2）组分在液-气相界面蒸发；（3）气体从界面处沿孔道传输出去，此为表面流动。可见，孔流模型的典型特征在于膜内存在着液-气相界面，渗透蒸发过程是液体传递和气体传递的串联耦合过程。孔流模型预言，渗透蒸发过程在稳定状态下，膜中可能存在浓差极化。

实际上孔流模型中的孔为高聚物网络结构中链间未相互缠绕的空间，其大小为分子尺寸。但其和溶解扩散模型有本质上的不同，孔流模型定义的"通道"是固定的，而溶解扩散模型定义的"通道"是高分子链段随机热运动的结果。卷曲高分子链段的随机热运动是真实存在的，因而"固定通道"是孔流模型的不足之处。

此外，尚有虚拟相变溶解扩散模型等，在此不予介绍。

9.4.3　影响渗透蒸发过程的因素

1. 温度

组分在膜中的扩散系数和溶解度随温度的变化符合 Arrhenius 方程的关系。因此，组分的渗透率也符合 Arrhenius 方程，随温度的升高而增加。

温度对分离系数（选择性）的影响不大，一般温度升高，选择性有所下降，但也有温度升高，选择性升高的情况。

2. 压力

液相侧的压力对液体在高分子膜中的溶解度影响不大，故对渗透汽化过程的影响不大，所以通常液相侧均为常压。

膜下游侧压力（真空度）是一个重要的操作参数。当膜下游真空侧压力升高时，过程的传质推动力（组分的蒸气压差）变小，从而使得组分的渗透通量降低。

3. 液体中易渗透组分的浓度

在液体混合物中易渗透组分浓度增大，渗透通量增加。因为随着易渗透组分浓度的增大，组分在膜中的溶解度和扩散系数均增大。

4. 原料液流率

与多数膜分离过程类似，渗透蒸发过程存在浓差极化问题，有时还相当严重。

随着料液流率的增加，料液的湍动程度加剧，减小了上游侧边界层的厚度，减少了传质阻力，因此使得组分的渗透通量得到提高。在某些条件下，料液边界层的传质阻力甚至起支配作用。

5．膜组件型式

渗透蒸发过程分离效率的高低，既取决于膜材料和制膜工艺，同时还取决于膜组件的型式和膜组件内的流体力学。板框式膜组件结构简单，但流体力学状况往往较差；螺旋卷式膜组件流体力学性能良好，但分布器的设计和膜内压降成为主要矛盾；中空纤维膜组件则存在较为严重的径向温度和压力分布。

渗透蒸发的应用可分以下三种：①有机溶剂脱水；②水中少量有机物的脱除；③有机混合物的分离。有机溶剂脱水，特别是乙醇、异丙醇的脱水，目前已有大规模的工业应用。随着渗透蒸发技术的发展，其他两种应用会快速增长，特别是有机混合物的分离，作为某些精馏过程的替代和补充技术，在化工生产中有很大应用潜力。

9.5 电 渗 析

电渗析是指在直流电场的作用下，溶液中的带电离子选择性地透过离子交换膜的过程[14]。目前电渗析主要应用于溶液中电解质的分离。

9.5.1 电渗析基本原理及传递过程

一、电渗析基本原理

如图 9-9 所示，在正、负两电极之间交替地平行放置阳离子交换膜（简称阳膜，以符号 C 表示）和阴离子交换膜（简称阴膜，以符号 A 表示）。阳

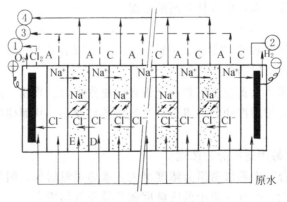

图 9-9 电渗析器工作原理

膜通常含有带负电荷的酸性活性基团，能选择性地使溶液中的阳离子透过，而溶液中的阴离子则因受阳膜上所带负电荷基团的同性相斥作用不能透过阳膜。阴膜通常含有带正电荷的碱性活性基团，能选择性地使阴离子透过，而溶液中的阳离子则因受阴膜上所带正电荷基团的同性相斥作用不能透过阴膜。阴、阳离子交换膜之间用特制隔板分开，组成浓缩（浓缩室）和脱盐（淡化室）两个系统。

当向电渗析器各室引入含有 NaCl 等电解质的盐水并通入直流电时，阳极室和阴极室即分别发生氧化和还原反应。阳极室产生氯气、氧气和次氯酸等。阳极电化反应为：

$$2Cl^- \longrightarrow Cl_2 + 2e^-$$

$$H_2O \longrightarrow \frac{1}{2}O_2 + 2H^+ + 2e^-$$

可见阳极水呈现酸性，并产生新生态氧和氯，通常在阳极室加一张惰性多孔膜或阳膜以保护电极。

阴极室产生氢气和氢氧化钠。阴极电化反应为：

$$2H_2O + 2e^- \longrightarrow H_2 + OH^-$$

可见阴极水呈碱性。当溶液中存在其他杂质时，还会发生相应的副反应，如 Ca^+、Mg^{2+} 之类的离子存在时就会生成 $CaCO_3$ 和 $MgCO_3$ 等水垢。电极反应消耗的电能为定值，与电渗析器中串联多少对膜关系不大，所以两电极间往往采用很多膜对串联的结构，通常有 200～300 对膜，甚至多达 1 000 对。下面介绍这些膜对之间的各隔室中的离子迁移情况。如图 9-10 所示，在直流电场作用下，在淡化室（如 D）中，带正电荷的阳离子（如 Na^+）向阴极方向移动并透过阳膜进入右侧浓缩室，这样，此淡化室中的电解质（NaCl）浓度逐渐减小，最终被除去。在浓缩室（如 E）中，阳离子，包括从右侧淡水室中透过阳膜进来的阳离子，在电场作用下趋向阴极时，立即受到阴膜的阻挡留在此浓缩室中；阴离子，包括从右侧淡水室中透过阴膜进来的阴离子，趋向阳极室立即受到阳膜的阻挡也留在此浓缩室中。这样，此浓缩室中的电解质（NaCl）浓度逐渐增加而被浓集。将各个淡化室互相连通引出即得到淡化水；将各个浓缩室互相连通引出即得到浓盐水。

二、电渗析中的传递过程

由上可知，反离子迁移是电渗析中起分离作用的主要传递过程，它是使盐水淡化必需的传递过程，但是在电渗析中还存在其他一些不需要而且有害的过程（参见图 9-10）。

（1）同性离子迁移　指与离子交换膜上固定离子电荷符号相同的离子通过膜的传递。上面说到由于同性相斥作用，阴离子不能通过阳膜，阳离子不

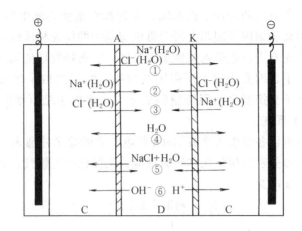

图 9-10　电渗析工作中发生的各种过程
①—反离子迁移；②—同性离子迁移；③—电解质的浓差扩散；
④—水的（电）渗析；⑤—压差渗漏；⑥—水的电解
A—阴膜；C—浓缩室；D—脱盐室；K—阳膜

能通过阴膜。实际上，膜上带电荷的基团的相斥作用并不能完全阻止同性离子的透过。浓缩室中的阴阳离子在电场的作用下会分别穿过阳膜和阴膜而进入淡化室。

（2）电解质的浓差扩散　由于浓度差电解质自浓缩室向两侧淡化室扩散。

（3）水的（电）渗透　淡化室中的水由于渗透压的作用向浓缩室渗透；在反离子迁移和同性离子迁移的同时都会携带一定数量的水分子一起迁移。

（4）压差渗漏　当膜的两侧产生压差时，溶液将由压力大的一侧向压力小的一侧渗漏。

（5）水的电解　当发生浓差极化时，水电离产生的 H^+ 和 OH^- 也可通过膜。

以上这些过程使电渗析的效率降低，能耗增大，所以应尽可能减少这些过程的发生。

9.5.2　离子交换膜

离子交换膜被誉为电渗析的"心脏"，其费用约占总成本的40％。

离子交换膜与球状或不定型粒状离子交换树脂具有相同的化学结构，可分为基膜和活性基团两大部分：基膜即具有立体网状结构的高分子化合物；活性基团是由具有交换作用的阳（或阴）离子和与基膜相连的固定阴（或阳）离子所组成。

如磺酸型阳膜可示意为：

$$R\!-\!SO_3H \xrightarrow{\text{解离}} R\!-\!SO_3^- + H^+$$

基膜　活性基团　基膜　固定离子　可交换离子

又如季胺型阴膜可示意为：

$$R\!-\!N(CH_3)_3OH \xrightarrow{\text{解离}} R\!-\!N^+(CH_3)_3 + OH^-$$

基膜　　活性基团　　　基膜　固定离子　可交换离子

上述可交换离子因其与膜中固定离子所带电荷相反也可称之为反离子或对立离子。基膜的立体网状结构的高分子骨架中存在许许多多相互沟通的细微网孔，正因为细微网孔的存在使离子有可能从膜的一侧运动到膜的另一侧。

离子交换膜的种类很多，按膜中活性基团的种类可分为阳离子交换膜、阴离子交换膜和特殊离子交换膜。按膜体结构（或按制造工艺）可分为异相膜、均相膜和半均相膜。

离子交换膜是电渗析装置的关键部件，一般认为实用的离子交换膜应具备：良好的选择透过性，较小的膜电阻，较好的化学稳定性，较高的机械强度和适度的抗溶胀性能，较低的扩散性能和价格等。

其中选择透过性是衡量膜性能的主要指标，它直接影响电渗析过程中电流的利用程度，即电流效率和脱盐效果。

膜的选择透过性的优劣往往用离子迁移数和膜的选择透过度来表示。通常是通过膜电位的测定来估算离子的迁移数和膜的选择透过度。

膜内离子迁移数即某一种离子在膜内的迁移量与全部离子在膜内迁移量之比，也可用离子迁移所带电量之比来表示。

膜的选择透过度 P 是膜在一定条件下，反离子在膜内迁移数的增加值与理想膜的迁移数的增加值之比：

$$P = \frac{\bar{t}_g - t_g}{\bar{t}_g^0 - t_g} = \frac{\bar{t}_g - t_g}{1 - t_g} \tag{9-59}$$

式中　$\bar{t}_g$——反离子在膜中的迁移数；

t_g——反离子在溶液中的迁移数；

$\bar{t}_g^0$——反离子在理想膜中的迁移数。理想的离子交换膜即具有 100% 的选择透过性的膜。如在氯化钠溶液中对理想的阳膜，钠离子的迁移数 $\bar{t}_{Na^+} = 1$，$\bar{t}_{Cl^-} = 0$。

由式（9-59）可见，$\bar{t}_g$ 愈大，P 愈大。$\bar{t}_g$ 一般是用测定膜电位的方法间接计算出来的。

如在一张阳离子交换膜的两侧分别注入不同浓度的同种溶液（如

0.1 mol/L KCl 和 0.2 mol/L KCl)，测定其膜电位 E_m，则

$$\bar{t}_g = \frac{E_m + E_m^0}{2E_m^0} \qquad (9\text{-}60)$$

式中　E_m^0——上述条件下理想膜的膜电位（16.1 mV）；

　　　E_m——上述条件下所测得的膜电位。

由式（9-60）可见，E_m 愈大，$\bar{t}_g$ 越大。根据 $\bar{t}_g$，并从有关物理化学手册中查得 25 ℃时的 t_g，即可求得膜的选择透过度 P。

离子交换膜的选择透过性机理一般用双电层理论和道南（Donnan）膜平衡理论来解释。离子交换膜对离子的选择透过性主要来自两个方面：膜中孔隙和基膜上带固定电荷的活性基团。

显然，膜的选择透过度是受膜的交换容量制约的，交换容量愈高，微孔孔径小，选择透过性就好。所以要求膜有较高的交换容量和较大的交联度。但要注意，交换容量超过一定数值时膜含水量增加，膜中活性基团的相对浓度下降，膜的微孔孔径将增大，反而会使选择透过性下降。膜的交联度也有一定限值，太大会引起膜电位上升，脆性增加。

由于道南膜平衡和制膜工艺所限，膜的选择透过度 P 总是小于 100%，一般要求适用的离子交换膜的 P 大于 85%。或者要求阳膜的阳离子迁移数大于 0.9，阴离子迁移数小于 0.1；阴膜的阴离子迁移数大于 0.9，阳离子的迁移数小于 0.1。并希望在高浓度电解质溶液中，膜仍具有良好的选择透过性。

9.5.3　电渗析过程中的浓差极化和极限电流密度

电渗析器在直流电场的作用下，水中正负离子分别透过阴膜和阳膜进行定向运动，并各自传递一定的电荷。根据膜的选择透过性，反离子在膜内的迁移数大于它在溶液中的迁移数。当操作电流密度增大到一定程度时，离子迁移被强化，使膜附近界面内反离子浓度趋于零，从而由水分子电离产生的 H^+ 和 OH^- 来负载电流。在电渗析中，把这种现象称之为浓差极化[2,18,22]。

为了说明浓差极化现象，我们假设带负电的阳离子交换膜被置于阴极与阳极之间，体系被浸入 NaCl 溶液中，阳离子交换膜只允许阳离子通过。当在阴极和阳极间施加直流电压时，Na^+ 离子将从左向右移向阴极，见图 9-11。由于在膜内的传递比在边界层中快，膜左侧浓度减少而右侧浓度逐渐升高。由于边界层中存在浓度梯度所以会产生一个扩散通量，稳态时形成一定的浓度分布。

在电位差作用下，阳离子通过膜的传递通量为：

$$J_m = \frac{t_m i}{z\mathscr{F}} \qquad (9\text{-}61)$$

在电位差作用下，阳离子在边界层中的传递通量为：

$$J_{bl} = \frac{t_{bl} i}{z\mathscr{F}} \qquad (9\text{-}62)$$

而边界层中扩散通量为：

$$J_{D,bl} = -D\frac{dc}{dx} \qquad (9\text{-}63)$$

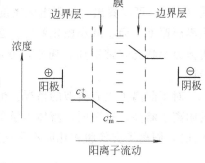

图 9-11　电渗析过程中的浓差极化

以上几个式子中，J_m 和 J_{bl} 分别为膜内和边界层内的电驱动通量，而 $J_{D,bl}$ 为边界层内扩散通量。在膜中和边界层中传递的阳离子数目分别为 t_m 和 t_{bl}。z 为阳离子的价态（对 Na^+，$z=1$），$\mathscr{F}$ 为 Faraday 常数，i 为电流，dc/dx 为边界层中浓度梯度。

稳态时，阳离子通过膜的传递通量等于边界层中电通量与扩散通量之和：

$$J_m = \frac{t_m i}{z\mathscr{F}} = \frac{t_{bl} i}{z\mathscr{F}} - D\frac{dc}{dx} \qquad (9\text{-}64)$$

假设扩散系数为常数（浓度梯度为线性），并用以下边界条件对式（9-64）积分

$$x=0 \text{ 时，} c=c_m$$
$$x=\delta \text{ 时，} c=c_b$$

则可以得到关于膜表面阳离子浓度减小的方程和升高的方程

$$c_m = c_b - \frac{(t_m - t_b)i\delta}{z\mathscr{F}D} \qquad (9\text{-}65)$$

$$c_m = c_b + \frac{(t_m - t_b)i\delta}{z\mathscr{F}D}$$

电阻主要集中在发生离子浓度降低的边界层中，由于离子浓度降低使得边界层中电阻变大。当浓度变得很低时，一部分电能会以热能的形式被消耗掉（水电解）。由式（9-65）可以得到边界层内的电流密度 i：

$$i = \frac{zD\mathscr{F}(c_b - c_m)}{\delta(t_m - t_{bl})} \qquad (9\text{-}66)$$

如电位差很大，则电流密度提高，阳离子通量增大，结果阳离子浓度减小。当膜表面阳离子浓度 c_m 趋近零时，则达到极限电流密度：

$$i_{lim} = \frac{zD\mathscr{F}c_b}{\delta(t_m - t_{bl})} \qquad (9\text{-}67)$$

此时进一步提高推动力（增大电位差）不会使阳离子通量继续增大。从式（9-67）可以看出，极限电流密度取决于主体溶液中阳离子的浓度 c_b 和边界层厚度。为了减小极化效应，必须减小边界层厚度，因此，膜器设计和流体力学状况非常重要，通常，原料腔室要采用间隔器并采用特殊的膜器设计。

对于阴离子也有类似的情况。但阴离子在边界层中的迁移性比同样价态的阳离子略高。这表明，流体力学条件相近时（边界层厚度相同，膜器构造相同），阳离子交换膜将比阴离子交换膜更容易达到极限电流密度。

9.6 液 膜 分 离

液膜分离技术自 1968 年由 Norman 首先提出以来，便以其新颖独特的结构和高效的分离性能吸引了广泛的研究开发兴趣，并在冶金、医药、环保、原子能、石化、仿生化学等领域得到了一定的应用，具有较为乐观的应用前景。

本小节将对液膜的组成、结构和分类，液膜分离的传质机理、流程、设备及应用等内容进行介绍[14]。

9.6.1 液膜组成、结构和分类

液膜是很薄的一层液体，可以是水溶液也可以是有机溶液。它能把两个互溶但组成不同的溶液隔开，并通过这层液膜的选择性渗透作用实现分离。显然当被隔开的两个溶液是水溶液时，液膜应该是油型，而被隔开的两个溶液是有机溶液时，液膜则应该是水型。

一、液膜组成

1. 膜溶剂

膜溶剂是成膜的基体物质。选择膜溶剂主要考虑膜的稳定性和对溶质的溶解性。

2. 表面活性剂

表面活性剂又称界面活性剂。表面活性剂是创造液膜固定油水分界面的最重要组分，它直接影响膜的稳定性、渗透速度、分离效率和膜的复用。

3. 流动载体

流动载体的作用是使指定的溶质或离子进行选择性迁移，决定分离的选择性和通量。

4. 膜增强添加剂

膜增强添加剂的作用是使膜具有合适的稳定性，即要求液膜在分离操作过程中不过早破裂，以保证待分离溶质在内相中富集，而在破乳时又容易被破碎，便于内相与液膜的分离。

一般，液膜溶液中表面活性剂占 $1\% \sim 5\%$，流动载体占 $1\% \sim 5\%$，其余 90% 以上是膜溶剂。

二、液膜的结构与分类

分离操作所用的液膜，基本上可以分成两类，见图 9-12。第一类：支撑液膜或固定化液膜。如果液体能润湿某种固体物料，它就在固体表面分布成膜。微孔材料制成的平板膜或中空纤维膜，浸入适当的有机溶剂中可以很容易地制成支撑液膜。聚四氟乙烯、聚丙烯制成的高度疏水性微孔膜，用以支撑有机液膜。滤纸、醋酸纤维素微孔膜和微

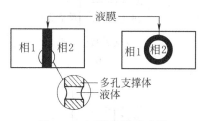

图 9-12　两类液膜示意图

孔陶瓷等亲水材料，可支撑水膜。由于膜相仅仅依靠表面张力和毛细管作用吸附在多孔膜的孔内，使用过程中容易流失，造成支撑液膜分离性能下降。解决办法之一是定期从反萃相一侧加入膜相溶液来补充。第二类：乳状液膜。乳状液膜能够比较容易地通过下述过程制备。首先将两个不互溶的相，如水和油充分混合，从而形成乳状液滴（液滴尺寸 $0.5 \sim 10~\mu m$），加入表面活性剂使乳滴稳定，由此得到水/油乳化液。将此乳液加入一个装有水溶液的大容器中从而形成水/油/水乳化液，此时油相构成液膜。

9.6.2　液膜分离的传质机理

液膜分离可分为从原料液到膜液和从膜液到接受液共两步萃取过程[29~31]。而萃取又分为物理萃取和化学萃取，物理萃取是选择性溶解，化学萃取则是选择性反应。因此液膜分离可有以下类型，见图 9-13。

1. 单纯迁移

又称选择性渗析或物理渗透，液膜不含流动载体，液滴内、外相也不含有与待分离物质发生化学反应的试剂，只是单纯靠待分离的不同组分在膜中溶解度和扩散系数的不同导致透过膜的速率不同实现分离。当单纯迁移液膜分离过程进行到膜两侧被迁移的溶质浓度相等时，便自行停止，因此它不能产生浓缩效应。见图 9-13（a）。

2. 促进迁移

（1）内相化学反应（Ⅰ型促进迁移）　又称滴内化学反应。液膜不含载体，外相是原料液，内相是接受液；它含有试剂 R。原料液中的溶质 A 能溶于液膜，透过膜后与试剂发生化学反应，转变为产物 P。化学反应使溶质在内相保持低浓度，因而传质速率一直维持在较高水平上，直到试剂耗尽为

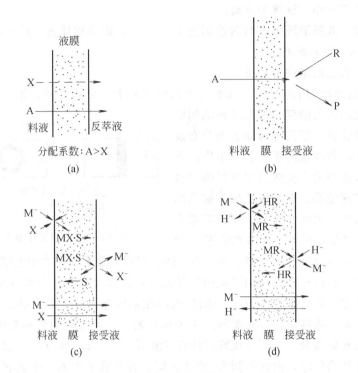

图 9-13　液膜传质机理

(a) 单纯迁移；(b) 内相化学反应；

(c) 同向迁移；(d) 反向迁移

止，反应产物不溶于液膜，不会向外相迁移。见图 9-13（b）。

（2）膜相化学反应（Ⅱ型促进迁移）　在膜相中加入一种流动载体，载体分子先在液膜的料液（外相）侧选择性地与某种溶质发生化学反应，生成中间产物，然后这种中间产物扩散到膜的另一侧，与液膜内相中的试剂作用，并把该溶质释放出来，这样，溶质就被从外相转入内相，而流动载体又扩散到外相侧，重复上述步骤。不难看出，在整个过程中，流动载体并没有消耗，只是起到搬运载体的作用。这种含流动载体的液膜在选择性、渗透性和定向性三个方面更类似于生物细胞膜的功能，它能使分离和浓缩两步合一。

与流动载体发生化学反应的类型可以是酸碱中和反应、同离子效应、离子交换、络合反应和沉淀反应等。

离子的迁移方式有两种：同向迁移和反向迁移。

① 同向迁移　膜相中含有非离子型载体时，从料液通过液膜迁入内相的是缔合的离子对。在外相界面上，原料液中的阳离子 M^+ 和阴离子 X^- 与

膜相中的载体 S，生成中性络合物 MX·S。此络合物不溶于外相而易溶于膜相，因而被萃入液膜，并以浓度差为推动力向内相界面迁移。在内相界面上，由于内相溶液浓度低，络合物解络，溶质 M^+ 和 X^- 进入内相，载体 S 留在膜相内，也以浓度差为推动力返回外相界面，在传质过程中，溶质离子 M^+ 和 X^- 的同向迁移，不仅发生在外相的 MX 浓度高于内相时，而且只要外相中的 MX 离子浓度积高于内相时，迁移仍可进行。见图 9-13（c）。

② 反向迁移　膜相中含有离子型载体，在原料液与膜液、膜液与接受液之间进行着离子交换的正、逆反应，将被萃取的离子从原料液（外相）迁到接受液（内相）中。用酸性萃取剂 HR 作为金属离子 M^+ 的载体，在外相界面上发生 M^+ 与 H^+ 的交换，生成的 MR 进入膜相，从载体交换下来的 H^+ 进入外相。MR 在膜内通过浓差扩散向内相界面迁移。由于内相溶液的酸度高，在内相界面上发生 M^+ 与 H^+ 的逆交换，生成的 HR 留在膜相，向外相界面扩散，而交换下来的 M^+ 进入内相。过程的结果是 M^+ 从外相经膜进入内相，H^+ 则从内相经膜进入外相，两种离子在膜内作反向迁移。M^+ 可从高浓度的原料液向低浓度的接受液迁移，也可以从低浓度的原料液向高浓度的接受液迁移。M^+ 作逆浓度梯度方向迁移的条件是内相的 H^+ 顺着浓度梯度向外相迁移。见图 9-13（d）。

9.6.3　液膜分离过程

一、乳状液膜

液膜分离过程主要包括制乳、传质（接触）、澄清、破乳等工序，见图 9-14。首先用高速搅拌的方法将配制好的含有膜溶剂、表面活性剂、流动载体和其他增强添加剂的液膜溶液和待包封的内相试剂制成较稳定的油包水型或水包油型乳状液，再在适度搅拌下把它加入料液相中，形成油包水再水包

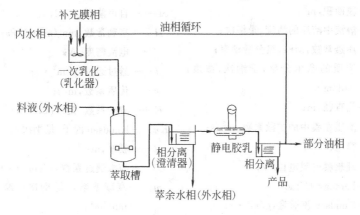

图 9-14　液膜分离的典型流程

油型（W/O/W）或水包油再油包水型（O/W/O）的较粗大的乳状液珠粒，其中间所夹的油层或水层即为液膜。料液中的待分离溶质便通过该液膜的选择性促进迁移通过膜进入到乳状液滴的内相中，经澄清实现乳状液与料液的分相，富集了待分离溶质的乳状液经破乳器破乳后回收内相浓缩液，分出的膜相成分可返回制乳器重新形成新鲜乳状液膜，循环使用。

将上述液膜分离过程与液液萃取过程比较，不难看出，液膜分离过程中增加了制乳和破乳两步操作，其他步骤则与液液萃取类似。

二、支撑液膜

支撑液膜所用的支撑物有聚砜、聚四氟乙烯、聚丙烯和纤维系列的微孔膜，制成平膜、毛细管和中空纤维。微孔平面膜构成的支撑液膜分离装置采用板框式结构。微孔管状膜和中空纤维膜构成的膜分离装置，采用管壳式结构。

液膜分离技术由于其过程具有良好的选择性和定向性，分离效率很高，因此，它的研究和应用广泛。例如，①烃类混合物的分离。这类工艺已成功地用于分离苯-正己烷、甲烷-庚烷、庚烷-己烯等混合体系；②含酚废水处理。含酚废水产生于焦化、石油炼制、合成树脂、化工、制药等工厂。采用液膜分离技术处理含酚废水效率高、流程简单；③从铀矿浸出液中提取铀。

总之，液膜分离技术多数还处于实验室研究及中试阶段，新的应用领域尚待开发，可以预料，液膜分离技术将会越来越多地应用于湿法冶金、石油化工、医药、环境工程等行业。

本章符号说明

英文字母

A——溶剂的渗透参数，$g/cm^2 \cdot s \cdot MPa$；

A_m——膜面积，m^2；

a——溶液中溶质的活度，量纲次；

B_i——渗透常数，MPa；组分活动率；

B——溶质的摩尔分率，量纲次；浓度，mol/m^3；

d_p——孔直径，m；

D——溶质在膜中的扩散系数，m^2/s；

E_m——膜电位，V；

E_m^0——理想膜的膜电位，V；

F——Faraday，C/mol；

F_k——Knudsen 流通量，$g/m^2 \cdot s$；

F_p——Poiseniue 流通量，$g/m^2 \cdot s$；

F_t——总通量，$g/m^2 \cdot s$；

F_s——表面流量，m^3/s；

ΔG——自由能，kJ/mol；

H——亨利常数，$mol/m^3 \cdot MPa$；

i——电流密度，A；

J——透过通量，$g/m^2 \cdot s$；

k——传质系数，m/s；

K——分配系数，量纲次；

Kn——Knudsen 因子，量纲次；

l——膜厚，m；

L_p——纯水透过系数，$g/cm^2 \cdot s \cdot MPa$；

m——衰减系数，量纲次；摩尔浓度，mol/m^3；

M——分子量，量纲次；

n——溶液中的组分数,量纲次;

n_p——单位面积上的孔数,量纲次;

N_{av}——Avogadro 常数,mol^{-1};

p——压力,Pa;

P——溶质透过系数,$g/cm^2 \cdot s \, MPa$;

p_{w1}、p_{w2}——膜两侧温度下的水蒸气压,Pa;

Δp——膜两侧压力差,Pa;

q——溶质和膜孔半径之比,量纲次;

Q_i——渗透系数,$mol/m \cdot s \cdot MPa$;

r——半径,m;

R——截留率,量纲次;

S_D——扩散流位阻因子,量纲次;

S_F——过滤流位阻因子,量纲次;

t——时间,s;

t_g——反离子在溶液中的迁移数,量纲次;

$\bar{t}_g$——反离子在膜中的迁移数,量纲次;

$\bar{t}_g^0$——反离子在理想膜中的迁移数,量纲次;

T_m——膜的平均温度,℃;

x_i——溶质的摩尔浓度,mol/m^3;

V——溶液体积,m^3;

V_f、V_p——分别为透过液和原料液的质量浓度,g/m^3;

z——离子价态,量纲次。

希腊字母

Γ——单位膜面积上溶质的吸附量,mol/m^2;

δ——膜的边界层厚度,m;

ε——膜孔隙率,量纲次;

η——气体粘度,$Pa \cdot s$;

θ——时间,s;

λ——平均自由程,m;

Λ——wilson 参数;

μ——指定温度、压力下溶液中溶剂的化学位,kJ/mol;溶液的粘度,$Pa \cdot s$;

$\mu^0(T,P)$——指定温度、压力下纯溶剂的化学位,kJ/mol;

π——渗透压,MPa;

ρ——密度,g/m^3;

σ——表面张力,N/m;

ϕ_i——渗透压系数,MPa;

ϕ——二元体系中组分的体积分率,量纲次;

ω——溶质渗透系数,$g/cm^2 \cdot s \cdot MPa$。

习　题

1. 简述一些常用膜分离过程的主要机理。

2. 在 21 ℃下水通过具有下述结构尺寸的聚丙烯膜:膜的表皮活性层的厚度为 3×10^{-5} m,孔隙率为 35%,通量为 200 m^3/m^2-day。膜孔可视为孔径均一的圆柱孔,直径为 2×10^{-4} m。如果膜下游侧的压力为 150 kPa,试估计需要在膜上游侧施加的压力。通过支撑体的压降可以忽略不计。

3. 用反渗透过程处理溶质浓度为 3% (质量)的溶液,渗透液含溶质为 150 ppm (1 ppm=10^{-6})。计算截留率 R 和选择性因子 α,并说明这种情况下哪一个参数更适用。

4. 试分析反渗透过程中的浓差极化现象及其不利影响。

5. 计算 25 ℃下,下列水溶液的渗透压:3% (质量) NaCl ($M_{NaCl}=58.45$ g/mol);3% (质量) 白蛋白 ($M_{白蛋白}=65.000$ g/mol) 和固体含量为 30 g/L 的悬浮液(其颗粒质量为 1 ng=10^{-9} g)。

6. 某 RO 中空纤维膜的水渗透系数为 $L_P=1.6 \times 10^{-8}$ m/(s $\cdot$ bar),外直径为 0.1 mm。制造商提出,以海水为原料[3% (质量) NaCl],在 6.0 MPa 和 298 K 下膜器通

量为 $q_p=5\ m^3/d$。问长度为 1 m 的膜器中应有多少根纤维，每根纤维每天通量为多少？

7. 某超滤膜在 0.3 MPa 下纯水通量为 210 L/(m² · h)。在 0.45 MPa 情况下，用此膜浓缩一油水乳浊液。由于滤饼（"乳浊液"）层的形成，通量降至 35 L/(m² · h)。已知滤饼的比阻为 $r_c=1.5\times10^8\,m^{-2}$。计算滤饼厚度，假使粘度与水相同。

8. 含 800 ppm 溶质的溶液用超滤法使溶质含量至 50 ppm，纯水的渗透系数 $A=2\times10^{-11}$（m³/m² · Pa · s）。超滤过程的操作压差为 0.2 MPa。在特定设备和操作条件下溶质的传质系数 $k=6.38\times10^{-6}$(m/s)。求表观截留率和实际截留率（因原溶液浓度较低，渗透压可以忽略不计）。

9. 用内径为 6 mm 的管式纳滤膜浓缩浓度为 5%（wt）的蔗糖（$M_w=342\ g/mol$）溶液。该膜可将蔗糖完全截留。已知操作温度为 20 ℃，操作压力为 2.0 MPa，当错流速度为 0.5 m/s 时，通量为 33.5 L/(m² · h)；错流速度为 4.5 m/s 时，通量为 48.9 L/(m² · h)。已知 $\rho=103\ kg/m^3$；$\eta=1.1\times10^{-3}\ Pa \cdot s$；$a=0.05$；$b=1.1$；$D=4.2\times10^{-10}\ m^2/s$。

a. 计算两种错流速度下浓差极化模数；

b. 假设浓差极化模数不变，计算 1.0 MPa 时的通量；

c. 浓差极化模数不变的假设是否正确？

10. 用膜分离空气（氧 20%，氮 80%），渗透物氧浓度为 75%。计算截留率 R 和选择性因子 α，并说明在这种情况下哪一个参数更适用。

11. 从空气中脱除挥发性有机物（VOC）是膜技术的应用领域之一。用选择性因子为 200 的膜处理含有机蒸气为 0.5 mol% 的空气。

a. 写出有机组分的通量关系式。

分离性能（如渗透物浓度）取决于压力比（$\varphi=p_{渗透物}/p_{原料}$）

b. 有机组分通量是否与 φ 有关？

考虑分离过程的两种极限情况：

a) $\varphi\ll1$

b) $\varphi\approx0.1\sim1$

参 考 文 献

1 姚玉英. 化工原理. 下册. 天津：天津大学出版社，1999. 315~326

2 Noble R D, Stern S A. Membrane Separation Technology: Principles and Applications, Elsevier Science B V, 1995. 1~20

3 高以垣，叶凌碧编. 膜分离技术基础. 北京：科学出版社，1989. 1~68

4 Ho W S W, Sirkar K K. Membrane Handbook. New York: Van Nostrand Reinhold, 1992. 1~10

5 Jirage K B. *TIBTECH*. 1999, **17**(5): 197~200

6 王学松. 膜分离技术及其应用. 北京：科学出版社，1994. 1~6

7 Koros W J. *Chemical Engineering Progress*. 1995, (10): 68~81

8 姜忠义. 化学工程. 1996, **24**(4): 7~12

9 高从堦. 水处理技术. 1998, 24(1): 14~20

10 Singh R. *CHEMIECH*. 1998, (4): 33~44

11 Sirkar K K. *Chem Eng Comm*. 1997, 157: 145~184

12　Koros W J. *J. Memb. Sci.* 1996,120:149～159

13　郑领英. 膜技术. 北京:化学工业出版社,2000.2～10

14　陆九芳,李总成,包铁竹. 分离过程化学. 北京:清华大学出版社,1993.220～264

15　化学工程手册编辑委员会. 化学工程手册. 第二版. 北京:化学工业出版社,1996(19－4)～(19－20)

16　刘茉娥. 膜分离技术. 北京:化学工业出版社.1998.21～50

17　《化工百科全书》编辑委员会. 化工百科全书. 第 11 卷. 北京:化学工业出版社,1996.823～838

18　Scott K,Hughes R. Industrial membrane separation technology. London:Blackie academic & professional,1996.8～30

19　Coronas J,Santamaria J. *Sep. Puri. Methods.* 1999,**28**(2),127～177

20　Keizer K. *CHEMTECH.* 1996,(1):37～41

21　王湛. 膜分离技术基础. 北京:化学工业出版社,2000.7～18

22　Mulder M 著,李琳译. 膜技术基本原理. 北京:清华大学出版社,1999.299～326

23　Cussler E L. *J. Memb. Sci.* 1993,84:1～14

24　刘忠洲,续曙光,李锁定. 水处理技术,1997,**23**(4):187～193

25　郑成. 膜科学与技术,1997,**17**(2):5～14

26　Pellegrino J. Sep. Puri. Methods. 2000,**29**(1),91～118

27　Abe M. *CHEMTECH.* 1999,(3):33～41

28　Baker R W,Wijmans J G,Kaschemekat J H. *J. Memb. Sci.* 1998,151:55～62

29　邓修,吴俊生. 化工分离工程. 北京:科学出版社. 2000.341～373

30　Bartsch R A,Way D J. Chemical separations with liquid membranes. Washington DC:American Chemical Society. 1996.1～10

31　Sastre A M,Kumar A,Shukla J P. et al. *Sep. Puri. Methods.* 1998,**27**(2),213～298

10. 分离过程及设备的选择与放大

前述大部分章节所讨论的是各种平衡分离过程。对设计型问题，按规定的分离要求确定平衡级数。本章内容所涉及的是传质分离设备的选择和放大问题，重点讨论影响气液和液液传质设备处理能力和效率的因素，确定效率的经验方法和半理论模型，以及气液和液液传质设备的选型问题。

随着科学技术的发展，传统的分离方法不断完善和创新，新型分离技术的研究开发十分活跃，更多的分离方法已付诸工业应用。各种分离方法都有其独特的长处，因此各有自己的应用范围。所以，对一个特定的分离任务，从众多的分离过程中选择合适的分离方法，使之在技术上是先进的，经济上是合理的，这并非易事。本章最后一节将简要叙述分离方法的选择原则。

10.1 气液传质设备的处理能力与效率[1~4]

10.1.1 气液传质设备处理能力的影响因素

气液传质设备的种类繁多，但基本上可分为两大类：板式塔和填料塔。无论哪一类设备，其传质性能的好坏、负荷的大小及操作是否稳定，在很大程度上决定于塔的设计。关于这一问题。在"化工原理"课程中已有详尽论述。本节仅就影响设备处理能力的主要因素作简要定性分析。

液泛　任何逆流流动的分离设备的处理能力都受到液泛的限制。在气液接触的板式塔中，液泛气速随 L/V 的减小和板间距的增加而增大。对于气液接触填料塔，规整填料塔的处理能力比具有相同形式和空隙率的乱堆填料塔要大。这是由于规整填料的流道具有更大连贯性所致。此外，随着 L/V 的减小，液体粘度（膜的厚度）的减小、填料空隙率的增大和其比表面积的减小，液泛气速是增加的。液泛气速愈大，说明处理能力愈大。

雾沫夹带　雾沫夹带是气液两相的物理分离不完全的现象。由于它对板效率有不利的影响以及增加了板间流量，在分离设备中雾沫夹带常常表现为处理能力的极限。在板式塔中，雾沫夹带程度用雾沫夹带量或泛点百分率表示。雾沫夹带随着板间距的减小而增加，随塔负荷的增加急剧上升。在低 L/V 或低压下，雾沫夹带是限制处理能力的更主要的因素。

压力降　与处理能力密切相关的另一因素是接触设备中的压力降。对真空操作的设备，压力降将存在某个上限，往往成为限制处理能力的主要原因。此外，在板式塔中，板与板之间的压力降是构成降液管内液位高度的重要组成部分，因此压力降大就可能引起液泛。

停留时间　对给定尺寸的设备，限制其处理能力的另一个因素是获得适宜效率所需的流体的停留时间。接触相在设备内停留时间愈长，则板效率愈高，但处理能力低。若处理能力过高，物流通过一个级的流速增加，则效率通常降低，表现在产品纯度达不到要求。

由于对处理能力的限制常指一个分离设备中所允许的流速上限，因此对影响适宜操作区域的一些其他因素不予讨论。

板式塔的最佳塔径原则上可以通过采用尽可能小的塔径及由于雾沫夹带量过大而使塔板效率下降两者之间的权衡来决定。一些学者曾讨论过最佳雾沫夹带量的问题，由此来决定最佳塔径。但 King 认为，这种最佳化给出的塔径气速过大，容易引起较大的雾沫夹带，有时已接近液泛，导致塔的操作弹性过小。因此，在选择板式塔的塔径时，往往使设计负荷等于液泛或过量雾沫夹带上限气速的一个百分数，例如约 60%～80%。若液体易起泡，则改为 50%～60%。板式塔雾沫夹带以及液泛的计算问题已在"化工原理"课程有关章节中论述。

填料塔的直径通常是参照液泛气速来取决。实用的气流速度一般不超过液泛速度的 80%，例如等于液泛气速的 50%～70%。当工艺条件限定全塔压降不能超过某个数值时，应根据容许压降来确定操作气速。

10.1.2　气液传质设备的效率及其影响因素

一、效率的表示方法[5,6]

前面各章所讨论的都是有关平衡级（或理论板）的设计和计算，但实际板和理论板之间存在着诸多的差异：①理论板上相互接触的气、液两相均完全混合，板上液相浓度均一，这与塔径较小的实际板上的混合情况比较接近。但当塔径较大时，板上混合不完全，上一板溢流液入口处液相浓度比溢流堰处液相浓度要高；进入同一板的气相各点浓度不相同，并且沿着在板上液层中的进程而逐渐增高；②理论板定义为离开某板的气、液两相达到平衡，即 $y_j = y_j^* = K_j x_j$，它意味着在该板上的传质量为 $V(y_j^* - y_{j-1})$。但实际板上的传质速率受塔板结构、气液两相流动情况、两相的有关物性和平衡关系的影响，离开板上每一点的气相不可能达到与其接触的液相成平衡的浓度，因为达到平衡时传质推动力为零，两相需要无限长的接触时间；③实际板上气、液两相存在不均匀流动，造成不均匀的停留时间；④实际板存在有雾沫夹带、漏液和液相夹带气泡的现象。由于上述原因，需要引入效率的概念。效率有多种不同的表示方法。在此只将广泛使用的几种简述如下。

1. 全塔效率

全塔效率定义为完成给定分离任务所需要的理论塔板数（N）与实际塔板数（N_{act}）之比，即

$$E_O = \frac{N}{N_{act}} \tag{10-1}$$

全塔效率很容易测定和使用，但若将全塔效率与板上基本的传质、传热过程相关联，则相当困难。

2. 默弗里（Murphree）板效率

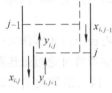

图 10-1　板序号规定

假定板间气相完全混合，气相以活塞流垂直通过液层。板上液体完全混合，其组成等于离开该板降液管中的液体组成。那么，定义实际板上的浓度变化与平衡时应达到的浓度变化之比为默弗里板效率。若以组分 i 的气相浓度表示（见图 10-1），则

$$E_{i,MV} = \frac{y_{i,j} - y_{i,j+1}}{y_{i,j}^* - y_{i,j+1}} \tag{10-2}$$

式中　$E_{i,MV}$——以气相浓度表示的组分 i 的默弗里板效率；

$y_{i,j}$，$y_{i,j+1}$——离开第 j 板及第 $j+1$ 板的气相中组分 i 的摩尔分数；

$y_{i,j}^*$——与 $x_{i,j}$ 成平衡的气相摩尔分数。

默弗里板效率也可用组分 i 之液相浓度表示：

$$E_{i,ML} = \frac{x_{i,j-1} - x_{i,j}}{x_{i,j-1} - x_{i,j}^*} \tag{10-3}$$

式中　$E_{i,ML}$——以液相浓度表示的组分 i 的默弗里板效率；

$x_{i,j-1}$，$x_{i,j}$——离开第 $j-1$ 板及第 j 板的液相中组分 i 的摩尔分数；

$x_{i,j}^*$——与 $y_{i,j}$ 成平衡的液相摩尔分数。

一般说来，$E_{i,ML} \neq E_{i,MV}$。对二组分溶液，用易挥发组分或难挥发组分表示的 $E_{i,MV}$（或 $E_{i,ML}$）为同一数值，但对多组分溶液，不同组分的板效率是不相同的。

3. 点效率

塔板上的气液两相是错流接触的，实际上在液体的流动方向上，各点液体的浓度可能是变化的。因为液体沿塔板流动的途径比板上的液层高度大得多，所以在液流方向上比在气流方向上更难达到完全混合。若假定液体在垂直方向上是完全混合的，如图 10-2 所示，在塔板的某一垂直轴线 JJ' 上，进

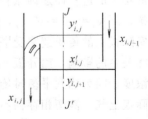

图 10-2　点效率模型

入液相的蒸汽浓度为 $y_{i,j+1}$，离开液面时的蒸汽浓度为 $y'_{i,j}$，在 JJ' 处液相浓度为 $x'_{i,j}$，与其成平衡的气相浓度为 $y^*_{i,j}$，则

$$E_{i,OG} = \frac{y'_{i,j} - y_{i,j+1}}{y^*_{i,j} - y_{i,j+1}} \tag{10-4}$$

式中 $E_{i,OG}$——i 组分在该板 J 点处的点效率。如果板上液相和气相分别完全混合，则 $E_{i,mv} = E_{i,OG}$。

4. 传质单元高度（HTU）

传质单元高度用于表示填料塔的传质效率。传质单元高度定义为

$$(HTU)_{OG} = \frac{V}{K_G a A} \tag{10-5}$$

式中 (HTU_{OG})——气相总传质单元高度，m；

V——气相流率，mol/h；

K_G——组分的气相总传质系数，mol/(m² · h)；

a——填料的有效比表面积，m²/m³；

A——塔横截面积，m²。

HTU 值是填料塔效率的量度，HTU 越低，效率越高。

5. 等板高度（$HETP$）

尽管填料塔内气液两相连续接触，但也常常采用理论板及等板高度的概念进行分析和设计。一块理论板表示由一段填料上升的蒸汽与自该段填料下降的液体互成平衡。等板高度为相当于一块理论板所需的填料高度，即

$$HETP = Z/N \tag{10-6}$$

式中 Z 为填料高度。

对于板式塔，传质区高度（Z）等于板间距乘以塔板数，式（10-6）变为

$$HETP = \frac{H_T N_{act}}{N} = \frac{H_T}{E_O} \tag{10-7}$$

式中 H_T 为板间距，m；E_O 为全塔效率。

上述板式塔和填料塔所使用的效率参数中，E_O、E_{mv}、E_{OG} 和 $HETP$ 用于表示板式塔的效率，而 HTU 和 $HETP$ 用于表示填料塔的效率。可见，只有 $HETP$ 是两类塔共同使用的，因此，$HETP$ 可用于板式塔和填料塔的比较。

二、影响效率的因素

影响气液传质设备板效率的因素是错综复杂的。板上发生的两相传质情况，气液两相分别在板上和板间混合情况，气液两相在板上流动的均匀程度，气相中雾沫夹带量和溢流液中泡沫夹带等均对板效率有影响，而它们又

与塔板结构、操作状况和物系的物性有关。本小节试图从机理上分析影响气液传质设备板效率的各个因素，并给出一个计算板效率的方法的框架。

1. 传质速率

参考图 10-2。设该塔在稳态下操作。假定板上空间的气体完全混合，故进入液相的气相组成与板上的位置无关。令板上液层高度为 Z，液体在板上流动路程的长度为 l。假定液相组成在垂直方向上与 Z 无关，在水平方向上是 l 的函数。当气相通过板上液层高度为 dZ 的微元时，组分 i 的传质量为：

$$G \cdot dA \cdot dy_i = K_G a (y_i^* - y_i) dA \cdot dZ \tag{10-8}$$

式中　G——单位截面积上的气相摩尔流率，$mol/(m^2 \cdot s)$；

　　　a——鼓泡层中的气液接触比表面积，m^2/m^3；

　　dA——微元截面积，m^2；

　　　Z——液层高度，m；

　　　y_i——气相中组分 i 的摩尔分数；

　　K_G——气相传质总系数，$mol/(m^2 \cdot s)$；

　　　y_i^*——与液相浓度 x'_i 成平衡的气相摩尔分数。

将式（10-8）积分，可得

$$\frac{K_G a \cdot Z}{G} = \int_{y_{i,j+1}}^{y'_{i,j}} \frac{dy_i}{y^* - y_i} = -\ln \frac{y_{i,j}^* - y'_{i,j}}{y_{i,j}^* - y_{i,j+1}}$$

或

$$\frac{K_G a \cdot Z}{G} = -\ln \frac{y_{i,j}^* - y'_{i,j}}{y_{i,j}^* - y_{i,j+1}} = N_{OG} \tag{10-9}$$

式中　N_{OG}——气相总传质单元数。

由点效率定义，得

$$1 - E_{OG} = \frac{y_{i,j}^* - y'_{i,j}}{y_{i,j}^* - y_{i,j+1}}$$

故 N_{OG} 与 E_{OG} 的关系是

$$E_{OG} = 1 - e^{-N_{OG}} = 1 - e^{-\frac{K_G a Z}{G}} \tag{10-10}$$

由式（10-10）可以看出，当气相流率 G 一定时，点效率的数值是由两相接触状况决定的，随 Z、a 和 K_G 的增大而增大。因此，塔板上液层愈厚，气泡愈分散，表面湍动程度愈高，点效率愈高。

根据双膜理论可知：

$$\frac{1}{N_{OG}} = \frac{1}{N_G} + \frac{1}{\lambda N_L} \tag{10-11}$$

式中　N_G——气相传质单元数；

N_L——液相传质单元数；

$\lambda = \dfrac{L}{mV}$——L，V 分别为液相和气相流率，m 为平衡常数。

对于大多数普通精馏系统，式（10-11）中气相项占优势，属气膜控制，对于很多吸收系统，λ 值较小或液相中有慢速化学反应时，液相阻力对传质变得重要了。由式（10-11）还可看出，只要知道鼓泡层的气液相传质单元数 N_G 和 N_L，即可求得塔板上的点效率。

美国化工学会（AIChE）公开发表的关于板效率研究计划所取得的结果[7] 对此问题做了全面系统的论述。按该研究结果，对泡罩塔和筛板塔提出了下列经验式：

$$N_G = \left[0.776 + 4.567\, h_w - 0.237\,7 F + 104.84 \left(\frac{L_v}{l_f} \right) \right] \Big/ (Sc)^{1/2} \tag{10-12}$$

式中　　　　　N_G——气相传质单元数；

　　　　　　　h_w——溢流堰高，m；

$F\ (= \mu \sqrt{\rho_G})$——F 因子，等于操作气速（u，m/s）与气体密度（ρ_G，kg/m^3）平方根的乘积；

　　　　　　　L_v——液相的体积流率，m^3/s；

　　　　　　　l_f——液体流程的平均宽度，m；

$Sc\ (= \mu_G / \rho_G D_G)$——气相施密特（Schmide）数，无量纲。$\mu_G$ 为气相粘度，ρ_G 为气相密度，D_G 为气相扩散系数。

$$N_L = (4.127 \times 10^8 D_L)^{1/2} (0.213 F + 0.15) t_L \tag{10-13}$$

式中　D_L——溶质在液相中的扩散系数，m^2/h；

　　　t_L——液体在板上的平均停留时间，s。

t_L 规定为　　　　　　　$$t_L = \frac{(Z_C)(l)}{L_v / l_f} \tag{10-14}$$

式中　l——板上液体流程长度（内外堰之间的距离），m；

　　　Z_C——板上的持液量，m^3/m^2（鼓泡面积），可按下式计算

$$Z_C = 0.041\,9 + 0.19 h_w + 2.454 \left(\frac{L_v}{l_f} \right) - 0.013\,5 F \tag{10-15}$$

式中各符号的意义和单位与式（10-12）和式（10-13）中的相同。

2. 流型和混合效应

通过对工业规模的筛板塔板上停留时间分布和流动形式的测定表明，液体在板上的停留时间分布很宽，流型如图10-3所示。沿塔板中心的液体流速要比靠壁处为快，而靠近塔壁处有反向流动和出现环流旋涡趋势，并随液体流程的增长（即塔径增大）变得更加显著。已提出一些数学模型描述液体

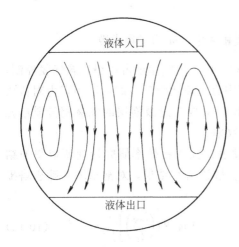

图 10-3 液体经过塔板的不均匀流动

流经塔板的流型对效率的影响。

（1）板上液体完全混合　如果板上液体在流动方向和塔板垂直方向上都是完全混合的，则板上各点液相组成均相同并等于该板出口溢流液的组成，即 $x'_{i,j}=x_{i,j}$。如果进入 j 板的气相组成 $y_{i,j+1}$ 是均一的，则当液体为完全混合时，j 板气相中的所有点的组成相同，即 $y'_{i,j}=y_{i,j}$。由式（10-2）和式（10-4），得

$$E_{i,\mathrm{OG}}=\frac{y_{i,j}-y_{i,j+1}}{y_{i,j}^{*}-y_{i,j+1}}=E_{i,\mathrm{MV}}$$

省略下标 i，于是

$$E_{\mathrm{mV}}=E_{\mathrm{OG}}=1-\mathrm{e}^{-N_{\mathrm{OG}}} \tag{10-16}$$

该式表明，塔板的气相默弗里板效率等于点效率。

（2）液体完全不混合且停留时间相同（活塞流）　Lewis 研究了板上液相完全不混合且停留时间相同的情况下，E_{MV} 和 E_{OG} 之间的关系。设一微分气流通过沿液体流程上某个点的微元，从对微元作物料衡算进而推导出：

$$E_{\mathrm{mV}}=\lambda\left[\mathrm{e}^{(E_{\mathrm{OG}}/\lambda)}-1\right] \tag{10-17}$$

图 10-4 是按式（10-16）和式（10-17）标绘的 $E_{\mathrm{MV}}/E_{\mathrm{OG}}$ 对 E_{OG}/λ 的关系。它表明在液体流动方向上没有混合并且液体停留时间均一的情况下，E_{MV} 总是大于 E_{OG} 的。与式（10-16）比较可知，当 N_{OG} 一定时，液体混合作用的减弱使 E_{MV} 增大，而且 λ 愈小，则 E_{MV} 愈大。

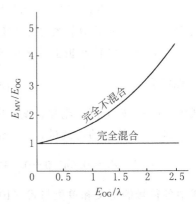

图 10-4　液体在流动方向上完全混合，完全不混合时 E_{MV} 和 E_{OG} 的关系

式（10-17）和图 10-4 中的曲线相当于进入塔板的蒸汽具有均一组成的情况，即塔板之间的蒸汽应是充分混合的。当液体在相邻板上按相反方向流动时，若气相在板间不完全混合，则造成板效率降低。此外，气相通过塔板的不均匀流动也影响塔板上各点传质接触情况和停留时间，从而对板效率产生不利的影响。

液体完全混合与完全不混合是流动和混合的两种极端情况。而实际情况

总是处于两者之间的，即有部分返混发生。

（3）**液体部分混合**　在与板上液流总方向平行的和垂直的方向上都会发生液体混合现象。前者称为纵向混合，后者称为横向混合。这两种混合形式以不同的方式影响 E_{MV}/E_{OG} 值。纵向混合促使沿流程的液体浓度差减小，使得所有位置上的液体组成更接近于液体出口组成。从图 10-4 中体现出来的趋向是由完全不混合曲线向完全混合曲线方向移动，致使 E_{MV}/E_{OG} 比值降低。另一方面，横向混合减少了由于停留时间不均一和返混所造成的不利影响，在没有纵向混合的情况下，E_{MV}/E_{OG} 将要增加，从而超过按停留时间不均一而预计的数值，接近停留时间均一的情况。同理，在存在部分纵向混合时，横向混合也应该增加 E_{MV}/E_{OG}。

AIChE 模型仅仅考虑了液相停留时间均一条件下的纵向混合的影响，用扩散方程描述混合造成的易挥发组分由高浓度处向低浓度处的转移，引入涡流扩散系数 D_E 作为模型参数，使得扩散模型造成的结果与实际混合的结果等效。按扩散机理来考虑混合时，在对板上微元所作的物料衡算中，应包括通过扩散获得或失去的组分 i 的量。推导过程从略，推导结果为

$$\frac{E_{MV}}{E_{OG}} = \frac{1 - e^{-(\eta + Pe)}}{(\eta + Pe)[1 + (\eta + Pe)/\eta]} + \frac{e^{\eta} - 1}{\eta \left[1 + \dfrac{\eta}{\eta + Pe}\right]} \qquad (10\text{-}18)$$

$$Pe = \frac{l^2}{D_E t_L} \qquad (10\text{-}19)$$

式中 t_L 的意义见式（10-14），D_E 为涡流扩散系数，m^2/s；Pe 为彼克来（Peclet）数，η 由下式定义：

$$\eta = \frac{Pe}{2} \left[\left(1 + \frac{4E_{OG}}{\lambda Pe}\right)^{1/2} - 1 \right] \qquad (10\text{-}20)$$

假设整个塔板的 N_{OG} 亦即 E_{OG} 是常数，以 Pe 为参数将式（10-18）中的 E_{MV}/E_{OG} 对 E_{OG}/λ 作图（见图 10-5）。注意图中 $Pe = 0$ 表示完全混合，$Pe = \infty$ 表示完全不混合，相应于图 10-4 所示的两种情况，分别为 E_{MV}/E_{OG} 的下限和上限曲线。部分混合均介于此两线之间。由此可见，不完全混合的状态使 $E_{MV} > E_{OG}$。

关于涡流扩散系数的计算方法，目前还只对某些形式的塔板有可用的经验式。例如美国化工学会对泡罩塔板和筛孔板提出了下列关联式。

$$(D_E)^{0.5} = 0.003\,78 + 0.017\,1u_G + 3.68\left(\frac{L_v}{l_f}\right) + 0.18h_W \qquad (10\text{-}21)$$

式中　u_G——气相鼓泡速度，$m^3/s \cdot m^2$（鼓泡面积）。

Bell 和 Solari 从理论上分析了在不存在液体混合效应时，停留时间分布

436

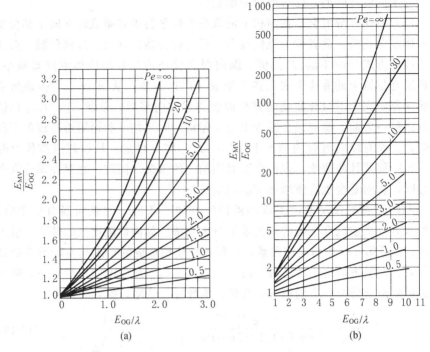

图 10-5 求 $\dfrac{E_{MV}}{E_{OG}}$ 值的图解线

不均一和返流分别对 E_{MV}/E_{OG} 的影响[8,9]。这两个因素都使得 E_{MV}/E_{OG} 低于式（10-17）的预测值。返流的影响格外严重。

综上所述，液相纵向不完全混合对板效率起明显的有利影响；不均流动、尤其是环流会产生不利影响；横向混合能削弱液相不均匀流动的不利影响；而且随塔径的增大纵向不完全混合的有利影响将减弱，不均匀流动则趋于严重。

3. 雾沫夹带

以上在讨论板效率 E_{MV} 时，只考虑了传质的因素，而未考虑塔板上雾沫夹带的影响。雾沫夹带使一部分重组分含量较高的液相直接随同气相进入上一层塔板，从而降低了上一层塔板上轻组分的浓度，抵消了部分分离效果，降低了板效率。

Colburn 曾推导了雾沫夹带对板效率的影响关系：

$$E_{a}=\frac{E_{MV}}{1+[eE_{MV}/(1-e)]} \tag{10-22}$$

式中　E_a——有雾沫夹带下的板效率；

　　　e——单位液体流率的雾沫夹带量。

对于不同形式的塔板，可用经验关系计算 e 值。

上述对板效率影响因素的分析和计算公式是以泡沫状态模型为基础的，它构成了预测板效率的 AIChE 法，其计算步骤详见 10.1.3 小节。

4. 物性的影响

物系的物性如液体粘度、气液两相密度、扩散系数、相对挥发度和表面张力等对板效率的影响已体现在上述诸影响因素和设备的设计计算中。此处仅对部分物性影响效率的机理作简要介绍。

液体粘度对流动状态和液相传质阻力有很大影响。若液体粘度高，则两相接触差，同时使液相扩散系数变小，导致传质速率降低，故效率降低。精馏过程一般在较高温度下进行，液体粘度降低，因此效率较高。反之，由于吸收过程在较低温度下操作，效率较低。

密度梯度对传质系数的影响表现在传质界面上是否形成混合旋涡。例如密度小的易挥发物质（水）从密度大而挥发度较小的溶剂（乙二醇）中解吸，进入处于液相上面的气相中去。由于易挥发物质气化，在靠近界面处形成一个密度较大的区域，其结果为一个高密度液体区域出现在低密度液体之上，构成了不稳定系统，于是在密度差的推动下，产生了较重的界面液体向下流和较轻的主体液体向上流的环流，提高了液相传质系数。

所分离物料的相对表面张力不同，其发泡及喷雾性质有明显差异。在两组分精馏中，如果易挥发组分的表面张力较小（称正系统），则在板式塔的塔板上易形成更稳定的泡沫层；在填料塔的填料上易形成稳定的液体薄膜，从而提高了效率。该现象可用表面张力梯度的作用来解释。在具有很薄液膜的局部区域内，由于比表面积大使液相中易挥发组分含量更低，因而其表面张力高于周围各点。这样，如图 10-6（a）所示，沿表面方向形成了表面张力梯度，产生表面能推动力，使得液体从低表面张力区向高表面张力区流动，以降低总的表面能，这种流动的结果，使将要破裂的薄膜区得到了加厚和增强，泡沫或液膜变得更加稳定。

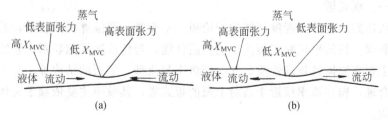

图 10-6　表面张力梯度对泡沫稳定性的影响

（下标 MVC 表示易挥发组分）

（a）自愈合的正系统；（b）自破坏的负系统

在易挥发组分具有较高表面张力的系统（称负系统），薄膜区将有较低的表面张力，如图 10-6（b）所示，因而有一液流从这薄膜区域离开，以减小总的表面能。于是薄膜区域较之不存在表面张力梯度时更容易破碎，泡沫和薄膜就显得不稳定。

在喷雾状态下正系统和负系统的效应正好相反，即负系统的板效率要高于正系统，这是由于喷溅液滴是按图 10-7 所示的液颈机理形成的。当有一股液体从其主体中挺伸出来时，连接这刚出现液滴的窄颈部分由于高比表面，易挥发组分减少。如为正系统，这引起颈部液体具有较高的表面张力，其结果是有一从周围液体来的和缓液流以降低表面张力。因此液滴不至于碎裂出来。另一方面，如为负系统，颈部液体的表面张力将低于液体主体，就会产生一个流动，使该低表面张力液体进入液体主体以降低其表面张力。这就促进了颈部的断裂和液滴的形成。

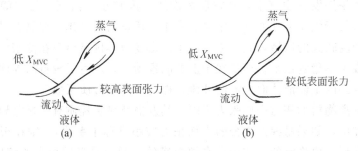

图 10-7 表面张力梯度对液滴生成的效应
(a) 正系统；(b) 负系统

可见，易挥发组分表面张力小于难挥发组分的物系宜采用泡沫接触状态，反之宜采用喷射接触状态。

10.1.3 气液传质设备的效率[10]

一、板式塔

从达到一定分离程度所需的理论板（平衡级）数推算实际板数，需要板效率数据。板效率反映了板式塔的传质性能，与传质速率相联系。它的影响因素主要有流体的物理性质，气、液流率和流型，塔板的结构等。对于一个设计合理，操作流率接近于负荷上限的板式塔，其效率主要依赖于流体的物理性质。

板效率的估计和预测，通常采用三类方法：

（1）从工业塔数据归纳出的经验关联式；

（2）依赖传质速率的半理论模型；

（3）从实验装置或中间工厂直接得到的数据。

这些方法适用于精馏、吸收、解吸等气液分离操作。

1. 经验关联

经验关联用于估计板式塔的全塔效率。

（1）O′connell 方法　O′connell 综合了大量工业塔数据，归纳出估计全塔效率的简单关系[11]。对于精馏塔，用相对挥发度 α 与液相粘度 μ_L 的乘积作为参数来表示全塔效率；对于吸收塔，用 μ_L/Hp 作为参数表示全塔效率。O′connell 法目前仍被认为是估计全塔效率的较好的简易方法。

图 10-8 为精馏塔的全塔效率曲线。图中曲线可以用下式表示：

$$E_O = 0.49(\alpha\mu_L)^{-0.245} \tag{10-23}$$

式中 μ_L 的单位为 mPa·s。

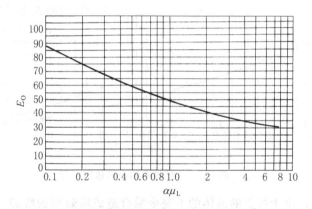

图 10-8　精馏塔的全塔效率

当板上的液流长度超过 1 m 时，实际上可达到的全塔效率比图 10-8 查得值大，需乘以系数 C_1。C_1 值由图 10-9 查得，但此图只适用于 $\alpha\mu_L$ 在 0.1～1.0 范围内。

O′connell 对于吸收塔的全塔效率也提出了相仿的关系，见图 10-10 中的实线，参数 μ_L/Hp 中，μ_L 为液相粘度，mPa·s；H 为溶质的亨利系数，kmol/（m³·kPa）；p 为操作压力，kPa；μ_L 和 H 为塔顶和塔底平均温度下的数值。Lockhart 等[12] 对于烃类油吸收塔的效率也用 $\alpha\mu_L$ 的函数表示，其归纳的数据包括一些从常压到 10 MPa 操作的烃吸收塔，如图 10-10 上的虚线所示，此处的 α 系指被吸收组分与溶剂的气液平衡常数比。

（2）Lockhart 和 Legget[12] 同时关联了精馏和吸收工业塔的数据，参数仍为 $\alpha\mu_L$。对于精馏塔，使用关键组分的相对挥发度；对烃类吸收塔，取相对挥发度为所选关键组分 K 值的 10 倍。它们改进的 O′connell 关系如图 10-11 所示。该图适用于泡罩塔板、筛板和浮阀塔板。当板上液体流程长度

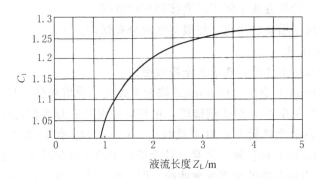

图 10-9 液流长度对 E_O 的修正

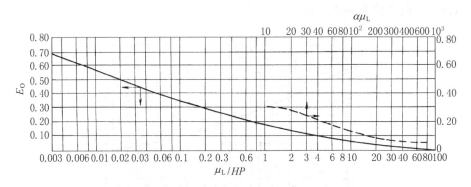

图 10-10 吸收塔的全塔效率

大于 1 m 时，由于板上的液体的不完全混合造成塔效率的增加，需按表 10-1 进行修正。

表 10-1 全塔效率对液体流程的修正 ($0.1 \leqslant \mu a \leqslant 1.0$)

液体流程长度/m	图 10-11 查得 E_O 的附加值/%	液体流程长度/m	图 10-11 查得 E_O 的附加值/%
0.9	0	2.4	23
1.2	10	3.0	25
1.5	15	3.5	27
1.8	20		

对于吸收和解吸操作，$Edmister$[13] 和 $Lockhart$[12] 稍稍修改了 $O'connell$ 关系，直接使用 K 值估计全塔效率，其经验式为

$$\lg E_O = -0.823\,7 - 0.952\,5 \lg\left(\frac{KM_L\mu_L}{\rho_L}\right) - 0.089\,6\left[\lg\left(\frac{KM_L\mu_L}{\rho_L}\right)\right]^2$$

$$(10\text{-}24)$$

式中 K——吸收或解吸组分的气液平衡常数；

M_L——液体的相对分子质量；

μ_L——液体的粘度，Pa·s；

ρ_L——液体的密度，kg/m³。

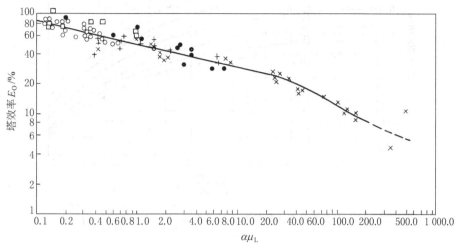

图 10-11　Lockhart 和 Leggett 改进的 O'connell 全塔效率曲线

(μ_L 单位 cP，$1c$P$=1$ mPa)

2. 半理论模型

基于传质的双膜理论，AIChE[8] 和 Zuiderweg[14] 均提出半理论的板效率计算方法，其中尤以 AIChE 法得到广泛的应用。

(1) AIChE 法　AIChE 法将影响塔板效率的各因素综合为四个关系：气相传质速率、液相传质速率、塔板上液相返混和雾沫夹带。并整理成一套完整的计算方法。被公认为是比较反映实际情况的预测板效率的方法。

AIChE 法首先按式（10-12）及式（10-13）计算出板上的气相传质单元数 N_G 和液相传质单元数 N_L，从而求出气相总传质单元数 N_{OG}。并按式（10-10）将传质单元数转换成点效率 E_{OG}。再由式（10-19）计算板上液相返混程度，查图 10-5 得干板效率 E_{MV}。最后，从图 10-12 和图 10-13 求得雾沫夹带量和按式（10-22）得到校正雾沫夹带影响后的板效率 E_a。

AIChE 法考虑的因素比较全面，在一定程度上反映了塔径放大后对效率的影响，所以可供预测放大后的板效率之用。但它的计算比较繁复，而且只对泡罩塔和筛板塔有经验计算公式可用，因此使用上有局限性。然而，近年来进一步深入研究的成果并没有改变 AIChE 法的基本计算方法。改进之处是，不同作者提出了多种混合模型，使之更准确地反映液体混合对 E_{MV} 的影响。另外也研究了筛板和浮阀塔板上泡沫状态和喷雾状态固有的区别。

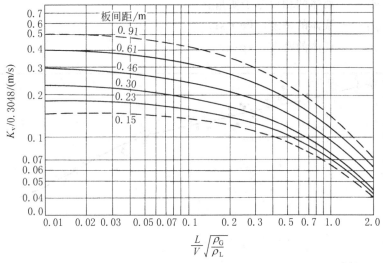

图 10-12　泡罩塔板和筛板塔板的液泛极限 $\left[K_V = u_F \left(\dfrac{\rho_G}{\rho_L - \rho_G}\right)^{0.5}\right]$

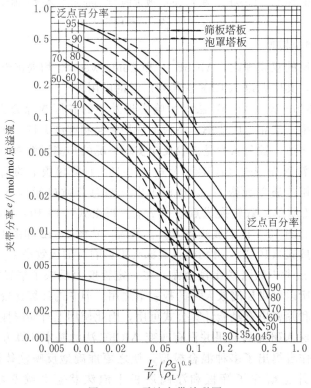

图 10-13　雾沫夹带关联图

【**例 10-1**】 用精馏法从含有 0.014 3%（原子）重氢的天然水中分离重水 D_2O。由于该装置建立较早，采用泡罩塔。设计时取默弗里板效率为 80%，但实测效率只有 50%～75%。试用 AIChE 法计算板效率。操作条件摘要列于下表。

压力/Pa	16 798.6	齿缝高度/m	0.020 6
塔径/m	3.2	缝顶到堰顶距离/m	9.525×10^{-3}
气体流率/（kg/h）	9 616.16	堰高/m	0.050 8
板间距/m	0.304 8	有效鼓泡面积占	65
塔板类型	泡罩	塔横截面积的%	
泡罩外径/m	0.076 2	液流路程长度	75
齿缝宽度/m	2.38×10^{-3}	对塔径的%	

由于该物系相对挥发度低（约 1.05），塔在非常接近全回流的条件下操作。与塔压相应的操作温度是 56 ℃。重水（D_2O）的性质可以认为与水基本相同。45 ℃时 D_2O 的扩散系数为 4.75×10^{-9} m²/s。假定蒸气混合物的施密特数约为 0.50。

解：① 计算 F 因子

$$气相密度 \ \rho_G = \frac{MP}{RT} = \frac{18 \times 16\,798.6}{8\,314 \times 329} = 0.110\,6 \ \text{kg/m}^3$$

$$鼓泡区面积 = \frac{\pi}{4}(3.2)^2(0.65) = 5.23 \ \text{m}^2$$

$$蒸汽速度 = \frac{9\,616.16}{0.110\,6 \times 3\,600 \times 5.23} = 4.62 \ \text{m/s}$$

$$F = (4.62)(0.110\,6)^{1/2} = 1.53$$

② 计算单位液体流程平均宽度的液相体积流率 (L_V/l_f)

液体流程的平均宽度可从图 10-14 的分析得到。最大液体流程宽度＝塔径＝3.2 m，由图得 $\cos \alpha = 0.75$，故 $\alpha = 41.5°$ 最小液体流程宽度＝$\sin\alpha \cdot$（塔径）＝ $0.662 \times 3.2 = 2.12$ m 液体流程平均宽度 $l_f = 0.85 \times 3.2 = 2.72$ m 因接近全回流操作，取 $L = V = 9\,616.16$ kg/h

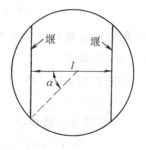

图 10-14 例 10-1 的塔板几何图形

液体密度 $\rho_L = 982.6$ kg/m³

$$L_V = 9\,616.16/(982.6 \times 3\,600) = 2.718 \times 10^{-3} \ \text{m}^3/\text{s}$$

$$(L_V/l_f) = 2.718 \times 10^{-3}/2.72 = 9.99 \times 10^{-4} \ \text{m}^3/\text{s} \cdot \text{m}$$

③ 计算气相传质单元数 N_G

按式（10-12）得

$$N_G = [0.776 + 4.567(0.050\ 8) - 0.237\ 7(1.53)$$
$$+104.84(9.99 \times 10^{-4})]/(0.5)^{0.5} = 1.06$$

④ 计算塔板上持液量 z_c

按式（10-15）得

$$z_c = 0.041\ 9 + 0.19(0.050\ 8) + 2.454(9.99 \times 10^{-4}) - 0.013\ 5(1.53)$$
$$= 0.033\ 2 \text{m}^3/(\text{m}^2,\text{鼓泡面积})$$

⑤ 计算液体在板上平均停留时间

按式（10-14）得

$$t_L = \frac{0.033\ 2(0.75)(3.2)}{9.99 \times 10^{-4}} = 80\ \text{s}$$

⑥ 计算液相传质单元数 N_L

按温度每增加 1 ℃液相扩散系数约增加 2.5% 的经验规则，计算操作温度下的扩散系数

$$D_L = (4.75 \times 10^{-9})[1 + (56 - 45)(0.025)] = 6.056 \times 10^{-9}\ \text{m}^2/\text{s}$$

按式（10-13）得

$$N_L = (4.127 \times 10^8 \times 6.056 \times 10^{-9})^{\frac{1}{2}}(0.213 \times 1.54 + 0.15)(80) = 61$$

⑦ 计算气相总传质单元数 N_{OG}

首先确定 λ，由于相对挥发度接近于 1.0，故需要非常高的回流比，即 L 近似于 V，又假定 $m = 1$，则 λ 可取为 1.0。该简化处理使 λ 的误差在 2% 之内。由式（10-11）可得

$$\frac{1}{N_{OG}} = \frac{1}{1.06} + \frac{1}{61},\ \text{所以}\ N_{OG} = 1.04$$

该系统 N_{OG} 基本上等于 N_G，属气膜控制。

⑧ 计算 E_{OG}

按式（10-10）得 $\qquad E_{OG} = l - \text{e}^{-1.04} = 0.646$

⑨ 计算 E_{MV}

计算涡流扩散系数

$$(D_E)^{0.5} = 0.003\ 78 + 0.017\ 1 \times 4.62 + 3.68(9.99 \times 10^{-4})$$
$$+0.18(0.050\ 8) = 0.095\ 6$$
$$D_E = 9.14 \times 10^{-3}\ \text{m}^2/\text{s}$$

由式（10-18） $\qquad Pe = \frac{(0.75 \times 3.2)^2}{9.14 \times 10^{-3}(80)} = 7.88$

由 E_{OG}/λ 和 Pe 值查图 10-5 得 $E_{MV}/E_{OG} = 1.29$，$E_{MV} = 0.833$

⑩ 估计操作过程中雾沫夹带的影响

$$\frac{L}{V}\left(\frac{\rho_G}{\rho_L}\right)^{\frac{1}{2}}=\left(\frac{0.110\ 6}{982.6}\right)^{\frac{1}{2}}=0.010\ 6$$

从图 10-12，由 $\dfrac{L}{V}\left(\dfrac{\rho_G}{\rho_L}\right)^{\frac{1}{2}}$ 和板间距查得 K_V，假定

$\rho_G/\left(\rho_L-\rho_G\right)\approx\rho_G/\rho_L$，则

$$K_V=u_F\left(\frac{\rho_G}{\rho_L}\right)^{\frac{1}{2}}=0.07\ \text{m/s}$$

$$u_F=\frac{0.07}{0.010\ 6}=6.6\ \text{m/s}$$

泛点百分率 $=4.62/6.6=70\%$

由图 10-13 查得 $\qquad\qquad e=0.25$

由式（10-22）得 $\quad E_a=\dfrac{0.833}{1+\left[\ (0.25)\ (0.833)\ /\ (1-0.25)\ \right]}=0.65$

（2）Zuiderweg 法　筛板塔若设计得好，其板效率比泡罩塔的高。Zuiderweg 在对筛板塔性能作了综述和分析后，提出一套估计其气相 Murphree 板效率 E_{MV} 的步骤。

① 估计气相传质系数

$$k_G=\frac{0.013}{\rho_G}-\frac{0.085}{\rho_G^2}\quad(0.1<\rho_G<80\ \text{kg/m}^3)\tag{10-25}$$

式中　k_G——气相传质系数，$\text{kmol/}\ (\text{m}^3\cdot\text{s})\ (\text{kmol/m}^3)$；

$\qquad\rho_G$——气体密度，kg/m^3。

② 估计液相传质系数

$$k_L=\frac{2.6\times10^{-5}}{\mu_L^{0.25}}\tag{10-26}$$

式中　k_L——液相传质系数，$\text{kmol/m}^2\cdot\text{s}\ (\text{kmol/m}^3)$；

$\qquad\mu_L$——液体粘度，$\text{Pa}\cdot\text{s}$。

③ 计算气相总传质系数

$$k_G=\frac{k_Gk_L}{k_L+m_ck_G}\tag{10-27}$$

式中　K_G——气相总传质系数，$\text{kmol/m}^2\cdot\text{s}\ (\text{kmol/m}^3)$；

$\qquad m_C$——分配系数；

$$m_C=\frac{m\rho_GM_L}{\rho_LM_G}\tag{10-28}$$

而　m——以摩尔比表示的亨利系数（相平衡常数），$m=y/x$；

$\qquad\rho$——密度，kg/m^3；

$\qquad M$——摩尔质量，kg/kmol。

④ 求点效率

$$E_{OG} = 1 - e^{-k_G a/u_G} \tag{10-29}$$

式中 E_{OG}——气相点效率；

a——单位鼓泡面积上的气、液界面面积，m^2/m^2；

u_G——鼓泡面上的气速，m/s。

界面面积 a 的值为板上流动状态的函数。若流体负荷小而气速大，液体受从筛孔喷出的气体射流的作用几乎完全分散成小滴，则操作属于喷雾状态。若液体在流过塔板并越过堰的过程中，主要受气流的作用而成为乳状液，则操作属于乳液流动状态。此种状态在液体负荷高而气体速率小时发生。操作状态可通过参数 FP/bh_1 来判定。各种状态下 a 值的计算公式如下

喷雾状态 $\qquad (FP/bh_1 < 3 \sim 4)$

$$a = \frac{40}{F^{0.3}} \left(\frac{F_{bba}^2 h_1 FP}{\sigma} \right)^{0.37} \tag{10-30}$$

混合与乳液流动状态 $\qquad (FP/bh_1 > 3 \sim 4)$

$$a = \frac{43}{F^{0.3}} \left(\frac{F_{bba}^2 h_1 FP}{\sigma} \right)^{0.53} \tag{10-31}$$

式 (10-30) 与式 (10-31) 中

F——单位鼓泡面积上孔所占分率；

F_{bba}——$u_G \rho_G^{0.5}$，鼓泡面的 F 因子，$(m/s)(kg/m^3)^{0.5}$；

$FP = (u_L/u_G)(\rho_L/\rho_G)^{0.5}$，流动参数；

σ——表面张力，N/m；

$h_1 = 0.6 h_W^{0.5} \rho^{0.25} b^{-0.25} (FP)^{0.25}$，鼓泡面上的持液量，$m^3/m^2$；

h_W——堰高，m；

p——筛孔的中心距，m；

b——单位鼓泡面积的堰长，m/m^2。

⑤ 计算气相 Murphree 板效率

$$E_{MV} = A(e^{(E_{OG}/A)} - 1) \tag{10-32}$$

式中 E_{MV}——气侧 Murphree 单板效率；

$A = L_M/mG_M$，吸收因数；

L_M，G_M——液、气的摩尔流速，$kmol/(m^3 \cdot s)$。

3. 由实验装置数据确定板效率

当没有欲分离物系的气液平衡数据时，特别是对于高度非理想溶液或可能形成共沸物的情况，达到希望的分离程度所需要的塔板数最好通过实验室测定。使用称为 Oldershaw 塔的玻璃或金属筛板塔。塔径 0.25~50 mm，

筛板孔径约 1 mm，开孔面积约 10%，塔板数任意。研究表明，在 20～ 1 140 kPa 操作压力范围内，Oldershaw 塔的效率与塔径在 0.46～1.2 m 范围的中间试验塔和工业塔的数据是一致的。

可以认为，Oldershaw 塔中每块板上液体基本上是完全混合的，因此可用来测定点效率数据。Fair 等人[15] 推荐 Oldershaw 塔偏于保守的放大步骤：

① 测定泛点；

② 在约 60%泛点下操作（在 40%～60%泛点范围内操作均可）；

③ 实验中通过调整塔板数和流率，达到预期的分离程度；

④ 假设工业塔与 Oldershaw 塔在相同的液汽摩尔流率比条件下操作，需要相同的塔板数。

如果有可靠的汽液平衡数据，可以结合 Oldershaw 塔的测定数据确定全塔效率 E_O，然后用式（10-22）和式（10-18）估计平均点效率。对于工业塔，其汽相 Murphree 板效率可通过式（10-18）从 Oldershaw 塔的点效率确定，该式考虑了液体的不完全混合。通常，工业塔的板效率与液体流程长度有关，在相同泛点百分数情况下，比 Oldershaw 塔板效率来得高。

图 10-15 为 Oldershaw 塔效率与美国分离研究公司（FRI）实验塔测得的点效率的比较。实验塔直径 1.2 m，开孔率分别为 8%和 14%。实验物系

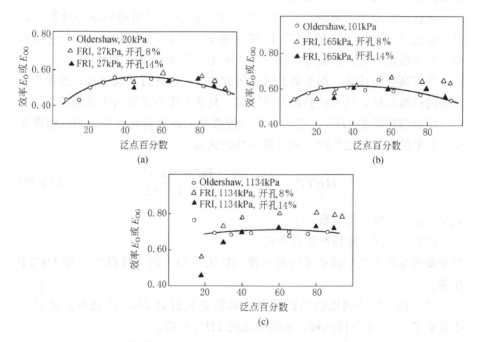

图 10-15　Oldershaw 塔和 FRI 塔的效率比较
(a)、(b) 环己烷/正庚烷物系；(c) 异丁烷/正丁烷物系

为环己烷/正庚烷和异丁烷/正丁烷。第一个物系分别在 27 kPa 和 165 kPa 压力下操作；第二个物系在 1 134 kPa 压力下操作，即包括了减压、常压和加压操作。由 Oldershaw 塔测量点效率，再由实验塔测定全塔效率，然后由 AIChE 法转换为点效率并绘于图 10-15 中。图中实线为 Oldershaw 塔效率拟合结果。实验数据的泛点百分数由 10％至 95％。从图 10-15 可看出，Oldershaw 塔的数据与开孔率为 14％的 FRI 数据相当一致，只是在较低的泛点百分数处偏差较大。而对于开孔率 8％的实验塔，其效率要高出 10 个百分点。

从分离相同或相似物系的工业塔获得性能数据，然后估计塔效率是最简单的方法。首先从性能数据用第三章～第六章论述的各种计算方法估计理论板数 N，再按式（10-1）计算塔效率。通常，精馏塔效率>70％；吸收和解析塔效率<50％。

二、填料塔

填料塔的填料高度计算一般要利用传质单元的概念，而传质单元高度（HTU）就体现了填料塔的传质效率。影响气液两相传质的因素很多，包括填料特性、气液流率、系统性质和传递特性等方面。人们在实验数据的基础上已提出了大量的关联式，其中应用最广的关联式为 Monsato 模型和恩田模型。详细情况参阅有关文献[1]。

等板高度或当量理论板高度（$HETP$）是表示填料塔效率和计算填料层高度的另一方法。尽管 $HETP$ 概念缺乏有力的理论基础，但是它很简单，与平衡级的计算相配合，成为广泛采用的估计填料高度的方法。

等板高度的计算，迄今尚无满意的方法，一般通过实验测定，或取生产设备的经验数据。当无经验数据可取时，只能参考有关资料中的经验公式。

填料精馏塔的 $HETP$ 值可以从总传质单元高度转化而来。当汽液摩尔比和相平衡常数为定值时，两者的转换公式为：

$$HETP = (HTU)_{OG} \frac{\ln(mV/L)}{(mV/L)-1} \tag{10-33}$$

式中 m——相平衡常数；

V/L——汽、液相摩尔流率比。

当平衡线与操作线的斜率平行时（即 $mV/L=1$），则 $(HTU)_{OG}$ 与 $HETP$ 相等。

另一种方法是利用物系性质与实验物系相近的 $HETP$ 数据。文献[16]中收集了 40 多个不同填料、不同系统的 $HETP$ 值。

【例 10-2】 图 10-16 给出苯/甲苯精馏塔的汽液平衡曲线和图解的理论板数。已知精馏段和提馏段的气相传质单元高度、液相传质单元高度和液汽

比数据如下:

	H_G/m	H_L/m	L/V
精馏段	0.35	0.15	0.62
提馏段	0.27	0.16	1.40

试确定该精馏塔精馏段和提馏段的填料高度。

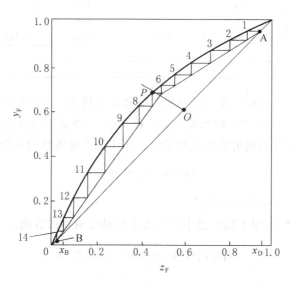

图 10-16　例 10-2 附图

解: ① 由图 10-16 查得各理论板上的汽液平衡常数 $m=\mathrm{d}y/\mathrm{d}x$,列于附表中。

② 根据液汽比,计算各理论板的 $\lambda=mV/L$ 值。

③ 由 $H_{OG}=H_G+mH_L$ 计算各板的气相总传质单元高度。

④ 由式(10-33)计算各理论板的 $HETP$ 值。13# 板仅为 0.2 板,14# 板为再沸器。计算结果见附表。

附表　计算结果

理论板	m	$\lambda=mV/L$	H_{OG}/m	$HETP/m$
1	0.47	0.76	0.463	0.530
2	0.53	0.85	0.475	0.518
3	0.61	0.98	0.494	0.500
4	0.67	1.08	0.512	0.494
5	0.72	1.16	0.521	0.485
6	0.80	1.29	0.539	0.475
精馏段总计				3.002

理论板	m	$\lambda = mV/L$	H_{OG}/m	$HETP/m$
7	0.90	0.64	0.402	0.500
8	0.98	0.70	0.390	0.463
9	1.15	0.82	0.378	0.448
10	1.40	1.00	0.436	0.436
11	1.70	1.21	0.466	0.427
12	1.90	1.36	0.494	0.421
13	2.20	1.57	0.527	0.418 (0.2) =0.083
提馏段总计				2.778
总填料高度				5.78

式 (10-33) 同样适用于填料吸收塔和解吸塔 $HETP$ 的计算。

作为填料塔 $HETP$ 的粗略估算,Kister[17] 推荐下列经验关系:

① 鲍尔环及类似的高效乱堆填料,用于低粘度液体的分离物系:

$$HETP(\text{m}) = 18\, d_p \qquad (10\text{-}34)$$

式中 d_p——填料的有效直径,m。

② 规整填料,用于低压至中等压力下低粘度液体的分离:

$$HETP(\text{m}) = 100/a + 0.101\,6 \qquad (10\text{-}35)$$

式中 a——填料的比表面积,m^2/m^3。

③ 粘性液体的吸收:

$$HETP = 1.52 \sim 1.83\ (\text{m})$$

④ 真空塔

$$HETP = 18.07\, d_p + 0.15\ (\text{m}) \qquad (10\text{-}36)$$

⑤ 高压塔 (>1 379 kPa)

对规整填料,$HETP$ 值大于式 (10-33) 的计算值。

⑥ 小直径塔 ($D < 0.6$ m)

$$HETP = D \quad (\text{但不得小于 } 0.3\ \text{m}) \qquad (10\text{-}37)$$

一般说来,小尺寸乱堆填料(特别是在小直径的塔中)的 $HETP$ 值较小。规整填料,尤其是大比表面积的规整填料也具有较小的 $HETP$ 值。图 10-17 是由 50 mm 直径的 Nutter 环的实验数据绘制成的。在预载点区,$HETP$ 基本上与气相 F 因子无关。从载点至泛点之间,$HETP$ 急剧增加。

对于多组分系统,如果有 c 个组分,则每块板的分离情况必须用 $c-1$

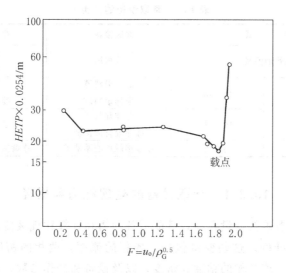

图 10-17 F-因子对 $HETP$ 的影响
物系：环己烷/正庚烷；操作压力：165 kPa；
床层高：4.3 m

个默弗里板效率来描述。这些效率并不一定都相等，在基于 AIChE 法（两组分）的各个方程式中，λ 是重要的参数，而 λ 又决定于相平衡常数 m，不同组分有不同的 m 和 λ 值，因此将有不同的 E_{OG} 和 E_{MV} 值。多组分扩散原理也指出，不同物质的混合物中各组分的 E_{OG} 应该是不同的。通过用塔板混合模型计算，也已论证了在三组分系统中即使 E_{OG} 值相等，也会导出在不同塔位置上不同组分有不同的 E_{MV}，通过对多组分物系中 E_{OG} 和 E_{MV} 的测定同样证实了这一结论。

目前对多组分系统效率的研究还很不够，已提出的经验规律有很大的局限性。对大多数多组分精馏问题，由于所关心的是关键组分的分离，非关键组分在塔内的分布的准确性常常不是很重要的，因此，通常多是以分离关键组分的板效率作为多组分精馏塔的板效率，可按两组分的情况计算相应的数值。

10.2   萃取设备的处理能力、传质效率与放大

萃取设备的类型很多，根据两相接触方式，萃取设备可分为逐级接触式和微分接触式两类，而每一类又可分为有外加能量和无外加能量两种。表 10-2 列出几种常用的萃取设备。

本节讨论主要类型萃取设备的处理能力和塔径的计算；影响效率的因素和塔高的计算。

表 10-2　萃取设备的分类

型　　式		逐级接触式	微分接触式
无外加能量		筛板塔	喷洒塔 填料塔
具有外加能量	搅　动	混合澄清器 搅拌填料塔	转盘塔 搅拌挡板塔
	脉　冲	脉冲筛板塔 脉冲混合澄清器	脉冲填料塔
	离心力	逐级接触离心萃取器	连续接触离心萃取器

10.2.1　萃取设备的处理能力和塔径

由于有许多重要变量存在，萃取设备的塔径计算比气液传质设备复杂得多，并且不够准确。这些变量包括：各相的流率，两相的密度差，界面张力，传质方向，连续相的粘度和密度，以及设备和操作参数，如旋转和震动速度以及隔板的几何形状等。

一、设备的特性速度

以喷洒塔为例进行分析。假定密度较小的相为连续相，密度较大的相为分散相。分散相液滴在连续相中自由沉降，而连续相向上运动。

设分散相空塔速度为 u_d，连续相空塔速度为 u_c，分散相在塔内液体中所占的体积分率，即分散相的滞液分率为 φ_d，则分散相和连续相相对于塔壁的实际速度分别为 u_d/φ_d 和 $u_c/(1-\varphi_d)$，两相的相对速度为

$$u_s = \frac{u_d}{\varphi_d} + \frac{u_c}{1-\varphi_d} \tag{10-38}$$

如果忽略液滴间的相互影响，相对速度必然等于单个液滴在混合液中的自由沉降速度，根据斯克克斯定律

$$u_s = \frac{gd_p^2(\rho_d - \rho_m)}{18\mu_c} \tag{10-39}$$

式中　d_p——分散相液滴的平均直径，m；

μ_c——连续相液体粘度，Pa·s；

ρ_d——分散相液体密度，kg/m³；

ρ_m——液体混合物的平均密度，可由下式计算：

$$\rho_m = \rho_d\varphi_d + \rho_c(1-\varphi_d) \tag{10-40}$$

将式（10-40）代入式（10-39）得

$$u_s = \frac{g d_p^2 (\rho_d - \rho_c)}{18\mu_c} (1 - \varphi_d)$$

$$= u_t (1 - \varphi_d) \tag{10-41}$$

式中 u_t 为单液滴在纯连续相中的自由沉降速度。可见，u_t 与操作条件即空塔速度 u_d、u_c 和分散相滞液分率 φ_d 无关，是由物性和液滴尺寸决定的常数。将式（10-38）和式（10-41）合并，得

$$\frac{u_d}{\varphi_d (1 - \varphi_d)} + \frac{u_c}{(1 - \varphi_d)^2} = u_t \tag{10-42}$$

式（10-42）揭示了空塔速度 u_d、u_c 与分散相滞液分率 φ_d 的内在联系。若固定一相流速，改变另一相流速，则必然导致滞液分率 φ_d 的变化。

对于其他类型的萃取设备，由于液滴的受力和运动情况比较复杂，式（10-41）和式（10-42）不是严格成立的，因此可引入特性速度 u_k 取代 u_t，使

$$\frac{u_d}{\varphi_d (1 - \varphi_d)} + \frac{u_c}{(1 - \varphi_d)^2} = u_k \tag{10-43}$$

注意，u_k 不是单液滴自由沉降速度 u_t，但具有 u_t 的性质，它与两相空塔速度 u_d、u_c 无关，而决定于萃取物系的物性和设备特性。按照 u_k 的定义，u_t 即为喷洒萃取塔的特性速度。

对于填料塔的特性速度，考虑到填料占据了塔的有效体积，故在式（10-43）中引入填料的空隙率 ε，得

$$u_k = \frac{u_d}{\varepsilon \varphi_d (1 - \varphi_d)} + \frac{u_c}{\varepsilon (1 - \varphi_d)^2} \tag{10-44}$$

转盘塔特性速度由下式表示

$$\frac{u_d}{\varphi_d} + K \frac{u_c}{1 - \varphi_d} = u_k (1 - \varphi_d) \tag{10-45}$$

式中，当 $(D_S - D_R)/D > 1/24$ 时，$K = 1$；当 $(D_S - D_R)/D \leqslant 1/24$ 时，$K = 2.1$。D_R 为转盘直径；D_S 为固定环内径；D 为塔径。

当用式（10-43）关联脉冲筛板塔的特性速度时发现计算值和实验值之间有一定偏差。其原因为，式（10-43）仅适用于液滴间不发生凝聚，以及液滴大小的分布在达到液泛前不随流速变化的情况。在实际萃取塔中，分散相液滴间不断发生着分散-凝聚-再分散的过程。物系的界面张力愈大，滞液分率愈高，这种液滴凝聚的倾向也愈大，用式（10-43）计算结果的偏差就愈大。汪家鼎等提出如下公式关联实验数据[18]。

$$\frac{u_d}{\varphi_d} + \frac{u_c}{1-\varphi_d} = u_k(1-\varphi_d)^n \qquad (10\text{-}46)$$

设备的特性速度可通过冷模流体力学实验测定。不少研究者对各类设备的特性速度进行了测定，并关联成经验式供设计使用。

转盘塔的特性速度由塔结构、转速和物系性质所决定，Logsdail，Thornton 和 Pratt 提出如下的关联式[19]：

$$\frac{u_k\mu_c}{\sigma} = 0.012\left(\frac{\Delta\rho}{\rho_c}\right)^{0.9}\left(\frac{g}{D_R n^2}\right)^{1.0}\left(\frac{D_S}{D_R}\right)^{2.3}\left(\frac{H_T}{D_R}\right)^{0.9}\left(\frac{D_R}{D}\right)^{2.6} \qquad (10\text{-}47)$$

式中　u_k——特性速度，m/s；

μ_c——连续相液体粘度，Pa·s；

σ——表面张力，N/m；

ρ_c——连续相液体密度，kg/m³；

$\Delta\rho$——两相液体密度差，kg/m³；

n——转盘转速，1/s；

D_R——转盘直径，m；

D_S——固定环内径，m；

H_T——转盘间距，m；

D——塔径，m。

Kung 等[20] 将系数 0.012 修正为系数 β，其数值根据以下情况确定

当 $(D_S - D_R)/D > 1/24$ 时，$\beta = 0.012$

当 $(D_S - D_R)/D \leqslant 1/24$ 时，$\beta = 0.0225$

对脉冲筛板塔，u_k 随物系物性、塔的结构及脉冲条件的变化而变化，一种采用因次分析关联成无因次数群的半经验公式为：

$$\left(\frac{u_k\mu_c}{\sigma}\right) = 0.60\left(\frac{\Psi_f\mu_c^5}{\rho_c\sigma^4}\right)^{-0.24}\left(\frac{d_0\rho_c\sigma}{\mu_c^2}\right)^{0.9}\left(\frac{\mu_c^4 g}{\rho_c\sigma^3}\right)^{1.01}\left(\frac{\Delta\rho}{\rho_c}\right)^{1.8}\left(\frac{\mu_d}{\mu_c}\right) \qquad (10\text{-}48)$$

式中 d_0 为筛孔直径；μ_d 为分散相粘度；Ψ_f 为输入能量因子，它包含了脉冲强度及筛板结构尺寸的影响，对于正弦脉冲

$$\Psi_f = \frac{\pi^2(1-\varepsilon_0^2)(fa_f)^3}{2H_T\varepsilon_0^2 C_0^2} \qquad (10\text{-}49)$$

式中 ε_0 为开孔率；f 为脉冲频率；a_f 为脉冲振幅；C_0 为锐孔系数。以上两式中其他符号意义同式（10-47）。

二、临界滞液分率与液泛速度

分析式（10-42）可知，u_d/u_k（或 u_c/u_k）是 φ_d 的三次方程。方程式的解如图 10-18 所示。当 u_c 固定时，增加 u_d，则滞液分率 φ_d 随之增加直至泛点。此时的滞液分率被称为临界滞液分率 φ_{dF}。若继续增大 u_d，则由式（10-42）解不出 φ_d。此时，设备内将发生液滴的合并，从而使特性速度 u_k 增加；或者部分分散相液滴被连续相带走，使实际通过设备的分散相流量减少。所以，液泛时两相的空塔速度是操作的极限速度，称液泛速度。连续相液泛速度 u_{cF} 与临界滞液分率 φ_{dF} 的关系可由 $(\partial u_d/\partial \varphi_d)_{u_c}=0$ 求得，即

$$u_{cF}=u_K(1-2\varphi_{dF})(1-\varphi_{dF})^2 \tag{10-50}$$

同理，由 $(\partial u_c/\partial \varphi_d)_{u_d}=0$ 可求得分散相液泛速度 u_{dF} 与 φ_{dF} 的关系为

$$u_{dF}=2u_k\varphi_{dF}^2(1-\varphi_{dF}) \tag{10-51}$$

由以上两式消去 u_k，可求得

$$\varphi_{dF}=\frac{[(u_{dF}/u_{cF})^2+8(u_{dF}/u_{cF})]^{0.5}-3(u_{dF}/u_{cF})}{4(1-u_{dF}/u_{cF})} \tag{10-52}$$

该式中不含特性速度 u_k，表明临界滞液分率与系统物性、液滴尺寸，设备类型等无关，只与两相空塔速度之比（即流量比）有关。

根据式（10-50），式（10-51）和式（10-52），由液泛速度可计算液泛时的滞液分率。反之，由液泛时的滞液分率与特性速度可计算液泛速度。若联立求解该三方程，可得出图 10-19 所示的总容量 $(u_{dF}+u_{cF})/u_k$ 与 u_d/u_c 的关系曲线。可见，分散相与连续相流率之比很小时，能达到较大的总容量，随着 u_d/u_c 的增大，总容量趋于极限值。

有关填料塔的液泛速度，已提出许多经验与半经验公式，其中以 Crawfond 的关联式既简单又

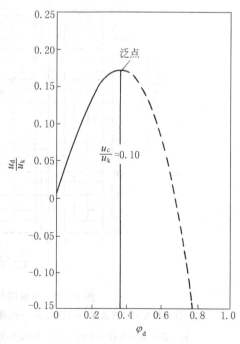

图 10-18　液液萃取塔中典型滞液分率曲线

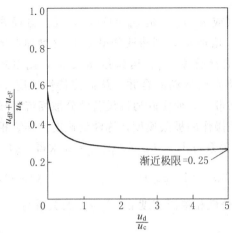

图 10-19　液液萃取塔中相流比对总容量的影响

较符合实验数据，已绘制成图 10-20。由图可知，当填料比表面积减少、空隙率增加、两相密度差增加以及表面张力减小时，液泛速度相应增大。

在转盘塔中，由于转盘的转动使得运动很复杂，而转盘的转速有一个临界值。该临界转速把转盘塔的操作分成三个区域（见图 10-21）。在区域Ⅰ，转速较低，转盘并没有使液滴产生明显的分散作用。在区域Ⅱ，随转速的增加，液体的湍动也增加，液滴进一步被分散，并增加了液滴游动的行程。在区域Ⅲ内，区域 A 的滞液分率增加比较慢，而区域 B 滞液分率急剧增加。一般，操作范围选择在区域Ⅲ

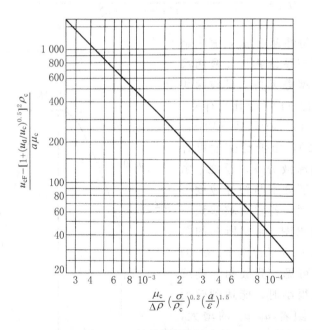

图 10-20　填料塔的液泛速度

u_{cF}—连续相泛点表观速度，m/s；u_d、u_c—分别为分散相和连续相的表观速度，m/s；

ρ_c—连续相的密度，kg/m³；$\Delta\rho$—两相密度差，kg/m³；σ—界面张力，N/m；

a—填料的比表面积，m²/m³；μ_c—连续相的粘度，Pa·s；ε—填料层的空隙率

中，如果转速继续增加，塔就产生液泛。

转盘塔的液泛速度可由特性速度计算。由式（10-48）计算u_k，再由式（10-52）计算φ_{dF}，然后由式（10-50）计算液泛时的空塔速度。

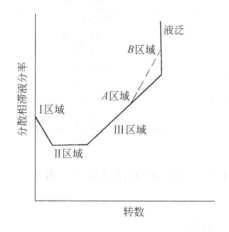

图 10-21　转盘塔的操作区域　　　图 10-22　脉冲筛板塔的操作特性曲线

（脉冲振幅 a_f 为一定值）

脉冲筛板塔的操作特性与物系性质（流体的粘度、密度差及两相界面张力）、设备结构（筛板孔径、自由截面及板间距）以及操作条件（脉冲频率、脉冲振幅及两相流速）有关。对于确定的物系及设备，脉冲筛板塔的操作特性可用图 10-22 所示的操作特性曲线表示。Ⅰ区为由于脉冲强度不足所引起的液泛区，Ⅱ区为混合澄清区。此时操作虽很稳定，但传质效率很低；Ⅲ区为乳化区。在此区内，由于两相流量较大和脉冲强度较高，分散相液滴较小，并在连续相中分散得十分均匀；Ⅳ区为不稳定区，是由乳化区向液泛区过渡的操作区。Ⅴ区为由于脉冲强度过大而引起的液泛区。

当两相总流速一定，逐渐增大脉冲强度；或当脉冲强度一定，逐渐增大两相总流速时，塔的操作一般经过混合澄清型，乳化型，不稳定型直至出现液泛。Ⅱ、Ⅲ、Ⅳ区为可操作区，其中以Ⅲ区为最有效操作区。分区的范围和形状随物系的不同，筛板塔的结构、尺寸以及脉冲振幅等条件的变化而变化。

对脉冲筛板塔，除可采用式（10-50）、式（10-51）和式（10-52）计算两相的液泛流速和滞液分率外，尚可利用式（10-46）导出计算公式：

$$u_{dF}=u_k(n+1)\varphi_{dF}^2(1-\varphi_{dF})^n \tag{10-53}$$

$$u_{cF}=u_k(1-\varphi_{dF})^{n+1}\big[1-(n+1)\varphi_{dF}\big] \tag{10-54}$$

和
$$\varphi_{dF}=\frac{2}{n+2+\left[n^2+\dfrac{4(n+1)}{u_d/u_c}\right]^{0.5}} \tag{10-55}$$

对于某些物系，实测的 n 值如表 10-3 所示。

表 10-3　某些体系的 n 值

塔　结　构	物　　系	实测 n 值
内径 25 mm 标准板	煤油-水	2.20 ± 0.2
内径 50 mm 标准板	煤油-水	2.13 ± 0.16
内径 41 mm 标准板	煤油-水	2.04
内径 50 mm 标准板	10%TBP（煤油）-水	1.79 ± 0.09
内径 41 mm 标准板	10%TBP（煤油）-水	1.68
内径 41 mm 标准板	20%D_2EHPA（煤油）-水	1.44
内径 41 mm 标准板	MIBK-水	1.63

三、塔径的计算

确定了两相的液泛速度之后，取其 60%～75% 作为设计速度，由下式计算所需的塔径。

$$D = \sqrt{\frac{4V_c}{\pi u_c}} = \sqrt{\frac{4V_d}{\pi u_d}} \tag{10-56}$$

式中　V_c——连续相液体的体积流率，m^3/s；

　　　V_d——分散相液体的体积流率，m^3/s。

若由两相流体的操作速度计算塔径，则

$$D = \sqrt{\frac{4(V_c + V_d)}{\pi(u_c + u_d)}} \tag{10-57}$$

【例 10-3】　在转盘塔中用极性溶剂萃取烃类混合物中的芳烃。原料处理量 100 t/d，溶剂∶进料=5∶1（质量）。设溶剂相为连续相。有关物性数据为

溶剂　　$\rho_c = 1\,200$ kg/m^3，$\mu_c = 1.0 \times 10^{-3}$ Pa·s

烃　　　$\rho_d = 750$ kg/m^3，$\mu_d = 0.4 \times 10^{-3}$ Pa·s

　　　　$\sigma = 5.924 \times 10^{-3}$ N/m

转盘塔转速 $n = 0.5$ s^{-1}。结构尺寸的比例为：$D_S/D = 0.7$，$D_R/D = 0.6$，$H_T/D = 0.1$。试计算所需塔径。

解：为计算塔径。必先求特性速度 u_k，而 u_k 的计算式中含有待定的塔径，故应试差。

假设　　$D = 2.1$ m

则　　　$D_S = D(D_S/D) = 1.47$ m，$D_R = 1.26$ m，$H_T = 0.21$ m

由式（10-47）得

$$u_k = 0.012 \left(\frac{1\,200 - 750}{1\,200} \right)^{0.9} \left(\frac{9.81}{1.26 \times 0.5^2} \right)^{1.0} \left(\frac{1.47}{1.26} \right)^{2.3} \left(\frac{0.21}{1.26} \right)^{0.9} \left(\frac{1.26}{2.1} \right)^{2.6}$$

$$\left(\frac{5.924 \times 10^{-3}}{1.0 \times 10^{-3}} \right) = 0.069 \ \text{m/s}$$

$$V_d = \frac{1\,000}{0.75 \times 86\,400} = 1.543 \times 10^{-2} \ \text{m}^3/\text{s}$$

$$V_c = \frac{5 \times 1\,000}{1.2 \times 86\,400} = 4.823 \times 10^{-2} \ \text{m}^3/\text{s}$$

$$u_d / u_c = 0.32$$

由式（10-52）

$$\varphi_{dF} = \frac{(0.32^2 + 8 \times 0.32)^{0.5} - 3 \times 0.32}{4(1 - 0.32)} = 0.25$$

由式（10-50）

$$u_{cF} = 0.069(1 - 2 \times 0.25)(1 - 0.25)^2 = 0.019\,4 \ \text{m/s}$$

设计速度取液泛速度的 70%

$$u_c = 0.70 \times 0.019\,4 = 0.013\,6 \ \text{m/s}$$

由式（10-56）

$$D = \sqrt{\frac{4 \times 4.823 \times 10^{-2}}{3.141\,6 \times 0.013\,6}} = 2.12 \ \text{m}$$

由于 $D = 2.12$ 可直接圆整成 2.1 m，故不再继续试差。

10.2.2 影响萃取塔效率的因素

为了获得较高的萃取塔效率，期望在塔内有较高的传质速率。影响传质速率的因素很多，本节就主要影响因素讨论如下：

一、分散相液滴尺寸

萃取塔内两液相之间的相际传质面积是影响传质速率的主要因素之一，而单位容积的相际传质表面 a 取决于滞液分率和液滴尺寸，其关系为

$$a = \frac{6\varphi_d}{d_p} \tag{10-58}$$

可见，相际接触表面积与 d_p 成反比，液滴尺寸愈小，相际接触表面愈大，传质效率愈高。然而过小的液滴会因其内环流消失，使传质系数降低。所以液滴尺寸对传质的影响必须同时考虑这两方面的因素。

液滴的分散可以通过多种途径实现：① 对喷洒塔和筛板塔，是借助于喷嘴或孔板等分散装置分散液滴。分散装置的开孔尺寸对液滴大小有着决定

性的作用，其他影响因素有表面张力、密度、分散相液体与喷嘴或孔板材料之间的润湿性等；② 对填料塔，借助于填料分散液滴。除物性和操作条件外，填料的材质、形状、尺寸和空隙率影响液滴的大小；③ 转盘塔、脉动塔和离心萃取器是借助于外加能量分散液滴。液滴的大小与设备的类型、物系的分散与凝聚特性以及外加能量的大小有关。

二、液滴内的环流

除相际表面外，传质速率还与相际传质系数的大小有关。按双膜理论，总的传质阻力为滴外和滴内传质阻力之和。通常，液滴外侧的连续相处于湍动状态，传质分系数较大，而滴内传质分系数比较小。若滴内没有流体流动，则滴内的传质阻力是比较大的。实际上当液滴对连续相液体作相对运动时，界面上的摩擦力会诱导出如图 10-23 所示的滴内环流。正是由于滴内流体的环状流动大大提高了滴内传质分系数，使其不至于低到没有工业应用价值的程度。但是，并不是在任何情况下都有滴内环流的。液滴尺寸过小或少量表面活性剂的存在都会抑制这种环流。

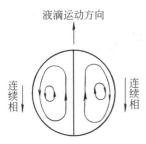

图 10-23　滴内环流

三、液滴的凝聚和再分散

如上所述，液滴内侧的传质系数很低，往往成为传质过程的控制步骤。如果在萃取塔内促进液滴间发生凝聚和再分散，滴内传质分系数可大为提高。从表面更新理论，不难理解液滴的凝聚和再分散对传质的重要意义，因为两个液滴凝聚之后再分散，必然伴有充分的表面更新。

促进液滴凝聚和再分散的重要措施是在设备内造成凝聚的有利条件。只要发生凝聚过程，必有大液滴生成；大液滴易于破碎，因而必然会有再分散过程。

在筛板塔内，由于筛孔的阻力，液滴在筛板附近积聚并合并成清液层，该清液层又经筛孔分散成液滴。这样，每一块筛板造成一次凝聚和再分散，因而筛板本身就是强化传质的手段。

在转盘塔中，液滴在盘外环形空间凝聚成较大的液滴，待其回到转盘区时又被粉碎成较小的液滴，这里同样发生着液滴的凝聚和再分散。

四、界面现象

在液液传质设备内，液滴外侧的连续相处于湍动状态。由于湍流运动所固有的不规则性，连续相向表面传递或从表面向连续相传递的速度也是不规则变化的。因此，在同一时刻液滴表面不同点或不同时刻液滴表面同一点的溶质浓度不相同。界面上不稳定的浓度变化引起了不稳定的界面张力的变

化。正是界面张力的随机变化导致了界面湍动。根据物系和操作条件的不
同，界面湍动可以分为两大类型：规则形和不规则形界面对流。

规则型界面对流　图 10-24 表示了静止的两层液体沿着平界面相互接触
的情况，这种模型可适用于液滴。由于传质速率不同，在界面上 a 点的浓
度可能比 b 点的高。若物系的界面张力随溶质的浓度减小而升高（即 $\partial \sigma / \partial c < 0$），根据 Marangoni 效应，界面附近的液体就从 a 点向 b 点运动，主液
体就向 a 点补充，这样就形成了旋转的流环，产生了规则运动。当传质方
向是从相 1 到相 2 时，若两相的扩散系数 $D_1 > D_2$ 或两相的运动粘度 $\nu_1 > \nu_2$，则这种运动会继续下去。

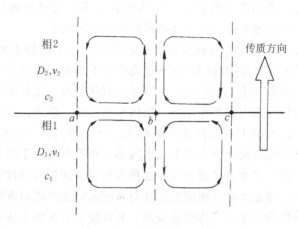

图 10-24　规则形界面对流

不规则型界面扰动　是伴随湍流或强制对流而出现的界面扰动。如图
10-25 所示。若一个湍流微团从相 1 主体冲到界面，则在界面处溶质浓度突
然变化很大。当 $\partial \sigma / \partial c > 0$ 时，就引起局部张力的下降，造成这部分界面
的扩展。随后从相界面附近来补充的是浓度进一步降低的流体，以至界面张
力梯度反过来了，当运动方向相反的液体质点在表面上该点处碰撞时，产生

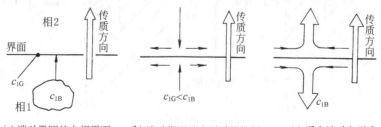

(a) 湍流微团传向相界面　　(b) 湍动微团冲击区域的扩展，　(c) 返向流动和迸发
　　　　　　　　　　　　　低浓度流体的返回

图 10-25　不规则型界面扰动

462

迸发并使局部界面破裂。

界面张力梯度对液滴大小的影响因溶质传递方向和界面张力随溶质浓度变化梯度的正负而异。当溶质从液滴向连续相传递时，对于 $\partial\sigma/\partial c > 0$ 的物系，液滴稳定性较差，容易破碎，而液膜的稳定性较好，液滴不易合并。此时形成的液滴群平均直径较小，相际接触表面较大。当溶质从连续相向液滴传递时，情况刚好相反。在设计萃取设备时，根据物系性质正确选择作为分散相的液体，可在同样条件下获得较大的相际传质表面积，强化传质过程。

界面扰动现象可以从两个方面影响传质过程：① 由于界面张力不同所产生的界面液体质点的抖动和迸发，增强了两相在界面附近的湍动程度，减小了传质阻力，提高了传质系数；② 界面张力不均匀可影响液滴合并和再分散的速率，从而改变液滴的尺寸和抑制传质表面的大小。

除了界面张力梯度会导致流体不稳定性外，一定条件下密度梯度的存在，界面处的流体在重力场的作用下也会产生不稳定。例如，乙酸由水相向甲苯相扩散，就得到图 10-26（a）中所示的密度分布。这时密度梯度是自上而下递增，所以在重力场的作用下，流体是稳定的。反之，乙酸从甲苯向水中扩散，由于乙酸的密度比两种溶剂都大，所以得到图 10-26（b）所示的密度分布。在界面处密度自上往下反而减小，在重力场的作用下，这种状态显然是不稳定的，必然会造成对流。这种现象对界面张力导致的界面对流也有很大的影响。稳定的密度梯度会把界面对流限制在界面附近的区域。而不稳定的密度梯度会产生离开界面的旋涡，并且使它渗入到主体相中去。

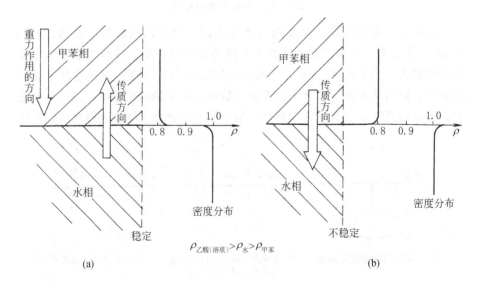

图 10-26　密度梯度的影响

表面活性剂是降低液体界面张力的物质。只要很低的浓度，它就会积聚在相界面上，使界面张力下降。使得该物系的界面张力和溶质浓度的关系就比较小了，或者几乎没有什么关系。所以，只要少量的表面活性剂就可抑制界面不稳定性的发展，制止界面湍动。另外，表面活性剂在界面处形成吸附层时，有时会产生附加的传质阻力。当液滴在连续相中运动时，表面活性剂会抑制滴内的流体循环，降低液滴的沉降速度，同时也减小了传质系数。

五、轴向混合

在微分逆流萃取过程中，两相逆流流动的情况是比较复杂的。即便是无搅拌的萃取塔，两相的实际流动状况与理想的活塞流动已有很大差别：① 连续相在流动方向上速度分布不均匀；② 连续相内流动速度的不同造成涡流，当局部速度过大时，可能夹带分散相液滴，造成分散相的返混；③ 分散相液滴大小不均匀，因而它们上升或下降的速度不相同，速度较大的那部分液滴造成了分散相的前混；④ 当分散相液滴的流速较大时，也会引起液滴周围连续相返混等。通常，把导致两相流动非理想性，并使两相停留时间分布偏离活塞流动的各种现象，统称为轴向混合，它包括返混、前混等各种现象。

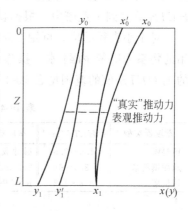

图 10-27 萃取塔内的轴向混合
粗线为轴向混合存在时的浓度剖面，
细线为理想活塞流动时的浓度剖面

对于流动状况更为复杂的机械搅拌萃取塔或脉冲萃取塔，外界输入的能量固然有粉碎液滴和强化传质的作用，但会促进轴向混合的加剧，特别当输入能量过度时，轴向混合往往相当严重。

轴向混合在一定程度上改变了两相浓度沿轴向的分布，从而大大降低了传质的推动力，对萃取塔的传质速率产生不利的影响。图 10-27 示出了作理想活塞流动时及存在轴向混合时萃取塔内浓度分布曲线。通常把活塞流动下的传质推动力称为表观推动力；轴向混合存在情况下的传质推动力称为真实推动力，由图可以看出，真实推动力要比表观推动力小得多。

与气液传质过程相比，由于萃取过程中两相的密度差小，粘度和界面张力大，因此轴向混合对传质过程的不利影响更为严重。据报道，对于大型工业萃取塔，多达 90% 的塔高是用来补偿轴向混合的不利影响的。如果不考虑轴向混合，则用模型小塔测得的传质数据不能直接用于工业萃取塔的放大设计。

10.2.3 萃取塔效率

尽管萃取塔内部有多级分隔空间，并有机械搅拌装置，但其操作更接近于微分接触设备而不是梯级接触设备。因此萃取塔的效率常以 HETS（一个理论级的当量高度）和 HTU（传质单元高度）表示。

一、HETS

HETS 虽不象 HTU 那样以传质理论为基础，但可直接用它从平衡级数（见第五、六章）计算塔高。设逆流萃取所需要的平衡级数为 N，则塔高 H 为

$$H = N(HETS) \tag{10-59}$$

由于液液系统太复杂，影响接触效率的变量太多，HETS 的一般关系尚未得到，必须通过实验测定。对于设计良好、操作效率高的塔，已有的实验数据指出，影响 HETS 的主要物理性质有界面张力、相的粘度和相间密度差。此外，由于轴向返混影响，HETS 随着塔径增加而增大。假定 HETS 与塔径的某一指数次方成正比，则可将在实验室小型装置上得到的 HETS 放大到工业塔中。根据物系不同，指数可从 0.2 变化至 0.4。

对于小直径的塔，可用 Stichlmair 的研究结果粗略估计塔高。该研究所用的物系为甲苯-丙酮-水，操作条件为 Vd/Vc＝1.5。对多种类型的萃取器的 1/HETS 值的范围见表 10-4。

表 10-4　塔式萃取器的性能

萃取器类型	$1/HETS/m^{-1}$	萃取器类型	$1/HETS/m^{-1}$	萃取器类型	$1/HETS/m^{-1}$
填料塔	1.5～2.5	脉冲板式塔	0.8～1.2	Kuhni 塔	5～8
脉冲填料塔	3.5～6	Scheihel 塔	5～9	Karr 塔	3.5～7
筛板塔	0.8～1.2	RDC 塔	2.5～3.5	RTL 接触器	6～12

当无实验数据时，图 10-28 可用于初步设计。该图适用于 RDC（转盘塔）和 RPC（震动塔）。物系的粘度不大于 10^{-3} Pa·s。塔径指数规定为 1/3。实测数据分别取自直径为 0.076 2 m 的实验室塔和直径为 0.914 4 m 的工业塔，前者的实验物系的界面张力和粘度都较低，如甲基异丁基酮-醋酸-水系统，后者的实验物系具有较高的表面张力和较低的粘度，如二甲苯-醋酸-水物系。

【例 10-4】 计算用水从甲苯-丙酮稀溶液中萃取丙酮的 RDC 塔的 HETS。塔径为 1.2 m，操作温度为 20 ℃。

解： 查 20 ℃水及甲苯的粘度分别为 10^{-3} Pa·s 和 $0.6×10^{-3}$ Pa·s，所以该物系为低粘度物系。查界面张力为 0.032 N/m。由图 10-28 查得

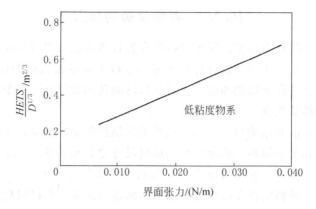

图 10-28　界面张力对 RDC 和 RPC 的 *HETS* 的影响

$$HETS/D^{1/3}=0.59$$

已知　$D=1.2$ m，所以

$$HETS=0.59(1.2)^{1/3}=0.63 \text{ m}$$

二、HTU

传质单元高度 *HTU* 是从传质单元的概念表征萃取塔的效率。从第五章得到：

$$(HTU)_{OR}=\frac{R}{K_R a(1-x_R)_{\text{ln,m}}A} \tag{10-60}$$

或

$$(HTU)_{OE}=\frac{E}{K_E a(1-x_E)_{\text{ln,m}}A} \tag{10-61}$$

式中 $(HTU)_{OR}$ 和 $(HTU)_{OE}$ 分别为以萃余相和萃取相为基准的传质单元高度；R 和 E 分别为萃余相和萃取相流率；$K_R a$ 和 $K_E a$ 分别为萃余相和萃取相的体积总传质系数；A 为塔横截面积；x_R 和 x_E 分别为萃余相和萃取相中溶质浓度。

萃取塔的板效率可表示成

$$E_{MR}=\frac{x_{R,n}-x_{R,n-1}}{x_{R,n}^{*}-x_{R,n-1}} \tag{10-62}$$

以分数相为基准，可表示成

$$E_{Md}=\frac{x_{d,n}-x_{d,n-1}}{x_{d,n}^{*}-x_{d,n-1}} \tag{10-63}$$

式中 $x_{R,n}$ 和 $x_{R,n-1}$ 分别为离开第 n 板及第 $n-1$ 板的萃余相中溶质的摩尔分数；$x_{R,n}^{*}$ 是与萃取相 $x_{E,n}$ 成平衡的萃余相溶质的摩尔分数。同理定义 $x_{d,n}$、$x_{d,n-1}$ 和 $x_{d,n}^{*}$。

10.2.4　萃取设备的放大

萃取设备的种类很多，每种设备均有各自的特点，因而萃取设备的设计和放大较为复杂。本小节仅就几种典型的萃取设备的放大问题作简要介绍，重点是塔径和塔高的确定和放大。对萃取塔的其他设计问题不予讨论。

一、填料萃取塔

填料萃取塔的结构与吸收和精馏使用的填料塔基本相同，所用填料也分为乱堆填料和规整填料。萃取塔径与填料尺寸之比至少为8，以避免产生壁效应。为减少沟流，通常沿塔高一定间隔（一般为1.52～3.05 m）设置液体再分布器。填料的存在虽然减少了塔内的流通面积，但同时也使连续相的轴向返混减小，提高了传质效率。

1. 塔径

由10.2.1中所计推荐的图10-20可求得填料塔的液泛速度，取 $u_c=(0.5\sim0.6)u_{cF}$，根据处理量按式（10-56）可计算出塔径。

2. 塔高

若选择适当的滴内传质系数 k_c 和滴外传质系数 k_d 的表达式，计算出分传质单元高度 $(HTU)_c$ 和 $(HTU)_d$，就可以按以下两式估计总传质单元高度，即：

$$(HTU)_{oc}=(HTU)_c+\frac{u_c}{mu_d}(HTU)_d \tag{10-64}$$

$$(HTU)_{od}=(HTU)_d+\frac{mu_d}{u_c}(HTU)_c \tag{10-65}$$

式中 m 为分配系数。许多研究结果表明，对一定的填料、操作系统及操作方式，$(HTU)_d$ 几乎为常数，而 $(HTU)_c$ 则几乎与 (u_c/u_d) 成比例变化，即：

$$(HTU)_d=\frac{u_d}{k_c a}=\alpha \tag{10-66}$$

$$(HTU)_c=\frac{u_c}{k_d a}=\beta\left(\frac{u_c}{u_d}\right)^n \tag{10-67}$$

式（10-66）和式（10-67）中的 α、β 和 n 均为常数，有关文献[21]给出了若干系统的 α、β 和 n 值。在应用式（10-66）、式（10-67）进行填料塔设计和放大时一定要根据轴向混合程度对 $(HTU)_c$ 和 $(HTU)_d$ 的数值进行校正。Wen 和 Fan[22] 关联出计算连续相轴向扩散系数公式：

$$\frac{\varepsilon u_c d_p}{E_c}=1.12\times10^{-2}Y^{-0.5}+7.8\times10^{-3}Y^{-0.7} \tag{10-68}$$

$$Y = \left(\frac{\mu_c}{d_p u_c \rho_c} \right)^{0.5} \left(\frac{u_d}{u_c} \right) \qquad (10\text{-}69)$$

式中　ε——床层空隙率；

　　　d_p——填料尺寸，m；

　　　μ_c——连续相粘度，Pa·s；

　　　ρ_c——连续相密度，kg/m³；

u_c，u_d——分别为连续相和分散相的表观流速，m/s。

对于分相的轴向扩散系数 E_d，Vermeulen[23] 等人提出：

$$\lg \frac{E_d}{u_d d_p} = 0.046 \frac{u_c}{u_d} + 0.301 \qquad (10\text{-}70)$$

和

$$\lg \frac{E_d}{u_d d_p} = 0.161 \frac{u_c}{u_d} + 0.347 \qquad (10\text{-}71)$$

式（10-70）适用于非湿润的碳环和湿润的弧鞍形填料，式（10-71）适用于湿润的陶瓷环。

二、筛板塔

筛板萃取塔与筛板精馏塔的结构相似。在塔内，如果轻相为分散相，则经筛孔分散后以液滴的形式上升通过连续相，作为连续相的重相由上部进塔，经降液管至筛板，依次反复接触。如果重相是分散相，则筛板上的降液管改为升液管。筛板的存在使连续相的轴向混合限制在板与板之间，同时，分散相液滴在每一块筛板下凝聚后通过筛板再分散，使液滴的表面得以更新，因此筛板塔的效率较填料塔高。

1. 塔径

筛板孔径一般为 3～8 mm，对于界面张力较大的物系，宜取较小的孔径，以便生成较小的液滴。孔间距取 12.7～18.1 mm。液体通过孔口的流速 $v_0 > 0.1$ m/s。每块筛板上的开孔个数由下式计算：

$$n_0 = \frac{V_d}{\pi d_0^2 v_0} \qquad (10\text{-}72)$$

式中　d_0——筛孔孔径；

　　　V_d——分散相体积流率。如筛孔以等边三角形排列，所需筛板面积为：

$$A_P = \frac{n_0 \pi t^2}{3.62} \qquad (10\text{-}73)$$

若筛孔以正方形排列，则

$$A_P = \frac{n_0 \pi t^2}{3.14} \qquad (10\text{-}74)$$

式中 t 为孔心距。一般开孔区面积约占总板面积的 $55\%\sim60\%$，开孔率为 $15\%\sim25\%$。

降液管的面积 A_D 由连续相在降液管中的流速所决定。其流速取允许带走的最大液滴直径为 1 mm 左右。

在接近降液管处，为使上升的分散相液滴不进入降液管，在开孔区与降液管之间应留有一定的空隙 l_1，一般可取 30 mm 左右。为了支承和固定筛板，筛板周边需要有一定的余度 l_2，一般取 $l_2=30\sim50$ mm，或者取整个柱截面的 5%，因此柱的内径为：

$$D=\sqrt{\frac{4(A_P+A_D)}{\pi}}+l_1+2l_2 \tag{10-75}$$

板间距由分散相的液层高度和连续相液层高度所组成，为了保证柱的正常操作，必须保证一定的分散液层高度。分散相液层高度 Z_d 应等于①轻相通过筛孔所需的压头；②液滴形成时克服界面张力所需的压头；③使连续相流经降液管所需的压头三者之和，可按式（10-76）计算。式中右边三项分别代表上述三项。

$$Z_d=\frac{v_0^2\left[1-\left(\dfrac{A_O}{A}\right)^2\right]\rho_d}{2g(0.67)^2\Delta\rho}+\frac{6\sigma}{d_e'g\Delta\rho}+\frac{4.5u_{CD}^2\rho_c}{2g\Delta\rho} \tag{10-76}$$

当孔速大于 0.3 m·s^{-1} 时，（10-76）式中右边第一项可以略去。通常板间距为 $150\sim600$ mm，一般取 300 mm。

降液管的长度亦要适当，即要插入到分散相液层以下，又不要离下一层太近。

2. 塔高计算

筛板萃取塔的高度可由下式计算：

$$L=\frac{N}{E_O}H_T \tag{10-77}$$

式中 E_O 为总塔板效率。根据 Krishnamurty 和 Rao[24] 对 Treybal[25] 经验方程的修正，有：

$$E_O=4.2025\times10^{-4}\left[\frac{H_r^{0.5}}{\sigma}\right]\left(\frac{u_d}{u_c}\right)^{0.42}\left(\frac{1}{d_0}\right)^{0.35} \tag{10-78}$$

筛板萃取塔放大后，其效率基本不变或略有增加。

三、脉冲筛板萃取塔

脉冲筛板萃取塔的筛板与普通筛板塔不同的是它没有降液管。实验室小型塔采用 2 mm 孔径和 25 mm 板间距，工业塔则采用 $3\sim6$ mm 孔径和 50 mm 板间距，开孔率 $20\%\sim25\%$。脉冲输入由脉冲泵产生，脉冲的频率

和振幅分别为 $100 \sim 260/\text{min}$ 和 $6.25 \sim 25 \text{ mm}$ 范围。

1. 塔径

用式（10-48）和式（10-49）计算脉冲筛板塔的特性速度，再由式（10-50）、式（10-51）和式（10-52）求得两相的液泛速度 u_{cF} 和 u_{dF}，萃取塔的直径可按下式计算：

$$D = \left[\frac{4(V_c + V_d)}{\pi\alpha(u_{cF} + u_{dF})}\right]^{1/2} \tag{10-79}$$

式中 α 取值范围为 $0.75 \sim 0.90$。需要指出的是，在分馏萃取中，由于萃取段与洗涤段中两相的流率及流比都不同，物系的物性也有所变化，因而有着不同的液泛特性。应分别计算萃取段和洗涤段的直径。

2. 塔高

影响脉冲筛板塔两相传质速率的因素很多，包括物系性质、筛板结构、塔径及操作条件等。分散相滞液分率 Φ_d 是决定传质速率的重要因素，它与分散相液滴直径一起决定着相界面积。随着 Φ_d 的增加，传质效率显著提高。当 $\Phi_d = 18\% \sim 20\%$ 时，传质效率最高。

在不考虑轴向混合的情况下，Smoot[26] 等人提出基于连续相的传质单元高度的关联式：

$$\frac{(HTU)_C}{H_T} = 0.20\left(\frac{Afd_0\rho_d}{\varepsilon\mu_d}\right)^{-0.434}\left(\frac{\Delta\rho}{\rho_d}\right)^{1.04}\left(\frac{\mu_d}{\rho_d D_d}\right)^{0.865}\left(\frac{\sigma}{\mu_c u_c}\right)^{0.096}$$

$$\left(\frac{u_d}{u_c}\right)^{-0.636}\left(\frac{D}{H_T}\right)^{0.317}\left(\frac{\mu_c}{\mu_d}\right)^{4.57} \tag{10-80}$$

由于萃取塔直径对 HTU 值有一定影响，因而在用相同结构的小型实验塔测得的 HTU 值进行放大设计时，必须加以修正，两者的关系为：

$$(HTU)'_c = (HTU)_c \exp[1.64(D' - D)] \tag{10-81}$$

式中 $(HTU)'_c$ 和 D' 分别为放大后的传质单元高度和塔径。

对于脉冲塔中的轴向混合，已提出多种数学模型。一般认为，脉冲筛板萃取塔在湍流传质条件下，存在着较为严重的轴向混合。当两相的流速及脉冲强度较低时，分散相的轴向混合可以忽略，主要考虑连续相的轴相混合效应；当脉冲强度较大时，分散相的轴向混合效应也不容忽视，此时两相的轴相混合均需考虑。

Vermeulen 等人[23] 提出用下式关联脉冲筛板萃取塔内的轴相混合系数 E_C：

$$E_C = 1.75\left(\frac{H_T}{D}\right)^{2/3}\left(\frac{d_0}{\varepsilon}\right)\left(Af + \frac{u_c}{2}\right) \tag{10-82}$$

关于脉冲塔中的轴相混合，有关文献[27] 作了较为详尽的综述。

470

四、转盘萃取塔

1. 转盘萃取塔的结构尺寸

转盘塔内壁上按一定间距安装多个水平的固定环，在旋转的中心轴上以同样的间距安装圆形转盘。为了获得良好的接触效果，塔径（D）、转盘直径（D_R）、固定环内径（D_S）以及转盘间距（H_T）的尺寸应在下列范围内选取：

$$1.5 \leqslant \frac{D}{D_R} \leqslant 3, \qquad 2 \leqslant \frac{D}{H_T} \leqslant 8$$

$$D_R < D_S, \qquad \frac{2}{3} \leqslant \frac{D_S}{D} \leqslant \frac{3}{4}$$

以上几何尺寸的选取，应该考虑到物系性质、操作条件，机械强度和转盘转速的影响。

2. 塔径

应用适当的 u_K 表达式，例如式（10-47），计算 u_K，再由式（10-52）和式（10-50）分别计算分散相泛点滞液分率 Φ_{dF} 和连续相泛点表观速度 u_{cF}，取操作流速为泛点流速的 $50\% \sim 70\%$，用式（10-56）可计算出塔内径。由于 u_K 表达式中包含塔径，所以需试差求解。

3. 塔高

转盘塔高一般按照第五章介绍的扩散模型进行放大。真实传质单元高度 HTU 一般由 $\phi 50 \sim 100$ mm 直径的中试塔测得。连续相的轴向扩散系数 E_C 可由 Stemerding[28] 关联式计算：

$$E_C = 0.5 V_C H_T + 0.012 D_R n H_T \left(\frac{D_S}{D}\right)^2 \tag{10-83}$$

式中　E_C——连续相的轴向扩散系数，m^2/s；

　　　n——转速，s^{-1}。

其他符号定义同前。上式系从直径为 64 m、300 m 和 640 m 转盘塔中求得的，在直径为 2 180 mm 塔中也同样适用。分散相的轴向扩散系数，根据经验可取为 E_C 值的 $1 \sim 3$ 倍。

由上述参数可求出扩散单元高度进而求出有效传质单元高度。转盘塔的塔高由有效传质单元数和传质单元高度确定。

10.3　传质设备的选择

10.3.1　气液传质设备的选择

一、板式塔和填料塔型的选择

对于许多逆流气液接触过程，板式塔和填料塔都是可用的。过去认为填料塔只适用于较小直径的塔，理由是随着塔径的增大，气液分布状况变坏，放大效应显著，效率明显下降。近年来，由于新型填料的开发及塔内部结构的改进，改善了填料层内气、液分布，减小了放大效应，从而使填料塔的应用范围有了很大的扩展，目前已出现了 10 m 以上直径的填料精馏塔。用填料塔取代板式塔获得高技术经济效益的事例已屡见不鲜。当然，填料塔也有它的不足之处和不合用的场合。板式塔和填料塔的比较见表 10-5。

表 10-5 板式塔和填料塔的比较

项　目	板　式　塔	填　料　塔
压　降	较　大	小尺寸填料较大；大尺寸填料及规整填料较小
空塔气速	较　大	小尺寸填料较小；大尺寸填料及规整填料较大
塔效率	较稳定，效率较高	传统填料效率低；新型填料效率高
持液量	较　大	较　小
液气比	适应范围较大	较　小
安装检修	较　易	较　难
材　质	常用金属材料	金属及非金属
造　价	大直径时较低	新型填料投资较大

板式塔与填料塔的选择应从下述几方面考虑。

1. 物系的性质

当被处理的介质具有腐蚀性时，通常选用填料塔，以便选用耐腐蚀性能好的非金属材质，比相当的板式塔造价便宜。

对于易发泡的物系，填料塔更适合，因填料对泡沫有限制和破碎作用。

填料塔不宜处理易聚合或含有固体悬浮物的物料，但大尺寸的开孔环形填料，对堵塞不太严重的物料亦有一定的适应能力。

对热敏性物质或真空下操作的物系宜采用填料塔。因填料塔滞液量少，压降低，物料在塔内的停留时间短。

进行高粘度物料的分离宜用填料塔，因高粘度物料在板式塔中鼓泡传质的效果差。

分离有明显吸热或放热效应的物系以采用板式塔为宜，因为塔板上的滞液量大，便于安装加热或冷却盘管。

2. 塔的操作条件

板式塔直径一般不小于 0.6 m，填料塔的直径不受限制。填料塔在小直径时较经济，随着塔径的增大，填料塔的设备费用增加很快，因此对大直径填料塔的选用应该慎重。

填料塔的操作弹性小，特别是对于液体负荷的变化更为敏感。当液体负荷较小时，填料表面不能很好地润湿，传质效果急剧下降；当液体负荷过大时，则容易产生液泛。设计良好的板式塔具有较大的操作弹性。高压操作的精馏塔由于气液比过小以及气相返混剧烈，应用填料塔时分离效果往往不佳，故多采用板式塔。

新型填料的填料塔具有较大的通量和较低的 *HETP* 值。

3. 塔的操作方式

对间歇精馏过程，由于填料塔的滞液量较板式塔小得多，采用填料塔可以减少中间馏分的采出量，节省能耗。

对多进料口和有侧线采出的精馏塔，板式塔更简便。

有关文献[29] 给出吸收、解吸塔的选用指南，见表 10-6。表中对板式塔、填料塔和喷洒塔作了比较。

表 10-6 吸收（解吸）塔选用指南

操作条件与要求	板 式 塔		填料塔（乱堆填料）	喷 洒 塔
	筛　板	泡　罩		
液体流率低	D	A	C	D
液体流率中等	A	C	B	C
液体流率高	B	C	A	A
难分离（需要多级）	A	B	A	D
易分离（只需一级）	C	C	B	A
发泡	B	C	A	C
腐蚀	B	C	A	A
压降要小	C	D	B	A
停车频率	C	A	B	D
改装容易	C	C	A	D
多点加料或出料	B	A	C	C
有固体物	B	D	C	A

注：A—最佳选择；B—合用；C—先评价后选用；D—不合用。

二、填料的选择

填料的性能对填料塔的操作性能及应用范围有很大影响。近年来开发了许多新型结构、新型材质的填料，在工业生产中取得了很好的应用效果。

1. 填料材质的选择

瓷质填料具有很好的耐腐蚀性能，能耐各种酸（氢氟酸除外）、碱和有机溶剂的腐蚀。瓷质填料可在一般的高温、低温场合下操作。瓷质填料价格便宜，为不锈钢填料的十几分之一，为塑料填料的 $1/2 \sim 1/3$。所以瓷质填料仍应是优先选用的填料材质。缺点是质脆、易碎。

金属填料的材质主要包括碳钢、铝、铝合金、0Cr13、1Cr13 低合金钢和 1Cr18Ni9Ti 不锈钢等，根据物料的腐蚀性选用。金属填料的特点是壁薄、空隙率大，比瓷质填料的通量大、压降小。特别适用于真空精馏。

塑料填料材质主要包括聚乙烯、聚丙烯、聚氯乙烯等。塑料填料的耐腐蚀性能极好、质轻、具有良好的韧性、耐冲击、不易破碎，可以制成薄壁结构。塑料填料的通量大、压降低，但耐高温性能差。多用于吸收塔。

2. 填料种类的选择

可通过下述诸项对填料性能进行综合评价：

① 填料的传质效率要高；

② 填料的通量要大，在同样的液体负荷条件下，填料的泛点气速要高；

③ 具有同样传质效能的填料层压降要低；

④ 单位体积填料的表面积要大，传质的表面利用率要高；

⑤ 填料应具有较大的操作弹性；

⑥ 填料的单位重量强度要高；

⑦ 填料要便于塔的拆装、检修，并能重复使用。

3. 填料尺寸的选择

填料尺寸对塔的操作和设备投资有直接的影响。同类填料，尺寸减小，分离效率增大，但塔的阻力增加，通量减小，填料费用也增加很多。而大尺寸填料应用于小直径塔中，又会产生液体分布不良及严重的壁流，使塔的分离效率降低。因此，对塔径与填料尺寸大小的比值要有一限定。一般推荐塔径与填料公称尺寸的比值 D/d_p 为：

拉西环填料　　$D/d_p > 8 \sim 10$

鲍尔环，矩鞍　$D/d_p > 8$

在选择填料尺寸时，除非塔径很小，不宜选用小于 20～25 mm 的填料。这些小尺寸的填料比表面虽大，但效率不见增高，压力降却较大。25 mm 填料的效率几乎是两倍于 50 mm 的填料效率，而且与尺寸更小的填料效率相当，并且有足够的处理能力。若塔高未受到限制（如气相总传质单元数少），而且要求低压降和高处理量，50 mm 大小的填料是比较满意的。

亦有资料推荐以下关系：

塔　径	建议采用的填料尺寸
<0.3 m	<25 mm
0.3～0.9 m	25～40 mm
>0.9 m	50～75 mm

4. 填料的单位分离能力

填料主要根据其效率、通量和压降三个重要的性能来选用，它们决定了塔的大小及操作费用。在实际应用中常常采用在不超过允许压力降下各种填料的分离能力来衡量填料的性能：

$$S = (NTSM)F \tag{10-84}$$

式中　S——分离能力，$kg^{0.5}/m^{1.5}s$；

$NTSM$——每米理论板数，$1/m$；

F——气体 F 因子，$m/s\sqrt{kg/m^3}$。

但是填料的分离能力并不能代表填料的经济性。如果引入单位分离能力的比重量 W' 或单位分离能力的填料比表面积 a' 概念，这样就考虑了填料的材料消耗：

$$W' = \frac{W}{S} \tag{10-85}$$

$$a' = \frac{a}{S} \tag{10-86}$$

式中　W——填料密度，kg/m^3。

表 10-7 中列出了一些填料的分离能力 W' 和 a'。同一种填料，比表面积大的填料分离能力也较大，但是单位分离能力的比重量或比表面积也较大，因而填料的费用也增高。考虑到塔体的投资，一般中等比表面积的填料比较经济，如 50 mm 鲍尔环、38 mm 阶梯环、250 Y 与 350 Y Mellapak 填料等。大比表面积的填料用于分离要求高，塔高受限制的场合比较经济。比表面积小的填料空隙率大，可用于高通量、大液量及较脏系统的场合。对于老塔改造，在塔高和塔径确定的前提下，应根据改造的目的选择性能相宜的填料。在同一塔中，可根据塔中不同高度的两相流量和分离难易而采用多种不同规格的填料。

表 10-7　填料经济性比较

填　料	50 mm 鲍尔环	25 mm 鲍尔环	25 mm 阶梯环	38 mm 阶梯环	125Y Mellapak	250Y Mellapak	350Y Mellapak	500Y Mellapak	BX	CY
$S/$ $(kg^{0.5}/m^{1.5} \cdot s)$	3	5	4.8	5	3.8	6.5	7.1	7.2	12	16
$W/$ (kg/m^3)	210	390	306	390	100	200	280	400	300	420
$W'/$ $(kg^{0.5}s/m^{4.5})$	70	78	64	78	26	31	39	56	25	26
$a/$ (m^2/m^3)	113	215	186	249	125	250	350	500	500	700
$a'/$ $(s/kg^{0.5} \cdot m^{1.5})$	38	43	39	50	33	38	49	69	42	44

10.3.2　萃取设备的选择

萃取设备的类型已表示在表 5-2 中。各类萃取设备的优缺点见表 10-8。

表 10-8　各类萃取设备的优缺点

设备类型	优　点	缺　点
混合-澄清器	两相接触好 流量比范围大 建筑高度小 效率高 可用于多级 放大可靠	液存量大 动力消耗大 投资费高 占地面积大 级间可能需要泵输送
无外加能量的萃取塔	投资费低 操作费低 结构最简单	对密度差小的系统通过能力有限 不能处理流比大的系统 建筑高度高 有时效率低 放大困难
具有外加能量的萃取塔	两相分散好 费用合理 可用于多级 放大较易	对密度差小的系统通过能力有限 不能处理乳化系统 不能处理流比大的系统
离心萃取器	可处理两相密度差小的系统 液存量少 物料停留时间短 需要空间小 溶剂储存量少	投资费高 操作费高 维修费高 单一设备级数有限

一、萃取设备的选择

设备选型应同时考虑系统性质和设计特性两方面的因素，选择原则如下：

1. 所需的理论级数

对某一萃取过程，当所需的理论级数小于 5 时，各种萃取设备均可选用。当所需的理论级数为 5 级或更多一些时，一般可选择转盘塔、往复振动筛板塔和脉冲塔。当需要的理论级数更多时，一般只能采用混合-澄清器。

2. 处理量

处理量较大，可选用转盘塔、筛板塔甚至混合-澄清器。如果处理量较小，可选用填料塔、脉冲塔以及离心萃取器。

3. 停留时间

停留时间短，可选用离心萃取器；若要求有足够长的停留时间，则选混合-澄清器是合适的。

4. 两相流量比（简称流比）

如果流比过大，不宜采用喷洒塔、填料塔和筛板塔。而混合-澄清器和离心萃取器基本上不受流比大小的影响。

5. 物系的性质

不同的物系对萃取设备的类型有不同的选择，若物系的密度差小，粘度高，界面张力大，则采用喷洒塔、填料塔和筛板塔等无外加能量的设备是不合适的。选离心萃取器是最合适的。其他有外加能量的萃取设备也可选用。

腐蚀性大的物系首先考虑结构简单的喷洒塔和填料塔，而离心萃取器和

476

混合-澄清器不适用。

为避免有固体悬浮物的物系堵塞设备,一般可选用转盘塔或混合-澄清器。

6. 设备费用

无外加能量的设备的制造、操作和维修费用均低,离心萃取器的设备费用最高。

7. 设备安装场地

若安装面积有限,不适宜采用混合-澄清器。若安装高度有限,不适宜采用塔式设备。

工业萃取设备的选择程序如图 10-29 所示。

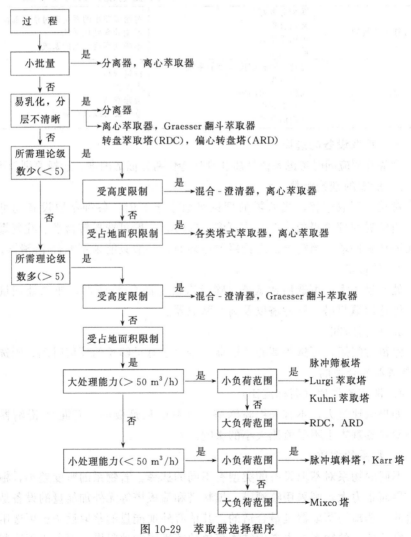

图 10-29 萃取器选择程序

Luwa 根据物系的密度差和界面张力构成的参数 $\Delta\rho^a\sigma^b$ 与所需理论级的关系指出萃取器的经济操作范围，如图 10-30 所示。

二、分散相的选择

萃取设备内的分散相按以下原则选择：

（1）当两相流量比相差较大时，为增加相际接触面积，一般应将流量大者作为分散相。

（2）当两相流量比相差很大，而且所选用的设备又可能产生严重的轴向混合时，为减小轴向混合的影响，应将流量小者作为分散相。

（3）为减小液滴尺寸并增加液滴表面的湍动，对于 $\partial\sigma/\partial c>0$ 的物系，分散相的选择应使溶质从液滴向连续相传递；对于 $\partial\sigma/\partial c<0$ 的物系，分散相的选择应使溶质从连续相传向液滴。

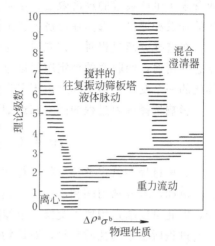

图 10-30　萃取器的经济操作范围

（4）为提高设备能力，减小塔径，应将粘度大的液体作为分散相，因为连续相液体的粘度愈小，液滴在塔内沉降或浮升速度愈大。

（5）对于填料塔、筛板塔等传质设备，连续相优先润湿填料或筛板是极为重要的，此时应将润湿性较差的液体作为分散相。

（6）从成本和安全考虑，应选择成本高和易燃易爆的液体作为分散相。

10.4　分离过程的选择

在前述的各章节，主要是对分离方法进行过程分析和计算。然而通常对特定条件下的某混合物，究竟选择何种分离过程却是过程设计工程师必须首先确定的。

选择分离过程最基本的原则是经济性。然而经济性受到很多因素的制约，这些因素包括对市场的预测，过程的可靠性、技术改造带来的风险和资金情况等。在这方面，分离过程与任何其他过程没有区别。下面以两个极端情况为例说明这些因素的影响。

（1）单位产品价值高和市场寿命短的产品；

（2）大吨位产品，但生产厂家多，市场竞争激烈。

对于第一种情况，应选择成熟的分离方法。因为其经济效益取决于在出现竞争之前就占领市场，且应在仍然畅销时销售尽可能多的产品。然而，如果市场信息已证明该产品有持续的生命力，那么按原设计扩建生产装置是不

478

可取的。随着时间的推移和激烈竞争，该产品已属第二种情况。

对于第二种情况，过程开发和设计受时间和投资的制约。然而，设计者应着眼于生产装置的经济效益，尽可能深入细致地开展工作，通过对多种方案的开发和评价，选择在经济上接近最优的方法，提高产品的竞争能力。

在选择分离过程时，首先要规定产品的纯度和回收率。产品的纯度决定于它的用途，回收率的规定应保证过程的经济性。回收率本应是过程设计最佳化的一个变量，但实际上由于受设计工作量的限制，常按经验确定。

影响选择分离过程的因素归纳如下：

10.4.1 可 行 性

分离过程在给定条件下的可行性分析能筛选掉一些显然不合适的分离方法。例如，若分离丙酮和乙醚二元混合物。由于它们是非离子型有机化合物，因此可以断定用离子交换、电渗析和电泳等方法是不合适的，因为这些分离过程所基于的性质差异，对该物系不存在。

过程的可行性分析应考察分离过程所使用的工艺条件。在常温、常压下操作的分离过程，相对于要求很高或很低的压力和温度等苛刻的过程，应优先考虑。

对大多数分离过程，分离因子反映了被分离物质可测的宏观性质的差异。对精馏而言，相应的宏观性质是蒸气压。对吸收和萃取而言，是溶解度等。这些宏观性质的差异归根结底反映了分子本身性质的差异。表10-9表

表10-9 分离因子对分子性质差异的依赖性[①]

分离过程	纯物质的性质				与质量分离剂或膜的相互作用		
	分子量	分子体积	分子形状	偶极矩、极化度	分子电荷	化学反应平衡	分子大小和形状	偶极矩、极化度
精馏	2	3	4	2	0	0	0	0
结晶	4	2	2	3	2	0	0	0
萃取和吸收	0	0	0	0	0	2	3	2
普通吸附	0	0	0	0	0	2	2	2
分子筛吸附	0	0	0	0	0	0	1	3
渗析	0	2	3	0	0	0	1	3
超滤	0	0	4	0	0	0	1	0
气体扩散	1	0	0	0	0	0	0	0
电泳	2	2	3	0	1	0	0	0
电渗析	0	0	0	0	1	0	2	0
离子交换	0	0	0	0	0	1	2	0

① 表中 1—决定性作用（必须具备差别）；2—重要作用；3—次要作用（也许还要通过其他性质）；4—作用小；0—无作用。

示了各种分离过程的分离因子对分子性质的依赖性。从该表可以看出，在确定不同分离过程的分离因子时，不同的分子性质的重要性基本上是不同的。例如，精馏过程中，分离因子反映为蒸气压，最终反映了分子间力的强弱。而在结晶过程中，分离因子主要反映了各种分子会聚在一起的能力，这时分子的大小和形状这些简单的几何因素就显得更重要了。

对于任何给定的混合物，按分子性质及其宏观性质的差异选择可能的分离过程是十分有用的。例如，如果混合物中各组分的极性相差很大，就有可能采用精馏过程；如果各组分的挥发度相差不大，则可能采用极性溶剂进行萃取或萃取精馏。如果极性大的分子以很低的浓度存在于混合物中，那么采用极性吸附剂的吸附过程可能是合适的。

以二甲苯异构体的分离为例判断被分离分子之间的差别，进而选择最适用的分离过程。三种二甲苯和乙苯的部分性质列于表 10-10。由于它们是异构体，有相同的分子量，因此，任何依靠分子量差异进行分离的过程都是无用的。这三种异构体的极性确稍有差别，因为甲基和苯环之间的键微带极性。对二甲苯的两个偶极键彼此相对，净偶极矩为零。邻二甲苯的两个偶极键近于在同一方向上排列，净偶极矩最大。虽然它们的偶极矩不同，但相差不大。由于各种异构体具有几乎相同的介电常数，其分子间作用力的变化也不大，因此，依靠分子间作用力的差异所进行的各种分离过程，其分离因子将接近于 1。当然，对偶极矩的差异作某些利用是可能的。

表 10-10　二甲苯和乙苯的性质

性　　　质	邻二甲苯	间二甲苯	对二甲苯	乙　　苯
沸点/K	417.3	412.6	411.8	409.6
凝固点/K	248.1	225.4	286.6	178.4
沸点随压力的变化/10^{-4}K/Pa	3.73	3.86	3.69	3.68
偶极矩/10^{-28}C/mol	2.1	1.2	0	
极化性/10^{-31}m^3	141	141.8	142	
介电常数	2.26	2.24	2.23	2.24
相对分子质量	106.16	106.16	106.16	106.16

这些异构体的沸点是十分接近的。从沸点和沸点随压力的变化可以算出间位或对位/邻位二甲苯的相对挥发度为 1.16 左右，而对位/间位二甲苯的相对挥发度是 1.02。由于间、邻位异构体的相对挥发度已足够大，因此用精馏法使邻二甲苯和间二甲苯分离是可行的。不过实现该精馏过程需要回流比为 15，且要 100 块或更多的塔板。邻位异构体和另两种异构体在挥发度上的差异反映了偶极矩的差异；邻二甲苯的偶极矩较大，故它在液相中的分子优先地联合，因而和另两种异构体相比它的挥发度稍小。

对位和间位二甲苯之间的相对挥发度相当小，以致用精馏法分离是不可能的。然而这两种异构体明显的性质差别是分子形状。对二甲苯是细长分子，间二甲苯更近于球形。由表 10-9 可看出，在确定的分子体积下，依靠分子形状进行的分离过程是结晶。分子形状差异有两个作用：①由于对二甲苯分子形状对称，故更容易堆砌在一起成晶体结构，对二甲苯比其他的异构体有较高的凝固点；②对二甲苯和间二甲苯形状不同，这意味着间二甲苯分子难于进入到固相的对二甲苯晶体结构中去。这样，当二个异构体混合物进行低温处理时，形成的固相基本上只含纯的对二甲苯，过程具有很大的分离因子。

因此，在用精馏法除去邻二甲苯以后，结晶分离对二甲苯和间二甲苯是最普通的传统的工业生产法。另外，由于分子的形状因素对吸附过程的影响较大，利用分子筛进行吸附，得到对二甲苯异构体的分离因子更大。因此，已经开发出以分子筛工艺为基础的连续流动大型吸附装置，部分代替了结晶过程。

10.4.2　分离过程的类型

由各类分离过程在应用中的优缺点，可归纳出某些选择原则。

一般说来，采用能量分离剂的过程，其热力学效率较高。这是因为对采用质量分离剂的过程，由于向系统中加入了另一个组分，以后又要将它分离必定要花费能量。因此，选用有质量分离剂的过程，它一般应有比能量分离剂过程更大的分离因子。萃取精馏和（或）萃取选择的原则是，其分离因子按精馏＜萃取精馏＜萃取的次序增加。

不同分离过程采用多级操作的难易程度是不同的。膜分离过程和其他速率控制过程采用多级操作比较复杂，因为需要把分离剂加到每一级，还常常要把每一级放在彼此隔开的容器内。另一方面，精馏塔却可以把许多级放在一个设备中；各种形式的色层分离可在一个装置中提供更多的分离级，适用于分离因子接近于 1 和纯度要求很高的分离情况。与此相反，膜分离过程最适用于分离因子较大的系统。

比较各类分离过程，精馏是应用能量分离剂的平衡过程，从能量消耗的观点看它是合理的。精馏过程不必加入有污染作用的质量分离剂，并且易在一个设备内分为多级。因此在选择分离过程时，精馏应是首先考虑的对象。通常不采用精馏操作的因素是，产品因受热而损害（表现在产品的变质、变色、聚合等方面），分离因子接近于 1，以及需要苛刻的精馏条件。

由于能源价格上涨，有人对取代精馏的过程作了评价。其结论是，共沸精馏、萃取精馏、萃取和变压吸附的应用有明显的增长，结晶和离子交换有一定程度的增加。

10.4.3 生 产 规 模

分离过程的生产规模与分离方法的选择密切相关。例如，很大规模的空气分离装置（空气处理量超过 2 832 m^3/h），采用低温精馏过程最经济，而小规模的空分装置往往采用变压吸附或中空纤维气体膜分离等方法更为经济。又如在选择海水淡化方案时，当进料量小于 $80×10^6$ L/天时，选择反渗透比多级闪蒸或蒸发更经济，但对于很大的装置则情况正好相反。

任何所选择的分离过程必须适于工业生产规模。在工业装置中常见到两或三条生产线并行操作。若生产线再多，则整个装置显得庞大。对于高价值产品，最多可允许十条生产线并行操作。

很多分离过程的单机设备有一个极限的生产能力，它限制了采用该分离操作的生产规模。在某些情况下，最大生产能力表示了某些物理现象对过程的制约；在另外一些情况则反映了制造工业装置的水平。表 10-11 列出主要分离过程在单生产线操作时的最大生产能力。

表 10-11　主要分离过程在单生产线操作时的最大生产能力

分离方法	最大生产能力
精馏	近于无限制
萃取	近于无限制（某些类型的塔，最大塔径为 1.83 m）
结晶	$10\sim70×10^6$ kg/a
吸附	近于无限制
反渗透	每一膜组件产水量 $0.45×10^6$ kg/a
气体膜分离	每一膜组件渗透气体 $0.9×10^6$ kg/a
超滤	每一膜组件 $0.45×10^6$ kg/a
离子交换	$450×10^6$ kgH_2O/a
电渗析	$0.45×10^6$ kgH_2O/a
电泳	1 000 kg/a（以脱载体为基准）
色层分离	$0.24×10^6$ kg 气/a，$0.09×10^6$ kg 液/a
凝胶过滤	100 kg/a（以脱载体为基准）

10.4.4　设计的可靠性

在影响分离过程选择的所有因素中，设计的可靠性是最重要的。然而设计的可靠性确实不能定量地确定，因为它与在工业装置设计之前的大量试验工作密切相关。有关几个分离过程可靠性的情况简述如下。

精馏

经过多年工业规模设备的扩大试验和工业实践，已经建立了可靠的精馏设计方法。只要给出被分离混合物中有关组分的物性数据和各二元对组分的汽液平衡数据，就可以完成整个精馏过程的设计。偶尔也需要某些小规模实验，但是精馏过程的放大方法是所有分离方法中最可靠的。

吸收

与精馏相似，已建立了可靠的设计方法。对于工程上广泛遇到的物系，可根据物性数据、汽液平衡数据和设备结构参数等进行设计。几乎不必做实验即可完成设计。对于不熟悉的新物系或新设备，一般只须测定汽液平衡关系、必要的热力学和传递性质以及板效率数据即可。

萃取

如果已知被分离组分和所选择的萃取溶剂之间的相平衡关系以及物系中有关的物性数据（如密度、界面张力、粘度等），可完成萃取过程的初步设计。该法可用于溶剂的选择、确定操作条件和萃取设备选型等，有足够的可靠性。然而，并未达到精馏设计那样的准确程度。因此在同类装置中进行小规模试验是必要的，而设备的放大以借助于萃取设备的专利最为可靠。若使用公开发表的计算方法，则应评价放大方法的可靠性。

结晶

结晶设备的设计是很困难的。仅有相平衡和物性数据尚不能预测结晶过程，因此台架实验总是需要的。在设计结晶过程之前，通常需要在小型工业装置上做中试。即使如此，在实际工业装置生产出合格的产品之前仍需调整操作，而且不可避免会有失败的情况。然而，因为结晶过程往往能提供最纯净的产品，与其他分离方法相比，结晶所消耗的能量较少，所以应用前景十分广阔。随着广泛地使用和大规模地试验，设计的可靠性将增强。

吸附

如果在所选择的吸附床层上，有实测的吸附等温线数据和能够确定物料传质特性的一定数量的小试结果，那么能够对吸附设备和操作循环作可靠的设计。如果所处理的物料包含几个吸附组分，则通常必须用实际混合物进行试验，因为多组分等温线性能一般不能由单组分等温线来预测。

反渗透

反渗透设备的设计通常需先做实验。在单个膜组件或小型实验设备上，用实际物料进行小试。试验的目的不仅仅是为了确定膜的操作特性，而且也要确定原料的预处理方法，以防止膜件堵塞和受损。当小试提供了可靠的设计依据之后，反渗透设备的设计是有把握的，因为大规模的反渗透装置不过是由大量的膜组件并联构成的，应能重复小试结果。

气体膜分离

对反渗透过程的论述完全适用于气体膜分离。

超滤

超滤过程的设计必须以广泛的台架实验结果为基础，并且往往还需中间试验。通过试验不仅确定设备设计，而且确定适宜的操作条件（如操作循环比）。超滤设备有多种结构型式，若要选择最适宜结构，必须逐一进行试验，因为不可能通过其他数据预测特定超滤设备的结构特性。同时也必须通过试验确定超滤所透过或截留的组分，以及它们随时间和操作条件而变化的情况，因为膜的截留相对分子质量仅仅是标定值，与实际应用有较大的差别。

离子交换

虽然离子交换系统能借助少量小试结果进行设计。但一般推荐进行中试，因为在工业装置中出现的床层堵塞和交换能力降低的现象在小试中难以观察，同时只有在中试中才能模拟工业装置再生阶段所采用的大循环量操作工况。

渗析和电渗析

对反渗透的论述完全适用于选择性膜的渗析和电渗析。

电泳

电泳目前还仅使用于小批量分离过程。提高生产能力的惟一方法是在工业装置中对实际物料进行实验，确定其分离特性。因此，电泳过程可靠的放大方法也只是设计多条并联生产线，以便扩大生产能力。

色层分离

色层分离的放大方法通常是依次在几个不同尺寸的色层柱上做实验。例如，选择24.5 mm、15 cm和1 m三种直径的柱子，在每种情况都要确定适宜的注入-洗提方式，每种操作都具有不同的分配和填充方法，部分问题由小试解决。

10.4.5　分离过程的独立操作性能

一般说来，在单个分离设备中完成预期的分离要求是最经济的。然而在生产中将不同类型的分离过程组织在一起，共同完成分离任务的情况是常见的。分离流程的繁简是影响产品经济性的重要因素。下面对各个分离过程的不同特点作一简要分析。

精馏

如果被分离的组分间不形成共沸物，一个二元混合物在单个精馏塔中可分离成纯组分。在多元混合物情况下，采用侧线出料可得到多于两个纯组分的馏分。含 M 个组分的混合物在 $M-1$ 个塔中可得到完全的分离。

吸收

吸收流程有两种类型。一类是吸收剂不需要再生的流程，吸收塔底直接得到产品或中间产品。对于脱除气体中微量杂质的吸收塔，吸收液可直接排放或送去废水处理。另一类是吸收剂需要再生的流程，吸收塔必须与解吸塔集成，溶质解吸后吸收剂循环使用。

萃取

若萃取液本身就是产品，并且萃取溶剂不污染萃余液，那么仅用一个萃取设备即可完成分离任务，但这种情况是不多见的。实际上为得到要求纯度的产品，必须从萃取液中回收萃取物，并且通常也必须回收溶解在萃余相中的少量溶剂，以避免溶剂损失或污染萃余产品。为此最常采用的辅助分离过程是精馏。

结晶

不形成共熔体的二元固体溶液通过逆流多级熔融结晶可分离为纯组分。但很多系统生成共熔体，所以结晶过程所达到的产品纯度受共熔组成的限制。为进行完全的分离，结晶过程必须与破坏共熔的辅助分离过程相配合。

在溶液结晶情况下，通常一个产品是结晶，另一个是母液。固体产品继而进行洗涤和过滤。得到纯的结晶产品。

吸附

吸附过程是选择性地附着一个或多个组分在固体吸附剂上。如果吸附剂需要再生或以被吸附质作为产品，则吸附必须与再生相结合。

反渗透

反渗透的产品是纯溶剂和被浓缩溶液，所以它不是一个完整的分离过程。如果希望完全分离或使溶剂有高回收率，则必须附加其他过程。

气体膜分离

通过采用高选择性的膜和降低膜的低压侧渗透组分的分压，或采用多级的完全级联操作，从理论上可实现二元气体混合物的完全分离。然而，只采用膜分离方法达到高纯度和高回收率是不经济的，应辅助以其他分离过程。

超滤

如果不同的高分子溶质的分子尺寸有足够大的差别（如相差 10 倍），理论上超滤能将它们完全分离。当分子尺寸差别不十分大时，通过级联仍可能实现完全的分离。在任何情况下，超滤的两产品都是稀溶液，如果要求纯产品，尚需辅助分离过程。

离子交换

离子交换类似于吸附，需要再生阶段，回收产品和使床层再生。此外，经离子交换的产物通常是水溶液。如果要求纯产品，尚需附加操作。对于水的净化，无离子水为离子交换产品，不需进一步加工。

渗析和反渗析

这两个过程类似于萃取，是选择传质过程，不能达到混合物的完全分离。如果希望得到纯产品，需辅助过程。与萃取不同的是，溶剂不含污染产品,因膜两侧的溶剂是相同的。

电泳、色层分离和凝胶过滤

这三个过程均用于分离稀溶液,后面必须跟着浓缩过程。

本章符号说明

英文字母

A——塔板(或塔)截面积,m^2;

A——有效比表面积,m^2/m^3;

D——扩散系数,m^2/s 或 m^2/h;塔径;

D_R——转盘塔转盘直径,m;

D_S——转盘塔固定环内径,m;

d_p——分散相液滴的直径;填料的有效直径,m;

d_0——筛孔直径,m;

E——萃取相流率,m^3/s;轴向扩散系数,m^2/s;

E_a——有雾沫夹带下的板效率;

E_{MV}——以气相浓度表示的默佛里板效率;

E_{OC}——塔板上某点处的点效率;

E_O——全塔效率;

e——单位液体流率的雾沫夹带量,mol/mol 流率;

F——F 因子($=u\sqrt{\rho_G}$);传质表面积,m^2;

G——单位塔截面积上的气相流率,mol/($m^2 \cdot s$);

g——重力加速度,m/s^2;

H——塔高,m;亨利系数,$kmol/(m^3 \cdot kPa)$;

HDU——扩散单元高度,m;

$HETP$——等板高度,m;

H_T——转盘间距;板间距,m;

h_w——板式塔溢流堰高度,m;

K——气相平衡常数;

K_G——气相传质系数,$mol/(m^2 \cdot s)$ 或 $mol/(m^2 \cdot h)$;

k——传质系数,$mol/(m^2 \cdot s)$;

L——液相流率,mol/h;

L_V——液体的体积流率,m^3/s;

l——塔板上液体流程长度,m;

l_f——液体流程的平均宽度,m;

M——相对分子质量;

m——相平衡常数;

m_c——分配系数;

N——传质单元数;理论塔板数;

NYU——传质单元数;

N_O——萃取中某相总传质单元数;

N_{OG}——气相总传质单元数;

n——转盘转速,1/s;

p——操作压力,kPa;

Pe——彼克来数;

R——萃余相流率,m^3/s;

Sc——气相施密特数($\mu_G/\rho_G D_G$);

t——孔心距,m;

t_L——液体在塔板上的平均停留时间,s;

u——气速;萃取中某相空塔流速,m/s;

u_g——气相鼓泡速度,$m^3/s \cdot m^2$(鼓泡面积);

u_k——特性速度,m/s;

u_s——单液滴在纯连续相中的自由沉降速度,m/s;

V——气相流率,mol/h;萃取塔内体积流率,m^3/h;

x——液相组成;萃取中相浓度;摩尔分数;

y——气相组成;摩尔分数;

Z——板上液层高度;萃取塔高变量;m;填料高度;

Z_c——塔板上持液量,m^3/m^2 鼓泡面积。

希腊字母

    α——相对挥发度；

    ε——填料层的空隙率；

    η——由式(10-20)定义；

    λ——定义为L/mV；

    μ——粘度，Pa·s；

    ρ——密度，kg/m³；

    σ——表面张力，N/m；

    ϕ_d——分散相的滞液分率；

    Ψ_f——式(10-49)定义的输入能量因子。

上标

    $*$——平衡状态；

    $'$——塔板上某一点。

下标

    act——实际值；

    c——连续相；

d——分散相；

E——涡流；萃取相；

F——液泛；

G——气体，气相；

i——组分；

j——塔板序号；

L——液体，液相；

Ln——对数平均值；

m——平均；

O——总计；

OE——萃取相为基准；

OR——萃余相为基准；

OG——气相总计；萃余相；

R——转盘塔中的转盘；

S——相对；转盘塔中固定环。

习　题

1. 一种精馏塔塔板性能测定如下：空气向上穿过单块塔板，塔板上横向流过大量的纯乙二醇。进料及整个塔板上的温度是均匀的，即 53 ℃。在该温度下乙二醇的蒸汽压力为 133 Pa。实测表明，出口气体中乙二醇的摩尔分数为 0.001，操作压力是 101.3 kPa。

(a) 塔板的 Murphree 气相效率是多少？

(b) 如果利用同样的塔板，以及同样的乙二醇和空气流速建立一个塔，使得出口气体中乙二醇饱和到 99%，需要多少块塔板？忽略塔内的压降，并假设在 53 ℃ 和 101.3 kPa 下操作。

(c) 在（b）中塔效率是多少？

(d) 在（b）中，如果塔板上乙二醇的返混程度明显地增加，对所需的塔板数有何影响？

2. Hay 和 Johnson 在 0.203 2 m 直径 5 块塔板的设备中研究了用筛板塔精馏甲醇-水混合物的操作性能。由全回流时所作的测量推知气相 Murphree 效率 E_{MV} 和点效率 E_{OC} 的数值与平均气相组成的关系，结果如下：

甲醇在气相中的平均 mol%	10	20	30	40	60
E_{OC}	0.66	0.69	0.72	0.73	0.74
E_{MV}	1.04	0.95	0.87	0.83	0.82

根据这些数据解释：(a) 为何 E_{MV} 大于 E_{OC}；(b) 为何 E_{OC} 随甲醇 mol 分数的增加而增大；(c) 为何 E_{MV} 随甲醇 mol 分数的增加而减小。

3. 通过对丙烯-丙烷分离塔现场试验考察 AIChE 预计效率的方法对高压下轻质烃类系统的适用性以及关于传质单元的关联式对泡罩塔板以外的塔板有多大的适应性。

现场提供的数据为：

平均操作压力＝1.86 MPa　　　　塔顶温度＝44 ℃

塔釜温度＝55 ℃　　　　　　　　回流比＝21.5

丙烯纯度＝96.2% （mol）　　　　丙烷纯度＝91.1% （mol）

原料中丙烯含量＝50.45% （mol）

进料速率＝84.3 m³/d（饱和液体）

塔径为 1.22 m，有 90 块筛板塔板，进料加入到第 45 块板。板间距 0.457 m。详细结构如下（见习题 3 附图）：

堰长＝0.932 m　　降液管底部宽度＝0.165 m　　堰高＝0.050 8 m

孔径 4.76 mm，三角形排列中心距 11.11 mm　4 970 个孔/板

对于给定的进料位置和所得到的分离效果，需要 85 块理论板。

物 性 数 据

物 理 性 质	丙 烯	丙 烷
临界温度/℃	91.4	96.9
临界压力/MPa	4.60	4.25
49 ℃时饱和液体的相对密度	0.458	0.453
饱和液体的粘度/Pa·s	0.086（45 ℃）	0.08（55 ℃）
在 49 ℃和 1.86 MPa 下的蒸汽粘度/Pa·s	1.08×10^{-5}	1.08×10^{-5}
在 49 ℃和 1.86 MPa 下的蒸汽扩散系数/m²/s	3.9×10^{-7}	3.9×10^{-7}
液相扩散系数的数量级为 1×10^{-8} m²/s		
进料温度下的液体相对密度	0.522	0.508

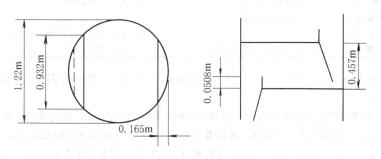

习题 3 附图

试用 AIChE 泡罩塔设计方法预测级效率，并观测值比较。

4. 从分离等质量百分数的甲醇和水二元混合物的精馏塔得到如下数据：

进料流率＝20 610 kg/h，进料状态为进料板压力下的泡点液体；

分离要求：甲醇在馏出液和釜液中的浓度分别为 95.04%（wt）和 1.00%（wt）；

回流比＝0.947（饱和液体回流）；蒸发比＝1.138；

压力：回流罐压力 101.3 kPa；全凝器压降为零；全塔压降 5.5 kPa；

塔径 1.8 m；全塔 12 块板，进料板以上 5 块板，进料板以下 6 块板；

塔板类型和结构：单流程筛板，流程长度 1.28 m；堰长 1.08 m；开孔率 10%，孔径 4.76 mm；堰高 0.050 8 m；板间距 0.61 m；

物性：进料粘度 0.34×10^{-3} Pa·s；馏出液表面张力 20×10^{-5} N/cm；釜液表面张力 58×10^{-5} N/cm；

操作温度：顶板温度 70 ℃；底板温度 97 ℃。

在操作压力下汽液平衡数据为（均为甲醇的摩尔分数）

y	0.041 2	0.156	0.379	0.578	0.675	0.729	0.792	0.915
x	0.005 65	0.024 6	0.085 4	0.205	0.315	0.398	0.518	0.793

由上述数据估算：

(1) 全塔效率（假设再沸器相当于 1 块理论板）；

(2) 由 Drickamer-Bradford 关系估计塔效率；

(3) 按 O'connell 关系估计塔效率（考虑流程长度）；

(4) Murphree 气相板效率。

5. 在习题 4 的操作条件下测定了 Oldershaw 塔的 Murphree 气相平均点效率为 65%。估计 E_{MV} 和 E_O 值。

6. 确定精馏苯/甲苯混合物的筛板塔板效率。操作压力 101.3 kPa，汽相流率 $V = 0.05$ kmol/s，液相流率 $L = 0.034$ kmol/s。

物 性 数 据

性 质	液 相	汽 相
分子量	$M_L = 85.8$	$M_V = 85.8$
密 度	$\rho_L = 800$ kg/m³	$\rho_V = 2.6$ kg/m³
表面张力	$\sigma = 0.02$ kg/s²	
粘 度		$\eta_V = 8.9 \times 10^{-6}$ kg/(m·s)
扩散系数	$D_L = 2.2 \times 10^{-8}$ m²/s	$D_V = 2.66 \times 10^{-6}$ m²/s

塔径 $D = 1.6$ m，堰长 $l_w = 1.12$ m，堰高 $h_w = 50$ mm，板间距 $H = 0.5$ m，孔径 $d = 8$ m。

7. 糖密发酵生产乙醇过程中，放出含少量乙醇的富 CO_2 气，该气体送进筛板塔用水吸收乙醇。操作压力 110 kPa，操作温度 30 ℃。进口气体流率 180 kmol/h，其中含 CO_2 98%（mol），乙醇 2%（mol）。吸收剂（纯水）的流率为 151.5 kmol/h。相平衡常数 $K = 0.57$。筛板塔塔径 0.914 m，相当于 7 块理论板，塔效率 $E_O = 30\%$。估计平均 Murphree 气相板效率 E_{MV} 和点效率所处的范围。

8. 习题 7 中塔径放大至 3.5 m。另外，因原塔效率太低，设计了新塔板，经实验测定其点效率 $E_{OC} = 55\%$。估计 Murphree 气相板效率 E_{MV} 和塔效率 E_O。

（提示：需估计液相流程长度 Z_L，并且假设 $u/D_E = 19.68$ m^{-1}。）

9. 计算 20 ℃时用水从甲苯-丙酮稀溶液中萃取丙酮的转盘塔的直径。有机分散相的流率为 12 247 kg/h，连续相水溶液的流率为 11 340 kg/h。物性数据 $\mu_c = 10^{-3}$ Pa·s；

$\rho_c = 1\,000$ kg/m³；$\Delta\rho = 140$ kg/m³；$\sigma = 32 \times 10^{-3}$ N/m。

中试提供设计参数为：$D_s/D = 0.7$；$D_R/D = 0.45$；$H_T/D = 0.125$；单位体积能耗 $n^3 D_R^5/(H_T D^2) = 0.4$，按单位体积能耗相等的原则确定工业塔的转速。

10. 绘制萃取塔在 $u_c/u_k = 0.05$ 和 0.3 时的 $u/u_k \sim \phi_d$ 曲线，并分别求出临界滞液分率 ϕ_{dF}。

11. 3%（wt）的稀醋酸水溶液用异丙醚溶剂连续萃取醋酸。萃取温度 25 ℃。流率和物性为

项　目	萃　余　物	萃　取　物
流率/kg/h	9 525	23 587
密度/kg/m³	1 017	725
粘度/Pa·s	3.0×10^{-3}	1.0×10^{-3}
界面张力/N/m	13.5×10^{-3}	

萃余相为分散相。估计 RDC 塔的直径。

12. 估计习题 11 RDC 塔的 *HETS* 值。

参 考 文 献

1　King C L. Separation Prcesses. 2nd ed. New York：McGraw-Hill，1980. 591~641

2　Henley E J，Seader J D. Equilibrium Stage Separation Calculation in Chemical Engineering. New York：John Wiley & Sons，1981. 501~514

3　陈洪钫主编. 基本有机化工分离工程. 北京：化学工业出版社，1981. 152~156，257~259

4　陈洪钫，刘家祺. 化工分离过程. 北京：化学工业出版社，1995. 150~161，161~171

5　时钧，汪家鼎，余国琮，陈敏恒主编. 化学工程手册. 第二版. 上卷. 北京：化学工业出版社，1996. 14—19~14—26

6　Wankat P C. Equibrium Staged Separation in Chemical Engineering. New York：Elsevier，1988. 379~381，180~182

7　AIChE. Bubble-tray Design Manual. New York：American Institute of Chemical Engineers，1958

8　Bell R L. *AIChE J*. 1972，**18**：491

9　Solar R B. *AIChE J*. 1974，**20**：688

10　Seader J D，Henley E J. Separation Process Principles. New York：John Wiley & Sons，1998. 292~305，391~397

11　O'connell H E. *Trans. Amer. Inst. Chem. Eng*. 1946，**42**：741

12　Lockhart F J，Legget C W. Advance in Petroleum and Refining Chemistry. Vol. l. New York：Interscience，1958. 323~326

13　Edmister W C. *The Petroleum Engineer*. 1949，Jan：c45

14　Zuiderweg F J. *Chem. Eng. Sci*. 1982，**37**(10)：144

15　Fair J R，Null H R，Bolles W L. *Ind. Eng. Chem. Process Des. Dev*. 1983，**22**：53

16　Vital T J，Grossel S S，Olsen P I. *Hydrocarbon Proc*. 1984，**63**(12)：75

17　Kister H Z. Distillation Design. New York：McGraw-Hill，1992

18　汪家鼎，沈忠耀，汪承藩. 化工学报. 1965，**4**：215

19　Logsdil D H, Thornton J D, Pratt H R. *Trans. Inst. Chem. Eng.* 1957, **36**

20　Kung E Y. at al. *AIChE J.* , 1961, **7**: 319

21　Laddha G S, Degaleesan T E. Transport Phenomena in Liquid Extraction. New York: McGraw-Hill, 1978

22　Wen C Y, Fan L T. Models for Flow Systems and Chemical Reactors. New York: Marcel Deckker, 1975

23　Vermeulen T, Moon J S, Hennico A, Miyauchi T. *Chem. Eng. Prog.* 1966, **62**: 95

24　Krishnamurthy R, Rao C K. *Ind. Eng. Chem. Proc. Des. Dev.* 1968, **7**: 166

25　Treybal R E. Liquid Extraction. 2nd ed. New York: McGraw-Hill, 1963

26　Smoot L D, Mar B W, Babb A L. *Ind. Eng. Chem.* 1959, **51**: 1005

27　Hanson C. Recent Advances in Liquid-Liquid Extraction. Oxford: Pergamon Press, 1971

28　Stemerding S, Lamd E C, Lips J. *Chem. Ing. Tech.* 1963, **35**: 844

29　Rousseau R W. ed. Handbook of Separation Process Technology. New York: John Wiley & Sons, 1987. 982～994

附　录

ASPEN PLUS 分离过程模拟介绍

一、ASPEN PLUS 软件概述

ASPEN PLUS 是一个通用的过程流程模拟系统,用于计算稳态过程的物料平衡及能量平衡和设备尺寸,并可对投资进行经济成本分析。该软件是 ASPEN(即先进过程工程系统,Advanced System for Process Engineering)经过提高并得到工业部门支持的模拟软件。

ASPEN 最初是有美国能源部资助,于 1976 年~1981 年间在麻省理工学院(MIT)开发的。ASPEN 用于稳态过程的物料及能量平衡,设备成本估价及进行经济评价。ASPEN 的设计是面向合成燃料过程,像煤的汽化、煤的液化及油页岩回收。此外,ASPEN 也设计用于处理常规流体加工,这些流体对各种合成燃料过程、石油及化工过程、制药及造纸等过程都是通用的。1981年 10 月 ASPEN 技术公司成立,经 MIT 许可,该公司以 ASPEN 系统作为企业化基础,其产品命名为 ASPEN PLUS,表示这是 ASPEN 的扩充与提高。与 ASPEN 一样,该系统一直在不断改进、发展和完善,每项改进一经提出,即提供给工业公司及政府团体包括各著名大学使用并检验,因而,ASPEN PLUS 可认为是迄今为止功能最强大、最可靠的过程模拟软件。该软件已被世界许多著名企业采用,如 Air Products,BASF,Dow Chemical,DSM,Du-Pont,Mitsubishi Chemical,Philips Petroleum 和 Sumitomo Chemical 等利用 ASPEN PLUS 帮助解决工程及操作问题,包括进行快速闪蒸计算、设计新过程、原油加工过程故障分析及乙烯厂的操作优化。同时,也有全世界 500 多所著名高校以 ASPEN PLUS 作为科研和教学的主要工具。

ASPEN PLUS 有 50 多个通用单元操作模型,必要时,用户可以利用自己设计的模型作为一个 FORTRAN 子程序,ASPEN PLUS 中的多级严格精馏程序是极其可靠、稳定有效的,并具有规定性能的能力,可以包括多种不同的选择。为了计算相平衡、热力学性质和传递性质,ASPEN PLUS 提供了一个广泛的物性数据和模型库。由于它能自动地进行检索,因此避免了繁重的数据查询工作,对于不在数据库中的组分,ASPEN PLUS 给出了一

个数据回归系统，用以从实验数据拟合或估算方法（如基团贡献法）估算。它还有处理石油试验分析能力，建立产生石油馏分的物性常数的关联式。对于大型或小型的过程流程，自动流程分析确定断裂流股及排序，其较好的收敛方法可解决多重流股循环和过程规定的任务。

ASPEN PLUS 采用最先进的工程软件包括最先进的模型和最先进的收敛方法。同时采用简便的人机对话输入方式和绘图方法，所以，ASPEN PLUS 虽然不是黑箱模型，但使用灵活、方便。

ASPEN PLUS 具有如下功能：

1. 通过简便组合，绘制单元操作设备和过程流程图。

2. 完善的单位制系统，除几种通用单位之外，用户可自行定义自己的单位制体系，模拟计算是自动转换。

3. 稳定的严格精馏模拟计算，可处理双液相精馏、反应精馏、耦合精馏等。

4. 完善的物性计算，包括相平衡、传递性质计算，可用于精馏等分离单元设备的设计。

5. 准确庞大的纯组分、水溶液、固体及二元组分混合物数据库。

6. 物性参数估算、数据回归及数据库管理。

7. 石油与合成燃料的定性及模拟计算。

8. 含电解质物系的模拟计算。

9. 可处理固体。

10. 流程分析，包括流程分割和流股切断，判断流程模拟顺序等。

11. 敏感性分析，可用于培训操作人员和故障诊断。

12. 过程操作及设计优化。

13. 经济评价及成本估算。

二、分离计算中重要单元操作

在分离模拟计算过程中，应用到很多重要的单元操作，在 ASPEN PLUS 中单元操作是以关键词的形式出现，通过作图或填表自动选取。下面进行简单介绍：

1. HEATER 进行气相、液相、气液和气液液相平衡计算，用于模拟加热器、冷却器、阀、泵和压缩机等，常用于改变流股的热力学状态。

2. HEATX 严格的换热器计算。对各种形式的换热器，只要提供几何结构尺寸，即能进行严格传热和压降计算。

3. FLASH2 进行气液和气液液相平衡计算，得到一个气相流股，一个液相流股或一个倾析水流股，可用于模拟闪蒸器、蒸发器、分离罐等单级分离设备。

4. FLASH2 进行严格气液液相平衡计算，产生一个气相流股和两个液相流股，用于模拟单级两个液相出料分离器。

5. DECANTER 用于不带气相的分离计算，可进行严格液-液平衡计算，也可有用户给定液-液分配关联式或直接给出分配系数。当不能保证没有气相时，应采用 FLASH3。

6. DSTWU 对单一进料两出料精馏塔进行简捷设计计算。给出平衡级数，可得到回流比；给出回流比，可得出理论级数。同时也可得到最佳进料位置和再沸器及冷凝器热负荷。利用 DSTWU 可得到回流比与理论级数关系曲线及表格。可用此单元操作得到严格计算初值。

7. DISTL 对单一进料两出料精馏塔进行简捷校核计算。给定平衡级数、回流比和塔顶产品速率及冷凝器类型（全凝或部分冷凝），可估算出再沸器和冷凝器热负荷。

8. SCFRAC 用于石油炼制设备的简捷精馏计算，可处理一进料多出料分离设备。SCFRAC 将 n 个产品分离设备分成 $n-1$ 段处理。根据分离要求，SCFRAC 可估算产品组成和流率、各段平衡级数，各段加热和冷凝负荷。

9. RADFRAC 严格多级气液分离模型。RADFRAC 特别适用于三相、宽沸程和窄沸程以及液相强非理想性体系，能够检验并判断任意级上自由水或第二液相。而且可处理级上含固体的体系。除普通精馏外，还可对以下操作进行严格模拟：

□吸收

□再沸吸收

□气提

□再沸气提

□萃取精馏

□共沸精馏

对于反应精馏，RADFRAC 可以处理固定转化率、已知动力学和电解质体系。如果两个液相和化学反应同时存在，两个液相可采用不同的反应动力学模型。此外，RADFRAC 还可模拟加盐精馏。

RADFRAC 有校核和设计两种模式。在校核模式下，RADFRAC 可根据给定的设备参数如回流比，产品流率、热负荷等得到各级温度、流率和组成分布，还可以给定 Murphree 板效率和气化效率。通过调整级效率，使得模拟结果与实际想吻合。在设计模式下，可给定温度、流率、纯度、回收率及流股特性等，典型的流股特性为体积流率和粘度。RADFRAC 可进行各种形式塔板和填料的设计与校核。ASPEN PLUS 中配有各种常用塔板和填料的特性数据。

10. MULTIFRAC 模拟多级偶联塔系的严格模型。可模拟复杂分离设备包括：

同时模拟多个塔，每个塔的级数不限；

□分离塔之间和分离塔内部可有任意数目的连接

□连接流股任意分割与混合

常见的复杂构型包括：

□侧线气提

□自身循环塔

□旁路分离塔

□外部换热器

□单级闪蒸

□进料加热炉等

MULTIFRAC 常见的应用包括：

□热集成分离塔如 Petlyuk 精馏塔

□空分装置

□吸收气提联合装置

□乙烯厂的初级分离系统

MULTIFRAC 也可用于石油的常减压蒸馏单元的模拟，但不如 PETROFRAC 方便，因此，只有当 PETROFRAC 不能满足构型方面的要求时，才利用 MULTUFRAC 模拟石油炼制蒸馏系统。

与 RADFRAC 一样，MULTIFRAC 也可判断自由水和第二液相，给定 Murphree 板效率或蒸发效率，对各种形式的塔板和填料进行设计和校核。

11. PETROFRAC 专门用于石油炼制工业中，进行复杂气液分离模拟的严格模型。典型的单元操作包括：

□预闪塔

□常压初馏单元

□减压分离单元

□催化裂化主要分离单元

□延时焦化主分离单元

□真空润滑油分离单元

PETROFRAC 也可用于乙烯厂急冷工段的初级分离单元的模拟计算。当同时存在进料加热炉和分离、气提等分离集成单元时，PETROFRAC 可用于分析加热炉操作参数对分离塔性能的影响。

与 RADFRAC 和 MULTIFRAC 一样，PETROFRAC 也可判断自由水

和第二液相，给定 Murphree 板效率或蒸发效率，对各种形式的塔板和填料进行设计和校核。

12. RATEFRAC 为非平衡级速率模型，考虑相间传质和传热过程适用于各种简单和复杂物系、塔系的分离过程模拟。

13. EXTRACT 液液萃取模拟计算的严格模型，只用于校核计算。可处理多进料、带侧线以及有加热和冷却单元的各种萃取体系。分配系数的求取可采用活度系数法、状态方程法或内置温度关联式，或用户自己提供 FORTRAN 子程序。EXTRACT 接受给定级效率和组分效率。

三、性 质 计 算

ASPEN PLUS 在计算热力学性质及传递性质时，通过用户选择适宜的热力学性质模型和传递性质模型组合来进行。热力学性质包括活度系数、焓、熵、Gibbs 自由能和体积，传递性质包括粘度、导热系数、扩散系数和表面张力。ASPEN PLUS 配有大量的这些性质组合，适宜于处理不同的物系。最简单理想物系性质组合为 IDEAL，其 K 值计算时，气相为理想气体，液相符合 Raoult 定律或 Henry 定律。表 1～表 3 列出了其他性质组合。

表 1　状态方程组合

组　　合	K 值计算方法
BWR-LS	BWR Lee-Starling
LK-PLOCK	Lee-Kesler-Plocker
PENG-ROB	Peng-Robinson
PR-BM	Peng-Robinson 与 Boston-Mathias α 函数
PRWS	Peng-Robinson 与 Won-Sandler 混合规则
PRMHV2	Peng-Robinson 与改进 Huron-Vidal 混合规则
PSRK	预示 RKS
RKSWS	Reldlich-Kwong-Soave 与 Wong-Sandler 混合规则
RKSMHV2	Reldlich-Kwong-Soave 与改进 Huron-Vidal 混合规则
RK-ASPEN	Reldlich-Kwong-ASPEN
RK-SOAVE	Reldlich-Kwong-Soave
RKS-BM	Reldlich-Kwong-Soave 与 Boston-Mathias α 函数
SR-POLAR	Schwartzentruber-Renon

表 2　活度系数组合

组　　合	液相活度系数	气相逸度系数计算
B-PITZER	Bromley-Pitzer	Redlich-Kwong-Soave
ELECNRTL	电解质 NRTL	Redlich-Kwong
ENRTL-HF	电解质 NRTL	HF 六聚模型
NRTL	NRTL	理想气体

续表

组　　合	液相活度系数	气相逸度系数计算
NRTL-HOC	NRTL	Hayden-O'Conell
NRTL-NTH	NRTL	Nothnagel
NRTL-RK	NRTL	Redlich-Kwong
NRRTL-2	NRTL（用第二套数据）	理想气体
PITZER	Pitzer	Redlich-Kwong-Soave
UNIFAC	UNIFAC	Redlich-Kwong
UNIF-DMD	Dortmund 改进的 UNIFAC	Redlich-Kwong-Soave
UNIF-HOC	UNIFAC	Hayden-O'Conell
UNIF-LBY	Lyngby 改进的 UNIFAC	理想气体
UNIF-LL	液-液体系 UNIFAC	Redlich-Kwong
UNIQUAC	UNIQUAC	理想气体
UNIQ-HOC	UNIQUAC	Hayden-O'Conell
UNIQ-NTH	UNIQUAC	Nothnagel
UNIQ-RK	UNIQUAC	Redlich-Kwong
UNIQ-2	UNIQUAC（用第二套数据）	理想气体
VANLAAR	VANLAAR	理想气体
VANL-HOC	VANLAAR	Hayden-O'Conell
VANL-NTH	VANLAAR	Nothnagel
VANL-RK	VANLAAR	Redlich-Kwong
VANL-2	VANLAAR（用第二套数据）	理想气体
WILSON	WILSON	理想气体
WILSON-HOC	WILSON	Hayden-O'Conell
WILSON-NTH	WILSON	Nothnagel
WILS-RK	WILSON	Redlich-Kwong
WILS-2	WILSON（用第二套数据）	理想气体
WILS-HF	WILSON	HF 六聚模型

表 3　特殊体系性质组合

组　　合	K 值计算模型	物　　系
AMINES	Kent-Eisenberg 胺类模型	MEA、DEA、DIPA 和 DGA 中 H_2S、CO_2
APISOUR	API 酸水模型	酸水与 NH_3、H_2S、CO_2
BK-10	Braun K-10	石油
SOLIDS	理想气体/理想液体/固体活度系数	热法冶金体系
CHAO-SEA	Chao-Seader 状态方程	石油
GRAYSON	Grayson-Streed 状态方程	石油
STEAM-TA	ASME 蒸汽表关联式	水/蒸汽
STEAMNBS	NBS/NRC 蒸汽表状态方程	水/蒸汽

当然，ASPEN PLUS 允许用户自行设计自己的性质组合。性质组合的选择取决于物系性质、操作温度和压力、极性、是否电解质、是否聚合及聚

合度等。ASPEN PLUS 对模拟对象可以分解采用不同的性质组合，如高浓度区和低浓度区、高压操作和低压操作或气相聚合和理想气体共存时，只有采用不同的性质组合，才能得到准确的模拟结果。ASPEN PLUS 具有分析功能，可以绘出相同物系不同性质组合计算得到的相平衡数据表和等温或等压相图，以便与文献或实验及生产数据对比，确定最佳的性质组合。

ASPEN PLUS 软件配有大型数据库包括纯物质物理化学性质、状态方程二元参数、活度系数二元参数、亨利常数等，此外，还有大量用于估算的官能团参数。对于数据库中没有的参数，ASPEN PLUS 提供了物性估算和数据回归等功能。对于数据库中不存在的物质，ASPEN PLUS 可以根据多种方法估算其性质或由用户直接输入，输入的数据可以是数据表或关联式，或不连续数。

内 容 提 要

《化工传质分离过程》是国家教育部立项的面向 21 世纪课程教材。适用于化学工程与工艺专业大学本科分离工程课教学。

本教材是以陈洪钫、刘家祺合编的《化工分离过程》（1995 年版）为基础进行编写的。本教材保留了原书部分章节，在编排和内容上做了大幅度更新和扩充。教材内容包括全部的传质分离单元操作，较原书增加了吸附、结晶、膜分离等。对传统分离技术，反映了近年来化学工程的新进展。如增加了液液平衡和多相平衡计算；反应精馏、加盐精馏；多组分多级分离的内-外法和非平衡级模型等新内容。介绍了一些有重要应用前景的新型分离技术，如超临界流体萃取、反胶团萃取、双水相萃取、渗透蒸发等。

全书内容分为 10 章。包括：绪论；单级平衡过程；多组分精馏和特殊精馏；气体吸收；液液萃取；多组分多级分离的严格计算；吸附；结晶；膜分离；分离过程及设备的选择与放大等。各章均列举大量例题及习题，书末附录介绍了有关 Aspen plus 化工软件的使用。

本教材亦适于化工、石化、冶金、轻工、环境保护、水处理等部门从事科研、设计、生产的工程技术人员阅读。